高等院校精品课程系列教材·国家级

江苏省高等学校精品教材

电 路 原 理

第 4 版

主编　陈晓平　李长杰

参编　傅海军　殷春芳　朱孝勇　温军玲

　　　徐培凤　孙月平　韩守义　和　阳

机 械 工 业 出 版 社

本书是根据教育部电子电气基础课程教学指导分委员会制定的高等学校电路课程教学的基本要求，并充分考虑各院校新的教学计划及电路理论自身特点，为电子信息与电气工程类各专业学生编写的教材。本书内容包括：电路基本概念和电路定律、电阻电路的等效变换、电阻电路的分析方法、电路定理、动态电路的时域分析、正弦稳态电路分析、谐振电路、互感电路、三相电路、非正弦周期电流电路、动态电路的复频域分析、电路方程的矩阵形式、二端口网络等。

本书基本概念讲述清楚，易于读者理解；基本分析方法归类恰当、思路清晰、步骤明确、富有逻辑，易于读者掌握。同时，书中配有丰富的例题及详尽的解题步骤，每章均对基本知识点、重点与难点进行了归纳，便于读者高效掌握电路理论的主要概念、基本理论和基本方法。为了更利于读者学习电路理论，本书每章增加了与电路理论相关的思政内容及贴近工程实际的"应用实例与分析"，同时还增加了与书中内容相配套的视频二维码，读者可通过封底"天工讲堂"刮刮卡获取。

本书可作为普通高等学校电子信息与电气工程类各专业的电路、电路分析基础等课程的教材，也可作为工程技术人员的参考书。

图书在版编目（CIP）数据

电路原理/陈晓平，李长杰主编 ． -4 版 ． -北京：机械工业出版社，2022.3
（2025.1 重印）
高等院校精品课程系列教材
ISBN 978-7-111-70186-6

Ⅰ．①电…　Ⅱ．①陈…　②李…　Ⅲ．①电路理论-高等学校-教材
Ⅳ．①TM13

中国版本图书馆 CIP 数据核字（2022）第 027777 号

机械工业出版社（北京市百万庄大街 22 号　邮政编码 100037）
策划编辑：汤　枫　　责任编辑：汤　枫　尚　晨
责任校对：张艳霞　　责任印制：邓　博

北京盛通数码印刷有限公司印刷

2025 年 1 月第 4 版·第 7 次印刷
184mm×260mm·26.25 印张·646 千字
标准书号：ISBN 978-7-111-70186-6
定价：89.00 元

电话服务　　　　　　　　　　　　网络服务

客服电话：010-88361066　　　机 工 官 网：www.cmpbook.com
　　　　　010-88379833　　　机 工 官 博：weibo.com/cmp1952
　　　　　010-68326294　　　金 书 网：www.golden-book.com
封底无防伪标均为盗版　　　机工教育服务网：www.cmpedu.com

序

　　教材是教师实施教育的重要载体和主要依据，是学生获取知识、发展能力的重要源泉。编写一本高质量的教材，可以使教与学达到事半功倍的效果。教学改革，教材先行。打造"一流课程"首先需要"一流教材"。

　　江苏大学"电路"课程教学团队经几十年的努力，在教学体系、教学理念、教学方法和教学手段等方面进行了改革与建设，取得了丰硕的教学研究成果（课程已建设成为国家级精品课程和国家级精品资源共享课程），课程改革成效显著。教学团队在教材建设方面也取得了丰硕的成果，团队先后出版以"江苏省精品教材""江苏省重点教材"为代表的《电路原理》《电路原理学习指导与习题全解》《电路实验与 Multisim 仿真设计》等 10 余部教材。

　　"电路"课程教学团队编写的《电路原理（第 4 版）》完整考虑了教学的各个环节，根据"加强基础、结合实际、突出重点、利于教学"的指导思想，采用了理论分析与工程问题并重的处理方式。在阐述电路理论基本内容的基础上，重视理论教学与工程实践相结合，解决理论教学和工程实践脱节问题，实现了理论、方法与工程应用的三结合；编者将丰富的工程实践经验和教学经验结合到教材中，列举了工程实例，提供了工程经验，体现该教材的特色。

　　《电路原理（第 4 版）》立足于网络数字化、教材立体化的特色，为满足大类招生对课程教学内容的需求，为提高电子信息与电气工程类专业工程人才培养的能力和水平，针对学生学习中经常遇到的困难问题，尝试采用教、学、练、做一体化形式编写而成。教材建立具有自身特色的、完善的教学视频资源库（对教材全部知识点冠以"二维码"形式，学生可直接扫码阅读）。

　　教材编写是一项长期艰巨的工程。该书是江苏大学在几十年"电路"教学、科研过程中的探索、实践以及结合大量应用基础上的总结。全书图文并茂，内容丰富，深浅适当，具有很强的针对性和适用性。希望该书的出版，能够为电子信息与电气工程以及其他相关专业的本科生提供一种新的教材范本，为从事电路课程教学的教师和科研与工程技术人员提供参考，为我国教育教学质量的提高做出贡献。

教育部高等学校电气类专业

教学指导委员会主任　胡敏强

前　言

江苏大学"电路"课程是国家精品课程及国家精品资源共享课程,《电路原理》教材是"电路"课程的主干教材,并于 2007 年 12 月获评江苏省高等学校精品教材。该教材正确阐述了电路理论、概念及分析方法,努力做到理论联系实际,内容富有逻辑,符合认知规律,具有启发性,有利于读者高效地学习并掌握电路理论知识,为后续课程打好坚实的基础。

本书系《电路原理》的第 4 版,与第 3 版相比,本次修订贯彻推进党的二十大精神进教材、进课堂、进头脑,坚持"三全育人"理念,明确教学目标,重新撰写了每章引言并在其中新增与电路理论相关的思政内容及来自生活和工程实际的电路"应用实例与分析",以此唤起读者对相关知识内容探索的欲望,并应用本章所学知识对应用实例进行了分析计算,形成了"从工程实例出发,经过发现与探索,从而解决实际问题"的知识学习路线图,强化了理论与实际应用之间的联系,能高效培养读者的逻辑思维能力与理论实际应用能力。为了更加便于读者学习掌握电路理论,新增了与书中内容相配套的视频二维码,开发了基于二维码的交互式虚拟仿真案例,读者可做到即扫即学,使纸质教材成为一种新的传媒介质,为读者带来多样化的学习方式及新的学习体验。本次修订删除了第 3 版中的对偶原理、一阶电路的冲激响应、二端口网络的实例等内容,这些内容的删减不会影响后续课程的教学。对内容体系的合理优化,能够有效解决内容与学时的矛盾,以实现在有限的授课学时内突出强化电路理论的主要内容,从而满足电子信息与电气工程类各专业人才培养的整体要求。

合理的知识体系将会对学生理解一门课程的内容起到十分重要的作用。本书保留了第 3 版中的大部分内容、例题及习题,能够满足电子信息与电气工程类各专业的培养要求,适合多层次、多类别的电路课程教学,兼顾与先修课程及后续课程的衔接与配合。依据多年教学实践经验,将电路课程知识体系进行了合理的调整与编排,以强化学生对电路基础理论的掌握。在内容上遵守"加强基础、精选内容,结合实际、逐步更新,突出重点、利于教学"的原则进行选材,结构上遵循"先易后难、循序渐进,基于问题,工程引导"的方法进行编排,采用先"直流电路分析"后"交流电路分析"、先"基本概念介绍"后"具体电路分析"、先"时域分析"后"复频域分析"的框架结构。该体系兼顾了经典电路理论与现代电路理论,体现了电路理论在不同电路应用的相对独立和相互渗透的特点，有利于学生理解电路理论的基础核心内容，掌握电路理论的相关应用。

本书的修订工作是在第 3 版的基础上，参考已出版的同类优秀教材而开展的。参加编写的有江苏大学电气信息工程学院陈晓平、和阳（第 4、5、7 章）；李长杰、朱孝勇（第 3、8、10 章）；傅海军、韩守义（第 6、9、11 章）；殷春芳、孙月平（第 1、2 章）；温军玲（上海中医药大学）、徐培凤（第 12、13 章）。感谢戴继生教授对第 13 章视频所做的工作。本书由陈晓平教授和李长杰副教授担任主编，负责全书的统稿。由于编者水平有限，书中的不足与疏漏之处在所难免，敬请读者批评指正。

编 者

交互式虚拟仿真案例

二 维 码	名 称	二 维 码	名 称
	最大功率传输定理		正弦稳态电路的功率
	一阶 *RC* 串联电路		非正弦信号的分解与合成
	一阶 *RL* 并联电路		*RC* 滤波器
	二阶电路的零输入响应		

目　　录

第 1 章
电路基本概念和电路定律

引言

未来，数字化、网络化、智能化技术将无处不在，而支撑这些技术的电气工程起着重要的作用。电气工程是一个极具挑战、令人兴奋且影响巨大的领域，现代生活中的电力、控制、计算机、电子、通信、信号处理等系统都属于电气工程的范畴，而电路理论和电磁理论是电气工程各个分支科学的重要理论基础，"电路理论"亦成为培养电气工程师最重要的基础课程。要掌握电路理论分析方法，首先需要从建立电路模型、认识电路变量等最基本问题出发，掌握电压和电流参考方向、电功率和能量、理想电阻元件、理想电流源、理想电压源、受控源及运算放大器的概念和特性；掌握电路中电压和电流所遵循的基本规律——基尔霍夫定律。这些概念及定律是对电路进行分析和计算的基本依据。

电路在现代生活中随处可见，如图 1-0-1 所示的就是日常生活中常用的手电筒。如何利用电路理论获得其电路模型，判断电路中电压、电流的方向，研究电路中电流、电压受到的约束关系并对其求解，进一步分析电珠消耗的电功率或电池发出的功率，学完本章内容便可得到一一解答。

未来会碰到更加复杂的实际电路，但是经过电路理论及后续相关课程的学习，就可以用学到的知识来分析这些复杂电路，将来，也可以根据实际的需求设计具有某种功能的电路。

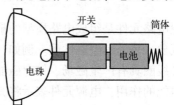

图 1-0-1　手电筒

1.1　电路和电路模型

1.1.1　实际电路

1-1-1　电路和
电路模型

日常生活中经常接触到的电器元件或设备有各种电源、电阻器、线圈、电容器、变压器、晶体管等，而由这些元器件或设备通过连接构成的实际电路也遍布生活的各个领域。有些实际电路十分庞大、复杂，可以延伸到数百乃至上千千米之外，例如由发电机、变压器、输电线及各种用电负载组成的电力系统，或现在迅速发展的通信系统等。而有些电路则可以被局限在非常微小的面积之内，例如，某些芯片虽然只有指甲盖大小，却是由上亿个晶体管相互连接集成的一个复杂的电路或系统。前述的电路无论尺寸大小，其内部结构都是比较复杂的；但有些实际电路非常简单，例如手电筒就是一个简单的电路。

无论实际电路的尺寸与复杂程度如何，都可以把它们看成由三个基本部分组成：供电装置（电信号的发生器，即电源）、用电设备（即负载）和中间环节（即连接导线、控制开关等）。由于电路中的电压、电流是在电源的作用下产生的，因此电源又称为激励，而由它作用产生的电压和电流称为响应。有时根据激励和响应的因果关系，又把激励称为输入，响应称为输出。利用实际电路可以实现各种各样的功能，概括起来主要有以下几个方面：

1）实现能量的转换、传输和分配。例如，热能、核能等先通过发电机转化成电能，并通过变压器和输电线将其进行传输和分配，最后将电能转换成用户所需的机械能、光能和热能等。在系统中提供电能的设备称为电源，而吸收和消耗电能的设备称为负载。

2）实现各种电信号（如语音信号、图像信号等）的传输和处理。利用一定的电路设备，可对给定信号进行放大、滤波、调制和解调，以获得所需的信号（输出）。

3）实现信息的储存、数学运算和设备运行的控制等。计算机中的寄存器和CPU就是典型的信息储存和数学运算电路，而实现控制功能的电路在日常生活中更是举不胜举。

1.1.2 电路模型

电路理论的主要任务是研究电路中发生的电磁现象，用电压（电荷）、电流（磁通）等物理量来描述其中的过程。由于研究电路的目的通常是计算电路中各元件的端子电流和端子间的电压，一般不考虑元件内部发生的物理过程，因此可以根据各元件端部主要物理量间的约束关系对电路中的实际元件进行理想化处理，引入一些抽象化的理想元件模型，再根据电路的实际连接情况将这些理想元件加以连接，就可以建立实际电路的模型。通常将由理想元件所构成的电路称为实际电路的电路模型，简称电路模型。电路模型的建立可以简化对电路的分析和计算，本书讨论的电路均为电路模型。

建立电路模型的首要任务是引入能客观反映实际元件基本性质的理想电路元件，这些理想电路元件是组成电路模型的最小单元，具有精确的数学定义，能够反映实际电路中的电磁现象，表征其电磁性质。例如，用理想电阻元件表示消耗电能的元件；理想电感元件表示各种线圈具有产生磁场、储存磁能的作用；理想电容元件表示各种电容器具有产生电场、储存电能的作用；电源元件表示将其他形式的能量转换成电能的设备。将这些理想元件适当地连接起来，便可构成实际电路的模型。根据理想电路元件与电路其他部分连接的端子数目，将理想元件划分为二端、三端、四端元件等。

实际电路用途各异，种类繁多，几何尺寸也相差很大。如果构成电路的元件以及电路本身的尺寸远远小于电路以最高频率工作时电磁波的波长，或者说电磁波通过电路的时间认为是瞬间的，则可以用足以反映其电磁性质的一些理想电路元件或它们的组合来模拟实际电路中的元件。如上面所述的电阻、电感、电容等，都分别集总地表现实际电路中的电场或磁场的作用。如果二端元件中有确定的电流，端子间有确定的电压，则这样的元件称为集总（参数）元件⊖，由集总（参数）元件构成的电路称为集总（参数）电路。本书只考虑集总电路。

图1-1-1a所示为手电筒的实际电路，用导线将灯泡和干电池连接起来形成闭合通路，使灯泡发光，用来照明。其电路模

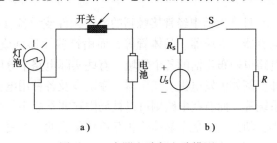

图1-1-1　实际电路与电路模型
a）实际电路　b）电路模型

⊖ 集总（参数）元件是指有关电、磁场物理现象都由元件来"集总"表征。在元件外部不存在任何电场和磁场。若元件外部有电场，进、出端子的电流就有可能不同；若元件外部有磁场，两个端子间的电压就可能不是单值。

型如图 1-1-1b 所示。用理想直流电压源 U_s 和反映干电池内部损耗的内电阻 R_s 的串联组合来等效表示原实际电路中的干电池，灯泡作为消耗能量的负载用电阻 R 来等效，连接导线用理想导线（其电阻为零，且假设当导线中有电流时，导线内、外无电场和磁场）表示。

用理想电路元件或它们的组合模拟实际器件就是建立其模型，简称建模。有的电路的建模比较简单，例如上述手电筒的例子。有的器件或系统在建模时需要考虑其工作条件，工作条件不同，同一实际器件可能会采用不同的模型；有的器件或系统在建模时则需要深入分析其中的物理现象。模型建得恰当，对电路的分析和计算结果就与实际情况接近；反之则会造成很大的误差，甚至出现自相矛盾的结果。模型建得太复杂就会造成分析和计算的困难，太简单则不足以反映所需求解的实际情况。建模问题需要运用有关的知识专门研究，这里不做进一步阐述。

需要强调的是，今后本书中所说的电路一般均指由理想电路元件构成的电路模型，并非实际电路，而（电路）元件则为理想电路元件。

电路理论课程的主要内容是分析电路中的电磁现象和过程，研究电路定律、定理和电路分析方法，并讨论各种计算方法，这些知识是认识和分析实际电路的理论基础，更是分析和设计电路的重要工具。

1.2　电流和电压的参考方向

1-2-1　电流和电压的参考方向

描述电路工作情况的物理量主要有电流、电压、电荷、磁通、磁通链、电功率和电能量，分别用 i、u、q、$\varPhi$、$\varPsi$、p 和 W 表示[注]。本节主要介绍电流、电压及其方向或极性的标注方法，即参考方向问题。

在电路分析中，当涉及某个元件或部分电路的电流或电压时，有必要指定电流或电压的参考方向，因为电流或电压的实际方向可能是未知的，也可能是随时间变动的，而确定变量的参考方向可以使实际问题的求解简单化。

1.2.1　电流的参考方向

电荷的有规则运动形成了电流。电流的正方向是正电荷流动的方向。科学家发现电流本质上是电子的定向运动，而电子是带负电荷的。因此，电流的正方向是与电子运动的方向相反的。电流强度（简称为电流）定义为 $\mathrm{d}t$ 时间内通过电路横截面的电荷量 $\mathrm{d}q$，即

$$i=\frac{\mathrm{d}q}{\mathrm{d}t} \tag{1-2-1}$$

式中，i 称为电流，单位是 A（安培，简称安）。

电流的大小和方向对电路的工作状态都有影响，所以在描述一个电流时要同时给出电流的大小和方向。图 1-2-1 代表电路的一部分，其中方框代表某一个二端元件。电流 i 流过该元件时，其实际方向只有两种可能性，或是从 A 到 B，或是从 B 到 A，这时可选定其中任一方向作为电流的参考方向，它不一定是电流的实际方向。图 1-2-1 中用实线箭头代表电流 i

---

⊖　当电路中的电流、电压、电荷等变量随时间变化时，一般用小写字母 i、u、q 等表示，用大写字母 I、U、Q 时则表示对应的变量是恒定量。但本书有时也采用小写字母表示恒定量，可根据上下文判断。

的参考方向，虚线箭头代表电流 i 的实际方向。在图 1-2-1a 中，电流的参考方向与实际方向相同，此时电流 i 为正值，即 $i>0$；在图 1-2-1b 中，电流的参考方向与实际方向相反，此时电流 i 为负值，即 $i<0$。电流的参考方向除了用箭头表示之外，也可以用双下标表示，例如 i_{AB} 代表电流的参考方向是由 A 到 B，如图 1-2-2 所示。

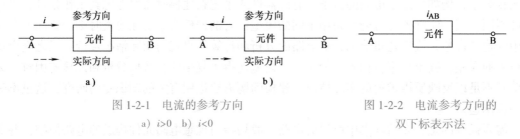

图 1-2-1　电流的参考方向　　　　　　　图 1-2-2　电流参考方向的
a) $i>0$　b) $i<0$　　　　　　　　　　双下标表示法

这样，在设定了电流的参考方向后，就可以根据电流 i 的正负来判断实际方向。在图 1-2-3a 中，设元件电流的参考方向是从 A 指向 B，电流的波形如图 1-2-3b 所示。在前半个周期，即 $t_1 \leqslant t \leqslant t_2$ 时，由于 $i \geqslant 0$，所以电流的实际方向与参考方向一致，即此时电流 i 的实际方向由 A 指向 B；在后半个周期，即 $t_2 \leqslant t \leqslant t_3$ 时，由于 $i<0$，所以电流的实际方向与参考方向相反，即电流 i 的实际方向此时由 B 指向 A。

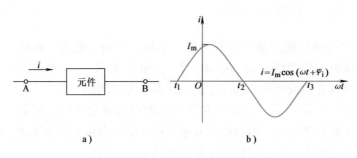

图 1-2-3　电流实际方向的判断

1.2.2　电压的参考方向

在电磁学中已经知道，电荷在电场中受到电场力的作用。当把电荷由电场中的一点移到另一点时，电场对电荷做功。处在电场中的电荷具有电位（势）能，恒定电场中的每一点有一定电位，由此引入重要的物理量——电压与电位。

电场中某两点 A、B 间的电压（或称电压降）u_{AB} 等于将点电荷 q 由 A 点移至 B 点电场力所做的功 W_{AB} 与该电荷 q 的比值，即

$$u_{AB} = \frac{W_{AB}}{q} \tag{1-2-2}$$

在电场中可取一点作为参考点，记为 P，通常设参考点的电位为零。电场中的一点 A 至 P 点的电压 u_{AP} 规定为 A 点的电位，记为 φ_A，即

$$\varphi_A = u_{AP}$$

在电路问题中，可以任选电路中的一点作为参考点，例如取"地"作为参考点。参考点选择不同，某点的电位值会相应改变，但两点间的电压不随参考点选择的不同而改变。用

电位表示 A、B 两点间的电压，就有

$$u_{AB} = \varphi_A - \varphi_B$$

显然又有

$$u_{BA} = \varphi_B - \varphi_A = -u_{AB}$$

即两点间沿两个相反方向（从 A 到 B 和从 B 到 A）所得到的电压符号相反。

电位和电压是两个既有联系又有区别的概念。电位是对电路中某点而言的，其值与参考点的选取有关，为该点到参考点之间的电压；电压则是对电路中某两点而言的，其值为两点的电位差，与参考点的选取无关。有时提到电路中某点的电压，实际上是指该点与参考点之间的电压，此时它与该点的电位是一致的。

与电流相似，电路中某两点间的电压的参考方向也有两种可能。为了分析方便，同样可以指定其中任意方向为电压的参考方向。

电压 $u(t)$ 的参考方向（或参考极性）一般用"+""–"极性加以标示，此时电压的参考方向由"+"指向"–"，即为电位降的方向；电压的参考方向也可以在两点之间的电路旁用箭头表示，箭头的指向即为电位降的方向；电压的参考方向还可以用双下标来表示，如 u_{AB} 表示该电压的参考方向为由 A 指向 B。显然 u_{AB} 与 u_{BA} 是不同的，虽然它们都表示 A、B 两点之间的电压，但是由于参考方向不同，两者之间相差一个负号，即 $u_{AB} = -u_{BA}$。

若电压的参考方向与实际方向相同，则电压值为正值，即 $u>0$；反之，若电压的参考方向与实际方向相反，则电压值为负值，即 $u<0$。这两种情况如图 1-2-4 所示，其中实线箭头代表电压参考方向，虚线箭头代表电压实际方向。

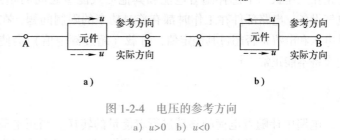

图 1-2-4　电压的参考方向
a) $u>0$　b) $u<0$

1.2.3　电压与电流的关联参考方向和非关联参考方向

电流和电压的参考方向在电路分析中起着十分重要的作用。在对任何电路进行实际分析之前，都应该先指定有关电流和电压的参考方向。原则上，电流和电压的参考方向可以独立地任意指定，参考方向选取的不同，只影响其值的正、负，而不会影响问题的实际结论。若同一段电路的电压和电流的方向选取相互一致的参考方向，即电流的参考方向从电压的正参考极性端流入，从负参考极性端流出，如图 1-2-5a 所示，称电压和电流为关联参考方向；若两者参考方向选取不一致，则称为非关联参考方向，如图 1-2-5b 所示。

这里需要强调的是，今后在谈到电流和电压的方向时，如无特殊声明，一般指的都是图中标注的参考方向，而不是实际方向。

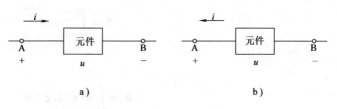

图 1-2-5　电压电流的关联和非关联参考方向
a) 关联参考方向　b) 非关联参考方向

1.2.4 国际单位制（SI）中变量的单位

在国际单位制（SI）中，电流的单位是 A（安培，简称安），电荷的单位是 C（库仑，简称库），电压和电位的单位是 V（伏特，简称伏）。在处理实际问题时，常常会遇到有时很大或很微小的量值，就需要引入相关的单位来处理。在 SI 单位中规定的用来构成十进倍数和分数单位的词头通常有以下几种：

词头符号	T	G	M	k	m	μ	n	p
词头名称	太	吉	兆	千	毫	微	纳	皮
倍率	10^{12}	10^{9}	10^{6}	10^{3}	10^{-3}	10^{-6}	10^{-9}	10^{-12}

例如，$1\,\mu A = 10^{-6}\,A$，$10\,kV = 10 \times 10^{3}\,V$。

1.3 电功率和能量

1-3-1 电功率和能量

在电路的分析和计算中，功率和能量的概念是十分重要的，这是因为电路在工作状态下总伴随着电能和其他形式能量之间的相互转换。同时，电气设备、电路部件在工作时都有着对功率的限制问题，在使用时要注意其电压和电流是否超过其额定值，过载（超过额定值）会使设备或部件烧毁，反之，欠载时则设备不能正常工作。

1.3.1 电能

电路中伴随着电荷的移动进行着能量的转换。当正电荷在电场力的作用下从元件的正极经过元件运动到负极时，电场力对电荷做正功，正电荷将失去一部分电位能，而这部分能量被元件所吸收。反之，当正电荷从元件的负极经过元件运动到正极时，电场力做负功，正电荷获得一部分电位能，而这部分能量由元件发出。

电场中某两点 A、B 间的电压等于将单位正电荷由 A 点移至 B 点时电场力所做的功，即

$$u = \frac{\mathrm{d}W}{\mathrm{d}q}$$

可得

$$W = \int u \mathrm{d}q$$

则从 t_0 到 t 时间内，元件吸收的电能为

$$W = \int_{q(t_0)}^{q(t)} u \mathrm{d}q$$

由于 $i = \dfrac{\mathrm{d}q}{\mathrm{d}t}$，所以

$$W = \int_{t_0}^{t} u(\xi) i(\xi) \mathrm{d}\xi \tag{1-3-1}$$

式中，u 和 i 都是时间的函数，并且是代数量，因此电能 W 也是时间的函数，且是代数量。设 u 和 i 为关联参考方向，当 $W > 0$ 时，元件吸收电能；当 $W < 0$ 时，元件释放电能。

1.3.2 功率

功率是能量对时间的导数，即

$$p(t) = \frac{\mathrm{d}W}{\mathrm{d}t}$$

综上可知

$$p(t) = u(t)i(t) \tag{1-3-2}$$

式（1-3-2）表明，元件在某瞬间吸收的功率等于该瞬间作用在该元件上的电压和流过该元件的电流的乘积，而与元件本身的特性无关。

当电流单位为 A、电压单位为 V、时间单位为 s 时，电能的单位为 J（焦耳，简称焦），功率的单位为 W（瓦特，简称瓦）。

值得一提的是，实际中电能常用千瓦时（kW·h，俗称度）来表示，且有

$$1\mathrm{kW \cdot h} = 3.6 \times 10^{6} \mathrm{J}$$

在具体的电路中，有些元件吸收功率，另一些则发出功率，在应用式（1-3-2）求功率时应注意下列原则：

1）当元件上电压和电流的参考方向取为关联参考方向时，p 表示元件吸收的功率。当 $p>0$ 时，表示该元件确实吸收功率；反之，当 $p<0$ 时，表示该元件发出功率。

2）当元件上电压和电流的参考方向取为非关联参考方向时，p 表示元件发出的功率。当 $p>0$ 时，表示该元件确实发出功率；反之，当 $p<0$ 时，表示该元件吸收功率。

若一个元件吸收功率为 100W，也可以表述为其发出功率为 -100W。同理，一个元件发出功率为 100W，也可以表述为其吸收功率为 -100W，这两种说法是一致的。

例 1-3-1 试求图 1-3-1 所示各元件或电路的功率。图中 $u_1 = 4\,\mathrm{V}$，$i_1 = 0.2\,\mathrm{A}$；$u_2 = 6\,\mathrm{V}$，$i_2 = -0.5\,\mathrm{A}$；$u_3 = 3\,\mathrm{V}$，$i_3 = 2\,\mathrm{mA}$。

解 对于图 1-3-1a，该元件上的电压和电流为关联参考方向，所以元件吸收的功率为

$$p = u_1 i_1 = 4 \times 0.2\,\mathrm{W} = 0.8\,\mathrm{W}$$

图 1-3-1　例 1-3-1 电路图

由于 $p>0$，所以该元件确实吸收 0.8W 的功率。

对于图 1-3-1b，该元件上的电压和电流为关联参考方向，所以元件吸收的功率为

$$p = u_2 i_2 = 6 \times (-0.5)\,\mathrm{W} = -3\,\mathrm{W}$$

由于 $p<0$，所以该元件实际发出 3W 的功率。

对于图 1-3-1c，该元件上的电压和电流为非关联参考方向，所以元件发出的功率为

$$p = u_3 i_3 = 3 \times (2 \times 10^{-3})\,\mathrm{W} = 6 \times 10^{-3}\,\mathrm{W} = 6\,\mathrm{mW}$$

由于 $p>0$，所以该元件发出 6mW 的功率。

1.4 电阻元件

电路元件是组成电路的最基本单元，它通过端子与外部相连接，元件的特性则通过与端子有关的物理量描述。每种元件都具有某种确定的电磁性质，都可以用精确的数学进行定义，用特定的符号进行表示。

1-4-1　电阻元件

电路元件按与外部连接的端子数目可分为二端、三端或四端元件等，此外，电路元件还可以分为有源元件和无源元件、线性元件和非线性元件、时不变元件和时变元件等。

电路分析中，二端元件主要有理想电阻元件、理想电容元件、理想电感元件、理想电压源、理想电流源。本节将介绍二端线性电阻元件，其他元件将在相关的后续章节中陆续讲述。为了方便，今后将省略"理想"二字，未加特殊说明，一切元件均指理想电路元件。

1.4.1 电阻和电导

电阻元件是电路中应用最广的无源二端元件，许多实际的电路元件如电阻器、电热器、灯泡等在一定条件下均可以用二端电阻元件来表示。电阻元件的电磁性质就是消耗电能。

电阻元件的定义是：元件端子间的电压和电流取关联参考方向下，如图 1-4-1a 所示，在任何时刻它两端的电压和电流关系服从欧姆定律，即有

$$u = Ri \qquad (1\text{-}4\text{-}1)$$

式中，R 称为电阻，是一个常数。当电压的单位为 V、电流的单位为 A 时，电阻 R 的单位是 Ω（欧姆，简称欧）。

令 $G = \dfrac{1}{R}$，式 (1-4-1) 变成

$$i = Gu \qquad (1\text{-}4\text{-}2)$$

式中，G 称为电阻元件的电导。电导的单位是 S（西门子，简称西）。

电阻 R 和电导 G 是反映电阻元件性能而互为倒数的两个参数。如果说 R 反映一个电阻元件对电流的阻力，那么 G 就是一个衡量电阻元件导电能力强弱的参数。

值得强调的是，如果电阻（电导）上的电压、电流为非关联参考方向，如图 1-4-2 所示，则欧姆定律公式中应冠以负号，即

$$u = -Ri \qquad (1\text{-}4\text{-}3)$$

或

$$i = -Gu \qquad (1\text{-}4\text{-}4)$$

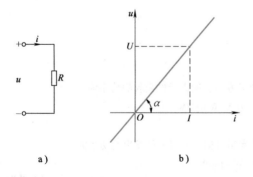
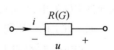

图 1-4-1　电阻元件及其伏安特性　　　　　　图 1-4-2　非关联参考方向下的欧姆定律
a）电阻元件　b）电阻伏安特性

1.4.2 电阻元件的伏安特性

式 (1-4-1) 表示电阻元件的电压和电流关系（Voltage Current Relation，VCR）。由于电压和电流的单位是 V 和 A，因此电阻元件的这种特性称为伏安特性。线性电阻元件的伏安特性在 $u\text{-}i$ 平面上是一条通过原点的直线，如图 1-4-1b 所示。直线的斜率 $\tan\alpha$ 与电阻元件的电

阻值 R 成正比，即有

$$\tan\alpha \propto R = \frac{U}{I}$$

由图 1-4-1b 可知，直线上每点的电阻等值，为常数，即电阻 R（或 G）是与 u、i 无关的常数。给定电阻元件的电阻值（或电导值）后，其电流和电压便有了确定的关系，所以用它们作为表征元件性质和作用的参数。

线性电阻元件的伏安特性位于第一、三象限，且关于原点对称，具有双方向性。如果一个线性电阻元件的伏安特性位于第二、四象限，则此元件的电阻值为负值，即 $R<0$，实际上是一个发出电能的元件，这种元件一般需要专门设计。还有另一类非线性电阻元件，它们的伏安特性不是直线而是曲线，如半导体二极管的伏安特性曲线。

本节以后将二端线性电阻元件简称为电阻元件。

1.4.3 电阻元件的开路和短路

如果当一个电阻元件两端的电压无论为何值（有限值），流过它的电流恒为零值时，称电阻元件"开路"。开路时电阻元件的伏安特性在 u-i 平面上与电压轴重合，如图 1-4-3a 所示，相当于 $R=\infty$ 或 $G=0$。如果电路中一对端子 1-1′ 之间呈断开状态，如图 1-4-3b 所示，这相当于 1-1′ 之间接有 $R=\infty$ 的电阻，此时称 1-1′ 处于"开路"。

如果当流过一个电阻元件的电流无论为何值（有限值），它两端的电压恒为零值时，称电阻元件"短路"。短路时电阻元件的伏安特性在 u-i 平面上与电流轴重合，如图 1-4-4a 所示，相当于 $R=0$ 或 $G=\infty$。如果电路中一对端子 1-1′ 之间用理想导线⊖连接起来，如图 1-4-4b 所示，这相当于 1-1′ 之间接有 $R=0$ 的电阻，此时称 1-1′ 处于"短路"。

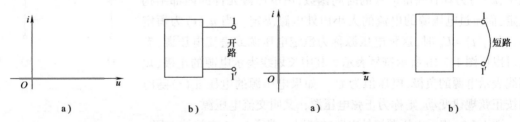

图 1-4-3　电阻元件开路的伏安特性及电路的开路状态　　图 1-4-4　电阻元件短路的伏安特性及电路的短路状态

1.4.4 电阻元件的功率和电能

当电阻元件的电压 u 和电流 i 取关联参考方向时，电阻元件吸收的功率为

$$p = ui = Ri^2 = \frac{i^2}{G} = \frac{u^2}{R} = Gu^2 \tag{1-4-5}$$

式中，R 和 G 都是正实常数，所以功率 p 总是大于或等于零的。故电阻元件只能吸收能量而

⊖ 理想导线的电阻值为零，但实际导线则不然。当电流流过实际导线时会消耗能量。在日常生活中，光在光导纤维的传导损耗比电在实际导线传导的损耗低得多，光纤被用作长距离的信息传递。2009 年，华裔科学家高锟因在"有关光在纤维中的传输以用于光学通信方面"做出突破性成就，获得诺贝尔物理学奖。

不能发出能量，是一种无源元件。

电阻元件从 t_0 到 t 的时间内吸收的电能为

$$W = \int_{t_0}^{t} p(\xi)\,\mathrm{d}\xi = \int_{t_0}^{t} Ri^2(\xi)\,\mathrm{d}\xi$$

电阻元件把吸收的电能一般转化成热能或其他形式的能量。

为了叙述方便，后面将把线性电阻元件简称为电阻。这样，"电阻"这个术语以及它相应的符号"R"，既用来表示一个电阻元件，也用来表示该元件的参数。

1.5 电压源和电流源

电路中的电源为电路提供电能，在电路中产生电流。实际的电源有许多种，如蓄电池、发电机、光电池等。在电路理论中，根据电源元件的不同特性可以得到电源的两种电路模型：一种是电压源，另一种是电流源。

1-5-1 电压源和电流源

1.5.1 电压源

在任何情况下都能够对外提供按给定规律变化的确定电压值的二端电路元件，称为电压源，它的电气符号如图 1-5-1a 所示。

电压源最显著的特点是，其两端电压 u 完全由 u_s 确定，不随外电路的变化而变化，即

$$u(t) = u_s(t)$$

式中，$u_s(t)$ 为具有确定形式的时间函数，由电压源元件的内部结构决定，而流过电压源的电流的大小由外电路决定。当 $u_s(t)$ 为恒定值，即 $u_s(t) = U_s$ 时，这种电压源称为恒定电压源或直流电压源，有时可以用图 1-5-1b 所示符号表示。其中长划线表示电源的正极，短划线表示电源的负极，电压值为 U_s。如果电压源的电压 $u_s(t)$ 随时间按正弦规律变动，则称为正弦电压源，又叫交流电压源。

图 1-5-1 电压源电气符号

图 1-5-2a 表示电压源接外电路的情况，端子 1、2 之间的电压 u 等于 u_s，不受外电路的影响，而电流 i 会随着外电路的不同而变化。在某一时刻 t_1，其伏安特性为一条平行于电流轴的直线，且端电压值为 $u_s(t_1)$，如图 1-5-2b 所示。当 $u_s(t)$ 随时间改变时，这条平行于电流轴的直线也将随之上下平行移动其位置。当 $u_s(t)$ 为直流电压源时，其伏安特性不随时间变化，始终为同一条平行于电流轴的直线，端电压值为 U_s，如图 1-5-2c 所示。

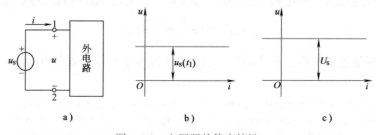

图 1-5-2 电压源的伏安特性

电压源的电压和通过电压源的电流的参考方向通常取为非关联参考方向，如图 1-5-2a 所示，代表电压源发出功率，其表达式为

$$p(t) = u_s(t) i(t)$$

通过计算出的 $p(t)$ 的正、负来判断电压源是否确实发出功率。

电压源两端不接外电路时，流过它的电流 i 恒为零，称此时电压源处于"开路"。如果令一个电压源的电压 $u_s = 0$，此时电压源的伏安特性为 u-i 平面上的电流轴，它相当于"短路"。非零电压源短路是不被允许的，因为短路时端电压 $u = 0$，这与电压源自身的特性 $u = u_s$ 不相容。为防止损坏，实际电压源通常都设有短路保护功能。

1.5.2 电流源

在任何情况下都能够对外提供按给定规律变化的确定电流的二端电路元件，称为电流源。电流源的电气符号如图 1-5-3 所示。

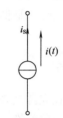

电流源最显著的特点是，流过它的电流 i 完全由 i_s 确定，不随外电路的变化而变化，即

$$i(t) = i_s(t)$$

图 1-5-3 电流源电气符号

式中，$i_s(t)$ 为具有确定形式的时间函数，由电流源元件的内部结构决定，而电流源两端的电压大小由外电路决定。当 $i_s(t)$ 为恒定值，即 $i_s(t) = I_s$ 时，这种电流源称为恒定电流源或直流电流源。如果电流源的电流 $i_s(t)$ 随时间按正弦规律变动，则称为正弦电流源，又叫交流电流源。

图 1-5-4a 表示电流源接外电路的情况，电流 i 等于 i_s，不受外电路的影响，而其两端的电压 u 会随着外电路的不同而变化。在某一时刻 t_1，其伏安特性为一条平行于电压轴的直线，且电流值为 $i_s(t_1)$，如图 1-5-4b 所示。当 $i_s(t)$ 随时间改变时，这条平行于电压轴的直线也将随之左右平行移动其位置。当 $i_s(t)$ 为直流电流源时，其伏安特性不随时间变化，始终为同一条平行于电压轴的直线，电流值为 I_s，如图 1-5-4c 所示。

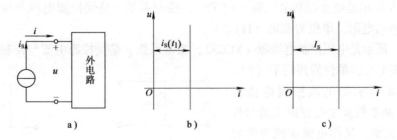

图 1-5-4 电流源的伏安特性

电流源的电压和通过它的电流的参考方向通常取为非关联参考方向，如图 1-5-4a 所示，代表电流源发出功率，其表达式为

$$p(t) = u(t) i_s(t)$$

通过计算出的 $p(t)$ 的正、负来判断电流源是否确实发出功率。

电流源两端用短路线连接时，其端电压 $u = 0$，而 $i = i_s$，电流源的电流即为短路电流。如果令一个电流源的电流 $i_s = 0$，则此时电流源的伏安特性为 u-i 平面上的电压轴，它相当于

"开路"。非零电流源开路是不被允许的，因为开路时流出的电流 $i=0$，这与电流源自身的特性 $i=i_s$ 不相容。实验室的实际电流源都设计了开路保护电路，不用时应将其输出端口短路连接，或者使其处于不工作状态。

常见的实际电源，如发电机、蓄电池一类的电源，工作原理接近于电压源，其电路模型是电压源和电阻的串联组合。而光电池一类的电源，工作时的特性比较接近电流源，其电路模型是电流源和电阻的并联组合。

上述电压源的电压 u_s 和电流源的电流 i_s 都是由元件本身的结构所决定的，与外电路无关，是独立的，所以称这类电源为独立源。冠以"独立"二字是为了和下一节要介绍的"受控"源（即非独立源）相区别，但为了方便，还是简称为电压源和电流源。

1.6 受控源

除独立源之外，在电路中还经常会遇到一些这样的元件，它们有着电源的一些特性，但是它们的电压或电流，又不像独立源那样是确定的时间函数，而是受电路中某部分电压或电流的控制，这种电源称为受控（电）源，又称"非独立"电源，就本身性质而言，可分为受控电压源和受控电流源。

1-6-1 受控源

受控源是由某些电子器件抽象出来的理想化模型，例如，晶体管的集电极电流受基极电流控制，运算放大器的输出电压受输入电压控制，描述这类元件时就需要引入受控源的概念。

受控电压源或受控电流源因控制量是电压或电流的不同可分为电压控制电压源（VCVS）、电流控制电压源（CCVS）、电压控制电流源（VCCS）和电流控制电流源（CCCS），它们的电气符号如图 1-6-1 所示。为了与独立源相区别，用菱形符号表示其电源部分。

图 1-6-1a 所示是电压控制电压源（VCVS），控制系数 μ 是受控源电压与控制电压 u_1 的比值，又称电压比或电压放大倍数，没有单位。

图 1-6-1b 所示是电流控制电压源（CCVS），控制系数 r 是受控源电压与控制电流 i_1 的比值，又称转移电阻，单位为欧姆（Ω）。

图 1-6-1c 所示是电压控制电流源（VCCS），控制系数 g 是受控源电流与控制电压 u_1 的比值，又称转移电导，单位为西门子（S）。

图 1-6-1d 所示是电流控制电流源（CCCS），控制系数 β 是受控源电流与控制电流 i_1 的比值，又称电流比或电流放大倍数，无量纲。

当受控源的控制系数 μ、r、g 或 β 为常数时，称为线性受控源，以后如无特殊说明，将省略其中"线性"二字而直接称之为受控源。

在图 1-6-1 中把受控源表示成具有 4 个端子的电路模型，其中受控电压源或受控电流源具有一对端子，另一对端子

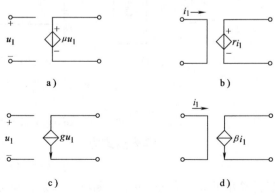

图 1-6-1 受控源
a）VCVS b）CCVS c）VCCS d）CCCS

则引入控制量，分别对应于控制量是开路电压或短路电流。但通常情况下，在含有受控源的电路中，其控制量所在的端子不一定要专门画出，一般只需在受控源的菱形符号旁注明其受控关系，同时在控制量所在的位置加以明确的标注就可以了。

独立源是电路中的"输入"，它反映外界对电路的作用，电路的电压和电流均由独立源的"激励"作用而产生。而受控源则不同，它反映了电路中某处的电压或电流受另一处的电压或电流控制的现象，或表示一处的电路变量与另一处电路变量之间的一种耦合关系，它在电路中并不能单独起激励的作用，不能脱离控制量而独立存在。

受控源的电源部分除其源电压或源电流受控制量控制之外，其他性质与独立源没有什么区别，所以在分析含有受控源的电路时，"可以把受控源作为独立源处理"，但是必须注意前者的电压或电流是取决于控制量的。

例 1-6-1 图 1-6-2 所示电路为双极型晶体管的简化电路图，受控电流源 CCCS 的电流为 $1.25i_1$，试求输出端电压 u_2。

解 先求出控制电流 i_1，从左侧电路可得

$$i_1 = \frac{10}{5}\text{A} = 2\text{ A}$$

则 CCCS 的电流值为

$$i_2 = 1.25i_1 = 1.25 \times 2\text{ A} = 2.5\text{ A}$$

可求得输出端电压为

$$u_2 = -2i_2 = -2 \times 2.5\text{ V} = -5\text{ V}$$

注意：u_2 的表达式中有负号，这是由于对于输出端电阻而言，流过它的电流 i_2 与其两端电压 u_2 为非关联参考方向，如图 1-6-2 所示。

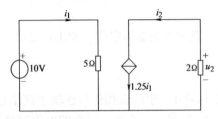

图 1-6-2　例 1-6-1 电路图

1.7　基尔霍夫定律

集总参数电路由集总参数元件相互连接而成，各元件的电压和电流受到两个方面的约束：一是元件本身的特性所形成的约束，即元件特有的伏安关系（VCR），如电阻元件的电压和电流取关联参考方向时满足 $u = Ri$ 的关系；二是元件相互之间的连接所构成的约束，也称为"拓扑"，基尔霍夫定律⊖就反映了这方面的约束关系。

1-7-1　基尔霍夫定律

基尔霍夫定律是集总参数电路的最基本定律，是分析各种电路问题的基础，它包括基尔霍夫电流定律和基尔霍夫电压定律。在介绍基尔霍夫定律之前，先介绍支路、结点和回路的概念。这里，暂时把每一个二端元件设为一条支路，把支路与支路的连接点称为结点，这样每一个二端元件是连接于两个结点之间的一条支路。由连续支路构成的闭合路径称为回路。

例如，图 1-7-1 是由 7 个元件相互连接而成的电路，7 个元件就是 7 条支路，连接点①、②、③、④、⑤为 5 个结点，支路（1，2，3，4）构成一个回路，图中的回路还有很多，如支路（1，5，6）、（2，6，7）、（1，2，7，5）等都能构成回路。

更多的时候，为了分析方便，支路和结点有不同的定义：由一个或一个以上元件串接成

⊖　1845 年，年仅 21 岁的德国大学生基尔霍夫建立了连接到结点上的支路电流应满足的关系，以及回路中各支路电压应满足的关系。

的分支称为支路，而三条或三条以上支路的连接点称为结点。在这种定义下，如图 1-7-1 所示的电路结构就有 6 条支路、4 个结点，如图 1-7-2 所示。

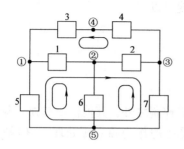

图 1-7-1　结点、支路和回路示意图

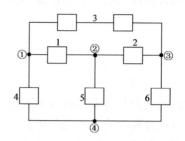

图 1-7-2　新定义下的结点和支路示意图

1.7.1　基尔霍夫电流定律（KCL）

基尔霍夫电流定律（KCL）指出："在集总参数电路中，任何时刻，对任一结点，所有流出结点的支路电流的代数和恒为零。"用数学形式表示为

$$\sum i = 0 \tag{1-7-1}$$

式（1-7-1）中的求和是对连接于该结点的所有支路电流进行的。若规定流出结点的电流前取 "+" 号，那么流入结点的电流前就取 "−" 号，而电流是流出还是流入结点，均根据电流的参考方向判定。

例如图 1-7-3 所示的电路，各支路电流的参考方向已经设定，对结点②应用 KCL，可得

$$-i_2 - i_4 + i_5 = 0$$

上式可以改写成

$$i_5 = i_2 + i_4$$

上式表明，流出结点②的支路电流之和等于流入该结点的支路电流之和。所以，KCL 也可以理解为：任何时刻，流出任一结点的支路电流之和恒等于流入该结点的支路电流之和。即有

$$\sum i_{出} = \sum i_{入} \tag{1-7-2}$$

KCL 通常应用于结点，但对于包围几个结点的闭合面（也称广义结点）也是适用的。如图 1-7-3 电路中的点画线圈所示，在这个闭合面 S 中有 3 个结点，即结点①、②、③，对这 3 个结点分别列写 KCL 方程为

$$-i_1 + i_4 - i_6 = 0$$
$$-i_2 - i_4 + i_5 = 0$$
$$-i_3 - i_5 + i_6 = 0$$

将以上三式相加，得

$$-i_1 - i_2 - i_3 = 0$$

对闭合面 S 应用 KCL 的结论为，i_1、i_2 和 i_3 流入该闭合面的电流代数和为零。

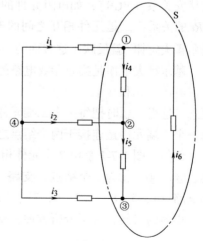

图 1-7-3　KCL

　　由此说明，流出一个闭合面的各支路电流的代数和总是等于零，也可以说流出某闭合面的支路电流之和恒等于流入该闭合面的支路电流之和。

　　KCL 反映了电流的连续性，是电荷守恒的体现。

　　例 1-7-1　图 1-7-4a 是某电路的一部分，已知 $i_1 = 2A$，$i_3 = -1A$，$i_5 = 1.5A$，$i_6 = -0.5A$，试求流经电阻 R_2 和 R_4 的电流。

　　解　在应用 KCL 之前先确定流经电阻 R_2 和 R_4 的电流的参考方向，如图 1-7-4b 中 i_2、i_4 所示。

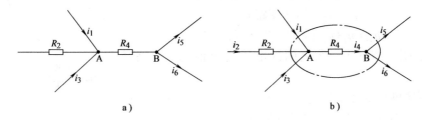

图 1-7-4　例 1-7-1 电路图

　　将 KCL 应用于结点 B，可得

$$i_4 = i_5 + i_6 = [1.5 + (-0.5)]A = 1A$$

再将 KCL 应用于结点 A，可得

$$i_2 = i_4 - i_1 - i_3 = [1 - 2 - (-1)]A = 0A$$

i_2 也可以通过将 KCL 应用于图 1-7-4b 中点画线所示的闭合面来求得，即

$$i_2 = i_5 + i_6 - i_1 - i_3 = [1.5 + (-0.5) - 2 - (-1)]A = 0A$$

　　这里需要强调的是，KCL 方程中哪些电流取"+"，哪些电流取"-"，完全由电流的参考方向决定，与电流本身的正、负没有关系。换句话说，KCL 方程建立过程中所说的电流的流出和流入指的是其参考方向，而不是其实际方向。

1.7.2　基尔霍夫电压定律（KVL）

　　基尔霍夫电压定律（KVL）指出："在集总参数电路中，任何时刻，沿任一回路，所有支路电压的代数和恒等于零"。用数学表达式表示为

$$\sum u = 0 \tag{1-7-3}$$

式（1-7-3）是对一回路中的所有支路进行的。在求和之前需要任意指定一个回路的绕行方向，若支路电压的参考方向与回路的绕行方向一致，该电压前取"+"号；若支路电压的参考方向与回路的绕行方向相反，前面取"-"号。

　　在图 1-7-5 所示的电路中，对支路（1，2，3）构成的回路列写 KVL 方程，需要先指定支路电压的参考方向和回路的绕行方向。支路电压分别用 u_1、u_2 和 u_3 表示，它们的参考方向如图 1-7-5 所示，回路绕行方向用椭圆形线及箭头表示。

　　根据 KVL，对此回路有

$$-u_1 - u_2 + u_3 = 0$$

由上式可得

$$u_1 + u_2 = u_3$$

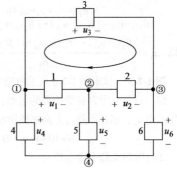

图 1-7-5　KVL

KVL 通常应用于回路，但对于一段不闭合的电路（或称路径）也经常应用。电路中任意两点之间的电压等于由起点到终点沿某一路径各支路/元件电压的代数和，电压方向与路径方向（由起点到终点的方向）一致时为正，相反为负。例如，对于如图 1-7-6 所示的一段电路，结点①、②之间的电压为

$$u_{12} = u_2 - u_{s3} - u_3$$

同样，在图 1-7-5 中，结点①、③之间的电压为

$$u_{13} = u_3 \text{（沿 3 支路）}$$

或 $$u_{13} = u_1 + u_2 \text{（沿 1，2 支路）}$$

以上式子表明，结点①、③之间的电压是单值的，与路径无关。

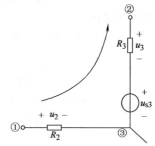

图 1-7-6　KVL 应用于求两点之间的电压

综上所述可得到如下结论：电路中任意两点之间的电压是确定的，等于由起点到终点沿任一路径各电压的代数和，与计算路径无关[⊖]。所以，在需要计算电路中某两点之间的电压时，可以选择合适的路径进行计算。

KCL 描述了结点各支路电流之间的关系，KVL 则描述了回路各支路电压之间的关系，这两个定律仅与元件的连接状态有关，而与元件的性质无关。无论元件是线性的还是非线性的，时变的还是时不变的，KCL 和 KVL 总是成立的。

对一个电路应用 KCL 和 KVL 时，应先对各结点和支路进行编号，并指定有关回路的绕行方向，同时指定各支路电流和支路电压的参考方向。

例 1-7-2　图 1-7-7 所示为某电路中的一个回路，已知 $R_1 = 2\,\Omega$，$u_{s1} = 1\,\text{V}$，$R_2 = 1\,\Omega$，$u_{s2} = 2\,\text{V}$，$i_2 = 1\,\text{A}$，$R_3 = 1\,\Omega$，$u_{s3} = 3\,\text{V}$，$i_3 = 2\,\text{A}$，$R_4 = 2\,\Omega$，$u_{s4} = 1\,\text{V}$，$i_4 = 1\,\text{A}$，试求 i_1。

解　由图 1-7-7 可知，所示回路由 4 条支路构成，设其支路电压分别为 u_1、u_2、u_3 和 u_4，其参考方向如图所示，则有

$$u_1 = R_1 i_1 - u_{s1}$$
$$u_2 = R_2 i_2 - u_{s2}$$
$$u_3 = R_3 i_3 - u_{s3}$$
$$u_4 = R_4 i_4 - u_{s4}$$

根据 KVL 可知，结点①、②之间的电压为

$$u_{12} = u_1 = u_4 - u_3 + u_2$$

即 $$R_1 i_1 - u_{s1} = (R_4 i_4 - u_{s4}) - (R_3 i_3 - u_{s3}) + (R_2 i_2 - u_{s2})$$

所以 $$i_1 = \frac{(R_4 i_4 - u_{s4}) - (R_3 i_3 - u_{s3}) + (R_2 i_2 - u_{s2}) + u_{s1}}{R_1} = 1\,\text{A}$$

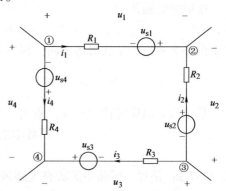

图 1-7-7　例 1-7-2 电路图

例 1-7-3　试求图 1-7-8 所示电路中的电流 i 和电压 u_{ab}。

解　这是一个含有受控源的电路，控制量是电压 u_1，应该先求出 u_1，选择回路（方向如图所示）列写 KVL 方程，有

$$4i + 10 - 4 - u_1 = 0$$

而 1Ω 电阻的支路上的电流为

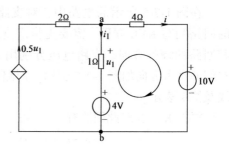

图 1-7-8　例 1-7-3 电路图

⊖　实质上，是能量守恒和转换定律的反映。

$$i_1 = \frac{u_1}{1} = u_1$$

则对结点 a 列写 KCL 方程为

$$0.5u_1 = i_1 + i$$

解得

$$i = -1\,\text{A}, \quad u_1 = 2\,\text{V}$$

若沿 1 Ω 电阻和 4 V 电压源的路径计算，有

$$u_{ab} = u_1 + 4 = 6\,\text{V}$$

或沿 4 Ω 电阻和 10 V 电压源的路径计算，有

$$u_{ab} = 4i + 10 = 6\,\text{V}$$

1.8 运算放大器

前面讲述的受控源是表征电子器件中某处电压或电流控制另一处电压或电流的一种理想化模型，现代电子电路中普遍使用的一种称为"运算放大器（Operational Amplifier，简称 OP、OPA、OPAMP）"的器件，就是可以用受控源模型表示的器件。

运算放大器，简称运放，是电路中重要的多功能有源多端器件，是一种直流耦合、差模（差动模式）输入、通常为单端输出的高增益的电压放大器。因为刚开始主要用于加法、乘法、积分、微分等运算电路中，因而得名，但它在实际中的应用远远超出了上述范围。

实际的运算放大器有多种型号，其内部结构也各不相同，但是在电路分析中仅仅关心其外部特性。这里所讲的运算放大器是指实际运算放大器的电路模型，其电气符号如图 1-8-1a 所示，其中"▷"符号表示"放大器"，具有单向性；"A"代表放大倍数，称为开环电压增益，数值很大，实际可达 $10^4 \sim 10^8$；a 端和 b 端是运算放大器的两个输入端，a 端称为反相输入端（也称倒向输入端），b 端称为同相输入端（也称非倒向输入端），O 端是其输出端；电源端子 E^+ 和 E^- 连接直流偏置电压，以维持运算放大器的工作。

在电路分析中经常使用如图 1-8-1b 所示的电气符号，这里没有画出直流偏置电源，但它实际是存在的。从图 1-8-1b 可以看出这里电压的正负是对"地"或公共端而言的。

如果同时在 a 端和 b 端分别加上输入电压 u^- 和 u^+，则有

$$u_o = A(u^+ - u^-) = Au_d \tag{1-8-1}$$

式中，$u_d = u^+ - u^-$，称为差动输入电压。

运算放大器的输出电压 u_o 和差动输入电压 u_d 之间的关系可以用图 1-8-2 近似地描述。在 $-\varepsilon \leqslant u_d \leqslant \varepsilon$（$\varepsilon$ 很小）范围内，u_o 和 u_d 的关系是一段通过原点的直线，其斜率等于 A。放大倍数 A 很大，所以这段直线很陡。当 $|u_d| > \varepsilon$ 时，输出电压 u_o 趋于饱和，图中分别用 u_{sat} 和 $-u_{sat}$ 表示正、负饱和电压，略低于

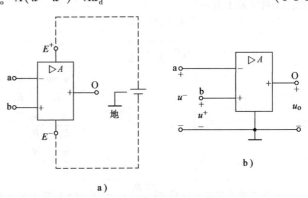

图 1-8-1 运算放大器的电气符号

直流偏置电压。这个 u_o-u_d 关系曲线称为运算放大器的外特性。

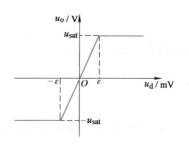

图 1-8-2　运算放大器的
u_o-u_d 特性

运算放大器的电路模型如图 1-8-3 所示，其中受控电压源的电压为 $A(u^+-u^-)$，R_i 为运算放大器的输入电阻，R_o 为输出电阻。实际运算放大器的 R_i 很大，而 R_o 则很小。

在理想条件下，流入每一输入端的电流均为零，即 R_i 为无穷大，输出电阻 R_o 则设为零，而放大倍数 A 亦为无穷大，这时称运算放大器为理想运算放大器。对于理想运算放大器，因为 $u_\text{o}=A(u^+-u^-)=Au_\text{d}$，且 $A=\infty$，而输出电压 u_o 为有限值，则必有 $u_\text{d}=u^+-u^-=0$ 或 $u^+=u^-$。这就是说，如果当同相输入端接地，即 $u^+=0$ 时，反相输入端亦为零。

综上所述，理想运算放大器所应满足的两条规则：

1) 反相端和同相端的输入电流均为零，即 $i^-=i^+=0\,\text{A}$，称为"虚断路"。

2) 对于公共端（地），反相输入端与同相输入端的电压相等，即 $u^-=u^+$，称为"虚短路"。

这里的"虚断路"和"虚短路"概念并非指真正断路或短路，而是用以帮助理解理想运算放大器的输入端电压、电流特点而定义的。

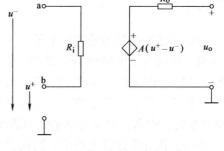

图 1-8-3　运算放大器的电路模型

当电路中含有理想运算放大器时，通过对结点列写 KCL 方程并注意到"虚断路"和"虚短路"规则，可以使电路的分析得以简化。理想运算放大器只需添加一些电阻即可构成各种计算单元电路，如反相比例器、加法器、减法器等。

例 1-8-1 试分析图 1-8-4 所示电路实现的功能。

解 根据理想运算放大器的"虚短路"规则，有

$$u^-=u^+=0\,\text{V}$$

根据"虚断路"规则，有

$$i^-=i^+=0\,\text{A}$$

对结点①列写 KCL 方程

$$i_1=i_\text{f}+i^-=i_\text{f}$$

而

$$i_1=\frac{u_\text{i}-u^-}{R_1}=\frac{u_\text{i}}{R_1}$$

图 1-8-4　例 1-8-1 电路图

$$i_\text{f}=\frac{u^--u_\text{o}}{R_\text{f}}=-\frac{u_\text{o}}{R_\text{f}}$$

所以

$$\frac{u_\text{i}}{R_1}=-\frac{u_\text{o}}{R_\text{f}}$$

则

$$\frac{u_\text{o}}{u_\text{i}}=-\frac{R_\text{f}}{R_1}$$

该电路实现了将输入信号按 $\left(-\dfrac{R_\text{f}}{R_1}\right)$ 的倍数放大后输出的功能，称为反相比例（放大）器。特别地，当 $R_\text{f}=R_1$ 时，$u_\text{o}=-u_\text{i}$，实现了将输入电压信号反向输出的功能。

1.9 应用实例与分析

现在来分析引言中的手电筒电路。根据实际电路中元件的电气特性，干电池可以用理想电压源 U_s 和电阻 R_s 串联的模型进行描述，电珠用电阻 R 描述，筒体以及连接线路部分用理想导线描述，再加上开关，基于实际电路的结构，可以得到如图 1-9-1 所示的手电筒电路模型。设 $U_s=3\,\text{V}$，$R_s=1\,\Omega$，$R=8\,\Omega$。

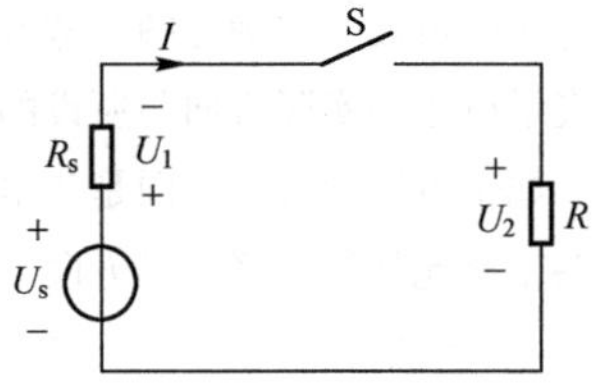

图 1-9-1　手电筒电路模型

根据欧姆定律（开关 S 闭合），有

$$U_1=R_sI,\quad U_2=RI \tag{1-9-1}$$

根据 KVL，有

$$U_s=U_1+U_2 \tag{1-9-2}$$

将式（1-9-1）代入式（1-9-2），可得

$$U_s=R_sI+RI=(R_s+R)I$$

可以求得电流

$$I=\frac{U_s}{R_s+R}=\frac{3}{1+8}\,\text{A}=\frac{1}{3}\,\text{A}$$

所以 U_1 和 U_2 分别为

$$U_1=R_sI=1\times\frac{1}{3}\,\text{V}=\frac{1}{3}\,\text{V}$$

$$U_2=RI=8\times\frac{1}{3}\,\text{V}=\frac{8}{3}\,\text{V}$$

在关联参考方向下，电珠（负载）吸收的功率为

$$P_2=U_2I=\frac{8}{3}\times\frac{1}{3}\,\text{W}=\frac{8}{9}\,\text{W}$$

在非关联参考方向下，理想电压源发出的功率为

$$P_s=U_sI=3\times\frac{1}{3}\,\text{W}=1\,\text{W}$$

很显然，电池发出的功率，除了大部分被电珠消耗之外，还有一部分被干电池自身的内阻消耗掉了，因此，使用一段时间的干电池会出现发热现象，这也进一步证明使用实际电压源模型，即理想电压源和电阻的串联组合来描述干电池是正确的。

1.10 本章小结

1.10.1 本章基本知识点

1. 电流和电压的参考方向

电流和电压是电路分析的基本物理量，一般要先假定电流、电压的参考方向，根据参考方向列写电路方程，再通过解方程求得结果。参考方向是人为任意假定的，一旦选定，在计算过程中不能随意更改，而电流、电压的实际方向则可以根据计算结果的正负进行判断。

电流 i 的实际方向规定为正电荷流动的方向。在确定参考方向后，若 $i>0$，则表示电流的实际方向与所设的参考方向相同；若 $i<0$，则表示电流的实际方向与所设的参考方向相反。

电压 u 的实际方向（极性）规定为由高电位指向低电位的方向，或者说高电位为电压的正极，低电位为电压的负极。在确定的参考方向下，若 $u>0$，则表示电压的实际方向与所设的参考方向相同；若 $u<0$，则表示电压的实际方向与所设的参考方向相反。

如果电流的参考方向是从电压参考方向的"+"端流入任一元件，而从"−"端流出，则称电压、电流关于该元件为关联参考方向，否则为非关联参考方向。

2. 功率

电功率与电压、电流密切相关。

1）若元件（或支路）的 u、i 为关联参考方向，该元件（或支路）吸收的功率为 $p=ui$。当 $p>0$ 时，表示该元件（或支路）实际上吸收功率；当 $p<0$ 时，则该元件（或支路）实际上发出功率。

2）若元件（或支路）的 u、i 为非关联参考方向，该元件（或支路）发出的功率为 $p=ui$。当 $p>0$ 时，表示该元件（或支路）实际上发出功率；当 $p<0$ 时，则该元件（或支路）实际上吸收功率。

3. 电阻元件

电阻元件是电路分析中最常见、最基本的二端无源元件之一，其定义及相关的特点可参见表 1-10-1。

表 1-10-1　电阻元件的定义和特点

电气符号	定义式	伏安特性	功率和能量
i R $+$ u $-$	$R=\dfrac{u}{i}$	$u=Ri$ 或 $i=Gu$	$p=i^2R=\dfrac{U^2}{R}=Gu^2$ $W(t)=\displaystyle\int_{-\infty}^{t}Ri^2\,\mathrm{d}\xi=\int_{-\infty}^{t}\dfrac{u^2}{R}\,\mathrm{d}\xi$

4. 电压源和电流源

电压源 u_s 和电流源 i_s 是有源元件，为了区别受控源，也称它们为独立源。

电压源、电流源的定义和特点见表 1-10-2。

表 1-10-2　电压源、电流源的定义和特点

名　称	电　压　源	电　流　源
定义	能独立向外电路提供规定的电压，是与流过的电流无关的二端元件	能独立向外电路提供规定的电流，是与其端电压无关的二端元件
电气符号	$+$ ◯ $-$ u_s	◯ i_s
伏安特性	$u_s(t_k)$	$i_s(t_k)$
主要特性	① 电压源的端口电压为特定的值或特定的时间函数，与流过的电流大小、方向无关 ② 流过电压源的电流由电源端电压与外电路共同决定 ③ 当 $u_s(t)=U_s$（常数）时，称其为直流电压源 ④ 当 $u_s(t)=0$ 时，电压源支路相当于短路 ⑤ 在复杂电路中，电压源既可以发出功率，也可以吸收功率	① 电流源流出的电流是一个特定的值或特定的时间函数，与其端电压的方向、大小无关 ② 电流源的端电压由电源流出的电流与外电路共同决定 ③ 当 $i_s(t)=I_s$（常数）时，称其为直流电流源 ④ 当 $i_s(t)=0$ 时，电流源支路相当于开路 ⑤ 在复杂电路中，电流源既可以发出功率，也可以吸收功率

注：充电中的可充电电池就是独立源吸收功率的一个实例。

5. 受控源

受控源也称为非独立源，它本身不能产生激励作用，因此当电路中无独立源时，电路不能产生响应。受控源是一种四端元件，由两个支路构成，一个为控制支路，另一个为被控制支路。被控制支路的电流或电压由控制支路的电压或电流控制。受控源的分类比较见表 1-10-3。

表 1-10-3　受控源的分类比较

代　号	VCVS	CCVS	VCCS	CCCS
名称	电压控制电压源	电流控制电压源	电压控制电流源	电流控制电流源
电气符号	u_1 μu_1 u_2	i_1 ri_1 u_2	u_1 gu_1 i_2	i_1 βi_1 i_2
控制量	u_1	i_1	u_1	i_1
被控制量	u_2	u_2	i_2	i_2
控制关系式	$u_2 = \mu u_1$	$u_2 = ri_1$	$i_2 = gu_1$	$i_2 = \beta i_1$
注意点	VCVS、CCVS 统称为受控电压源，被控支路的符号和电压特性与独立电压源相近。被控支路的电压与该支路的电流无直接关系，这一点与独立电压源相同，但又有不同：独立电压源电压不受其他支路电压或电流控制，而受控电压源电压受控制支路电压或电流控制		VCCS、CCCS 统称为受控电流源，被控支路的符号和电流特性与独立电流源相近。被控支路的电流与该支路的电压无直接关系，这一点与独立电流源相同，但又有不同：独立电流源电流不受其他支路电压或电流控制，而受控电流源电流受控制支路电压或电流控制	

6. 基尔霍夫定律

基尔霍夫定律的表述以及使用说明见表 1-10-4。

表 1-10-4　基尔霍夫定律

名　　称	基尔霍夫电流定律	基尔霍夫电压定律
简称	KCL	KVL
定律内容文字表述	在集总参数电路中，任何时刻，对任一结点，所有流出结点的支路电流的代数和恒等于零	在集总参数电路中，任何时刻，沿任一回路，所有支路电压的代数和恒等于零
定律公式表述	$\sum i = 0$	$\sum u = 0$
定律使用说明	可用于一个结点，也可用于一个闭合面	可用于任一闭合路径
物理实质	是电流连续性和电荷守恒的体现	是电位单值性的体现

7. 运算放大器

运算放大器属于多端元件，是一种增益很高的电压放大集成电路，能同时放大直流和一定频率的交流电压。由于它能完成加法、微分、积分等多种运算，故称为运算放大器，简称运放。

（1）运算放大器的电气符号

运算放大器的电气符号如图 1-10-1 所示，其中，"－"端称为反相输入端，"＋"端称为同相输入端（注意不要把"＋""－"误认为电压参考方向的正、负极性）。若运算放大器的同相输入端和反相输入端的电压分别为 u_+ 和 u_- 时，运算放大器输出端的电压为

$$u_o = A(u_+ - u_-) = Au_d$$

式中，$u_d = u_+ - u_-$，称为差动输入；A 为运算放大器电压放大倍数或电压增益的绝对值，其数值很大，可达 10^5 量级以上。

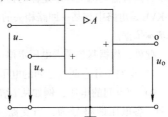

图 1-10-1　运算放大器的电气符号

（2）运算放大器的电路模型

运算放大器的电路模型如图 1-10-2 所示，也可称其为运放外部关系的等效电路。其中，受控源 $A(u_+-u_-)$ 为电压控制电压源；R_i 为运放的输入电阻，一般为 1 MΩ 至几十 MΩ；R_o 为运放的输出电阻，一般为 100 Ω 左右。

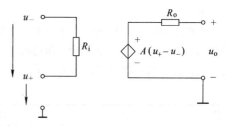

（3）理想运算放大器及其约束规则

若理想运算放大器的输入电阻 $R_i \to \infty$，输出电阻 R_o 为零，而放大倍数 $A \to \infty$，这时的运算放大器称为理想运算放大器，其电气符号如图 1-10-3 所示。

图 1-10-2　运算放大器的电路模型

对含有理想运算放大器的电路，有以下两条约束规则：

1）"虚断（路）"——由于 $R_i \to \infty$，所以流入每一个输入端的电流均为零，即 $i_+ = i_- = 0$。

2）"虚短（路）"——由于 $u_o = A(u_+-u_-)$，u_o 又为一有限值，而 $A \to \infty$，因此有 $u_+ - u_- = 0$，即有 $u_+ = u_-$。

这两条约束规则是分析含有理想运放电路的重要工具之一。

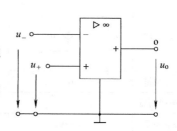

图 1-10-3　理想运算放大器的
电气符号

1.10.2　本章重点与难点

1. 电路元件

电路元件是指电阻、电压源、电流源、受控源和将在后续章节中学习到的电容、电感，它们是组成电路的基本单元。对每一种电路元件，应掌握其定义、电气符号、伏安关系以及相关性质等，尤其对于理想电源，更应深入理解。

受控源的引入对于电路初学者而言是个难点。受控源用以表示电路中支路电压、支路电流之间的一种控制关系，对于其种类、控制关系及特点应该深入理解。需要指出的是，受控电压源的电压或受控电流源的电流受电路中其他支路电压或电流（亦称控制量）的控制。

2. 参考方向和功率

1）对于电路初学者，必须很好地理解和掌握电压和电流的参考方向。在电路分析、计算中，必须对每一个元件设定其电压、电流的参考方向，否则将无法列写方程，也无法判定方程正确与否以及确定未知量的实际方向。

2）元件的功率计算比较简单，难点在于功率状态的判断。要正确判断元件的功率状态，不仅要看由功率计算公式 $P = ui$ 所求得的功率值的正、负，还要根据元件上电压、电流的参考方向才能进一步做出判断。

3. 基尔霍夫定律

基尔霍夫定律是电路理论的基础，定律内容虽然简单，但要完全掌握并灵活应用需要一个过程。在本章中，读者需要深刻理解定律的描述对象：KCL 是电路中与某一结点相关的各支路电流之间的约束关系；而 KVL 是电路中与某一回路相关的各支路电压之间的约束关系，它们是分析结点处各电流和回路中各电压的基本依据。

此外，根据基尔霍夫电压定律（KVL），还可以得到以下结论：

1）电路中任意两点之间的电压是确定的，与路径无关。

2）两点间的电压，例如从 i 结点到 j 结点的电压 u_{ij}，等于从 i 结点沿某一路径到 j 结点的各电压的代数和。各电压的符号为，当支路（或元件）电压方向（+→-）与路径方向一致时取"+"，否则取"-"。

3）沿电路任一回路电阻上的电压降的代数和等于该回路中电压源电动势升的代数和，即 $\sum Ri = \sum u_s$。各项的正负号规定为，当流过电阻的电流与回路绕行方向一致时，Ri 前取"+"，否则取"−"；当电动势方向（从电压源负极指向正极）与回路绕行方向一致时，u_s 前取"+"，否则取"−"。

4. 含有理想运算放大器的电路的分析

在电路分析中，一般不涉及运算放大器的内部电路，而只考虑其外部特性。将运算放大器用理想化模型表示，可极大地简化电路的分析与计算，而掌握含有理想运算放大器电路的分析方法是有关运算放大器部分的重点。

分析含有理想运算放大器的电路，一是依据两条规则（虚短路和虚断路），二是根据电路自身结构利用结点电压法（将在 3.5 节中学习）或 KCL 列写方程。值得注意的是，对于和运算放大器输出端直接连接的结点，由于理想运算放大器的输出端电流是未知的，所以一般不列写其结点的 KCL 方程。

1.11 习题

1. 如图 1-11-1 所示各元件，试确定它们电流、电压的实际方向，判断图示电压、电流是否为关联参考方向，并说明各元件实际上是吸收还是发出功率。

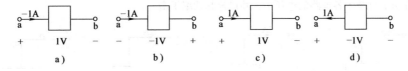

图　1-11-1

2. 如图 1-11-2 所示电路中各方框均代表某一电路元件，在所示参考方向条件下求得各元件电流、电压分别为 $i_1 = 5\,A$，$i_2 = 3\,A$，$i_3 = -2\,A$，$u_1 = 6\,V$，$u_2 = 1\,V$，$u_3 = 5\,V$，$u_4 = -8\,V$，$u_5 = -3\,V$，试计算各元件吸收的功率，并判断是否满足功率平衡。

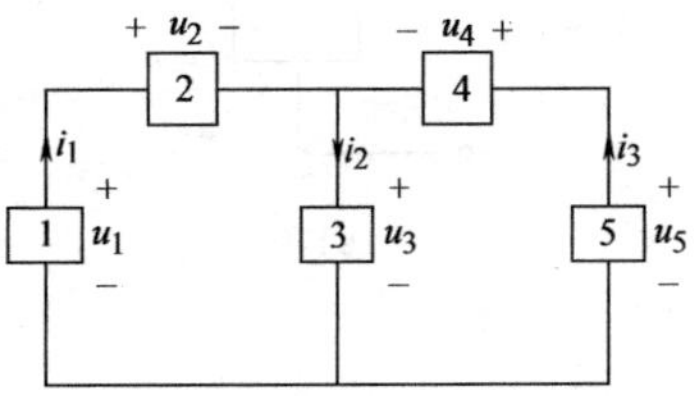

3. 若某元件端子上的电压和电流取关联参考方向，而 $u = 170\cos(100\pi t)\,V$，$i = 7\sin(100\pi t)\,A$，试求：

（1）该元件吸收功率的最大值。

（2）该元件发出功率的最大值。

图　1-11-2

4. 如图 1-11-3 所示，在指定的电压 u、电流 i 参考方向下，试写出各元件 u 和 i 的约束方程（VCR 方程）。

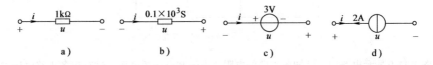

图　1-11-3

5. 试根据图 1-11-4 所示电路回答下列问题：

（1）设 $i = -2\,mA$，$u = -6\,V$，R 为何值？

（2）设 $u = -6\,V$，$R = 30\,\Omega$，R 吸收的功率为多少？

（3）设 $u = -6\,V$，R 吸收的功率为 0.24 W，求电流 i。

6. 在图 1-11-5 所示各电路中，$U_s = 10\,V$，$I_s = 2\,A$，$R = 5\,\Omega$，试求各元件的电流、电压和功率状态。

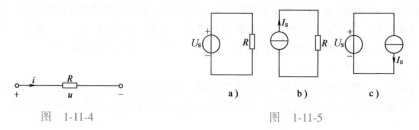

图 1-11-4   图 1-11-5

7. 计算如图 1-11-6 所示电路中各元件的功率，试判断是吸收还是发出功率，并校验功率平衡关系。

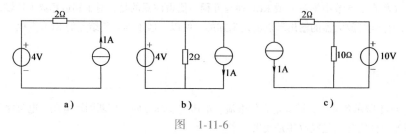

图 1-11-6

8. 试计算图 1-11-7 中各电路的电压 U，并讨论其功率平衡。

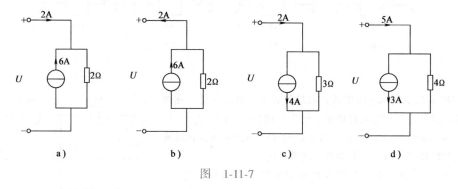

图 1-11-7

9. 试计算图 1-11-8 所示电路中每个电源吸收的功率，并指出其状态。

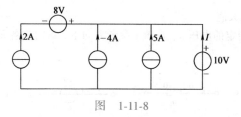

图 1-11-8

10. 如图 1-11-9 所示电路中，已知各支路的电阻、电流和电压源电压，试写出各支路电压 U 的表达式。

11. 试求图 1-11-10a 所示电路中的电流 i_1、i_2 和图 1-11-10b 所示电路中的电流 i 和电压 u_{AB}。

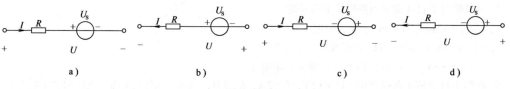

图 1-11-9

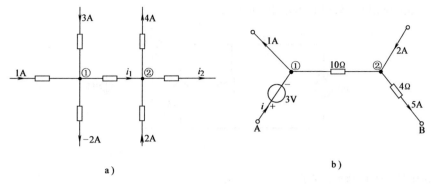

图 1-11-10

12. 电路如图 1-11-11 所示，试求 U_{AB}、U_{BC}、U_{CA}。

13. 试求图 1-11-12 所示电路中的 i_5 和 u_s。

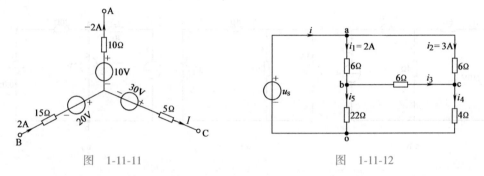

图 1-11-11   图 1-11-12

14. 试求图 1-11-13 所示电路中的电流 i 和电压 u。

15. 电路如图 1-11-14 所示，试求图中 1 V 电压源流过的电流 I 及 $3U$ 受控源的功率，并验证功率平衡关系。

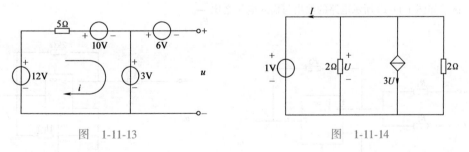

图 1-11-13   图 1-11-14

16. 在图 1-11-15 所示电路图中，已知 $I_1 = 2$ A，$K_u = 4$，$K_R = 0.5$，试求电流 I_3 和电压 U_{ab}、U_{ac}。

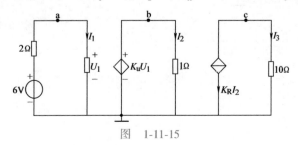

图 1-11-15

17. 试用 KCL 和 KVL 求解图 1-11-16 中的电流 i。

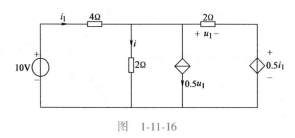

图　1-11-16

18. 电路如图 1-11-17 所示，试求：

（1）图 a 中的电压 u。

（2）图 b 中 2 Ω 电阻消耗的功率 P_R。

（3）图 c 中的电压 u_{cb}。

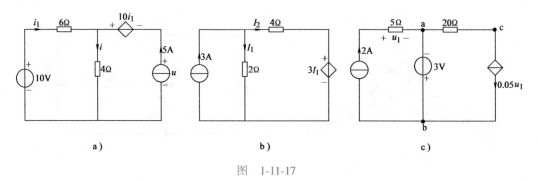

图　1-11-17

19. 电路如图 1-11-18 所示，它实现了加法运算功能，因此称为加法器。试根据理想运算放大器的规则及 KCL、KVL 方程推导 u_o 与 u_1、u_2 之间的关系表达式。

20. 试求如图 1-11-19 所示电路的输出与输入电压之比 $\dfrac{u_o}{u_i}$。

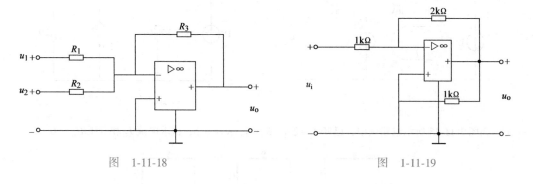

图　1-11-18　　　　　　　　　　图　1-11-19

第 2 章
电阻电路的等效变换

引言

根据欧姆定律和基尔霍夫定律，可以对一般电路进行分析，但对于结构复杂、支路较多的电路，所需列写的方程数较多，求解过程也相对烦琐。在此情况下，有时可以对不包含待求电压或电流支路的剩余部分电路进行等效，从而简化分析和求解过程。在分析电路时，基于等效变换的概念，使用电阻的串/并联等效变换、电阻星形联结和三角形联结的等效变换、电源的等效变换等方法，往往会使分析过程变得更加直观和便捷。

在工程实际中，被测量的物理量往往都是非常微弱的，必须用专门的电路来测量，电桥电路就是其中一个常见的电路。由于电桥具有灵敏度高、精确度高、非线性误差小等特点，在工程实际中有着广泛的应用。

如图 2-0-1a、b 所示的是测量微小电阻所用的惠斯通电桥及其原理电路图，该电桥电路主要由 4 个电阻（桥臂）组成，若使用常规的欧姆定律和基尔霍夫定律对图 2-0-1b 进行分析，其过程较为烦琐，但是如果借助电阻电路的等效变换，对部分电路进行等效处理，则可以使电路及其分析过程都得到简化。在实际应用中，通过调节桥臂电阻大小，在惠斯通电桥处于"平衡"状态下，可以实现对未知电阻值的测量，其精度远远高于伏安法。

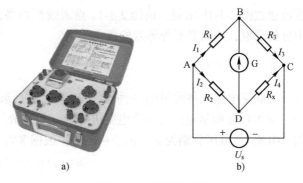

图 2-0-1　惠斯通电桥
a）实物图　b）原理电路图

2.1 简单电阻电路的等效变换

2-1-1　简单电阻电路的等效变换

2.1.1 电路等效变换的概念

本书分析研究的对象为线性电路，即由时不变线性无源元件、线性受控源和独立源构成的电路，而完全由线性电阻和电源元件（包括线性受控源）构成的电路，称为线性电阻电路，简称电阻电路。从本章开始到第 4 章将重点研究电阻电路的分析。电路中的电源可以是直流的（不随时间变化），也可以是交流的（随时间按一定规律变化）；若所有的独立源都是直流电源时，则称这类电路为直流电路。

在对电路进行分析的时候，有时可以将电路中某一部分用较为简单的电路代替，从而使整个电路得到简化，电路的分析也更加方便。例如，在图 2-1-1a 中，点画线框内由几个电阻构成的电路比较复杂，如果用一个电阻 R_{eq} 替代，如图 2-1-1b 所示，那么整个电路就简单化了。当然这种替代是有条件的，其条件是替代前后被代换部分的端子 1-1′ 之间的电压和电流（图 2-1-1 中的 u 和 i）保持不变，此时替代与被替代的电路在整个电路中的效果是相同的，这就是"等效"的概念，电阻 R_{eq} 称为等效电阻。

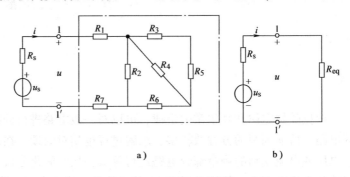

一般地说，当电路中某一部分用另一种结构的电路替代后，如果未被替代的那部分电路的电压和电流均保持不变，则称用于替代的电路与被替代的那部分电路相互等效；将电路中的一部分

图 2-1-1　电路的等效变换

用其等效电路替代的过程，称为等效变换。值得强调的是，在等效变换前后始终不变的是等效电路以外的部分，所以这种等效是"对外等效"，至于等效电路内部，两者结构显然不同，各处的电流和电压没有相互对应的关系。例如，如果要求取图 2-1-1a 中端子 1-1′ 之间的电压和电流值可通过图 2-1-1b 求得，而图 2-1-1a 点画线框内各元件的电压和电流值则必须回到原电路中分析求取，这就是对外等效的概念。

2.1.2　电阻的串联

串联是电路元件常见的一种连接方式。各电路元件依次首尾相连，连成一串，称为串联。图 2-1-2a 所示电路为 n 个电阻 R_1、R_2、$\cdots$、R_n 的串联组合电路，每个电阻中的电流为同一电流 i，电压分别为 u_1、u_2、$\cdots$、u_n，根据 KVL 有

$$u = u_1 + u_2 + \cdots + u_n$$

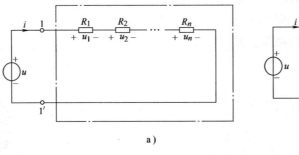

图 2-1-2　电阻的串联

由电阻元件的伏安关系可得

$$u = R_1 i + R_2 i + \cdots + R_n i$$
$$= (R_1 + R_2 + \cdots + R_n) i$$

若用一个电阻 R_{eq} 代替这 n 个串联的电阻，如图 2-1-2b 所示，有

$$R_{eq} \overset{\text{def}}{=} R_1 + R_2 + \cdots + R_n = \sum_{k=1}^{n} R_k \tag{2-1-1}$$

即有

$$R_{eq} = \frac{u}{i}$$

显然电路两端的电压和电流关系不会改变。根据等效的概念，称电阻 R_{eq} 是这些电阻串联后的等效电阻。

式（2-1-1）说明，n 个电阻串联时的等效电阻 R_{eq} 为串联的各个电阻之和。显然，等效电阻的阻值大于任何一个串联电阻。

电阻串联时，各个电阻上的电压为

$$u_k = R_k i = \frac{R_k}{R_{eq}} u \qquad k = 1, \ 2, \ \cdots, \ n \tag{2-1-2}$$

即各电阻上的电压与其各自的电阻值成正比，或者说总电压根据各个串联电阻的阻值进行分压，阻值越大，分到的电压也越大。式（2-1-2）称为串联分压公式。

特别地，如果 n 个相同的电阻相串联，即 $R_1 = R_2 = \cdots = R_n = R$ 时，其等效电阻 $R_{eq} = nR$，每个串联电阻上的电压相等，为

$$u_k = \frac{u}{n} \qquad k = 1, \ 2, \ \cdots, \ n$$

2.1.3 电导的并联

并联也是电路元件常见的一种连接方式。各电路元件首尾两端分别接在一起，连成一排，称为并联。图 2-1-3a 所示电路为 n 个电导 G_1、G_2、$\cdots$、G_n 的并联组合电路，每个电导两端的电压相同，电流分别为 i_1、i_2、$\cdots$、i_n，根据 KCL 有

$$i = i_1 + i_2 + \cdots + i_n$$

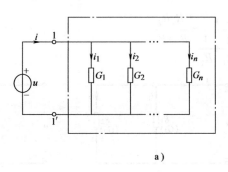 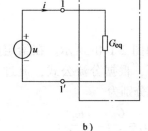

a)   b)

图 2-1-3　电导的并联

由电导元件的伏安关系可得

$$i = G_1 u + G_2 u + \cdots + G_n u$$
$$= (G_1 + G_2 + \cdots + G_n) u$$

若用一个电导 G_{eq} 代替这 n 个并联的电导，如图 2-1-3b 所示，有

$$G_{eq} \stackrel{\text{def}}{=} G_1 + G_2 + \cdots + G_n = \sum_{k=1}^{n} G_k \tag{2-1-3}$$

即有

$$G_{eq} = \frac{i}{u}$$

显然电路两端的电压和电流关系不会改变。根据等效的概念，称电导 G_{eq} 是这些电导并联后的等效电导，则其对应的等效电阻为

$$R_{eq} = \frac{1}{G_{eq}} = \frac{1}{\sum_{k=1}^{n} G_k} = \frac{1}{\sum_{k=1}^{n} \frac{1}{R_k}}$$

或

$$\frac{1}{R_{eq}} = \sum_{k=1}^{n} \frac{1}{R_k}$$

式 (2-1-3) 说明，n 个电导并联，可以等效为一个电导 G_{eq}，该等效电导为其各个并联的电导之和。不难看出，等效电导大于任何一个并联电导。

电导并联时，流过各个电导的电流为

$$i_k = G_k u = \frac{G_k}{G_{eq}} i \qquad k = 1,\ 2,\ \cdots,\ n \tag{2-1-4}$$

即各电导中的电流与其各自电导值成正比，或者说总电流根据各个并联电导值进行分流，电导值越大（即电阻值越小），则分得的电流越大。式 (2-1-4) 称为并联分流公式。

特别地，如果 n 个相同的电阻相并联，即 $R_1 = R_2 = \cdots = R_n = R$（$G_1 = G_2 = \cdots = G_n = G$）时，其等效电导 $G_{eq} = nG$，等效电阻 $R_{eq} = \dfrac{R}{n}$，每个并联电阻上的电流相等，为

$$i_k = \frac{i}{n} \qquad k = 1,\ 2,\ \cdots,\ n$$

在电路分析中，最常见的并联是两个电阻并联，即 $n = 2$ 的情况，如图 2-1-4a 所示，其等效电阻为

$$R_{eq} = \frac{1}{\dfrac{1}{R_1} + \dfrac{1}{R_2}} = \frac{R_1 R_2}{R_1 + R_2}$$

等效电路如图 2-1-4b 所示。在给定的参考方向下，根据分流公式，流过各电阻的电流分别为

$$i_1 = \frac{G_1}{G_{eq}} i = \frac{R_2}{R_1 + R_2} i$$

$$i_2 = \frac{G_2}{G_{eq}} i = \frac{R_1}{R_1 + R_2} i$$

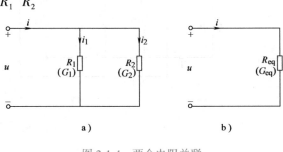

图 2-1-4　两个电阻并联

2.1.4　电阻的混联

如果相互连接的各个电阻之间既有串联又有并联，则称为电阻的串并联或混联。如图 2-1-5a 所示点画线框内的电路，对于这种电路，可根据其串、并联关系依次对它进行等效变换或化简，最终都能等效成一个电阻，如图 2-1-5b 所示，如果用 "+" 表示电阻的串联，用 "//" 表示并联，则其等效电阻为

$$R_{eq} = R_1 + \left[R_2 \,/\!/\, (R_3 + R_4) \right] = R_1 + \frac{R_2 (R_3 + R_4)}{R_2 + R_3 + R_4}$$

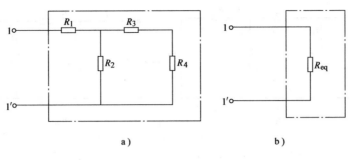

图 2-1-5 电阻的混联

对于电阻混联电路，可以通过等效变换来简化，并结合串联分压、并联分流公式对电路进行分析。

例 2-1-1 试求图 2-1-6a 所示电路的等效电阻 R_{ab}，其中 $R_1 = R_2 = 1\,\Omega$，$R_3 = R_4 = 2\,\Omega$，$R_5 = 4\,\Omega$。

解 在图 2-1-6a 中，注意到 R_4 被短路，因此可以简化成如图 2-1-6b 所示的等效电路，则等效电阻为

$$R_{ab} = (R_1 /\!/ R_2 /\!/ R_3) + R_5 = \frac{1}{\dfrac{1}{R_1} + \dfrac{1}{R_2} + \dfrac{1}{R_3}} + R_5 = 4.4\,\Omega$$

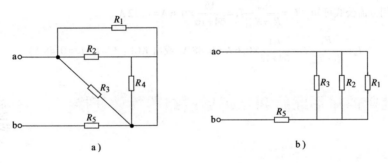

图 2-1-6 例 2-1-1 电路图

例 2-1-2 图 2-1-7a 所示电路，已知 $R_1 = 30\,\Omega$，$R_2 = 7.2\,\Omega$，$R_3 = 64\,\Omega$，$R_4 = 6\,\Omega$，$R_5 = 10\,\Omega$，试求其等效电路及各支路电流 I、I_1、I_2、I_3、I_4。

解 根据电阻的串、并联，图 2-1-7a 所示电路最终可化简为图 2-1-7d 所示的等效电路，其等效过程如图 2-1-7b、c、d 所示。

其中

$$R_{eq1} = R_4 + R_5 = 16\,\Omega$$

$$R_{eq2} = R_3 /\!/ R_{eq1} + R_2 = \frac{R_3 R_{eq1}}{R_3 + R_{eq1}} + R_2 = 20\,\Omega$$

$$R_{eq} = R_1 /\!/ R_{eq2} = \frac{R_1 R_{eq2}}{R_1 + R_{eq2}} = 12\,\Omega$$

由图 2-1-7d 可知

$$I = \frac{12}{R_{eq}} = \frac{12}{12}\,A = 1\,A$$

由图 2-1-7c，利用分流公式可知 $I_1 = \dfrac{R_{eq2}}{R_1 + R_{eq2}} I = \dfrac{20}{30 + 20} \times 1\,A = 0.4\,A$（或 $I_1 = \dfrac{12}{R_1} = \dfrac{12}{30}\,A = 0.4\,A$）

$$I_2 = \frac{R_1}{R_1 + R_{eq2}} I = \frac{30}{30 + 20} \times 1\,A = 0.6\,A（或由 KCL：I_2 = I - I_1 = 0.6\,A）$$

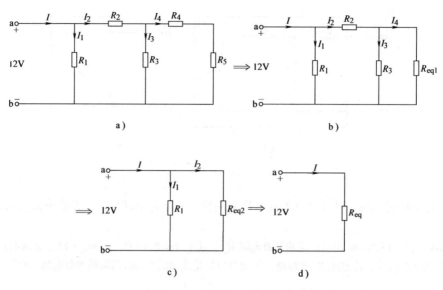

a)　　　　　　　　　　　　b)

c)　　　　　　　　　　　　d)

图 2-1-7　例 2-1-2 电路图

由图 2-1-7b,利用分流公式可知　$I_3 = \dfrac{R_{eq1}}{R_3 + R_{eq1}} I_2 = \dfrac{16}{64+16} \times 0.6\,\text{A} = 0.12\,\text{A}$

$$I_4 = \frac{R_3}{R_3 + R_{eq1}} I_2 = \frac{64}{64+16} \times 0.6\,\text{A} = 0.48\,\text{A}\,(\text{或由 KCL}:\ I_4 = I_2 - I_3 = 0.48\,\text{A})$$

2.2 电阻的星形联结和三角形联结的等效变换

2.2.1　星形联结与三角形联结

2-2-1　电阻星形联结与三角形联结的等效变换

图 2-2-1a 中,三个电阻都有一个端子连接在一起构成一个结点,另一个端子则分别与外电路连接,这种连接方式称为星形联结（Ｙ联结）;图 2-2-1b 中,三个电阻的端子分别首尾相连,形成三个结点,再由这三个结点作为输出端与外电路相连,这种连接方式称为三角形联结（△联结）。

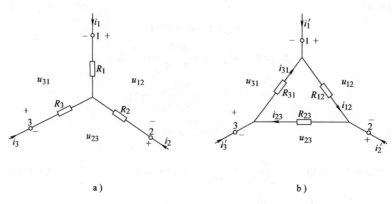

a)　　　　　　　　　　　　b)

图 2-2-1　电阻的星形联结与三角形联结

如图 2-2-2a 所示为工程测量中经常使用的电桥电路，各电阻之间的连接就是如此：在这一电路中，电阻 R_1、R_3、R_5 相互构成一个星形联结；电阻 R_1、R_2、R_5 则构成一个三角形联结。

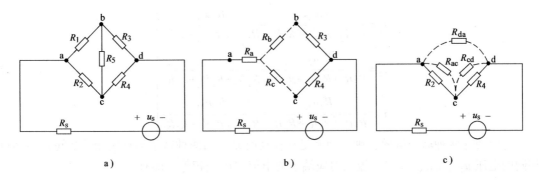

图 2-2-2 电桥电路及其等效化简

对于星形联结与三角形联结电路，无法用电阻的串、并联对其进行等效化简，但如果对于图 2-2-1，能在 R_1、R_2、R_3 构成的星形联结与 R_{12}、R_{23}、R_{31} 构成的三角形联结之间进行等效变化，那么如图 2-2-2a 所示的电桥电路就可以应用这一等效关系进行简化。如将图 2-2-2a 中的一组三角形联结的电阻（R_1，R_2，R_5）等效为星形联结的电阻（R_a，R_b，R_c），就能得到图 2-2-2b 所示电路；而将图 2-2-2a 中的一组星形联结的电阻（R_1，R_3，R_5）等效为三角形联结的电阻（R_{ac}，R_{cd}，R_{da}），就能得到图 2-2-2c 所示电路。这样就可以进一步通过简单的电阻串、并联对电路进行等效化简了。

2.2.2 星形—三角形联结之间的等效变换

电阻的星形联结与三角形联结都是通过三个端子与外电路相连的，如果能保证这三个端子 1、2 和 3 之间的电压 u_{12}、u_{23}、u_{31} 分别对应相等，流入这三个端子的电流 i_1、i_2、i_3 也分别对应相等，则由等效的概念可知，图 2-2-1 所示电阻的星形联结与三角形联结相互等效。

对于三角形联结的电路，如图 2-2-1b 所示，各电阻中流过的电流为

$$i_{12}=\frac{u_{12}}{R_{12}}, \quad i_{23}=\frac{u_{23}}{R_{23}}, \quad i_{31}=\frac{u_{31}}{R_{31}}$$

根据 KCL，端子电流为

$$\left.\begin{aligned} i_1'=i_{12}-i_{31}=\frac{u_{12}}{R_{12}}-\frac{u_{31}}{R_{31}} \\ i_2'=i_{23}-i_{12}=\frac{u_{23}}{R_{23}}-\frac{u_{12}}{R_{12}} \\ i_3'=i_{31}-i_{23}=\frac{u_{31}}{R_{31}}-\frac{u_{23}}{R_{23}} \end{aligned}\right\} \tag{2-2-1}$$

对于星形联结的电路，如图 2-2-1a 所示，由 KCL 和 KVL 可列出端子电流和电压之间的关系，方程为

$$i_1+i_2+i_3=0$$

$$R_1 i_1 - R_2 i_2 = u_{12}$$
$$R_2 i_2 - R_3 i_3 = u_{23}$$

对这三个方程联立求解，可得三个端子电流

$$\left.\begin{aligned} i_1 &= \frac{R_3 u_{12}}{R_1 R_2 + R_2 R_3 + R_3 R_1} - \frac{R_2 u_{31}}{R_1 R_2 + R_2 R_3 + R_3 R_1} \\ i_2 &= \frac{R_1 u_{23}}{R_1 R_2 + R_2 R_3 + R_3 R_1} - \frac{R_3 u_{12}}{R_1 R_2 + R_2 R_3 + R_3 R_1} \\ i_3 &= \frac{R_2 u_{31}}{R_1 R_2 + R_2 R_3 + R_3 R_1} - \frac{R_1 u_{23}}{R_1 R_2 + R_2 R_3 + R_3 R_1} \end{aligned}\right\} \qquad (2-2-2)$$

若要使这两种联结等效，则必须满足在任何时刻，当两种联结的对应端子之间分别具有相同的电压 u_{12}、u_{23}、u_{31} 时，流入对应端子的电流也应该相等，即有

$$i_1 = i_1', \quad i_2 = i_2', \quad i_3 = i_3'$$

将式（2-2-1）与式（2-2-2）相比较，可得

$$\left.\begin{aligned} R_{12} &= \frac{R_1 R_2 + R_2 R_3 + R_3 R_1}{R_3} \\ R_{23} &= \frac{R_1 R_2 + R_2 R_3 + R_3 R_1}{R_1} \\ R_{31} &= \frac{R_1 R_2 + R_2 R_3 + R_3 R_1}{R_2} \end{aligned}\right\} \qquad (2-2-3)$$

式（2-2-3）就是星形联结与三角形联结相互等效时电阻之间的关系，或者也可以认为是根据星形联结电阻确定等效的三角形联结电阻的公式。反之，也可以求得

$$\left.\begin{aligned} R_1 &= \frac{R_{12} R_{31}}{R_{12} + R_{23} + R_{31}} \\ R_2 &= \frac{R_{23} R_{12}}{R_{12} + R_{23} + R_{31}} \\ R_3 &= \frac{R_{31} R_{23}}{R_{12} + R_{23} + R_{31}} \end{aligned}\right\} \qquad (2-2-4)$$

式（2-2-4）就是根据三角形联结电阻确定等效的星形联结电阻的公式。不难看出，上述等效互换公式可归纳为

$$三角形电阻 = \frac{星形电阻两两乘积之和}{星形不相邻电阻}$$

$$星形电阻 = \frac{三角形相邻电阻的乘积}{三角形电阻之和}$$

当一种联结中的三个电阻阻值相等时，等效成另一种联结的三个电阻阻值也相等，且有

$$R_{\triangle} = 3 R_{Y} \quad 或 \quad R_{Y} = \frac{1}{3} R_{\triangle}$$

例 2-2-1 试求如图 2-2-3a 所示电路中端子 a、e 之间的等效电阻 R_{ae}，其中 $R_1 = 2\,\Omega$，$R_2 = 2\,\Omega$，$R_3 = 2\,\Omega$，$R_4 = 1\,\Omega$，$R_5 = 1\,\Omega$，$R_6 = 1\,\Omega$。

解 这是一个含有电桥的电路，将 R_1、R_3 和 R_5 构成的三角形联结用等效星形联结替代，得到如图 2-2-3b 所示电路，其中：

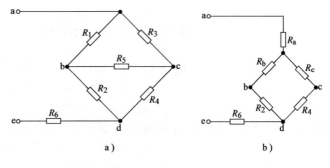

$$R_a = \frac{R_1 R_3}{R_1 + R_3 + R_5} = \frac{2 \times 2}{2 + 2 + 1}\Omega = 0.8\ \Omega$$

$$R_b = \frac{R_1 R_5}{R_1 + R_3 + R_5} = \frac{2 \times 1}{2 + 2 + 1}\Omega = 0.4\ \Omega$$

$$R_c = \frac{R_3 R_5}{R_1 + R_3 + R_5} = \frac{2 \times 1}{2 + 2 + 1}\Omega = 0.4\ \Omega$$

图 2-2-3 例 2-2-1 电路图

然后用电阻的串、并联等效方法，可得

$$R_{ae} = R_a + \left[(R_b + R_2) /\!/ (R_c + R_4) \right] + R_6 = R_a + \frac{(R_b + R_2)(R_c + R_4)}{R_b + R_2 + R_c + R_4} + R_6$$

$$= \left[0.8 + \frac{(0.4 + 2) \times (0.4 + 1)}{0.4 + 2 + 0.4 + 1} + 1 \right]\Omega$$

$$= 2.684\ \Omega$$

另一种方法是用三角形联结替代结点 a、c、d 的星形联结（以结点 b 为星形联结公共点的 R_1、R_2 和 R_5），如图 2-2-4 所示，再利用电阻的串、并联可以取得同样的结果。

由图 2-2-4 可得

$$R_{ae} = \left(\cfrac{1}{\cfrac{1}{8} + \cfrac{1}{\cfrac{2 \times 4}{2 + 4} + \cfrac{4 \times 1}{4 + 1}}} + 1 \right)\Omega$$

$$= 2.684\ \Omega$$

图 2-2-4 求解例 2-2-1 的
另一种方法

例 2-2-2 若在上例图 2-2-3a 中的 a、e 两端加上直流电压源 $U_s = 10\ \text{V}$，如图 2-2-5a 所示，试求流过 R_5 的电流 i_5。若 $R_2 = 1\ \Omega$，其余元件不变，再求 i_5。

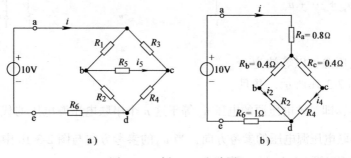

图 2-2-5 例 2-2-2 电路图

解 将 R_1、R_3 和 R_5 构成的三角形联结等效成星形联结，如图 2-2-5b 所示，由例 2-2-1 求得

$$R_{ae} = 2.684\ \Omega$$

则

$$i = \frac{10}{R_{ae}} = \frac{10}{2.684}\text{A} = 3.726\ \text{A}$$

由分流公式可得

$$i_2 = \frac{R_c + R_4}{R_b + R_2 + R_c + R_4} i = \frac{0.4 + 1}{0.4 + 2 + 0.4 + 1} \times 3.726\,\text{A} = 1.373\,\text{A}$$

$$i_4 = \frac{R_b + R_2}{R_b + R_2 + R_c + R_4} i = \frac{0.4 + 2}{0.4 + 2 + 0.4 + 1} \times 3.726\,\text{A} = 2.353\,\text{A}$$

则

$$u_{bd} = R_2 i_2 = 2 \times 1.373\,\text{V} = 2.746\,\text{V}$$

$$u_{cd} = R_4 i_4 = 1 \times 2.353\,\text{V} = 2.353\,\text{V}$$

R_5 两端的电压，如图 2-2-5a 所示，即为 b、c 之间的电压，由 KVL 可得

$$u_{bc} = u_{bd} - u_{cd} = (2.746 - 2.353)\,\text{V} = 0.393\,\text{V}$$

所以可得

$$i_5 = \frac{u_{bc}}{R_5} = \frac{0.393}{1}\,\text{A} = 0.393\,\text{A}$$

若 $R_2 = 1\,\Omega$，用类似的方法可求得

$$u_{bc} = 0\,\text{V}$$

$$i_5 = 0\,\text{A}$$

这是电桥的特殊情况，即四个桥臂满足 $\dfrac{R_1}{R_2} = \dfrac{R_3}{R_4}$ 或 $R_1 R_4 = R_2 R_3$，此时称电桥处于平衡。当电桥平衡时，电桥中 b、c 两点就是等电位点，流过 R_5 的电流为零，此时，可将 R_5 支路开路，亦可以将其短路处理，即 b、c 之间电阻值无论多大对电路其他部分无影响。由于 b、c 之间既可开路，又可短路，因此在计算平衡电桥的等效电阻时比较简单，只需用电阻的串、并联变换就可以完成，而无须再用星形—三角形等效变换。惠斯通平衡电桥的一个实例就是烟雾探测器。

2.3　电源的等效变换

2.3.1　电压源、电流源的串联和并联

电路分析中经常会遇到多个电源串、并联的情况，也可以应用等效的概念将其简化。

图 2-3-1a 为 n 个电压源的串联，根据 KVL，有

$$u = u_{s1} + u_{s2} + \cdots + u_{sn}$$

$$= \sum_{k=1}^{n} u_{sk}$$

这 n 个串联的电压源可以等效为一个电压源，如图 2-3-1b 所示，并且

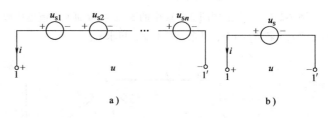

图 2-3-1　电压源的串联

满足 $u_s = \displaystyle\sum_{k=1}^{n} u_{sk}$，即等效电源的电压 u_s 等于这 n 个串联电压源电压的代数和。在计算 u_s 时必须注意各串联电压源电压的参考方向，当 u_{sk} 的参考方向与图 2-3-1b 中 u_s 的参考方向一致时，式中 u_{sk} 的前面取 "+" 号，不一致时取 "–" 号。例如，图 2-3-2a 所示为三个电压源的串联，其等效电压源如图 2-3-2b 所示，其电压大小为

$$u_s = u_{s1} - u_{s2} + u_{s3}$$

电压源也可以并联，但只有极性

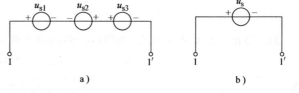

图 2-3-2　电压源串联电路的等效示例

一致且电压值相等的电压源才允许并联，否则将违背 KVL，其等效电路为其中任一电压源，但是并联的各个电压源的电流无法确定。

图 2-3-3a 为 n 个电流源的并联，根据 KCL，有

$$i = i_{s1} + i_{s2} + \cdots + i_{sn}$$
$$= \sum_{k=1}^{n} i_{sk}$$

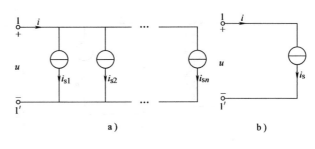

图 2-3-3　电流源的并联

这 n 个并联的电流源可以等效为一个电流源，如图 2-3-3b 所示，并且满足 $i_s = \sum_{k=1}^{n} i_{sk}$，即等效电流源的电流 i_s 等于这 n 个并联电流源电流的代数和。在计算 i_s 时必须注意各并联电流源电流的参考方向，当 i_{sk} 的参考方向与图 2-3-3b 中 i_s 的参考方向一致时，式中 i_{sk} 的前面取 "+"号，不一致时取 "−"号。例如，图 2-3-4a 所示为三个电流源的并联，其等效电流源如图 2-3-4b 所示，其电流大小为

$$i_s = -i_{s1} - i_{s2} + i_{s3}$$

电流源也可以串联，但只有方向一致且电流值相等的电流源才允许串联，否则将违背 KCL。其等效电路为其中任一电流源，但是串联后的总电压在各个电流源之间的分配无法确定。

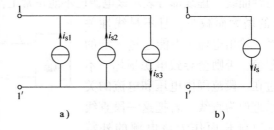

图 2-3-4　电流源并联电路的等效示例

值得注意的是，电路分析中有时会碰到几种比较特殊的情况，例如电压源与支路的并联（见图 2-3-5）或电流源与支路串联（见图 2-3-6）。

图 2-3-5a、b 和 c 给出了几种电压源与非独立电压源支路并的典型电路，由于电压源的电压与外电路无关，端子间的电压取决于电压源，因此这类典型电路都可以 "对外等效"为这一电压源，如图 2-3-5d 所示，而其流过端子的电流则由外电路决定。

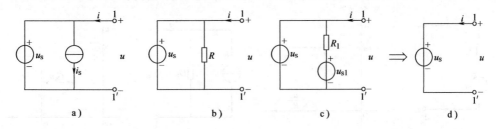

图 2-3-5　电压源与支路并联

图 2-3-6a、b 和 c 给出了几种电流源与非理想电流源支路串联的典型电路，由于电流源的电流与外电路无关，流过端子的电流取决于电流源，因此这类典型电路都可以 "对外等效"为这一电流源，如图 2-3-6d 所示，而其端子间的电压则由外电路决定。

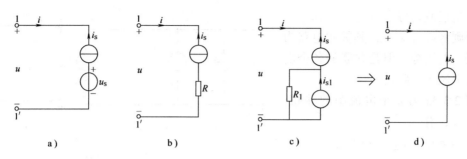

图 2-3-6　电流源与支路串联

2.3.2　实际电源的两种模型及其等效变换

前面讲述的电源都是理想电源，而实际电路中的电源，其伏安特性与理想电源并不相同。图 2-3-7a 所示为一个实际直流电源，图 2-3-7b 是它的输出电压 u 与输出电流 i 的伏安特性曲线（虚线部分表示该电源已不能正常工作）。由于内部存在损耗，输出电压 u 随电流 i 的增大而减少，且不呈线性关系。输出电流 i 不能超过一定的限值，否则会导致电源损坏。不过在一段范围内电压和电流的关系近似为直线。若把这一段直线加以延长而作为该电源的外特性，如图 2-3-7c 所示。电源两端的电压 u 随着输出电流 i 的增

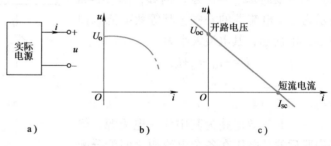

图 2-3-7　实际电源的伏安特性

大而减小。与电压 u 轴的交点，因为此时 $i=0$，所以为开路电压 U_{oc}；与电流 i 轴的交点，因为此时 $u=0$，所以为短路电流 I_{sc}。

实际电压源的伏安特性可以用以下直线方程表示：

$$u=u_s-R_s i \tag{2-3-1}$$

可以用如图 2-3-8a 所示的由一电压为 u_s 的理想电压源和一电阻 R_s 串联组成的电路模型来表示这一实际电源，其伏安特性如图 2-3-8b 所示，这一模型称为实际电压源模型。

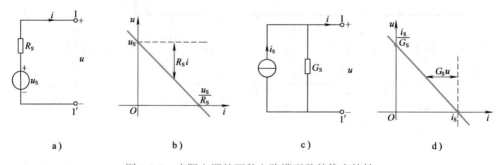

图 2-3-8　实际电源的两种电路模型及其伏安特性

由式（2-3-1）变形可得

$$i=\frac{u_s}{R_s}-\frac{u}{R_s}$$

令
$$i_{\mathrm{s}}=\frac{u_{\mathrm{s}}}{R_{\mathrm{s}}}, \quad G_{\mathrm{s}}=\frac{1}{R_{\mathrm{s}}} \qquad (2\text{-}3\text{-}2)$$

则有
$$i=i_{\mathrm{s}}-G_{\mathrm{s}}u \qquad (2\text{-}3\text{-}3)$$

即可以用如图 2-3-8c 所示的由一电流为 i_{s} 的理想电流源和一电阻 R_{s}（或电导 G_{s}）并联组成的电路模型来表示这一实际电源，其伏安特性如图 2-3-8d 所示，这一模型称为实际电流源模型。

由上述分析可知，实际电源有两种模型，一种是电压源和电阻的串联组合，另一种是电流源和电导的并联组合。在式（2-3-2）条件下可以由其中一种模型推得另一种模型，也就是说这两种模型是可以互相等效的，而其等效条件即为式（2-3-2），等效时一定要注意 u_{s} 和 i_{s} 的参考方向：i_{s} 的参考方向由 u_{s} 的负极指向正极。

当 $i=0$ 时，端子 1-1′ 处的电压 u 为开路电压 u_{oc}，而 $u_{\mathrm{oc}}=u_{\mathrm{s}}$；当 $u=0$ 时，i 为端子 1-1′ 处的短路电流 i_{sc}，而 $i_{\mathrm{sc}}=i_{\mathrm{s}}$；同时有 $u_{\mathrm{oc}}=R_{\mathrm{s}}i_{\mathrm{sc}}$，或 $i_{\mathrm{sc}}=G_{\mathrm{s}}u_{\mathrm{oc}}$。

值得注意的是，这种等效是其对外特性的等效，也即端子 1-1′ 处的伏安特性相同，而不是内部等效。例如，在图 2-3-8a、c 中，若 1-1′ 端开路，两电路对外均不发出功率，但此时，对于图 2-3-8a，流过电阻 R_{s} 的电流为零，不消耗功率，此时电压源不发出功率；而对于图 2-3-8c，流过电导 G_{s} 上的电流为 i_{s}，其消耗的功率为 $\dfrac{i_{\mathrm{s}}^2}{G_{\mathrm{s}}}$，此时电流源发出功率 $\dfrac{i_{\mathrm{s}}^2}{G_{\mathrm{s}}}$。反之，当 1-1′ 端短路时，电压源发出的功率为 $\dfrac{u_{\mathrm{s}}^2}{R_{\mathrm{s}}}$，而电流源发出的功率为零。

例 2-3-1 电路如图 2-3-9a 所示，试用电路等效变换方法求 i。

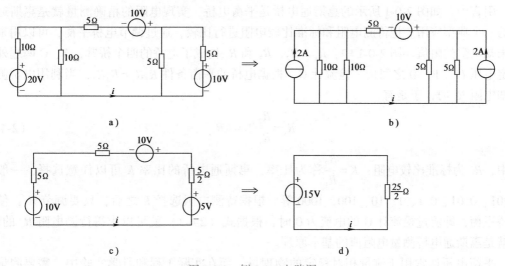

图 2-3-9 例 2-3-1 电路图

解 利用电源等效变换及电阻的串并联逐步简化电路，过程如图 2-3-9b、c 和 d 所示，由此可得

$$i=-\frac{15}{\dfrac{25}{2}}\mathrm{A}=-1.2\,\mathrm{A}$$

值得注意的是，受控电压源与电阻的串联组合和受控电流源与电导的并联组合也可按上述方法进行变换。但应注意在变换过程中要保存受控源的控制量所在支路，即不要把控制量所在支路"消掉"而导致控制量丢失。

例 2-3-2 电路如图 2-3-10a 所示，试用电路等效变换方法求 i。

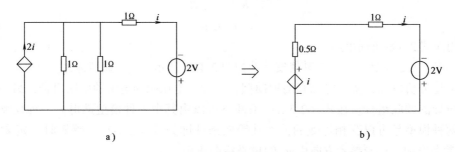

图 2-3-10 例 2-3-2 电路图

解 利用等效变换，将 CCCS 与电阻的并联组合变换为 CCVS 与电阻的串联组合，如图 2-3-10b 所示，根据 KVL，有

$$-i+(0.5+1)\times i-2=0$$
$$i=4\,\text{A}$$

2.4 应用实例与分析

直流电阻电桥是一种精密的测量电阻电路，具有重要的实际应用价值，按电桥的测量方式可分为平衡电桥和非平衡电桥。

引言中，如图 2-0-1 所示的惠斯通电桥是平衡电桥，实现电阻的精确测量就是惠斯通电桥的一个典型应用。把待测电阻和标准比较电阻进行比较，通过调节电桥平衡，可以用来测量未知电阻的阻值。图 2-0-1 中，R_1、R_2、R_3 和 R_x 构成了电桥的四个桥臂，A、C 两端外接恒定电压 U_s，B、D 之间接一检流计 G。根据电桥的平衡条件 $R_1R_x=R_2R_3$，当利用电桥测量未知电阻 R_x 时，于是有

$$R_x=\frac{R_2}{R_1}R_3=KR_3 \qquad\qquad (2\text{-}4\text{-}1)$$

式中，R_3 为标准比较电阻；$K=\dfrac{R_2}{R_1}$ 称为比率，惠斯通电桥的比率 K 可以任意选择，一般为 0.001、0.01、0.1、1、10、100、1000 等。根据待测电阻选择 K 之后，只要调节 R_3，使得电桥平衡，即流过检流计 G 的电流为 0 时，根据式（2-4-1）就可以求得待测电阻 R_x 的值。这就是惠斯通电桥测量电阻值的基本原理。

平衡电桥通常用于测量相对稳定的物理量。而在实际工程和科学实验中，需要测量连续变化的物理量，如传感器中测量温度、压力、形变等，就要使用非平衡电桥才能测量。根据所测物理量，选择与之相关的特殊测量电阻，如测量温度时选用热敏电阻。在测量前先将电桥调节为平衡状态，测量时因温度发生变化，待测桥臂的阻值也会发生变化，使电桥失去平衡，此时可在其测量端接指示仪器，将微小的电阻变化量根据某种运算转换成易于放大和记录的电压或电流的变化量，经电子放大器放大后，用仪表显示或者记录所需测量的值。

2. 5　本章小结

2.5.1　本章基本知识点

1. 等效变换的概念

等效变换的概念在电路分析中十分重要。对电路进行等效变换，是指将电路中的某一部分用另一种电路结构与元件参数代替后，不影响原电路中未变部分的任何一条支路的电压和电流，即变换部分以外的电路的参数不受影响，因此也称为"对外等效"。

2. 电阻电路的等效变换

电阻的连接方式有串联、并联、星形联结和三角形联结。对于电阻的串、并联，其等效电路见表 2-5-1，而电阻的星形联结和三角形联结之间的等效变换见表 2-5-2。

表 2-5-1　电阻的串联、并联及等效变换

电路名称	原 电 路	等 效 电 路	等效变换公式	辅 助 公 式
电阻的串联			$R_{eq} = \sum\limits_{k=1}^{n} R_k$	分压公式： $u_k = \dfrac{R_k}{R_{eq}} u$
电阻的并联			$G_{eq} = \sum\limits_{k=1}^{n} G_k$ 当只有 R_1、R_2 并联时： $R_{eq} = \dfrac{R_1 R_2}{R_1 + R_2}$	分流公式： $i_k = \dfrac{G_k}{G_{eq}} i$ 当只有 R_1、R_2 并联时： $i_1 = \dfrac{R_2}{R_1 + R_2} i$，$i_2 = \dfrac{R_1}{R_1 + R_2} i$

表 2-5-2　电阻的星形联结和三角形联结的等效变换

星 形 联 结	三 角 形 联 结	等效变换公式	
		Y→△ $R_{12} = \dfrac{R_1 R_2 + R_2 R_3 + R_3 R_1}{R_3}$ $R_{23} = \dfrac{R_1 R_2 + R_2 R_3 + R_3 R_1}{R_1}$ $R_{31} = \dfrac{R_1 R_2 + R_2 R_3 + R_3 R_1}{R_2}$	△→Y $R_1 = \dfrac{R_{12} R_{31}}{R_{12} + R_{23} + R_{31}}$ $R_2 = \dfrac{R_{12} R_{23}}{R_{12} + R_{23} + R_{31}}$ $R_3 = \dfrac{R_{23} R_{31}}{R_{12} + R_{23} + R_{31}}$
		当 $R_{12} = R_{23} = R_{31} = R_{\triangle}$ 或 $R_1 = R_2 = R_3 = R_Y$ 时，有 $R_Y = \dfrac{1}{3} R_{\triangle}$	

3. 理想电源的串联、并联及等效变换

理想电源由于其特殊的定义，其串联、并联应该更加注意，参见表 2-5-3。

表 2-5-3　电源的串联、并联及等效变换

电路名称	原 电 路	等 效 电 路	等效结果或 计算公式	说　明
n 个电压源的串联			$u_s = \sum\limits_{k=1}^{n} u_{sk}$ $\sum$ 为代数和	u_s 为等效电压源，当 u_{sk} 与 u_s 的参考方向相同时，u_{sk} 前取"+"号；反之，取"−"号

（续）

电路名称	原 电 路	等 效 电 路	等效结果或计算公式	说 明
n 个电流源的并联	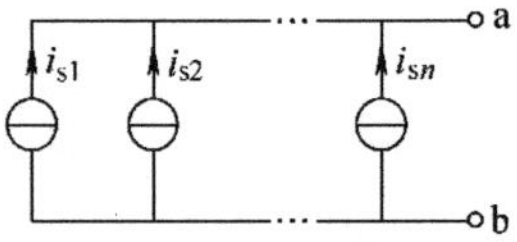	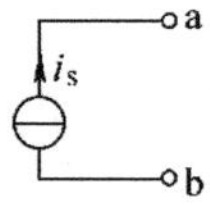	$i_s = \sum\limits_{k=1}^{n} i_{sk}$ $\sum$ 为代数和	i_s 为等效电流源，当 i_{sk} 与 i_s 的参考方向相同时，i_{sk} 前取 "+" 号，反之，取 "−" 号
电压源 u_s 与一个非理想电压源支路并联	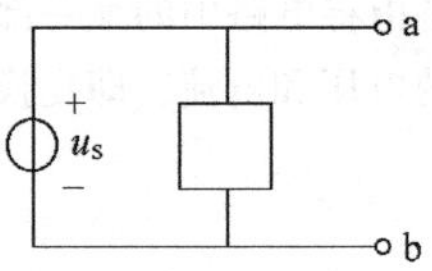	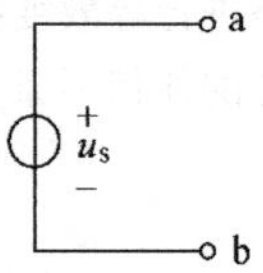	对外电路来讲，可等效成该电压源 u_s	① 与电压源 u_s 并联的可以是电阻、电流源，也可以是较复杂的支路 ② 仅是对外电路等效
电流源 i_s 与一个非理想电流源支路串联	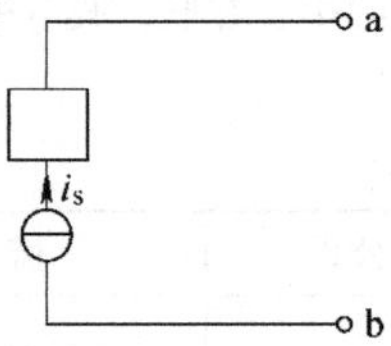	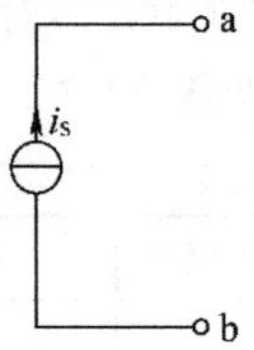	对外电路来讲，可等效成该电流源 i_s	① 与电流源 i_s 串联的可以是电阻、电压源，也可以是较复杂的支路 ② 仅是对外电路等效

4. 实际电源的等效变换

实际电源有两种电路模型：电压源与电阻的串联组合、电流源与电导的并联组合。实际电源中这两种电路模型之间的转换在电路分析中经常遇到，其等效变换的原则是保持其端口的伏安关系不变（即对外等效）。等效变换前后电路中电源的参考方向与元件参数之间的关系见表 2-5-4。

表 2-5-4　实际电源的等效变换

电路名称	原 电 路	等 效 电 路	等效变换公式
实际电压源	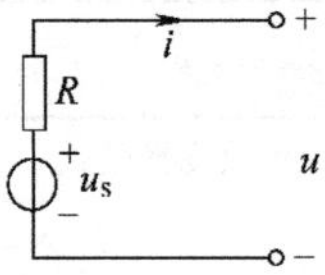	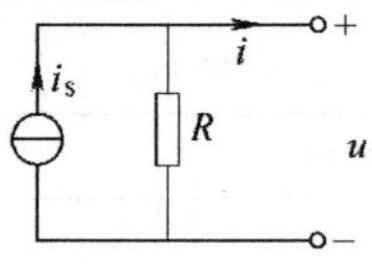	$i_s = \dfrac{u_s}{R}$
实际电流源	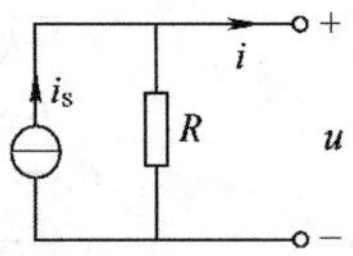	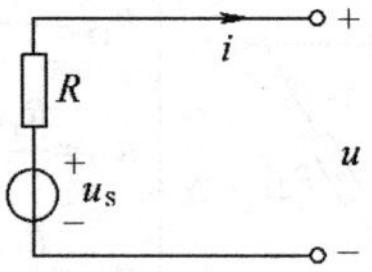	$u_s = R i_s$

2.5.2　本章重点与难点

1. 等效变换的概念

等效变换的概念是本章的重点之一，只有理解等效变换的含义，尤其理解其 "对外等效" 的性质，才能正确处理各种情况下的等效变换。

2. 实际电源的等效变换

在进行实际电源的等效变换时，要注意以下几点：

1）注意变换前后两种电源的参考方向。若已知实际电压源的电路模型，等效得到的实际电流源模型中的电流源电流方向应与电压源的电压方向相反，反之亦然。

2）当与电压源串联的电阻 $R=0$ 时，不能等效为电流源模型。

3）当与电流源并联的内阻 $R\to\infty$ 时，不能等效为电压源模型。

3. 理想电源的串、并联及等效变换

对于理想电压源的串联、理想电流源的并联，在以下几种情况的等效变换应该更加关注：

1）只有大小相等且极性相同的理想电压源才能并联，否则将违背 KVL。

2）只有大小相等且方向相同的理想电流源才能串联，否则将违背 KCL。

3）理想电压源与任何非理想电压源支路并联，都可以对外等效成该理想电压源。

4）理想电流源与任何非理想电流源支路串联，都可以对外等效成该理想电流源。

尤其对 3）、4）这两类情况在电路分析中会经常遇到。

值得注意的是，对于受控源，可以类似于独立源那样进行等效变换，唯一要注意的是，在变换过程中不要把受控源的控制量变换掉了，即要保证受控源的控制量依然存在于等效变换之后的电路中。

2.6 习题

1. 电路如图 2-6-1 所示，已知 $u_s = 100\ \text{V}$，$R_1 = 2\ \text{k}\Omega$，$R_2 = 8\ \text{k}\Omega$，试求以下三种情况下电压 u_2 和电流 i_2、i_3 的值。

（1）$R_3 = 8\ \text{k}\Omega$。

（2）$R_3 = \infty$（即 R_3 处开路）。

（3）$R_3 = 0$（即 R_3 处短路）。

2. 如图 2-6-2 所示电路中，已知滑动变阻器的电阻 $R = 100\ \Omega$，额定电流为 $2\ \text{A}$，电源电压 $U = 110\ \text{V}$，当 a、b 两点开路时，试计算下述情况下的电压 U_o；若在 a、b 端接负载 $R_L = 50\ \Omega$，试重新计算 U_o。

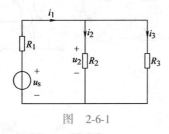

图 2-6-1

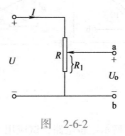

图 2-6-2

（1）$R_1 = 0\ \Omega$。

（2）$R_1 = 0.5R$。

（3）$R_1 = 0.9R$。

3. 试计算图 2-6-3 所示电路图中的电流 I。

4. 电路如图 2-6-4 所示，其中电阻、电压源和电流源均为已知，且为正值，试求：

（1）电压 u_2 和电流 i_2。

（2）电阻 R_1 增大，对哪些元件的电压和电流有影响？影响如何？

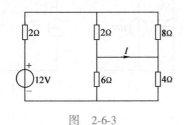

图 2-6-3

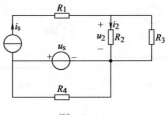

图 2-6-4

5. 试求图 2-6-5 所示各电路的等效电阻 R_{ab}。

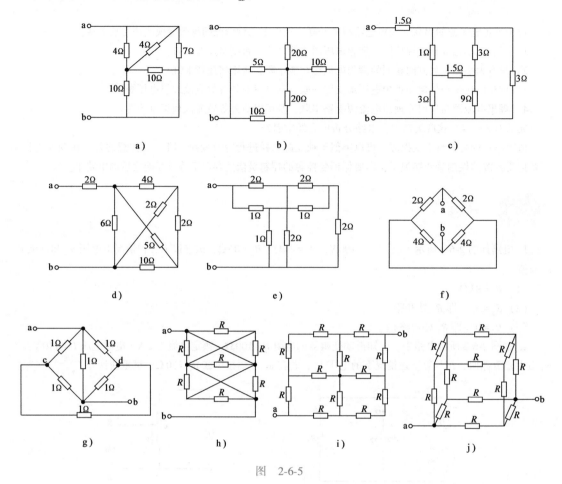

图　2-6-5

6. 对图 2-6-6 所示电桥电路，试应用丫—△等效变换求：

（1）对角线电压 U。

（2）电压 U_{ab}。

7. 根据对外等效性，试将图 2-6-7 所示各电路等效化简为一个电压源或电流源。

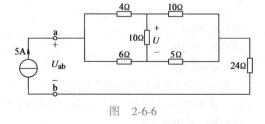

图　2-6-6

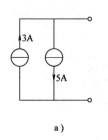

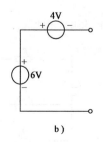

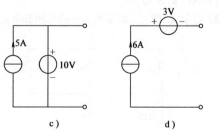

图　2-6-7

8. 试求图 2-6-8 所示电路的等效电压源模型。

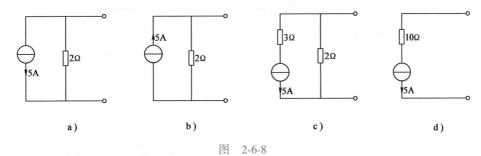

图　2-6-8

9. 试求图 2-6-9 所示电路的等效电流源模型。

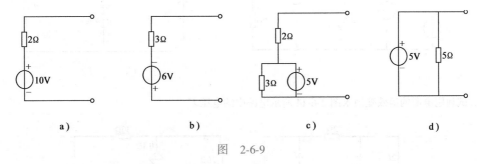

图　2-6-9

10. 试将图 2-6-10 所示各电路等效为最简单形式。

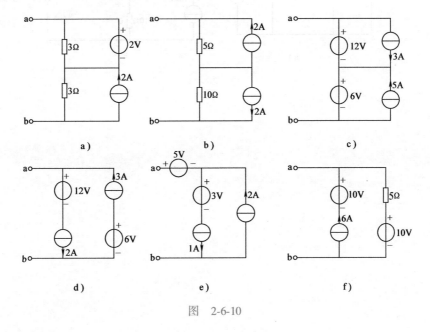

图　2-6-10

11. 试利用电源的等效变换求图 2-6-11 所示电路中的电压 U。

12. 试利用电源的等效变换求图 2-6-12 所示电路中的电流 I。

13. 如图 2-6-13 所示电路中，$R_1 = R_3 = R_4$，$R_2 = 2R_1$，CCVS 的电压 $u_c = 4R_1 i_1$，试利用电源等效变换求电压 u。

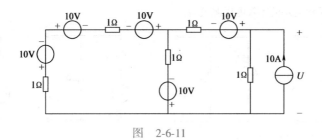

图 2-6-11

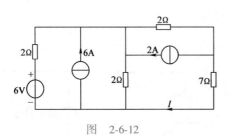

图 2-6-12

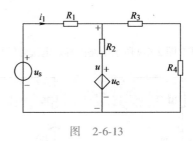

图 2-6-13

14. 试利用电源的等效变换求图 2-6-14 所示电路中的电压 U。

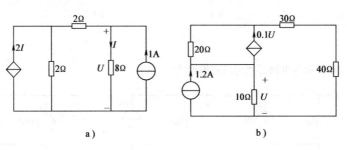

a)   b)

图 2-6-14

第 **3** 章

电阻电路的分析方法

引言

所谓电阻电路，是指仅含电阻、独立源和受控源的电路。若电阻电路含有非线性元件，则称为非线性电阻电路；若电阻电路不含有任何非线性元件，则称为线性电阻电路。所谓电路分析，是在已知电路结构和元件参数情况下，计算电路各支路的电压、电流和功率等情况。

对于结构特定且相对简单的电阻电路，可以先利用等效变换的方法将电路进行简化后再进一步分析，特别是当人们关注电路中某一条支路的工作状态时，可以利用等效变换的方法将这条支路之外的其余电路进行等效，从而使电路分析得到简化。但是，由于等效变换具有"对外等效、对内不等效"的特性，且在进行等效变换时改变了原电路的结构，很难从等效后的电路得到等效前电路中所有支路的情况。另外，在设计实际电路的时候，往往需要了解所设计的电路中每一条支路的电压、电流或功率情况，这时候，等效变换就不再适用了，必须研究在不改变电路结构的情况下进行电路分析的方法，特别是对于支路较多、结构复杂的电路，需要寻找能够具备系统化、普适性的分析方法。

例如，集成电路数-模转换器 DAC0832 内部的 T 形 R-$2R$ 电阻网络如图 3-0-1 所示。如何求出电流 I_Σ？

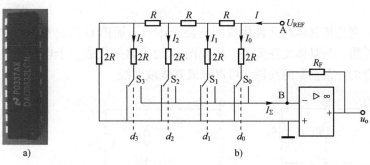

图 3-0-1 数-模转换电路的 T 形 R-$2R$ 电阻网络

a) 集成数-模转换器 b) 电路原理图

再如，对于图 3-0-2 所示的电路，如何求 i 及 u_2？

很显然，解决以上问题需要有一种系统化的方法才行。在学习完本章内容后，将能得到这些问题的解答。

电阻电路的方程由两类约束构成：一类是由电路的网络拓扑结构所决定的约束方程，即

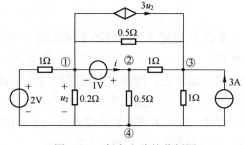

图 3-0-2 复杂电路的分析图

KCL 和 KVL 方程；另一类是电路中具体元件所要满足的伏安约束方程，即 VCR 方程。其中，第一类约束方程（KCL 和 KVL）是代数方程，而在第二类约束方程（VCR）中，线性电阻元件的 VCR 是线性代数方程，非线性电阻元件的 VCR 是非线性方程。为了便于讨论和学习，本章将主要以线性电阻电路为对象，讨论在不改变电路拓扑结构的前提下建立电路方程、进行电路分析的一般方法。值得注意的是，这些电路分析方法在经过适当推广后也可以应用到动态电路、正弦交流稳态电路的分析中。

本章的主要内容包括：电路图论的初步概念、电路方程的独立性、支路电流法、回路电流法和结点电压法等，并对含有理想运算放大器的电路的一般分析方法进行了讨论。

3.1 电路的图

3-1-1 电路的图

3.1.1 电路的图的基本概念

本书中所说的电路的图（Graph）是一个具有特定意义的数学名词，它不是人们通常所说的图画的概念。图 3-1-1a、b 是两个结构相同但支路内容不同的电路（Circuit），也称作电路图（Circuit），它是由具体的电气元件按照某种方式连接而成的，其中的元件或元件的某种组合（例如由电压源与电阻的串联而构成的组合支路等）可以定义为支路，各支路之间的连接点形成结点。为了反映电路的结构性质，将电路中的每一个元件都用一条线段表示，称为一条拓扑（Topological）支路，简称为支路；各支路的连接点用黑点表示，称为拓扑结点，简称为结点（或节点）。这样，就能画出与原电路相对应的用支路与结点组合连接而成的线图，称为电路的拓扑图，简称为图，以符号 G 表示。图 3-1-1c 即为图 3-1-1a、b 两电路的图。因此，图 G 可以定义为：一个电路的图 G 是结点和支路的一个集合，每条支路的两端都应该连接到相应的结点上。图 G 与电路的区别在于：电路的元素是指具体的元件构成的支路及结点，而图 G 的元素是点和线段，它反映了电路的拓扑性质，与具体元件无关。构成图 G 的支路是代表一个电路元件或者一些电路元件的某种组合的一条抽象的线段，可以画成直线或曲线。

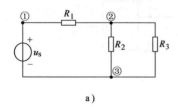

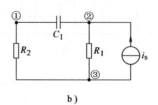

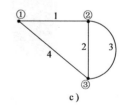

图 3-1-1　电路和电路的图

在图 G 的定义中，每条支路的两个端子都必须终止在结点上，但结点和支路各自是一个整体，允许有孤立结点的存在。若在图 G 中将一条支路移去，并不意味着将与其相连的结点同时也移去，即该支路两端的结点应该保留；若在图 G 中将一个结点移去，则原来连接在该结点上的支路因为有一个端子无处连接而必须同时移去。在图 3-1-1c 中，若移去支路 1 和 4，结点①成为孤立结点但应予以保留，如图 3-1-2a 所示；若移去结点①，支路 1 和 4 也该被同时移去，如图 3-1-2b 所示。

图 3-1-3a 中画出了一个具有 6 个电阻和 2 个独立源的电路。如果假设每一个二端元件构成电路的一条支路，则图 3-1-3b 就是该电路的图，它包含了 5 个结点和 8 条支路。如果电压源 u_{s1} 和电阻 R_1 的串联组合作为一条支路，则可得到图 3-1-3c 所示的电路的图，它包含了 4 个结点和 7 条支路。如果同时再将电流源 i_{s5} 和 R_5 的并联组合也作为一条支路，则可得到图 3-1-3d 所示的电路的图，它包含了 4 个结点

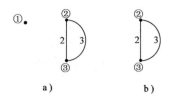

图 3-1-2 移去支路与移去结点示意图

和 6 条支路。可见，当采用不同的结构形式定义电路的一条支路时，该电路以及它的图的结点数和支路数将随之而不同。

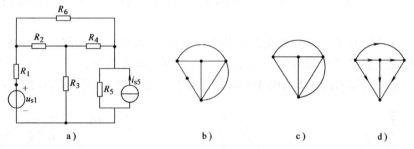

图 3-1-3 电路及在不同支路定义下得到的图

在进行电路分析时，通常需要指定每条支路中支路电流的参考方向和支路电压的参考方向。习惯上，对于同一条支路来说，支路电流的参考方向往往取与支路电压的参考方向一致，即为关联参考方向。相应地，对于电路的图 G 中的每一条支路也可以指定一个方向，称之为支路的方向。显然，支路的方向即是该支路的支路电流的参考方向。这种每条支路都标注了方向的图称为有向图，如图 3-1-3d 所示；未标注支路方向的图称为无向图，如图 3-1-3c 所示。一般地，在利用电路的图进行电路分析时，需要使用有向图并对所有支路和结点进行编号。

3.1.2 电路的图的有关名词

为了便于后面的讨论，本节集中说明电路的图中常用的几个名词术语。

1) 路径。从图 G 的一个结点出发，沿着一些支路连续地移动并到达另一结点所经过的支路的组合，称为图 G 的一条路径。当某条路径的起点与终点为同一个结点时，即由起点出发后最终又回到起点所经过的路径，称为闭合路径。在图 3-1-4a 中，支路组合（1, 2, 3）、（1, 5, 7）等都是结点①与结点④之间的一条路径；而支路组合（1, 2, 3, 4）、（1, 5, 7, 3, 6, 8）都是闭合路径。

2) 连通图。如果图 G 中的任意两个结点之间至少存在一条路径，即从一个结点出发，沿着一些支路总能到达其余所有结点，则称图 G 为连通图，如图 3-1-4a 即为连通图。如果图 G 具有互不相连的部分，则称为非连通图，图 3-1-4b 即为非连通图，在该图中结点①与结点②之间无路径。

3) 孤立结点。若结点没有任何支路与之相连，该结点就为孤立结点，如图 3-1-5 所示。

4) 自环。在图论中，一条支路不一定连接在两个结点之间，也可能连接于一个结点，此时就形成了一个自环，如图 3-1-5 所示。

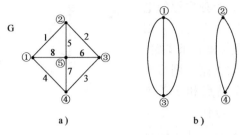

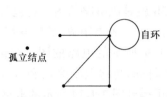

图 3-1-4　连通图与非连通图　　　　　　图 3-1-5　孤立结点与自环

5）相关（关联）。在图 G 中，每条支路都恰好连接在两个结点上，则称该支路与这两个结点相关或关联。显然，与某条支路相关的结点有且仅有两个，结点与连接到该结点上的所有支路都相关。

6）子图。从图 G 中去掉某些支路和某些结点所形成的图 G1，称为图 G 的子图。显然子图 G1 的所有支路和结点都包含在图 G 中。由子图的定义可知，一个图 G 可以有多个子图，如图 3-1-6 中，图 G1、G2 为图 3-1-4a 的图 G 的子图，图 G3 不是图 G 的子图。

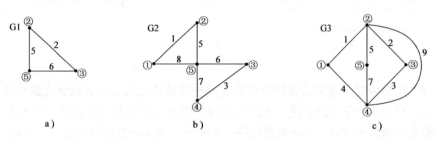

图 3-1-6　子图与非子图

7）回路。回路 L 是图 G 的一个连通子图，该子图是由图 G 中的支路和结点的集合所构成的闭合路径，且在此子图中，每个结点所关联的支路数都恰好为 2，若从回路中移去任意一条支路，该闭合路径都将被破坏。根据回路的定义，对图 3-1-4a 所示的图 G 来说，支路组合（2，5，6）、（1，5，8）、（1，2，3，4）等都是回路；而支路组合（1，5，6，3，7，8）因结点⑤关联的支路数为 4，故不是回路。图 3-1-6a、b 分别给出了回路（2，5，6）和闭合路径（1，5，6，3，7，8）。通常，一个图 G 有多个回路。

8）树。树（tree）是图论中常用到的重要概念。树 T 是连通图 G 的一个连通子图，它包含了图 G 的所有结点和部分支路，但不包含任何回路。一个连通图可以有多个树。对于如图 3-1-7a 所示的连通图 G，图 3-1-7b、c、d 是它的 3 个树，图 3-1-7e、f 不是该图 G 的树，因为图 3-1-7e 中包含了回路，

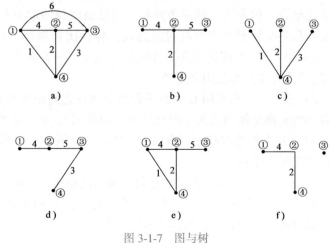

图 3-1-7　图与树

而图 3-1-7f 是非连通的。构成树的支路称为该树的树支，属于图 G 而不属于树 T 的支路称为该树的连支。

不同的树有不同的树支，相应的也有不同的连支。如图 3-1-7b 所示的树，其树支为支路（2，4，5），此时对应的连支为（1，3，6）；若对图 3-1-7c 所示的树，其树支为（1，2，3），则相应的连支为（4，5，6）。虽然一个连通图 G 可以有多个树，但是这些树的树支数都是相同的。对于一个具有 n 个结点、b 条支路的连通图 G，其任何一个树的树支数一定为（$n-1$）条。这是因为，若把连通图 G 的 n 个结点连接成一个树时，第 1 条支路连接了两个结点，此后每连接一个新结点，只需增加一条新支路，这样把 n 个结点全部连接起来所需要的支路数恰好为（$n-1$）条，如图 3-1-8 所示。既然树支数总为（$n-1$）条，则连支数应为（$b-n+1$）条。

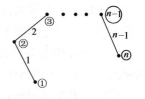

图 3-1-8 树支数与结点数的关系

树是连接所有结点的最少支路的集合。

3.2　KCL 和 KVL 的独立方程数

3.2.1　KCL 的独立方程数

图 3-2-1 为某电路的拓扑图 G，对其各结点和支路分别编号并设置了支路的方向，该方向也是支路电流的参考方向，取支路电压与支路电流为关联参考方向，则支路的方向也是支路电压的方向。取背离结点的方向为正方向，分别对 4 个结点列写 KCL 方程，有

结点①：$i_1+i_4+i_6=0$
结点②：$i_2-i_4+i_5=0$
结点③：$i_3-i_5-i_6=0$
结点④：$-i_1-i_2-i_3=0$

在上述 4 个方程中，每条支路电流均出现了两次，一次前面取正号，一次前面取负号。这是因为每条支路都是连接在两个结点之间，支路电流背离（流出）其中一个结点，必然同时指向（流入）另一个结点。如果将这 4 个方程相加，得到等号两边都为零的结果。

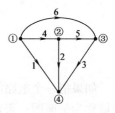

图 3-2-1　KCL独立方程

这说明这 4 个方程是线性相关的，不是相互独立的。而任意取其中的 3 个方程相加，即可得出剩余的那个方程（相差一个负号）。如果任意去掉其中的一个方程，则剩下的 3 个方程是相互独立的。因此，对于有 4 个结点的电路，只能列写 3 个独立的 KCL 方程。这个结论对于具有 n 个结点的电路是同样适用的。可以证明，对于具有 n 个结点的电路，独立的 KCL 方程数是（$n-1$）个。与这些独立方程相对应的结点称为独立结点，剩下的那一个结点称为非独立结点或参考结点。参考结点可以任意指定，对参考结点不再列写其 KCL 方程。

3.2.2　KVL 的独立方程数

因为 KVL 方程是与回路相对应的，讨论 KVL 的独立方程数，其实质是要寻找一组相互独立的回路。但一个电路的回路往往较多，如何确定它的一组独立回路有时并不容易。这时可以利用"树"的概念来寻找一个图的独立回路组，从而得到独立的 KVL 方程组。

由"树"可知，连通图 G 的树 T 不包含任何回路，而所有的结点又全部被树支相连。可见对于任意一个树来说，每向这个树加入一条连支，便形成了一个特殊的回路，这个回路中除了所加进的这条连支外，其余支路全是树支，这种回路称为单连支回路或基本回路。显然，一个图 G 中有多少条连支，就有多少个单连支回路，从而构成了单连支回路组或基本回路组。由于每一个单连支回路中的连支只有一个，且这一连支不出现在其他单连支回路中，故这组单连支回路必然是独立的，其所对应的 KVL 方程也必然是相互独立的。独立的回路数等于连支数。对于一个具有 n 个结点、b 条支路的连通图 G，它的独立回路数应为

$$l=b-(n-1)=b-n+1 \tag{3-2-1}$$

对于图 3-2-2a 所示的连通图 G，若选择支路（1，2，3）组成一个树，则支路（4，5，6）为连支。如图 3-2-2b 所示，其中实线为树支，虚线为连支。将连支 4 加到树上构成一个单连支回路 L_1（1，2，4），如图 3-2-2c 所示；将连支 5 加到树上构成单连支回路 L_2（2，3，5），如图 3-2-2d 所示；将连支 6 加到树上构成单连支回路 L_3（1，3，6），如图 3-2-2e 所示。则回路 L_1、L_2、L_3 就是图 G 的一个独立回路组。显然，不同的树所对应的独立回路组也不同，而一个连通图的树不是唯一的，故独立回路组也不是唯一的。对图 3-2-2a 所示的连通图 G，若选择支路（2，4，5）组成一个树，则对应的单连支回路组为（1，2，4）、（2，3，5）和（4，5，6）。

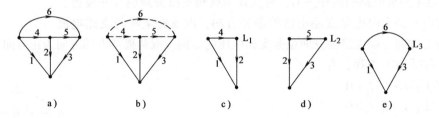

图 3-2-2　树与基本回路

如果把一个电路的图画在平面上，能使它的各条支路除连接的结点外不再交叉，这样的图就称为平面图，否则称为非平面图。考虑图 3-2-3a、b 所示的两个电路，它们的图是否是平面图呢？

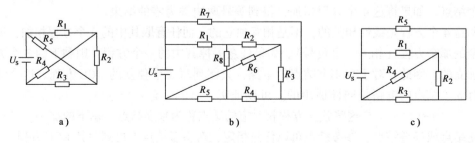

图 3-2-3　平面图与非平面图

将图 3-2-3a 变形为图 3-2-3c，可知该图应为平面图；而对图 3-2-3b 所示电路，无论经怎样的变形，画在平面上总会出现支路的交叉，因此是非平面图。对于一个平面图可以引入网

孔的概念。所谓网孔指的是平面图中的自然的"孔"，它限定的区域内不再有支路，这样的网孔也称作平面图 G 的内网孔。有时也把平面图 G 最外围的孔称作外网孔，本书中如不加说明，一律指内网孔。对于图 3-2-2a，显然它是一个平面图，它共有 3 个网孔（1，2，4）、（2，3，5）和（4，5，6），这恰好就是选择支路（2，4，5）为树时的 3 个单连支回路，因此这 3 个网孔也是一组独立回路，网孔数就是该图的独立回路数$(b-n+1)$。事实上，网孔总是相互独立的，平面图的网孔数就是独立回路数。

例3-2-1 若电路的有向图如图 3-2-2a 所示，以（1，4，5）为树画出其基本回路；若各回路的绕向都取顺时针方向，试建立该电路的独立 KVL 方程。如果按图 3-2-4 选择网孔并规定网孔绕向，试写出此时的 KVL 方程。

解 依题意 $n=4$，$b=6$，则独立回路数为

$$l=b-n+1=6-4+1=3$$

当选（1，4，5）为树时所对应的基本回路如图 3-2-5 所示，则各回路 KVL 方程为

$$\left.\begin{aligned} -u_1+u_2+u_4&=0 \\ -u_1+u_3+u_4+u_5&=0 \\ -u_4-u_5+u_6&=0 \end{aligned}\right\}$$

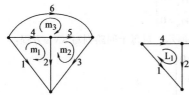

图 3-2-4 网孔

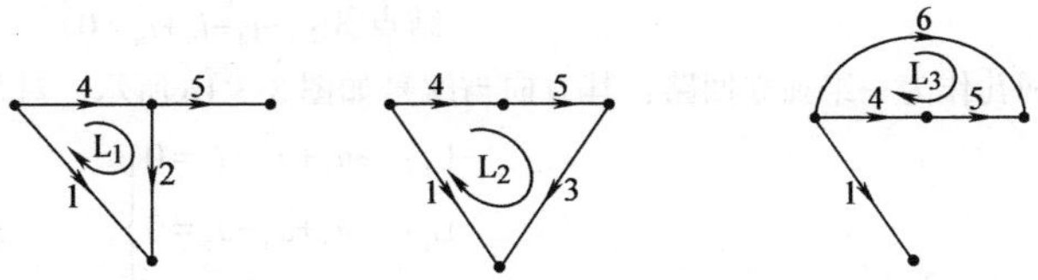

图 3-2-5 例 3-2-1 的基本回路

若将图 3-2-4 所示的网孔作为独立回路组，则 KVL 方程为

$$-u_1+u_2+u_4=0$$
$$-u_2+u_3+u_5=0$$
$$-u_4-u_5+u_6=0$$

因此，对于一个具有 n 个结点、b 条支路的电路来说，其 KCL 独立方程数等于其独立结点数，为（$n-1$）个；其 KVL 独立方程数等于其独立回路数（连支数）或等于平面图的网孔数，为$(b-n+1)$个。

3.3 支路法和支路电流法

3.3.1 支路法（$2b$ 法）

3-3-1 支路电流法

对于一个具有 n 个结点、b 条支路的电路，根据基尔霍夫电流定律可以列出（$n-1$）个以各支路电流为变量的独立 KCL 方程；根据基尔霍夫电压定律可以列出（$b-n+1$）个以各支路电压为变量的独立 KVL 方程，这两组方程共有 b 个。而未知数是 b 条支路的电流和电压，共 $2b$ 个，因此仍需要 b 个独立方程。对 b 条支路，可以根据元件的伏安特性列写出 b 个 VCR 方程，使方程数总计为 $2b$ 个，与未知变量数相等。那么，就可以由这 $2b$ 个方程解出 $2b$ 个支路电压和支路电流。这种方法称为支路法或 $2b$ 法。

例 3-3-1 试用 2b 法列写图 3-3-1a 所示电路的方程。

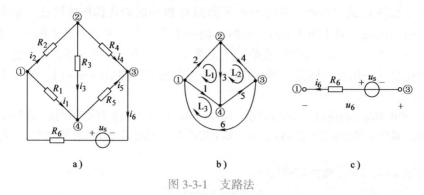

图 3-3-1 支路法

解 设备支路的支路电压与支路电流取关联参考方向，各支路方向如图 3-3-1a、b 所示。将电压源 u_s 与电阻 R_6 的串联组合作为一条支路，如图 3-3-1c 所示，则结点数 $n=4$，支路数 $b=6$。对于 4 个结点，可选结点④为参考结点，其他 3 个结点为独立结点，对独立结点列写 KCL 方程（取背离结点的方向为正方向）：

$$\left.\begin{array}{l} 结点①：i_1+i_2-i_6=0 \\ 结点②：-i_2+i_3+i_4=0 \\ 结点③：-i_4-i_5+i_6=0 \end{array}\right\} \tag{3-3-1}$$

选取网孔作为一组独立回路，其方向与编号如图 3-3-1b 所示。对每个回路列写 KVL 方程：

$$\left.\begin{array}{l} L_1：-u_1+u_2+u_3=0 \\ L_2：-u_3+u_4-u_5=0 \\ L_3：u_1+u_5+u_6=0 \end{array}\right\} \tag{3-3-2}$$

对每条支路列写 VCR 方程：

$$\left.\begin{array}{l} u_1=R_1i_1 \\ u_2=R_2i_2 \\ u_3=R_3i_3 \\ u_4=R_4i_4 \\ u_5=R_5i_5 \\ u_6=-u_s+R_6i_6 \end{array}\right\} \tag{3-3-3}$$

联立式（3-3-1）、式（3-3-2）和式（3-3-3），便得到所需的 $2b=2\times6=12$ 个独立方程，此即为支路法方程。在列写支路法方程时，除了可将电压源与电阻的串联组合作为一条支路处理外，有时也将电流源与电阻的并联组合看作一条支路处理。一般地，支路法方程数和未知数均为 $2b$ 个，数目较多，利用手工求解较为困难，即使电路结构相对简单时，也往往较难求解。不过随着计算机技术的飞速发展，利用 MATLAB 软件可以很方便地求解复杂的矩阵方程，使人们得以从繁重的解题工作中解脱出来，更加关注如何建立电路方程本身。

3.3.2 支路电流法

支路电流法是以支路电流为变量列写电路方程分析电路的方法。由于支路电流变量为 b 个，所以需要 b 个独立方程。在写出 $(n-1)$ 个支路电流的独立 KCL 方程、$(b-n+1)$ 个支路电压的独立 KVL 方程和 b 个支路的 VCR 方程后，对 VCR 方程变形，将所有的支路电压用支路电流表示，代入 $(b-n+1)$ 个独立 KVL 方程中替换支路电压变量而留下支路电流变量，得到（$b-n+1$）个支路电流的独立 KVL 方程，与（$n-1$）个独立 KCL 方程联立构成支路电流方程。以图 3-3-1a 的电路为例，将式（3-3-3）代入式（3-3-2）并整理，并将除支路电流项以外的各项都移至等式右边，得

$$\left.\begin{array}{r}-R_1i_1+R_2i_2+R_3i_3=0\\-R_3i_3+R_4i_4-R_5i_5=0\\R_1i_1+R_5i_5+R_6i_6=u_s\end{array}\right\} \tag{3-3-4}$$

将式（3-3-4）与式（3-3-1）联立起来，就组成了以支路电流为变量的支路电流方程。对式（3-3-4），可简记为

$$\sum R_k i_k=\sum u_{sk} \tag{3-3-5}$$

式中，$R_k i_k$ 为支路 k 的电阻 R_k 上的电压，求和时遍及该回路中的所有支路，且该求和运算为代数和，即当 i_k 的参考方向与所在回路绕向一致时，$R_k i_k$ 前取"+"号；反之取"−"号。式（3-3-5）等号右边为回路中电压源电压的代数和，其中 u_{sk} 为第 k 条支路中的电源电压。对于不含电压源的支路来说，该项为零；对于含有电压源的支路，该项的大小即为电压源电压，且当电压源的电压方向与回路绕向相反时，该项前面取"+"号；反之取"−"号。电源电压项还应计算电流源的电压。当电路中含有由电流源和电阻的并联组合构成的支路时，可将其先等效变换为电压源与电阻的串联组合，如图 3-3-2 所示。由于等效变换时电阻 R_k 保持不变，因此对 $\sum R_k i_k$ 项不产生影响，而变换得到的电压源电压 $R_k i_{sk}$ 按电压源处理即可。由上述分析可以看出，式（3-3-5）实际是 KVL 的另一种表述形式。

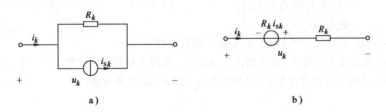

图 3-3-2　电流源与电阻并联时的处理方法

a）电流源与电阻并联　b）电压源与电阻串联

例 3-3-2　对图 3-3-3 所示的电路，若 $U_{s1}=130\ \mathrm{V}$，$U_{s2}=117\ \mathrm{V}$，$R_1=1\ \Omega$，$R_2=0.6\ \Omega$，$R_3=24\ \Omega$，试求各支路电流及电压源各自发出的功率。

解　将各支路电流的参考方向在图 3-3-3 中标出，将电压源与电阻的串联形式视作一条支路，则结点数为 $n=2$，支路数为 $b=3$，所以独立 KCL 方程数为 $n-1=2-1=1$ 个；独立 KVL 方程数为 $b-n+1=3-2+1=2$ 个。取两个独立回路如图 3-3-3 所示。对结点①列写 KCL 方程：

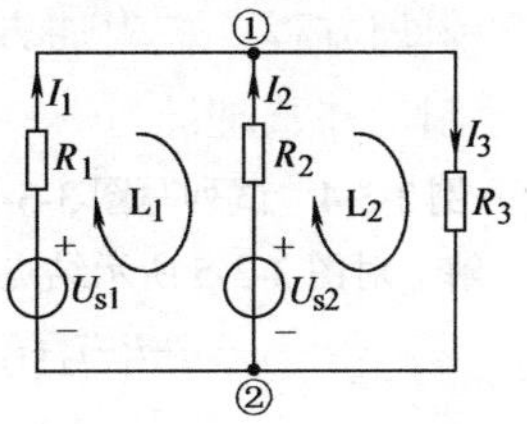

$$-I_1-I_2+I_3=0 \tag{3-3-6}$$

对回路 L_1 和 L_2 直接按 $\sum R_k i_k=\sum U_{sk}$ 的形式列写 KVL 方程：

图 3-3-3　例 3-3-2 电路图

$$\left.\begin{array}{r}R_1I_1-R_2I_2=U_{s1}-U_{s2}\\R_2I_2+R_3I_3=U_{s2}\end{array}\right\} \tag{3-3-7}$$

代入已知条件，得

$$\left.\begin{array}{r}I_1-0.6I_2=130-117\\0.6I_2+24I_3=117\end{array}\right\} \tag{3-3-8}$$

联立式（3-3-6）和式（3-3-8）求解可得

$$I_1 = 10\,\mathrm{A}, \quad I_2 = -5\,\mathrm{A}, \quad I_3 = 5\,\mathrm{A}$$

则 U_{s1} 发出的功率为

$$P_1 = U_{s1}I_1 = 130 \times 10\,\mathrm{W} = 1300\,\mathrm{W}$$

U_{s2} 发出的功率为

$$P_2 = U_{s2}I_2 = 130 \times (-5)\,\mathrm{W} = -650\,\mathrm{W}$$

因此,电路中的电压源共发出功率

$$P = P_1 + P_2 = (1300-650)\,\mathrm{W} = 650\,\mathrm{W}$$

支路电流法的关键是 b 个支路电压都能够以支路电流表示,即式(3-3-3)形式的 VCR 方程应存在。但当一条支路仅含有电流源而且没有电阻与该电流源并联时,就不能将支路电压用支路电流表示。这种无并联电阻的电流源称为无伴电流源。当电路中存在这类支路时,需要加以处理后才能用支路电流法(处理方法详见 3.4.2 节的相关内容),下面的例子给出了其中一种处理方法。

例 3-3-3 试列写图 3-3-4 所示电路的支路电流方程。

解 该电路中含有无伴电流源,设该无伴电流源两端的电压为 U。由于电路有 3 个结点、5 条支路,故需列写 2 个独立 KCL 方程和 5-3+1=3 个独立 KVL 方程。对图示结点①和②列写 KCL 方程:

$$\left.\begin{array}{l} -I_1 - I_2 + I_3 = 0 \\ -I_3 + I_4 - I_5 = 0 \end{array}\right\} \qquad (3\text{-}3\text{-}9)$$

选择一组独立回路如图 3-3-4 所示,对各回路列写 KVL 方程为

$$\left.\begin{array}{l} R_1 I_1 - R_2 I_2 = U_{s1} \\ R_2 I_2 + R_3 I_3 + R_4 I_4 = -U_{s4} \\ -R_4 I_4 = U_{s4} - U \end{array}\right\} \qquad (3\text{-}3\text{-}10)$$

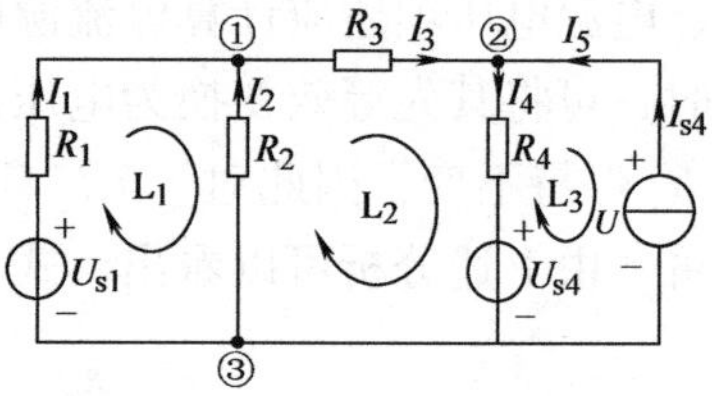

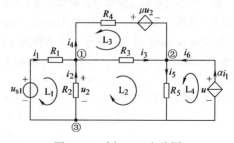

图 3-3-4　例 3-3-3 电路图

注意式(3-3-10)的最后一个方程,不考虑 U 的存在而去列写 L_3 回路的 KVL 方程是不正确的。由于引入了变量 U,使得未知数比方程数多了一个,因此必须增加附加方程才可求解。该附加方程应为无伴电流源电流与支路电流的关系方程:

$$I_5 = I_{s4} \qquad (3\text{-}3\text{-}11)$$

联立上述三个方程组,并将含有变量 U 的方程消去,即可得到支路电流方程。当计入被消去的方程时,因未知量除支路电流外还有电压 U,故此时为混合变量方程。

当电路中含有受控源时,一般可暂时先将受控源"看作"独立源进行相应处理,然后增加附加方程,在附加方程中将所有的控制量直接用支路电流变量表示,再代入原方程中消去控制量并整理即可。

例 3-3-4 试列写图 3-3-5 所示电路的支路电流方程。

解 对图 3-3-5 所示结点①和②列写 KCL 方程:

$$\left.\begin{array}{l} -i_1 - i_2 + i_3 + i_4 = 0 \\ -i_3 - i_4 + i_5 - i_6 = 0 \end{array}\right\} \qquad (3\text{-}3\text{-}12)$$

对图 3-3-5 所示各回路列写 KVL 方程:

$$\left.\begin{array}{l} R_1 i_1 - R_2 i_2 = u_{s1} \\ R_2 i_2 + R_3 i_3 + R_5 i_5 = 0 \\ R_3 i_3 - R_4 i_4 = \mu u_2 \\ R_5 i_5 = u \end{array}\right\} \qquad (3\text{-}3\text{-}13)$$

图 3-3-5　例 3-3-4 电路图

补充附加方程:

$$\left.\begin{array}{l} i_6 = \alpha i_1 \\ u_2 = -R_2 i_2 \end{array}\right\} \tag{3-3-14}$$

将式（3-3-14）代入式（3-3-13），消去非支路电流变量并整理得该电路的支路电流方程为

$$\left.\begin{array}{l} -i_1 - i_2 + i_3 + i_4 = 0 \\ -i_3 - i_4 + i_5 - i_6 = 0 \\ R_1 i_1 - R_2 i_2 = u_{s1} \\ R_2 i_2 + R_3 i_3 + R_5 i_5 = 0 \\ \mu R_2 i_2 + R_3 i_3 - R_4 i_4 = 0 \\ \alpha i_1 - i_6 = 0 \end{array}\right\} \tag{3-3-15}$$

若将 VCR 方程中的支路电流都用支路电压表示，然后代入到 KCL 独立方程组中，形成关于支路电压的 KCL 方程，并与以支路电压为变量的 KVL 方程联立，则可得到以支路电压为变量的 b 个独立方程，这就是支路电压法。有关细节请读者查阅相关参考书。

综上所述，使用支路电流法解题的一般步骤如下：

1）标定各支路电流、电压的参考方向以及独立回路的绕行方向。

2）根据 KCL 对（$n-1$）个独立结点列写 KCL 方程。

3）根据 KVL 和 VCR 对（$b-n+1$）个独立回路列写形如 $\sum R_k i_k = \sum u_{sk}$ 的 KVL 方程。

4）若电路中含有无伴电流源或受控源，则须补充必要的附加方程。

5）求解上述方程，得到 b 个支路电流。

6）进行其他分析，如求解支路电压、功率等。

3-4-1 网孔　　3-4-2 回路
电流法　　　　电流法

3.4 网孔电流法和回路电流法

支路法需要求解 $2b$ 个联立方程，支路电流法需要求解 b 个联立方程，如果电路结构比较复杂，支路较多，上述这两种方法在手工求解时将相当繁杂。能否使方程数目减少下来而简化手工求解的工作量呢？回路电流法和网孔电流法就是基于这种想法而提出的改进方法。

3.4.1 网孔电流法

欲使方程数目减少，就需要使待解未知量的数目减少，因此应当寻求一组数目少于支路数的待解独立变量。对图 3-4-1a 所示的平面电路，图 3-4-1b 是此电路的图。可见该电路共有 3 条支路和 2 个结点，为每条支路指定编号及参考方向，如图 3-4-1b 所示。下面将通过此图说明网孔电流就是满足要求的一组独立而完备的变量。

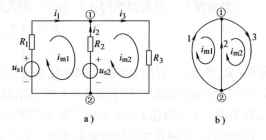

图 3-4-1　网孔电流法

假想在平面电路的每一个网孔里均有一个电流沿着构成该网孔的各支路做闭合而连续的流动，这些假想的电流称为各网孔的网孔电流（Mesh Current）。由于网孔是一组独立回路，因此网孔电流是独立回路电流。网孔电流的方向可以任意指定为顺时针或逆时针方向，如

图 3-4-1 所示，对两个网孔，假设各自的网孔电流方向为顺时针方向（有时也称为网孔的绕向），分别记为 i_{m1} 和 i_{m2}。网孔电流 i_{m1} 沿支路 1 流到结点①时将不再流入支路 3，而是直接经支路 2 流至结点②；到结点②时也不再向支路 3 分流，而是都沿支路 1 流动。同理网孔电流 i_{m2} 只在构成网孔 2 的支路（2，3）中连续流动而不流入支路 1 中。各支路中因为流过各假想的网孔电流而最终形成实际的支路电流。在图 3-4-1 中，支路 1 中只流过了网孔电流 i_{m1}，且 i_1 与 i_{m1} 同向，则 $i_1=i_{m1}$；支路 3 中只流过了网孔电流 i_{m2}，且 $i_3=i_{m2}$；支路 2 中流过了 i_{m1} 和 i_{m2}，这两个电流形成了支路电流 i_2，比较各自的方向后可得 $i_2=-i_{m1}+i_{m2}$。这说明，如果知道了各网孔电流，就可以求得电路中任意一条支路的支路电流，进而可以求得电路中任意支路电压及元件功率，因此，网孔电流是一组完备的变量。同时，每个网孔电流在它流进某一结点的同时又流出该结点，因此它自身就满足了 KCL，少掉任何一个网孔电流都不足以求解电路，所以网孔电流是一组相互独立的变量。

以网孔电流为未知量列写电路方程进行电路分析的方法，称为网孔电流法，简称为网孔法。因网孔电流自动满足 KCL，故在利用网孔电流为未知量列写电路方程时，只需对平面电路所有网孔列写 KVL 方程即可。可见，对于一个具有 n 个结点、b 条支路的电路，网孔电流法的独立方程数就是 KVL 的独立方程数，为 $(b-n+1)$ 个；网孔个数就是独立回路数，也是 $(b-n+1)$ 个。与支路电流法所需的 b 个独立方程及变量相比，数目都减少了 $(n-1)$ 个。

以图 3-4-1 所示电路为例，可对其两个网孔列写 KVL 方程如下：

$$\left.\begin{array}{l} \text{网孔 1：} R_1 i_1 - R_2 i_2 + u_{s2} - u_{s1} = 0 \\ \text{网孔 2：} R_2 i_2 + R_3 i_3 - u_{s2} = 0 \end{array}\right\} \tag{3-4-1}$$

将所有的支路电流都用图中所示的网孔电流表示，则方程变为

$$\left.\begin{array}{l} R_1 i_{m1} - R_2 (i_{m2} - i_{m1}) + u_{s2} - u_{s1} = 0 \\ R_2 (i_{m2} - i_{m1}) + R_3 i_{m2} - u_{s2} = 0 \end{array}\right\} \tag{3-4-2}$$

整理上述方程，使等号左边都是关于网孔电流的项，其他项都移至等号右边，得

$$\left.\begin{array}{l} (R_1 + R_2) i_{m1} - R_2 i_{m2} = u_{s1} - u_{s2} \\ -R_2 i_{m1} + (R_2 + R_3) i_{m2} = u_{s2} \end{array}\right\} \tag{3-4-3}$$

式（3-4-3）即为以网孔电流为求解对象的网孔电流方程。

一般情况下，具有两个网孔的电路，网孔电流方程可记为

$$\left.\begin{array}{l} R_{11} i_{m1} + R_{12} i_{m2} = u_{s11} \\ R_{21} i_{m1} + R_{22} i_{m2} = u_{s22} \end{array}\right\} \tag{3-4-4}$$

式中，R_{11} 和 R_{22} 分别称为网孔 1 和网孔 2 的自电阻（简称为自阻），它们分别是网孔 1 和网孔 2 中所有电阻之和。对于图 3-4-1 所示电路，$R_{11}=R_1+R_2$，$R_{22}=R_2+R_3$。自阻总是正的。R_{12} 称为网孔 1 与网孔 2 的互电阻，R_{21} 称为网孔 2 与网孔 1 的互电阻（简称为互阻）。互阻的大小是网孔 1 与网孔 2 之间的公共支路上的总电阻。互阻可能是正的，也可能是负的。当在网孔 1 与网孔 2 的公共支路上，两个网孔电流 i_{m1} 与 i_{m2} 的参考方向一致时，互阻为正；否则互阻为负。如果两个网孔之间没有公共支路，或者虽有公共支路但其电阻为零，则互阻为零。对于图 3-4-1 所示电路，$R_{12}=-R_2$，$R_{21}=-R_2$。u_{s11} 和 u_{s22} 分别为网孔 1 和网孔 2 中的所有电压源电压的代数和，当电压源的电压方向与网孔电流的方向一致时，前面取"−"号；反之取"+"号。对于图 3-4-1 所示电路，$u_{s11}=u_{s1}-u_{s2}$，$u_{s22}=u_{s2}$。

式（3-4-4）实质上是 KVL 的体现。

对于具有 m 个网孔的平面电路，网孔电流方程的一般形式为

$$
\left.\begin{aligned}
R_{11}i_{m1}+R_{12}i_{m2}+R_{13}i_{m3}+\cdots+R_{1m}i_{mm}&=u_{s11}\\
R_{21}i_{m1}+R_{22}i_{m2}+R_{23}i_{m3}+\cdots+R_{2m}i_{mm}&=u_{s22}\\
R_{31}i_{m1}+R_{32}i_{m2}+R_{33}i_{m3}+\cdots+R_{3m}i_{mm}&=u_{s33}\\
\vdots\\
R_{m1}i_{m1}+R_{m2}i_{m2}+R_{m3}i_{m3}+\cdots+R_{mm}i_{mm}&=u_{smm}
\end{aligned}\right\}
\tag{3-4-5}
$$

式中，R_{kk}（$k=1$，2，$\cdots$，m）称为网孔 k 的自阻，总是正的。R_{jk}（$j\neq k$）是网孔 j 与网孔 k 的互阻，其大小是网孔 j 与网孔 k 的公共支路上的总电阻，其正负需视两个网孔电流 i_{mj} 与 i_{mk} 在公共支路上参考方向是否相同而定。方向相同时为正，方向相反时为负。若网孔 j 与网孔 k 无公共支路或虽然有公共支路但其电阻为零，则互阻 $R_{jk}=0$。显然，若将所有的网孔电流都设为顺时针绕向（或都设为逆时针绕向），则在任意两个相邻网孔的公共支路上，两网孔电流的方向总是相反的，因此互阻总是负的。当电路中不含有受控源时，$R_{jk}=R_{kj}$ 总成立。方程右方的 u_{skk} 是网孔 k 中的电压源电压的代数和，当电压源电压的方向与网孔电流 i_{mk} 的方向一致时，前面取"−"号，反之取"+"号。

根据以上规则，可对一般电阻电路直接写出网孔电流方程。用网孔电流法分析平面电阻电路的一般步骤如下：

1）选定电路中各个网孔的绕行方向。

2）对每个网孔，以网孔电流为未知量，列写形如式（3-4-5）所示的 KVL 方程。

3）求解上述方程，得到所有的网孔电流。

4）求各支路电流，并进一步进行其他分析。

例 3-4-1 电路如图 3-4-2 所示，已知 $R_1=R_2=10\,\Omega$，$R_3=4\,\Omega$，$R_4=R_5=8\,\Omega$，$R_6=2\,\Omega$，$u_{s3}=20\,V$，$u_{s6}=40\,V$，试用网孔电流求电流 i_3 及各电压源发出的功率。

解 设网孔电流为 i_{m1}、i_{m2}、i_{m3}，其绕行方向在图中已标出，都为顺时针方向，则网孔电流方程为

$$
\left.\begin{aligned}
(R_1+R_2+R_3)i_{m1}-R_3i_{m2}-R_2i_{m3}&=-u_{s3}\\
-R_3i_{m1}+(R_3+R_4+R_5)i_{m2}-R_4i_{m3}&=u_{s3}\\
-R_2i_{m1}-R_4i_{m2}+(R_2+R_4+R_6)i_{m3}&=-u_{s6}
\end{aligned}\right\}
\tag{3-4-6}
$$

将已知参数代入并整理得

$$
\left.\begin{aligned}
24i_{m1}-4i_{m2}-10i_{m3}&=-20\\
-4i_{m1}+20i_{m2}-8i_{m3}&=20\\
-10i_{m1}-8i_{m2}+20i_{m3}&=-40
\end{aligned}\right\}
\tag{3-4-7}
$$

解之可得

$$i_{m1}=-2.508\,A$$
$$i_{m2}=-0.956\,A$$
$$i_{m3}=-3.637\,A$$

则

$$i_3=i_{m1}-i_{m2}=[-2.508-(-0.956)]\,A=-1.552\,A$$
$$i_6=i_{m3}=-3.637\,A$$

电压源 u_{s3} 发出的功率为

$$P_1=-u_{s3}i_3=[-20\times(-1.552)]\,W=31.04\,W$$

电压源 u_{s6} 发出的功率为

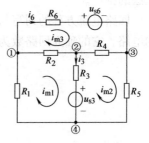

图 3-4-2 例 3-4-1 电路图

$$P_2 = -u_{s6}i_6 = [-40 \times (-3.637)] \text{ W} = 145.48 \text{ W}$$

当电路中含有电流源与电阻的并联组合时，可将它看作一条支路并用电压源与电阻的串联组合进行等效变换，再按上述方法进行分析。但如果出现无伴电流源支路（即没有电阻与电流源并联），或如果电路中含有受控源，则需要进行一定的处理，这些方法将在回路电流法中进行讨论。

3.4.2 回路电流法

网孔电流法只适用于平面电路，且由于平面电路给定后其网孔就是固定的，所以当电路含有特殊的支路（如无伴电流源支路）时，处理起来不够灵活。回路电流法是以回路电流为电路变量进行电路分析的一种方法，它不仅适用于平面电路，而且适用于非平面电路。因此回路电流法是一种适用性较强并获得广泛应用的分析方法。

与网孔电流的定义类似，回路电流是一组假想的电流，这组电流仅在构成各自回路的那些支路中连续流动。在图3-4-3中，假如回路由支路组合（2，3，5）构成，则该回路电流仅在支路2、3、5中连续流动而不再经过其他支路。一般情况下选择基本回路作为独立回路，这样，在任何一个连支中将只有一个回路电流流过，因此回路电流就是相应的连支电流。回路电流是一组独立而完备的变量，这是因为回路电流总是在流入一个结点后又从该结点流出，因而回路电流自动满足了KCL；同时若得到了所有的回路电流，则所有的支路电流都能够用回路电流表示，从而可对电路进行进一步分析。

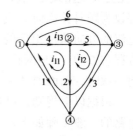

图3-4-3 回路电流法

以图3-4-3所示电路的图为例，若选取（1，2，3）为树，则（4，5，6）为连支，所得单连支回路分别为（1，2，4）、（2，3，5）、（1，3，6）。假设各回路中分别有假想的回路电流 i_{l1}、i_{l2}、i_{l3} 流过，方向如图3-4-3所示，则有

$$\left. \begin{array}{l} i_1 = -i_{l1} - i_{l3} \\ i_2 = i_{l1} - i_{l2} \\ i_3 = i_{l2} + i_{l3} \\ i_4 = i_{l1} \\ i_5 = i_{l2} \\ i_6 = i_{l3} \end{array} \right\} \tag{3-4-8}$$

式（3-4-8）表明了回路电流的完备性。事实上，若选（2，4，5）为树，则所得的单连支回路组就是该电路的网孔，因此，网孔电流法是回路电流法的特例，回路电流法是网孔电流法的推广。

回路电流方程的列写与网孔电流法方程的列写相似。对于一个具有 n 个结点、b 条支路的电路，它的独立回路数为 $l = b - n + 1$，它的回路电流方程的一般形式为

$$\left. \begin{array}{l} R_{11}i_{l1} + R_{12}i_{l2} + R_{13}i_{l3} + \cdots + R_{1l}i_{ll} = u_{s11} \\ R_{21}i_{l1} + R_{22}i_{l2} + R_{23}i_{l3} + \cdots + R_{2l}i_{ll} = u_{s22} \\ R_{31}i_{l1} + R_{32}i_{l2} + R_{33}i_{l3} + \cdots + R_{3l}i_{ll} = u_{s33} \\ \qquad\qquad\qquad \vdots \\ R_{l1}i_{l1} + R_{l2}i_{l2} + R_{l3}i_{l3} + \cdots + R_{ll}i_{ll} = u_{sll} \end{array} \right\} \tag{3-4-9}$$

式中，R_{kk}（$k=1$，2，3，$\cdots$，l）称为回路 k 的自阻，即构成回路 k 的所有支路的电阻之和，自阻总是正的。R_{jk}（$j\neq k$）称为回路 j 与回路 k 的互阻，互阻的大小是回路 j 与回路 k 的所有公共支路上的总电阻；互阻取"+"还是取"－"与两个回路电流 i_{lj}、i_{lk} 在它们公共支路上参考方向是否相同有关，方向相同则取"+"号，方向相反则取"－"号。若回路 j 与回路 k 无公共支路或虽然有公共支路但其电阻为零，则互阻 $R_{jk}=0$。由于回路之间的位置关系较网孔复杂，因此互阻的正负需要逐项判断，即使所有回路电流都假设为顺时针方向，互阻也可能出现有正有负的情况。通常，当电路中不含有受控源时，$R_{jk}=R_{kj}$。在式（3-4-9）等号右边的项 u_{skk}（$k=1$，2，$\cdots$，l）是回路 k 中的电压源电压的代数和，当电压源电压的方向与回路电流 i_{lk} 的方向一致时，前面取"－"号，反之取"+"号。式（3-4-9）还可以理解为：各回路电流在同一个回路中的各个电阻上所产生的电压代数和等于此回路中所有电源电压的代数和。

例 3-4-2 对图 3-4-4a 所示电路，若按图 3-4-4b 选择独立回路，试用回路电流法求电流 i_3 及各电压源发出的功率。

解 依题意，有

$R_{11}=(10+10+4)\,\Omega=24\,\Omega$

$R_{22}=(4+8+8)\,\Omega=20\,\Omega$

$R_{33}=(10+2+8)\,\Omega=20\,\Omega$

$R_{12}=R_{21}=-4\,\Omega$

$R_{13}=R_{31}=10\,\Omega$

$R_{23}=R_{32}=8\,\Omega$

$u_{s11}=-20\,\text{V}$

$u_{s22}=20\,\text{V}$

$u_{s33}=-40\,\text{V}$

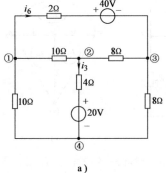 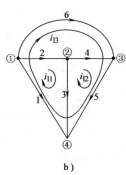

图 3-4-4　例 3-4-2 电路图

故回路电流方程为

$$\left.\begin{array}{r}24i_{l1}-4i_{l2}+10i_{l3}=-20\\ -4i_{l1}+20i_{l2}+8i_{l3}=20\\ 10i_{l1}+8i_{l2}+20i_{l3}=-40\end{array}\right\}\tag{3-4-10}$$

解之得

$$i_{l1}=1.129\,\text{A}$$

$$i_{l2}=2.681\,\text{A}$$

$$i_{l3}=-3.637\,\text{A}$$

则

$$i_3=i_{l1}-i_{l2}=(1.129-2.681)\,\text{A}=-1.552\,\text{A}$$

$$i_6=i_{l3}=-3.637\,\text{A}$$

20 V 电压源发出的功率为

$$P_1=[-20\times(-1.552)]\,\text{W}=31.04\,\text{W}$$

40 V 电压源发出的功率为

$$P_2=[-40\times(-3.637)]\,\text{W}=145.48\,\text{W}$$

如果电路中有电流源和电阻的并联组合，可以先将其等效变换成为电压源和电阻的串联组合后再列写回路电流方程。但是，当电路中存在无伴电流源时，就无法进行等效变换，此时直接列写回路电流方程就发生了困难。解决这一问题可采用下述两种方法：

第一种方法是把无伴电流源两端的电压假设出来，并将其作为一个待解变量列入方程等号右侧，当该电压方向与回路绕向一致时，前面取"－"号；当该电压方向与回路绕向相反时，前面取"+"号。每引入一个这样的变量，必须同时增加一个附加方程，该方程是回路电流与无伴电流源电流之间的约束方程。附加方程与回路电流方程联立，使独立方程数等于待解变量数，则可解得各回路电流及无伴电流源两端的电压。

第二种方法是合理地选择一组独立回路，从而简化方程及解题过程。在选取独立回路时，将无伴电流源支路作为连支，并取单连支回路，所以，有且仅有一个回路电流通过了无伴电流源支路，若取该回路电流的参考方向与该回路中的无伴电流源的电流方向一致，则该回路电流便等于这个无伴电流源的电流。因此，未知的回路电流就减少了一个，从而可以不必写该回路的回路电流（KVL）方程。其余不含无伴电流源的回路应仍按常规方法列写回路电流方程。

例 3-4-3 电路如图 3-4-5a 所示，试列写其回路电流方程。

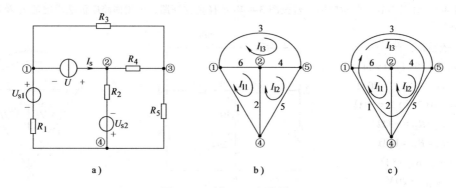

图 3-4-5 例 3-4-3 电路图

解 该电路中含有无伴电流源支路，因此有两种处理方法：

方法 1 引入电流源两端的电压为变量，设其电压为 U 并在原电路中标注出参考方向，选择网孔作为一组独立回路，方向都为顺时针方向，如图 3-4-5b 所示，则回路电流方程为

$$\left.\begin{array}{l}(R_1+R_2)I_{l1}-R_2I_{l2}=U_{s1}+U_{s2}+U \\ -R_2I_{l1}+(R_2+R_4+R_5)I_{l2}-R_4I_{l3}=-U_{s2} \\ -R_4I_{l2}+(R_3+R_4)I_{l3}=-U\end{array}\right\} \tag{3-4-11}$$

补充附加方程为

$$I_{l1}-I_{l3}=I_s \tag{3-4-12}$$

将式（3-4-11）与式（3-4-12）联立即可求解。由于待解变量中出现了电压 U，因此该方程组是混合变量方程组。

方法 2 在选取独立回路时，使无伴电流源支路仅仅属于一个回路，如选（1，2，5）为树，则无伴电流源支路为连支，如图 3-4-5c 所示，各回路编号及绕向都已给出，则回路电流方程为

$$\left.\begin{array}{l}I_{l1}=I_s \\ -R_2I_{l1}+(R_2+R_4+R_5)I_{l2}+R_5I_{l3}=-U_{s2} \\ R_1I_{l1}+R_5I_{l2}+(R_1+R_3+R_5)I_{l3}=U_{s1}\end{array}\right\} \tag{3-4-13}$$

注意该方法中对回路 1 没有列写常规的回路电流方程，而是直接用回路电流与无伴电流源电流的约束方程来代替回路电流方程。比较两种方法可知，方法 2 要比方法 1 容易求解。

若电路含有受控电压源，可先把受控电压源的控制量用回路电流表示，暂时将受控电压源"视作"独立电压源并按列回路电流方程的一般方法列于 KVL 方程的右边，然后将用回

路电流所表示的受控源电压移至方程的左边即可。若电路中含有受控电流源，可先用回路电流来表示受控电流源的控制量，并暂将受控电流源"视作"独立电流源，按前述方法进行适当处理。

例 3-4-4 在图 3-4-6 所示的电路中，无伴电压控制电流源 $i_d = gu_5$，电流控制电压源 $u_d = ri_1$，试列出该电路的回路电流方程。

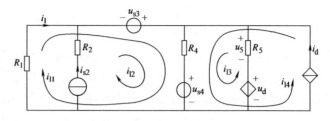

图 3-4-6 例 3-4-4 电路图

解 为使方程简化，在选择独立回路时让无伴电流源 i_{s2} 和 i_d 都只有一个回路电流流过，并在图中标明各回路及回路电流的方向，则各受控源的控制量可用回路电流表示为

$$\left.\begin{array}{l} i_1 = i_{l1} \\ u_5 = -R_5 i_{l3} \end{array}\right\} \tag{3-4-14}$$

回路电流方程为

$$\left.\begin{array}{l} (R_1 + R_4) i_{l1} + R_4 i_{l2} + R_4 i_{l3} + R_4 i_{l4} = u_{s3} - u_{s4} \\ i_{l2} = i_{s2} \\ R_4 i_{l1} + R_4 i_{l2} + (R_4 + R_5) i_{l3} + R_4 i_{l4} = u_d - u_{s4} \\ i_{l4} = i_d \end{array}\right\} \tag{3-4-15}$$

将 $i_d = gu_5$、$u_d = ri_1$ 及式（3-4-14）代入式（3-4-15），并整理可得

$$\left.\begin{array}{l} (R_1 + R_4) i_{l1} + R_4 i_{l2} + R_4 i_{l3} + R_4 i_{l4} = u_{s3} - u_{s4} \\ i_{l2} = i_{s2} \\ (R_4 - r) i_{l1} + R_4 i_{l2} + (R_4 + R_5) i_{l3} + R_4 i_{l4} = -u_{s4} \\ gR_5 i_{l3} + i_{l4} = 0 \end{array}\right\} \tag{3-4-16}$$

注意在以上回路电流方程中，只对回路 1 和回路 3 列写了 KVL 方程，回路 2 和回路 4 因含有无伴电流源而需特别处理，用电流源电流与回路电流之间的约束方程替代。

用回路电流法分析电路的一般步骤如下：

1）观察电路的特点，看是否含有无伴电流源和受控源。按适当的规则选择一个树并确定一组基本回路，指定各回路电流的参考方向（即回路的绕向）。

2）按式（3-4-9）列写回路电流方程，注意自阻总是正的，互阻的正负由相关的两个回路电流通过公共电阻时，两者的参考方向是否相同而定。在计算电压源电压的代数和时要注意各个有关电压源电压前面的正负号的取法。对含有无伴电流源的回路应按有关规定列写方程。

3）对含有无伴电流源和受控源的电路，必要时增加相应的附加方程。

4）求解方程，并做其他规定的分析。

5）对于平面电路，可选择使用网孔电流法。

3.5 结点电压法

回路电流法中的电路变量为回路电流，它自动满足 KCL，从而减少了方程的个数。那么，能否找到一组假设

3-5-1 结点电压法（1）　3-5-2 结点电压法（2）

的电路变量，使之自动满足 KVL，从而在列写电路方程时可省去 KVL 方程而达到减少方程个数的目的呢？结点电压法正是基于这一思想而提出来的。

对一个具有 n 个结点和 b 条支路的电路，若选择任一结点为参考结点，则其他（$n-1$）个结点称为独立结点。各独立结点与此参考结点之间的电压称为各独立结点的结点电压，方向为从各独立结点指向参考结点，即结点电压总是以参考结点为负极性端。结点电压通常记作 u_{nk}，k 为独立结点编号，习惯上独立结点的编号由 1 顺次递增至（$n-1$）。

对图 3-5-1 所示的电路，电路共有 3 个结点，若选取结点⓪为参考结点，结点①、②的结点电压分别用 u_{n1}、u_{n2} 表示，则各个支路电压都可以用结点电压表示出来，即

$$u_1 = u_{n1}, \; u_2 = u_{n1}, \; u_3 = u_{n1} - u_{n2}, \; u_4 = u_{n1} - u_{n2}, \; u_5 = u_{n2}$$

同时，结点电压自动满足了 KVL，因为沿任一回路的各支路电压，若都以结点电压来表示，则其代数和恒等于零。例如，对于 R_2、R_3、R_5 所构成的回路，有

$$-u_2 + u_3 + u_5 = -u_{n1} + (u_{n1} - u_{n2}) + u_{n2} = 0$$

可见，结点电压是一组完备而独立的电路变量。以结点电压为待解变量列写电路方程进行电路分析的方法称为结点电压法。结点电压法实质上是利用 KCL 和 VCR，并将所有的支路电流都用结点电压表示，得到结点电压方程。对于具有 n 个结点的电路，每个独立结点对应一个独立 KCL 方程，独立方程数为（$n-1$）个，这也是结点电压方程的数目，与支路电流法的 b 个方程相比，方程数可减少（$b-n+1$）个。

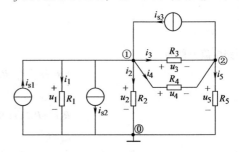

图 3-5-1　结点电压法

对图 3-5-1 所示电路，对结点①和②分别列写 KCL 方程：

$$\left. \begin{array}{l} i_1 + i_2 + i_3 + i_4 - i_{s1} + i_{s2} - i_{s3} = 0 \\ -i_3 - i_4 + i_5 + i_{s3} = 0 \end{array} \right\} \tag{3-5-1}$$

根据元件的 VCR，把各支路电流用结电电压表示为

$$\left. \begin{array}{l} i_1 = \dfrac{u_1}{R_1} = \dfrac{u_{n1}}{R_1} \\[2mm] i_2 = \dfrac{u_2}{R_2} = \dfrac{u_{n1}}{R_2} \\[2mm] i_3 = \dfrac{u_3}{R_3} = \dfrac{u_{n1} - u_{n2}}{R_3} \\[2mm] i_4 = \dfrac{u_4}{R_4} = \dfrac{u_{n1} - u_{n2}}{R_4} \\[2mm] i_5 = \dfrac{u_5}{R_5} = \dfrac{u_{n2}}{R_5} \end{array} \right\} \tag{3-5-2}$$

将式（3-5-2）代入式（3-5-1）中，并整理得

$$\left.\begin{aligned}\left(\frac{1}{R_1}+\frac{1}{R_2}+\frac{1}{R_3}+\frac{1}{R_4}\right)u_{n1}-\left(\frac{1}{R_3}+\frac{1}{R_4}\right)u_{n2}=i_{s1}-i_{s2}+i_{s3}\\-\left(\frac{1}{R_3}+\frac{1}{R_4}\right)u_{n1}+\left(\frac{1}{R_3}+\frac{1}{R_4}+\frac{1}{R_5}\right)u_{n2}=-i_{s3}\end{aligned}\right\}\quad(3\text{-}5\text{-}3)$$

式（3-5-3）即为所求的结点电压方程。若令 $G_k=\dfrac{1}{R_k}$（$k=1$，2，3，4，5），则式(3-5-3)可记为

$$\left.\begin{aligned}(G_1+G_2+G_3+G_4)u_{n1}-(G_3+G_4)u_{n2}=i_{s1}-i_{s2}+i_{s3}\\-(G_3+G_4)u_{n1}+(G_3+G_4+G_5)u_{n2}=-i_{s3}\end{aligned}\right\}\quad(3\text{-}5\text{-}4)$$

在列写电路的结点电压方程时，可以根据观察法直接写出式（3-5-4）形式的方程。为了便于归纳一般形式的结点电压方程，令 $G_{11}=G_1+G_2+G_3+G_4$，$G_{22}=G_3+G_4+G_5$，将它们分别称为结点①的自电导、结点②的自电导。自电导总是正的，它等于连接到各独立结点上的所有支路电导之和；令 $G_{12}=G_{21}=-(G_3+G_4)$，为结点①与结点②之间的互电导，其大小等于连接于两结点之间的所有支路的支路电导之和并冠上负号。分别令 $i_{s11}=i_{s1}-i_{s2}+i_{s3}$，$i_{s22}=-i_{s3}$，则 i_{s11}、i_{s22} 分别表示流入结点①、②的电流源电流的代数和，当电流源电流参考方向为指向结点时（即所谓流入结点），前面取"＋"号；反之取"－"号。因此，具有两个独立结点的结点电压方程的一般形式为

$$\left.\begin{aligned}G_{11}u_{n1}+G_{12}u_{n2}=i_{s11}\\G_{21}u_{n1}+G_{22}u_{n2}=i_{s22}\end{aligned}\right\}\quad(3\text{-}5\text{-}5)$$

推广到具有（$n-1$）个独立结点的电路，有

$$\left.\begin{aligned}G_{11}u_{n1}+G_{12}u_{n2}+G_{13}u_{n3}+\cdots+G_{1(n-1)}u_{n(n-1)}=i_{s11}\\G_{21}u_{n1}+G_{22}u_{n2}+G_{23}u_{n3}+\cdots+G_{2(n-1)}u_{n(n-1)}=i_{s22}\\G_{31}u_{n1}+G_{32}u_{n2}+G_{33}u_{n3}+\cdots+G_{3(n-1)}u_{n(n-1)}=i_{s33}\\\vdots\\G_{(n-1)1}u_{n1}+G_{(n-1)2}u_{n2}+G_{(n-1)3}u_{n3}+\cdots+G_{(n-1)(n-1)}u_{n(n-1)}=i_{s(n-1)(n-1)}\end{aligned}\right\}\quad(3\text{-}5\text{-}6)$$

式中，G_{kk}（$k=1$，2，3，$\cdots$，$n-1$）称为结点 k 的自电导（简称为自导），即连接在结点 k 上的所有支路电导之和，自导总是正的。G_{jk}（$j\neq k$）称为结点 j 与结点 k 之间的互电导（简称为互导），其大小等于连接在结点 j 与结点 k 之间的所有支路的支路电导之和并冠上负号。若结点 j 与结点 k 之间没有支路直接相连或有支路但支路上没有电导，则 $G_{jk}=0$。当电路中不含受控源时，有 $G_{jk}=G_{kj}$。等号右边的 i_{skk}（$k=1$，2，3，$\cdots$，$n-1$）表示流入结点 k 的电流源电流的代数和，流入取"＋"，流出取"－"。

需要注意，当支路中含有多个电阻的串联组合时，如图 3-5-2a 所示，在计算该支路电导时应首先考虑将其等效为图 3-5-2b 处理。该支路电导为 $\dfrac{1}{R_1+R_2}$ 而不是 $\left(\dfrac{1}{R_1}+\dfrac{1}{R_2}\right)$。

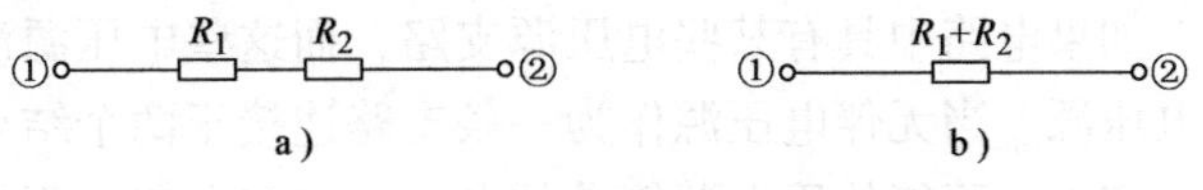

图 3-5-2　某支路中含电阻串联组合时的处理

a）原电路中的某支路　b）等效支路

从结点电压方程可以解出结点电压，并据此求出各支路电压。支路电压与结点电压之间的关系可分为两种：一种是支路接在独立结点与参考结点之间，此时支路电压就是结点电压

（二者参考方向一致时取正，方向相反则取负）；另一种是支路接在两个独立结点之间，此时支路电压可以表示为这两个独立结点所对应的结点电压之差。支路电压求得后可根据 VCR 求得各支路电流，并进行各种电路分析。

如果电路中含有电压源与电阻的串联支路，在写结点电压方程前可首先将该支路等效变换为电流源与电阻的并联组合，如图 3-5-3a、b 所示，可见在结点电压方程右侧的流入结点的电流源电流代数和这一项中，应包含经电源等效变换而形成的电流源电流。

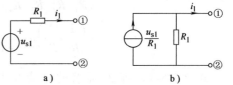

图 3-5-3　含电压源与电阻的串联组合时的处理

例 3-5-1　电路如图 3-5-4a 所示，以结点③为参考结点列写结点电压方程。若将 a、b 端子左侧的电流源支路改为图 3-5-4b 的形式，试分析对结点电压方程的影响。

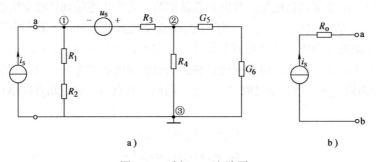

图 3-5-4　例 3-5-1 电路图

解　对图 3-5-4a，需要注意 R_1 和 R_2 串联支路的支路导纳的计算以及 G_5 和 G_6 串联支路的支路导纳的计算。另外，对电压源与电阻的串联支路要进行等效。在实际书写结点电压方程时，这些等效变换可不必另行绘图。图 3-5-4a 的结点电压方程为

$$\left(\frac{1}{R_1+R_2}+\frac{1}{R_3}\right)u_{n1}-\frac{1}{R_3}u_{n2}=i_s-\frac{u_s}{R_3}$$
$$-\frac{1}{R_3}u_{n1}+\left(\frac{1}{R_3}+\frac{1}{R_4}+\frac{1}{\frac{1}{G_5}+\frac{1}{G_6}}\right)u_{n2}=\frac{u_s}{R_3} \tag{3-5-7}$$

若 a、b 端左侧电流源支路改为图 3-5-4b 所示电路，因为图 3-5-4b 是电流源与电阻的串联形式，对外可等效为只有电流源 i_s 而没有 R_o 的形式，与图 3-5-4a 相同，故在列写结点电压方程时可利用等效将 R_o 去掉，得到的结点电压方程还是式（3-5-7）。对含有图 3-5-4b 所示支路在列写结点电压方程时，另一种方法是将电流源与电阻的连接点作为一个独立结点予以编号，增加一个结点电压变量和结点电压方程。

如果电路中具有某些电压源支路，而这些电压源没有电阻与之串联，这种电压源称为无伴电压源。当无伴电压源作为一条支路连接于两个结点之间，该支路的电阻为零，即电导等于无穷大，不能使用电源等效的办法，支路电流也不能通过支路电压表示，结点电压方程的列写就遇到了困难。当电路中存在这类支路时，通常可以采取下述两种方法处理。方法 1 是：设该无伴电压源中流过的电流并作为待求变量，在列写方程时，该变量可以被当作一个待求电流写在等号右边，且流入结点取正，流出结点取负。每引入一个这样的变量，必须同时增加一个结点电压与电压源电压之间的约束方程，把这些约束方程与结点电压方程合并成一组联立方程，其方程数与变量数相同，即可进行求解。方法 2 是：选择无伴电压源的一端

作为参考结点，无伴电压源另一端为独立结点，则该独立结点的结点电压就是已知的电压源电压，对该独立结点可以不列写一般形式的结点电压方程，而以其结点电压与无伴电压源电压的约束方程代替。这种处理方法可以减少未知结点电压的个数，减少手工求解方程的工作量，特别是对于仅含有一个无伴电压源的电路来说尤为适用。

例 3-5-2 试列写图 3-5-5a 所示电路的结点电压方程。

解 本题中含有无伴电压源支路，在选择参考结点时可适当考虑。

方法 1 选择参考结点如图 3-5-5b 所示，为其他结点编号。设无伴电压源的电流 I_u 如图 3-5-5b 所示，则结点电压方程为

$$\left.\begin{array}{l} (G_1+G_2)U_{n1}-G_1U_{n2}=-I_u \\ -G_1U_{n1}+(G_1+G_3+G_4)U_{n2}-G_4U_{n3}=0 \\ -G_4U_{n2}+(G_4+G_5)U_{n3}=I_u \end{array}\right\} \tag{3-5-8}$$

附加约束方程为

$$U_{n1}-U_{n3}=U_s \tag{3-5-9}$$

由上述方程可解出 U_{n1}、U_{n2}、U_{n3} 及 I_u。

方法 2 选择参考结点如图 3-5-5c 所示，为其他结点编号，则结点电压方程为

$$\left.\begin{array}{l} U_{n1}=U_s \\ -G_1U_{n1}+(G_1+G_3+G_4)U_{n2}-G_3U_{n3}=0 \\ -G_2U_{n1}-G_3U_{n2}+(G_2+G_3+G_5)U_{n3}=0 \end{array}\right\} \tag{3-5-10}$$

可见，方法 2 比方法 1 的计算工作量明显减小。

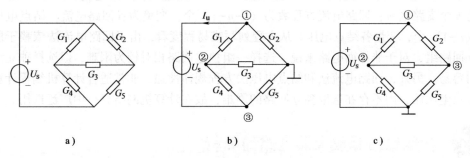

a)　　　　　　　　　　b)　　　　　　　　　　c)

图 3-5-5　例 3-5-2 电路图

如果电路中含有受控源，在建立结点电压方程时，先将控制量用结点电压表示。若受控源为受控电流源，可暂时将受控电流源"视作"独立电流源，按列写结点电压方程的一般方法列写方程，然后把用结点电压表示的受控电流源项移到方程左边整理即可。若受控源为有伴受控电压源，可将控制量用有关结点电压表示后再等效变换成受控电流源处理；若受控源为无伴受控电压源，则可参照无伴独立电压源的处理方法。

例 3-5-3 电路如图 3-5-6 所示，试列写其结点电压方程。

解 选取结点③为参考结点，如图 3-5-6 所示，则结点电压方程为

$$\left.\begin{array}{l} \left(\dfrac{1}{R_1}+\dfrac{1}{R_2}+\dfrac{1}{R_3}\right)u_{n1}-\dfrac{1}{R_3}u_{n2}=\dfrac{u_{s1}}{R_1} \\ -\dfrac{1}{R_3}u_{n1}+\left(\dfrac{1}{R_3}+\dfrac{1}{R_4}\right)u_{n2}=gu_2 \end{array}\right\} \tag{3-5-11}$$

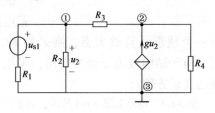

图 3-5-6　例 3-5-3 电路图

附加方程为 $\hspace{6cm} u_2 = u_{n1}$ $\hspace{4cm}$ (3-5-12)

将式 (3-5-12) 代入式 (3-5-11) 并整理可得

$$\left.\begin{array}{l}\left(\dfrac{1}{R_1}+\dfrac{1}{R_2}+\dfrac{1}{R_3}\right)u_{n1}-\dfrac{1}{R_3}u_{n2}=\dfrac{u_{s1}}{R_1}\\[3mm]-\left(\dfrac{1}{R_3}+g\right)u_{n1}+\left(\dfrac{1}{R_3}+\dfrac{1}{R_4}\right)u_{n2}=0\end{array}\right\}$$ (3-5-13)

从式 (3-5-13) 可以看出，$G_{12}\neq G_{21}$，这是由电路中所含有的受控源引起的。通常当电路中含有受控源时，就可能会出现 $G_{jk}\neq G_{kj}$ 的情况。

综上所述，利用结点电压法进行电路分析的一般步骤如下：

1) 观察电路的特点，针对不同支路情况合理选择参考结点，其余结点与参考结点之间的电压就是结点电压，参考结点为各结点电压的负极性端。

2) 对 ($n-1$) 个独立结点，以结点电压为未知量，按式 (3-5-6) 列写结点电压方程。注意自导总是正的，互导总是负的。在计算电流源电流代数和时要注意各个有关电流源电流项前面正负号的取法，流入结点取正，流出结点取负。

3) 当电路中含有无伴电压源或受控源时，还应根据相关规则列写附加方程。

4) 求解上述方程得到 ($n-1$) 个结点电压，进而求得各支路电压及支路电流，并分析电路中的功率情况。

综合比较支路法、支路电流法、回路电流法和结点电压法可知：从方程数看，支路法方程总数最多，为 $2b$ 个，变量为 b 个支路电流和 b 个支路电压；支路电流法的方程数为 b 个，变量为 b 个支路电流；回路电流方程数为 ($b-n+1$) 个，变量为各回路电流；结点电压方程数为 ($n-1$) 个，变量各结点电压。从方程列写难易程度看，由于回路电流法依赖于所选取的独立回路组，对于非平面电路来说，选择一组独立回路相对较为困难，但选择独立结点显得相对容易。另外，回路电流法和结点电压法方程规律性强，非常适合计算机编程计算，特别是结点电压法，因不存在选取独立回路的困难，故在计算机网络分析中广泛选用。

3.6　含理想运算放大器电路的分析

本节讨论含有理想运算放大器的电阻电路的分析方法。要利用理想运算放大器具有"虚短路"和"虚断路"两大特点，并结合结点电压法或由 KCL 进行电路方程的列写。因为结点电压法要求连在结点上的每条支路的电流都是已知的或可用结点电压描述的，对于理想运算放大器来说，其输入端满足"虚断路"，故可作为独立结点列写结点电压方程；但输出端的输出电流是未确定的，故不宜列写其一般形式的结点电压方程。若电路仅含有一个理想运算放大器，则采用 KCL 法求解，对于结构较为复杂的电路，采用结点电压法比较方便。

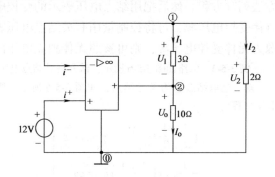

例 3-6-1　电路如图 3-6-1 所示，试求电流 I_o。

解　对各结点编号并对各支路设定电流、电压的参考方向，如图 3-6-1 所示，根据"虚断路"规

图 3-6-1　例 3-6-1 电路图

则，有 $i^- = i^+ = 0\,\text{A}$。

根据"虚短路"规则，有

$$U_2 = 12\,\text{V}, \quad I_2 = \frac{12}{2}\,\text{A} = 6\,\text{A}$$

对三个电阻构成的回路列写 KVL，得

$$U_2 = U_1 + U_o = 3I_1 + 10I_o = 12\,\text{V}$$

对结点①列写 KCL 方程得

$$i^- + I_1 + I_2 = 0, \quad I_1 = -I_2 = -6\,\text{A}$$

所以

$$I_o = \frac{12 - 3I_1}{10} = \frac{12 - 3\times(-6)}{10}\,\text{A} = 3\,\text{A}$$

可见，利用列写 KCL、KVL 方程来进行分析时，所需变量较多，方程列写规律性不强，实际操作起来有一定难度。利用结点电压法分析此类电路就较为简便了。

例 3-6-2 试求图 3-6-2 所示电路的输出电压 u_o 与输入电压 u_{i1}、u_{i2} 之间的关系。

解 对理想运算放大器的输出端标注独立结点编号，但应当注意因为运算放大器的输出端电流未知，所以对结点③不能列写 KCL 方程。依题意，电路的结点电压方程为

$$\left.\begin{array}{l}\left(\dfrac{1}{R_1} + \dfrac{1}{R_2}\right)u_{n1} - \dfrac{1}{R_2}u_{n3} = \dfrac{u_{i1}}{R_1} \\[3mm] \left(\dfrac{1}{R_1} + \dfrac{1}{R_2}\right)u_{n2} = \dfrac{u_{i2}}{R_1}\end{array}\right\} \quad (3\text{-}6\text{-}1)$$

根据"虚短路"规则，$u_{n1} = u_{n2}$，又 $u_{n3} = u_o$，结合式（3-6-1）可得

$$\frac{u_{i1}}{R_1} + \frac{u_o}{R_2} = \frac{u_{i2}}{R_1}$$

所以输出电压为

$$u_o = \frac{R_2}{R_1}(u_{i2} - u_{i1})$$

可见，该电路实现了减法功能，因而图 3-6-2 所示电路被称为减法器电路。

当电路中含有两个或多个理想运算放大器时，一般利用结点电压法比较方便，列写方程前应该对所有结点进行编号（也可对输入和输出端子编号），对理想运算放大器的输出端不列写一般形式的结点电压方程，输出端电压作为中间变量出现。

例 3-6-3 试求图 3-6-3 所示电路的电压比 $\dfrac{u_o}{u_i}$。

解 采用结点电压法求解。独立结点选取如图 3-6-3 所示。其中结点②、④都位于运算放大器的输出端，因此不能对它们列写结点电压方程。对结点①、③列写结点电压方程，并注意理想运算放大器的"虚断路"规则，可得

$$\left.\begin{array}{l}\left(\dfrac{1}{R_1} + \dfrac{1}{R_2} + \dfrac{1}{R_3}\right)u_{n1} - \dfrac{1}{R_2}u_{n2} - \dfrac{1}{R_3}u_{n4} = \dfrac{u_i}{R_1} \\[3mm] \left(\dfrac{1}{R_4} + \dfrac{1}{R_5}\right)u_{n3} - \dfrac{1}{R_5}u_{n4} = 0\end{array}\right\} \quad (3\text{-}6\text{-}2)$$

根据"虚短路"规则，$u_{n1} = 0$，$u_{n2} = u_{n3}$，且 $u_{n4} = u_o$，

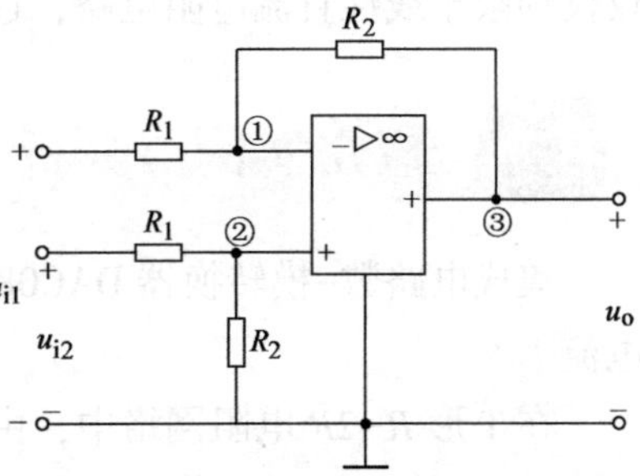

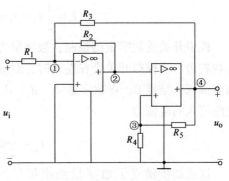

图 3-6-2 例 3-6-2 电路图

图 3-6-3 例 3-6-3 电路图

将它们代入式（3-6-2）并整理得

$$\left.\begin{array}{c}\dfrac{1}{R_1}u_i+\dfrac{1}{R_2}u_{n2}+\dfrac{1}{R_3}u_o=0\\[3mm]\left(\dfrac{1}{R_4}+\dfrac{1}{R_5}\right)u_{n2}-\dfrac{1}{R_5}u_o=0\end{array}\right\} \tag{3-6-3}$$

消去 u_{n2} 并解之可得

$$\frac{u_o}{u_i}=-\frac{R_2R_3(R_4+R_5)}{R_1(R_2R_4+R_2R_5+R_3R_4)}$$

本章以电阻电路为对象讨论了电路分析的一般方法。对于结构较为简单、元件数量不多的电路，使用这些方法可以很方便地写出适合手工求解的电路方程。对于结构较为复杂的电路，利用这些方法建立电路方程后可以结合 MATLAB 软件进行计算和分析。一般来说，支路法和支路电流法因为所需方程数较多，在手工计算时很少用到。当电路中含无伴电流源较多，且回路数较少时，用回路电流法计算简便些；当电路中所含无伴电压源较多且结点数较少时，用结点电压法简便些。当然，这些方法是进行电路分析的基础，它们的适用范围并不仅仅局限于线性直流电阻电路，这在后续章节中会陆续学习到。

3.7 应用实例与分析

集成电路数-模转换器 DAC0832 内部的 T 形 R-$2R$ 电阻网络如图 3-0-1 所示，如何求出电流 I_Σ？

在 T 形 R-$2R$ 电阻网络中，由 R-$2R$ 组成 T 形电阻网，d_3、d_2、d_1、d_0 为数字量（0 或 1），S_3、S_2、S_1、S_0 为模拟开关，U_{REF} 为基准电压，是 T 形电阻网络的工作电源。

根据运算放大器"虚短路"规则，运算放大器的两个输入端对公共端"地"等电位，则 B 点与地之间的电压为 $u_B=0\,V$。因此，无论开关 S_3、S_2、S_1、S_0 合到哪一边，都相当于接到了"地"上，流过每个支路的电流始终不变，从 A、B 两端向左看，等效电阻为 $R_{eq}=R$，因此，由 U_{REF} 流入电阻网络的总电流为

$$I=\frac{U_{REF}}{R_{eq}}=\frac{U_{REF}}{R}$$

根据分流公式，可求得各支路上的电流分别为

$$I_0=\frac{1}{2}I,\quad I_1=\frac{1}{4}I,\quad I_2=\frac{1}{8}I,\quad I_3=\frac{1}{16}I$$

模拟开关受数字量的控制，数字量为 0 时模拟开关合在左边，数字量为 1 时，模拟开关合在右边。当模拟开关合在左边时，对应支路电流流入地；当模拟开关合在右边时，对应支路电流流入结点 B。在数字量 d_3、d_2、d_1、d_0 的作用下，对结点 B 使用 KCL，则结点 B 左侧支路流入的电流为

$$I_\Sigma=\frac{I}{2}d_0+\frac{I}{4}d_1+\frac{I}{8}d_2+\frac{I}{16}d_3$$

这就初步建立了数字量到模拟量的转换关系。若设 $U_{REF}=10\,V$，$R=1\,k\Omega$，数字量 $d_3d_2d_1d_0=1011$ 时，可求得

$$I_\Sigma = \frac{10}{1\times 10^3}\times\left(\frac{1}{2}\times 1+\frac{1}{4}\times 1+\frac{1}{8}\times 0+\frac{1}{16}\times 1\right)\text{A}=\frac{10}{1\times 10^3}\times(0.75+0.0625)\text{A}=8.125\,\text{mA}$$

将该电流经过运算放大器放大输出，就能实现数字量到模拟量的转换。

现代软件技术及数学方法的发展，对电路计算及仿真产生了巨大的推动作用。在对结构较为复杂的电路进行分析和计算时，可以先利用本章介绍的电路分析方法，写出对应的电路方程组，然后利用 MATLAB 软件进行编程计算。对图 3-0-2 所示的电路，若要求 i 及 u_2，可以选择结点④为参考结点，注意到无伴电压源中的电流，可得结点电压方程为

$$\left.\begin{array}{l}\left(\dfrac{1}{1}+\dfrac{1}{0.2}+\dfrac{1}{0.5}\right)u_{n1}-\dfrac{1}{0.5}u_{n3}=\dfrac{2}{1}-3u_2-i\\[2mm]\left(\dfrac{1}{0.5}+\dfrac{1}{1}\right)u_{n2}-\dfrac{1}{1}u_{n3}=i\\[2mm]-\dfrac{1}{0.5}u_{n1}-\dfrac{1}{1}u_{n2}+\left(\dfrac{1}{0.5}+\dfrac{1}{1}+\dfrac{1}{1}\right)u_{n3}=3+3u_2\end{array}\right\} \tag{3-7-1}$$

附加方程为

$$\left.\begin{array}{l}u_{n2}-u_{n1}=1\\u_2=u_{n1}\end{array}\right\} \tag{3-7-2}$$

将上述各式中的变量都移至等式的左端，得

$$\left.\begin{array}{l}\left(\dfrac{1}{1}+\dfrac{1}{0.2}+\dfrac{1}{0.5}\right)u_{n1}-\dfrac{1}{0.5}u_{n3}+3u_2+i=\dfrac{2}{1}\\[2mm]\left(\dfrac{1}{0.5}+\dfrac{1}{1}\right)u_{n2}-\dfrac{1}{1}u_{n3}-i=0\\[2mm]-\dfrac{1}{0.5}u_{n1}-\dfrac{1}{1}u_{n2}+\left(\dfrac{1}{0.5}+\dfrac{1}{1}+\dfrac{1}{1}\right)u_{n3}-3u_2=3\\[2mm]-u_{n1}+u_{n2}=1\\u_{n1}-u_2=0\end{array}\right\} \tag{3-7-3}$$

写成矩阵方程形式为

$$\begin{bmatrix}1+\dfrac{1}{0.2}+\dfrac{1}{0.5} & 0 & -\dfrac{1}{0.5} & 3 & 1\\[2mm]0 & \dfrac{1}{0.5}+1 & -1 & 0 & -1\\[2mm]-\dfrac{1}{0.5} & -1 & \dfrac{1}{0.5}+1+1 & -3 & 0\\[2mm]-1 & 1 & 0 & 0 & 0\\1 & 0 & 0 & -1 & 0\end{bmatrix}\begin{bmatrix}u_{n1}\\u_{n2}\\u_{n3}\\u_2\\i\end{bmatrix}=\begin{bmatrix}2\\0\\3\\1\\0\end{bmatrix} \tag{3-7-4}$$

记作 $\boldsymbol{AX}=\boldsymbol{B}$，则 $\boldsymbol{X}=\boldsymbol{A}^{-1}\boldsymbol{B}$，可解得 i 及 u_2。

对应的 MATLAB 程序如下：

```
clear                    %清 MATLAB 工作区内存,防止意外受到其他变量的影响
A=[1+1/0.2+1/0.5,0,-1/0.5,3,1;0,1/0.5+1,-1,0,-1;...        %注意使用了续行符号 ...
-1/0.5,-1,1/0.5+1+1,-3,0;-1,1,0,0,0;1,0,0,-1,0];          %输入混合系数矩阵 A
```

```
B=[2;0;3;1;0];        %注意 B 为列向量
X=A\B;                %解出 X
i=X(5),U2=X(4)        %显示要求的分量
```

该程序运行后，结果为

```
i = 2. 3158
U2 = 0. 2105
```

因此，本题中，所求电流和电压分别为

$$i = 2. 3158 \, \text{A}$$
$$u_2 = 0. 2105 \, \text{V}$$

3.8 **本章小结**

3.8.1 本章基本知识点

电路的分析方法也可称为方程法，它主要包括支路电流法、回路电流法（网孔电流法）和结点电压法等，这些都是在电路分析中最基本、最常用的方法，因此必须熟练掌握。

1. 电路的图

图是由抽象的"结点"和"支路"构成的。要注意"图"中的"支路"两端必须连接在"结点"上，"支路"自身不能独立存在于"图"中，但"结点"可以独立存在。若图中的每条支路都被标上方向，则称为有向图。若图中任意两结点之间至少存在一条通路，则称为连通图。

树是进行电路分析时十分有用的一个概念。树是连通图的一个连通子图，它包含图的全部结点，但不包含任一回路。树不是唯一的。构成树的支路称为树支，不是树支的其余支路称为连支。对于一个具有 n 个结点、b 条支路的电路来说，其树支数为 $(n-1)$，连支数为 $(b-n+1)$。树是连接图中所有结点的最少支路的集合。

2. KCL 和 KVL 的独立方程数

若电路具有 n 个结点、b 条支路，通常对 $(n-1)$ 个独立结点列写 KCL 方程，对 $(b-n+1)$ 个单连支回路列写 KVL 方程。

3. 支路电流法

以支路电流为待解变量的分析方法称为支路电流法。假设电路有 n 个结点和 b 条支路，则列写支路电流方程的一般步骤如下：

1) 标出各支路电流及其参考方向。

2) 对 $(n-1)$ 个独立结点列写 KCL 方程。

第 n_i 结点 $\qquad\qquad\qquad\qquad \sum I_k = 0$

式中，I_k 为与 n_i 结点相关的第 k 条支路上的支路电流。写方程时要注意各电流的方向，并注意这里的求和运算是代数和。

3) 对 $(b-n+1)$ 个独立回路直接按下列形式列写 KVL 方程。

第 l_i 回路 $\qquad\qquad\qquad\qquad \sum R_k I_k = \sum U_{sk}$

式中，方程左侧表示在 l_i 回路中所有电阻两端电压的"电压降"代数和，当回路绕向与电阻 R_k 中的电流 I_k 同向时，$R_k I_k$ 项前取"+"号，反之取"－"号；方程右侧表示在 l_i 回路中所有电压源及其他非电阻元件（包括理想电流源）"电压升"代数和，当回路绕向与该电压方向相同时，U_{sk} 前面取"－"号，反之取"+"号。

4）列写附加方程。用支路电流表示受控源的控制量；用支路电流表示电流源的电流。

5）如果不求理想电流源两端的电压，则可不对包含该电流源的回路列写 KVL 方程。

支路电流法的优点是直观，解得的电流就是各支路电流，可以用电流表测量；缺点是当电路比较复杂时，求解变量较多，求解过程麻烦，用于解算方程的人工工作量太大。

4. 回路电流法及网孔电流法

以回路（网孔）电流为待解变量的分析方法称为回路（网孔）电流法。

网孔电流法是回路电流法的一个特例，回路选为网孔时，回路电流法就是网孔电流法。网孔电流法只适用于平面电路，而回路电流法无此限制，它适用于平面或非平面电路。

对于具有 n 个结点、b 条支路的电路，列写回路电流方程的一般步骤如下：

1）选取一组独立回路，并规定回路的绕向。

2）按照自阻和互阻的定义对（$b-n+1$）个独立回路列 KVL 方程。

第 l_i 回路
$$\sum_{j=1}^{b-n+1} R_{ij}I_{lj} = \sum U_{sii}$$

式中，当 $i=j$ 时，R_{ii} 称为回路 l_i 的自阻，即回路 l_i 的所有支路电阻之和，自阻总为正；当 $i \neq j$ 时，R_{ij} 称为回路 l_i 与回路 l_j 的互阻，其大小为回路 l_i 与回路 l_j 的公共支路电阻之和，且当两回路以相同方向经过公共支路时，R_{ij} 前取"+"号，反之，取"−"号。$\sum U_{sii}$ 为回路电压源及其他非电阻元件（包括理想电流源）电压的"电压升"代数和。当该电压的方向与回路绕向不一致时，前面取"+"号，否则取"−"号。

3）列写附加方程。用回路电流表示受控源的控制量；用回路电流表示电流源的电流。

4）如果理想电流源只包括在一个回路中，则该回路电流由该理想电流源的电流确定。若不求理想电流源的两端电压，则可不对此回路列写 KVL 方程。

回路（网孔）电流法优点是方程个数较支路电流法少，并可直接列写方程，规律易于掌握。

5. 结点电压法

在电路中选定一个结点作为参考结点，其余结点与参考结点之间的电压称为结点电压，以结点电压为待解变量的分析方法称为结点电压法。结点电压以参考结点为参考负极性。

对于具有 n 个结点的电路，列写结点电压方程的一般步骤如下：

1）选定参考结点，标出其余各结点，明确各结点电压。

2）按照自导和互导的定义对（$n-1$）个独立结点列写 KCL 方程。

第 n_i 结点
$$\sum_{j=1}^{n-1} G_{ij}U_{nj} = \sum I_{sii}$$

式中，当 $i=j$ 时，G_{ii} 称为结点 n_i 的自导，是结点 n_i 相连的所有支路电导之和，自导总是正的；当 $i \neq j$ 时，G_{ij} 称为结点 n_i 与结点 n_j 的互导，为结点 n_i 与结点 n_j 之间直接相连的支路电导之和，互导总是负的。$\sum I_{sii}$ 表示流入该结点的电流源电流的代数和，流入（指向）该结点时，该项前取"+"号；流出（背离）该结点时，该项前取"−"号。若出现电压源支路，则须对应进行特殊处理。

3）列写附加方程。用结点电压表示受控源的控制量；用结点电压表示无伴电压源的电压。

4）如果参考结点选在理想电压源的一端，则另一端的结点电压由该理想电压源电压确定，如不求该理想电压源的电流，则可不必对其结点列写结点电压方程。

结点电压法优点是方程个数较支路电流法少，也可直接列写方程，规律易于掌握。

6. 含有理想运算放大器的电阻电路的分析

当电路中含有理想运算放大器时，通常可采用结点电压法列方程求解，合理利用理想运算放大器"虚短路"和"虚断路"两大特点，对方程进行简化。注意对运算放大器的输出端所在结点不能列写结点电压方程。

3.8.2　本章重点与难点

本章的重点是能正确地列写电路方程。对于列写方程的每一种方法容易出现的问题，即为列方程的难点，下面分别给予说明。在列写各方程时应分别注意以下问题：

1. 支路电流法

1）对结点列 KCL 方程时，不应忽略无伴电压源支路中的电流；同样，对回路列 KVL 方程时，不应忽略无伴电流源两端的电压。

2）对含受控源电路，列方程时可将受控源按独立源对待，但其控制量应使用支路电流表示。当电路含有受控源时，其电路方程数目将多于 b 个（b 为支路数）。

2. 回路电流法

1）列方程前，可以先把实际电流源模型等效变换成实际电压源模型。

2）不应忽略无伴电流源两端电压。对无伴电流源支路，在选择回路时适当处理。

3）将受控源按独立源的方法列方程，并用回路电流表示其控制量。

3. 结点电压法

1）列方程前，可以先把实际电压源模型等效变换成实际电流源模型。

2）无伴电压源支路中的电流不能忽略。对无伴电压源，还可选择其两端的结点之一作为参考结点，则另一结点上的结点电压由理想电压源电压确定。

3）把与电流源串联的元件看成短路。

4）当某支路为两个电阻（R_1，R_2）串联时，该支路的电导是 $\dfrac{1}{R_1+R_2}$，而不是 $\dfrac{1}{R_1}+\dfrac{1}{R_2}$；当某支路为两个电导（$G_1$，$G_2$）串联时，该支路的电导是 $\dfrac{G_1 G_2}{G_1+G_2}$，而不是 G_1+G_2。

5）将受控源按独立源的方法列方程，并用结点电压表示其控制量。

3.9 习题

1. 在以下两种情况下，试画出图 3-9-1 所示电路的图 G，并说明其结点数和支路数：

（1）每个元件作为一条支路处理。

（2）电压源（独立或受控）和电阻的串联组合；电流源和电阻的并联组合作为一条支路处理。

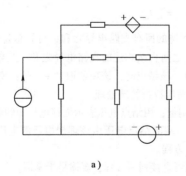 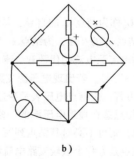

a) b)

图 3-9-1

2. 试求出上题的两种不同情况下，KCL、KVL 的独立方程数各为多少？

3. 对于图 3-9-2 所示的图 G，试分别画出 4 个不同的树，树支数为多少？任选一个树，确定其基本回路组，并且指出独立回路数和网孔数各为多少？

4. 在图 3-9-3 所示的电路中，已知 $R_1=R_3=R_4=20\ \Omega$，$R_2=R_5=R_6=10\ \Omega$，$u_{s1}=u_{s5}=2\ \mathrm{V}$，$u_{s6}=4\ \mathrm{V}$，试用支路电流法求解电流 i_5。

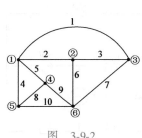

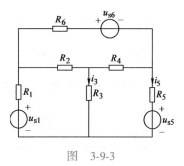

图 3-9-2 图 3-9-3

5. 电路如图 3-9-4 所示，试列写其支路电流方程。

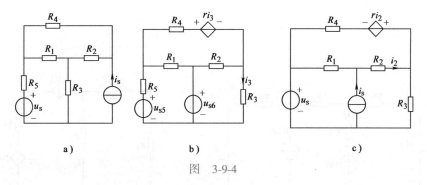

a) b) c)

图 3-9-4

6. 电路如图 3-9-5 所示，试用支路电流法求各支路电流。

7. 电路如图 3-9-6 所示，试列写该电路的支路电流方程。

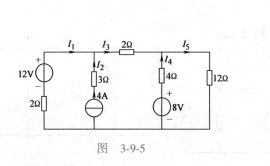

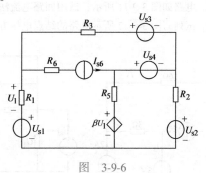

图 3-9-5 图 3-9-6

8. 试用网孔电流法求解图 3-9-3 中的电流 i_3。

9. 试写出图 3-9-4 所示电路的网孔电流方程。

10. 电路如图 3-9-7 所示，试用网孔电流法求各独立源发出的功率。

11. 对图 3-9-3 所示电路，选择一组不同于网孔电流法的独立回路，试列写相应的回路电流方程。

12. 对图 3-9-4 所示电路，选择一组不同于网孔电流法的独立回路，试列写相应的回路电流方程。

13. 试用回路电流法求图 3-9-8 所示电路中的电压 U。

14. 试列写图 3-9-9 所示电路的回路电流方程。

15. 在图 3-9-10 所示电路中，已知 $R_1 = 2\,\Omega$，$R_2 = 4\,\Omega$，$R_3 = 16\,\Omega$，$R_4 = 10\,\Omega$，$U_s = 2\,V$，$I_s = 1\,A$，试用回路电流法求各独立源发出的功率。

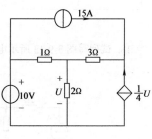

图 3-9-7

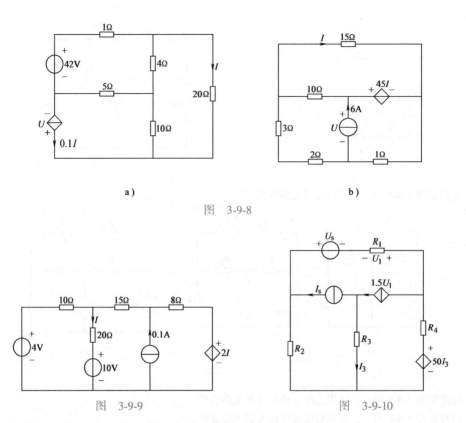

图　3-9-8

图　3-9-9　　　　　　　　　图　3-9-10

16. 电路如图 3-9-11 所示，试用回路电流法求支路电流 I_1、I_2、I_3 和 I_4。

17. 试列写图 3-9-12 所示电路的结点电压方程。

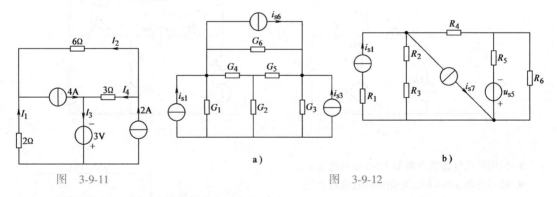

图　3-9-11　　　　　　　　　　　图　3-9-12

18. 试列写图 3-9-13 所示电路的结点电压方程。

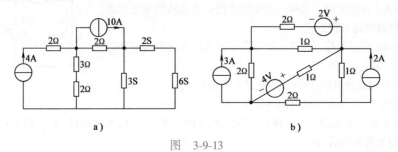

图　3-9-13

19. 试列写图 3-9-14 所示电路的结点电压方程。

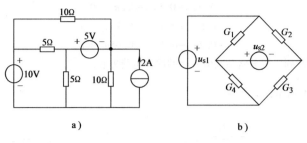

图　3-9-14

20. 试列写图 3-9-15 所示电路的结点电压方程。

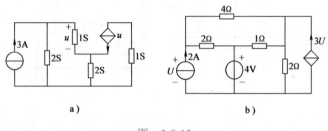

图　3-9-15

21. 电路如图 3-9-16 所示，试用结点电压法求各独立源发出的功率。

22. 试列写图 3-9-17 所示电路的结点电压方程。

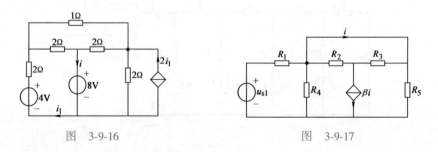

图　3-9-16　　　　　　　图　3-9-17

23. 试用结点电压法求解图 3-9-18 所示电路中的电压 U_2 及电流 I。

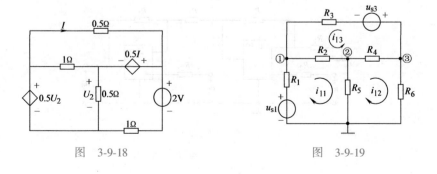

图　3-9-18　　　　　　　图　3-9-19

24. 已知图 3-9-19 所示电路的结点电压方程为

$$1.7u_{n1} - 0.5u_{n2} - 0.2u_{n3} = 9$$
$$-0.5u_{n1} + 0.95u_{n2} - 0.25u_{n3} = 0$$
$$-0.2u_{n1} - 0.25u_{n2} + 0.95u_{n3} = 1$$

试按图中标明的回路列出用电路参数值表示的回路电流方程。

25. 电路如图 3-9-20 所示，试求 $\dfrac{u_o}{u_i}$。

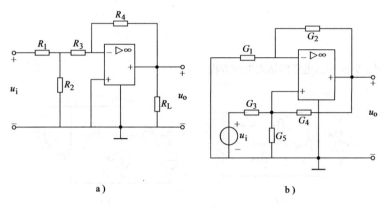

a)   b)

图   3-9-20

26. 电路如图 3-9-21 所示，试求输出电压 u_o 与输入电压 $u_1 \sim u_4$ 的关系。

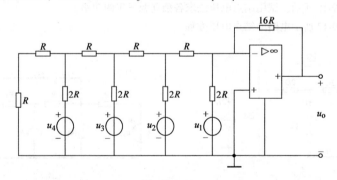

图   3-9-21

27. 电路如图 3-9-22 所示，试求输出电压 u_o 与输入电压 u_1 和 u_2 之间的关系。

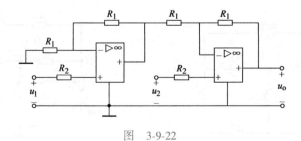

图   3-9-22

第 **4** 章

电 路 定 理

引言

　　前面讲述的电路分析方法，可以依靠建立方程组的形式求解出各自分析方法中的全部未知量，行之有效。但有时并不需要求出电路的全部支路电流或支路电压，而是仅需要求出某一条支路的电流或电压即可，用电路分析方法不仅显得笨拙，而且工作量大。人们在电路分析与研究中，逐步积累和提炼了一些非常实用和重要的定理，如叠加定理、替代定理、齐次定理、戴维宁和诺顿定理、最大功率传输定理等，这些定理能灵活地分析电路，为解决这一类问题提供了很好的途径。本章主要讨论电路定理在直流电阻电路分析中的应用，但它们的运用范围并不局限于这种电路，可以推广到其他线性电路。掌握并灵活地使用电路定理，对电路问题的解决起着至关重要的作用。

　　"美妙音乐的忠实还原"是音乐爱好者的追求，它主要涉及功放与音箱的配接，其中阻抗匹配是最重要的，即功放的额定输出阻抗应与音箱的额定阻抗相一致。此时，功放处于最佳设计负载状态，可以给出最大不失真功率，实现高保真音质的目的。如果音箱的额定阻抗大于功放的额定输出阻抗，功放的实际输出功率将会小于额定输出功率。如果音箱的额定阻抗小于功放的额定输出阻抗，音响系统能工作，但功放有过载的危险，要求功放有完善的过电流保护措施来解决，对晶体管功放来讲阻抗匹配要求更严格。在电路理论中，功放与音箱的匹配问题实质上是电路的最大功率传输问题，但是最大功率传输并不是所有实际应用追求的理想状态，不同行业有不同的需求，这些将在后续介绍中进行介绍和说明。对于图 4-0-1 所示的电路是某个实际电路的等效电路，如何让负载 R_L 获得最大功率需要满足什么条件？并且最大功率的大小是多少？这些问题在学习本章内容后就可以得到解答。

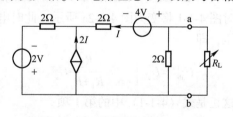

图 4-0-1　某实际电路的等效电路

4.1　叠加定理和齐次定理

4-1-1　叠加　　4-1-2　齐次
　　定理　　　　　定理

　　叠加性和齐次性是线性的基本性质。利用线性的基本性质，在线性电路中，可将复杂的电路转化为若干个简单电路之和，或将电路中的未知变量设为已知，利用电路中的比例关系求出该变量。这就是所谓的叠加定理和齐次定理。

4.1.1　叠加定理

　　叠加定理是线性电路的一个重要定理，是分析线性电路的基础。叠加定理不仅是线性电路的一种分析方法，而且根据叠加定理还可以推导出线性电路的其他重要定理。

叠加定理可以叙述如下：在线性电路中，任一支路电流（或电压）都是电路中各个独立源单独作用时在该支路产生的电流（或电压）的叠加。

叠加定理可以从网孔电流方程组或结点电压方程组导出。

图 4-1-1 为一简单的线性电路，若电压源、电流源以及各电阻值均已知，现利用结点电压法来计算电压 U_{ab} 以及流过电阻 R_1 支路中的电流 I_1。

对于图 4-1-1，选结点 b 为参考结点，则结点 a 对应的结点电压方程为

$$\left(\frac{1}{R_1}+\frac{1}{R_2}\right)U_{ab}=\frac{U_s}{R_1}+I_s$$

得

$$U_{ab}=\frac{R_2}{R_1+R_2}U_s+\frac{R_1R_2}{R_1+R_2}I_s \qquad (4\text{-}1\text{-}1)$$

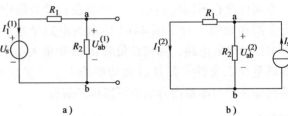

$$I_1=\frac{U_{ab}-U_s}{R_1}=-\frac{U_s}{R_1+R_2}+\frac{R_2}{R_1+R_2}I_s \qquad (4\text{-}1\text{-}2)$$

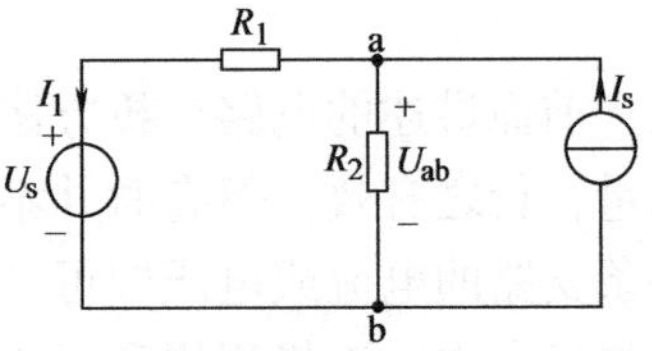

图 4-1-1　叠加定理示例

图 4-1-1 所示的电路具有两个独立源：U_s 和 I_s。从式（4-1-1）和式（4-1-2）中可知，支路电压 U_{ab} 以及支路电流 I_1 都是由两个部分组成：一部分与电压源 U_s 有关，而另一部分与电流源 I_s 有关。而且，每部分的系数为常数，说明每一部分的响应均与对应的激励成线性关系。由此可以认为，支路中所产生的电流（或电压），可以看成是两个独立源分别在该支路中产生的电流（或电压）的代数和。或者说，支路的电流（或电压）是每个电源单独作用结果的叠加。

下面让电压源和电流源分别单独作用，并将各个激励下的响应分量进行叠加，对比式（4-1-1）和式（4-1-2）的结果来验证叠加定理的正确性。

当电压源 U_s 单独作用时，应使电流源不作用，令 $I_s=0$，即将电流源所在部分开路，这时图 4-1-1 将变为图 4-1-2a 所示。此时电压 $U_{ab}^{(1)}$ 为 U_s 在 R_1 和 R_2 串联电路中电阻 R_2 上的电压，即

$$U_{ab}^{(1)}=U_{ab}\bigg|_{I_s=0}=\frac{R_2}{R_1+R_2}U_s$$

这正是式（4-1-1）中的第 1 项。

$I_1^{(1)}$ 为 U_s 作用下 R_1 与 R_2 串联电路中电流的负值，即

$$I_1^{(1)}=I_1\bigg|_{I_s=0}=-\frac{U_s}{R_1+R_2}$$

这正是式（4-1-2）中的第 1 项。

图 4-1-2　电源单独作用的电路

a）电压源单独作用的电路　b）电流源单独作用的电路

当电流源 I_s 单独作用时，应使电压源不作用，令 $U_s=0$，即将电压源所在部分短路，这时图 4-1-1 将变为图 4-1-2b 所示，此时电压 $U_{ab}^{(2)}$ 为电流 I_s 流过 R_1 和 R_2 并联电阻的端电压，即

$$U_{ab}^{(2)}=U_{ab}\bigg|_{U_s=0}=\frac{R_1R_2}{R_1+R_2}I_s$$

这正是式（4-1-1）中的第 2 项。

$I_1^{(2)}$ 为 I_s 在 R_1 和 R_2 并联电路中流过 R_1 电阻的电流。

$$I_1^{(2)} = I_1 \Big|_{U_s=0} = \frac{R_2}{R_1+R_2} I_s$$

这正是式（4-1-2）中的第 2 项。

由此可见，对于图 4-1-1 的电压 U_{ab} 以及电流 I_1 可以看成电压源 U_s 单独作用下（见图 4-1-2a）和电流源 I_s 单独作用下（见图 4-1-2b）响应分量的叠加，即

$$U_{ab} = U_{ab}^{(1)} + U_{ab}^{(2)} = \frac{R_2}{R_1+R_2} U_s + \frac{R_1 R_2}{R_1+R_2} I_s$$

$$I_1 = I_1^{(1)} + I_1^{(2)} = -\frac{U_s}{R_1+R_2} + \frac{R_2}{R_1+R_2} I_s$$

这个结果与结点电压法求出的式（4-1-1）的 U_{ab} 和式（4-1-2）的 I_1 完全一致。从这个实例中可以看到叠加定理的正确性。

值得注意的是，应用叠加定理时，可以分别计算各个电压源和电流源单独作用下的电流和电压，然后把它们叠加起来，也可以把电路中的所有电源分成几组，按组计算电流和电压后，再叠加起来。这样在某些情况下可简化计算。

当电路中含有受控源时，叠加定理仍然适用。受控源的作用反映在回路电流方程中的自阻和互阻或结点电压方程中的自导和互导中，因此任一支路的电流（或电压）仍可按照各个独立源单独作用时所产生的电流（或电压）的叠加进行计算，而受控源不能看成激励，而应该始终保留在各个独立源单独作用下的各个分电路中。

应用叠加定理时，要注意下列几点：

1）叠加定理仅适应于线性电路，不适应于非线性电路。

2）在应用叠加定理时，当考虑电路中某一独立源单独作用时，其余不作用的独立源都要置零值。对于不作用的电压源，就要把该电压源的电压置零值，即在该电压源处用"短路"替代；对于不作用的电流源，就要把该电流源的电流置零值，即在该电流源处用"开路"替代。

3）对含有受控源的电路，在应用叠加定理时，不能把受控源像独立源一样计算其响应，而应把受控源保留在各个独立源单独作用下的各分电路中。

4）在叠加时必须注意到各个响应分量是代数的叠加，因此要考虑各个响应的参考方向。如果分电路中的电流（或电压）的参考方向与原电路中的电流（或电压）的参考方向相同，求和时取正号，反之取负号。

5）叠加定理只适用于计算线性电路的电流和电压，而不适用于计算功率。因为功率不是电流或电压的一次函数，即功率与电流或电压之间不是线性关系，所以求某一元件上的功率，并不等于各个电源单独作用时在该元件上所产生的功率之和。例如图 4-1-1 中电阻 R_1 上的功率为

$$P_1 = I_1^2 R_1 = (I_1^{(1)} + I_1^{(2)})^2 R_1 = (I_1^{(1)})^2 R_1 + 2I_1^{(1)} I_1^{(2)} R_1 + (I_1^{(2)})^2 R_1$$
$$\neq (I_1^{(1)})^2 R_1 + (I_1^{(2)})^2 R_1 = P_1^{(1)} + P_1^{(2)}$$

由此可见，若用叠加定理计算功率，得到的结果和实际功率不符，会产生丢失项（本例中为 $2I_1^{(1)} I_1^{(2)} R_1$）。因此在计算功率时，可先用叠加定理求出原电路的电流或电压，然后再根据求出值来计算其功率。

叠加定理反映了线性电路的特性。在线性电路中，各个激励所产生的响应分量是互不影响的，一个激励的存在并不会影响另一个激励所引起的响应。利用叠加定理分析电路，有助于简化复杂电路的计算。下面举例具体说明叠加定理的应用。

例 4-1-1 电路如图 4-1-3a 所示，试利用叠加定理求电压 U。

解 要用叠加定理求解，首先将图 4-1-3a 分解为每个独立源单独作用的分电路，在分电路中要考虑将不作用的电源"置零"处理：电压源"置零"，"短路"替代；电流源"置零"，"开路"替代。图 4-1-3b、c 和 d 就是三个独立源单独作用时的分电路。

由图 4-1-3b 可得电流源 4 A 单独作用下的响应分量 $U^{(1)}$：

$$U^{(1)} = \frac{4}{4+2+2} \times 4 \times 2 \text{ V} = 4 \text{ V}$$

由图 4-1-3c 可得电压源 16 V 单独作用下的响应分量 $U^{(2)}$：

$$U^{(2)} = \frac{16}{4+2+2} \times 6 \text{ V} = 12 \text{ V}$$

由图 4-1-3d 可得电流源 8 A 单独作用下的响应分量 $U^{(3)}$：

$$U^{(3)} = \frac{2}{4+2+2} \times 8 \times 2 \text{ V} = 4 \text{ V}$$

所以，根据叠加定理，原电路的响应 U 为

$$U = U^{(1)} + U^{(2)} + U^{(3)} = (4+12+4) \text{ V} = 20 \text{ V}$$

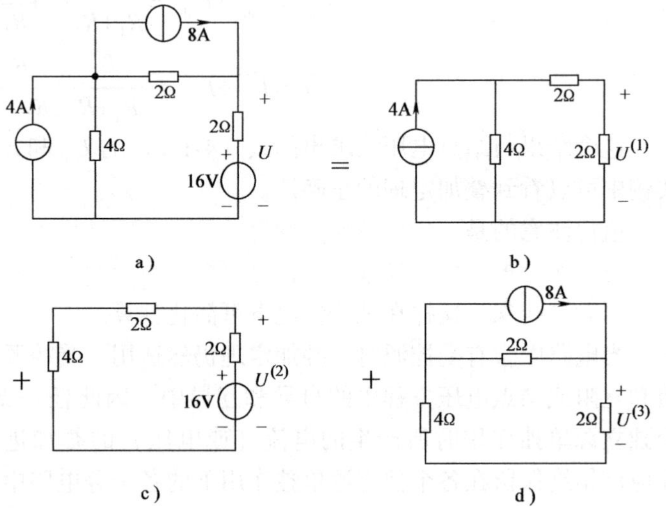

图 4-1-3　例 4-1-1 电路图

例 4-1-2 电路如图 4-1-4a 所示，试利用叠加定理求电流 I、电压 U 和 2 Ω 电阻所消耗的功率 P。

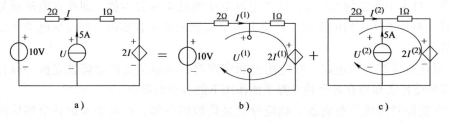

图 4-1-4　例 4-1-2 电路图

解 图 4-1-4a 中共有两个独立源，故可将原电路图 4-1-4a 分解为两个分电路，如图 4-1-4b、c 所示。

当 10 V 独立电压源单独作用时，将独立电流源处开路，受控源不是激励，应和电阻一样保留，如图 4-1-4b 所示。由于这时的控制变量为 $I^{(1)}$，故受控电压源的电压为 $2I^{(1)}$。列如图中所示回路的 KVL 方程，有

$$2I^{(1)} + I^{(1)} + 2I^{(1)} = 10$$

解得

$$I^{(1)} = 2 \text{ A}$$

$$U^{(1)} = I^{(1)} + 2I^{(1)} = 3I^{(1)} = 6 \text{ V}$$

当 5A 独立电流源单独作用时，将独立电压源处短路，受控源保留，如图 4-1-4c 所示。这时的控制变量为 $I^{(2)}$，故受控电压源的电压为 $2I^{(2)}$，列图中所示回路的 KVL 方程，有

$$2I^{(2)} + 1 \times (5 + I^{(2)}) + 2I^{(2)} = 0$$

解得

$$I^{(2)} = -1 \text{ A}$$

$$U^{(2)} = -2I^{(2)} = 2 \text{ V}$$

根据叠加定理可得

$$I = I^{(1)} + I^{(2)} = [2+(-1)] \text{ A} = 1 \text{ A}$$
$$U = U^{(1)} + U^{(2)} = (6+2) \text{ V} = 8 \text{ V}$$

$2\,\Omega$ 电阻消耗的功率 P 为

$$P = I^2 R = 2 \text{ W}$$

注意：叠加定理不能直接应用于功率的求取。

例 4-1-3 图 4-1-5 所示电路中，网络 N 为线性无源电阻电路。已知当 $U_s = 1 \text{ V}$、$I_s = 1 \text{ A}$ 时，$U_o = 0 \text{ V}$；当 $U_s = 10 \text{ V}$、$I_s = 0 \text{ A}$ 时，$U_o = 1 \text{ V}$。试求 $U_s = 8 \text{ V}$、$I_s = 3 \text{ A}$ 时，$U_o = ?$

解 根据线性电路的叠加定理，输出电压 U_o 等于电压源 U_s 和电流源 I_s 分别单独作用时产生的输出电压的叠加，即

$$U_o = K_1 U_s + K_2 I_s$$

对于线性电阻电路，上式中 K_1 和 K_2 均为实常数。代入已知数据，有

$$0 = K_1 \times 1 + K_2 \times 1$$
$$1 = K_1 \times 10 + K_2 \times 0$$

解得 $\qquad K_1 = 0.1, \qquad K_2 = -0.1$

因此，当电压源 U_s 和电流源 I_s 共同作用时，输出电压

$$U_o = 0.1 U_s - 0.1 I_s$$

把 $U_s = 8 \text{ V}$，$I_s = 3 \text{ A}$ 代入上式，得

$$U_o = (0.1 \times 8 - 0.1 \times 3) \text{ V} = 0.5 \text{ V}$$

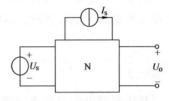

图 4-1-5 例 4-1-3 电路图

4.1.2 齐次定理

齐次性是线性电路的另一重要性质，齐次定理描述了线性电路的比例特性，其内容为：在线性电路中，当所有激励（独立电压源和独立电流源）同时增大或缩小 K 倍（K 为实常数）时，则电路的响应（电流和电压）也将同样地增大或缩小 K 倍。这就是线性电路的齐次定理。

齐次定理可以由叠加定理推导得出。应用齐次定理时要注意，此定理只适用于线性电路，所谓激励是指独立源，不是受控源。另外，必须当所有激励同时增大或缩小 K 倍时，电路的响应才能增大或缩小同样的 K 倍。显然，当线性电路中只有一个激励时，电路中的任一响应都与激励成正比。

用齐次定理分析梯形电路特别有效。

例 4-1-4 试用齐次定理求图 4-1-6 所示梯形电路中各支路电流。

解 本例电阻电路中只有一个电压源，电路中各支路电流与该电压源电压成正比。各支路电流及其参考方向如图 4-1-6 所示。如果设 $I_5 = 1 \text{ A}$，则各支路电流和支路电压为

$$U_{db} = (1+2)I_5 = 3 \text{ V}$$
$$I_4 = U_{db}/2 = 1.5 \text{ A}$$
$$I_3 = I_4 + I_5 = 2.5 \text{ A}$$
$$U_{cb} = I_3 \times 1 + U_{db} = 5.5 \text{ V}$$
$$I_2 = U_{cb}/2 = 2.75 \text{ A}$$
$$I_1 = I_2 + I_3 = 5.25 \text{ A}$$
$$U_s = I_1 \times 1 + U_{cb} = 10.75 \text{ V}$$

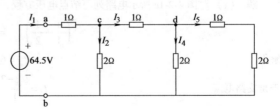

图 4-1-6 例 4-1-4 电路图

在假设响应 $I_5 = 1\,\mathrm{A}$ 时，电压源电压为 $10.75\,\mathrm{V}$，现在已知电压源电压为 $64.5\,\mathrm{V}$，故比例 $K = 64.5/10.75 = 6$。这相当于把激励——电压源电压 $10.75\,\mathrm{V}$ 增加到 6 倍便是已知电压源电压 $64.5\,\mathrm{V}$。因此，根据齐次定理得知电路的响应应同样增大到 6 倍，最后得到在 $64.5\,\mathrm{V}$ 电压源作用下各支路电流为上述计算结果的 6 倍，即

$$I_1 = 6 \times 5.25\,\mathrm{A} = 31.5\,\mathrm{A}$$
$$I_2 = 6 \times 2.75\,\mathrm{A} = 16.5\,\mathrm{A}$$
$$I_3 = 6 \times 2.5\,\mathrm{A} = 15\,\mathrm{A}$$
$$I_4 = 6 \times 1.5\,\mathrm{A} = 9\,\mathrm{A}$$
$$I_5 = 6 \times 1\,\mathrm{A} = 6\,\mathrm{A}$$

本例是从离电压源最远的支路开始计算，假设其电流为 $1\,\mathrm{A}$，然后由远到近地推算到电压源支路，最后用齐次定理予以修正，这种方法称为"倒推法"。

叠加定理和齐次定理是由线性电路的基本性质总结出来的，可以用来直接计算电路响应，其基本思想是将具有多个电源的复杂电路转化为具有单个电源的简单电路来分析。但在电路中独立源个数较多时，其使用并不方便，这一点请读者要注意。

4.2 替代定理

4-2-1 替代定理

替代定理也称为置换定理，是关于电路中任一支路两端的电压或其中的电流可以用电源替代的定理。替代定理可以叙述如下：在具有唯一解的电路中，若已知第 k 条支路的电压 u_k 或电流 i_k，则该支路可以用大小和方向与 u_k 相同的电压源替代，或用大小和方向与 i_k 相同的电流源替代，替代后电路中全部电压和电流都将保持原值不变。

替代定理中所提到的第 k 条支路，可以是无源的（例如仅由电阻组成），也可以是有源的（例如由电压源和电阻串联组成或电流源和电阻并联组成）。不论是线性电路还是非线性电路，替代定理都是正确的。因为在替代前后，被替代处电路的工作条件并没有变动，当然不会影响电路中其他部分的工作。

下面通过举例来验证替代定理的正确性。

例 4-2-1 电路如图4-2-1a所示。

（1）试求支路电流 I_1、I_2 和支路电压 U_{ab}。

（2）试用（1）中计算得到的 U_{ab} 作为电压源电压替代 $4\,\mathrm{V}$ 电压源与 $2\,\Omega$ 电阻的串联支路，重新计算 I_1 和 I_2。

（3）试用（1）中计算得到的 I_2 作为电流源电流替代 $4\,\mathrm{V}$ 电压源与 $2\,\Omega$ 电阻的串联支路，重新计算 I_1 和 U_{ab}。

解 （1）对图 4-2-1a 所示电路列写结点电压方程，有

$$\left(\frac{1}{1} + \frac{1}{2} \right) U_{ab} = \frac{2}{1} - \frac{4}{2} + 9$$

解得
$$U_{ab} = 6\,\mathrm{V}$$

于是支路电流
$$I_1 = \frac{U_{ab} - 2}{1} = 4\,\mathrm{A}$$

$$I_2 = \frac{U_{ab} + 4}{2} = 5\,\mathrm{A}$$

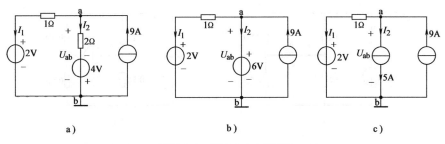

图 4-2-1　例 4-2-1 电路图

（2）用电压 $U_s = U_{ab} = 6\text{ V}$ 的电压源替代图 4-2-1a 中的第 2 条支路，如图 4-2-1b 所示。由该图可求得

$$I_1 = \frac{6-2}{1}\text{ A} = 4\text{ A},\ I_2 = 9 - I_1 = 5\text{ A}$$

（3）用电流 $I_s = I_2 = 5\text{ A}$ 的电流源替代图 4-2-1a 中的第 2 条支路，如图 4-2-1c 所示。由该图可求得

$$I_1 = 9 - I_2 = 4\text{ A}$$
$$U_{ab} = 1 \times I_1 + 2 = 6\text{ V}$$

　　可见，在两种替代后的电路中，计算出的支路电流 I_1、I_2 和支路电压 U_{ab} 与替代前的原电路完全相同。这是由于替代后的新电路与原电路的连接是完全相同的，所以两个电路的 KCL 和 KVL 方程也将相同。两个电路的支路方程除了被替代支路外也完全相同。而被替代的支路的电压或电流，由于其他支路在电路改变前后的电压和电流均不变，这样确定出来的被替代支路的电压或电流也将保持不变。

　　替代定理有许多应用，例如，电压等于零的支路可用"短路"替代，即为电压等于零的电压源支路；电流等于零的支路可用"开路"替代，即为电流等于零的电流源支路。

例 4-2-2　如图4-2-2a所示电路，已知 $i = 1\text{ A}$，试求电压 u。

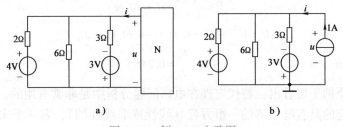

图 4-2-2　例 4-2-2 电路图

　　解　根据替代定理，网络 N 用 1 A 的电流源替代，并设定参考点，如图 4-2-2b 所示。列写结点电压方程，有

$$\left(\frac{1}{2} + \frac{1}{6} + \frac{1}{3}\right)u = \frac{4}{2} - \frac{3}{3} + 1$$

解得

$$u = 2\text{ V}$$

　　例 4-2-3　电路如图 4-2-3a 所示，若要使 $I_x = \frac{1}{8}I$，试求 R_x。

　　解　用替代定理，将图 4-2-3a 中的 3 Ω 电阻与 10 V 电压源串联支路用电流为 I 的电流源替代，并把 R_x 支路用电流为 I_x 的电流源替代，如图 4-2-3b 所示。

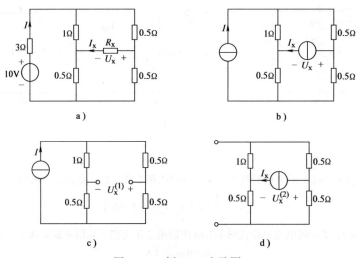

图 4-2-3　例 4-2-3 电路图

根据叠加定理可知，对图 4-2-3b 电路响应 U_x 可看成电路的两个激励，即两个电流源分别单独作用下的响应分量的叠加，即

$$U_x = U_x^{(1)} + U_x^{(2)}$$

两个电流源单独作用下的电路分别为图 4-2-3c 和图 4-2-3d。

对于图 4-2-3c 电路响应 $U_x^{(1)}$，有

$$U_x^{(1)} = \frac{1.5}{1.5+1} \times I \times 0.5 - \frac{1}{1.5+1} \times I \times 0.5 = 0.1I$$

由于 $I = 8I_x$，所以有 $U_x^{(1)} = 0.8I_x$。

对于图 4-2-3d 电路响应 $U_x^{(2)}$，有

$$U_x^{(2)} = \frac{-1.5 \times 1}{1.5+1} \times I_x = -0.6I_x$$

则

$$U_x = U_x^{(1)} + U_x^{(2)} = 0.8I_x + (-0.6I_x) = 0.2I_x$$

所以根据欧姆定律，有

$$R_x = \frac{U_x}{I_x} = 0.2\ \Omega$$

通过以上几个例子可看出，替代定理在电路问题分析中是非常有用的。替代定理的成立原理在于：对给定的具有唯一解的一组方程（线性或非线性的），若一个未知量用其解替代时，不会引起方程中其他未知变量的解在数值上的改变。

对于使用替代定理的几点说明：

1）替代定理对线性、非线性、时变、时不变电路均适用。

2）当电路中含有受控源、耦合电感之类耦合元件时，耦合元件所在支路与其控制量所在的支路一般不能应用替代定理。因为在替代后该支路的控制量可能不复存在，而造成电路分析的困难。

3）应该注意"替代"与"等效变换"是两个不同的概念。"替代"是用独立电流源或电压源替代已知电流或电压的支路，替代前后，被替代支路之外电路的拓扑结构和元件参数都不能改变，因为一旦改变，替代支路的电流和电压也将随之发生变化；而"等效变换"是两个具有相同端口伏安特性的电路之间的相互转换，与变换以外电路的拓扑结构和元件参数无关。

4）替代定理不仅可以用电压源或者电流源替代已知电压或者电流的电路中的某一条支

路，而且可以替代已知端口处电压和电流的二端网络。

5）如果某支路的电压 u 和电流 i（设为关联参考方向）均已知，则该支路也可用电阻值 $R=u/i$ 的电阻替代。

4.3 戴维宁定理和诺顿定理

在电路分析中，常研究电路中某一条支路上的电流、电压或功率。在这种情况下，虽然可以用回路电流法或结点电压法进行求解，但计算较繁。为了使计算变得简单，凸显主要问题，可应用等效电源定理，即戴维宁定理和诺

顿定理。对所要研究的某一支路的两端来说，电路的其余部分就成为一个有源二端电路，而戴维宁定理和诺顿定理则给出如何将一个有源线性的二端网络等效成为一个电源模型。

4.3.1 戴维宁定理⊖

戴维宁定理可用来把复杂的有源线性二端网络等效为一个电压源与电阻串联的电源模型，其内容如下：任何一个含有独立源、线性电阻和受控源的有源线性二端网络 N_s（见图4-3-1a），对外电路来说，一般情况下，可等效为一个电压源和电阻串联的电源模型（见图4-3-1b）。该电压源的电压值 u_{oc} 等于有源二端网络 N_s 两个端子间的开路电压（见图4-3-1c），其串联电阻 R_{eq} 等于有源二端网络 N_s 内部所有独立源置零（独立电压源短路，独立电流源开路）后所得无源二端电路 N_o 的端口等效电阻（见图4-3-1d）。

图4-3-1b 中的电压源 u_{oc} 和电阻 R_{eq} 的串联组合称为"戴维宁等效电路"，等效电路中的电阻 R_{eq} 称为"戴维宁等效电阻"。用戴维宁等效电路把有源线性二端网络替代后，对外电路（端口以外的电路）求解没有任何影响，即外电路中的电压和电流仍然等于替代前的值。这种等效变换称为"对外等效"。

注意：如果有源线性二端网络存在受控源，但受控源的控制量不是该有源线性二端网络（即在外电路）中的电压或电流；或外电路中受控源的控制量是有源线性二端网络的支路电压或电流，那么在"等效"前，应该先将控制量"转移"到受控源所在的有源线性二端网络或外电路中。

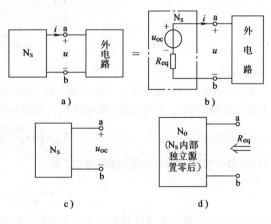

图 4-3-1 戴维宁定理的示意图

应用戴维宁定理的关键在于正确理解和求解有源线性二端网络的开路电压 u_{oc} 和等效电阻 R_{eq}。为此先通过一个实例来说明这个定理的含义，然后再来证明这个定理。

⊖ 由法国电报工程师戴维宁于 1883 提出。

例4-3-1 电路如图4-3-2a所示，试求当电阻R_L分别为$2\,\Omega$、$4\,\Omega$及$16\,\Omega$时该电阻中的电流i。

解 根据戴维宁定理，电路中除R_L之外，其他部分构成的有源线性二端网络可以简化为戴维宁等效电路，如图4-3-2b所示。

为求得戴维宁等效电路的电压源电压u_{oc}，应将该有源线性二端网络的ab端断开，如图4-3-2c所示，u_{oc}即为该电路中ab两点间的开路电压。对图4-3-2c列网孔电流方程，有

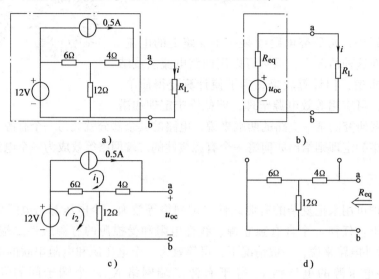

图4-3-2 例4-3-1电路图

$$\begin{cases} i_1 = 0.5\,\text{A} \\ -6i_1 + (6+12)i_2 = 12\,\text{V} \end{cases}$$

解得
$$i_2 = \frac{5}{6}\,\text{A}$$

由 KVL 可得
$$u_{oc} = 4i_1 + 12i_2 = 12\,\text{V}$$

为求得戴维宁等效电阻R_{eq}，应将有源线性二端网络内部的独立源置零，即独立电压源用短路替代，独立电流源用开路替代，得到无源二端电路N_o，如图4-3-2d所示。显然，电路ab两端的等效电阻为

$$R_{eq} = \left(4 + \frac{6\times12}{6+12}\right)\,\Omega = 8\,\Omega$$

由图4-3-2b的戴维宁等效电路可求得电流i为

$$i = \frac{u_{oc}}{R_{eq}+R_L} = \frac{12\,\text{V}}{8+R_L}$$

所以，当R_L分别为$2\,\Omega$、$4\,\Omega$及$16\,\Omega$时，该电阻上的电流分别为$1.2\,\text{A}$、$1\,\text{A}$和$0.5\,\text{A}$。

从此例子中可以看出，如果采用结点电压法或回路电流法来求解R_L中的电流，当R_L不断变化时，就需要不断地重新列解方程组，这样的计算工作量要比使用戴维宁定理大得多。因此，在分析电路中某一支路的电流、电压及功率时，常用戴维宁定理来分析求解。

戴维宁定理证明如下：

对图4-3-1a电路，应用替代定理将外电路用一个电流为i的电流源替代，得到如图4-3-3a所示电路。根据叠加定理，端口电压u可以看成是由网络N_s内部的所有独立源作用产生的电压分量$u^{(1)}$与网络N_s外部的电流源i单独作用产生的电压分量$u^{(2)}$之和，即

$$u = u^{(1)} + u^{(2)} \tag{4-3-1}$$

对于两个响应电压 $u^{(1)}$、$u^{(2)}$ 的分电路分别如图 4-3-3b、c 所示。

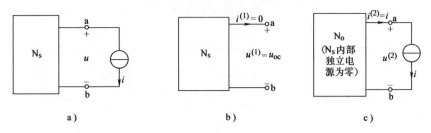

图 4-3-3　戴维宁定理的证明

由图 4-3-3b 可见，$u^{(1)}$ 是网络 N_s 内部的所有独立源作用，外部的电流源不作用（$i^{(1)}$ = 0），也就是电流源用开路替代时，二端网络 N_s 的开路电压 u_{oc}，即

$$u^{(1)} = u_{oc} \tag{4-3-2}$$

由图 4-3-3c 可见，$u^{(2)}$ 是网络 N_s 内部的所有独立源不作用（独立源为零），外部电流源 i 作用时，二端网络 N_o 的端电压。因为这时网络内部的独立源不作用，即电压源用短路替代，电流源用开路替代，原来的有源二端网络 N_s 变成了无源网络 N_o，而无源网络 N_o 对外端口 a、b 可等效为一个电阻 R_{eq}。由于 $u^{(2)}$ 与 i 对 N_o 取非关联参考方向，因此，有

$$u^{(2)} = -R_{eq} i \tag{4-3-3}$$

将 $u^{(1)}$、$u^{(2)}$ 代入式（4-3-1）中，得有源二端网络 N_s 端口电压 u 的伏安关系为

$$u = u_{oc} - R_{eq} i \tag{4-3-4}$$

对图 4-3-1b 所示的电压源和电阻串联的戴维宁等效电路而言，由于其端口上的电压 u 和电流 i 为非关联参考方向，故其伏安关系为

$$u = u_{oc} - R_{eq} i \tag{4-3-5}$$

比较式（4-3-4）和式（4-3-5），可看到两式完全相同，所以图 4-3-1a 中的有源二端网络 N_s 可以用图 4-3-1b 中的电压源和电阻串联支路等效替代，定理得证。

计算开路电压 u_{oc}，可运用前面讲述的等效变换法、结点电压法、回路电流法等。但要特别注意等效电路中的电压源 u_{oc} 的方向必须与计算开路电压 u_{oc} 时的方向一致。

计算等效电阻 R_{eq} 的方法有下列 4 种：

（1）电阻串、并联等效法

有源二端网络 N_s 的结构已知，而且不含有受控源时，令有源网络内部所有独立源为零，将有源网络 N_s 变成只含有电阻的无源网络 N_o，然后直接利用电阻的串联、并联以及 Y-Δ 等效变换化简求得 R_{eq}。

（2）加压求流法

有源二端网络 N_s 内部含有受控源时，可令有源网络 N_s 内所有独立源为零，保留受控源，使其成为无源二端网络 N_o，如图 4-3-4a 所示。由于这个无源网络 N_o 包含有受控源，已不可能利用电阻串、并联等效方法求得等效电阻，但网络 N_o 可以用一个电阻 R_{eq} 来等效。所以可将图 4-3-4a 等效为图 4-3-4b，若在图 4-3-4b 两端外施电压源 u_s，得电路如图 4-3-4c 所示，在外加电压 u_s 的作用下端口有电流 i。由图 4-3-4c 不难看出，电压 u_s、电流 i 及电阻 R_{eq} 之间满足欧姆定律。因此，可得等效电阻

$$R_{eq} = \frac{\text{在 } N_o \text{ 网络端口处外加电压}}{\text{所求得端口电流}} = \frac{u_s}{i} \tag{4-3-6}$$

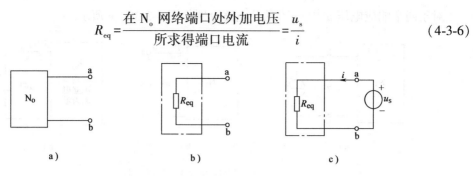

图 4-3-4　加压求流法示意图

例 4-3-2　电路如图4-3-5a所示，试求 ab 端的等效电阻 R_{eq}。

解　由图 4-3-5a 可见，该二端电路是不含独立源但含受控电流源的无源二端网络，对此可用加压求流法求等效电阻 R_{eq}。外加电压后的电路如图 4-3-5b 所示，u_s 和 i 关于左边的二端网络呈关联参考方向。由图 4-3-5b 可得

$$u_s = 5i + u_1$$
$$u_1 = 15i_1$$
$$i_1 = i - 0.1u_1$$

所以

$$i_1 = \frac{1}{2.5}i$$

$$u_s = 5i + 15i_1 = 11i$$

故等效电阻　$R_{eq} = \dfrac{u_s}{i} = 11\,\Omega$

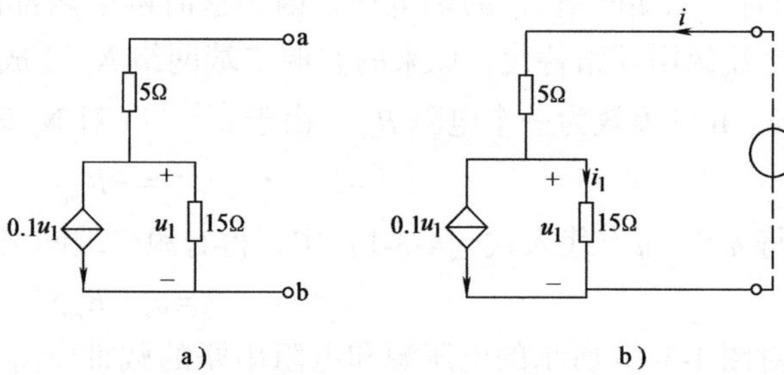

由例 4-3-2 可见，外加电压 u_s 的方向与其产生的电流 i 的方向对

图 4-3-5　例 4-3-2 电路图

无源网络 N_o 来说是关联的，在计算中一般不必关心电压 u_s 与电流 i 的具体大小，因为响应电流 i 一定是激励电压 u_s 的函数，在最后求取 R_{eq} 的相比中会被约掉。

（3）加流求压法

对一个无源二端网络 N_o，如图 4-3-6a 所示，由于它总可以用一个电阻 R_{eq} 来等效，所以可将图 4-3-6a 等效为图 4-3-6b，若在图 4-3-6b 两端外施电流源 i_s，得电路图4-3-6c。在外加电流 i_s 的作用下端口必产生电压 u，由图 4-3-6c 不难看出，电压 u、电流 i_s 及电阻 R_{eq} 之间满足欧姆定律，因此，可得等效电阻 R_{eq} 为

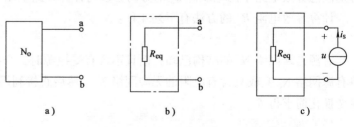

图 4-3-6　加流求压法示意图

$$R_{eq} = \frac{\text{所求得端口电压}}{\text{在 } N_o \text{ 网络端口处外加电流}} = \frac{u}{i_s} \tag{4-3-7}$$

加流求压法与加压求流法在原理上是相同的，所不同的是外施电源的种类不同。这两种方法的本质都是写出无源网络 N_o 加上电源后端电压和端电流的关系。

加压求流法与加流求压法都是针对含有受控源的无源网络 N_o 的求等效电阻的方法。对有源二端网络 N_s，可通过下面的方法求得等效电阻。

（4）开路电压、短路电流法

求等效电阻 R_{eq} 的开路电压、短路电流法的对象是含有独立源的有源二端网络，如图 4-3-7a 所示。由戴维宁定理可知，一个有源二端网络总可以用一个电压源 u_{oc} 串联电阻 R_{eq} 来等效，因此可将图 4-3-7a 等效为图 4-3-7b。由图 4-3-7b 可看到，当端口 ab 开路时，开路电压 $u_{ab}=u_{oc}$；若将图 4-3-7b 中的 a、b 两端短路，如图 4-3-7c 所示，则可得短路电流 i_{sc}，即

$$i_{sc} = \frac{u_{oc}}{R_{eq}} \tag{4-3-8}$$

由此可得等效电阻

$$R_{eq} = \frac{u_{oc}}{i_{sc}} \tag{4-3-9}$$

这就是开路电压、短路电流法，即分别求出有源二端网络的开路电压 u_{oc} 和短路电流 i_{sc} 后，利用式（4-3-9）算出等效电阻 R_{eq} 的方法。在利用此方法时，要注意 u_{oc} 和 i_{sc} 的方向，即 u_{oc} 和 i_{sc} 对外电路而言为关联参考方向，这一点与加压求流法或加流求压法有区别。

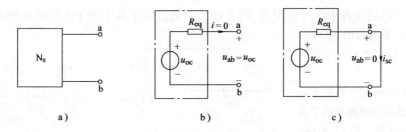

图 4-3-7　开路电压、短路电流法示意图

例 4-3-3　电路如图 4-3-8a 所示，试求 ab 端的等效电阻 R_{eq}。

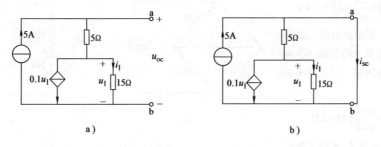

图 4-3-8　例 4-3-3 电路图

解　采用开路电压、短路电流法求等效电阻 R_{eq}。

由图 4-3-8a 求开路电压 u_{oc} 为

$$u_{oc} = 5 \times 5 + u_1$$
$$u_1 = 15i_1$$
$$i_1 = 5 - 0.1u_1$$

可解得

$$u_1 = 30 \text{ V}$$

$$u_{oc} = 55 \text{ V}$$

将图 4-3-8a 中的 a、b 端短接，可得到图 4-3-8b 所示电路，对此电路求短路电流：

$$i_{sc} = 5 \text{ A}$$

所以等效电阻为

$$R_{eq} = \frac{u_{oc}}{i_{sc}} = \frac{55}{5} \Omega = 11 \Omega$$

实际上，例 4-3-3 所示电路电源置零后得到的无源网络就是例 4-3-2 所示的电路，由于两个例子中的无源网络相同，因此所求的等效电阻也相同。从这两个例子中可以看到，对同一个网络来说，无论用什么方法，都可得到同样的答案。这两种方法的区别在于：

1）加压求流法或加流求压法，首先需要将有源网络 N_s 通过电源置零变成无源网络 N_o 后才能使用；而开路电压、短路电流法无须对有源网络中的独立源做任何处理。

2）开路电压、短路电流法中的短路电流的方向与加压求流法中的端口电流的方向正好相反。

注意在开路电压、短路电流法中，如果开路电压 u_{oc} 和短路电流 i_{sc} 同时为零值，或者分别为零值时，此种方法失效，需要使用加压求流法或加流求压法来计算等效电阻 R_{eq}。

在利用戴维宁定理分析电路时，要注意有源二端网络必须是线性的，而对外电路则无此限制，即外电路可以由电阻组成，也可以含有电源；可以是线性的，也可以是非线性的。

上面所介绍的几种求等效电阻 R_{eq} 的方法，可通过以下几个例子来更好地理解和掌握。

例 4-3-4 电路如图 4-3-9a 所示，试求当 R_L 分别为 1Ω、6Ω 时的电流 I。

解 将图 4-3-9a 所示电路从 a、b 处断开，左边部分电路构成了有源线性二端网络，如图 4-3-9b 所示。

由图 4-3-9b 可得开路电压：

$$U_{oc} = \left(-\frac{24}{3+6} \times 3 + \frac{24}{4+4} \times 4\right) \text{ V} = 4 \text{ V}$$

将图 4-3-9b 所示的有源二端网络中的独立源置零，得到图 4-3-9c 所示的无源二端网络。由图 4-3-9c 可得等效电阻：

$$R_{eq} = \left(\frac{6 \times 3}{6+3} + \frac{4 \times 4}{4+4}\right) \Omega = 4 \Omega$$

在求得开路电压 U_{oc} 和等效电阻 R_{eq} 后，戴维宁等效电路如图 4-3-9d 所示，由图 4-3-9d 可得

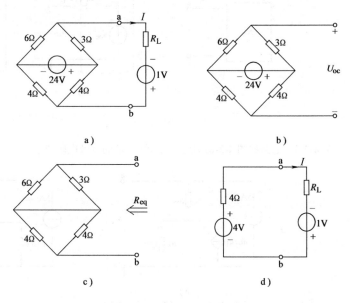

图 4-3-9 例 4-3-4 电路图

$$I = \frac{4+1}{4+R_L} = \frac{5}{4+R_L}$$

所以，当 $R_L = 1 \Omega$ 时，有

$$I = \frac{5}{4+1} \text{ A} = 1 \text{ A}$$

当 $R_L = 6\,\Omega$ 时，$I = \dfrac{5}{4+6}\mathrm{A} = 0.5\,\mathrm{A}$。

例 4-3-5 电路如图4-3-10a所示，试用戴维宁定理求电压 U_2。

解 首先断开 $2\,\Omega$ 电阻支路，得到一个有源二端网络如图4-3-10b所示。由于端口开路，控制量 I_o 为 $0\,\mathrm{A}$，故受控电压源 $2I_o$ 的电压也为 $0\,\mathrm{V}$，由图4-3-10b可求开路电压 U_{oc} 为

$$U_{oc} = \left(3\times1 + \frac{12}{4+4}\times4\right)\mathrm{V} = 9\,\mathrm{V}$$

为求等效电阻 R_{eq}，令图4-3-10a中的独立源为零（电压源处短路替代，电流源处开路替代）。采用加压求流法来计算等效电阻 R_{eq}，如图4-3-10c所示。注意此时端口电流就是受控源的控制量 I_o，对图4-3-10c列KVL方程，有

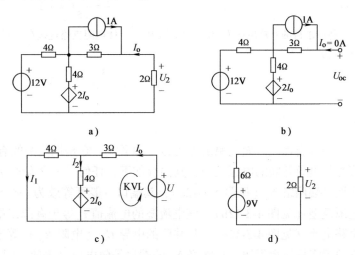

图 4-3-10　例 4-3-5 电路图

$$U = 3I_o + 4I_2 + 2I_o = 5I_o + 4I_2$$

又有

$$\begin{cases} U = 3I_o + 4I_1 \\ I_o = I_1 + I_2 \end{cases}$$

联立求解，可得　　　$U = 6I_o$

故

$$R_{eq} = \frac{U}{I_o} = 6\,\Omega$$

将所求得的开路电压 u_{oc} 和等效电阻 R_{eq} 的戴维宁等效电路接入待求支路中，得图4-3-10d所示电路，在此电路中，可得

$$U_2 = \frac{9}{6+2}\times2\,\mathrm{V} = 2.25\,\mathrm{V}$$

例 4-3-6 试用戴维宁定理求如图4-3-11a所示电路中的电压 U_o。

解 将 $3\,\Omega$ 电阻支路断开，得到图4-3-11b所示的有源二端网络。对此电路求开路电压：

$$U_{oc} = 6I + 3I = 9I$$

$$I = \frac{9}{6+3}\mathrm{A} = 1\,\mathrm{A}$$

所以　　　　$U_{oc} = 9\,\mathrm{V}$

为求等效电阻 R_{eq}，可利用开路电压、短路电流法。将图 4-3-11b 中的 a、b 两端短路求短路电流，得到图 4-3-11c 电路，对此电路右边回路列 KVL 方程，有

$$6I + 3I = 0 \Rightarrow I = 0$$

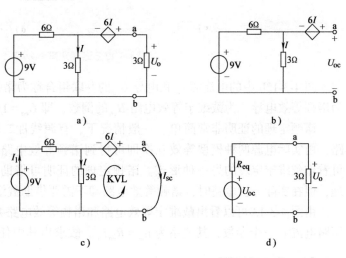

图 4-3-11　例 4-3-6 电路图

$$I_{sc} = I_1 = \frac{9}{6} \text{A} = 1.5 \text{A}$$

所以

$$R_{eq} = \frac{U_{oc}}{I_{sc}} = \frac{9}{1.5} \Omega = 6 \Omega$$

将所求得的开路电压 U_{oc} 和等效电阻 R_{eq} 与 3Ω 电阻支路连接在一起，如图 4-3-11d 所示，在此图中，电压 U_o 为

$$U_o = \frac{3}{6+3} \times 9 \text{V} = 3 \text{V}$$

4.3.2 诺顿定理[○]

诺顿定理是等效电源定理的另一种形式，它是把复杂的有源线性二端网络等效为一个电流源与电导并联的电源模型，其内容如下：任何一个含有独立源、线性电阻和受控源的有源线性二端网络 N_s（见图 4-3-12a），其端口一般可等效为一个电流源和电导（电阻）并联的电源模型（见图 4-3-12b）。该电流源的电流值 i_{sc} 等于有源二端网络 N_s 的两个端子短路时的短路电流（见图 4-3-12c），其并联的电导 G_{eq}（电阻 R_{eq}）等于有源二端网络 N_s 内部所有独立源置零后所得无源二端网络 N_o 的端口等效电导（等效电阻）（见图 4-3-12d）。

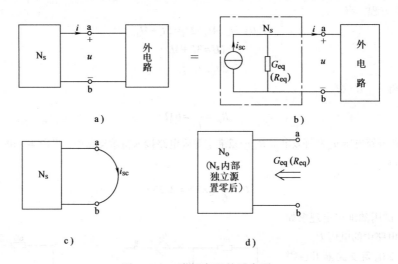

图 4-3-12 诺顿定理的示意图

图 4-3-12b 中的电流源 i_{sc} 和电导 G_{eq} 的并联组合称为诺顿等效电路，其中并联电导 G_{eq} 称为诺顿等效电导，为戴维宁等效电阻 R_{eq} 的倒数，即 $G_{eq} = 1/R_{eq}$。

诺顿定理的证明非常简单。一般情况下，有源线性二端网络可以等效为戴维宁等效电路，由实际电源两种模型等效互换即可得到诺顿等效电路，如图 4-3-13 所示。故诺顿定理可看作戴维宁定理的另一种形式。诺顿定理的证明可借助于戴维宁定理及电源等效变换原理，但在实际分析电路时，诺顿等效电路却不需要借助戴维宁等效电路求得。

由图 4-3-13 可以看出戴维宁等效电路和诺顿等效电路共有开路电压 u_{oc}、等效电阻 R_{eq} 和短路电流 i_{sc} 三个参数，其关系为 $u_{oc} = R_{eq} i_{sc}$。故求出其中任意两个量就可求得另一个量。注

○ 由美国贝尔电话实验室工程师诺顿于 1926 年提出。

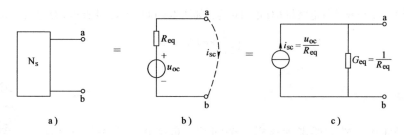

图 4-3-13　诺顿等效电路与戴维宁等效电路的关系

意：诺顿等效电路中的电流源电流的方向必须与戴维宁等效电路中的短路电流 i_{sc} 方向一致，如图 4-3-13b 所示。

一般而言，有源线性二端网络 N_s 的戴维宁等效电路和诺顿等效电路都存在。但当有源二端电压 N_s 内部含受控源时，其等效电阻 R_{eq} 有可能为零，这时戴维宁等效电路成为理想电压源，而由于 $G_{eq} = \dfrac{1}{R_{eq}} = \infty$，其诺顿等效电路将不存在。同理，如果等效电导 $G_{eq} = 0$，其诺顿等效电路成为理想电流源，而由于此时 $R_{eq} = \infty$，其戴维宁等效电路就不存在。

戴维宁定理和诺顿定理给出了如何将一个有源线性二端网络等效成一个实际电源模型，故这两个定理也可统称为等效电源定理。

例 4-3-7　试用诺顿定理求图4-3-14a所示电路中通过 6Ω 电阻的电流 I。

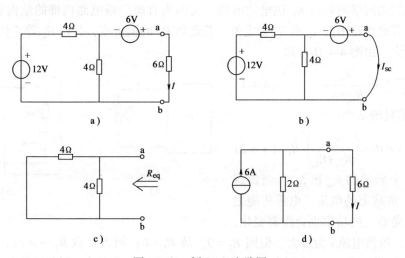

图 4-3-14　例 4-3-7 电路图

解　（1）将图 4-3-14a 所示电路的 a、b 处短路，得图 4-3-14b 所示电路，其短路电流 I_{sc} 由叠加定理求得

$$I_{sc} = \left(\frac{12}{4} + \frac{6}{\frac{4 \times 4}{4+4}} \right) \text{A} = (3+3)\ \text{A} = 6\ \text{A}$$

（2）将图 4-3-14a 所示电路 a、b 端左边有源二端网络中的电压源置零，形成一个无源二端网络，如图 4-3-14c 所示。根据电阻并联等效方法，可得等效电阻：

$$R_{eq} = \frac{4 \times 4}{4+4} \Omega = 2\ \Omega$$

（3）将所求得的诺顿等效电路与 6 Ω 电阻相连，如图 4-3-14d 所示，由此得 6 Ω 电阻的电流：

$$I=\left(\frac{2}{2+6}\times6\right)A=1.5\,A$$

4.4 最大功率传输定理

4-4-1 最大功率传输定理

在电子技术中，常需要考虑这样一个问题，负载在什么条件下才能获得最大的功率？譬如说，在什么条件下放大器才能得到有效利用，从而使扬声器（放大器的负载）播出最大的音量？这就是最大功率传输问题。

通常，电子设备的内部结构是非常复杂的，但其向外提供电能时都是引出两个端钮接到负载上，因此，可将其看成一个给定的有源二端网络。根据等效电源定理，一个有源二端网络总可以等效为一个电压源与电阻的串联（戴维宁等效电路）或一个电流源与电导的并联（诺顿等效电路），所以，最大功率传输问题实际上是等效电源定理的应用问题。

下面来讨论负载获得最大功率的条件及最大功率的计算。

4.4.1 负载获得最大功率的条件

由于一个有源二端网络 N_s 一般可以用戴维宁等效电路来替代，所以图 4-4-1b 可看成任何一个有源二端网络向负载 R_L 供电的电路。又因为有源二端电路内部的结构和参数一定，所以戴维宁等效电路中的 u_{oc} 和 R_{eq} 为定值。若负载 R_L 的值可变，分析 R_L 等于何值时，能得到的功率最大。由图 4-4-1b 可知

$$i=\frac{u_{oc}}{R_{eq}+R_L} \qquad (4-4-1)$$

则负载 R_L 消耗的功率：

$$P_L=i^2R_L=\left(\frac{u_{oc}}{R_{eq}+R_L}\right)^2R_L \qquad (4-4-2)$$

对于一个确定的 u_{oc} 和 R_{eq}，当负载 R_L 变化时，负载上的电流、电压将随之变化，所以负载上的功率也会跟着变化。

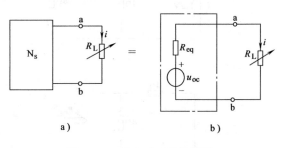

图 4-4-1 最大功率传输用图

当 $R_L=0$ 时，虽然电流 i 为最大，但因 $R_L=0$，故 $P_L=0$；而当负载 $R_L\to\infty$ 时，因 $i=0$，故 P_L 仍为零。这样，在 $0\sim\infty$ 之间必存在某个数值，使 R_L 为该值时，可获得最大功率。

由数学分析可知，欲使负载 R_L 获得功率最大，要满足 $dP_L/dR_L=0$ 的条件。将式（4-4-2）代入此式，得

$$\frac{dP_L}{dR_L}=\frac{d}{dR_L}\left[\left(\frac{u_{oc}}{R_{eq}+R_L}\right)^2R_L\right]=\frac{u_{oc}^2}{(R_{eq}+R_L)^3}[(R_{eq}+R_L)-2R_L]=0$$

解得

$$R_L=R_{eq} \qquad (4-4-3)$$

又由于

$$\left.\frac{d^2P_L}{dR_L^2}\right|_{R_L=R_{eq}}=-\frac{u_{oc}^2}{8R_{eq}^3}<0$$

因此，当 $R_{\mathrm{L}}=R_{\mathrm{eq}}$ 时，负载 R_{L} 才能获得最大功率。这就是负载获得最大功率的条件。习惯上，把这种工作状态称为负载与电源匹配，所以 $R_{\mathrm{L}}=R_{\mathrm{eq}}$ 也称为最大功率匹配条件。

4.4.2 负载获得最大功率的计算

将 $R_{\mathrm{L}}=R_{\mathrm{eq}}$ 代入式（4-4-2）中，即得到最大功率匹配条件下负载 R_{L} 获得的最大功率值 P_{Lmax} 为

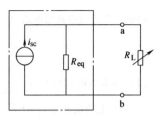

图 4-4-2　诺顿等效电路
向负载供电

$$P_{\mathrm{Lmax}} = \frac{u_{\mathrm{oc}}^2}{4R_{\mathrm{eq}}} \qquad (4\text{-}4\text{-}4)$$

如果将有源二端网络等效为一个如图 4-4-2 所示的诺顿等效电路，在 i_{sc} 和 R_{eq} 保持不变而 R_{L} 的值可变时，同理可推得当 $R_{\mathrm{L}}=R_{\mathrm{eq}}$ 时，负载 R_{L} 获得功率最大，其最大功率 P_{Lmax} 为

$$P_{\mathrm{Lmax}} = \frac{1}{4}R_{\mathrm{eq}}i_{\mathrm{sc}}^2 \qquad (4\text{-}4\text{-}5)$$

归纳以上结果可得结论：设一可变负载电阻 R_{L} 接在有源线性二端网络 $\mathrm{N_s}$ 上，且二端网络的开路电压 u_{oc} 和等效电阻 R_{eq} 为已知（见图 4-4-1）或者二端网络的短路电流 i_{sc} 和等效电阻 R_{eq} 为已知（见图 4-4-2），则在 $R_{\mathrm{L}}=R_{\mathrm{eq}}$ 时，负载 R_{L} 可获得最大功率，其最大功率为 P_{Lmax} $=\dfrac{u_{\mathrm{oc}}^2}{4R_{\mathrm{eq}}}$ 或 $P_{\mathrm{Lmax}}=\dfrac{1}{4}R_{\mathrm{eq}}i_{\mathrm{sc}}^2$。此结论称为最大功率传输定理。

在使用最大功率传输定理时要注意：对于含有受控源的有源线性网络 $\mathrm{N_s}$，其戴维宁等效电阻 R_{eq} 可能为零或负值，在这种情况下该最大功率传输定理不再适用。

例 4-4-1　如图4-4-3a所示电路中，如电阻 R_{L} 可变，试求：

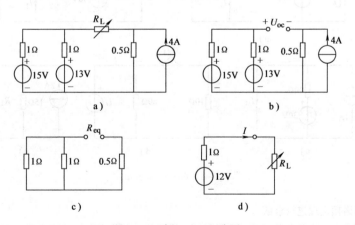

图 4-4-3　例 4-4-1 电路图

（1）$R_{\mathrm{L}}=0.5\,\Omega$ 时，R_{L} 中的电流及功率。

（2）$R_{\mathrm{L}}=2\,\Omega$ 时，R_{L} 中的电流及功率。

（3）R_{L} 为何值时，R_{L} 可获得最大功率，其值为多少？

解　首先断开负载电阻，得有源二端网络如图 4-4-3b 所示。由此图可得

$$U_{\mathrm{oc}} = \left(\frac{15-13}{1+1}\times1+13-4\times0.5\right)\mathrm{V} = 12\,\mathrm{V}$$

将图 4-4-3b 有源二端网络中的独立源设置为零，如图 4-4-3c 所示，由此图可得等效电阻

$$R_{eq} = \left(\frac{1 \times 1}{1+1} + 0.5\right) \Omega = 1 \Omega$$

将戴维宁等效电路与电阻 R_L 相连，得图 4-4-3d 所示等效电路，在此图可得

$$I = \frac{12}{1+R_L}$$

（1）当 $R_L = 0.5 \Omega$ 时，$I = \frac{12}{1+0.5}A = 8A$

R_L 上的功率为 $P_L = I^2 R_L = 8^2 \times 0.5 W = 32 W$

（2）当 $R_L = 2 \Omega$ 时，$I = \frac{12}{1+2}A = 4A$

R_L 上的功率为 $P_L = I^2 R_L = 4^2 \times 2 W = 32 W$

（3）根据负载获得最大功率条件可知，当 $R_L = R_{eq} = 1 \Omega$ 时，R_L 可获得最大功率。其最大功率

$$P_{Lmax} = \frac{U_{oc}^2}{4R_{eq}} = \frac{12^2}{4 \times 1} W = 36 W$$

由此例可见，无论 $R_L > R_{eq}$ 还是 $R_L < R_{eq}$，其上的功率都比 $R_L = R_{eq}$ 时小，这就是最大功率传输的含义。

例 4-4-2　电路如图 4-4-4a 所示，负载电阻 R_L 可任意改变，试问电阻 R_L 为何值时可获得最大功率，并求出该最大功率。

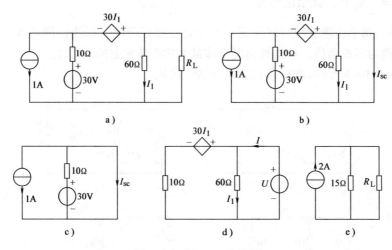

图 4-4-4　例 4-4-2 电路图

解　本例选用诺顿定理进行求解。

将图 4-4-4a 所示电路中的负载断开，可得有源二端网络，并将有源二端网络端口短接得图 4-4-4b 所示电路。由图 4-4-4b 可见，短路线使 60 Ω 电阻被短路了，使 $I_1 = 0A$，因此受控电压源 $30I_1$ 的电压也为零。由此得到图 4-4-4c 所示的短路后的等效电路，由此图，利用叠加定理可得短路电流

$$I_{sc} = \left(\frac{30}{10} - 1\right) A = 2A$$

下面采用加压求流法求等效电阻 R_{eq}。令图 4-4-4a 中负载 R_L 左边的有源二端网络中的独立源为零并外加电压，可得图 4-4-4d 所示电路，由此图可得

$$\begin{cases} U = 60I_1 \\ I = I_1 + \dfrac{U - 30I_1}{10} \end{cases}$$

可解得

$$U = 15I$$

所以等效电阻 R_{eq} 为

$$R_{eq} = \frac{U}{I} = 15\ \Omega$$

诺顿等效电路如图 4-4-4e 所示。故当 $R_L = R_{eq} = 15\ \Omega$ 时负载 R_L 可获得最大功率，该最大功率为

$$P_{Lmax} = \frac{1}{4} I_{sc}^2 R_{eq} = \frac{1}{4} \times 2^2 \times 15\ \text{W} = 15\ \text{W}$$

4.4.3 传输效率

传输效率规定为负载获得的功率与电源产生的功率的比值，用 η 表示。若用 P_L 表示负载获得的功率，用 P_s 表示电源提供的功率，则

$$\eta = \frac{P_L}{P_s} \tag{4-4-6}$$

在此必须指出以下结论是不正确的："负载 R_L 从给定的有源线性二端网络 N_s 获得最大功率时，其功率传输效率应为 50%，因为 R_L 与 R_{eq} 吸收的功率相等。" 这是因为二端网络 N_s 和它的等效电路，就其内部功率而言是不等效的，等效电阻 R_{eq} 消耗的功率一般并不等于二端网络 N_s 内部消耗的功率。因此，实际上当负载得到最大功率时，其功率传输效率不一定是 50%，甚至比 50% 小很多。由于实际电源内阻通常非常小（$10^{-1} \sim 10^{-3}\ \Omega$），若工作在匹配状态下，电路中的电流将非常大，或许早已超过实际电源的额定电流值，而导致电源损坏。所以实际电路中，一般不用实际电源与负载直接相匹配。

例 4-4-3 如图 4-4-5a 所示电路，负载电阻 R_L 可任意改变，试问电阻 R_L 为何值时可获得最大功率，并求出该最大功率。当负载获得最大功率时，试求 9 V 电压源传输给负载 R_L 的功率传输效率 η 为多少？

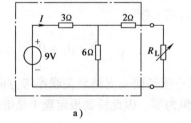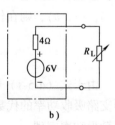

图 4-4-5　例 4-4-3 电路图

解 由图 4-4-5a 求戴维宁等效电路，即

开路电压 u_{oc} 为

$$u_{oc} = \frac{6}{6+3} \times 9\ \text{V} = 6\ \text{V}$$

等效电阻 R_{eq} 为

$$R_{eq} = \left(2 + \frac{6 \times 3}{6+3}\right) \Omega = 4\ \Omega$$

利用戴维宁定理，将图 4-4-5a 所示电路等效为图 4-4-5b 所示电路。由图 4-4-3b 和最大功率传输定理可知，当

$$R_L = R_{eq} = 4\ \Omega$$

时，负载 R_L 可获得最大功率。其最大功率为

$$P_{Lmax} = \frac{u_{oc}^2}{4R_{eq}} = \frac{6^2}{4 \times 4}\ \text{W} = \frac{9}{4}\ \text{W}$$

当 $R_\mathrm{L}=4\,\Omega$ 时，9 V 电压源上的电流为

$$I=\frac{9}{3+3}\,\mathrm{A}=\frac{3}{2}\,\mathrm{A}$$

所以，9 V 电压源发出的功率为

$$P_\mathrm{s}=9I=\frac{27}{2}\,\mathrm{W}$$

故 9 V 电压源传输给负载 R_L 的功率传输效率为

$$\eta=\frac{P_\mathrm{Lmax}}{P_\mathrm{s}}=\frac{9/4}{27/2}\times100\%=16.67\%$$

由此可见，虽然等效电源功率传输效率是 50%，但实际电源功率传输效率仅为 16.67%。

在电力电路传输系统中，传输的功率数值大，要求效率高，否则能量的损耗太大，所以不允许电路工作在匹配状态。但在电子信息网络中，传输的功率数值小，传输效率往往不是主要的，获得最大功率成为矛盾的主要方面。因此，在电子工程中总是尽量使电路工作在匹配状态，使负载获得最大功率。

4.5 特勒根定理

特勒根定理是电路理论中对集总电路普遍适用的基本定理，由于它可以从基尔霍夫定律直接导出，所以与电路元件的性质无关。特勒根定理有两种形式。

4-5-1 特勒根定理

特勒根定理 1：对于任意一个具有 n 个结点和 b 个支路的集总参数电路，假设各支路电压和电流取关联参考方向，并设各支路电压和电流分别为 u_k 和 i_k （$k=1$，2，3，$\cdots$，b），则在任何时间 t 有

$$\sum_{k=1}^{b}u_k i_k=0 \tag{4-5-1}$$

由于式（4-5-1）中每一项是同一支路呈关联参考方向下电压和电流的乘积，表示电路中支路吸收功率的代数和恒为零，因此特勒根定理 1 是电路功率守恒的具体体现，故又称为特勒根功率定理。

特勒根定理 2：对于任意两个具有 n 个结点和 b 条支路、拓扑结构完全相同的集总参数电路 N 和 $\hat{\mathrm{N}}$，设各自支路电压和电流都取关联参考方向，并设相对应支路的编号相同，其第 k 条支路电压分别为 u_k 和 $\hat{u}_k$，支路电流分别为 i_k 和 $\hat{i}_k$ （$k=1$，2，3，$\cdots$，b），则在任何时间 t 有

$$\sum_{k=1}^{b}u_k \hat{i}_k=0 \tag{4-5-2}$$

$$\sum_{k=1}^{b}\hat{u}_k i_k=0 \tag{4-5-3}$$

以上两个求和式中的每一项都是一个电路的支路电压和另一个电路相对应支路的支路电流的乘积；或者可以是同一电路在不同时刻的相应支路电压和支路电流必须遵循的数学关

系。它虽具有功率的量纲，但并不表示任何支路的实际功率，称为拟功率，因此特勒根定理 2 所表达的是拟功率守恒，故又称为特勒根拟功率定理。

显然特勒根定理 1 是特勒根定理 2 中当电路 N 与 $\hat{N}$ 为同一电路同时刻的特例。

特勒根定理表达的是电路的拓扑规律，而与各支路元件本身的性质无关，因此可以直接由 KCL 和 KVL 导出。

下面用两个一般性的电路来验证该定理的正确性。

如图 4-5-1a、b 是两个不同电路 N 和 $\hat{N}$，它们的支路数和结点数都相同，而且对应支路与结点的联结关系也相同，因此两个电路具有相同拓扑结构，即它们的拓扑图完全相同。图 4-5-1c 是电路 N 和 $\hat{N}$ 的拓扑图，这两个电路的支路可由任意元件构成。设两个电路中对应支路电压方向相同，支路电流均取和支路电压相同的参考方向，如图 4-5-1c 所示。

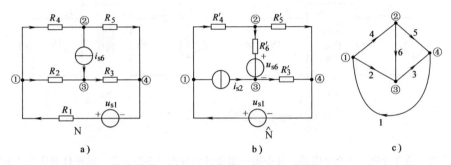

图 4-5-1 特勒根定理验证用图

证明 设两个电路 N 和 $\hat{N}$ 的拓扑图如图 4-5-1c 所示，取结点④为参考结点。

对图 4-5-1a 所示电路 N，将各支路电压用其结点电压 u_{n1}、u_{n2}、u_{n3} 来表示，有

$$
\text{电路 N}
\begin{cases}
u_1 = -u_{n1} & u_2 = u_{n1} - u_{n3} \\
u_3 = u_{n3} & u_4 = u_{n1} - u_{n2} \\
u_5 = u_{n2} & u_6 = u_{n2} - u_{n3}
\end{cases}
\tag{4-5-4}
$$

对图 4-5-1b 所示电路 $\hat{N}$，对独立结点①、②、③列写 KCL 方程，有

$$
\text{电路 } \hat{N}
\begin{cases}
-\hat{i}_1 + \hat{i}_2 + \hat{i}_4 = 0 \\
-\hat{i}_4 + \hat{i}_5 + \hat{i}_6 = 0 \\
-\hat{i}_2 + \hat{i}_3 - \hat{i}_6 = 0
\end{cases}
\tag{4-5-5}
$$

将式（4-5-4）代入式（4-5-2）中，有

$$
\sum_{k=1}^{6} u_k \hat{i}_k = -u_{n1}\hat{i}_1 + (u_{n1} - u_{n3})\hat{i}_2 + u_{n3}\hat{i}_3 + (u_{n1} - u_{n2})\hat{i}_4 + u_{n2}\hat{i}_5 + (u_{n2} - u_{n3})\hat{i}_6
$$

$$
= u_{n1}(-\hat{i}_1 + \hat{i}_2 + \hat{i}_4) + u_{n2}(-\hat{i}_4 + \hat{i}_5 + \hat{i}_6) + u_{n3}(-\hat{i}_2 + \hat{i}_3 - \hat{i}_6)
$$

将式（4-5-5）代入上式，可得

$$
\sum_{k=1}^{6} u_k \hat{i}_k = 0
$$

从而验证了式（4-5-2）。同理也可验证式（4-5-3）。

以上证明可推广到任何具有 n 个结点和 b 条支路的两个电路，只要它们具有相同的图，即有 $\sum_{k=1}^{b} u_k \hat{i}_k = 0$ 或 $\sum_{k=1}^{b} \hat{u}_k i_k = 0$。

当取电路 N 和 $\hat{\mathrm{N}}$ 为同一电路时，便可得到 $\sum_{k=1}^{b} u_k i_k = 0$，即特勒根定理1。

从上面的证明可以看到：特勒根定理只要求电路的各支路电压满足 KVL，支路电流满足 KCL，而对支路元件的特性无任何要求，所以特勒根定理适用于一切集总参数电路，具有很强的普遍性，因此特勒根定理在电路理论中常常用于证明其他定理。

例4-5-1 如图4-5-2a所示电路中，$\mathrm{N_R}$ 由纯线性电阻组成。已知：当 $R_1 = R_2 = 2\,\Omega$，$U_s = 8\,\mathrm{V}$ 时，$I_1 = 2\,\mathrm{A}$，$U_2 = 2\,\mathrm{V}$；当 $R_1' = 1.4\,\Omega$，$R_2' = 0.8\,\Omega$，$\hat{U}_s = 9\,\mathrm{V}$ 时，$\hat{I}_1 = 3\,\mathrm{A}$。试求这时的 $\hat{U}_2$。

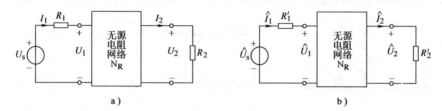

图 4-5-2　例 4-5-1 电路图

解 设两组条件分别对应两个电路，其中第一组条件对应图 4-5-2a，第二组条件对应图 4-5-2b。显然两个电路拓扑结构相同。设 $\mathrm{N_R}$ 中电阻支路编号从 $k=3$ 至 $k=b$。

由特勒根定理2及欧姆定律（注意支路1的电压 U_1 和电流 I_1 为非关联参考方向）可得

$$U_1(-\hat{I}_1) + U_2\hat{I}_2 + \sum_{k=3}^{b} U_k\hat{I}_k = U_1(-\hat{I}_1) + U_2\hat{I}_2 + \sum_{k=3}^{b} R_k I_k\hat{I}_k = 0 \qquad (4\text{-}5\text{-}6)$$

$$\hat{U}_1(-I_1) + \hat{U}_2 I_2 + \sum_{k=3}^{b} \hat{U}_k I_k = \hat{U}_1(-I_1) + \hat{U}_2 I_2 + \sum_{k=3}^{b} R_k \hat{I}_k I_k = 0 \qquad (4\text{-}5\text{-}7)$$

由于

$$\sum_{k=3}^{b} R_k I_k \hat{I}_k = \sum_{k=3}^{b} R_k \hat{I}_k I_k \qquad (4\text{-}5\text{-}8)$$

式（4-5-6）减式（4-5-7），得

$$U_1(-\hat{I}_1) + U_2\hat{I}_2 = \hat{U}_1(-I_1) + \hat{U}_2 I_2 \qquad (4\text{-}5\text{-}9)$$

根据题中的已知条件，可得端口支路的电压、电流：

$$\begin{cases} U_1 = U_s - R_1 I_1 = (8-2\times2)\,\mathrm{V} = 4\,\mathrm{V}, U_2 = 2\,\mathrm{V} \\ I_1 = 2\,\mathrm{A}, I_2 = \dfrac{U_2}{R_2} = \dfrac{2}{2}\,\mathrm{A} = 1\,\mathrm{A} \end{cases}$$

$$\begin{cases} \hat{U}_1 = \hat{U}_s - R_1'\hat{I}_1 = (9-1.4\times3)\,\mathrm{V} = 4.8\,\mathrm{V} \\ \hat{I}_1 = 3\,\mathrm{A}, \hat{I}_2 = \dfrac{\hat{U}_2}{0.8} \end{cases}$$

将已知条件代入式（4-5-9）中，有

$$4\times(-3) + 2\times\frac{\hat{U}_2}{0.8} = 4.8\times(-2) + \hat{U}_2\times1$$

解得

$$\hat{U}_2 = 1.6\,\mathrm{V}$$

4.6 互易定理

互易定理是概括线性无源网络互易特性的基本定理。何谓互易特性呢？粗略地说，如果将一个网络的激励和响应的位置互换，而网络对相同激励下的响应不变，则称该网络具有互易性。具有互易性的网络称为互易网络。

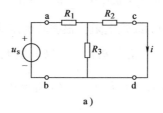 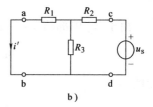

图 4-6-1　互易网络示例

在介绍互易定理之前，先看下面的例子。

在图 4-6-1a 中，a、b 端接激励电压源 u_s，将 c、d 端短路，取短路电流 i 为响应，可得响应为

$$i = \frac{u_s}{R_1 + \dfrac{R_2 R_3}{R_2 + R_3}} \frac{R_3}{R_2 + R_3} = \frac{R_3}{R_1 R_2 + R_1 R_3 + R_2 R_3} u_s$$

现将激励电压源 u_s 和响应短路电流的位置互换，如图 4-6-1b 所示电路，a、b 端的短路电流 i' 为响应。由该电路可得该响应为

$$i' = \frac{u_s}{R_2 + \dfrac{R_1 R_3}{R_1 + R_3}} \frac{R_3}{R_1 + R_3} = \frac{R_3}{R_1 R_2 + R_1 R_3 + R_2 R_3} u_s$$

可见
$$i = i'$$

从而可证实该网络具有互易性，是一个互易网络。

互易定理可看作是特勒根定理的应用，共有三种形式。

第一种形式：电压源激励，电流响应。

如图 4-6-2a 所示电路，无源网络 N_R 仅由线性电阻组成。当激励电压源 u_s 接在 N_R 的 1-1′ 端口时，在 N_R 的 2-2′ 端口产生的响应即短路电流 i_2，等于将此激励电压源 u_s 移到 2-2′ 端口后，在 1-1′ 端口产生的响应即短路电流 $\hat{i}_1$（见图 4-6-2b），即有 $\hat{i}_1 = i_2$。

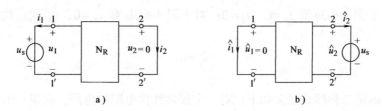

图 4-6-2　互易定理形式一

证明　用特勒根定理证明。

设图 4-6-2a、b 分别有 b 条支路，1-1′ 端口支路和 2-2′ 端口支路分别为支路 1 和支路 2，其余 3~b 条支路在 N_R 内部。将图 4-6-2a 看作电路 N，而将图 4-6-2b 看作电路 $\hat{N}$，两个电路

具有相同的拓扑结构。图 4-6-2a 中的支路电压、电流用 u_k、i_k 表示；图 4-6-2b 中的支路电压、电流用 $\hat{u}_k$、$\hat{i}_k$ 表示，各支路的电压、电流取关联参考方向。根据特勒根定理 2，有

$$u_1\hat{i}_1 + u_2\hat{i}_2 + \sum_{k=3}^{b} u_k\hat{i}_k = 0$$

和

$$\hat{u}_1 i_1 + \hat{u}_2 i_2 + \sum_{k=3}^{b} \hat{u}_k i_k = 0$$

由于 N_R 内部的 $3\sim b$ 条支路均为线性电阻，根据欧姆定律有

$$u_k = R_k i_k \qquad \hat{u}_k = R_k \hat{i}_k \qquad (k = 3, 4, \cdots, b)$$

因此

$$u_1\hat{i}_1 + u_2\hat{i}_2 + \sum_{k=3}^{b} R_k i_k \hat{i}_k = 0$$

$$\hat{u}_1 i_1 + \hat{u}_2 i_2 + \sum_{k=3}^{b} R_k \hat{i}_k i_k = 0$$

由于以上两式中的第三项相同，所以把两式相减并移项整理得

$$u_1\hat{i}_1 + u_2\hat{i}_2 = \hat{u}_1 i_1 + \hat{u}_2 i_2 \tag{4-6-1}$$

对于图 4-6-2a 有 $u_1 = u_s$，$u_2 = 0$；对于图 4-6-2b 有 $\hat{u}_1 = 0$，$\hat{u}_2 = u_s$。代入式（4-6-1），可得

$$\hat{i}_1 = i_2$$

证毕。

互易定理的第一种形式意义如下：对一个仅含线性电阻的电路，在单一电压源激励而响应为电流时，当激励和响应互换位置时，将不改变同一激励所产生的响应。

第二种形式：电流源激励，电压响应。

如图 4-6-3a 所示电路，无源网络 N_R 仅由线性电阻组成。当激励电流源 i_s 接在 N_R 的 1-1′ 端口时，在 N_R 的 2-2′ 端口产生的响应即开路电压 u_2，等于将此激励电流源移到 2-2′ 端口后，在 1-1′ 端口产生的响应即开路电压 $\hat{u}_1$（见图 4-6-3b），即有 $\hat{u}_1 = u_2$。

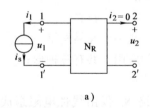 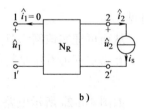

图 4-6-3　互易定理形式二

证明　对于图 4-6-3a 有 $i_1 = i_s$，$i_2 = 0$；对于图 4-6-3b 有 $\hat{i}_1 = 0$，$\hat{i}_2 = i_s$。代入式（4-6-1）可得

$$\hat{u}_1 = u_2$$

证毕。

互易定理的第二种形式意义如下：对一个仅含线性电阻的电路，在单一电流源激励而响应为电压时，当激励和响应互换位置时，将不改变同一激励所产生的响应。

第三种形式：电流源激励，电流响应与电压源激励，电压响应的互易形式。

如图 4-6-4a 所示电路，无源网络 N_R 仅由线性电阻组成。当激励电流源 i_s 接在 N_R 的 1-1′ 端口时，在 N_R 的 2-2′ 端口产生的响应即短路电流 i_2，在数值上等于将此激励换为数值相同的电压源 u_s 并移到 2-2′ 端口后，在 1-1′ 端口产生的响应即开路电压 $\hat{u}_1$（见图 4-6-4b），在数

值上若 $u_s = i_s$，其对应响应在数值上为 $\hat{u}_1 = i_2$。

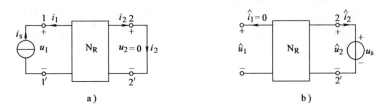

图 4-6-4　互易定理形式三

证明　对于图 4-6-4a，有 $i_1 = -i_s$（注意：电流源的电流 i_s 与 1-1′端口电压 u_1 来说是非关联参考方向），$u_2 = 0$；对于图 4-6-4b 有 $\hat{i}_1 = 0$，$\hat{u}_2 = u_s$。代入式（4-6-1）中可得

$$\hat{u}_1(-i_s) + u_s i_2 = 0 \Rightarrow \hat{u}_1 i_s = u_s i_2$$

在数值上，如果 $u_s = i_s$，则 $\hat{u}_1 = i_2$。证毕。

互易定理虽然有三种不同形式，但可以归纳如下："对于一个仅含线性电阻的电路，在单一激励下产生的响应，当激励和响应互换位置时，其比值保持不变。"

在应用互易定理时应注意以下几点：

1）互易定理适用于线性网络在单一电源激励下，两个支路电压电流的关系。对含有受控源的网络，互易定理一般不成立。

2）要注意定理中激励和响应的参考方向，对于形式一和形式二，若互易两支路互易前后激励和响应的参考方向关系一致（都相同或都相反），则相同激励产生的响应相同；不一致时，相同激励产生的响应相差一个负号。

3）电压源激励，互易时原电源处短路，电压源串入另一支路中；电流源激励，互易时原电流源处开路，电流源并入另一支路的两个结点间。

4）互易定理形式一中单激励为电压源，响应为电流；形式二中单激励为电流源，响应为电压；形式三中一对激励和响应均为电压，另一对激励和响应均为电流，不可混用。

例 4-6-1　电路如图4-6-5a所示，试求电流 I。

解　利用互易定理形式一，把单一激励（8 V 电压源）与响应（电流 I）互易位置，如图 4-6-5b 所示。这样处理后，便把一个比较复杂的电路求解变为比较简单的电路求解。由图 4-6-5b 可知

$$I' = \frac{8}{2 + \dfrac{4 \times 2}{4+2} + \dfrac{1 \times 2}{1+2}}\,\text{A} = 2\,\text{A}$$

$$I_1 = \frac{2}{4+2}I' = \frac{2}{3}\,\text{A}$$

$$I_2 = \frac{2}{1+2}I' = \frac{4}{3}\,\text{A}$$

$$I = I_1 - I_2 = -\frac{2}{3}\,\text{A}$$

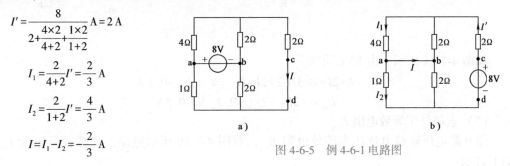

图 4-6-5　例 4-6-1 电路图

故图 4-6-5a 电路中响应电流 $I = -\dfrac{2}{3}\,\text{A}$。

例 4-6-2　图4-6-6a所示电路中，$I_{s1} = 10\,\text{A}$，测得 $I_2 = 1\,\text{A}$；图 4-6-6b 所示电路中，$I_{s2} = 20\,\text{A}$，测得 $\hat{I}_1 = 4\,\text{A}$。图 4-6-6a 和 b 电路中 N_R 为不含受控源的线性电阻电路，试求电阻 R_1 的阻值。

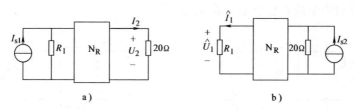

图 4-6-6　例 4-6-2 电路图

解　对于图 4-6-6a 电路有

$$U_2 = 20I_2 = 20 \times 1 \text{ V} = 20 \text{ V}$$

对于图 4-6-6b 电路有

$$\hat{U}_1 = R_1 \hat{I}_1 = 4R_1$$

根据互易定理形式二和线性网络的齐次性可知

$$\hat{U}_1 = 2U_2 = 40 \text{ V}$$

故

$$R_1 = \frac{\hat{U}_1}{\hat{I}_1} = 10 \text{ Ω}$$

互易定理可应用于电路的灵敏度分析。灵敏度分析在电路的优化设计、噪声分析、容差分析与设计、模拟电路故障诊断等方面有着广泛的应用。

4.7　应用实例与分析

现在分析计算本章一开始介绍的有关电路（见图 4-0-1）获得最大功率的条件及最大功率的数值，可先求出从 R_L 两端看进去的戴维宁等效电路。

（1）求开路电压 U_{oc}

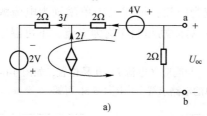
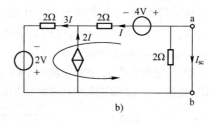

图 4-7-1　对图 4-0-1 电路题解用图

如图 4-7-1a 所示，由 KVL 可知：

$$4 + 2I + 2 \times 3I - 2 + 2I = 0 \quad \Rightarrow \quad I = -0.2 \text{ A}$$

$$U_{oc} = -2I = -2 \times (-0.2) \text{ V} = 0.4 \text{ V}$$

（2）求戴维宁等效电阻 R_{eq}

用开路电压短路电流法求等效电阻 R_{eq}，对图 4-7-1b 所示电路，计算短路电流 I_{sc}，由 KVL 可知：

$$4 + 2I + 2 \times 3I - 2 = 0 \quad \Rightarrow \quad I = -0.25 \text{A}$$

$$I_{sc} = -I = 0.25 \text{ A}$$

因此

$$R_{eq} = \frac{U_{oc}}{I_{sc}} = \frac{0.4}{0.25} \text{Ω} = 1.6 \text{ Ω}$$

由最大功率传输定理可知，当 $R_L = R_{eq} = 1.6\ \Omega$ 时，R_L 上可获得最大功率，其最大功率为

$$P_{Lmax} = \frac{U_{oc}^2}{4R_{eq}} = \frac{0.4^2}{4 \times 1.6}\text{W} = 0.025\ \text{W}$$

本章开始提到的功放与音箱的配接时阻抗匹配问题，通常是设法改变负载电阻，或者在信号源与负载之间加阻抗变化器（如音频功放的输出级与扬声器之间的输出变压器），使得电路处于工作匹配状态，从而使负载获得最大的输出功率。

4.8 本章小结

4.8.1 本章基本知识点

在电路分析中，当求多个支路上或者多个元件上的电流或电压时，用电路分析的方程法比较简单。如果只要求计算某一支路或元件上的电压、电流，那么采用电路定理求解更为便捷。本章主要介绍了叠加定理、齐次定理、替代定理、戴维宁定理、诺顿定理、最大功率传输定理、特勒根定理及互易定理。这些定理描述了电路的基本性质，是分析电路的重要依据。下面简要介绍这些定理的基本知识点。

1. 叠加定理

在有多个独立源作用的线性电路中，任一时刻、任一支路的响应（电流或电压）等于各个独立源单独作用时，在该支路中产生响应的代数和。

设 x_1、x_2 为两个独立源，y 为响应，y_1、y_2 分别为其 x_1、x_2 单独作用时的响应，则叠加定理表示为

若　x_1 作用→响应 y_1，x_2 作用→响应 y_2；

则　x_1、x_2 共同作用→响应 $y = y_1 + y_2$。

2. 齐次定理

在线性电路中，若所有激励同时增大或缩小 K（K 为实常数）倍，则对应的响应也将增大或缩小 K 倍。

设 x 为所有激励源（独立源），y 为响应（电流或电压），即有

若　x 作用→响应 y；

则　Kx 作用→响应 Ky。

3. 替代定理

在电路中，若其任一支路（元件）的电压 u_k 或电流 i_k 已知，则这一条支路可以用一个电压等于 u_k 的独立电压源，或用一个电流等于 i_k 的独立电流源替代，替代后电路中各支路电压和电流保持不变。

4. 戴维宁定理

任何一个线性有源二端网络，对外电路而言，可以用一个电压源和一个电阻的串联组合来等效置换，其中，此电压源的电压为该二端网络的开路电压 u_{oc}，而电阻为该二端网络的全部独立源置零后的等效电阻 R_{eq}。

5. 诺顿定理

任何一个线性有源二端网络，对外电路而言，可以用一个电流源和一个电阻的并联组合来等效置换，其中，此电流源的电流为该二端网络的短路电流 i_{sc}，而电阻为该二端网络的全部独立源置零后的等效电阻 R_{eq}。

6. 最大功率传输定理

若一个可变负载电阻 R_L 接在有源二端网络上，且二端网络的戴维宁等效电路中的开路电压 u_{oc} 和等效电阻 R_{eq} 为已知，则在 $R_L = R_{eq}$ 时，负载电阻 R_L 可获得最大功率，其最大功率为

$$P_{Lmax} = \frac{u_{oc}^2}{4R_{eq}}$$

若一个可变负载电阻 R_L 接在有源二端网络上，且二端网络的诺顿等效电路中的短路电流 i_{sc} 和等效电阻 R_{eq} 为已知，则在 $R_L = R_{eq}$ 时，负载电阻 R_L 可获得最大功率，其最大功率为

$$P_{Lmax} = \frac{1}{4}i_{sc}^2 R_{eq}$$

7. 特勒根定理

定理 1：对于任意一个具有 n 个结点、b 条支路的集总参数电路，设各支路电流和支路电压取关联参考方向，若第 k 条支路电流、电压分别为 i_k 与 u_k，则对任意时刻有

$$\sum_{k=1}^{b} u_k i_k = 0$$

定理 2：对两个拓扑结构相同、各支路元件不同的集总参数电路 N、$\hat{N}$（N、$\hat{N}$ 都具有 n 个结点和 b 条支路），其对应的支路和结点均有相同的编号，设 N、$\hat{N}$ 两个电路对应的支路电流分别为 i_k、$\hat{i}_k$，支路电压分别为 u_k、$\hat{u}_k$，且两个电路中的各支路电流和电压都取关联参考方向，则对任意时刻有

$$\sum_{k=1}^{b} u_k \hat{i}_k = 0 \quad \text{和} \quad \sum_{k=1}^{b} \hat{u}_k i_k = 0$$

8. 互易定理

任何一个不含独立源和受控源的线性电路，在单一激励情况下，若激励与响应互换位置，同一激励将产生相同响应。

互易定理常用有三种形式，详见表 4-8-1，表中 N 是仅含线性电阻（无受控源）的二端口网络。

表 4-8-1　互易定理的三种形式

形　式	条　件	结　论
形式一		$\hat{i}_1 = i_2$
形式二		$\hat{u}_1 = u_2$
形式三		若激励在数值上有：$u_s = i_s$ 则响应在数值上有：$\hat{i}_1 = u_2$

4.8.2　本章重点与难点

本章介绍了多个电路定理，其中重点是叠加定理和戴维宁定理。叠加定理不仅用于线性电路的分析，更重要的是可以用它推导出线性电路的一些重要定理和引出某些重要的分析方法。而戴维宁定理在电路分析中极为有用，为电路的简化和分析计算提供了有效的分析方法。下面针对电路定理在使用中应该注意的问题以及难以掌握的地方给予说明。

1. 叠加定理

叠加定理反映了线性电路各独立源的独立性，用于具体电阻电路的分析，使一个"复杂"问题的分析转化成多个"简单"问题的分析。在运用定理时，应注意下列几点：

1）叠加定理只适用于线性电路，不适用于非线性电路。

2）叠加对象只能是电流或者电压，不能是功率。

3）一个独立源单独作用时，其余独立源置零，即理想电压源用短路替代，理想电流源用开路替代，而电路的其余结构都不改变。

4）由于受控源不能对电路起激励作用，因此应用叠加定理时，受控源不能单独作用，并且在各独立源单独作用时，受控源均要保留在其中。

2. 齐次定理

叠加定理和齐次定理是线性电路两个相互独立的定理，反映线性电路的基本特征，并作为判断是否为线性电路的基本依据，即线性电路要同时满足叠加性和齐次性。在应用齐次定理时，它不仅要满足叠加定理所需注意的问题，而且还要注意只有全部激励同时增大或缩小 K 倍时，响应才同时增大或缩小 K 倍，否则将导致错误的结果。

3. 替代定理

替代定理说明：对已知支路的替代不会改变其他电路结构和电路的 KCL、KVL 约束关系，从而不影响整个电路的电压和电流。替代定理在应用时需要注意下列几点：

1）替代定理不仅适用于线性电路，而且适用于非线性电路。

2）被替代的支路可以为有源支路，也可以为无源支路。

3）用于替代的电压源极性应与原被替代的支路电压极性保持一致；用于替代的电流源电流方向应与原被替代的支路电流方向保持一致。

4）被替代的支路不应当含有其他支路中受控源的控制量。

4. 戴维宁定理

戴维宁定理反映了用等效电压源和电阻串联支路来替代有源二端网络后，对外电路没有任何影响，即外电路的电压和电流不会有任何变化。当电路只求一个支路上的电流、电压、功率时，特别是在某一支路参数发生变化的条件下求电流、电压、功率时，应用戴维宁定理进行分析是很方便的。利用戴维宁定理求解电路的关键是求两个参数，即开路电压 u_{oc} 和等效电阻 R_{eq}。

计算开路电压 u_{oc}，也就是令有源二端网络的端口开路，根据电路结构特点选择某种电路分析方法列方程求出端口上的开路电压。而等效电阻 R_{eq} 的计算，常让初学者难以掌握，下面介绍等效电阻的常用计算方法：

1）对简单的不含受控源的二端网络，令内部独立源为零，通过串、并联或 Y-△ 等效变换求得等效电阻。

2）加压求流法或加流求压法。对于含有受控源的二端网络，令内部独立源为零，在端口处外加一独立电压源或独立电流源，利用端口处电压与电流之比求得等效电阻，即

加压求流法：
$$R_{eq} = \frac{u_s}{i}（网络内部独立源为零）$$

加流求压法：
$$R_{eq}=\frac{u}{i_s}\quad（网络内部独立源为零）$$

在利用此种方法计算等效电阻时，还需说明：

（a）端口处电压与电流的参考方向相对二端网络来讲是关联参考方向，以加压求流法为例，即指电流 i 的参考方向是从电压 u_s 的正极性流入二端网络的。

（b）等效电阻的数值与外加独立源的性质及大小无关，视解题的方便性来选择是外加电压源，还是外加电流源。

（c）对于复杂的二端网络，通常需要利用列方程组的方法求得端口上电压与电流的关系。

3）开路短路法。对于含有受控源的复杂的二端网络，内部独立源保持不变，分别求出开路电压 u_{oc} 和短路电流 i_{sc}，则其等效电阻为开路电压 u_{oc} 和短路电流 i_{sc} 的比值，即

$$R_{eq}=\frac{u_{oc}}{i_{sc}}\quad（保留网络内部独立源）$$

注意：i_{sc} 的参考方向是从电压源 u_{oc} 的正极性流出二端网络的。

5. 诺顿定理

诺顿定理反映了用等效电流源和电阻并联电路来替代有源二端网络后，对外电路的电压和电流不会有任何影响。它的电流源电流 i_{sc} 就是令二端网络端口短路时的端口短路电流，可以根据电路的结构特点选择某种列方程的方法求出。戴维宁定理和诺顿定理统称为等效电源定理，在应用中有许多相似之处。

6. 最大功率传输定理

最大功率传输问题实际上是等效电源定理的应用问题。在分析负载电阻 R_L 为何值时，能获得最大功率，就需要计算负载电阻之外的二端网络的等效电路，即戴维宁等效电路或诺顿等效电路。在得到等效电路后，就可利用 $R_L=R_{eq}$ 这一获得最大功率的条件来知道负载电阻 R_L 为何值时可获得最大功率，并根据 $P_{Lmax}=u_{oc}^2/(4R_{eq})$ 或 $P_{Lmax}=\frac{1}{4}R_{eq}i_{sc}^2$ 来计算得知最大功率的大小。

传输效率是指负载所获得的功率与电源发出的功率之比。在负载获得最大功率的条件下，其功率传输效率并不一定为 50%。这是因为有源二端网络与它的等效电路就其内部功率而言是不等效的，等效电阻 R_{eq} 消耗的功率一般并不等于有源二端网络内部消耗的功率。

7. 特勒根定理

特勒根定理适用于任何集总参数电路，与元件的性质无关，因而它是电路中一个普遍适用的定理。特勒根定理 1 表明，电路中所有支路吸收的瞬时功率之和恒等于零，它是功率守恒的具体体现；特勒根定理 2 不能用功率守恒来解释，因为它所表明的是一个电路的电压与另一个电路的电流之间的关系，因此，常称该定理为拟功率定理。

8. 互易定理

互易定理说明了不含任何独立源、受控源的线性电阻电路中传输信号的双向性或可逆性。互易定理只适用于线性电路，不适用于非线性电路。在应用互易定理时应注意，只有激励与响应互换了位置，而电路中其余部分在结构和参数上均不能发生变化。

根据特勒根定理 2 可推得一个重要的关系式，就是对于仅含线性电阻的二端口网络，当两个端口上的激励和响应互换位置时，对应两种情况下的端口电压、电流应满足下列关系，即

$$u_1\hat{i}_1+u_2\hat{i}_2=\hat{u}_1i_1+\hat{u}_2i_2$$

上式是分析互易网络的基本数学公式。运用时要注意支路电压、电流取关联参考方向。

4.9 习题

1. 试应用叠加定理求图 4-9-1 中的电流 I，欲使 $I = 0$，问 U_s 应取何值。

2. 试应用叠加定理求图 4-9-2 中的电压 U_x。

3. 试应用叠加定理求图 4-9-3 中的电流 I_1 和 U_2。

4. 试应用叠加定理求图 4-9-4 中的电压 U。

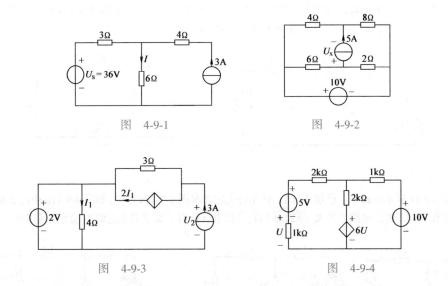

图 4-9-1   图 4-9-2

图 4-9-3   图 4-9-4

5. 如图 4-9-5 所示电路，试求电压 u。如独立电压源的值均增至原值的两倍，独立电流源的值下降为原值的一半，电压 u 变为多少？

6. 试求图 4-9-6 所示梯形电路中各支路电流、结点电压和 $\dfrac{u_o}{u_s}$，其中 $u_s = 10\text{V}$。

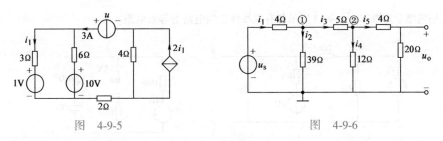

图 4-9-5   图 4-9-6

7. 如图 4-9-7 所示电路，N 为含独立源的线性电阻电路，已知：当 $u_s = 6\text{V}$、$i_s = 0\text{A}$ 时，$u = 4\text{V}$；当 $u_s = 0\text{V}$、$i_s = 4\text{A}$ 时，$u = 0\text{V}$；当 $u_s = -3\text{V}$、$i_s = -2\text{A}$ 时，$u = 2\text{V}$。试求当 $u_s = 3\text{V}$、$i_s = 3\text{A}$ 时的 u。

8. 电路如图 4-9-8 所示，当开关 S 合在位置 1 时的电流表读数为 40 mA，当 S 合在位置 2 时的电流表读数为 -60 mA，试求当 S 合在位置 3 时电流表的读数。

9. 对图 4-9-9 所示电路进行了两次实验，测得：

（1）当只有电压源 $U_s = 40\text{V}$ 作用时，电流表读数为 4 A。

（2）当只有电流源 $I_s = 4\text{A}$ 作用时，电流表读数为 -1 A。

试求电压源 $U_s = 20\text{V}$ 与电流源 $I_s = 6\text{A}$ 同时作用时电流表读数。

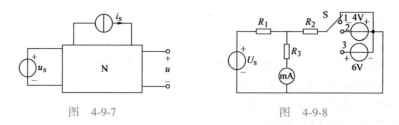

图 4-9-7   图 4-9-8

10. 如图 4-9-10 所示电路,当改变电阻 R 值时,电路中各处电压和电流都将随之改变,已知:当 $i=1\,A$ 时,$u=20\,V$;$i=2\,A$ 时,$u=30\,V$。试求当 $i=3\,A$ 时,电压 u 为多少?

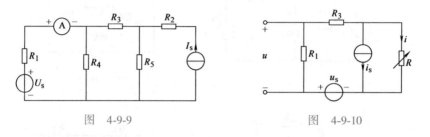

图 4-9-9   图 4-9-10

11. 图 4-9-11 所示电路中,已知 $I=1\,A$,试用替代定理求图 4-9-11a 中 U_s 和图 4-9-11b 中的 R 值。

12. 如图 4-9-12 所示电路,当 R_L 分别为 $1\,\Omega$、$2\,\Omega$ 和 $5\,\Omega$ 时,试求其上电流 I_L 分别为多少?

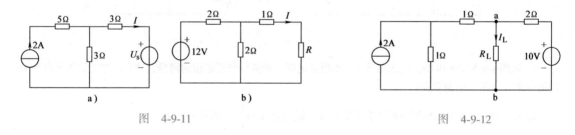

a)   b)

图 4-9-11   图 4-9-12

13. 试用戴维宁定理求图 4-9-13 所示各有源线性二端电路的等效电路。

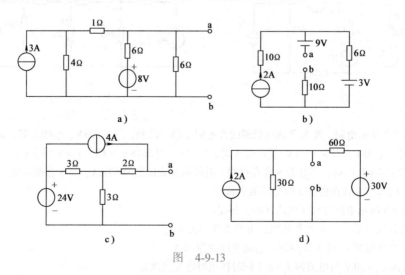

a)   b)

c)   d)

图 4-9-13

14. 试将图 4-9-14 所示各电路化简为戴维宁等效电路。

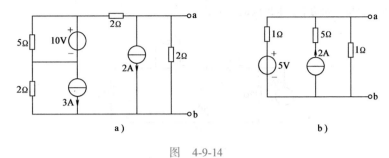

图　4-9-14

15. 试求图 4-9-15 所示各电路的戴维宁等效电路。

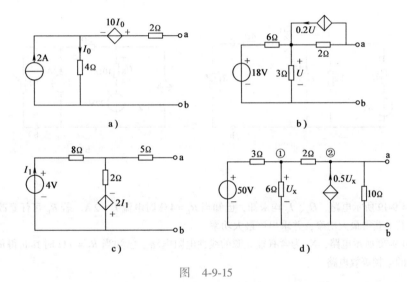

图　4-9-15

16. 试求图 4-9-16 所示各电路的诺顿等效电路。

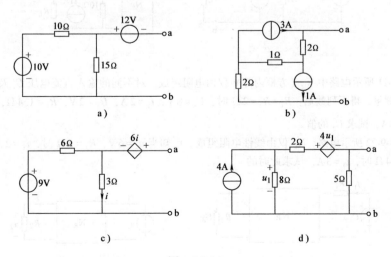

图　4-9-16

17. 试求图 4-9-17 所示电路 a、b 以左的有源二端网络的戴维宁等效电路，计算 $R_L = 8\,\Omega$ 时的功率，并确定 R_L 为何值时，获得最大功率，求出该最大功率。

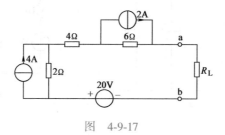

图 4-9-17

18. 如图 4-9-18 所示各电路，R_L 可任意改变，试问 R_L 等于何值时可吸收最大功率，并求出最大功率。

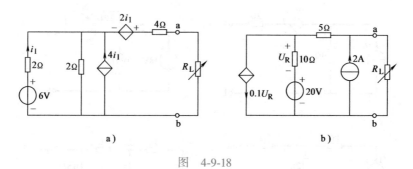

a)   b)

图 4-9-18

19. 如图 4-9-19 所示电路，U_s、I_s 均未知，已知当 $R_L = 4\,\Omega$ 时电流 $I_L = 2\,A$。若 R_L 可任意改变，试问 R_L 等于多大时，其上获得最大功率，并求出该最大功率。

20. 如图 4-9-20 所示电路，N_s 为含有独立源的线性电阻电路。已知当 $R_L = 9\,\Omega$ 时其获得最大功率值为 1 W，试求 N_s 的诺顿等效电路。

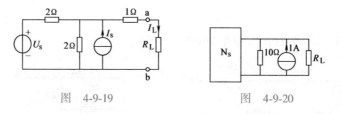

图 4-9-19   图 4-9-20

21. 图 4-9-21 所示电路中，N_R（方框内部）仅由电阻组成。对不同的输入直流电压 U_s 及不同的 R_1、R_2 值进行了两次测量，得下列数据：$R_1 = R_2 = 2\,\Omega$ 时，$U_s = 8\,V$，$I_1 = 2\,A$，$U_2 = 2\,V$；$R_1 = 1.4\,\Omega$，$R_2 = 0.8\,\Omega$ 时，$\hat{U}_s = 9\,V$，$\hat{I}_1 = 3\,A$，试求 $\hat{U}_2$ 的值。

22. 如图 4-9-22 所示电路，N_R 仅由线性电阻组成。已知当 $u_s = 6\,V$、$R_2 = 2\,\Omega$ 时，$i_1 = 2\,A$、$u_2 = 2\,V$；当 $u_s = 10\,V$、$R_2 = 4\,\Omega$ 时，$i_1 = 3\,A$，试求此时的 u_2。

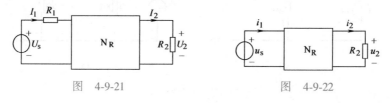

图 4-9-21   图 4-9-22

23. 图 4-9-23 所示电路中 N_R 由电阻组成，图 4-9-23a 中，$I_2 = 0.5\,A$，试求图 4-9-23b 中电压 U_{R1}。

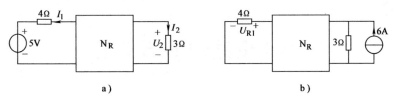

图　4-9-23

24. 图 4-9-24 所示电路中 N_R 由电阻组成，在图 4-9-24a 中，已知 $U_2 = 6\,V$，试求图 4-9-24b 中电压 U'_1。

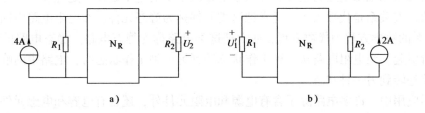

图　4-9-24

第 **5** 章

动态电路的时域分析

引言

前面几章以电阻电路为基础，介绍了电路理论中的基本定律、定理和一般分析方法。电阻元件的伏安关系是代数关系，通常把这类元件称为静态元件。在电阻电路中描述电路激励–响应关系的数学方程为代数方程，通常把这类电路称为静态电路。静态电路的响应仅由外加激励所引起。当电阻电路从一种工作状态转到另一种工作状态时，电路中的响应也将立即从一种状态转到另一种状态。

实际应用中，许多电路除了含有电源和电阻元件外，还含有电容和电感元件。因这两种元件的伏安关系为微分或积分的关系，故称电容或电感元件为动态元件，含有动态元件的电路称为动态电路。因动态元件的电压、电流关系是通过微分或积分来表达的，因此根据 KVL、KCL 和 VCR 建立的电路方程将是微分方程。与电阻电路任一时刻的响应仅取决于该时刻激励不同，动态电路的响应与激励的全部历史有关。当动态电路的工作状态突然发生变化时，电路原有工作状态需要经过一个过程逐步达到另一个新的工作状态，这个过程称为电路的过渡过程或暂态过程。分析动态电路就是要分析和研究过渡过程的电压与电流的变化规律。本章在时间域中分析动态电路响应随时间变化的规律，称为动态电路的时域分析。

动态电路的阶数与描述电路的微分方程的阶数一致。在实际中常遇到只含一个动态元件的动态电路，可用一阶微分方程描述，称为一阶电路。一般而言，如果电路中含有 n 个独立的动态元件，则描述它的将是 n 阶微分方程，该电路可称为 n 阶电路。本章首先讨论电容元件和电感元件的特性，然后详细分析一阶电路和二阶电路的动态响应。

在日常生活中人们离不开灯的照明，其中闪光灯对于大家来说并不陌生，照相机在光线较暗的条件下，会使用闪光灯照亮场景。一般来说，照相机需要在充电后才能拍照一张照片。此外，一些场合也经常使用闪光灯作为危险警告。虽然实际的控制闪光灯的电子电路相对复杂，但可以用一个简化的电路图（见图 5-0-1）来认识闪光灯电路的基本设计思想。

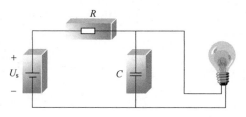

图 5-0-1　闪光灯电路的基本设计思想示意图

图 5-0-1 电路中，只有当闪光灯两端电压达到 U_{max} 时，灯才开始导通发亮。在导通期间，闪光灯可视为一个电阻 R_L。因闪光灯在发亮时是消耗电能的，故闪光灯在导通情况下使得

其两端电压下降，当电压下降为 $U_{\min}$ 时闪光灯不亮（不导通），处于开路状态，这时外加电源就需要对闪光灯下一次发光进行充电。现在想知道闪光灯电路在充电（不发光）和工作（发光）的时间为多长，那么可以在学习完本章内容后对该问题进行分析求解。

5.1 电容元件和电感元件

研究动态电路的过渡过程也就是要分析动态元件在过渡过程中电压、电流的变化规律。要掌握动态电路的基本特征，首先就要掌握动态元件——电容元件和电感元件的基本性质。

5-1-1　电容元件和电感元件（1）

5.1.1 电容元件

用介质（如云母、绝缘纸、电解质等）把两块金属极板隔开就可构成一个电容器。把电容器两端加上电源，两块极板能分别聚集等量的异性电荷，在介质中建立电场，并储存电场能量。电源移去后，这些电荷由于电场力的作用，互相吸引，但被介质所绝缘而不能中和，因而极板上电荷能长久地储存起来，所以电容器是一种能够储存电场能量的电路器件。电路理论中的电容元件是电容器的理想化模型，是具有电容为 C 的理想元件。理想的电容元件具有储存电荷并建立电场的功能，所以理想的电容元件应该是一种电荷与电压相约束的元件。

5-1-2　电容元件和电感元件（2）

1. 电容

电容元件定义如下：一个二端元件，如果在任意时刻 t，其储存的电荷 $q(t)$ 与其端电压 $u(t)$ 之间的关系可用 q-u 平面上的一条曲线所确定，则称此二端元件为电容元件，简称为电容。若该曲线为通过 q-u 平面上原点的一条直线且不随时间变化，则称该元件为线性时不变电容元件。本章只讨论线性时不变电容元件。线性电容的电气符号如图 5-1-1a 所示，图中 $+q$ 和 $-q$ 是该元件正极板和负极板上的电荷量。其库伏特性曲线如图 5-1-1b 所示。

5-1-3　电容元件与电感元件（3）

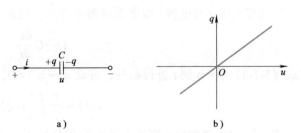

a)　　　　　　　　　　b)

图 5-1-1　线性电容元件的电气符号及其库伏特性曲线

线性电容的电压参考极性如图 5-1-1a所示，则任何时刻线性电容的电荷 q 与其两端电压 u 的关系（简称库伏关系）为

$$q = Cu \tag{5-1-1}$$

式中，C 是线性电容元件的参数，称为电容元件的电容量，简称电容。C 是一个正实常数，表明在给定电压时，电容越大，电容器所储存的电荷就越多。当电荷和电压的单位分别用库伦(C)和伏特(V)表示时,电容的单位为法拉(F),简称法。实际上电容器的电容往往比 1F 小得多,故常用微法(μF)和皮法(pF),其相互关系如下:

$$1 \text{法拉}(\text{F}) = 10^6 \text{微法}(\mu\text{F}) = 10^{12} \text{皮法}(\text{pF})$$

习惯上，用电容表示电容器的电容值，又把电容元件简称为电容。因此，其符号 C 既表示电容元件又表示其参数。

由式（5-1-1）可知，电容两端的电压越高，聚集的电荷就越多，但是每一个电容器所允许承受的电压是有限度的，电压过高，介质就会被击穿，一旦电容器被击穿后，它的介质将从原来不导电的变成导电的，电容器就丧失了储存电荷的作用。因此，电容器在使用中不能超过其额定工作电压。

2. 电容元件的伏安关系

设电容上的电压、电流取关联参考方向，如图 5-1-1a 所示。当电容两端电压发生变化时，电容上电荷 $q = Cu$ 也相应发生变化，从而导致连接电容的导线上有电荷移动，即有电流流动，考虑到 $i = \mathrm{d}q/\mathrm{d}t$，因此有

$$i = C \frac{\mathrm{d}u}{\mathrm{d}t} \tag{5-1-2}$$

式（5-1-2）常称为电容伏安关系的微分形式。它表明：

1）任一时刻电容的电流与该时刻电容电压的变化率成正比，而与该时刻电容电压的数值无关。若电压恒定不变，其电流必为零，这时电容相当于开路，因此，电容具有隔直流的作用；反之，若某一时刻电容电压为零，但电容电压的变化率不为零，此时电容电流也不为零。由于电容电流不取决于该时刻所加电压的大小，而取决于该时刻电容电压的变化率，所以电容元件称为动态元件。

2）若某一时刻 t 的电容电流 i 为有限值，则其电压变化率 $\mathrm{d}u/\mathrm{d}t$ 也必然为有限值。根据微分学原理，电压 $u(t)$ 在该时刻 t 必然连续变化。电容电压的这一连续变化性质常归结为"电容电压不能发生跃变。"这一结论在含电容元件的动态电路分析中经常用到，十分重要。注意这一结论的应用必须以电容电流有限为前提条件。反之，如果某时刻电容电压发生跃变，则意味着该时刻电容电流为无限大。

若电容电压 u 与电流 i 取非关联参考方向，则式（5-1-2）右边应加负号，即

$$i = -C \frac{\mathrm{d}u}{\mathrm{d}t} \tag{5-1-3}$$

对式（5-1-2）从 $-\infty$ 到 t 进行积分，并设 $u(-\infty) = 0$，可求得

$$u(t) = \frac{1}{C} \int_{-\infty}^{t} i(\xi) \mathrm{d}\xi \tag{5-1-4}$$

式（5-1-4）常称为电容伏安关系的积分形式。它表明：某一时刻 t 电容的电压值并不取决于同一时刻的电流值，而是取决于从 $-\infty$ 到 t 所有时刻的电流值，即与 t 以前电容电流的全部历史有关。电容电压能反映过去电流作用的全部历史，因此可以说电容电压有"记忆"电流的作用。电容是一种"记忆元件"。

电容具有记忆作用，是因为电容是聚集电荷的元件，电容电压仅反映了聚集电荷的多少，而电荷的聚集是电流从 $-\infty$ 到 t 长时间作用的结果。相对于电容元件的"记忆"功能，将电阻称为"无记忆元件"。因为电阻元件的电压仅与该瞬间的电流值有关。

实际上要搞清楚电容电流全部作用史是不容易也是没有必要的。在电路分析中常常只对某一时刻 t_0（通常取 $t_0 = 0$）以后的电容电压感兴趣，因此可将式（5-1-4）改写为

$$u(t) = \frac{1}{C} \int_{-\infty}^{t} i(\xi) \, \mathrm{d}\xi = \frac{1}{C} \int_{-\infty}^{t_0} i(\xi) \, \mathrm{d}\xi + \frac{1}{C} \int_{t_0}^{t} i(\xi) \, \mathrm{d}\xi$$

$$= \frac{1}{C} q(t_0) + \frac{1}{C} \int_{t_0}^{t} i(\xi) \, \mathrm{d}\xi$$

$$= u(t_0) + \frac{1}{C} \int_{t_0}^{t} i(\xi) \, \mathrm{d}\xi \qquad t \geqslant t_0 \qquad (5\text{-}1\text{-}5)$$

式中，$u(t_0) = \dfrac{1}{C} \displaystyle\int_{-\infty}^{t_0} i(\xi) \, \mathrm{d}\xi$ 称为电容的初始电压。它反映了电容电流在 t_0 以前的全部历史情况。式 (5-1-5) 表明，如果已知由初始时刻 t_0 开始作用的电流 $i(t)$ 以及电容的初始电压 $u(t_0)$，就能确定 $t \geqslant t_0$ 后的电容电压 $u(t)$。

3. 电容元件的功率和能量

电容是一个储存电场能量的元件。在电容电压、电流取关联参考方向下，任一时刻，电容元件吸收的功率为

$$p(t) = u(t) i(t) = C u(t) \frac{\mathrm{d} u(t)}{\mathrm{d} t} \qquad (5\text{-}1\text{-}6)$$

对式 (5-1-6) 从 $-\infty$ 到 t 积分，可得 t 时刻电容元件吸收的电场能量为

$$W_C(t) = \int_{-\infty}^{t} p(\xi) \, \mathrm{d}\xi = \int_{-\infty}^{t} u(\xi) i(\xi) \, \mathrm{d}\xi$$

$$= C \int_{-\infty}^{t} u(\xi) \frac{\mathrm{d} u(\xi)}{\mathrm{d}\xi} \, \mathrm{d}\xi = C \int_{u(-\infty)}^{u(t)} u(\xi) \, \mathrm{d} u(\xi)$$

$$= \frac{1}{2} C u^2(t) - \frac{1}{2} C u^2(-\infty)$$

若设 $u(-\infty) = 0$，则电容元件在任何时刻 t 储存的电场能量 $W_C(t)$ 为

$$W_C(t) = \frac{1}{2} C u^2(t) \qquad (5\text{-}1\text{-}7)$$

式 (5-1-7) 表明，电容任一时刻的储能只取决于该时刻的电容电压值，而与该时刻电容电流值无关。任一时刻电容储能与该时刻电容电压的二次方成正比，无论电压 $u(t)$ 为正值还是负值，电容储存的能量 $W_C(t)$ 均大于零。

时间从 t_1 到 t_2 期间，电容元件吸收的电场能量为

$$W_C(t) = C \int_{u(t_1)}^{u(t_2)} u \, \mathrm{d} u = \frac{1}{2} C u^2(t_2) - \frac{1}{2} C u^2(t_1) = W_C(t_2) - W_C(t_1)$$

当电容元件充电时，$|u(t_2)| > |u(t_1)|$，$W_C(t_2) > W_C(t_1)$，$W_C(t) > 0$，故表明在此时间内电容元件吸收能量，并以电场能量的形式储存在电容中；当电容元件放电时，$|u(t_2)| < |u(t_1)|$，$W_C(t_2) < W_C(t_1)$，$W_C(t) < 0$，表明在此时间内电容元件释放原先储存的电场能量。若电容元件原来没有充电，则在充电时吸收并储存起来的能量一定又在放电完毕时全部释放，它不消耗能量。所以，电容元件是一种储能元件。同时，电容元件也不会释放出多于它吸收或储存的能量，因此它又是一种无源元件。

例 5-1-1 电路如图 5-1-2a 所示，$u_s(t)$ 波形如图 5-1-2b 所示，已知电容 $C = 4\mathrm{F}$，试求 $i_C(t)$、$p_C(t)$ 和 $W_C(t)$，并画出它们的波形。

解 根据图 5-1-2b，写出 $u_C(t)$ 的函数表达式：

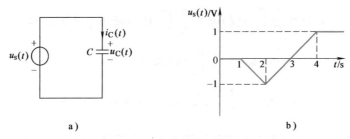

图 5-1-2   例 5-1-1 电路图及波形图

$$u_{\mathrm{C}}(t) = u_{\mathrm{s}}(t) = \begin{cases} 0\,\mathrm{V} & t \leqslant 1\,\mathrm{s} \\ (-t+1)\,\mathrm{V} & 1\,\mathrm{s} < t \leqslant 2\,\mathrm{s} \\ (t-3)\,\mathrm{V} & 2\,\mathrm{s} < t \leqslant 4\,\mathrm{s} \\ 1\,\mathrm{V} & t > 4\,\mathrm{s} \end{cases}$$

由图 5-1-2a 可见，电容上电流、电压取关联参考方向，所以由式（5-1-2）可得

$$i_{\mathrm{C}} = C\frac{\mathrm{d}u_{\mathrm{C}}}{\mathrm{d}t} = \begin{cases} 0\,\mathrm{A} & t \leqslant 1\,\mathrm{s} \\ -4\,\mathrm{A} & 1\,\mathrm{s} < t \leqslant 2\,\mathrm{s} \\ 4\,\mathrm{A} & 2\,\mathrm{s} < t \leqslant 4\,\mathrm{s} \\ 0\,\mathrm{A} & t > 4\,\mathrm{s} \end{cases}$$

由式（5-1-6）可知，电容的功率为 $p_{\mathrm{C}}(t) = u_{\mathrm{C}}(t)i_{\mathrm{C}}(t)$，将 $u_{\mathrm{C}}(t)$ 与 $i_{\mathrm{C}}(t)$ 相乘可得 p_{C} 为

$$p_{\mathrm{C}}(t) = \begin{cases} 0\,\mathrm{W} & t \leqslant 1\,\mathrm{s} \\ 4(t-1)\,\mathrm{W} & 1 < t \leqslant 2\,\mathrm{s} \\ 4(t-3)\,\mathrm{W} & 2 < t \leqslant 4\,\mathrm{s} \\ 0\,\mathrm{W} & t > 4\,\mathrm{s} \end{cases}$$

由式（5-1-7）可知，电容所吸收的能量 $W_{\mathrm{C}}(t)$ 为

$$W_{\mathrm{C}}(t) = \frac{1}{2}Cu_{\mathrm{C}}^2(t) = \begin{cases} 0\,\mathrm{J} & t \leqslant 1\,\mathrm{s} \\ 2(1-t)^2\,\mathrm{J} & 1 < t \leqslant 2\,\mathrm{s} \\ 2(t-3)^2\,\mathrm{J} & 2 < t \leqslant 4\,\mathrm{s} \\ 2\,\mathrm{J} & t > 4\,\mathrm{s} \end{cases}$$

由 $i_{\mathrm{C}}(t)$、$p_{\mathrm{C}}(t)$、$W_{\mathrm{C}}(t)$ 的数学表达式画出它们的波形，如图 5-1-3a、b、c 所示。

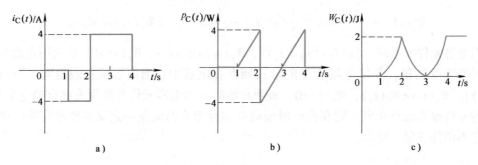

图 5-1-3   例 5-1-1 的解波形图

从本例中可以看到：

1）电容上电流与电压波形不同，而且电容电流是可以跃变的。这一点与电阻元件完全不同。

2）电容上的功率可正可负，当其为正时，表示电容从电源 $u_s(t)$ 吸收并储存电能；当其为负时，表示电容释放其储存的能量。电容的功率也是可以跃变的，这是由于电容电流跃变的原因。

3）电容上的能量总是大于或等于零，储存电场能量的值可升可降，但为连续函数。

例 5-1-2 图 5-1-4a 中的电容 $C = 0.5\,\mathrm{F}$，其中电流 $i_C(t)$ 的波形如图 5-1-4b 所示。试求 $t \geqslant 0$ 时电容电压，并画出其波形。

解 根据图 5-1-4b，写出电流 $i_C(t)$ 的表达式。

$$i_C(t) = \begin{cases} 0\,\mathrm{A} & -\infty < t \leqslant 0\,\mathrm{s} \\ 2\,\mathrm{A} & 0 < t \leqslant 1\,\mathrm{s} \\ -1\,\mathrm{A} & 1 < t \leqslant 2\,\mathrm{s} \\ 0\,\mathrm{A} & t > 2\,\mathrm{s} \end{cases}$$

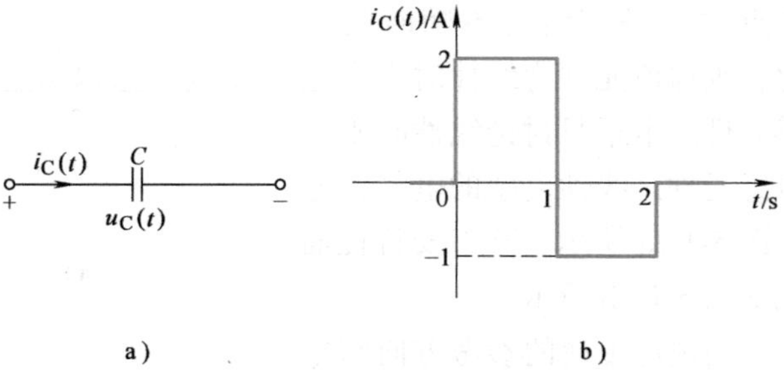

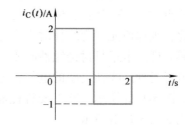

当 $t \leqslant 0$ 时，由于 $i_C(t) = 0\,\mathrm{A}$，由式 (5-1-4) 得 $u_C(t) = 0\,\mathrm{V}$，显然，$u_C(0) = 0\,\mathrm{V}$。

a)　　　　　b)

图 5-1-4　例 5-1-2 电路图及波形图

当 $0 < t \leqslant 1\,\mathrm{s}$ 时，$i_C(t) = 2\,\mathrm{A}$，由式 (5-1-5)，令 $t_0 = 0$，得

$$u_C(t) = u_C(0) + \frac{1}{C}\int_0^t 2\mathrm{d}\xi = 0 + \frac{1}{0.5}\int_0^t 2\mathrm{d}\xi = 4t$$

$$u_C(1) = 4\,\mathrm{V}$$

当 $1 < t \leqslant 2\,\mathrm{s}$ 时，$i_C(t) = -1\,\mathrm{A}$，根据式 (5-1-5)，令 $t_0 = 1\,\mathrm{s}$，得

$$u_C(t) = u_C(1) + \frac{1}{C}\int_1^t (-1)\mathrm{d}\xi = 4 - 2(t-1) = 2(3-t)$$

$$u_C(2) = 2\,\mathrm{V}$$

当 $t > 2\,\mathrm{s}$ 时，$i_C(t) = 0\,\mathrm{A}$，根据式 (5-1-5)，令 $t_0 = 2\,\mathrm{s}$，得

$$u_C(t) = u_C(2) + \frac{1}{C}\int_2^t 0\mathrm{d}\xi = 2\,\mathrm{V}$$

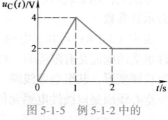

即

$$u_C(t) = \begin{cases} 0\,\mathrm{V} & -\infty < t \leqslant 0 \\ 4t\,\mathrm{V} & 0 < t \leqslant 1\,\mathrm{s} \\ 2(3-t)\,\mathrm{V} & 1 < t \leqslant 2\,\mathrm{s} \\ 2\,\mathrm{V} & t > 2\,\mathrm{s} \end{cases}$$

图 5-1-5　例 5-1-2 中的 $u_C(t)$ 波形图

$u_C(t)$ 的波形如图 5-1-5 所示。可见电容电压在一般情况下不会发生跃变。

5.1.2　电感元件

在工程技术中广泛应用导线绕制的线圈，例如，在电子电路中常用的空心或带有铁心的高频线圈，电磁铁或变压器中含有在铁心上绕制的线圈等，如图 5-1-6 所示。线圈通以电流 $i(t)$ 后将产生磁通 Φ_L，在线圈周围建立磁场，并储存磁场能量，故电感线圈是一种能够储存磁场能量的电路器件。若磁通 Φ_L 与线圈的 N 匝都交链，则磁通链 $\Psi_L = N\Phi_L$。因磁通 Φ_L 和磁通链 Ψ_L 都是由线圈本身的电流 i 产生的，所以分别称为自感磁通和自感磁通链。Φ_L 和 Ψ_L 的方向与 i 的参考方向成右螺旋关系，如图 5-1-6 所示。电路理论中的电感元件是实际线圈

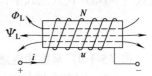

图 5-1-6　电感线圈

的理想化模型，是具有电感为 L 的理想元件。理想电感元件具有产生磁通并建立磁场的功能，故理想电感元件应该是一种电流与磁通链相约束的元件。

1. 电感

电感元件定义为：一个二端元件，如果在任意时刻 t，其交链的磁通链 $\Psi(t)$ 与其电流 $i(t)$ 之间的关系可用 $\Psi-i$ 平面上的一条曲线所确定，则称此二端元件为电感元件，简称电感。

若该曲线为通过 $\Psi-i$ 平面上原点的一条直线且不随时间变化，则称该元件为线性时不变电感元件。本章只讨论线性时不变电感元件。线性电感的电气符号如图 5-1-7a 所示，其韦安特性曲线如图 5-1-7b 所示。

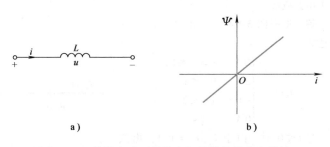

a)　　　　　　　　b)

图 5-1-7　线性电感元件的电气符号及其韦安特性

当规定磁通的参考方向与电流的参考方向之间满足右手螺旋法则时，由图 5-1-7b 可知，任何时刻线性电感上的磁通链 $\Psi(t)$ 与其电流 $i(t)$ 的关系（简称韦安关系）为

$$\Psi(t)=Li(t) \tag{5-1-8}$$

式中，L 是线性电感元件的参数，称为电感元件的电感量，简称电感。L 是一个正实常数，表明在给定电流时，电感 L 越大，所产生的磁通链就越大。当磁通链和电流的单位分别用韦伯(Wb)和安培(A)表示时，电感的单位为亨利(H)，简称亨。经常使用的电感单位还有毫亨(mH)和微亨(μH)，其相互关系如下：

$$1 \text{ 亨利}(H)=10^{3} \text{ 毫亨}(mH)=10^{6} \text{ 微亨}(μH)$$

习惯上，用 L 表示电感值，又把电感元件简称为电感。因此，其符号 L 既表示电感元件又表示其参数。

由式（5-1-8）可知，电感通过的电流越大，产生的磁通链就越大，但是每一个线圈所允许承受的电流是有限度的，电流过大，会使线圈过热或使线圈受到过大的电磁力的作用而产生机械变形，甚至烧毁线圈。因此，线圈在使用中不能超过其额定工作电流。

空心线圈是以线性电感元件为模型的典型例子。

2. 电感元件的伏安关系

设电感上的电压、电流取关联参考方向，如图 5-1-7a 所示。当通过电感的电流发生变化时，电感磁通链 $\Psi(t)=Li(t)$ 也相应发生变化，根据电磁感应定律，该电感上将出现感应电压 u。电流参考方向与磁通参考方向满足右手螺旋法则，此时电感电压 u 为

$$u=\frac{\mathrm{d}\Psi}{\mathrm{d}t}$$

把式（5-1-8）代入上式中，得到在电压、电流关联参考方向下线性电感的伏安关系：

$$u=L\frac{\mathrm{d}i}{\mathrm{d}t} \tag{5-1-9}$$

式（5-1-9）常称为电感伏安关系的微分关系。它表明：

1）任一时刻电感的电压与该时刻电感电流的变化率成正比，而与该时刻电感电流的数值无关。若电流恒定不变，其电压必为零，这时电感相当于短路；反之，若某一时刻电感电流为零，但电感电流的变化率不为零，此时电感电压也不为零。由于电感电压不取决于该时

刻通过电流的大小，而取决于该时刻电感电流的变化率，所以电感元件称为动态元件。

2）若某一时刻 t 的电感电压 u 为有限值，则其电流变化率 di/dt 也必然为有限值。根据微分学原理，电流 $i(t)$ 在该时刻必然连续变化。电感电流的这一连续变化性质常归结为"电感电流不能发生跃变"。这一结论在含电感元件的动态电路分析中经常用到，十分重要。注意这一结论的应用必须以电感电压有限为前提条件。反之，如果某时刻电感电流发生跃变，则意味着该时刻电感电压为无限大。

若电感电压 u 与电流 i 取非关联参考方向，则式（5-1-9）右边应加负号，即

$$u = -L\frac{di}{dt} \tag{5-1-10}$$

对式（5-1-9）从 $-\infty$ 到 t 进行积分，并设 $i(-\infty) = 0$，可求得

$$i(t) = \frac{1}{L}\int_{-\infty}^{t} u(\xi)\,d\xi \tag{5-1-11}$$

式（5-1-11）常称为电感伏安关系的积分形式。它表明：某一时刻 t 电感的电流值并不取决于同一时刻的电压值，而是取决于从 $-\infty$ 到 t 所有时刻的电压值。即与 t 以前电感电压的全部历史有关。电感电流能反映过去电压作用的全部历史。因此，可以说电感电流有"记忆"电压的作用，电感也是一种"记忆元件"。

在实际的研究中，总要有一个开始时刻，如果设开始时刻为 t_0（通常取 $t_0 = 0$），即只需要了解在某一时刻 t_0 之后电感电流的情况，式（5-1-11）可以改写为

$$
\begin{aligned}
i(t) &= \frac{1}{L}\int_{-\infty}^{t_0} u(\xi)\,d\xi + \frac{1}{L}\int_{t_0}^{t} u(\xi)\,d\xi \\
&= \frac{1}{L}\Psi(t_0) + \frac{1}{L}\int_{t_0}^{t} u(\xi)\,d\xi \\
&= i(t_0) + \frac{1}{L}\int_{t_0}^{t} u(\xi)\,d\xi \qquad t \geq t_0
\end{aligned} \tag{5-1-12}
$$

式中，$i(t_0) = \frac{1}{L}\int_{-\infty}^{t_0} u(\xi)\,d\xi$ 称为电感的初始电流。它反映了电感电压在 t_0 以前的全部历史情况。式（5-1-12）表明，如果已知由初始时刻 t_0 开始作用的电压 $u(t)$ 以及电感的初始电流 $i(t_0)$，就能确定 $t \geq t_0$ 后的电感电流 $i(t)$。

3. 电感元件的功率和能量

电感是一个储存磁场能量的元件。在电感电压、电流取关联参考方向下，任一时刻，电感元件吸收的功率为

$$p(t) = u(t)i(t) = Li(t)\frac{di(t)}{dt} \tag{5-1-13}$$

对式（5-1-13）从 $-\infty$ 到 t 积分，可得 t 时刻电感元件吸收的磁场能量为

$$
\begin{aligned}
W_L(t) &= \int_{-\infty}^{t} p(\xi)\,d\xi = \int_{-\infty}^{t} u(\xi)i(\xi)\,d\xi \\
&= L\int_{-\infty}^{t} i(\xi)\frac{di(\xi)}{d\xi}d\xi = L\int_{i(-\infty)}^{i(t)} i(\xi)\,di(\xi) \\
&= \frac{1}{2}Li^2(t) - \frac{1}{2}Li^2(-\infty)
\end{aligned}
$$

若设 $i(-\infty)=0$，则电感元件在任何时刻 t 储存的磁场能量 $W_L(t)$ 为

$$W_L(t) = \frac{1}{2}Li^2(t) \qquad (5\text{-}1\text{-}14)$$

式（5-1-14）表明，电感任一时刻的储能只取决于该时刻的电感电流值，而与该时刻电感电压值无关。任一时刻电感储能与该时刻电感电流的二次方成正比，无论电流 $i(t)$ 为正值还是负值，电感储存的能量 $W_L(t)$ 均大于零。

时间从 t_1 到 t_2 期间，电感元件吸收的磁场能量为

$$W_L(t) = L\int_{i(t_1)}^{i(t_2)} i\,\mathrm{d}i = \frac{1}{2}Li^2(t_2) - \frac{1}{2}Li^2(t_1) = W_L(t_2) - W_L(t_1)$$

当电感电流增加时，$|i(t_2)|>|i(t_1)|$，$W_L(t_2)>W_L(t_1)$，$W_L(t)>0$，故表明在此时间内电感元件吸收能量，并以磁场能量的形式储存在电感中；当电感电流减小时，$|i(t_2)|<|i(t_1)|$，$W_L(t_2)<W_L(t_1)$，$W_L(t)<0$，表明在此时间内电感元件释放原先储存的磁场能量。由此可见电感元件在电流增加时所吸收并储存起来的能量一定又在电流减小时释放掉，它不消耗能量。所以电感元件是一种储能元件。同时，电感元件也不会释放出多于它吸收或储存的能量，因此它又是一种无源元件。

例 5-1-3　如图 5-1-8a 所示，将电感接于电压源 $u_s(t)$，$u_s(t)$ 波形如图 5-1-8b 所示。已知电感 $L=0.5\,\mathrm{H}$，$i(0)=0\,\mathrm{A}$，试求电感中的电流 $i(t)$ 并画出其波形。

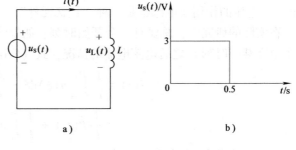

解　根据图 5-1-8b，可写出电压 $u_L(t)$ 的函数表达式为

$$u_L(t) = u_s(t) = \begin{cases} 3\,\mathrm{V} & 0 \le t \le 0.5\,\mathrm{s} \\ 0\,\mathrm{V} & t > 0.5\,\mathrm{s} \end{cases}$$

由图 5-1-8a 可见，电感电压、电流取关联参考方向。

图 5-1-8　例 5-1-3 电路图及波形图

当 $0 \le t \le 0.5\,\mathrm{s}$ 时

$$\begin{aligned} i(t) &= \frac{1}{L}\int_{-\infty}^{t} u_L(\xi)\,\mathrm{d}\xi = \frac{1}{L}\int_{-\infty}^{0} u_L(\xi)\,\mathrm{d}\xi + \frac{1}{L}\int_{0}^{t} u_L(\xi)\,\mathrm{d}\xi \\ &= i(0) + \frac{1}{0.5}\int_{0}^{t} 3\,\mathrm{d}\xi = 6t \end{aligned}$$

当 $t>0.5\,\mathrm{s}$ 时

$$i(t) = i(0.5) + \frac{1}{0.5}\int_{0.5}^{t} 0\,\mathrm{d}\xi = 3\,\mathrm{A}$$

即

$$i(t) = \begin{cases} 6t & 0 \le t \le 0.5\,\mathrm{s} \\ 3\,\mathrm{A} & t > 0.5\,\mathrm{s} \end{cases}$$

其波形图如图 5-1-9 所示。

例 5-1-4　如图 5-1-10a 所示，电路已进入直流稳态，试求电容、电感的能量。

解　所谓直流稳态是指电路中所有电压、电流均为不变的常数。如前所述，当电压不变化时，电容的电流为零，电容相当于开路；当电流不变化时，电感的电压为零，电感相当于短路，因此图 5-1-10a 所示电路在直流稳态时可用图 5-1-10b 进行等效替代。由此图可得 u_C 和 i_L 分别为

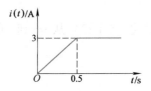

图 5-1-9　例 5-1-3 中的
$i(t)$ 波形图

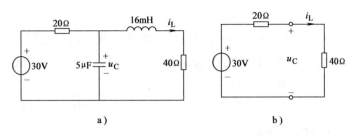

图 5-1-10 例 5-1-4 电路图

$$u_{\mathrm{C}} = \frac{40}{20+40} \times 30\,\mathrm{V} = 20\,\mathrm{V}$$

$$i_{\mathrm{L}} = \frac{30}{20+40}\,\mathrm{A} = 0.5\,\mathrm{A}$$

故电容的能量 W_{C} 为

$$W_{\mathrm{C}} = \frac{1}{2}Cu_{\mathrm{C}}^2 = \frac{1}{2} \times 5 \times 10^{-6} \times 20^2\,\mathrm{J} = 1\,\mathrm{mJ}$$

电感的能量 W_{L} 为

$$W_{\mathrm{L}} = \frac{1}{2}Li_{\mathrm{L}}^2 = \frac{1}{2} \times 16 \times 10^{-3} \times 0.5^2\,\mathrm{J} = 2\,\mathrm{mJ}$$

5.1.3　电容与电感的串联、并联

本节根据电容元件和电感元件的伏安关系，介绍它们的串、并联等效概念。

1. 电容的串联等效

图 5-1-11a 为两个电容 C_1 和 C_2 的串联电路。由于是串联，两个电容的电流相同。在电压 u 和电流 i 取关联参考方向时，由 KVL 和电容伏安关系的积分形式，可得

$$
\begin{aligned}
u = u_1 + u_2 &= \frac{1}{C_1}\int_{-\infty}^{t} i(\xi)\,\mathrm{d}\xi + \frac{1}{C_2}\int_{-\infty}^{t} i(\xi)\,\mathrm{d}\xi \\
&= \left(\frac{1}{C_1} + \frac{1}{C_2}\right)\int_{-\infty}^{t} i(\xi)\,\mathrm{d}\xi = \frac{1}{C_{\text{串}}}\int_{-\infty}^{t} i(\xi)\,\mathrm{d}\xi
\end{aligned}
$$

式中，$\dfrac{1}{C_{\text{串}}} = \dfrac{1}{C_1} + \dfrac{1}{C_2}$。

即等效电容为 $C_{\text{串}} = \dfrac{C_1 C_2}{C_1 + C_2}$。其等效电路如图 5-1-11b 所示。

同理，当有 n 个电容 C_1、C_2、$\cdots$、C_n 串联时，其等效电容可由下式求得：

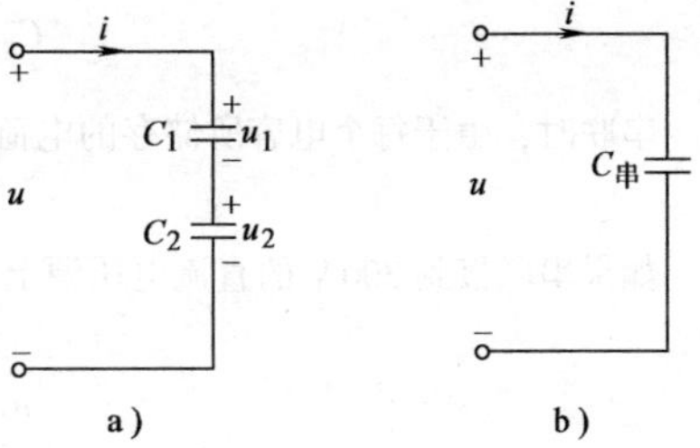

图 5-1-11　电容串联及其等效电路

$$\frac{1}{C_{\text{串}}} = \frac{1}{C_1} + \frac{1}{C_2} + \cdots + \frac{1}{C_n} = \sum_{k=1}^{n}\frac{1}{C_k} \qquad (5\text{-}1\text{-}15)$$

式 (5-1-15) 说明，串联电容的等效电容的倒数等于各个电容的倒数之和。显然，串联电容的数目越多，其等效电容就越小。这是因为电容串联后相当于加大了极板间的距离，所以电容量减小了。

2. 电容的并联等效

图 5-1-12a 为两个电容 C_1 和 C_2 的并联电路。由于并联，两个电容所承受的电压相同。在电压 u 和电流 i 取关联参考方向时，由 KCL 和电容伏安关系的微分形式，可得

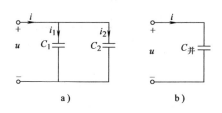

$$i = i_1 + i_2 = C_1 \frac{du}{dt} + C_2 \frac{du}{dt}$$

$$= (C_1 + C_2) \frac{du}{dt} = C_并 \frac{du}{dt}$$

即等效电容为 $C_并 = C_1 + C_2$。其等效电路如图 5-1-12b 所示。

图 5-1-12　电容并联及其等效电路

同理，当有 n 个电容 C_1、C_2、$\cdots$、C_n 并联时，其等效电容可由下式求得：

$$C_并 = C_1 + C_2 + \cdots + C_n = \sum_{k=1}^{n} C_k \tag{5-1-16}$$

式（5-1-16）说明，并联电容的等效电容等于各个电容之和。可见并联电容的数目越多，等效电容就越大。这是因为电容并联相当于加大了极板的面积，从而加大了电容量。

例 5-1-5　两个电容器分别为 $C_1 = 2\,\mu\text{F}$，额定电压 160 V（即电容正常工作时所能承受的最高电压）；$C_2 = 10\,\mu\text{F}$，额定电压 250 V。试求：

（1）C_1 和 C_2 并联时的等效电容 $C_并$ 以及并联后的最高工作电压为多少？

（2）C_1 和 C_1 串联时的等效电容 $C_串$；如果串联后接在 300 V 的直流电压源上，每个电容所承受的电压是多少？是否安全？

解　（1）并联时等效电容

$$C_并 = C_1 + C_2 = (2 + 10)\,\mu\text{F} = 12\,\mu\text{F}$$

并联时，两个电容所承受的电压相同，如果其中一个电容的工作电压超过额定电压被击穿，整个并联电容器组就被短路，所以应按两个电容中最低的额定电压确定并联后的最高工作电压，即 160 V。

（2）串联时等效电容

$$C_串 = \frac{C_1 C_2}{C_1 + C_2} = \frac{2 \times 10}{2 + 10}\,\mu\text{F} = 1.67\,\mu\text{F}$$

串联时，由于每个电容所存储的电荷量相等，因此有

$$q = C_串\, u = C_1 u_1 = C_2 u_2$$

如果串联接到 300 V 的直流电压源上，正常情况下，每个电容所分得的电压为

$$u_1 = \frac{C_串}{C_1} u = \frac{1.67}{2} \times 300\,\text{V} = 250\,\text{V}$$

$$u_2 = \frac{C_串}{C_2} u = \frac{1.67}{10} \times 300\,\text{V} = 50\,\text{V}$$

由于 C_1 的额定电压为 160 V，当它要承受 250 V 电压时，势必被击穿。当 C_1 被击穿后，C_2 就要承受 300 V 电压，而 C_2 的额定电压只有 250 V，所以 C_2 也会随之击穿。故这两个电容不能串联后接在 300 V 的工作电压上使用，否则是不安全的。

3. 电感的串联等效

图 5-1-13a 为两个电感 L_1 和 L_2 的串联电路，两个电感的电流相同，在电压 u 和电流 i 取

关联参考方向时，由 KVL 和电感元件伏安关系的微分形式，可得

$$u = u_1 + u_2 = L_1 \frac{\mathrm{d}i}{\mathrm{d}t} + L_2 \frac{\mathrm{d}i}{\mathrm{d}t} = (L_1 + L_2) \frac{\mathrm{d}i}{\mathrm{d}t} = L_串 \frac{\mathrm{d}i}{\mathrm{d}t}$$

即等效电感 $\qquad L_串 = L_1 + L_2$

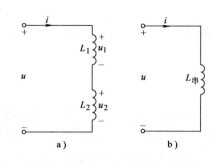

其等效电路如图 5-1-13b 所示。

同理，当有 n 个电感 L_1、L_2、$\cdots$、L_n 串联时，其等效电感可由下式求得：

$$L_串 = L_1 + L_2 + \cdots + L_n = \sum_{k=1}^{n} L_k \qquad (5\text{-}1\text{-}17)$$

图 5-1-13　电感串联及其等效电路

式（5-1-17）表明，串联电感的等效电感等于各个电感之和。

4. 电感的并联等效

图 5-1-14a 为两个电感 L_1 和 L_2 的并联电路，两个电感的电压相同。在电压 u 和电流 i 取关联参考方向时，由 KCL 和电感元件伏安关系的积分形式，可得

$$i = i_1 + i_2 = \frac{1}{L_1} \int_{-\infty}^{t} u(\xi) \mathrm{d}\xi + \frac{1}{L_2} \int_{-\infty}^{t} u(\xi) \mathrm{d}\xi$$

$$= \left(\frac{1}{L_1} + \frac{1}{L_2} \right) \int_{-\infty}^{t} u(\xi) \mathrm{d}\xi = \frac{1}{L_并} \int_{-\infty}^{t} u(\xi) \mathrm{d}\xi$$

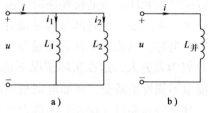

式中，$\dfrac{1}{L_并} = \dfrac{1}{L_1} + \dfrac{1}{L_2}$。

图 5-1-14　电感并联及其等效电路

即等效电感 $\qquad\qquad L_并 = \dfrac{L_1 L_2}{L_1 + L_2}$

其等效电路如图 5-1-14b 所示。

同理，当有 n 个电感 L_1、L_2、$\cdots$、L_n 并联时，其等效电感可由下式求得：

$$\frac{1}{L_并} = \frac{1}{L_1} + \frac{1}{L_2} + \cdots + \frac{1}{L_n} = \sum_{k=1}^{n} \frac{1}{L_k} \qquad (5\text{-}1\text{-}18)$$

式（5-1-18）表明，并联电感的等效电感的倒数等于各个电感倒数之和。并联电感越多，等效电感越小。

例 5-1-6　如图 5-1-15 所示电路，已知 $L_1 = 3\,\mathrm{H}$，$L_2 = 6\,\mathrm{H}$，$i = 6\sin t\,\mathrm{A}$。试求电压 $u(t)$ 和电流 $i_1(t)$。

解　两个电感并联的等效电感为

$$L_并 = \frac{L_1 L_2}{L_1 + L_2} = \frac{3 \times 6}{3 + 6}\,\mathrm{H} = 2\,\mathrm{H}$$

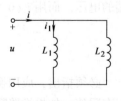

根据电感的伏安关系，有

图 5-1-15　例 5-1-6

$$u = L_并 \frac{\mathrm{d}i}{\mathrm{d}t} = 2 \frac{\mathrm{d}(6\sin t)}{\mathrm{d}t}\,\mathrm{V} = 12\cos t\ \mathrm{V}$$

电路图

仿并联电阻的分流公式，得并联电感的分电流

$$i_1 = \frac{L_2}{L_1 + L_2} i = \frac{6}{3 + 6} \times 6\sin t\,\mathrm{A} = 4\sin t\ \mathrm{A}$$

5.2 换路定律和初始值的确定

5-2-1 换路定律和初始值的确定（1）

5.2.1 换路定律

在电路分析中，将电路的结构或元件参数进行改变，称为换路。换路常用开关来实现，换路意味着电路工作状态的改变。

电阻电路的激励和响应之间具有线性的代数关系，这意味着电路中激励和响应具有相同的变化规律，换路时电路的响应从一种变化规律立即变为另一种变化规律。而在动态电路中，换路时，电路从一种工作状态转变到另一种工作状态需要经历一个时间过程，这个过程称为过渡过程。过渡过程是动态电路的一个重要特征，电阻电路无过渡过程。

5-2-2 换路定律和初始值的确定（2）

动态电路过渡过程的发生，外因是换路，而内因是由于电路中含有电容或电感元件。当电路换路时，电容或电感从电源吸取能量或向外释放能量必须经过一个时间过程才能完成。如果没有这样的一个过程，就意味着电容、电感所储存的能量发生跃变，那么能量交换的速率（即功率）将为无穷大，这在实际情况下是不可能的。因此，过渡过程的实质是能量不能发生跃变。例如电动机通电后由静止起动，转速逐渐上升至某一速度下匀速运行，这是因为能量（动能）不能发生跃变，所以电动机的起动有一个过程。

电容储存的能量为 $W_C = \dfrac{1}{2}Cu_C^2$，电感储存的能量为 $W_L = \dfrac{1}{2}Li_L^2$，换路时电容和电感所储存的能量不能跃变，也就是说，电容两端的电压 u_C 和流过电感中的电流 i_L 在一般情况下不会跃变。它们都是时间的连续函数。

动态电路在换路时存在过渡过程，换路前后瞬间，电容两端的电压或电感中的电流应该保持不变，而不能发生跃变，这个理论称为换路定律。

设换路发生在 $t=0$ 时刻，以 $t=0_-$ 表示换路前的最后时刻，这时的电路还没有换路；以 $t=0_+$ 表示换路后的最初时刻，这时的电路已经换路了。0_- 和 0_+ 在数值上虽然都等于 0，但对于电路来说，已经有了根本的区别。用 $u_C(0_-)$ 和 $u_C(0_+)$ 分别表示换路前、后瞬间电容两端的电压，而用 $i_L(0_-)$ 和 $i_L(0_+)$ 分别表示换路前、后瞬间电感中的电流，则换路定律为

$$u_C(0_+) = u_C(0_-)$$
$$i_L(0_+) = i_L(0_-)$$

(5-2-1)

必须指出，应用换路定律是有条件的，即必须保证电路在换路瞬间电容电流、电感电压为有限值。如果换路瞬间电容电流 i_C、电感电压 u_L 为无限大，则换路定律失效，换路瞬间电容电压、电感电流可能将发生跃变。

5.2.2 初始值的确定

由于电容、电感的伏安关系是微分或积分关系，因此在含有电容、电感的动态电路中，描述响应与激励的方程是一组以电压、电流为变量的微分方程。如果电路中的电阻、电容和

电感都是线性非时变常数，则电路方程为线性常系数微分方程。在求解微分方程时，解答中的待定常数需要根据初始条件来确定。由于电路的响应是电压和电流，故电路微分方程的初始条件为电压、电流在初始时刻的值，简称初始值。其中，电容电压 u_C 和电感电流 i_L 的初始值由换路定律来确定，称为独立初始值或独立初始状态；而其余变量的初始值称为非独立初始值或相关初始值，它们由电路的外加激励和独立初始值共同确定。

设换路发生在 $t = 0$ 时刻，线性动态电路的初始值是 $t = 0_+$ 时（即换路后瞬间）电路的电压、电流值，这些值满足电路定律，可以用前面介绍的电路分析方法求解。通常是先根据换路前的电路求出 $u_C(0_-)$ 或 $i_L(0_-)$，然后由换路定律得到 $u_C(0_+)$ 或 $i_L(0_+)$。当独立初始值 $u_C(0_+)$ 和 $i_L(0_+)$ 求得之后，在 $t = 0_+$ 时刻，根据替代定理，电容元件可用电压为 $u_C(0_+)$ 的电压源替代，电感元件可用电流为 $i_L(0_+)$ 的电流源替代，独立源均取 $t = 0_+$ 时刻的值。这样，在 $t = 0_+$ 时刻，原电路就变为一个电阻电路，称之为 0_+ 等效电路。由该电路，根据 KCL、KVL 确定相关初始值，而相关初始值有可能发生跃变。

例 5-2-1 电路如图 5-2-1a 所示，换路前电路已处稳态。试确定在 $t = 0$ 时开关 S 从 a 打到 b 后瞬间的电压 u_C、u_L 及电流 i_R、i_C 及 i_L 的初始值。

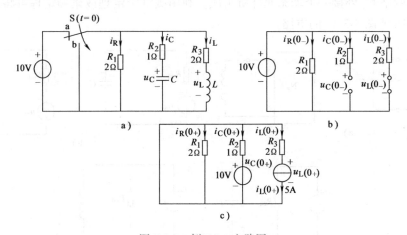

图 5-2-1　例 5-2-1 电路图

解　换路前的电路如图 5-2-1b 所示，由于是直流稳态电路，电容可视为开路，电感可视为短路。即

$$u_C(0_-) = 10\,\mathrm{V}, i_L(0_-) = \frac{10}{2}\,\mathrm{A} = 5\,\mathrm{A}$$

根据换路定律，有

$$u_C(0_+) = u_C(0_-) = 10\,\mathrm{V}$$
$$i_L(0_+) = i_L(0_-) = 5\,\mathrm{A}$$

换路后 $t = 0_+$ 的等效电路如图 5-2-1c 所示。在此图中，电容用 10 V 的电压源替代，电感用 5 A 的电流源替代，根据此电路可得

$$i_R(0_+) = 0\,\mathrm{A}（由于 R_1 两端电压为零）$$

得

$$\begin{cases} i_C(0_+) = -\dfrac{u_C(0_+)}{R_2} = -10\,\mathrm{A} \\ u_L(0_+) = -i_L(0_+) R_3 = -10\,\mathrm{V} \end{cases}$$

5.3 一阶电路的动态响应

如果描述动态电路的响应与激励的方程是一阶微分方程，那么这个电路就称为一阶电路。从电路结构来看，一阶电路只包含一个动态元件。

5-3-1 一阶电路
的动态响应（1）

5-3-2 一阶电路
的动态响应（2）

5-3-3 一阶电路
的动态响应（3）

对于任意一阶电路，换路后总可以用图 5-3-1a 来描述，即一阶电路总可以看成一个有源二端电阻网络 N_S 外接一个动态元件所组成。利用戴维宁定理或诺顿定理可将图 5-3-1a 等效为图 5-3-1b 或图 5-3-1c 的电路。

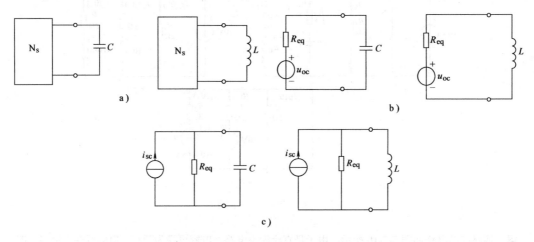

图 5-3-1 一阶电路的基本形式

5.3.1 一阶电路的零输入响应

零输入响应就是动态电路在没有外加激励时，由电路中动态元件的初始储能所引起的响应。

零输入响应反映了动态电路本身固有的特性。根据一阶电路所含储能元件不同，可分为 RC 一阶电路和 RL 一阶电路，下面分别研究这两种一阶电路的零输入响应。

1. RC 电路的零输入响应

（1）RC 电路的一阶微分方程的建立及求解

图 5-3-2 所示为 RC 电路。开关 S 在 $t<0$ 时接于位置 1，且电路已处于稳态，容易求得 $u_C(0_-)=U_0$；当 $t=0$ 时，开关 S 由位置 1 打向位置 2，分析 $t\geq 0_+$ 时电容电压

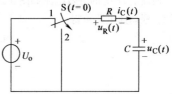

图 5-3-2 RC 零输入响应电路

$u_C(t)$、电容电流 $i_C(t)$ 及电阻电压 $u_R(t)$。

换路后，根据换路定律，$u_C(0_+) = u_C(0_-) = U_0$，电容的初始储能为 $\frac{1}{2}CU_0^2$。由图 5-3-2 可见，在开关 S 动作后，R、C 形成回路，电路无外加激励作用，仅靠电容的初始储能通过电阻 R 放电，从而在电路中引起电压、电流的变化，故为零输入响应。由于电阻 R 是耗能元件，且电路在零输入条件下没有能量的补充，电容电压将逐渐下降，放电电流也将逐渐减小，最后，电容储能全部被电阻耗尽，电路的电压、电流也趋向于零。对于 $t \geq 0$ 后，RC 电路的电压、电流如何变化，下面进行定量的数学分析。

对于图 5-3-2 换路后的电路，在图示电压、电流参考方向下，根据 KVL 可得

$$u_R + u_C = 0 \qquad t \geq 0_+ \tag{5-3-1}$$

将 $u_R = Ri_C$ 及 $i_C = C\dfrac{du_C}{dt}$ 代入式（5-3-1），可得 RC 零输入状态下的一阶微分方程，即

$$RC\frac{du_C}{dt} + u_C = 0 \qquad t \geq 0_+ \tag{5-3-2}$$

这是一个一阶常系数齐次线性微分方程。

一阶齐次微分方程通解形式为

$$u_C(t) = Ae^{Pt}$$

式中，A 为常数；P 为特征根，由电路参数决定。将 $u_C(t)$ 代入式(5-3-2)，并整理得到对应齐次微分方程的特征方程为

$$RCP + 1 = 0 \tag{5-3-3}$$

其特征根为

$$P = -\frac{1}{RC}$$

因此，式（5-3-2）的通解形式为

$$u_C(t) = Ae^{-\frac{1}{RC}t} \tag{5-3-4}$$

待定常数 A 可由初始条件 $u_C(0_+) = U_0$ 来确定。在 $t = 0_+$ 时，式（5-3-4）为

$$u_C(0_+) = U_0 = A$$

故电容电压的零输入响应为

$$u_C(t) = U_0 e^{-\frac{1}{RC}t} \qquad t \geq 0_+ \tag{5-3-5}$$

电路的电流为

$$i_C(t) = C\frac{du_C}{dt} = -\frac{U_0}{R}e^{-\frac{1}{RC}t} \qquad t \geq 0_+ \tag{5-3-6}$$

电阻 R 上的电压为

$$u_R(t) = Ri_C(t) = -U_0 e^{-\frac{1}{RC}t} \qquad t \geq 0_+ \tag{5-3-7}$$

从以上各表达式可以看出，电压 $u_C(t)$、$u_R(t)$ 及电流 $i(t)$ 都按同样的指数规律衰减。电容电压 $u_C(t)$ 是一个连续函数。在 $t = 0$，即开关 S 动作进行换路时，$u_C(t)$ 没有跃变，而电容电流 $i_C(t)$ 及电阻电压 $u_R(t)$ 都发生了跃变，即 $u_C(0_+) = u_C(0_-) = U_0$，而 $i_C(0_-) = 0$，$i_C(0_+) = -\dfrac{U_0}{R}$；$u_R(0_-) = 0$，$u_R(0_+) = -U_0$。电容电压随时间变化的曲线如图 5-3-3a 所示，而电阻电压及电流的变化曲线如图 5-3-3b 所示。电流表达式（5-3-6）中的负号表明电容的

放电电流实际方向与图 5-3-2 中的参考方向相反。

（2）RC 电路的时间常数 τ

比较电压、电流表达式可知，RC 电路的零输入响应中，各变量具有相同的变化规律，即都是以各自的初始值为起点，按同样的指数规律 $\mathrm{e}^{-\frac{1}{RC}t}$ 衰减到零。衰减的快慢是由特征根 $P=-\dfrac{1}{RC}$ 的大小来决定

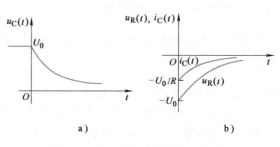

图 5-3-3　RC 电路的零输入响应曲线

的。特征根 P 具有频率的量纲（1/秒），它的数值取决于电路的结构和元件参数值，故 P 称为电路的固有频率。令

$$\tau = RC$$

τ 具有时间的量纲，称为 RC 电路的时间常数。当电阻 R 单位为欧［姆］（Ω）、电容 C 单位为法［拉］（F）时，τ 的单位为秒（s）。

显然，零输入响应衰减的快慢也可用时间常数 τ 来衡量。引入 τ 后，电压 u_C、电流 i_C 和电压 $u_R(t)$ 可以分别表示为

$$\begin{cases} u_C(t) = U_0 \mathrm{e}^{-t/\tau} & t \geq 0_+ \\[2mm] i_C(t) = -\dfrac{U_0}{R} \mathrm{e}^{-t/\tau} & t \geq 0_+ \\[2mm] u_R(t) = -U_0 \mathrm{e}^{-t/\tau} & t \geq 0_+ \end{cases} \qquad (5\text{-}3\text{-}8)$$

τ 的大小反映了一阶电路过渡过程的衰减速度，它是反映过渡过程特性的一个重要的量。对电容电压 u_C 可以计算得到

$$t = 0 \text{ 时} \quad u_C(0) = U_0 \mathrm{e}^0 = U_0$$

$$t = \tau \text{ 时} \quad u_C(\tau) = U_0 \mathrm{e}^{-1} = 0.368 U_0$$

即经过一个时间常数 τ 后，电容电压 u_C 衰减到初始值的 36.8%。在 $t = 2\tau$，3τ，4τ，…时刻的电容电压值列于表 5-3-1 中。

表 5-3-1　$u_C(t)$ 取 τ 的整数倍时刻上的值

t	0	τ	2τ	3τ	4τ	5τ	…	∞
$u_C(t)$	U_0	$0.368U_0$	$0.135U_0$	$0.05U_0$	$0.018U_0$	$0.0067U_0$	…	0

从表中可以看到，从理论上讲，要经过无限长的时间，即 $t \to \infty$ 时，电容电压才能衰减为零，u_C 才能达到稳态值。但从实际应用的角度来看，当 $t = 5\tau$ 时，$u_C(t)$ 已衰减为初始值的 0.67%，通常认为这时电路的过渡过程结束了，即零输入响应结束了。由于工程技术中时间常数一般都较小，故过渡过程又称为暂态过程。工程上一般认为经过 $(3 \sim 5)\tau$ 时间后，暂态过程结束，从而进入稳态。

从上面分析中可看到，时间常数 τ 越大，过渡过程时间越长或者说响应衰减到同一百分比值所需的时间越长。即表明 τ 越大，响应衰减速度越慢。由于时间常数 $\tau = RC$，τ 的大小由 R 与 C 的大小决定，τ 越大，意味着 C 大或 R 大。在一定的初始值（即 U_0 确定）情况

下，C 越大，意味着电容储存的电场能量越多；而 R 越大，意味着对电流的阻碍就越大，放电电流越小，衰减也就越慢。反之，τ 越小，则衰减得越快。

不同 τ 值的响应曲线如图 5-3-4 所示。

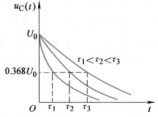

时间常数 τ 在曲线上也有明确的意义。由

$$u_C(t) = U_0 e^{-t/\tau} \quad t \geqslant 0$$

可得

$$\frac{du_C(t)}{dt} = -\frac{U_0}{\tau} e^{-t/\tau}$$

若取 $t=0_+$ 时，得

$$\left.\frac{du_C(t)}{dt}\right|_{t=0_+} = -\frac{U_0}{\tau}$$

图 5-3-4 不同 τ 值的响应曲线

式中，$\left.\dfrac{du_C(t)}{dt}\right|_{t=0_+}$ 表示曲线在 $t=0_+$ 处切线的斜率。从图 5-3-5 中找到切线的斜率为 $-U_0/\tau$，即得到切线与横轴交点（切距）为 τ。

若取 $t=t_0$ 时，得 $\left.\dfrac{du_C(t)}{dt}\right|_{t=t_0} = -\dfrac{U_0}{\tau} e^{-t_0/\tau} = -\dfrac{u_C(t_0)}{\tau}$。

在图 5-3-5 上，指数曲线上任意一点 c，即 $u_C(t_0)$ 的次切距长度 $\overline{ab}$ 也等于时间常数 τ。

$$\overline{ab} = \frac{\overline{ca}}{\tan\alpha} = \frac{u_C(t_0)}{-\left.\dfrac{du_C}{dt}\right|_{t=t_0}} = \frac{u_C(t_0)}{\dfrac{u_C(t_0)}{\tau}} = \tau$$

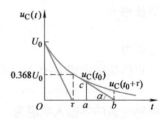

这说明曲线上任意一点，如果以该点的斜率为固定变化率衰减，经过 τ 时间将为零值。

（3）RC 电路的能量转换

RC 电路的零输入响应过程实质上是电容的放电过程，在此期间电阻 R 消耗的总能量为

图 5-3-5 时间常数 τ 的
几何意义

$$W_R = \int_0^\infty i^2(t) R dt = \int_0^\infty \left(-\frac{U_0}{R} e^{-\frac{t}{RC}}\right)^2 R dt = \frac{1}{2} C U_0^2 \tag{5-3-9}$$

其值正好等于电容的初始储能。可见，电容中原先储存的电场能量 $W_C = \dfrac{1}{2} C U_0^2$ 全部被电阻吸收而转换为热能。

2. RL 电路的零输入响应

（1）RL 电路的一阶微分方程的建立及求解

图 5-3-6 所示为 RL 电路。开关 S 在 $t<0$ 时接于位置 1，且电路已处于稳态，易得 $i_L(0_-) = \dfrac{U_0}{R_0} = I_0$；当 $t=0$ 时，开关 S 由位置 1 打向位置 2，分析 $t \geqslant 0_+$ 时电感电流 $i_L(t)$、电感电压 $u_L(t)$ 及电阻电压 $u_R(t)$。

换路后，根据换路定律，$i_L(0_+) = i_L(0_-) = \dfrac{U_0}{R_0} = I_0$，电感初始储能为 $\dfrac{1}{2} L I_0^2$。由图 5-3-6 可见，在开关 S 动作后，R、L 形

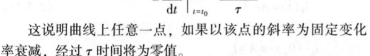

图 5-3-6 RL 零输入响应电路

成回路，电路无外加激励作用，仅靠电感的初始储能通过电阻 R 放电，从而在电路中引起电压、电流的变化，故为零输入响应。由于电阻 R 是耗能元件，且零输入条件下无能量的补充，电感电流将逐渐减小，最后，电感储存的全部能量被电阻耗尽，电路中的电流、电压也趋向于零。对于 $t \geqslant 0$ 后，RL 电路中的电流、电压如何变化，下面进行定量数学分析。

对于图 5-3-6 换路后的电路，在图示电压、电流参考方向下，根据 KVL 可得

$$u_L + u_R = 0 \qquad t \geqslant 0_+ \tag{5-3-10}$$

将 $u_L = L\dfrac{di_L}{dt}$ 及 $u_R = Ri_L$ 代入式（5-3-10），可得 RL 零输入状态下的一阶微分方程，即

$$L\frac{di_L}{dt} + Ri_L = 0 \qquad t \geqslant 0_+ \tag{5-3-11}$$

这也是一个一阶常系数齐次线性微分方程。

同理可知，式（5-3-11）的通解为

$$i_L(t) = Ae^{Pt}$$

式（5-3-11）对应的特征方程为

$$LP + R = 0 \tag{5-3-12}$$

其特征根为

$$P = -\frac{R}{L}$$

故电流为

$$i_L(t) = Ae^{-\frac{R}{L}t} \tag{5-3-13}$$

根据换路定律 $i_L(0_+) = i_L(0_-) = I_0$，将之代入式（5-3-13）可确定待定常数 A，即

$$i_L(0_+) = A = I_0$$

故电感电流的零输入响应为

$$i_L(t) = I_0 e^{-\frac{R}{L}t} \qquad t \geqslant 0_+ \tag{5-3-14}$$

电感和电阻上的电压分别为

$$u_L(t) = L\frac{di_L}{dt} = -RI_0 e^{-\frac{R}{L}t} \qquad t \geqslant 0_+ \tag{5-3-15}$$

$$u_R(t) = Ri_L(t) = RI_0 e^{-\frac{R}{L}t} \qquad t \geqslant 0_+ \tag{5-3-16}$$

从以上各表达式也可以看出，电流 $i_L(t)$ 及电压 $u_L(t)$、$u_R(t)$ 都是按同样的指数规律衰减的。电感电流 $i_L(t)$ 是个连续函数，在 $t = 0$ 时，即开关 S 动作进行换路时，$i_L(t)$ 没有跃变，而电感电压 $u_L(t)$ 及电阻电压 $u_R(t)$ 都发生了跃变，即 $i_L(0_+) = i_L(0_-) = I_0$，而 $u_L(0_-) = 0$，$u_L(0_+) = -RI_0$；$u_R(0_-) = 0$，$u_R(0_+) = RI_0$。电感电流随时间变化的曲线如图5-3-7a所示，而电感电压及电阻电压的变化曲线如图5-3-7b 所示。

（2）RL 电路的时间常数 τ

与 RC 电路相类似，RL 电路各变量都是以各自的初始值为起点，按同样的指数规律 $e^{-\frac{R}{L}t}$ 衰减到零。衰减得快慢由固有频率 $P = -\dfrac{R}{L}$ 的大小来决定。令

$$\tau = \frac{L}{R} = GL$$

τ 称为 RL 电路的时间常数。当电感 L 单位为亨［利］（H），电阻 R 单位为欧［姆］（Ω）

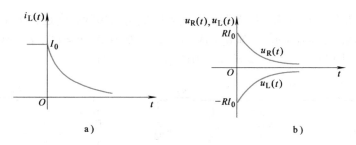

图 5-3-7 *RL* 电路的零输入响应曲线

时，τ 的单位为秒（s）。

引入时间常数 τ 后，电感电流 i_L、电感电压 u_L 和电阻电压 u_R 可以分别表示为

$$\begin{cases} i_L(t) = I_0 e^{-t/\tau} & t \geqslant 0_+ \\ u_L(t) = -RI_0 e^{-t/\tau} & t \geqslant 0_+ \\ u_R(t) = RI_0 e^{-t/\tau} & t \geqslant 0_+ \end{cases} \tag{5-3-17}$$

对于 *RL* 电路，零输入响应的快慢也可用时间常数 τ 来衡量。由于 *RL* 电路的时间常数 $\tau = L/R$，τ 的大小由 L 与 R 的大小决定，τ 大，意味着 L 大或 R 小。在一定的初始值（即 I_0 确定）情况下，L 越大，意味着电感储存的磁场能量越多；而 R 越小，意味着电阻消耗的功率越小，耗尽相同的能量需要的时间越长，因此 τ 越大，衰减也就越慢，过渡过程时间（相对）就越长。反之，τ 越小，衰减得越快，电路的过渡过程时间（相对）就越短。

（3）*RL* 电路的能量转换

RL 电路的零输入响应过程实质上是电感放电过程，在此期间电阻 R 消耗的总能量为

$$W_R = \int_0^\infty i^2(t) R \mathrm{d}t = \int_0^\infty (I_0 e^{-\frac{R}{L}t})^2 R \mathrm{d}t = \frac{1}{2} L I_0^2$$

其值正好等于电感的初始储能。可见电感中原先储存的电场能量 $W_L = \frac{1}{2} L I_0^2$ 全部被电阻吸收而转换为热能。

3. 一阶电路零输入响应解的一般公式

电路的零输入响应指输入为零，仅由电路非零初始状态所引起的响应，它的变化规律取决于电路本身的特性（电路结构、元件参数），与外界的激励无关。所以，零输入响应又称为电路的自然响应或固有响应。尽管一阶电路的结构和元件参数可以千差万别，但零输入响应均是以其初始值为起点按指数 $e^{-t/\tau}$ 的规律衰减为零。如果用 $y_{zi}(t)$ 表示零输入响应，其初始值为 $y_{zi}(0_+)$，则一阶电路的零输入响应均可表示为

$$y_{zi}(t) = y_{zi}(0_+) e^{-t/\tau} \qquad t \geqslant 0_+ \tag{5-3-18}$$

式中，τ 为一阶电路的时间常数。具体地说，对于一阶 *RC* 电路，$\tau = R_{eq} C$；对于一阶 *RL* 电路，$\tau = \dfrac{L}{R_{eq}}$。其中，R_{eq} 为换路后从动态元件 C 或 L 两端看进去的戴维宁等效电阻。

由式（5-3-18）可知，只要确定 $y_{zi}(0_+)$ 和 τ，无须列写和求解电路的微分方程，就可写出需求的零输入响应表达式。

在零输入电路中，初始状态可认为是电路的内激励。若初始状态增大 K 倍，则零输入

响应也相应增大 K 倍，这表明一阶电路的零输入响应与初始状态满足齐次性。

例 5-3-1 电路如图 5-3-8a 所示，已知 $U_s = 6\,V$，$R_s = 2\,\Omega$，$R_1 = 6\,\Omega$，$R_2 = 1\,\Omega$，$R_3 = 2\,\Omega$，$L = 2\,H$，$t<0$ 时电路已处于稳态，$t=0$ 时开关 S 打开。试求 $t \geqslant 0_+$ 时的 $i_L(t)$、$i_1(t)$ 和 $i_2(t)$。

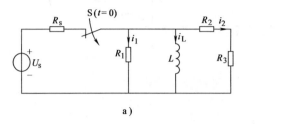 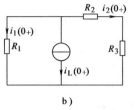

a)   b)

图 5-3-8   例 5-3-1 电路图

解 $t<0$ 时电路已处于直流稳态，电感 L 可看作短路，有

$$i_L(0_-) = \frac{U_s}{R_s} = \frac{6}{2}\,A = 3\,A$$

由换路定律得

$$i_L(0_+) = i_L(0_-) = 3\,A$$

画 $t=0_+$ 时的等效电路，如图 5-3-8b 所示，从此图解得

$$i_1(0_+) = -\frac{R_2+R_3}{R_1+R_2+R_3} \times 3 = -\frac{1+2}{6+1+2} \times 3\,A = -1\,A$$

$$i_2(0_+) = -3 - i_1(0_+) = [-3-(-1)]\,A = -2\,A$$

换路后，从电感 L 两端看进去的戴维宁等效电阻为

$$R_{eq} = \frac{R_1(R_2+R_3)}{R_1+R_2+R_3} = \frac{6\times(1+2)}{6+1+2}\,\Omega = 2\,\Omega$$

故电路的时间常数为

$$\tau = \frac{L}{R_{eq}} = \frac{2}{2}\,s = 1\,s$$

零输入响应

$$i_L(t) = i_L(0_+)e^{-t/\tau} = 3e^{-t}\,A \quad t \geqslant 0_+$$

$$i_1(t) = i_1(0_+)e^{-t/\tau} = -e^{-t}\,A \quad t \geqslant 0_+$$

$$i_2(t) = i_2(0_+)e^{-t/\tau} = -2e^{-t}\,A \quad t \geqslant 0_+$$

5.3.2 一阶电路的零状态响应

零状态响应就是电路在零初始状态下（动态元件初始储能为零）由外加激励引起的响应。本节讨论在直流激励作用下一阶电路的零状态响应。

1. RC 电路的零状态响应

RC 电路如图 5-3-9 所示，$t<0$ 时，开关 S 在位置 1 并且电路已经处于稳态，即电容电压 $u_C(0_-)=0$；当 $t=0$ 时，开关 S 由位置 1 打向位置 2，电压源 U_s 开始向电容充电。

换路瞬间，根据换路定律，$u_C(0_+) = u_C(0_-) = 0$，电容相当于短路，电压源电压 U_s 全部施加在电阻 R 两端，此时充电电流达到最大值，$i(0_+) = U_s/R$。随着充电的进行，电

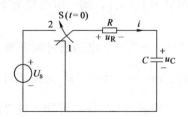

图 5-3-9 RC 零状态响应电路

容电压 $u_C(t)$ 逐渐增大，充电电流随之减小。直到 $u_C = U_s$，$i = 0$，充电过程结束，电容相当于开路，电路进入直流稳态。下面从数学的角度，讨论换路后 RC 电路中的电压、电流的变化规律。

对于图 5-3-9 换路后的电路，在图示电压、电流参考方向下，根据 KVL 可得

$$u_R + u_C = U_s \qquad t \geq 0_+ \tag{5-3-19}$$

将 $u_R = Ri$ 及 $i = C\dfrac{du_C}{dt}$ 代入式（5-3-19），得一阶常系数非齐次线性微分方程为

$$RC\frac{du_C}{dt} + u_C = U_s \qquad t \geq 0_+ \tag{5-3-20}$$

其初始条件为 $$u_C(0_+) = 0$$

由高等数学可知，该微分方程的完全解由两部分组成，即由非齐次方程的特解 u'_C 和对应的齐次方程的通解 u''_C 组成，可写为

$$u_C(t) = u'_C(t) + u''_C(t)$$

其中 $u'_C(t)$ 满足方程

$$RC\frac{du'_C}{dt} + u'_C = U_s \tag{5-3-21}$$

而 $u''_C(t)$ 满足方程

$$RC\frac{du''_C}{dt} + u''_C = 0 \tag{5-3-22}$$

特解 $u'_C(t)$ 具有和激励相同的函数形式。当激励为直流时，其特解为常量 A，代入微分方程式（5-3-21）中，求得

$$u'_C = A = U_s$$

而式（5-3-22）的通解为 $$u''_C = Be^{-\frac{1}{RC}t}$$

因此 $$u_C(t) = u'_C(t) + u''_C(t) = U_s + Be^{-\frac{1}{RC}t} \qquad t \geq 0_+$$

由于零状态响应 $u_C(0_+) = u_C(0_-) = 0$，将它代入上式得

$$u_C(0_+) = U_s + Be^0 = 0$$

$$B = -U_s$$

故在零状态时电容电压 $u_C(t)$ 为

$$u_C(t) = U_s - U_s e^{-\frac{1}{RC}t} = U_s(1 - e^{-t/\tau}) \qquad t \geq 0_+ \tag{5-3-23}$$

式中，时间常数 $\tau = RC$。

电路的充电电流以及电阻两端电压分别为

$$i = C\frac{du_C}{dt} = \frac{U_s}{R}e^{-t/\tau} \qquad t \geq 0_+ \tag{5-3-24}$$

$$u_R = Ri = U_s e^{-t/\tau} \qquad t \geq 0_+ \tag{5-3-25}$$

$u_C(t)$、$i(t)$ 与 $u_R(t)$ 的响应曲线如图 5-3-10 所示。从响应曲线可以看到，RC 一阶电路的零状态响应的特解 $u'_C(t)$ 相当于电容电压 $u_C(t)$ 达到的稳态值（$u'_C = U_s$），称为稳态分量。同时可以看出 $u'_C(t)$ 与外加激励有关，所以又称为强制分量。而齐次方程的通解 $u''_C(t) = -U_s e^{-t/RC}$，按指数规律衰减为零，所以称为暂态分量。同时可以看出 $u''_C(t)$ 的变化规律取决

于特征根而与外加激励无关，所以又称为自由分量。

注意：自由分量 $u''_C(t) = -U_s e^{-t/RC}$ 是由外加激励引起的，但反映电路自身特性的响应分量，其响应模式与激励无关，激励的大小只能影响该分量的大小，因此也称其为**固有响应分量**。

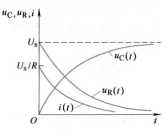

图 5-3-10 RC 电路的零状态响应曲线

由以上分析可知，直流激励下 RC 电路的零状态响应，其实质是换路后电容储能从无到有的建立过程。从理论上讲，$t \to \infty$ 时，$u_C(t)$ 才能充电到 U_s，但在实际应用中通常认为经过 $(3 \sim 5)\tau$ 时间，电路充电过程结束，从而进入稳态。

在整个充电过程中，电阻 R 消耗的总能量为

$$W_R = \int_0^\infty i^2 R \mathrm{d}t = \int_0^\infty \left(\frac{U_s}{R} e^{-\frac{t}{RC}}\right)^2 R \mathrm{d}t = \frac{1}{2} C U_s^2 = W_C(\infty) \tag{5-3-26}$$

从式（5-3-26）中可以看到，不论电路中电容 C 和电阻 R 的数值为多少，在充电过程中，电源提供的能量只有一半转变成电场能量储存于电容中，另一半则在充电过程中被电阻转换成热能所消耗掉，充电效率只有 50%。

2. RL 电路的零状态响应

RL 电路如图 5-3-11 所示，当 $t<0$ 时，开关 S 闭合并已经处于稳态，即电感电流 $i_L(0_-) = 0$；当 $t=0$ 时，开关 S 打开，电流源 I_s 开始向电感充电。

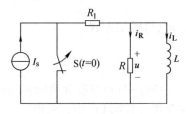

图 5-3-11 RL 零状态响应电路

换路瞬间，由换路定律，$i_L(0_+) = i_L(0_-) = 0$，电感相当于开路，电流源电流 I_s 全部流过电阻 R，此时充电电压达到最大值，$u(0_+) = RI_s$。随着充电的进行，电感电流 $i_L(t)$ 逐渐增大，充电电压随之减小，直到 $i_L = I_s$，$u=0$，充电过程结束，电感相当于短路，电路进入直流稳态。下面讨论换路后 RL 电路中的电压、电流的变化规律。

对图 5-3-11 换路后的电路，在图示电压、电流参考方向下，根据 KCL 可得

$$i_R + i_L = I_s \qquad t \geqslant 0_+ \tag{5-3-27}$$

将 $i_R = \dfrac{u}{R}$ 及 $u = L \dfrac{\mathrm{d}i_L}{\mathrm{d}t}$ 代入式（5-3-27），得一阶常系数非齐次线性微分方程为

$$\frac{L}{R} \frac{\mathrm{d}i_L}{\mathrm{d}t} + i_L = I_s \qquad t \geqslant 0_+ \tag{5-3-28}$$

其初始条件为 $$i_L(0_+) = 0$$

类似 RC 电路零状态响应求解方程，可知

$$i_L(t) = i'_L + i''_L$$

式中，i'_L 为式（5-3-28）的特解；i''_L 为式（5-3-28）对应齐次微分方程的通解。

根据外加激励函数的类型，可设 $i'_L = A$（常值）并代入式（5-3-28）中，得

$$i'_L = A = I_s$$

而式（5-3-28）对应齐次微分方程的通解为 $\qquad i''_L = B e^{-\frac{R}{L}t}$

因此式（5-3-28）的全解为

$$i_L(t)=i'_L+i''_L=I_s+Be^{-\frac{R}{L}t} \qquad t\geqslant 0_+$$

由于零状态响应 $i_L(0_+)=i_L(0_-)=0$。将此代入上式得

$$i_L(0_+)=I_s+Be^0=0$$
$$B=-I_s$$

故在零状态时电感电流 $i_L(t)$ 为

$$i_L(t)=I_s-I_se^{-\frac{R}{L}t}=I_s(1-e^{-t/\tau}) \qquad t\geqslant 0_+ \tag{5-3-29}$$

式中，时间常数 $\tau=\dfrac{L}{R}$。

电感电压以及电阻电流分别为

$$u=L\frac{\mathrm{d}i_L}{\mathrm{d}t}=RI_se^{-t/\tau} \qquad t\geqslant 0_+ \tag{5-3-30}$$

$$i_R=\frac{u}{R}=I_se^{-t/\tau} \qquad t\geqslant 0_+ \tag{5-3-31}$$

$i_L(t)$、$u(t)$ 与 $i_R(t)$ 的响应曲线如图 5-3-12 所示。

其他分析与 RC 零状态响应电路类似，不再赘述。

3. 一阶电路电容电压、电感电流零状态响应的一般公式

在直流激励下零状态响应电路的过渡过程实质上是动态元件的储能由零逐渐增长到某一定值的过程。因此，尽管一阶电路的结构和元件参数可以千差万别，但电路中表征电容或电感储能状态的变量 u_C 或 i_L 却都是从零值按指数规律逐渐增长至稳态值。此稳态值可以从电容相当于开路、电感相当于短路的等效电路来求取，即该电路是在 $t\to\infty$ 时，将换路后的原电路的电容用开路替代，电感用短

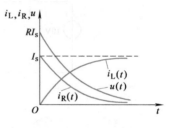

图 5-3-12　RL 电路的零状态响应曲线

路替代而变成一个电阻电路，并在此电路中求稳态值，因此该电路可称为 $t\to\infty$ 时的等效电路，或称为稳态电路。

直流激励下的一阶零状态响应电路的电容电压 $u_{CZS}(t)$、电感电流 $i_{LZS}(t)$ 可分别表示为

$$u_{CZS}(t)=u_C(\infty)(1-e^{-t/\tau}) \qquad t\geqslant 0_+ \tag{5-3-32}$$

$$i_{LZS}(t)=i_L(\infty)(1-e^{-t/\tau}) \qquad t\geqslant 0_+ \tag{5-3-33}$$

式中，$u_C(\infty)$ 称为电容电压稳态值，$i_L(\infty)$ 称为电感电流稳态值，其数值可以从稳态电路中求取；τ 为一阶电路的时间常数，对于 RC 电路，$\tau=R_{eq}C$，对于 RL 电路，$\tau=\dfrac{L}{R_{eq}}$，其中 R_{eq} 为换路后从动态元件 C 或 L 两端看进去的戴维宁等效电阻。

由式（5-3-32）和式（5-3-33）可知，只要确定了 $u_C(\infty)$ 或 $i_L(\infty)$ 和 τ，无须列写和求解电路的微分方程，就可写出电容电压或电感电流的零状态响应表达式。而对其他变量（如电容电流、电感电压、电阻电流及电压等）的零状态响应，可在求得 $u_C(t)$ 或 $i_L(t)$ 之后，在换路后的电路中，利用元件的伏安关系以及列写 KVL、KCL 方程来求得；或者根据替代定理将电容用电压为 $u_C(t)$ 的电压源替代，将电感用电流为 $i_L(t)$ 的电流源替代，求解该

电路即可求得其他电路变量的零状态响应。

在零状态电路中，当外加激励增大 K 倍时，零状态响应也相应增大 K 倍。若电路中有多个激励，则响应是每个激励分别作用时产生响应的代数和。这表明一阶电路的零状态响应与外加激励满足齐次性和叠加性。

例 5-3-2　电路如图 5-3-13a 所示，已知 $u_C(0_-) = 0\,\text{V}$，$t = 0$ 时开关闭合，试求 $t \geq 0_+$ 时的 $u_C(t)$、$i_C(t)$、$u(t)$ 及 $i(t)$。

解　利用式子 $u_C(t) = u_C(\infty)(1 - e^{-t/\tau})$ 求解 $u_C(t)$，需要求得 $u_C(\infty)$ 和 τ。在 $t \geq 0_+$ 后从 a、b 两端看进去的戴维宁等效电路如图 5-3-13b 所示，对此

（1）求开路电压 u_{oc}

因为
$$i + 4i = 0 \Rightarrow i = 0\,\text{A}$$

所以
$$u_{oc} = 10\,\text{V}$$

（2）求等效电阻 R_{eq}

将 a、b 两端短路，所得电路如图 5-3-13c 所示，有

$$\begin{cases} i + 4i = i_{sc} & \text{（KCL 方程）} \\ i \times 1 + i_{sc} \times 2 = 10 & \text{（KVL 方程）} \end{cases}$$

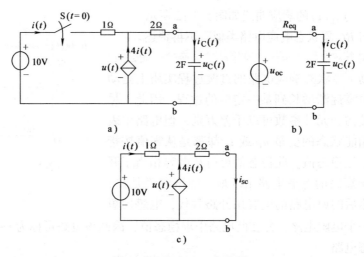

图 5-3-13　例 5-3-2 电路图

解得
$$i_{sc} = \frac{50}{11}\,\text{A}$$

故等效电阻 R_{eq} 为
$$R_{eq} = \frac{u_{oc}}{i_{sc}} = \frac{10}{50/11}\,\Omega = \frac{11}{5}\,\Omega$$

由图 5-3-13b 所示电路有
$$\tau = R_{eq}C = \frac{22}{5}\,\text{s}$$

$$u_C(\infty) = u_{oc} = 10\,\text{V}$$

所以
$$u_C(t) = 10(1 - e^{-\frac{5}{22}t})\,\text{V} \quad t \geq 0_+$$

而电容电流 i_C 可根据电容元件的伏安关系得到，即

$$i_C(t) = C\frac{\mathrm{d}u_C}{\mathrm{d}t} = \frac{50}{11}e^{-\frac{5}{22}t}\,\text{A} \quad t \geq 0_+$$

对图 5-3-13a 换路后的电路有

$$u(t)=2i_C(t)+u_C(t)=\left(10-\frac{10}{11}\mathrm{e}^{-\frac{5}{22}t}\right)\mathrm{V} \quad t\geqslant 0_+$$

$$i(t)=\frac{1}{5}i_C(t)=\frac{10}{11}\mathrm{e}^{-\frac{5}{22}t}\mathrm{A} \quad t\geqslant 0_+$$

例 5-3-3 电路如图 5-3-14a 所示，已知 $U_s=6\,\mathrm{V}$，$R_1=6\,\Omega$，$R_2=3\,\Omega$，$R_3=2\,\Omega$，$L=2\,\mathrm{H}$，$t<0$ 时电路已处于稳态，$t=0$ 时，开关 S 闭合。试求 $t\geqslant 0_+$ 的 $i_L(t)$、$i_1(t)$ 和 $u_2(t)$。

解 $t<0$ 时电路已处于稳态，$i_L(0_-)=0\,\mathrm{A}$，因此，换路后所求响应为零状态响应。

换路后，当电路进入直流稳态时，电感相当于短路，可求得稳态时电感电流

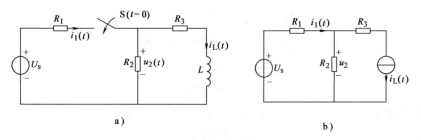

图 5-3-14 例 5-3-3 电路图

$$i_L(\infty)=\frac{U_s}{R_1+\dfrac{R_2R_3}{R_2+R_3}}\times\frac{R_2}{R_2+R_3}=\frac{6}{6+\dfrac{3\times2}{3+2}}\times\frac{3}{3+2}\,\mathrm{A}=0.5\,\mathrm{A}$$

换路后，从动态元件 L 两端看进去的戴维宁等效电阻为

$$R_{eq}=R_3+\frac{R_1R_2}{R_1+R_2}=\left(2+\frac{6\times3}{6+3}\right)\Omega=4\,\Omega$$

电路的时间常数

$$\tau=\frac{L}{R_{eq}}=\frac{2}{4}\,\mathrm{s}=\frac{1}{2}\,\mathrm{s}$$

根据式（5-3-33）求得电感电流的零状态响应

$$i_L(t)=i_L(\infty)(1-\mathrm{e}^{-t/\tau})=0.5(1-\mathrm{e}^{-2t})\,\mathrm{A} \quad t\geqslant 0_+$$

将电感用电流为 $i_L(t)$ 的电流源替代，电阻电路如图 5-3-14b 所示，列写结点电压方程，有

$$\left(\frac{1}{R_1}+\frac{1}{R_2}\right)u_2=\frac{U_s}{R_1}-i_L(t)$$

代入数值解得

$$u_2(t)=(1+\mathrm{e}^{-2t})\,\mathrm{V} \quad t\geqslant 0_+$$

而

$$i_1(t)=\frac{U_s-u_2(t)}{R_1}=\frac{6-(1+\mathrm{e}^{-2t})}{6}\,\mathrm{A}=\left(\frac{5}{6}-\frac{1}{6}\mathrm{e}^{-2t}\right)\mathrm{A} \quad t\geqslant 0_+$$

5.3.3 一阶电路的全响应

当一个非零初始状态的一阶电路受到外加激励作用时，电路的响应称为全响应。

RC 电路如图 5-3-15 所示，在 $t<0$ 时，开关 S 在位置 1 并且已经处于稳态，电容电压 $u_C(0_-)=U_0$；当 $t=0$ 时，开关 S 由位置 1 打向位置 2，*RC* 电路与直流电

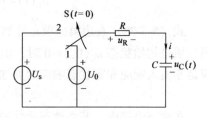

图 5-3-15 *RC* 全响应电路

压源 U_s 接通。这时，电容电压既有初始值又受外加电源激励，因此在换路后，该电路为全响应电路。为求得全响应 $u_C(t)$，对图 5-3-15 换路后的电路有

$$RC\frac{\mathrm{d}u_C}{\mathrm{d}t}+u_C=U_s \qquad t\geqslant 0_+ \tag{5-3-34}$$

将式（5-3-34）与式（5-3-20）相比较，可看到 RC 电路的全响应电路微分方程与零状态响应电路微分方程相同，所不同的是初始条件。

因此式（5-3-34）的全解为

$$u_C(t)=u_C'+u_C''=U_s+Ae^{-\frac{t}{RC}} \qquad t\geqslant 0_+ \tag{5-3-35}$$

将初始条件 $u_C(0_+)=u_C(0_-)=U_0$ 代入式（5-3-35）中，得

$$u_C(0_+)=U_s+A=U_0$$

因此
$$A=U_0-U_s$$

所以电容电压全响应

$$u_C(t)=U_s+(U_0-U_s)e^{-\frac{t}{RC}} \qquad t\geqslant 0_+ \tag{5-3-36}$$

电路电流全响应为

$$i(t)=C\frac{\mathrm{d}u_C}{\mathrm{d}t}=\frac{U_s-U_0}{R}e^{-\frac{t}{RC}} \qquad t\geqslant 0_+ \tag{5-3-37}$$

图 5-3-16 分别画出了 U_s、U_0 均大于零时，$U_s>U_0$、$U_s=U_0$、$U_s<U_0$ 三种情况下，$u_C(t)$、$i(t)$ 全响应的波形。

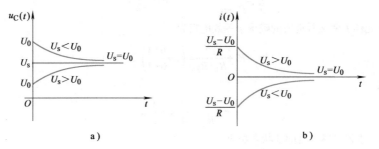

图 5-3-16　RC 电路的全响应曲线

由图 5-3-16 可知，当 $U_s>U_0$ 时，换路后 $i>0$，电容充电，电容电压从 U_0 开始按指数规律逐渐增加到 U_s；当 $U_s<U_0$ 时，换路后 $i<0$，电容放电，电容电压从 U_0 开始按指数规律逐渐减小到 U_s；当 $U_s=U_0$ 时，换路后 $i=0$，$u_C(0_+)=U_0=U_s$，电路无过渡过程产生，其原因是换路前后电容的电场能量没有变化，电容的初始值就是电路的稳态值。

将式（5-3-36）重新整理，可表示为

$$u_C(t)=U_0e^{-\frac{t}{RC}}+U_s(1-e^{-\frac{t}{RC}}) \qquad t\geqslant 0_+ \tag{5-3-38}$$

式（5-3-38）右边第一项是外加激励 $U_s=0$ 时，由初始状态 $u_C(0_+)$ 产生的零输入响应；第二项是初始状态 $u_C(0_+)=0$ 时，由外加激励 U_s 产生的零状态响应。这说明一阶电路全响应是零输入响应和零状态响应的叠加，即在一般情况下，一阶电路的全响应可以表示为

全响应=零输入响应+零状态响应

在动态电路中，若将动态元件的初始储能看作电路的内部激励，那么根据叠加定理，电路的全响应可看成内部激励和外部激励各自单独作用所产生响应的叠加。内部激励（初始

状态）单独作用时所产生的响应就是零输入响应，而外加激励单独作用时所产生的响应就是零状态响应。在 $t \geq 0_+$ 时，零输入响应取决于 $t = 0_+$ 时的初始状态，但初始状态又取决于 $t \leq 0_-$ 时的输入，而零状态响应仅取决于 $t \geq 0_+$ 时的输入。因此，$t \geq 0_+$ 时的全响应可理解为 $t \leq 0_-$ 时输入和 $t \geq 0_+$ 时输入作用的叠加。

在前面曾介绍过，零输入响应与电路的初始状态量值［式（5-3-38）中的 U_0］成正比关系，而零状态响应与外加激励量值［式（5-3-38）中的 U_s］成正比关系，但是全响应无论与初始状态量值还是与外加激励量值之间都不再存在正比关系。

观察式（5-3-36）又可以看到，右边的第一项与外加激励形式相同，因此称为强制分量；当 $t \to \infty$ 时，这一分量不随时间而变化，故又称为稳态分量。而第二项是按指数规律变化并由电路自身特性所决定的，因此称为自由分量；当 $t \to \infty$ 时，这一分量将衰减至零，故又称为暂态分量。

按电路的响应形式来分，全响应可分解为

$$全响应 = 强制分量 + 自由分量$$

按电路的响应特性来分，全响应可分解为

$$全响应 = 稳态分量 + 暂态分量$$

在直流输入而且电路中的电阻 $R > 0$ 的情况下，在换路后一阶电路的强制分量就是稳态分量，自由分量就是暂态分量。而如果外加激励输入是随时间衰减的指数函数，强制分量则将是以相同规律衰减的指数函数。在此时强制分量就不再称为稳态分量。

5.4 一阶电路的三要素法

通过前面分析可知，对于含有一个储能元件的线性电路，换路后电路任一响应与激励之间的关系可用一个一阶常系数线性微分方程来描述。设 $t = 0$ 时换路，换路后在恒定激励下，任一响应的解 $y(t)$ 将具有如同式（5-3-35）的形式，即

5-4-1　一阶电路　5-4-2　一阶电路
的三要素法（1）　的三要素法（2）

$$y(t) = y'(t) + y''(t) = y(\infty) + Ae^{-t/\tau} \qquad t \geq 0_+ \qquad (5\text{-}4\text{-}1)$$

式中，$y(\infty)$ 为响应中的稳态分量；$Ae^{-t/\tau}$ 为响应中的暂态分量；τ 为一阶电路的时间常数。

设 $y(0_+)$ 为换路后的初始值，则在 $t = 0_+$ 时，式（5-4-1）将为

5-4-3　一阶电路
的三要素法（3）

$$y(0_+) = y(\infty) + Ae^0 = y(\infty) + A$$

因此 $\qquad\qquad\qquad\qquad\qquad A = y(0_+) - y(\infty)$

故 $\qquad\qquad y(t) = y(\infty) + [y(0_+) - y(\infty)]e^{-t/\tau} \qquad t \geq 0_+ \qquad (5\text{-}4\text{-}2)$

式（5-4-2）为恒定激励下一阶电路任一响应的公式。式中 $y(0_+)$、$y(\infty)$ 和 τ 分别代表响应的初始值、稳态值（也称终值）和时间常数，称为恒定激励下一阶电路的三要素。直接根据式（5-4-2）求解恒定激励下一阶电路响应的方法称为三要素法。相应地，式（5-4-2）则称为三要素公式。

三要素法简单、适用，不需列写微分方程和对微分方程进行求解，使问题大大简化。三要素公式适用于恒定激励下一阶电路任意支路或任意元件上的电压、电流的计算。它不仅适用于计算一阶电路的全响应，而且也适用于计算一阶电路的零输入响应和零状态响应。因此三要素法是计算一阶电路响应的重要方法。

应用三要素法求解一阶电路响应的步骤如下：

（1）初始值 $y(0_+)$ 的确定

① 根据换路前，即 $t=0_-$ 时电路所处的状态求出 $u_C(0_-)$ 或 $i_L(0_-)$。在直流稳态下，电容按开路处理来求 $u_C(0_-)$；电感按短路处理来求 $i_L(0_-)$。

② 根据储能元件的换路定律，求出独立初始值 $u_C(0_+)=u_C(0_-)$ 或 $i_L(0_+)=i_L(0_-)$。

③ 利用替代定理，用电压为 $u_C(0_+)$ 的电压源替代电容；用电流为 $i_L(0_+)$ 的电流源替代电感，从而得到换路后的 0_+ 等效电路，在此电路中求解可能会发生跃变的非独立初始值。

（2）稳态值 $y(\infty)$ 的确定

换路后在直流激励下，当 $t \to \infty$ 时电路进入直流稳态，此时电容相当于开路，电感相当于短路，画出 $t \to \infty$ 时的等效电路，在此电路中求解响应的稳态值。

（3）时间常数 τ 的确定

对于一阶 RC 电路，$\tau = R_{eq}C$；对于一阶 RL 电路，$\tau = \dfrac{L}{R_{eq}}$。其中，R_{eq} 为换路后从动态元件 C 或 L 两端看进去的戴维宁等效电阻。

（4）利用三要素公式 $y(t)=y(\infty)+[y(0_+)-y(\infty)]e^{-t/\tau}$ 求解一阶电路的任一响应

若换路是在 $t=t_0$ 时发生，则式（5-4-2）的三要素公式中的 0_+ 改变为 t_{0+}，而 $t \geqslant 0_+$ 改为 $t \geqslant t_{0+}$，即此种情况下，三要素公式可改写为 $y(t)=y(\infty)+[y(t_{0+})-y(\infty)]e^{-\frac{t-t_0}{\tau}}$。下面通过几个例子来详细说明三要素法的应用。

例 5-4-1 电路如图 5-4-1a 所示，$t=0$ 时开关 S 闭合，开关闭合前电路已处于稳态。试求 $t \geqslant 0_+$ 时的 $i_L(t)$、$i_1(t)$ 及 $i_2(t)$。

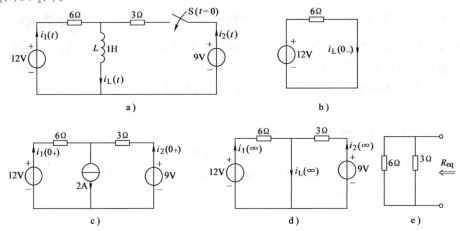

图 5-4-1 例 5-4-1 电路图

a）电路图　b）$t=0_-$ 等效电路　c）$t=0_+$ 等效电路　d）$t \to \infty$ 等效电路　e）R_{eq} 的求取电路

解 (1) 确定初始值

首先求取 $i_L(0_-)$，已知开关S闭合前电路已处于稳态，则电感相当于短路，得 $t=0_-$ 等效电路如图 5-4-1b 所示，可知

$$i_L(0_-) = \frac{12}{6} A = 2 A$$

应用换路定律有 $i_L(0_+) = i_L(0_-) = 2A$，画出换路后 $t=0_+$ 等效电路，如图 5-4-1c 所示，有

$$\begin{cases} i_1(0_+) + i_2(0_+) = 2 & \text{(KCL 方程)} \\ 6i_1(0_+) - 3i_2(0_+) = 12 - 9 & \text{(KVL 方程)} \end{cases}$$

解得
$$i_1(0_+) = i_2(0_+) = 1 A$$

(2) 确定稳态值

$t \to \infty$ 时，电路达到新的稳态，电感相当于短路，则 $t \to \infty$ 时等效电路如图 5-4-1d 所示，得

$$i_1(\infty) = \frac{12}{6} A = 2 A, \quad i_2(\infty) = \frac{9}{3} A = 3 A$$

$$i_L(\infty) = i_1(\infty) + i_L(\infty) = (2+3) A = 5 A$$

(3) 确定时间常数

动态元件所接的电阻网络如图 5-4-1e 所示，得

$$R_{eq} = \frac{6 \times 3}{6+3} \Omega = 2 \Omega$$

$$\tau = \frac{L}{R_{eq}} = \frac{1}{2} s$$

(4) 利用三要素公式，写出一阶电路各响应，即

$$i_L(t) = i_L(\infty) + [i_L(0_+) - i_L(\infty)] e^{-t/\tau} = [5 + (2-5) e^{-2t}] A = (5 - 3e^{-2t}) A \quad t \geq 0_+$$

$$i_1(t) = i_1(\infty) + [i_1(0_+) - i_1(\infty)] e^{-t/\tau} = [2 + (1-2) e^{-2t}] A = (2 - e^{-2t}) A \quad t \geq 0_+$$

$$i_2(t) = i_2(\infty) + [i_2(0_+) - i_2(\infty)] e^{-t/\tau} = [3 + (1-3) e^{-2t}] A = (3 - 2e^{-2t}) A \quad t \geq 0_+$$

例 5-4-2 电路如图 5-4-2a 所示，换路前电路已处于稳态，试求换路后($t \geq 0_+$)的 $u_C(t)$ 及 $i(t)$。

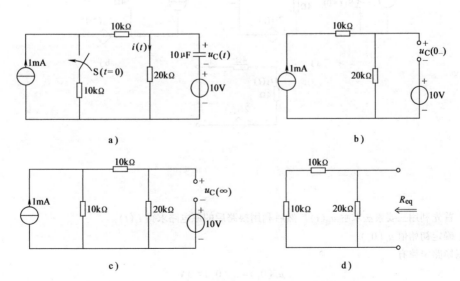

图 5-4-2　例 5-4-2 电路图

a) 原电路　b) $t=0_-$ 等效电路　c) $t \to \infty$ 等效电路　d) R_{eq} 的求取

解 此题首先利用三要素法求出 $u_C(t)$，然后根据支路的伏安关系求得 $i(t)$。

(1) 确定初始值 $u_C(0_+)$

在开关 S 闭合前电路已处于稳态，这时电容相当于开路，则 $t=0_-$ 时等效电路如图 5-4-2b 所示，得

$$u_C(0_-) = (1\times20-10)\,\text{V} = 10\,\text{V}$$

根据换路定律有

$$u_C(0_+) = u_C(0_-) = 10\,\text{V}$$

(2) 确定稳态值 $u_C(\infty)$

$t\to\infty$ 时，电路处于新的稳态，在这时电容又相当于开路，则 $t\to\infty$ 时等效电路如图 5-4-2c 所示，得

$$u_C(\infty) = \left(\frac{10}{10+10+20}\times1\times20-10\right)\,\text{V} = -5\,\text{V}$$

(3) 确定时间常数 τ

将电流源开路，电压源短路，从电容元件两端看进去的等效电路如图 5-4-2d 所示，得

$$R_{eq} = \frac{20\times(10+10)}{20+10+10}\,\text{k}\Omega = 10\,\text{k}\Omega$$

$$\tau = R_{eq}C = 10\times10^3\times10\times10^{-6}\,\text{s} = 0.1\,\text{s}$$

(4) 求电路响应 $u_C(t)$ 及 $i(t)$

利用三要素法求 $u_C(t)$，有

$$u_C(t) = u_C(\infty) + [u_C(0_+) - u_C(\infty)]e^{-t/\tau} = \{-5 + [10-(-5)]e^{-t/0.1}\}\,\text{V} = (-5+15e^{-10t})\,\text{V} \qquad t\geqslant 0_+$$

利用支路的伏安关系，对图 5-4-2a 换路后的电路有

$$i(t) = \frac{u_C(t)+10}{20\times10^3} = \left(\frac{-5+15e^{-10t}+10}{20\times10^3}\right)\,\text{A} = (0.25+0.75e^{-10t})\,\text{mA} \qquad t\geqslant 0_+$$

例 5-4-3　电路如图 5-4-3a 所示，已知 $u_C(0_-)=0$，试求开关 S 闭合后 $(t\geqslant 0_+)$ 的 $u_C(t)$ 和 $i_1(t)$。

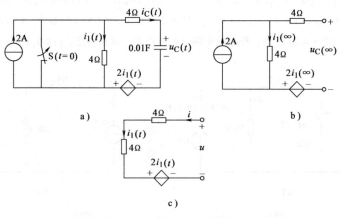

图 5-4-3　例 5-4-3 电路图

a) 原电路　b) $t\to\infty$ 等效电路　c) R_{eq} 的求取

解　首先利用三要素法求解 $u_C(t)$，然后利用换路后的原电路求得 $i_1(t)$。

(1) 确定初始值 $u_C(0_+)$

根据换路定律有

$$u_C(0_+) = u_C(0_-) = 0\,\text{V}$$

(2) 确定稳态值 $u_C(\infty)$

$t\to\infty$ 时，电路处于直流稳态，电容相当于开路，对图 5-4-3b 可求得稳态值为

$$u_C(\infty) = 4i_1(\infty) + 2i_1(\infty) = 6i_1(\infty)$$

而 $\qquad i_1(\infty)=2\,\mathrm{A}$

所以 $\qquad u_C(\infty)=6\times2\,\mathrm{V}=12\,\mathrm{V}$

（3）确定时间常数 τ

因为电路中有受控源，可利用加压求流法来计算无源二端网络的等效电阻，即先将 2 A 的独立电流源开路，然后在无源二端网络的端口处加一个电压 u，而流进网络的电流为 i，如图 5-4-3c 所示。有

$$u=4i+4i+2i=10i \qquad (i=i_1)$$

则 $\qquad R_{\mathrm{eq}}=\dfrac{u}{i}=10\,\Omega$

$$\tau=R_{\mathrm{eq}}C=10\times0.01\,\mathrm{s}=0.1\,\mathrm{s}$$

于是电容电压 $u_C(t)$ 为

$$u_C(t)=u_C(\infty)+[\,u_C(0_+)-u_C(\infty)\,]\mathrm{e}^{-t/\tau}=[\,12+(0-12)\,\mathrm{e}^{-t/0.1}\,]\,\mathrm{V}=12(1-\mathrm{e}^{-10t})\,\mathrm{V} \qquad t\geqslant0_+$$

根据换路后的图 5-4-3a 所示的电路，可求得响应 $i_1(t)$ 为

$$i_1(t)=2-i_C(t)=2-0.01\,\frac{\mathrm{d}u_C}{\mathrm{d}t}=(2-1.2\mathrm{e}^{-10t})\,\mathrm{A} \qquad t\geqslant0_+$$

5.5　一阶电路的阶跃响应

在前面动态电路分析中，是通过开关动作来发生换路，从而使外加激励作用于动态电路而产生过渡过程的。除了使用开关来描述动态电路在外加激励下的响应外，在动态电路分析中还广泛引用阶跃函数来描述电路的激励和响应。下面简要介绍阶跃函数以及阶跃响应。

5-5-1　一阶电路的阶跃响应

5.5.1　阶跃函数

阶跃函数是一种奇异函数。单位阶跃函数用 $\varepsilon(t)$ 表示，其定义为

$$\varepsilon(t)=\begin{cases}0 & t\leqslant0_-\\1 & t\geqslant0_+\end{cases} \tag{5-5-1}$$

其波形如图 5-5-1 所示，它在 $(0_-,0_+)$ 时域内发生单位阶跃。

若在 $t=t_0$ 处发生跃变的阶跃函数，则称为延迟单位阶跃函数，记为 $\varepsilon(t-t_0)$，可表示为

$$\varepsilon(t-t_0)=\begin{cases}0 & t\leqslant t_{0-}\\1 & t\geqslant t_{0+}\end{cases} \tag{5-5-2}$$

其波形如图 5-5-2 所示。

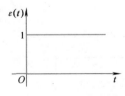

图 5-5-1　单位阶跃函数

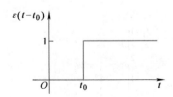

图 5-5-2　延迟单位阶跃函数

阶跃函数本身无量纲，当用它表示电压或电流时量纲分别为伏特和安培，并统称为阶跃信号。

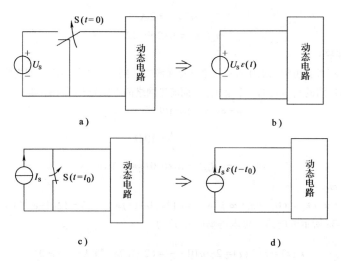

图 5-5-3　用阶跃函数表示开关动作

在动态电路分析中，阶跃函数可以用来描述开关 S 的动作。例如，在 $t=0$ 时将电压源 U_s 接入动态电路中，则可以用 $U_s\varepsilon(t)$ 来表示这一开关动作，如图 5-5-3a、b 所示，两者是等效的。同理，在 $t=t_0$ 时将电流源 I_s 接入动态电路中，则可以用 $I_s\varepsilon(t-t_0)$ 来表示这一带有延迟时间的开关动作，如图 5-5-3c、d 所示，两者也是等效的。由此可见，阶跃函数可以作为开关动作的数学模型，所以也称为开关函数。

利用阶跃信号的组合可以很方便地表示各种信号。例如图 5-5-4a 所示的矩形脉冲信号，可以看成是由图 5-5-4b 和图 5-5-4c 所示的两个阶跃信号的叠加组成的，即

$$f(t)=A\varepsilon(t)-A\varepsilon(t-t_0)$$

同理，对于图 5-5-5a 和 b 所示的信号，其表达式可分别写为

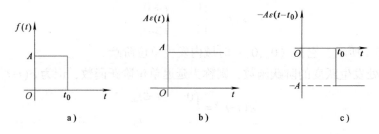

图 5-5-4　用阶跃信号表示矩形脉冲信号

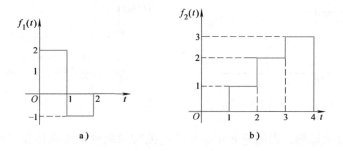

图 5-5-5　用阶跃信号表示的两种信号

$$f_1(t) = 2\varepsilon(t) - 3\varepsilon(t-1) + \varepsilon(t-2)$$
$$f_2(t) = \varepsilon(t-1) + \varepsilon(t-2) + \varepsilon(t-3) - 3\varepsilon(t-4)$$

此外，还可用单位阶跃信号表示任意信号的作用区间。设给定信号 $f(t)$ 如图 5-5-6a 所示，若要求 $f(t)$ 在 $t=t_1$ 时刻开始作用，可以把 $f(t)$ 乘以 $\varepsilon(t-t_1)$，如图 5-5-6b 所示。若要求 $f(t)$ 仅在区间 (t_1, t_2) 上信号起作用，则将 $f(t)$ 乘以 $[\varepsilon(t-t_1) - \varepsilon(t-t_2)]$ 即可，波形如图 5-5-6c 所示。

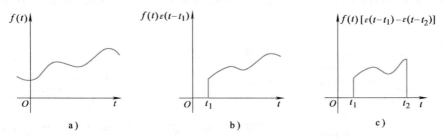

图 5-5-6　用阶跃信号表示信号的作用区间

5.5.2　阶跃响应

电路在单位阶跃激励作用下产生的零状态响应，称为单位阶跃响应，用 $S(t)$ 来表示。

单位阶跃函数 $\varepsilon(t)$ 作用于电路，相当于单位直流电压源 1 V 或单位直流电流源 1 A 在 $t=0$ 时接入电路，因此单位阶跃响应与单位直流激励下的零状态响应是相同的。对于一阶电路，电路的阶跃响应仍可用三要素法进行求解。

在图 5-5-7a 所示的 RC 串联电路中，电容电压的单位阶跃响应为

$$S_u(t) = \left(1 - e^{-\frac{t}{RC}}\right)\varepsilon(t) \tag{5-5-3}$$

而在图 5-7-7b 所示的 RL 并联电路中，电感电流的单位阶跃响应为

$$S_i(t) = \left(1 - e^{-\frac{R}{L}t}\right)\varepsilon(t) \tag{5-5-4}$$

式（5-5-3）与式（5-5-4）中所求的阶跃响应都包含有 $\varepsilon(t)$ 的因子，这表明响应所对应的时间域范围（即 $t \geq 0_+$），故无须在表达式后注明 $t \geq 0_+$。

若已知电路的单位阶跃响应 $S(t)$，则电路对任意阶跃激励 $k\varepsilon(t)$ 的零状态响应为 $kS(t)$；例如对图 5-5-7a 所示电路，在 $k\varepsilon(t)$ 阶跃激励下，响应将变为 $kS_u(t) = k\left(1 - e^{-\frac{t}{RC}}\right)\varepsilon(t)$。对延迟阶跃激励 $k\varepsilon(t-t_0)$ 的零状态响应为 $kS(t-t_0)$。例如对图 5-5-7b 所示电路，

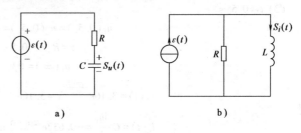

图 5-5-7　RC 串联和 RL 并联单位阶跃电路

在 $k\varepsilon(t-t_0)$ 延迟阶跃激励下，响应将变为 $kS(t-t_0) = k\left(1 - e^{-\frac{R}{L}(t-t_0)}\right)\varepsilon(t-t_0)$。当脉冲形式的激励作用于电路时，可先求出电路的单位阶跃响应，然后根据齐次定理和叠加定理求解电路对脉冲激励的响应，也可根据脉冲激励信号的分段连续性，按时间分段求解。

例 5-5-1　试求图 5-5-8a 所示电路在图 5-5-8b 所示脉冲电压作用下的零状态响应 $u_C(t)$ 和 $i_C(t)$，并画

出其响应波形。

解 这种类型的题目可用两种方法求解。

方法一 分段计算。结合图 5-5-8a 所示的电路和图 5-5-8b 所示的输入电压，将原电路视作图 5-5-9 所示的开关 S 两次动作的电路。在 $t<0$ 时，开关 S 合在位置 1 并且电路已达稳态，$u_C(0_-)=0\,V$。在 $t=0$ 时，开关 S 由位置 1 合向位置 2，这时电源向电容充电，电路处于零状态响应。当 $t=0.5\,s$ 时，开关 S 又由位置 2 合向位置 1，电容将先前储存的电能向电阻放电，电路又处于零输入响应。因此电路的响应是由两种过渡过程组成。

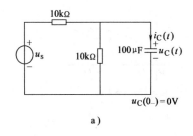
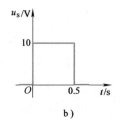
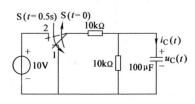

图 5-5-8　例 5-5-1 电路图及输入电压 u_s 波形　　　　图 5-5-9　例 5-5-1 方法一的电路图

(1) $0_+ \leqslant t \leqslant 0.5_-\,s$

$$u_C(0_+) = u_C(0_-) = 0\,V$$

$$\tau = R_{eq}C = \frac{10 \times 10}{10+10} \times 10^3 \times 100 \times 10^{-6}\,s = 0.5\,s$$

$$u_C(\infty) = \frac{1}{2} \times 10\,V = 5\,V$$

由三要素公式，得

$$u_C(t) = 5(1-e^{-2t})\,V \qquad 0_+ \leqslant t \leqslant 0.5_-\,s$$

$$i_C(t) = C\frac{du_C}{dt} = e^{-2t}\,mA \qquad 0_+ \leqslant t \leqslant 0.5_-\,s$$

(2) $t = 0.5_-\,s$

$$u_C(0.5_-) = 5(1-e^{-2\times0.5})\,V = 5 \times 0.632\,V = 3.16\,V$$

$$i_C(0.5_-) = e^{-2\times0.5}\,mA = 0.368\,mA$$

(3) $t \geqslant 0.5_+\,s$

$$u_C(0.5_+) = u_C(0.5_-) = 3.16\,V$$

$$\tau = R_{eq}C = 0.5\,s$$

$$u_C(\infty) = 0\,V$$

$$u_C(t) = 3.16e^{-\frac{t-0.5}{0.5}}\,V = 3.16e^{-2(t-0.5)}\,V \qquad t \geqslant 0.5_+$$

则

$$i_C(t) = C\frac{du_C}{dt} = -0.632e^{-2(t-0.5)}\,mA \qquad t \geqslant 0.5_+$$

故电路响应 $u_C(t)$ 和 $i_C(t)$ 如下式表示，其响应波形分别由图 5-5-10a、b 所示。

$$u_C(t) = \begin{cases} 5(1-e^{-2t})\,V & 0_+ \leqslant t \leqslant 0.5_-\,s \\ 3.16e^{-2(t-0.5)}\,V & t \geqslant 0.5_+\,s \end{cases}$$

$$i_C(t) = \begin{cases} e^{-2t}\,mA & 0_+ \leqslant t \leqslant 0.5_-\,s \\ -0.632e^{-2(t-0.5)}\,mA & t \geqslant 0.5_+\,s \end{cases}$$

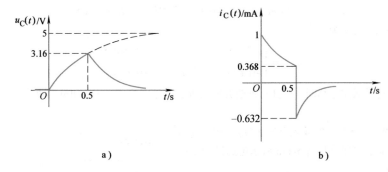

图 5-5-10 例 5-5-1 中的 $u_C(t)$ 和 $i_C(t)$ 响应波形

方法二 利用阶跃响应计算。把图 5-5-8b 所示的脉冲电压 $u_s(t)$，看成是两个阶跃电压之和，即

$$u_s(t) = [10\varepsilon(t) - 10\varepsilon(t-0.5)] \text{ V}$$

这时输入电压源 $u_s(t)$ 可看成两个电压源共用作用于电路。根据叠加定理，图 5-5-8a、b 所示的电路和输入电压波形可由图 5-5-11a、b 组合进行等效。

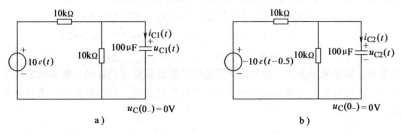

图 5-5-11 例 5-5-1 方法二的电路图

对于图 5-5-11a 所示电路，当输入为 $\varepsilon(t)$ V 时电容电压的单位阶跃响应 $S_u(t)$ 为

$$S_u(t) = 0.5(1-e^{-2t})\varepsilon(t) \text{ V}$$

电容电流的单位阶跃响应 $S_i(t)$ 为

$$S_i(t) = 0.1e^{-2t}\varepsilon(t) \text{ mA}$$

则根据齐次性，对图 5-5-11a 所示的在 $10\varepsilon(t)$ V 阶跃电压源作用下，电容电压 $u_{C1}(t)$ 和电容电流 $i_C(t)$ 的阶跃响应分别为

$$u_{C1}(t) = 5(1-e^{-2t})\varepsilon(t) \text{ V}$$

$$i_{C1}(t) = e^{-2t}\varepsilon(t) \text{ mA}$$

而对图 5-5-11b 所示的在 $-10\varepsilon(t-0.5)$ V 带有延迟的阶跃电压源作用下，电容电压 $u_{C2}(t)$ 和电容电流 $i_{C2}(t)$ 的阶跃响应分别为

$$u_{C2}(t) = -5[1-e^{-2(t-0.5)}]\varepsilon(t-0.5) \text{ V}$$

$$i_{C2}(t) = -e^{-2(t-0.5)}\varepsilon(t-0.5) \text{ mA}$$

因此有

$$u_C(t) = u_{C1}(t) + u_{C2}(t) = \{5(1-e^{-2t})\varepsilon(t) - 5[1-e^{-2(t-0.5)}]\varepsilon(t-0.5)\} \text{ V}$$

$$i_C(t) = i_{C1}(t) + i_{C2}(t) = [e^{-2t}\varepsilon(t) - e^{-2(t-0.5)}\varepsilon(t-0.5)] \text{ mA}$$

而

$$i_C(t) = [e^{-2t}\varepsilon(t) - e^{-2(t-0.5)}\varepsilon(t-0.5)] \text{ mA}$$

$$= [e^{-2t}\varepsilon(t) - e^{-2t}\varepsilon(t-0.5) + e^{-2t}\varepsilon(t-0.5) - e^{-2(t-0.5)}\varepsilon(t-0.5)] \text{ mA}$$

$$= \{e^{-2t}[\varepsilon(t) - \varepsilon(t-0.5)] + e^{-1}e^{-2(t-0.5)}\varepsilon(t-0.5) - e^{-2(t-0.5)}\varepsilon(t-0.5)\} \text{ mA}$$

$$= \{ e^{-2t} [\varepsilon(t) - \varepsilon(t-0.5)] - 0.632 e^{-2(t-0.5)} \varepsilon(t-0.5) \} \text{ mA}$$

将上式用分段表示，可写为

$$i_C(t) = \begin{cases} e^{-2t} \text{ mA} & 0_+ \le t \le 0.5_- \text{ s} \\ -0.632 e^{-2(t-0.5)} \text{ mA} & t \ge 0.5_+ \text{ s} \end{cases}$$

与方法一解得结果完全相同，因此可推断方法二所解得电容电压 $u_C(t)$ 和电容电流 $i_C(t)$ 响应波形，如图 5-5-10 所示。

例 5-5-2 将例 5-5-1 中的输入电压 $u_s(t)$ 的波形改为图 5-5-12 所示波形，试求在图 5-5-11a 所示电路结构下的零状态响应 $u_C(t)$。

解 利用例 5-5-1 中的计算结果可知，电容电压单位阶跃响应 $S_u(t)$ 为

$$S_u(t) = 0.5(1 - e^{-2t}) \varepsilon(t) \text{ V}$$

对于图 5-5-12 所示的输入电压 $u_s(t)$ 波形，可表示为

$$u_s(t) = [2\varepsilon(t-1) - 3\varepsilon(t-2) + 2\varepsilon(t-3) - \varepsilon(t-5)] \text{ V}$$

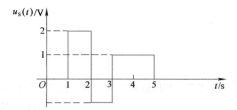

图 5-5-12　例 5-5-2 的输入电压 $u_s(t)$ 波形

根据线性电路的齐次性和叠加性，可得在此 $u_s(t)$ 激励下的零状态响应 $u_C(t)$ 为

$$u_C(t) = 2S_u(t-1) - 3S_u(t-2) + 2S_u(t-3) - S_u(t-5)$$
$$= \{ [1 - e^{-2(t-1)}] \varepsilon(t-1) - 1.5[1 - e^{-2(t-2)}] \varepsilon(t-2)$$
$$+ [1 - e^{-2(t-3)}] \varepsilon(t-3) - 0.5[1 - e^{-2(t-5)}] \varepsilon(t-5) \} \text{ V}$$

从此题可以看出，如果采用方法一的分段计算进行求解就显得相当麻烦，而采用方法二利用阶跃响应计算就方便得多了。由此可见，当输入波形由多个阶跃信号组成时，利用阶跃响应来求解零状态响应具有十分重要的意义。

5.6　二阶电路的动态响应

用二阶微分方程描述的电路称为二阶电路。从电路的结构来看，二阶电路包含两个独立的动态元件。动态元件可以性质相同（如两个电感 L 或两个电容 C），也可以性质不同（如一个电感 L 和一个电容 C）。分析二阶电路的方法与分析一阶电路类似，首先根据 KVL 或 KCL 建立描述响应与激励关系的微分方程，然后求解满足初始条件的方程的解。对于二阶电路的动态响应，需要确定两个待定常数，它们由储能元件的初始值（即电感电流初始值和电容电压初始值）及输入共同决定。本节以简单的 RLC 串联电路为例，讨论 $t \ge 0_+$ 时该二阶电路的零输入响应、零状态响应及全响应。

5-6-1　二阶电路的动态响应（1）

5.6.1　二阶电路的零输入响应

图 5-6-1 所示为 RLC 串联电路。在 $t = 0$ 时开关 S 闭合，假设 $u_C(0_-) = U_0$，$i(0_-) = 0$。在 $t \ge 0_+$ 后，电容 C 将通过电阻 R、电感 L 放电，由于电路中有耗能元件 R，且无外激励补充能量，则电容的初始储能将被电阻耗尽，电路各电压、电流最终趋于零。但这与一阶电路零输入响应的 RC 放电过程有所不同，原因是图 5-6-1 电路中有储能元件 L，电容在放电过程中释放的能量除供电阻消耗外，还有部分电场能量将随

5-6-2　二阶电路的动态响应（2）

放电电流流过电感而被转换成磁场能量储存于电感之中。随着电流的减小，电感中的磁场能量又可能转换为电容的电场能量而释放出来，从而形成电场和磁场能量的来回交换，这种能量交换视 R、L、C 参数相对大小不同可以出现两种可能性：一是电流减小时，电场还在继续放出能量，于是电容和电感一起将能量送给电阻，变成热能消耗掉，这就是所谓的非振荡放电；另一种情况是，当电流减小时，电场能量已全部释放，而磁场还有部分能量，这部分磁场能量给电容器反向充电，到磁场能量全部释放时，电场又将能量放出，出现所谓的振荡放电。

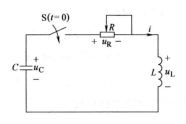

图 5-6-1 *RLC* 串联电路的零输入响应

下面将对这些情况进行定量的数学分析。

在图 5-6-1 所示的电压、电流参考方向下，根据 KVL 得

$$u_C = Ri + u_L \qquad t \geq 0_+ \tag{5-6-1}$$

将 $i = -C\dfrac{\mathrm{d}u_C}{\mathrm{d}t}$，$u_L = L\dfrac{\mathrm{d}i}{\mathrm{d}t} = -LC\dfrac{\mathrm{d}^2 u_C}{\mathrm{d}t^2}$ 代入式（5-6-1）并整理可得

$$LC\frac{\mathrm{d}^2 u_C}{\mathrm{d}t^2} + RC\frac{\mathrm{d}u_C}{\mathrm{d}t} + u_C = 0 \qquad t \geq 0_+ \tag{5-6-2}$$

这是一个以 u_C 为变量的二阶常系数齐次线性微分方程，解这个微分方程要满足的初始条件为

$$\begin{cases} u_C(0_+) = u_C(0_-) = U_0 \\ \dfrac{\mathrm{d}u_C}{\mathrm{d}t}\bigg|_{t=0_+} = -\dfrac{1}{C}i(0_+) = -\dfrac{1}{C}i(0_-) = 0 \end{cases} \tag{5-6-3}$$

对应式（5-6-2）微分方程的特征方程为

$$LCP^2 + RCP + 1 = 0 \tag{5-6-4}$$

其特征根为

$$P_{1,2} = -\frac{R}{2L} \pm \sqrt{\left(\frac{R}{2L}\right)^2 - \frac{1}{LC}} \tag{5-6-5}$$

令

$$\alpha = \frac{R}{2L}, \quad \omega_0 = \frac{1}{\sqrt{LC}}$$

则

$$P_{1,2} = -\alpha \pm \sqrt{\alpha^2 - \omega_0^2} \tag{5-6-6}$$

式（5-6-5）表明，特征根由电路的参数 R、L、C 的数值确定，反映了电路的固有特性，具有频率的量纲。与一阶电路类似，特征根 P_1、P_2 称为电路的固有频率。式（5-6-6）中的 α 称为衰减常数或阻尼系数；ω_0 称为 *RLC* 串联电路的谐振角频率或振荡角频率。

由于 R、L、C 相对数值不同，电路的固有频率（特征根）可能出现以下三种情况：

1) 当 $\left(\dfrac{R}{2L}\right)^2 > \dfrac{1}{LC}$，即 $R > 2\sqrt{\dfrac{L}{C}}$ 时，P_1、P_2 为不相等的负实数。

2) 当 $\left(\dfrac{R}{2L}\right)^2 = \dfrac{1}{LC}$，即 $R = 2\sqrt{\dfrac{L}{C}}$ 时，P_1、P_2 为相等的负实数。

3) 当 $\left(\dfrac{R}{2L}\right)^2 < \dfrac{1}{LC}$，即 $R < 2\sqrt{\dfrac{L}{C}}$ 时，P_1、P_2 为一对具有负实部的共轭复数。

由微分方程理论可知，特征根在复平面上的位置将决定齐次微分方程解的形式，或者说电路的固有频率将决定电路响应的模式。针对以上三种特征根的不同形式，式（5-6-2）的解也分别对应如下三种形式：

1）$u_C(t) = A_1 e^{P_1 t} + A_2 e^{P_2 t}$

2）$u_C(t) = (A_3 + A_4 t) e^{-\alpha t}$

3）$u_C(t) = A e^{-\alpha t} \sin(\omega t + \theta)$

式中，$\omega = \sqrt{\omega_0^2 - \alpha^2}$；$A_1$、$A_2$、$A_3$、$A_4$、$A$ 及 θ 是根据初始条件确定的待定常数。下面按这三种情况分别进行讨论。

1. $\alpha > \omega_0$，即 $R > 2\sqrt{\dfrac{L}{C}}$（过阻尼情况）

此时 P_1、P_2 为两个不相等的负实根，式（5-6-2）的通解为

$$u_C(t) = A_1 e^{P_1 t} + A_2 e^{P_2 t} \qquad t \geq 0_+ \tag{5-6-7}$$

而 $u_C(t)$ 的一阶导数为

$$\frac{\mathrm{d}u_C}{\mathrm{d}t} = A_1 P_1 e^{P_1 t} + A_2 P_2 e^{P_2 t} \tag{5-6-8}$$

待定常数 A_1、A_2 由初始条件 $u_C(0_+)$ 和 $i(0_+)$ 来确定。由式（5-6-3）得

$$\begin{cases} u_C(0_+) = A_1 + A_2 = U_0 \\ \dfrac{\mathrm{d}u_C}{\mathrm{d}t}\Bigg|_{t=0_+} = A_1 P_1 + A_2 P_2 = 0 \end{cases}$$

联立求解上述两式，得

$$A_1 = \frac{P_2}{P_2 - P_1} U_0, \quad A_2 = -\frac{P_1}{P_2 - P_1} U_0$$

将 A_1、A_2 代入式（5-6-7）得电容电压 $u_C(t)$ 为

$$u_C(t) = \frac{U_0}{P_2 - P_1}(P_2 e^{P_1 t} - P_1 e^{P_2 t}) \qquad t \geq 0_+ \tag{5-6-9}$$

电路电流 i 为

$$i(t) = -C\frac{\mathrm{d}u_C}{\mathrm{d}t} = -\frac{CU_0}{P_2 - P_1}(P_1 P_2 e^{P_1 t} - P_1 P_2 e^{P_2 t}) = \frac{-U_0}{L(P_2 - P_1)}(e^{P_1 t} - e^{P_2 t}) \qquad t \geq 0_+ \tag{5-6-10}$$

式（5-6-10）的推导中，利用了 $P_1 P_2 = \dfrac{1}{LC}$ 的关系。

电感电压 u_L 为

$$u_L(t) = L\frac{\mathrm{d}i}{\mathrm{d}t} = -\frac{U_0}{P_2 - P_1}(P_1 e^{P_1 t} - P_2 e^{P_2 t}) \qquad t \geq 0_+ \tag{5-6-11}$$

由于 $P_1 = -\dfrac{R}{2L} + \sqrt{\left(\dfrac{R}{2L}\right)^2 - \dfrac{1}{LC}}$，$P_2 = -\dfrac{R}{2L} - \sqrt{\left(\dfrac{R}{2L}\right)^2 - \dfrac{1}{LC}}$，可见 $P_1 < 0$，$P_2 < 0$ 且 $|P_2| > |P_1|$，因此 $u_C(t)$ 中的第二项比第一项衰减得快。故 $t \geq 0_+$ 时，$\dfrac{P_2}{P_2 - P_1} > \dfrac{P_1}{P_2 - P_1} > 0$。从式（5-6-9）中可看出 $u_C(t)$ 在 $t \geq 0_+$ 的所有时间内均为正值，并一直单调下降到零。而电流 $i(t)$ 的初始

值和稳态值均为零，因此 $i(t)$ 必有一个上升与下降过程，并在某一时刻 t_m 达到最大值。利用式（5-6-11）可求得 $i(t)$ 的极值，即 $\dfrac{\mathrm{d}i}{\mathrm{d}t}=0$ 必有 $u_L(t_m)=0$，可得

$$P_1 e^{P_1 t_m}-P_2 e^{P_2 t_m}=0$$

故

$$t_m=\frac{\ln(P_2/P_1)}{P_1-P_2} \tag{5-6-12}$$

$u_C(t)$、$i(t)$ 和 $u_L(t)$ 的波形如图 5-6-2 所示。分析各电压、电流波形可知，在整个过程中，u_C 从 U_0 开始一直单调下降，而且有 $u_C \geqslant 0$，$i \geqslant 0$，说明电容始终处于放电状态。在 $0<t<t_m$ 期间，i 和 u_L 方向相同，表明电感吸收能量。在 $t=t_m$ 时电流达到最大值，电感的储能也达到最大值。故在此期间，电容释放的能量除一部分供电阻消耗外，另一部分被转换成了磁场能量。在 $t>t_m$ 后，u_L 改变了方向，u_L 和 i 方

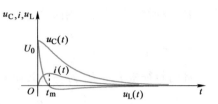

图 5-6-2 *RLC* 串联电路非振荡放电过程中 u_C、i 和 u_L 随时间变化的曲线

向相反，表明电感释放原先储存的能量，这也说明在此期间电容和电感共同放出能量供电阻消耗，直到消耗完全部储能放电结束。整个放电过程是一个非振荡的放电过程。

以上讨论了当 $u_C(0_+)=U_0$，$i(0_+)=0$ 时的响应，当 $u_C(0_+)=0$、$i_L(0_+)\neq0$ 或 $u_C(0_+)\neq0$、$i(0_+)\neq0$ 时，电容和电感之间的能量交换情况会更复杂些。只要当 $R>2\sqrt{\dfrac{L}{C}}$ 时，无论初始条件如何改变，其响应都是非振荡的。这是因为电阻较大，电阻耗能迅速而造成的非振荡现象，这种情况称为过阻尼情况。

2. $\alpha=\omega_0$，即 $R=2\sqrt{\dfrac{L}{C}}$（临界阻尼情况）

此时特征根 P_1、P_2 为相等的负实根，即 $P_1=P_2=-\dfrac{R}{2L}=-\alpha$。式（5-6-2）的通解为

$$u_C(t)=(A_3+A_4 t)e^{-\alpha t} \qquad t\geqslant 0_+ \tag{5-6-13}$$

而 $u_C(t)$ 的一阶导数为

$$\frac{\mathrm{d}u_C}{\mathrm{d}t}=-\alpha(A_3+A_4 t)e^{-\alpha t}+A_4 e^{-\alpha t} \tag{5-6-14}$$

待定常数 A_3、A_4 由初始条件 $u_C(0_+)$ 和 $i(0_+)$ 来确定，由式（5-6-3）可得

$$\begin{cases} u_C(0_+)=A_3=U_0 \\ \dfrac{\mathrm{d}u_C}{\mathrm{d}t}\bigg|_{t=0_+}=-\alpha A_3+A_4=0 \end{cases}$$

联立求解上述两式，得 $\qquad A_3=U_0,\ A_4=\alpha U_0$

将 A_3、A_4 代入式（5-6-13）得电容电压 $u_C(t)$ 为

$$u_C(t)=U_0(1+\alpha t)e^{-\alpha t} \qquad t\geqslant 0_+ \tag{5-6-15}$$

电路电流 $i(t)$ 为

$$i(t)=-C\frac{\mathrm{d}u_C}{\mathrm{d}t}=\frac{U_0}{L}t e^{-\alpha t} \qquad t\geqslant 0_+ \tag{5-6-16}$$

电感电压 $u_L(t)$ 为

$$u_L(t) = L \frac{di}{dt} = U_0(1-\alpha t)e^{-\alpha t} \qquad t \geq 0_+ \tag{5-6-17}$$

从以上各式可以看出，此时电路仍处于非振荡单向放电状态，各响应波形与图 5-6-2 所示相似，其能量转换过程也与之相同。然而这种过程是处于非振荡与振荡过程的分界线，所以 $R = 2\sqrt{\dfrac{L}{C}}$ 时的过渡过程称为临界非振荡过程，此时电阻 R 称为 RLC 串联电路的临界电阻，把这种情况称为临界阻尼情况。

3. $\alpha < \omega_0$，即 $R < 2\sqrt{\dfrac{L}{C}}$（欠阻尼情况）

此时特征根 P_1、P_2 为一对共轭复根，即

$$\begin{cases} P_1 = -\dfrac{R}{2L} + j\sqrt{\dfrac{1}{LC} - \left(\dfrac{R}{2L}\right)^2} = -\alpha + j\sqrt{\omega_0^2 - \alpha^2} = -\alpha + j\omega \\[3mm] P_2 = -\dfrac{R}{2L} - j\sqrt{\dfrac{1}{LC} - \left(\dfrac{R}{2L}\right)^2} = -\alpha - j\sqrt{\omega_0^2 - \alpha^2} = -\alpha - j\omega \end{cases}$$

式中，$j = \sqrt{-1}$，$\alpha = \dfrac{R}{2L}$，$\omega_0 = \dfrac{1}{\sqrt{LC}}$，$\omega = \sqrt{\dfrac{1}{LC} - \left(\dfrac{R}{2L}\right)^2} = \sqrt{\omega_0^2 - \alpha^2}$。

对应方程（5-6-2）的通解为

$$u_C(t) = Ae^{-\alpha t}\sin(\omega t + \theta) \qquad t \geq 0_+ \tag{5-6-18}$$

而 $u_C(t)$ 的一阶导数为

$$\frac{du_C}{dt} = Ae^{-\alpha t}[\omega\cos(\omega t + \theta) - \alpha\sin(\omega t + \theta)]$$

待定常数 A、θ 由初始条件 $u_C(0_+)$ 和 $i(0_+)$ 来确定，由式（5-6-3）得

$$\begin{cases} u_C(0_+) = A\sin\theta = U_0 \\[3mm] \left.\dfrac{du_C}{dt}\right|_{t=0_+} = A(\omega\cos\theta - \alpha\sin\theta) = 0 \end{cases}$$

联立求解上述两式，得 $\qquad A = \dfrac{\omega_0}{\omega}U_0, \theta = \arctan\dfrac{\omega}{\alpha}$

将 A、θ 代入式（5-6-18）得电容电压 $u_C(t)$ 为

$$u_C(t) = \frac{\omega_0}{\omega}U_0 e^{-\alpha t}\sin\left(\omega t + \arctan\frac{\omega}{\alpha}\right) \qquad t \geq 0_+ \tag{5-6-19}$$

电路电流 $i(t)$ 为

$$i(t) = -C\frac{du_C}{dt} = -C\frac{\omega_0}{\omega}U_0 e^{-\alpha t}[\omega\cos(\omega t + \theta) - \alpha\sin(\omega t + \theta)]$$

由于 $\omega_0 = \sqrt{\alpha^2 + \omega^2}$ 及 $\theta = \arctan\dfrac{\omega}{\alpha}$，可知 α、ω、ω_0 三者构成一个以 ω_0 为斜边的直角三角形，如图 5-6-3 所示，并有

$$\frac{\omega}{\omega_0} = \sin\theta, \frac{\alpha}{\omega_0} = \cos\theta$$

所以电流 $i(t)$ 可表示为

$$i(t)=CU_0\frac{\omega_0^2}{\omega}\mathrm{e}^{-\alpha t}\left[\frac{\alpha}{\omega_0}\sin(\omega t+\theta)-\frac{\omega}{\omega_0}\cos(\omega t+\theta)\right]=CU_0\frac{\omega_0^2}{\omega}\mathrm{e}^{-\alpha t}\left[\cos\theta\sin(\omega t+\theta)-\sin\theta\cos(\omega t+\theta)\right]$$

$$=CU_0\frac{\frac{1}{LC}}{\omega}\mathrm{e}^{-\alpha t}\sin\left[(\omega t+\theta)-\theta\right]=\frac{U_0}{\omega L}\mathrm{e}^{-\alpha t}\sin(\omega t)\qquad t\geqslant 0_+ \tag{5-6-20}$$

电感电压 $u_L(t)$ 为

$$u_L(t)=L\frac{\mathrm{d}i}{\mathrm{d}t}=\frac{U_0}{\omega}\mathrm{e}^{-\alpha t}(\omega\cos\omega t-\alpha\sin\omega t)=\frac{\omega_0}{\omega}U_0\mathrm{e}^{-\alpha t}\left(\frac{\omega}{\omega_0}\cos\omega t-\frac{\alpha}{\omega_0}\sin\omega t\right)$$

$$=\frac{\omega_0}{\omega}U_0\mathrm{e}^{-\alpha t}(\sin\theta\cos\omega t-\cos\theta\sin\omega t)=-\frac{\omega_0}{\omega}U_0\mathrm{e}^{-\alpha t}\sin(\omega t-\theta)\qquad t\geqslant 0_+ \tag{5-6-21}$$

$u_C(t)$、$i(t)$ 和 $u_L(t)$ 的波形如图 5-6-4 所示。

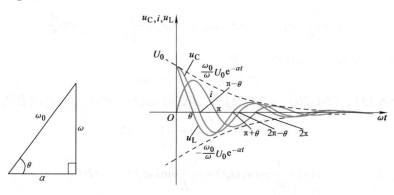

图 5-6-3　表示 α、ω、ω_0 及 θ 相　　图 5-6-4　RLC 串联电路振荡放电过程中 u_C、
互关系的三角形　　　　　　　　　　　　　　i 和 u_L 随时间变化曲线

从图 5-6-4 中可以看到，u_C、i、u_L 都是按指数规律衰减的正弦函数，这种放电过程称为振荡放电。图中虚线构成衰减振荡的包络线。振荡幅度衰减的快慢取决于特征根的实部 α 的大小。α 越小，则衰减得越慢，故称 α 为衰减系数。而衰减振荡又是按周期规律变化的，振荡周期 $T=\dfrac{2\pi}{\omega}$，因此振荡周期的大小取决于特征根的虚部 ω 的大小。ω 越大，振荡周期 T 就越小，振荡就越快，故称 ω 为振荡角频率。

之所以形成这种振荡放电现象，是因为电路中的电阻 R 比较小。当 $R<2\sqrt{\dfrac{L}{C}}$ 时，由于电阻小，耗能较慢，以致电感和电容之间进行往复的能量交换，从而造成了衰减振荡的过渡过程。这种情况称为欠阻尼情况。

针对图 5-6-1 所示电路，分析图 5-6-4 中各响应波形在上半周期的过渡过程情况：

1）在 $0<\omega t<\theta$ 期间，u_C 减小，i 增大，并且 $u_C>0$，$i>0$，$u_L>0$。由图 5-6-1 所示电路各元件参考方向可知，除电容元件取非关联参考方向，电阻、电感元件都取关联参考方向，因此可知电容在释放电场能，一部分被电阻消耗外，另一部分被电感吸收转换为磁场能。

2）在 $\theta<\omega t<\pi-\theta$ 期间，u_C 和 i 都在减小，并且 $u_C>0$，$i>0$，$u_L<0$。由各元件的参考方

向可知，电容继续释放电场能，电感开始释放磁场能，与电容一起将能量供给电阻消耗。

3）在 $\omega t = \pi - \theta$ 时，u_C 为零，而 i 不为零且继续减小。此时电容的初始储能已完全释放，电感则还有能量并继续释放。

4）在 $\pi - \theta < \omega t < \pi$ 期间，u_C 反向充电，$|u_C|$ 增加，i 继续减小，并且 $u_C < 0$，$i > 0$，$u_L < 0$。由各元件参考方向可知，电感继续释放磁场能，一部分被电阻消耗外，另一部分被电容吸收转换为电场能。

5）在 $\omega t = \pi$ 时，$i = 0$，此时电感磁场能量已释放完毕，u_C 达到极值。这时的情况与 $t = 0$ 时相似，只是电容电压方向与原先的相反，$|u_C|$ 值小于 U_0。

下半周的情况与上半周相似，只是放电电流的方向改变，且因电阻消耗能量，振荡减弱。电容如此往复充电、放电就形成振荡的过渡过程，直至电容的初始储能被电阻全部耗尽，电路各电压、电流均趋于零并达到新的稳态。

$R = 0$ 是欠阻尼情况的特例，这时有

$$\alpha = \frac{R}{2L} = 0, \qquad \omega = \sqrt{\omega_0^2 - \alpha^2} = \omega_0 = \frac{1}{\sqrt{LC}}, \qquad \theta = \frac{\pi}{2}$$

此时特征根 P_1、P_2 为一对共轭虚根，即

$$P_1 = \mathrm{j}\omega_0, \qquad P_2 = -\mathrm{j}\omega_0$$

由式（5-6-19）、（5-6-20）、（5-6-21）可知这时 $u_C(t)$、$i(t)$、$u_L(t)$ 的表达式为

$$u_C(t) = U_0 \sin\left(\omega_0 t + \frac{\pi}{2}\right) \qquad t \geqslant 0_+ \tag{5-6-22}$$

$$i(t) = \frac{U_0}{\omega_0 L} \sin(\omega_0 t) = \frac{U_0}{\sqrt{\dfrac{L}{C}}} \sin(\omega_0 t) \qquad t \geqslant 0_+ \tag{5-6-23}$$

$$u_L(t) = -U_0 \sin\left(\omega_0 t - \frac{\pi}{2}\right) = U_0 \sin\left(\omega_0 t + \frac{\pi}{2}\right) = u_C(t) \qquad t \geqslant 0_+ \tag{5-6-24}$$

从以上各式可以看到，在 $R = 0$ 时，$u_C(t)$、$i(t)$ 和 $u_L(t)$ 都是振幅不衰减的正弦函数，是一种等幅振荡的放电过程。这种等幅振荡放电的产生，是由于电路没有电阻损耗能量，因此电容的电场能在放电时全部转变成电感中的磁场能，而当电流减小时，电感中的磁场能又向电容充电而又全部转变为电容中的电场能，如此反复而无能量损耗形成了等幅振荡，故角频率 ω_0 称为振荡角频率。这种情况称为无阻尼情况。

以上讨论都是针对图 5-6-1 所示的 RLC 串联零输入响应电路所进行的。当电阻 R 从大到小变化时，电路的工作状态也从过阻尼、临界阻尼到欠阻尼变化，直至 $R = 0$ 时的无阻尼状态。对应不同的工作状态，电路的响应分别为非振荡过程、衰减振荡过程和等幅振荡过程。电路的过渡过程属于哪一种情况，是由电路的参数所决定的。电路零输入响应的性质取决于电路的固有频率（即特征根）。当电路的固有频率为两个不相等的负实数时，动态过程表现为非振荡放电；当电路的固有频率为两个相等的负实数时，动态过程同样是非振荡的，但这是非振荡与振荡的分界，故称为临界非振荡放电过程；当电路的固有频率为一对实部为负的共轭复数时，动态过程表现为衰减振荡放电；当电路的固有频率为一对共轭虚数时，动态过程为等幅振荡放电。

前面讨论了仅由电容的初始储能引起的零输入响应的变化规律，其分析方法可推广到

$u_C(0_+)$和$i_L(0_+)$为任意值的情况，区别仅在于因初始条件不同其待定常数不同。

综上所述，电路零输入响应的模式仅取决于电路的固有频率，而与初始条件无关。此结论可推广到任意高阶电路。

例 5-6-1 电路如图 5-6-5 所示，开关 S 闭合已久，在 $t=0$ 时 S 打开，试求 $t \geqslant 0_+$ 的 $u_C(t)$ 和 $i_L(t)$。

解 $t<0$ 时，稳态电路有

$$u_C(0_-)=0\,\text{V},\quad i_L(0_-)=1\,\text{A}$$

$t \geqslant 0_+$ 时，电路的微分方程可通过对结点列 KCL 方程得到，即

$$i_C+i_R+i_L=0$$

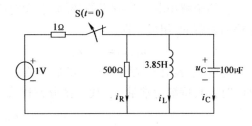

图 5-6-5 例 5-6-1 电路图

由于

$$u_C=u_R=u_L=L\frac{\mathrm{d}i_L}{\mathrm{d}t}$$

因此

$$i_C=C\frac{\mathrm{d}u_C}{\mathrm{d}t}=LC\frac{\mathrm{d}^2i_L}{\mathrm{d}t^2}\qquad i_R=\frac{u_R}{R}=\frac{L}{R}\frac{\mathrm{d}i_L}{\mathrm{d}t}$$

上述 KCL 方程可写为

$$LC\frac{\mathrm{d}^2i_L}{\mathrm{d}t^2}+\frac{L}{R}\frac{\mathrm{d}i_L}{\mathrm{d}t}+i_L=0$$

特征方程为

$$LCP^2+\frac{L}{R}P+1=0$$

特征根为

$$P_{1,2}=-\frac{1}{2RC}\pm\sqrt{\left(\frac{1}{2RC}\right)^2-\frac{1}{LC}}=-10\pm\mathrm{j}49.97$$

由于 P_1、P_2 为一对共轭复根，故电路响应为欠阻尼情况，即响应处于衰减振荡放电过程，微分方程的通解为

$$i_L(t)=A\mathrm{e}^{-\alpha t}\sin(\omega t+\theta)=A\mathrm{e}^{-10t}\sin(49.97t+\theta)$$

待定常数 A、θ 由初始条件 $u_C(0_+)$ 和 $i_L(0_+)$ 来确定，根据初始条件有

$$i_L(0_+)=i_L(0_-)=1\text{A},\frac{\mathrm{d}i_L}{\mathrm{d}t}\bigg|_{t=0_+}=\frac{1}{L}u_L(0_+)=\frac{1}{L}u_C(0_+)=\frac{1}{L}u_C(0_-)=0$$

可得

$$\begin{cases}A\sin\theta=1\\-10A\sin\theta+49.97A\cos\theta=0\end{cases}$$

从中解出

$$\begin{cases}\theta=\arctan\dfrac{49.97}{10}=78.68°\\A=\dfrac{1}{\sin\theta}=\dfrac{1}{\sin78.68°}=1.02\end{cases}$$

故电感电流 $i_L(t)$ 为

$$i_L(t)=1.02\mathrm{e}^{-10t}\sin(49.97t+78.68°)\,\text{A}\qquad t\geqslant0_+$$

电容电压 $u_C(t)$ 为

$$u_C(t)=u_L(t)=L\frac{\mathrm{d}i_L}{\mathrm{d}t}=-200.14\mathrm{e}^{-10t}\sin(49.97t)\,\text{V}\qquad t\geqslant0_+$$

5.6.2 二阶电路的零状态响应和全响应

在恒定电源激励下的 *RLC* 串联电路如图 5-6-6 所示。$t=0$ 时，开关 S 闭合，根据图中所标的各元件参考方向，由 KVL 和元件的伏安关系可得关于 u_C 的微分方程为

$$LC\frac{\mathrm{d}^2 u_\mathrm{C}}{\mathrm{d}t^2}+RC\frac{\mathrm{d}u_\mathrm{C}}{\mathrm{d}t}+u_\mathrm{C}=U_\mathrm{s} \qquad t\geqslant 0_+ \qquad (5\text{-}6\text{-}25)$$

式（5-6-25）是二阶常系数非齐次线性微分方程，它的全解由非齐次方程的特解 u'_C 和对应的齐次方程的通解 u''_C 组成，即

$$u_\mathrm{C}(t)=u'_\mathrm{C}+u'_\mathrm{C}$$

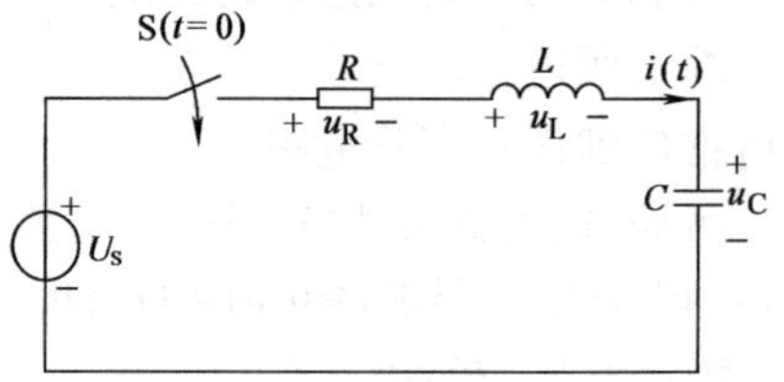

图 5-6-6　恒定激励下 *RLC* 串联电路

特解 u'_C 具有和激励相同的函数形式。当激励为直流时，其特解为常量 A，代入微分方程式（5-6-25）中，可求得

$$u'_\mathrm{C}=A=U_\mathrm{s}$$

通解 u''_C 为响应的固有分量，其模式由电路的固有频率（即特征根）所决定，即由电路中的 R、L、C 的大小所决定。

对应式（5-6-25）的齐次方程的特征方程为

$$LCP^2+RCP+1=0$$

其特征根（即固有频率）为 $\qquad P_{1,2}=-\dfrac{R}{2L}\pm\sqrt{\left(\dfrac{R}{2L}\right)^2-\dfrac{1}{LC}}$

与零输入响应电路一样，根据电路 R、L、C 之间的相互关系，特征根有三种情况出现，所对应的通解有三种形式，故微分方程（5-6-25）的完全解也对应有三种形式，对于二阶电路的动态响应将有以下三种工作状态。

(1) $\left(\dfrac{R}{2L}\right)^2>\dfrac{1}{LC}$，即 $R>2\sqrt{\dfrac{L}{C}}$（过阻尼情况）

特征根 $P_{1,2}=-\dfrac{R}{2L}\pm\sqrt{\left(\dfrac{R}{2L}\right)^2-\dfrac{1}{LC}}$ 为两个不相等的负实数；

通解为 $u''_\mathrm{C}=A_1\mathrm{e}^{P_1 t}+A_2\mathrm{e}^{P_2 t}$；

响应 $u_\mathrm{C}(t)$ 的全解可表示为 $u_\mathrm{C}(t)=u'_\mathrm{C}+u''_\mathrm{C}=U_\mathrm{s}+A_1\mathrm{e}^{P_1 t}+A_2\mathrm{e}^{P_2 t}$；

其动态响应为非振荡工作状态。

(2) $\left(\dfrac{R}{2L}\right)^2=\dfrac{1}{LC}$，即 $R=2\sqrt{\dfrac{L}{C}}$（临界阻尼情况）

特征根 $P_{1,2}=-\dfrac{R}{2L}=P$ 为两个相等的负实数；

通解为 $u''_\mathrm{C}=(A_3+A_4 t)\mathrm{e}^{Pt}$；

响应 $u_\mathrm{C}(t)$ 的全解可表示为 $\quad u_\mathrm{C}(t)=u'_\mathrm{C}+u''_\mathrm{C}=U_\mathrm{s}+(A_3+A_4 t)\mathrm{e}^{Pt}$；

其动态响应为临界非振荡工作状态。

(3) $\left(\dfrac{R}{2L}\right)^2<\dfrac{1}{LC}$，即 $R<2\sqrt{\dfrac{L}{C}}$（欠阻尼情况）

特征根 $P_{1,2}=-\dfrac{R}{2L}\pm\mathrm{j}\sqrt{\dfrac{1}{LC}-\left(\dfrac{R}{2L}\right)^2}$ 为一对共轭复数；

通解为 $u''_\mathrm{C}=A\mathrm{e}^{-\alpha t}\sin(\omega t+\theta)$，式中，$\alpha=\dfrac{R}{2L}$，$\omega=\sqrt{\dfrac{1}{LC}-\left(\dfrac{R}{2L}\right)^2}$；

响应 $u_C(t)$ 的全解可表示为　　$u_C(t) = u'_C + u''_C = U_s + Ae^{-\alpha t}\sin(\omega t + \theta)$;

其动态响应为振荡工作状态。

在以上三种情况中，每一种情况都有两个待定常数，即 A_1、A_2；A_3、A_4；A、θ。它们由初始条件 $u_C(0_+)$、$i_L(0_+)$ 及外加激励大小来确定的。当 $u_C(0_+) = 0$，$i_L(0_+) = 0$ 时，电路的响应称为零状态响应；当初始值不为零时，电路的响应称为全响应。这两种响应求取方法相同，区别仅在于初始条件及待求的常数不同。当然，全响应也可以由分别计算的零输入响应和零状态响应之和来求取。

例 5-6-2　电路如图 5-6-7 所示，已知 $U_s = 6\text{V}$，$R = 4\Omega$，$L = 1$ H，$C = 0.25\text{F}$，$u_C(0_-) = 0\text{V}$，$i_L(0_-) = 0\text{A}$，当 $t = 0$ 时开关 S 闭合。试求 $t \geqslant 0_+$ 时的 $u_C(t)$、$i(t)$、$u_L(t)$，并画出 $u_C(t)$ 的响应波形。

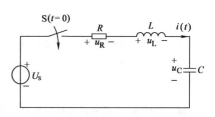

图 5-6-7　例 5-6-2 电路图

解　以 u_C 为电路的未知量，列出如式（5-6-25）所示的方程如下：

$$LC\frac{\mathrm{d}^2 u_C}{\mathrm{d}t^2} + RC\frac{\mathrm{d}u_C}{\mathrm{d}t} + u_C = U_s$$

代入参数有　　　　　$$0.25\frac{\mathrm{d}^2 u_C}{\mathrm{d}t^2} + \frac{\mathrm{d}u_C}{\mathrm{d}t} + u_C = 6$$

$u_C(t)$ 解为　　　　　　　　　　　　$$u_C(t) = u'_C + u''_C$$

式中，u'_C 为非齐次微分方程的特解，满足 $u'_C = U_s = 6\text{V}$。u''_C 为对应齐次微分方程的通解，其函数形式与特征根的值有关。对应齐次方程的特征方程为

$$0.25P^2 + P + 1 = 0$$

特征根为　　　　　　$$P_{1,2} = -\frac{1}{2 \times 0.25} \pm \frac{\sqrt{1 - 4 \times 0.25}}{2 \times 0.25} = -2$$

由于特征根为两个相等的负实数，则通解 u''_C 为

$$u''_C = (A_3 + A_4 t)e^{-2t}\text{ V}$$

那么电路响应 $u_C(t)$ 为

$$u_C(t) = u'_C + u''_C = \left[6 + (A_3 + A_4 t)e^{-2t}\right]\text{ V} \qquad t \geqslant 0_+$$

根据已知条件可知初始值为

$$\begin{cases} u_C(0_+) = u_C(0_-) = 0 \\ i(0_+) = i(0_-) = 0 \end{cases}$$

利用初始值确定待定常数 A_3、A_4，有

$$\begin{cases} u_C(0_+) = 6 + A_3 = 0 \\ i(0_+) = C\left.\dfrac{\mathrm{d}u_C}{\mathrm{d}t}\right|_{t=0_+} = 0.25(-2A_3 + A_4) = 0 \end{cases}$$

联立求解可得

$$A_3 = -6, \qquad A_4 = -12$$

故　　　　　　　　$$u_C(t) = \left[6 - 6(1 + 2t)e^{-2t}\right]\text{V} \qquad t \geqslant 0_+$$

$$i(t) = C\frac{\mathrm{d}u_C}{\mathrm{d}t} = 6te^{-2t}\text{A} \qquad t \geqslant 0_+$$

$$u_L(t) = L\frac{\mathrm{d}i}{\mathrm{d}t} = 6(1 - 2t)e^{-2t}\text{V} \qquad t \geqslant 0_+$$

该电路为二阶电路的零状态响应，其响应特性为临界非振荡充电过程。$u_C(t)$ 的响应波形如图 5-6-8 所示。

例 5-6-3　电路如图 5-6-9 所示，开关 S 在 $t = 0$ 时闭合，已知 $R = 50\Omega$，$L = 0.5\text{H}$，$C = 100\mu\text{F}$，$i_L(0_-) = 2\text{A}$，

$u_C(0_-) = 0\,\mathrm{V}$，$U_s = 50\,\mathrm{V}$，试求 $t \geq 0_+$ 时的 $i_L(t)$，并画出其响应波形。

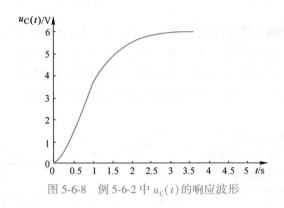

图 5-6-8 例 5-6-2 中 $u_C(t)$ 的响应波形

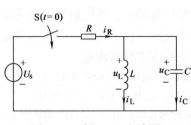

图 5-6-9 例 5-6-3 电路图

解 对图 5-6-9 所示换路后的电路，列写 KCL 方程：

$$i_R = i_L + i_C$$

根据元件伏安关系有

$$i_R = \frac{U_s - u_L}{R} = \frac{U_s - L\dfrac{\mathrm{d}i_L}{\mathrm{d}t}}{R}$$

$$i_C = C\frac{\mathrm{d}u_C}{\mathrm{d}t} = C\frac{\mathrm{d}u_L}{\mathrm{d}t} = LC\frac{\mathrm{d}^2 i_L}{\mathrm{d}t^2}$$

将 i_R、i_C 代入 KCL 方程中，有

$$\frac{U_s - L\dfrac{\mathrm{d}i_L}{\mathrm{d}t}}{R} = i_L + LC\frac{\mathrm{d}^2 i_L}{\mathrm{d}t^2}$$

整理可得

$$RLC\frac{\mathrm{d}^2 i_L}{\mathrm{d}t^2} + L\frac{\mathrm{d}i_L}{\mathrm{d}t} + Ri_L = U_s$$

将已知参数代入上式并整理得到

$$\frac{\mathrm{d}^2 i_L}{\mathrm{d}t^2} + 200\frac{\mathrm{d}i_L}{\mathrm{d}t} + 2\times 10^4 i_L = 2\times 10^4$$

方程的解 $i_L(t)$ 为

$$i_L(t) = i'_L + i''_L$$

式中，i'_L 为非齐次微分方程的特解。根据激励函数可知，特解 $i'_L = K$（常数），并将此代入微分方程中，可得

$$i'_L = K = 1\,\mathrm{A}$$

i''_L 为对应齐次微分方程的通解，该电路的特征方程为

$$P^2 + 200P + 20000 = 0$$

特征根

$$P_{1,2} = -100 \pm \mathrm{j}100$$

通解 i''_L 为

$$i''_L = A\mathrm{e}^{-100t}\sin(100t + \theta)$$

电路响应 $i_L(t)$ 为

$$i_L(t) = i'_L + i''_L = 1 + A\mathrm{e}^{-100t}\sin(100t + \theta) \qquad t \geq 0_+$$

根据已知条件可知初始值为

$$\begin{cases} i_L(0_+) = i_L(0_-) = 2\,\mathrm{A} \\ u_C(0_+) = u_C(0_-) = 0\,\mathrm{V} \end{cases}$$

而

$$\left.\frac{\mathrm{d}i_L}{\mathrm{d}t}\right|_{t=0_+} = \frac{1}{L}u_L(0_+) = \frac{1}{L}u_C(0_+) = 0$$

将 $i_L(t) = 1 + Ae^{-100t}\sin(100t+\theta)$ 代入上式求导,可得

$$\frac{di_L}{dt} = -100Ae^{-100t}\sin(100t+\theta) + 100Ae^{-100t}\cos(100t+\theta)$$

利用初始值确定待定常数 A、θ,有

$$\begin{cases} i_L(0_+) = 1 + A\sin\theta = 2 \\ \left.\dfrac{di_L}{dt}\right|_{t=0_+} = -100A\sin\theta + 100A\cos\theta = 0 \end{cases}$$

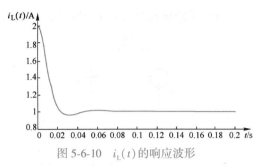

联立求解上式可得

$$A = \sqrt{2}, \qquad \theta = 45°$$

故 $i_L(t) = \left[1 + \sqrt{2}e^{-100t}\sin(100t+45°)\right]$ A $\quad t \geq 0_+$

该电路为二阶电路的全响应,其响应特性为振荡放电过程。$i_L(t)$ 的响应波形如图 5-6-10 所示。

图 5-6-10 $\ i_L(t)$ 的响应波形

5.7 应用实例与分析

现在分析本章一开始介绍的闪光灯电路的基本设计。分析电路如图 5-7-1 所示。在分析电路特性之前,先对电路是如何工作进行一定的感性认识。当灯为开路时,直流电压源 U_s 将通过电阻 R 给电容充电;当灯的电压达到 U_{max} 时,灯开始导通,并被看成 R_L,此时电容开始放电;一旦电容电压达到灯的终止电压 U_{min} 时,灯又开路,电容又将开始充电;周而复始。电容充放电的周期如图 5-7-2 所示。

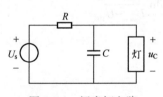

图 5-7-1 闪光灯电路

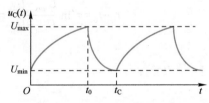

图 5-7-2 灯两端电压的波形

在图 5-7-2 中,选择电容充电的瞬间为 $t=0$。时间 t_0 代表灯开始工作的瞬间,t_C 为完成一个周期的结束时间。在 $0 \sim t_0$ 内,闪光灯断开,电容充电;在 $t_0 \sim t_C$ 期间,闪光灯工作,电容放电。剩余时间将周期性地重复充放电过程。

开始分析时,假设电路已经运转很长时间,若灯停止导通的瞬间为 $t=0$。这样,在 $t=0$ 时,灯被视为开路,灯两端的电压为 $u_C(0) = U_{min}$,灯不导通时的电路如图 5-7-3 所示。

由一阶动态电路响应可知

$$u_C(0_+) = U_{min}, \ u_C(\infty) = U_s, \ \tau = RC$$

根据三要素法,当灯不导通时,电容的电压响应(即闪光灯两端电压)为

$$u_C(t) = u_C(\infty) + [u_C(0_+) - u_C(\infty)]e^{-t/\tau}$$
$$= U_s + (U_{min} - U_s)e^{-t/RC}$$

现在计算灯开始导通之前需要多长时间,也就是 t_0 的值。很显然应该有 $u_C(t_0) = U_{max}$,即

$$u_C(t_0) = U_s + (U_{min} - U_s)\,e^{-t_0/RC} = U_{max}$$

可以求得

$$t_0 = RC\ln\frac{U_{min} - U_s}{U_{max} - U_s}$$

当灯开始导通时（从 t_0 开始），灯被视为电阻 R_L，电路如图 5-7-4 所示。此时有

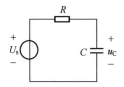

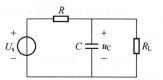

图 5-7-3　灯不导通时的闪光灯电路　　　　　图 5-7-4　灯导通时的闪光灯电路

$$u_C(t_{0_+}) = U_{max},\quad u'_C(\infty) = \frac{R_L}{R+R_L}U_s = U_{Th},\quad \tau' = R_{eq}C = \frac{RR_L}{R+R_L}C$$

根据三要素法，当灯导通时，电容的电压响应即为

$$u_C(t) = u'_C(\infty) + [u_L(t_{0_+}) - u'_C(\infty)]\,e^{-\frac{t-t_0}{\tau'}} = U_{Th} + (U_{max} - U_{Th})\,e^{-\frac{t-t_0}{\tau'}}$$

令 $u_C(t_C) = U_{min}$，即

$$u_C(t_C) = U_{Th} + (U_{max} - U_{Th})\,e^{-\frac{t_C-t_0}{\tau'}} = U_{min}$$

求解上式，即可确定灯导通的时间 $(t_C - t_0)$ 为

$$t_C - t_0 = \tau'\ln\frac{U_{max} - U_{Th}}{U_{min} - U_{Th}} = \frac{RR_L}{R+R_L}C\ln\frac{U_{max} - U_{Th}}{U_{min} - U_{Th}}$$

5.8　本章小结

5.8.1　本章基本知识点

　　由电容、电感等动态元件与电阻元件组成的电路称为动态电路。由于动态元件的伏安关系是对时间变量 t 的微分或积分关系，因此描述动态电路的方程是微分方程，且方程的阶数由电路中独立动态元件的个数所决定。对于仅含一个动态元件的电阻电路，电路方程是一阶微分方程，称为一阶电路。当电路中含有两个独立的动态元件时，描述电路的方程为二阶微分方程，这种电路称为二阶电路。

　　当动态电路的结构或元件参数发生变化时（称为换路），其工作状态的转变需要经历一个过渡过程。利用经典法分析过渡过程中电路变量的变化规律，是动态电路时域分析的主要内容。

　　1. 电容元件和电感元件

　　电容、电感与电阻不同，它们是储能元件，不消耗能量，只是与外界交换能量。电容储存电场能量，电感储存磁场能量。它们的伏安关系是微分或积分关系。电容两端电压变化时，电容中才有电流流过，对直流电源，电容相当于开路；电感中的电流变化时，电感两端才会有电压，电感对于直流电源相当于短路。储能元件的这种特性被称为动态特性，因此电容、电感又称为动态元件。线性电容和电感的定义及特点见表 5-8-1。

表 5-8-1 线性电容、电感的定义和特点

元 件 符 号	电容 C	电感 L
电气符号		
定义式	$C=\dfrac{q}{u}$	$L=\dfrac{\Psi}{i}$
伏安关系	$i=C\dfrac{\mathrm{d}u}{\mathrm{d}t}$	$u=L\dfrac{\mathrm{d}i}{\mathrm{d}t}$
能量关系	储存电场能 $$W(t)=\frac{1}{2}Cu^2$$	储存磁场能 $$W(t)=\frac{1}{2}Li^2$$
串联等效	$\dfrac{1}{C}=\dfrac{1}{C_1}+\dfrac{1}{C_2}+\cdots$	$L=L_1+L_2+\cdots$
并联等效	$C=C_1+C_2+\cdots$	$\dfrac{1}{L}=\dfrac{1}{L_1}+\dfrac{1}{L_2}+\cdots$

一般的电容除有储能作用外，也会消耗一部分电能。非理想电容器的模型就是电容元件和电阻元件的组合。因电容器消耗的电功率与所加电压直接相关，因此其模型宜是两者的并联组合。

电容器是为了获得一定大小的电容特意制成的。但电容的效应在许多场合也存在，这就是分布电容和杂散电容。从理论上说，电位不相等的导体间就会有电场，故就有电荷聚集并有电场及电场能量，即有电容效应存在。譬如，在两根架空输电线间，每一根输电线与地之间都有分布电容。在晶体管或二极管的电极间有结电容，甚至一个线圈的线匝间也存在着杂散电容。至于是否要在模型中计入这些电容，需视工作条件下它们所起的作用而定，当工作频率很高时，一般不应忽略其作用，而应以适当的方式在模型中反映出来。

2. 换路定律和初始值的确定

描述动态电路的方程是微分方程。求解微分方程需要知道初始条件，初始条件就是指电路中所求变量（电压或电流）在 $t=0_+$（或 $t=t_{0+}$）时的值，也称为初始值。确定初始值，不仅要满足基尔霍夫定律，而且在一般情况下也要满足换路定律。换路定律归纳如下：

设电路于 $t=0$ 时（也可设为 $t=t_0$ 时）换路，$t=0_-$ 和 $t=0_+$ 分别表示换路前和换路后的瞬间。

1) 电容元件 $u_C(0_+)=u_C(0_-)$ 或 $q(0_+)=q(0_-)$（i_C 为有限值时）。

2) 电感元件 $i_L(0_+)=i_L(0_-)$ 或 $\Psi(0_+)=\Psi(0_-)$（u_L 为有限值时）。

确定动态电路的初始值时，可按如下步骤：

1) 根据换路前的电路，求出 $u_C(0_-)$ 及 $i_L(0_-)$。

2) 根据换路定律求出 $u_C(0_+)$ 及 $i_L(0_+)$。

3) 画出 $t=0_+$ 时的等效电路，即利用替代定理，将电容 C 用电压为 $u_C(0_+)$ 的电压源替代，将电感 L 用电流为 $i_L(0_+)$ 的电流源替代。独立电压源、电流源分别取 $u_s(0_+)$、$i_s(0_+)$ 的值，电源性质不变，受控源、电阻保持不变。

4) 根据 $t=0_+$ 时的等效电路，求出电路中待求电压和电流的初始值。

3. 一阶电路的零输入响应

零输入响应就是动态电路在没有外施电源激励时，由电路中动态元件的初始值引起的响应。

若用 $x(t)$ 表示电路的电压或电流，则在 $t \geq 0_+$ 时电路零输入响应可表示为

$$x(t)=x(0_+)\mathrm{e}^{-t/\tau}$$

式中，$x(0_+)$ 是电路响应 $x(t)$ 在 $t=0_+$ 时的值，即初始值；τ 称为电路的时间常数，对 RC 电路，$\tau=RC$，对 RL 电路，$\tau=L/R$。

计算时间常数要注意，如果不是一个电阻与电容或电感相串联，这时需要利用戴维宁定理，将电容 C 或电感 L 以外的电路，用戴维宁定理求出等效电路，再按以上公式计算时间常数 τ。

时间常数 τ 的大小表明电路的响应变化的快慢，时间常数 τ 越小，电路响应变化得就越快。

4. 一阶电路的零状态响应

零状态响应就是电路在零初始状态下（动态元件初始值为零）由外施电源激励所引起的响应。

例如 RC 电路在外加直流电压源 U_s 激励下，电容电压零状态响应为

$$u_C(t) = u_C(\infty)(1 - e^{-t/\tau})$$

式中，$u_C(\infty)$ 表示电容电压的稳态值。该式表明了电容元件的充电过程。

5. 一阶电路的全响应

当一个非零初始值的一阶电路受到外加激励时，电路的响应称为全响应。

对于线性一阶电路，全响应是零输入响应和零状态响应的叠加，即可表示为

$$\text{全响应} = \text{零输入响应} + \text{零状态响应}$$

由一阶常系数非齐次微分方程的求解可知，全响应又可表示为

$$\text{全响应} = \text{稳态分量} + \text{暂态分量}$$

或

$$\text{全响应} = \text{强制分量} + \text{自由分量}$$

6. 一阶电路的三要素法

由于全响应可以看成是稳态分量和暂态分量的叠加，因此一阶电路响应 $x(t)$ 的一般表示形式为

$$x(t) = \underbrace{x_P(t)}_{\text{稳态分量}} + \underbrace{[x(0_+) - x_P(0_+)]e^{-t/\tau}}_{\text{暂态分量}}$$

从上式可以看到，一阶电路的响应是由初始值 $x(0_+)$、特解 $x_P(t)$ 和时间常数 τ 三个要素所决定的，因此只要确定了这三个要素，按上述公式就能表示出一阶电路的响应，这种方法称为一阶电路的三要素法。

当外加激励为直流电源时，因为 $x_P(t) = x_P(0_+) = x(\infty)$，故三要素公式又可表示为

$$x(t) = x(\infty) + [x(0_+) - x(\infty)]e^{-t/\tau}$$

式中，三要素为稳态值 $x(\infty)$、初始值 $x(0_+)$ 和时间常数 τ。

7. 一阶电路的阶跃响应

一阶电路在单位阶跃函数 $\varepsilon(t)$ 输入下的零状态响应称为一阶电路的单位阶跃响应，记作 $s(t)$。

阶跃响应的求法与恒定直流电源作用下的零状态响应本质上是相同的，因此阶跃响应可根据三要素公式直接写出

$$s(t) = x(t)\varepsilon(t)$$

注意：这是在 $t = 0$ 时刻作用于电路的阶跃输入，在 t 时刻所观察到的响应。如果阶跃输入在某时刻 $t = t_0$ 作用于电路，则响应为

$$s(t - t_0) = x(t - t_0)\varepsilon(t - t_0)$$

8. 二阶电路的动态响应

二阶电路方程的建立和求解方法与一阶电路类似，只是由于二阶电路的固有频率（即特征方程的根）有两个，使电路的响应比一阶电路复杂，可出现过阻尼（非振荡）、临界阻尼（临界非振荡）、欠阻尼（振荡）、无阻尼（等幅振荡）四种情况。

用经典方法分析二阶电路的一般步骤如下：

1）根据 KVL、KCL 及元件的 VCR 写出以 u_C 或 i_L 为变量的二阶微分方程。

2）由 $u_C(0_+) = u_C(0_-)$、$i_L(0_+) = i_L(0_-)$ 确定电路的初始状态，即得出 $u_C(0_+)$、$\left.\dfrac{du_C}{dt}\right|_{t=0_+}$ 或 $i_L(0_+)$、$\left.\dfrac{di_L}{dt}\right|_{t=0_+}$ 的值。

3）求出二阶微分方程的两个特征根 P_1、P_2，确定方程的齐次通解（也是电路的零输入响应），一般分为三种情况。

① $P_1 \neq P_2$，为两个不相等的负实根（称为过阻尼或非振荡状态）

$$通解 = A_1 e^{P_1 t} + A_2 e^{P_2 t}$$

② $P_{1,2} = -\delta \pm j\omega$，为一对共轭复根（称为欠阻尼或衰减振荡状态）

$$通解 = A e^{-\delta t} \sin(\omega t + \theta)$$

③ $P_1 = P_2 = P$，为相等的负实根（称为临界阻尼或临界非振荡状态）

$$通解 = (A_1 + A_2 t) e^{P t}$$

4）由外加激励源的函数形式确定方程的特解形式。

5）由初始值及外加激励确定二阶微分方程全解中的 A_1 和 A_2，或 A 和 θ 待定常数，从而得到二阶微分方程确定的解。

在本书中，是以 *RLC* 串联电路为例，介绍二阶电路的分析方法，读者切不可去死记硬背书中关于二阶电路的各种状态下的响应公式，而是要掌握各种状态下物理过程的分析思路。

5.8.2　本章重点与难点

本章主要讲述一阶电路、二阶电路的动态响应过程。对于一阶电路的重点是利用三要素法求解一阶电路的过渡过程，而难点是含有受控源的一阶电路的求解。对于在直流电源输入下、含有受控源的一阶电路的计算，关键在于求得三个要素，即初始值 $x(0_+)$、稳态值 $x(\infty)$ 和时间常数 τ。具体计算方法如下：

1）初始值 $x(0_+)$。如果待求电路的响应是电容电压 u_C 或电感电流 i_L，那么在确定初始值时，可根据 $t<0$ 时刻的电路，让电容 C 处于开路，电感 L 处于短路，激励电源、电阻及受控源保持不变，而得到 $t=0_-$ 时刻的等效电路，求解该电路可得电容电压 $u_C(0_-)$ 或电感电流 $i_L(0_-)$，再根据换路定律得到初始值 $u_C(0_+) = u_C(0_-)$ 或 $i_L(0_+) = i_L(0_-)$。

如果待求电路响应是除 $u_C(t)$ 或 $i_L(t)$ 之外的各电压、电流，那么确定初始值时，必须对 $t \geq 0_+$ 后的电路进行计算，这时将电路 C 用电压为 $u_C(0_+)$ 的电压源替代，电感 L 用电流为 $i_L(0_+)$ 的电流源替代，其余的独立源、电阻及受控源保持不变，而得到 $t=0_+$ 时刻的等效电路，利用 KCL、KVL 以及电路方程求解该电路而得到其他初始值 $x(0_+)$。

2）稳态值 $x(\infty)$。对含有受控源的一阶电路求解稳态值时，可利用戴维宁定理。对 $t \geq 0_+$ 后的一阶电路，将电容 C 或电感 L 以外的电路，用戴维宁定理等效为电压源电压 u_{oc} 和电阻 R_{eq} 串联支路，那么原来 $t \geq 0_+$ 后的一阶电路就可等效为典型的 $R_{eq} C$ 或 $R_{eq} L$ 串联形式，根据等效电路就能得到电容或电感元件稳态值 $x(\infty)$。对电容元件，$u_C(\infty) = u_{oc}$，而对电感元件，$i_L(\infty) = \dfrac{u_{oc}}{R_{eq}}$。其他电路响应的稳态值 $x(\infty)$，可利用 $u_C(\infty)$ 或 $i_L(\infty)$ 以及原有的 $t \geq 0_+$ 的一阶电路，应用电路方程求得。

3）时间常数 τ。利用戴维宁等效电路的等效电阻 R_{eq} 可知，对于含有电容元件的一阶电路来说，时间常数 $\tau = R_{eq} C$；对于含有电感元件的一阶电路来说，时间常数 $\tau = L/R_{eq}$。

在利用上述方法求得 $x(0_+)$、$x(\infty)$ 和 τ 后，代入 $x(t) = x(\infty) + [x(0_+) - x(\infty)] e^{-t/\tau}$ 公式，就可得到在直流电源输入下的一阶电路的响应。

对于二阶电路分析的重点是掌握过渡过程中的三种状态（过阻尼、临界阻尼、欠阻尼）与响应过程（非振荡、临界非振荡、振荡）的关系，要明白电路的结构和参数决定了电路的特征根，而电路的特征根决定了二阶电路的响应形式，即电路的过渡过程的性质。外加激励和初始值虽然与二阶电路的响应性质无关，但它们的大小决定了二阶电路响应解中的待定常数。

二阶电路的难点是如何灵活运用 KVL、KCL 及元件的 VCR 来列写出以 $u_C(t)$ 或 $i_L(t)$ 为变量的二阶微分方程。只有正确列出二阶微分方程，才能准确讨论电路响应的性质。

5.9　习题

1. 图 5-9-1a 电容电流 i 的波形如图 5-9-1b 所示，现已知 $u(0) = 0\,V$，试求 $t=1\,s$、$t=2\,s$ 和 $t=4\,s$ 时的电

容电压 u。

2. 图 5-9-2a 中 $L=4\,\mathrm{H}$，且 $i(0)=0$，电压的波形如图 5-9-2b 所示。试求当 $t=1\,\mathrm{s}$、$t=2\,\mathrm{s}$、$t=3\,\mathrm{s}$ 和 $t=4\,\mathrm{s}$ 时的电感电流 i。

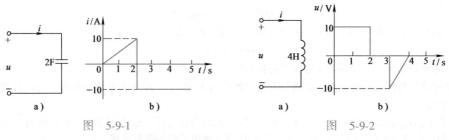

图 5-9-1　　　　　　　　　　　图 5-9-2

3. $2\,\mu\mathrm{F}$ 的电容上所加电压 u 的波形如图 5-9-3 所示。试求：

(1) 在电压、电流关联参考方向下的电容电流 $i(t)$。

(2) 电容电荷 $q(t)$。

(3) 电容吸收的功率 $p(t)$。

(4) 分别画出 $i(t)$、$q(t)$ 和 $p(t)$ 的波形。

4. 电路如图 5-9-4 所示，设 $u_s(t)=U_m\cos\omega t$，$i_s(t)=Ie^{-\alpha t}$，试求 $u_L(t)$ 和 $i_{C2}(t)$。

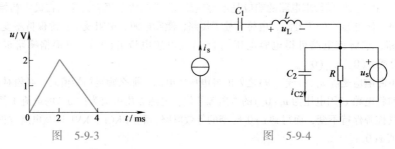

图 5-9-3　　　　　　　　　　　图 5-9-4

5. 如图 5-9-5 所示电路，已知电感电流 $i_L(t)=5(1-e^{-10t})\,\mathrm{A}$，$t\geqslant 0$，试求 $t\geqslant 0$ 时的电容电流 $i_C(t)$ 和电压源电压 $u_s(t)$。

6. 如图 5-9-6 所示电路，已知电感电压 $u_L(t)=2e^{-t}\,\mathrm{V}$，$t\geqslant 0$，电感的初始电流 $i_L(0)=1\,\mathrm{A}$，电容的初始电压 $u_C(0)=2\,\mathrm{V}$，试求 $t\geqslant 0$ 时的电感电流 $i_L(t)$ 和电容电压 $u_C(t)$。

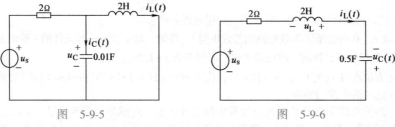

图 5-9-5　　　　　　　　　　　图 5-9-6

7. 如图 5-9-7 所示电路，已知 $u(t)=(5+2e^{-2t})\,\mathrm{V}$，$t\geqslant 0$；$i(t)=(1+2e^{-2t})\,\mathrm{A}$，$t\geqslant 0$，试求电阻 R 和电容 C。

8. 如图 5-9-8 所示电路，已知 $u_C(0)=2\,\mathrm{V}$，$t>0$ 时，$i_C(t)=e^{-5t}\,\mathrm{A}$。试求 $t>0$ 时的电压 $u(t)$。

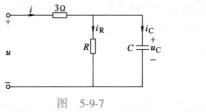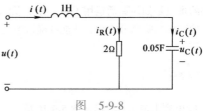

图 5-9-7　　　　　　　　　　　图 5-9-8

9. 试求图 5-9-9 所示各电路中电压（u_L 或 u_C）和电流（i_C 或 i_L）的初始值。

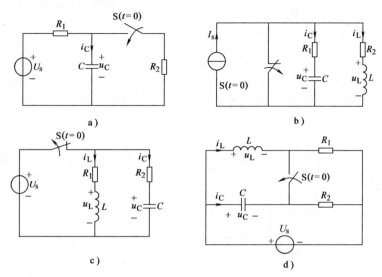

图 5-9-9

10. 电路如图 5-9-10 所示，试求 $u_C(0_+)$、$i_L(0_+)$、$i_C(0_+)$ 及 $u_R(0_+)$。

11. 电路如图 5-9-11 所示，试求 $t=0$ 时开关 S 闭合后的 $u_C(t)$，设开关 S 闭合前电路已处于稳态。

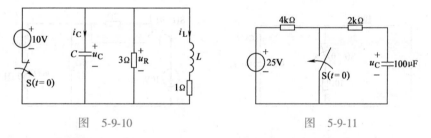

图 5-9-10   图 5-9-11

12. 如图 5-9-12 所示电路，$t<0$ 时已处于稳态。当 $t=0$ 时开关 S 打开，试求 $u_C(t)$ 和 $i_C(t)$。

13. 在图 5-9-13 中开关 S 在位置 1 已久，$t=0$ 时合向位置 2，试求换路后的 $i_L(t)$ 和 $u_L(t)$。

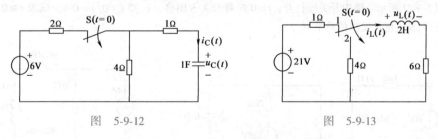

图 5-9-12   图 5-9-13

14. 电路如图 5-9-14 所示，在 $t<0_-$ 时已处于稳态。当 $t=0$ 时开关 S 由 a 扳向 b，试求 $t \geqslant 0_+$ 时的电流 $i_L(t)$ 及 $i_R(t)$。

15. 如图 5-9-15 所示电路，在 $t<0_-$ 时已处于稳态。若 $t=0$ 时开关 S 闭合，试求电流 $i(t)$。

16. 在图 5-9-16 所示电路中，若 $t=0$ 时开关 S 打开，试求 $u_C(t)$ 和电流源发出的功率。

17. 如图 5-9-17 所示电路，电感的初始储能为零，当 $t=0$ 时开关 S 闭合，试求 $t \geqslant 0_+$ 时的电流 $i_L(t)$，并画出其波形。

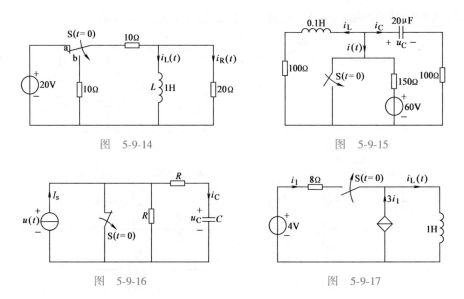

图 5-9-14   图 5-9-15

图 5-9-16   图 5-9-17

18. 如图 5-9-18 所示电路，$t<0$ 时已处于稳态。当 $t=0$ 时开关 S 打开，试求 $t \geqslant 0$ 时的电压 $u_C(t)$ 和 $i_C(t)$。

19. 电路如图 5-9-19 所示，$t<0$ 时已处于稳态。当 $t=0$ 时开关 S 由 1 扳向 2 处，试求 $t \geqslant 0_+$ 时的 $u_L(t)$。

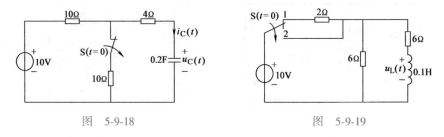

图 5-9-18   图 5-9-19

20. 电路如图 5-9-20 所示，设开关闭合前电路已处于稳态，当 $t=0$ 时开关 S 闭合，试求开关闭合后的 $u_C(t)$。

21. 图 5-9-21 所示电路中开关原打开，$t=0$ 时将开关 S 闭合，已知 $i_L(0_-)=0$ A，试求 $t \geqslant 0_+$ 时的电流 $i_L(t)$、$i_1(t)$ 以及电流源发出的功率 P_{is}。

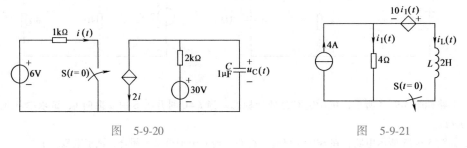

图 5-9-20   图 5-9-21

22. 图 5-9-22 所示电路中，已知 $i_s=10\varepsilon(t)$ A，$R_1=1\,\Omega$，$R_2=2\,\Omega$，$C=1\,\mu$F，$u_C(0_-)=2$ V，$g=0.25$ S。试求全响应 $i_1(t)$、$i_C(t)$、$u_C(t)$。

23. 如图 5-9-23 所示电路，$t<0$ 时已处于稳态，当 $t=0$ 时开关 S 从 1 打到 2，试求 $t \geqslant 0_+$ 后的电流 $i(t)$。

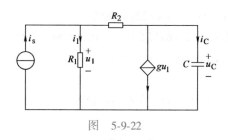

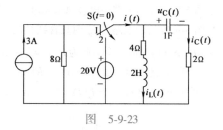

图　5-9-22　　　　　　　　　　　　图　5-9-23

24. 如图 5-9-24 所示电路，电容的初始电压 $u_C(0_+)$ 一定，激励源均在 $t=0$ 时接入电路，已知当 $U_s=2\,V$，$I_s=0\,A$ 时，全响应 $u_C(t)=(1+e^{-2t})\,V$，$t\geq0_+$；$U_s=0\,V$，$I_s=2\,A$ 时，全响应 $u_C(t)=(4-2e^{-2t})\,V$，$t\geq0_+$。

(1) 试求 R_1、R_2 和 C 的值。

(2) 试求当 $U_s=2\,V$，$I_s=2\,A$ 时的全响应 $u_C(t)$。

25. 如图 5-9-25 所示电路，N 中不含储能元件，$u_s(t)=2\varepsilon(t)\,V$，$C=2\,F$，其零状态响应为 $u_0=(1+e^{-t/4})\varepsilon(t)\,V$，如果用 $L=2\,H$ 的电感代替电容 C，试求替换后电路输出电压的零状态响应 $u_0(t)$。

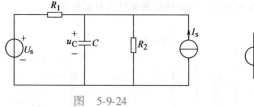

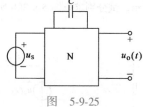

图　5-9-24　　　　　　　　　图　5-9-25

26. 如图 5-9-26a 所示 RC 电路中电容 C 原未充电，所加 $u(t)$ 的波形如图 5-9-26b 所示，其中 $R=1000\,\Omega$，$C=10\,\mu F$。试求：

(1) 用分段形式写电容电压 $u_C(t)$。

(2) 用一个表达式列写电容电压 $u_C(t)$。

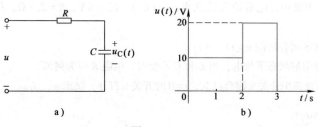

图　5-9-26

27. 电路如图 5-9-27 所示，试：

(1) 求零状态响应 $i_L(t)$。

(2) 设 $i_L(0_-)=0.3\,A$，求全响应 $i_L(t)$。

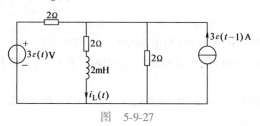

图　5-9-27

28. 如图 5-9-28 所示电路中电容原未充电，试求当 $i_s = 25\varepsilon(t)$ mA 时的 u_C 和 i_C。

29. 如图 5-9-29 所示电路，N_R 内只含线性时不变电阻，电容的初始状态一定，已知当 $i_s(t) = \varepsilon(t)$ A，$u_s(t) = [2\cos(t)\varepsilon(t)]$ V 时，全响应为 $u_C(t) = [1-3e^{-t}+\sqrt{2}\cos(t-45°)]$ V，$t \geq 0$。试求：

(1) 在同样初始状态下，$u_s(t) = 0$ V 时的 $u_C(t)$。

(2) 在同样初始状态下，当 $i_s(t) = 4\varepsilon(t)$ A，$u_s(t) = [4\cos(t)\varepsilon(t)]$ V 时的 $u_C(t)$。

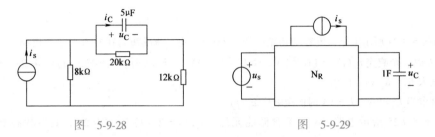

图 5-9-28   图 5-9-29

30. 如图 5-9-30a 所示电压源作用于两个不同的一阶零状态电路，若已知流过电源的电流波形分别如图 5-9-30c、d 所示。试分别求取图 5-9-30b 所示的一阶电路的最简结构及元件参数。

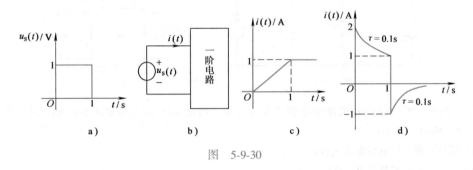

图 5-9-30

31. 图 5-9-31 所示电路中，电容原先已充电，$u_C(0_-) = U_0 = 6$ V，$R = 2.5\ \Omega$，$L = 0.25$ H，$C = 0.25$ F。试求：

(1) 在 $t=0$ 时开关 S 闭合后的 $u_C(t)$、$i(t)$。

(2) 使电路在临界阻尼状态下放电，当 L 和 C 不变时，电阻 R 应为何值？

32. 图 5-9-32 所示电路中开关 S 闭合已久，$t=0$ 时开关 S 打开，试求 u_C、i_L。

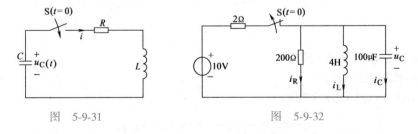

图 5-9-31   图 5-9-32

33. 试求图 5-9-33 所示电路中，在 $t \geq 0_+$ 时电容电压 $u_C(t)$ 和电感电流 $i_L(t)$ 的零输入响应。

34. 电路如图 5-9-34 所示，$t<0$ 时已处于稳态，当 $t=0$ 时开关 S 闭合，试求 $t \geq 0_+$ 时电容电压 $u_C(t)$ 和电感电流 $i_L(t)$ 的全响应。

35. 如图 5-9-35 所示电路中，已知 $i_L(0_-) = 2$ A，$u_C(0_-) = 0$ V，$R = 50\ \Omega$，$L = 0.5$ H，$C = 100\ \mu F$。试求 $t \geq 0_+$ 后的 $i_L(t)$、$u_C(t)$、$i_R(t)$。

36. 已知 $u_C(0_-) = 0\,\text{V}$，$i_L(0_-) = 0\,\text{A}$，当 $u_s(t) = 5\varepsilon(t)\,\text{V}$ 时，试求图 5-9-36 所示电路的响应 $u_C(t)$。

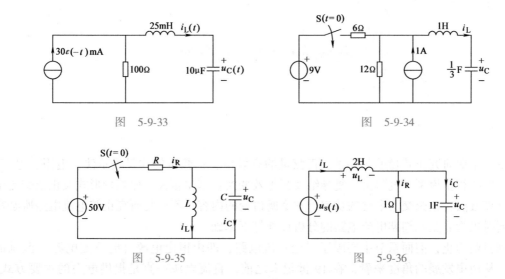

图　5-9-33　　　　　　　　　　　　　　　图　5-9-34

图　5-9-35　　　　　　　　　　　　　　　图　5-9-36

第 **6** 章

正弦稳态电路分析

引言

本章主要研究正弦量的三要素、正弦量的有效值、正弦量的相量表示法；电阻、电容、电感元件的相量模型；复阻抗、复导纳及其等效变换；基尔霍夫定律相量形式及正弦交流电路的计算方法；正弦交流电路的功率。本章所讨论的内容，不但是研究正弦电流电路所必需的，同时也为非正弦周期电流电路的分析计算打下基础。

到目前为止，前面章节主要限于讨论直流电路，即由恒定电源（时不变电源）激励的电路。从历史发展的角度来看，在 19 世纪末之前，直流电源一直是提供电力的主要方式。19 世纪末，直流电与交流电之争开始显现，双方都有相应的电气工程师（爱迪生、特斯拉、威斯汀豪斯等）作为支持者。由于线路上有电压降，直流供电系统的距离和范围受到严重限制。而交流供电系统利用变压器提升供电电压，在输送同样功率情况下，减少了线路电流，降低了线路的电压降，并利用高压输电与低压配电技术，使交流电的应用更加方便、经济。显然，当时的正弦交流信号是传送电能的最佳载体。但是随着电气工程的巨大发展，交流输电在超高压和超远距离传送方面遇到了新的困难。交流电晕引起的损耗不可忽视，传送距离又受到交流电波长的限制，因而，人们又倾向于直流输电。利用晶闸管变流技术，将超高压正弦交流变为超高压直流进行超长距离传送，电能到达目的地后，再由晶闸管变流器将它恢复为超高压交流电，然后利用变压器降压，进行配电。由此可见，即使是直流输电，也离不开正弦交流电。

国家电网有限公司两项领先世界的开创性工程——准东—皖南 ±1100 kV 特高压直流输电工程、苏通 1000 kV 特高压交流 GIL 综合管廊工程投运。两项工程均占据了当今世界输电技术各自领域的制高点，是我国自主研发、世界领先的输电技术，是中国电力的"金色名片"，是当之无愧的"大国重器"。

人们在日常生活中会接触大量正弦交流电路，例如荧光灯是在正弦交流电源电压输入下向人们提供亮光，它由灯管、镇流器及辉光启动器组成，其电路图如图 6-0-1a 所示，等效电路模型如图 6-0-1b 所示。在图 6-0-1b 的等效电路中，灯管等效为电阻，镇流器等效为电阻与电感的串联组合。一个功率 40 W 的荧光灯在正常工作时，用交流电压表测出荧光灯外加的正弦电源电压 U_s 为 218.2 V，而灯管两端的电压 U_R 为 113 V，镇流器两端电压 U_L 为 154.5 V，线路电流 I 为 0.228 A，电路的有功功率为 36.7 W。如果将灯管电压与镇流器电压直接相加，并不等于 218.2 V，这是为什么？电源电压、灯管电压、镇流器电压，这三个电压之间满足什么关系？用什么方法来计算正弦交流电路中的电压和电流？镇流器起了什么作用？它消耗电能吗？电源向镇流器提供什么功率？这些问题在学完本章内容后便可以得到解答。

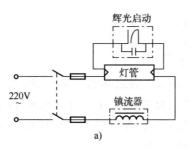 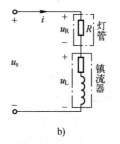

图 6-0-1　荧光灯电路

a）电路图　b）等效电路模型

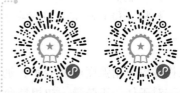

6.1　正弦量及其相量表示

6.1.1　正弦量

1. 正弦量的三要素

正弦波形是最常用的波形之一，而且一般周期性变化的波形常常可以分解为许多正弦波形的叠加，从而使正弦波形成为电力和电子工程中传递能量或信息的主要形式。

6-1-1　正弦量及其相量表示（1）　6-1-2　正弦量及其相量表示（2）

电路中按正弦规律变化的电流、电压统称为正弦量。正弦量既可以用正弦函数 sin 表示，也可以用余弦函数 cos 表示，它们在本质上是一致的，只是计时起点不同。本书采用余弦函数表示正弦量。

图 6-1-1 所示电路中有一正弦电流 i，在其参考方向下的数学表达式定义为

$$i(t)=I_{\mathrm{m}}\cos(\omega t+\varphi_{\mathrm{i}}) \tag{6-1-1}$$

式中，I_{m}、ω、φ_{i} 分别称为正弦量的振幅（或最大值）、角频率、初相位。

（1）振幅 I_{m}

振幅 I_{m} 是正弦量在整个振荡过程中所能够达到的最大值，即当 $\cos(\omega t+\varphi_{\mathrm{i}})=1$ 时，有

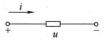

图 6-1-1　一段正弦电流电路

$$i_{\max}=I_{\mathrm{m}}$$

（2）角频率 ω

角频率 ω 是正弦量的相位（$\omega t+\varphi_{\mathrm{i}}$）随时间变化的角速度，即

$$\omega=\frac{\mathrm{d}}{\mathrm{d}t}(\omega t+\varphi_{\mathrm{i}}) \tag{6-1-2}$$

用弧度/秒（rad/s）作为角频率的单位。

正弦量每重复变化一次所经历的时间间隔即为它的周期，用 T 表示，周期的单位为秒（s）。正弦量每秒含有的周期数（即每秒重复变化的次数）称为它的频率，用 f 表示，频率的单位为赫兹（Hz）。显然，频率 f 与周期 T 的关系为

$$f=\frac{1}{T}$$

正弦量每经过一个周期 T，对应的角度变化了 2π 弧度，所以

$$\omega T = 2\pi$$

$$\omega = \frac{2\pi}{T} = 2\pi f \tag{6-1-3}$$

式（6-1-3）表示了正弦量的周期、频率、角频率三者之间的关系。我国工业化生产的电能为正弦电压源，其频率为 50 Hz（用户入户电压为 220 V。美、日、欧洲等国家和地区的三相电力系统的频率为 60 Hz，用户入户电压为 110 V）；在电热方面应用的频率范围为 50 Hz ~ 50 MHz；无线电方面可以使用 500 kHz ~ 10 GHz 的频率。

工程中还常以频率区分电路，如音频电路、高频电路、甚高频电路等。

（3）初相（位）φ_i

初相（位）φ_i 是正弦量在 $t = 0$ 时刻的相位，即

$$\left. (\omega t + \varphi_i) \right|_{t=0} = \varphi_i \tag{6-1-4}$$

初相的单位用弧度或度表示，通常在主值范围内取值，即 $|\varphi_i| \leqslant 180°$。初相与计时零点有关。对于任一正弦量，初相是允许任意赋值的，但对于同一电路系统中的许多相关正弦量，只能相对于一个共同的计时零点确定各自的相位。

正弦量的三要素是正弦量之间进行比较和区分的依据。所有的正弦量都需要振幅、角频率、初相这三个要素来表示其变化规律。图 6-1-2 所示的就是初相不同时各正弦量的波形。

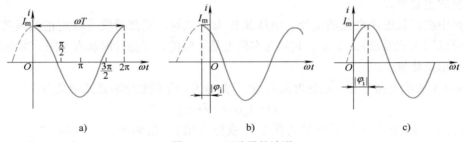

图 6-1-2　正弦量的波形

a）$\varphi_i = 0$　b）$\varphi_i > 0$　c）$\varphi_i < 0$

计算正弦电流电路时不仅要关心各正弦量的振幅，还要计算它们之间的相位关系。本章研究由同频率正弦电压源和电流源激励的线性电路，当电路处于稳态时，各响应变量均是与电源同频率的正弦量。下面分别讨论与正弦量的振幅和相位有关的两个问题。

2. 正弦量的有效值

在正弦交流电路中常用交流电压表或交流电流表来测量电路中的电压或电流，它们的读数都是所测正弦量的有效值。正弦量的有效值可以从热功相当的角度来定义。

在两个阻值相同的电阻 R 上分别通以正弦电流 i 和直流电流 I，如果经过正弦电流 i 的一个完整周期 T，这两个相同电阻所消耗的能量相等，则可以用这个直流电流 I 来表示该正弦电流 i 在电路中的实际效果，将此直流电流 I 称为该正弦电流 i 的有效值，记为 I。

一个周期内，电阻 R 通过电流 i 所消耗的电能为

$$W = \int_0^T i^2 R \mathrm{d}t$$

在同一个周期内，同阻值电阻 R 通过直流电流 I 所消耗的电能为

$$W = RI^2 T$$

根据有效值的定义，二者所消耗的电能相等，即

$$RI^2T = \int_0^T i^2 R \mathrm{d}t$$

则

$$I = \sqrt{\frac{1}{T}\int_0^T i^2 \mathrm{d}t} \tag{6-1-5}$$

式（6-1-5）就是周期性电流 i 的有效值 I 的定义式。此式表明，周期性电流 i 的有效值 I 等于它的瞬时电流 i 的二次方在一个周期内的平均值的二次方根，故有效值又称为方均根值。

对于其他周期性的量，可同样给出其有效值的定义。例如周期性电压 u 的有效值定义为

$$U = \sqrt{\frac{1}{T}\int_0^T u^2 \mathrm{d}t}$$

当电流 i 是正弦量时，可得到正弦量的有效值与正弦量的振幅之间的特殊关系，此时有

$$I = \sqrt{\frac{1}{T}\int_0^T i^2 \mathrm{d}t} = \sqrt{\frac{1}{T}\int_0^T \left[I_\mathrm{m}^2 \cos^2(\omega t + \varphi_\mathrm{i}) \right] \mathrm{d}t}$$

$$= \sqrt{\frac{1}{T}\int_0^T \left[I_\mathrm{m}^2 \times \frac{1 + \cos(2\omega t + 2\varphi_\mathrm{i})}{2} \right] \mathrm{d}t} = \frac{I_\mathrm{m}}{\sqrt{2}} = 0.707 I_\mathrm{m} \tag{6-1-6}$$

可以看到正弦量的最大值与有效值之间有 $\sqrt{2}$ 倍的关系，所以正弦量 u、i 又可以写为

$$u(t) = \sqrt{2}\,U\cos(\omega t + \varphi_\mathrm{u})$$

$$i(t) = \sqrt{2}\,I\cos(\omega t + \varphi_\mathrm{i}) \tag{6-1-7}$$

式中，U、ω、φ_u 或 I、ω、φ_i 也称为正弦量的三要素。正弦量的有效值与正弦量的频率、初相都无关。

通常所说的交流电压 220 V、电动机电流 5 A 等，指的都是有效值。但是电气设备上的绝缘水平——耐压值，则是按最大值考虑。大多数交流电压表和交流电流表都是测量有效值的，其表盘上的刻度也是正弦电压（流）的有效值。

3. 同频率正弦量的相位差

在正弦交流电路的分析中，经常要比较两个同频率正弦量的相位差。相位差是区别同频率正弦量的重要标志之一。相位关系的不同，反映了负载性质的不同。因此常用"相位差"来表示两个同频率正弦量的相位关系。设有两个同频率的正弦电压 u 和正弦电流 i，如式（6-1-7）所示，则 u、i 的相位差等于它们之间的相位之差，即

$$\varphi = (\omega t + \varphi_\mathrm{u}) - (\omega t + \varphi_\mathrm{i}) = \varphi_\mathrm{u} - \varphi_\mathrm{i} \tag{6-1-8}$$

式（6-1-8）表明，同频率正弦量的相位差等于它们的初相之差，是一个与时间无关的常数。电路中常用"超前""滞后""同相"等来说明两个同频率正弦量相位比较的结果。

1）若 $\varphi > 0$，即 $\varphi_\mathrm{u} > \varphi_\mathrm{i}$，则称电压超前电流（或电流滞后电压）。也就是说，在同一个周期内，电压 u 先于电流 i 达到极值点，如图 6-1-3a 所示。

2）若 $\varphi = 0$，即 $\varphi_\mathrm{u} = \varphi_\mathrm{i}$，则称电压和电流同相，如图 6-1-3b 所示。

3）若 $\varphi < 0$，即 $\varphi_\mathrm{u} < \varphi_\mathrm{i}$，则称电压滞后电流（或电流超前电压），如图 6-1-3c 所示。

4）若 $|\varphi| = \pi$，即 $\varphi_\mathrm{u} = \varphi_\mathrm{i} \pm \pi$，则称电压和电流反相，如图 6-1-3d 所示。

5）若 $|\varphi| = \dfrac{\pi}{2}$，即 $\varphi_\mathrm{u} = \varphi_\mathrm{i} \pm \dfrac{\pi}{2}$，则称电压和电流正交，如图 6-1-3c 所示为电流超前电压

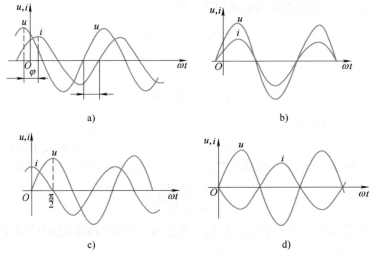

图 6-1-3　同频率正弦量的相位关系

$\dfrac{\pi}{2}$，它是正交的一种形式。

从图 6-1-3 可以看到，在同一坐标系中，同频率正弦信号的相位差与计时起点无关。

由于正弦量的初相与设定的参考方向有关，当改变某一正弦量的参考方向时，则该正弦量的初相将改变 π，它与其他正弦量的相位差也将相应地改变 π。

不同频率的正弦量的相位差无意义。

6.1.2　正弦量的相量表示

1. 复数

复数及其运算是应用相量法的基础。

一个复数有多种表示形式。复数 F 的代数形式为

$$F=a+jb \tag{6-1-9}$$

式中，$j=\sqrt{-1}$ 是虚数的单位（数学中虚单位用 i 表示，为了与电路中的电流 i 不混淆，本书采用符号 j 表示虚单位）；a 称为复数 F 的实部，记为 $a=\mathrm{Re}[F]$；b 称为复数 F 的虚部，记为 $b=\mathrm{Im}[F]$。复数 F 还可以在复平面上用向量 $\overrightarrow{OF}$ 表示，如图 6-1-4 所示。$\overrightarrow{OF}$ 的长度为复数的模 $|F|$，$\overrightarrow{OF}$ 在实轴上的投影为复数 F 的实部 a；$\overrightarrow{OF}$ 在虚轴上的投影为复数 F 的虚部 b，$\overrightarrow{OF}$ 与正实轴的夹角 θ 为复数 F 的辐角，记为

$$\theta=\arg F$$

由图 6-1-4 可以得到复数 F 的三角形式为

$$F=|F|\cos\theta+j|F|\sin\theta=|F|(\cos\theta+j\sin\theta) \tag{6-1-10}$$

式中，θ 的单位用度或弧度表示。所以有

$$a=|F|\cos\theta,\quad b=|F|\sin\theta$$

$$|F|=\sqrt{a^2+b^2},\quad \theta=\arctan\left(\dfrac{b}{a}\right)$$

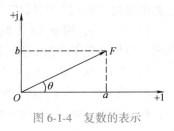

图 6-1-4　复数的表示

利用欧拉公式 $\mathrm{e}^{j\theta}=\cos\theta+j\sin\theta$，可得复数 F 的指数形式为

$$F = |F| e^{j\theta} \tag{6-1-11}$$

和极坐标形式为

$$F = |F| \underline{/\theta} \tag{6-1-12}$$

F^* 表示复数 F 的共轭复数，即

$$F^* = a - jb \ \text{或} \ F^* = |F| \underline{/-\theta}$$

当 FF^* 进行运算时，其结果为实数。

下面介绍复数的运算。

复数的加、减运算通常采用复数的代数形式进行。设

$$F_1 = a_1 + jb_1, \quad F_2 = a_2 + jb_2$$

则

$$F_1 \pm F_2 = (a_1 + jb_1) \pm (a_2 + jb_2) = (a_1 \pm a_2) + j(b_1 \pm b_2)$$

复数的加、减运算就是把它们的实部和虚部分别相加、减。复数的加、减运算也可以按照平行四边形法则在复平面上用向量的加、减运算求得，如图 6-1-5 所示。

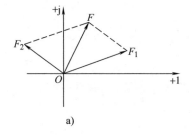 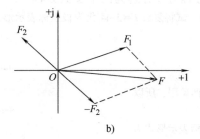

图 6-1-5 复数代数和的图解法

a) $F = F_1 + F_2$ b) $F = F_1 - F_2$

若上述两个复数相乘，则

$$F_1 F_2 = (a_1 + jb_1)(a_2 + jb_2) = (a_1 a_2 - b_1 b_2) + j(a_1 b_2 + a_2 b_1)$$

或

$$F_1 F_2 = |F_1| e^{j\theta_1} \times |F_2| e^{j\theta_2} = |F_1||F_2| e^{j(\theta_1 + \theta_2)}$$

所以

$$|F_1 F_2| = |F_1||F_2|$$
$$\arg[F_1 F_2] = \arg F_1 + \arg F_2$$

若上述两个复数相除，则

$$\frac{F_1}{F_2} = \frac{a_1 + jb_1}{a_2 + jb_2} = \frac{(a_1 + jb_1)(a_2 - jb_2)}{(a_2 + jb_2)(a_2 - jb_2)} = \frac{a_1 a_2 + b_1 b_2}{a_2^2 + b_2^2} + j\frac{a_2 b_1 - a_1 b_2}{a_2^2 + b_2^2}$$

或

$$\frac{F_1}{F_2} = \frac{|F_1| \underline{/\theta_1}}{|F_2| \underline{/\theta_2}} = \frac{|F_1|}{|F_2|} \underline{/(\theta_1 - \theta_2)}$$

所以

$$\left| \frac{F_1}{F_2} \right| = \frac{|F_1|}{|F_2|}$$
$$\arg\left[\frac{F_1}{F_2} \right] = \arg F_1 - \arg F_2$$

显然，复数的乘、除运算采用指数形式或极坐标形式比较简便。

复数 $e^{j\theta}=1\underline{/\theta}$ 是一个模等于 1、辐角为 θ 的复数。任意复数 $F_1=|F_1|e^{j\theta_1}$ 乘以 $e^{j\theta}$，等于把复数 F_1 逆时针旋转一个角度 θ，而它的模不变，因此称 $e^{j\theta}$ 为旋转因子。

根据欧拉公式，不难得到 $e^{j\frac{\pi}{2}}=j$，$e^{-j\frac{\pi}{2}}=-j$，$e^{j\pi}=-1$。因此 "±j" 和 "−1" 都可以看成旋转因子。譬如一个复数乘以 j，等于把该复数在复平面上逆时针旋转 $\frac{\pi}{2}$；一个复数除以 j，等于把该复数在复平面上顺时针旋转 $\frac{\pi}{2}$。

在复数运算中常用到两个复数相等的运算。两个复数 F_1、F_2 相等，必须满足

$$\mathrm{Re}\left[F_1\right]=\mathrm{Re}\left[F_2\right],\mathrm{Im}\left[F_1\right]=\mathrm{Im}\left[F_2\right]$$

或者

$$|F_1|=|F_2|,\ \arg F_1=\arg F_2$$

一个复数方程可以分解为两个实数方程。

例 6-1-1 试将复数 $F=3-j4$ 化为极坐标表示形式。

解
$$|F|=\sqrt{3^2+4^2}=5$$
$$\tan\theta=\frac{-4}{3}$$

由于 F 在第四象限，所以
$$\theta=-53.1°$$

则 F 的极坐标表示形式为
$$F=5\underline{/-53.1°}$$

例 6-1-2 设复数 $F_1=3-j4$，$F_2=10\underline{/135°}$，试求 $\dfrac{F_1+F_2}{F_1F_2}$。

解 采用代数形式求两个复数的和。
$$F_2=10\underline{/135°}=10(\cos135°+j\sin135°)=-7.07+j7.07$$
$$F_1+F_2=(3-j4)+(-7.07+j7.07)=-4.07+j3.07$$
复数的除法运算采用极坐标形式较为简单。
$$|F_1+F_2|=\sqrt{(-4.07)^2+3.07^2}=5.1$$
$$\arg\left[F_1+F_2\right]=\arctan\frac{3.07}{-4.07}=142.97°$$

所以
$$F_1+F_2=5.1\underline{/142.97°}$$

由例 6-1-1 可得
$$F_1=3-j4=5\underline{/-53.1°}$$

则
$$\frac{F_1+F_2}{F_1F_2}=\frac{5.1\underline{/142.97°}}{5\underline{/-53.1°}\times10\underline{/135°}}=0.102\underline{/61.07°}=0.049+j0.089$$

2. 正弦量的相量表示

正弦量除了可以用瞬时表达式和波形图表示外，还可以用相量$^\ominus$来表示。这种表示方式

$\ominus$ 美国工程师 Charles Steinmetz 于 1894 年提出复数用于正弦稳态分析，为正弦交流电力系统的发展奠定了理论基础。

在讨论同频率正弦量间的相位关系以及进行同频率正弦量的各种运算时特别方便。

正弦量的一个重要性质是，正弦量乘以常数，正弦量的微分、积分，同频率正弦量的代数和等运算，其结果仍为一个同频率的正弦量。

对于线性电路而言，若电路中的所有激励都是同一频率的正弦量，则电路中各支路的电压和电流的稳态响应也将是与激励相同频率的正弦量。处于这种稳定状态的电路称为正弦稳态电路，又称为正弦电流电路。电力工程中遇到的大多数问题都可以按正弦稳态电路进行分析处理。对于这样的电路，如果直接用正弦电压或电流的瞬时表达式进行计算，则三角函数的计算相当复杂。为了解决这一问题，对正弦稳态电路分析常采用相量（复数）运算的方法来进行，亦称为相量法。

设图 6-1-6 中的电流源 $i(t)=\sqrt{2}I\cos(\omega t+\varphi_i)$，则各元件电压的稳态量分别为

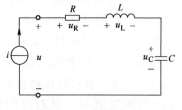

图 6-1-6　相量的引入

$$u_R(t)=Ri(t)=\sqrt{2}RI\cos(\omega t+\varphi_i)$$

$$u_L(t)=L\frac{di(t)}{dt}=-\sqrt{2}\omega LI\sin(\omega t+\varphi_i)=\sqrt{2}\omega LI\cos(\omega t+\varphi_i+90°)$$

$$u_C(t)=\frac{1}{C}\int i(t)\,dt=\frac{\sqrt{2}I}{\omega C}\sin(\omega t+\varphi_i)=\frac{\sqrt{2}I}{\omega C}\cos(\omega t+\varphi_i-90°)$$

故电流源电压的稳态量 $u(t)=u_R(t)+u_L(t)+u_C(t)=\sqrt{2}U\cos(\omega t+\varphi_u)$，即

$$\sqrt{2}U\cos(\omega t+\varphi_u)=\sqrt{2}RI\cos(\omega t+\varphi_i)+\sqrt{2}\omega LI\cos(\omega t+\varphi_i+90°)+\frac{\sqrt{2}I}{\omega C}\cos(\omega t+\varphi_i-90°)$$

$$(6-1-13a)$$

因此也有

$$\sqrt{2}U\sin(\omega t+\varphi_u)=\sqrt{2}RI\sin(\omega t+\varphi_i)+\sqrt{2}\omega LI\sin(\omega t+\varphi_i+90°)+\frac{\sqrt{2}I}{\omega C}\sin(\omega t+\varphi_i-90°)$$

$$(6-1-13b)$$

根据欧拉公式 $e^{j(\omega t+\varphi)}=\cos(\omega t+\varphi)+j\sin(\omega t+\varphi)$，式（6-1-13）可以重新描述为

$$\sqrt{2}Ue^{j(\omega t+\varphi_u)}=\sqrt{2}RIe^{j(\omega t+\varphi_i)}+\sqrt{2}\omega LIe^{j(\omega t+\varphi_i+90°)}+\frac{\sqrt{2}I}{\omega C}e^{j(\omega t+\varphi_i-90°)}$$

即

$$\sqrt{2}Ue^{j\varphi_u}e^{j\omega t}=\sqrt{2}RIe^{j\varphi_i}e^{j\omega t}+\sqrt{2}j\omega LIe^{j\varphi_i}e^{j\omega t}+\frac{\sqrt{2}}{j\omega C}Ie^{j\varphi_i}e^{j\omega t}$$

因为上述表达式在任何时刻 t 都成立，约去两边的公共因子 $\sqrt{2}e^{j\omega t}$，得

$$Ue^{j\varphi_u}=RIe^{j\varphi_i}+j\omega LIe^{j\varphi_i}+\frac{1}{j\omega C}Ie^{j\varphi_i}=\left(R+j\omega L+\frac{1}{j\omega C}\right)Ie^{j\varphi_i}\qquad(6-1-14a)$$

或

$$U_me^{j\varphi_u}=\left(R+j\omega L+\frac{1}{j\omega C}\right)I_me^{j\varphi_i}\qquad(6-1-14b)$$

由式(6-1-14)可知，$Ie^{j\varphi_i}$是以正弦量的有效值为模、以其初相为辐角的一个复数，这个复数定义为正弦量 i 的相量$\dot{I}$，即

$$\dot{I}=Ie^{j\varphi_i}=I\underline{/\varphi_i} \tag{6-1-15}$$

字母 I 加上小圆点后表示相量，既可以与有效值区分，也可以与一般的复数区分$^{\ominus}$。相量$\dot{I}$与时域的正弦函数 i 建立起一一对应的关系（应该注意，相量并不等于正弦量）。按正弦量有效值定义的相量称为"有效值相量"，简称相量；若按正弦量最大值定义的相量则称为"最大值相量"，可表示为

$$\dot{I}_m=I_m\underline{/\varphi_i}=\sqrt{2}I\underline{/\varphi_i} \tag{6-1-16}$$

在以后的正弦交流电路的分析与计算中，若无特别说明，一般采用有效值相量进行计算。

在式（6-1-14）中与正弦量相对应的复指数函数在复平面上可以用旋转相量表示。其中 $I_m e^{j\varphi_i}$ 称为旋转相量的复振幅，$e^{j\omega t}$ 是一个随时间变化并以角速度 ω 不断逆时针旋转的因子。复振幅乘以旋转因子 $e^{j\omega t}$ 即表示复振幅在复平面上不断逆时针旋转，称之为旋转相量，这是复指数函数的几何意义。式（6-1-14）表示的几何意义：正弦电流 i 的瞬时值等于其对应的旋转相量 $I_m e^{j\varphi_i}e^{j\omega t}$ 在实轴上的投影，这一关系和正弦量波形的对应关系如图 6-1-7 所示。

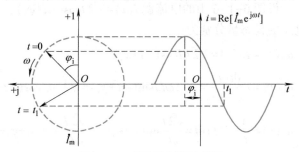

图 6-1-7　正弦波和旋转相量

在实际应用中，可以直接根据正弦量写出与之对应的相量；反之，也可以从相量直接写出相对应的正弦量，但必须同时给出正弦量的角频率 ω。例如正弦量 $220\sqrt{2}\cos(\omega t-53°)$，它的有效值相量为 $220\underline{/-53°}$；反之，如果已知频率 $\omega=314\ \text{rad/s}$ 的正弦量的有效值相量为 $100\underline{/35°}$，则此正弦量为 $100\sqrt{2}\cos(314t+35°)$。

相量在复平面上的图形称为相量图，如图 6-1-8 所示。

掌握正弦量的瞬时值表达式及其相量、相量图，并理解它们之间的内在转换关系和意义，是正弦稳态电路中相量计算的基础。

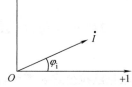

图 6-1-8　正弦量的相量图

下面讨论同频率正弦量的相量运算。

（1）同频率正弦量的代数和

已知各条支路的电流分别为 $i_1=\sqrt{2}I_1\cos(\omega t+\varphi_1)$，$i_2=\sqrt{2}I_2\cos(\omega t+\varphi_2)$，…这些电流的代数和为电流 i，则

$$i=i_1+i_2+\cdots$$

由式(6-1-13)、式(6-1-14)，易得正弦量求和满足对应关系式

$$\dot{I}=\dot{I}_1+\dot{I}_2+\cdots$$

例 6-1-3　已知 $i_1=40\sqrt{2}\cos(\omega t)$ A，$i_2=30\sqrt{2}\cos(\omega t+90°)$ A，试求电流 $i=i_1+i_2$。

解　根据同频率正弦量代数和的性质，可用相量法求出 $i=i_1+i_2$。

设 i 的相量为 $\dot{I}$，则

$$\dot{I}=\dot{I}_1+\dot{I}_2=(40\underline{/0°}+30\underline{/90°})\text{ A}=(40+j30)\text{ A}=50\underline{/36.9°}\text{ A}$$

$\ominus$　这种命名和记法是为了强调它与正弦量的联系，而在运算上与复数运算相同。

所以电流 i 的瞬时表达式为

$$i = 50\sqrt{2}\cos(\omega t + 36.9°) \text{ A}$$

（2）正弦量的微分

设正弦电流 $i = \sqrt{2}I\cos(\omega t + \varphi_i)$，对 i 求导，有

$$\frac{\mathrm{d}i}{\mathrm{d}t} = -\sqrt{2}\omega I\sin(\omega t + \varphi_i) = \sqrt{2}\omega I\cos\left(\omega t + \varphi_i + \frac{\pi}{2}\right)$$

对照式（6-1-14）、式（6-1-15）可知，$\dfrac{\mathrm{d}i}{\mathrm{d}t}$ 对应的相量为 $\omega Ie^{j\left(\varphi_i + \frac{\pi}{2}\right)} = j\omega\dot{I}$，也就是原正弦量 i 的相量 $\dot{I}$ 乘以 $j\omega$，即表示 $\dfrac{\mathrm{d}i}{\mathrm{d}t}$ 的相量为

$$j\omega\dot{I} = \omega I\left\lfloor\varphi_i + \frac{\pi}{2}\right.$$

此相量的模为 ωI，辐角则超前 $\dot{I}$ 的辐角 $\dfrac{\pi}{2}$。

对正弦量 i 的高阶导数 $\dfrac{\mathrm{d}^n i}{\mathrm{d}t^n}$，其相量为 $(j\omega)^n\dot{I}$。

（3）正弦量的积分

设正弦电流 $i = \sqrt{2}I\cos(\omega t + \varphi_i)$，有

$$\int i\mathrm{d}t = \sqrt{2}\frac{I}{\omega}\sin(\omega t + \varphi_i) = \sqrt{2}\frac{I}{\omega}\cos\left(\omega t + \varphi_i - \frac{\pi}{2}\right)$$

对照式（6-1-14）、式（6-1-15）可知，$\int i\mathrm{d}t$ 对应的相量为 $\dfrac{I}{\omega}e^{j\left(\varphi_i - \frac{\pi}{2}\right)} = \dfrac{\dot{I}}{j\omega}$，也就是原正弦量 i 的相量 $\dot{I}$ 除以 $j\omega$，即表示 $\int i\mathrm{d}t$ 的相量为

$$\frac{\dot{I}}{j\omega} = \frac{I}{\omega}\left\lfloor\varphi_i - \frac{\pi}{2}\right.$$

此相量的模为 $\dfrac{I}{\omega}$，辐角则滞后 $\dot{I}$ 的辐角 $\dfrac{\pi}{2}$。

对正弦量 i 的 n 重积分的相量为 $\dfrac{\dot{I}}{(j\omega)^n}$。

例 6-1-4 已知图 6-1-9 所示的 RLC 串联电路中，$u_S = 10\sqrt{2}\cos(t + 30°)$ V，$R = 10\ \Omega$，$L = 1\ \text{H}$，$C = 1\ \text{F}$，试求稳态电流 i。

解 以电流 i 为变量，列写该电路的 KVL 方程

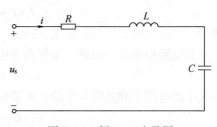

图 6-1-9 例 6-1-4 电路图

$$Ri + L\frac{\mathrm{d}i}{\mathrm{d}t} + \frac{1}{C}\int i\mathrm{d}t = u_S \tag{6-1-17}$$

仿式（6-1-13）到式（6-1-14）的过程，得

$$R\dot{I} + j\omega L\dot{I} + \frac{\dot{I}}{j\omega C} = \dot{U}_S$$

所以

$$\dot{I}=\frac{\dot{U}_\mathrm{s}}{R+\mathrm{j}\omega L+\dfrac{1}{\mathrm{j}\omega C}}=\frac{\dot{U}_\mathrm{s}}{R+\mathrm{j}\left(\omega L-\dfrac{1}{\omega C}\right)} \tag{6-1-18}$$

代入数据后得

$$\dot{I}=\frac{10\underline{/30°}}{10+\mathrm{j}(1-1)}\,\mathrm{A}=1\underline{/30°}\,\mathrm{A}$$

则电流 i 的瞬时表达式为

$$i=\sqrt{2}\cos(t+30°)\,\mathrm{A}$$

从式 (6-1-17) 到式 (6-1-18)，只是数学形式上的变换，并无实质性的区别。但就是该变换，将与时间有关的同频率的正弦函数的电路方程转换成与时间无关的复代数的电路方程。更重要的是，它将正弦稳态电路分析中全部同频率的正弦电压、电流转换成由各正弦量的有效值和初相位组合成的复数（如 $U\underline{/\varphi_\mathrm{u}}$、$I\underline{/\varphi_\mathrm{i}}$），使同频率的各正弦量对应的有效值、初相位之间的差异，在电路方程中表述清晰、直观和简单，从而简化了对正弦稳态电路的分析和求解过程。

最后还要强调的是，正弦稳态电路的相量分析法是一种间接的计算方法，它并不是直接对正弦量进行计算，相量之间所表示的运算关系只能在同频率的正弦量中使用。

6.2 电路定律及电路元件的相量形式

6-2-1 电路定律
的相量形式

从 6.1 节的叙述中，已经得到一个重要结论，即在线性非时变的正弦稳态电路中，全部电压、电流都是同一频率的正弦量。本节在此基础上，利用复数形式来描述电路的基本定律 KCL、KVL 和电路的基本关系 VCR，称为电路定律及电路元件的相量形式。

6.2.1 基尔霍夫定律的相量形式

对电路中的任一结点，基尔霍夫电流定律 (KCL) 的时域表达式为
$$i_1+i_2+\cdots+i_k+\cdots=0 \ 或 \ \sum i=0$$
当式中的电流全部是同频率的正弦量时，则可变换为相量形式
$$\dot{I}_1+\dot{I}_2+\cdots+\dot{I}_k+\cdots=0 \ 或 \ \sum\dot{I}=0 \tag{6-2-1}$$
即任一结点上同频率的正弦电流的对应相量的代数和为零。

对电路中的任一回路，基尔霍夫电压定律 (KVL) 的时域表达式为
$$u_1+u_2+\cdots+u_k+\cdots=0 \ 或 \ \sum u=0$$
当式中的电压全部是同频率的正弦量时，则可变换为相量形式
$$\dot{U}_1+\dot{U}_2+\cdots+\dot{U}_k+\cdots=0 \ 或 \ \sum\dot{U}=0 \tag{6-2-2}$$
即任一回路中同频率的正弦电压的对应相量的代数和为零。

需要注意的是，将基尔霍夫定律的相量形式用于电路的计算时，电压、电流都是相量形式，既有模值，又有辐角，是相量运算，切不可将几个电压或电流的有效值直接相加。

6.2.2 电阻元件的相量模型

对于图 6-2-1a 所示的线性非时变电阻元件 R，当其电压与电流取关联参考方向时，根据

欧姆定律有

$$u_R = Ri_R \tag{6-2-3}$$

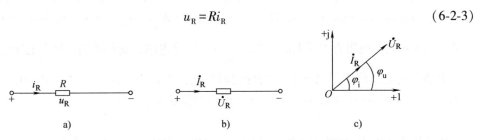

图 6-2-1　电阻中的电压、电流

设电流 $i_R = \sqrt{2}I_R\cos(\omega t + \varphi_i)$，代入式 (6-2-3) 中，得

$$u_R = \sqrt{2}RI_R\cos(\omega t + \varphi_i) = \sqrt{2}U_R\cos(\omega t + \varphi_u)$$

说明电阻上的电压、电流是同频率的正弦量。令 $\dot{U}_R = U_R \underline{/\varphi_u}$，则相量形式有

$$\dot{U}_R = RI_R \underline{/\varphi_i} = R\dot{I}_R \tag{6-2-4}$$

或

$$\begin{cases} U_R = RI_R \\ \varphi_u = \varphi_i \end{cases} \tag{6-2-5}$$

式 (6-2-5) 中的电阻电压、电流的有效值关系符合欧姆定律，并且它们的辐角相等，即电压和电流同相位。图 6-2-1b 为电阻的相量模型，图 6-2-1c 是电阻电压、电流的相量图，它们都位于同一个方向的直线上（相位差为零）。

6.2.3　电感元件的相量模型

对于图 6-2-2a 所示的线性非时变电感元件 L，当其电压与电流取关联参考方向时，有

$$u_L = L\frac{di_L}{dt} \tag{6-2-6}$$

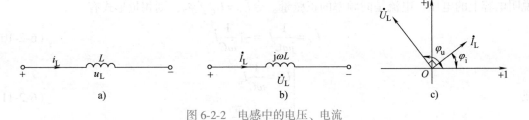

图 6-2-2　电感中的电压、电流

设电流 $i_L = \sqrt{2}I_L\cos(\omega t + \varphi_i)$，代入式 (6-2-6) 中，得

$$u_L = -\sqrt{2}\omega LI_L\sin(\omega t + \varphi_i) = \sqrt{2}\omega LI_L\cos\left(\omega t + \varphi_i + \frac{\pi}{2}\right) = \sqrt{2}U_L\cos(\omega t + \varphi_u)$$

说明电感上的电压、电流是同频率的正弦量。令 $\dot{U}_L = U_L \underline{/\varphi_u}$，则相量形式有

$$\dot{U}_L = j\omega L\dot{I}_L \tag{6-2-7}$$

或

$$\begin{cases} U_L = \omega LI_L \\ \varphi_u = \varphi_i + \dfrac{\pi}{2} \end{cases} \tag{6-2-8}$$

式 (6-2-8) 中的电感电压、电流有效值之间的关系类似于欧姆定律，但是与角频率 ω 有关。其中与角频率 ω 成正比的 ωL 具有与电阻相同的量纲[Ω]，称为自感电抗，简称感抗，这样的命名表示它与电阻有本质上的区别；$\dfrac{1}{\omega L}$ 称为电感电纳，简称感纳，具有电导的量纲[S]。

电感上的电压将跟随角频率 ω 的变化而变化，当 $\omega=0$（直流）时，$\omega L=0$，$u_L=0$，电感相当于短路；当 $\omega\to\infty$ 时，$\omega L\to\infty$，$i_L=0$，电感相当于开路。在相位上，电感电流滞后电感电压 90°。

图 6-2-2b 是电感的相量模型，图 6-2-2c 是电感电压、电流的相量图。

6.2.4 电容元件的相量模型

对于图 6-2-3a 所示的线性非时变电容 C，当其电压和电流取关联参考方向时，有

$$u_C = \frac{1}{C}\int i_C \mathrm{d}t \tag{6-2-9}$$

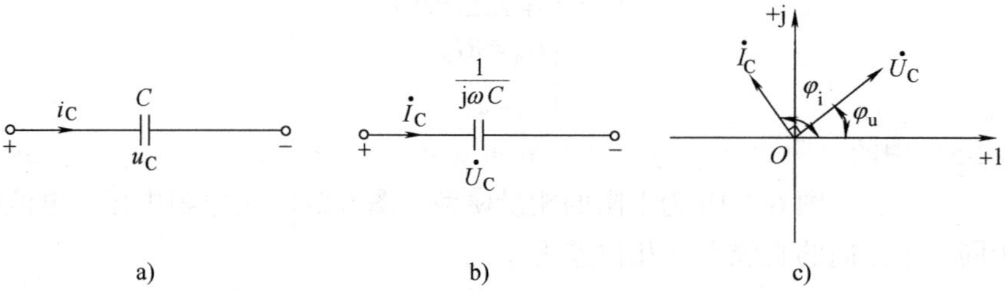

图 6-2-3 电容中的电压、电流

设电流 $i_C=\sqrt{2}I_C\cos(\omega t+\varphi_i)$，代入式 (6-2-9) 中，得

$$u_C = \sqrt{2}\frac{1}{\omega C}I_C\sin(\omega t+\varphi_i) = \sqrt{2}\frac{1}{\omega C}I_C\cos\left(\omega t+\varphi_i-\frac{\pi}{2}\right) = \sqrt{2}U_C\cos(\omega t+\varphi_u)$$

说明电容上的电压、电流是同频率的正弦量。令 $\dot{U}_C = U_C\underline{/\varphi_u}$，则相量形式有

$$\dot{U}_C = \frac{1}{\mathrm{j}\omega C}\dot{I}_C = -\mathrm{j}\frac{1}{\omega C}\dot{I}_C \tag{6-2-10}$$

或

$$\begin{cases} U_C = \dfrac{1}{\omega C}I_C \\[2mm] \varphi_u = \varphi_i - \dfrac{\pi}{2} \end{cases} \tag{6-2-11}$$

式 (6-2-11) 中的电容电压、电流有效值之间的关系类似于欧姆定律，但是与角频率 ω 有关。其中与角频率 ω 成反比的 $\dfrac{1}{\omega C}$ 具有与电阻相同的量纲 [Ω]，称为电容电抗，简称容抗；ωC 称为电容电纳，简称容纳，具有电导的量纲 [S]。

电容上的电压将跟随角频率 ω 的变化而变化，当 $\omega=0$（直流）时，$\dfrac{1}{\omega C}\to\infty$，$i_C=0$，电容相当于开路（可以隔离直流）；当 $\omega\to\infty$ 时，$\dfrac{1}{\omega C}=0$，$u_C=0$，电容相当于短路。在相位上，电容电压滞后电容电流 90°。

对于极高频率的电路来说,电容相当于短接,因此在电子线路中常用电容 C 作高频旁通电路。

图 6-2-3b 是电容的相量模型,图 6-2-3c 是电容电压、电流的相量图。

如果线性受控源的控制电压或电流是正弦量,则受控源的电压或电流将是同一频率的正弦量。在图 6-2-4a 所示的受控源电路中,有 $u=ri$,其相量形式为

$$\dot{U}=r\,\dot{I} \tag{6-2-12}$$

图 6-2-4b 表示了该受控源的相量模型图(其他形式的受控源与其类似)。

用复数代数方程所描述的电路定律的相量形式是电路相量法体系的基础,电路元件的 VCR 的相量形式对正确应用相量法分析电路是十分重要的,不仅要用到电阻、感抗和容抗,或者电导、感纳和容纳等概念,而且要特别注意电压、电流之间的相位差。

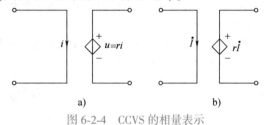

图 6-2-4 CCVS 的相量表示

例 6-2-1 图 6-2-5a 所示电路中,$i_s=5\sqrt{2}\cos(1000t+30°)$ A,$R=30\,\Omega$,$L=0.12$ H,$C=12.5\,\mu$F。试求电压 u_{ad} 和 u_{bd}。

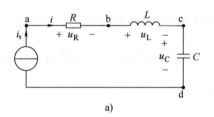

a)

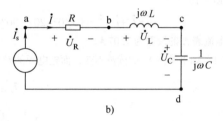

b)

图 6-2-5 例 6-2-1 电路图

解 根据原电路图(图 6-2-5a)画出对应的相量模型(图 6-2-5b),然后写出相量形式的电路方程。

由题意可得 $\dot{I}_s=5\underline{/30°}$ A,$j\omega L=j120\,\Omega$,$\dfrac{1}{j\omega C}=-j80\,\Omega$。

根据电路元件的 VCR 的相量形式,有

$$\dot{U}_R=R\,\dot{I}_s=150\underline{/30°}\text{ V}\qquad(\text{与}\dot{I}_s\text{ 同相位})$$

$$\dot{U}_L=j\omega L\,\dot{I}_s=600\underline{/120°}\text{ V}\qquad(\text{超前}\dot{I}_s\text{ 相位}90°)$$

$$\dot{U}_C=\frac{1}{j\omega C}\dot{I}_s=400\underline{/-60°}\text{ V}\qquad(\text{滞后}\dot{I}_s\text{ 相位}90°)$$

根据 KVL,有

$$\dot{U}_{bd}=\dot{U}_L+\dot{U}_C=(600\underline{/120°}+400\underline{/-60°})\text{ V}=200\underline{/120°}\text{ V}$$

$$\dot{U}_{ad}=\dot{U}_R+\dot{U}_{bd}=(150\underline{/30°}+200\underline{/120°})\text{ V}=250\underline{/83.13°}\text{ V}$$

所以

$$u_{bd}=200\sqrt{2}\cos(1000t+120°)\text{ V}$$

$$u_{ad}=250\sqrt{2}\cos(1000t+83.13°)\text{ V}$$

应用相量法分析正弦稳态电路时,其电路方程的相量形式与电阻电路相似。

通过例 6-2-1 可以看到,当串联电路中同时有电感、电容时,其结果与电阻电路相比,存在明显的差异,这是因为感抗和容抗不仅与频率关系彼此相反,而且在串联时有互相抵消

的作用。在一定的条件下，电感、电容的电压可能出现高于端口电压的现象（在例 6-2-1 中 $U_L=600\text{ V}$，$U_C=400\text{ V}$，而 $U_{ad}=250\text{ V}$），这些现象在电阻串联电路中是不可能出现的。

例 6-2-2 图 6-2-6 所示正弦稳态电路中，各交流电流表的读数（有效值）如下：A_1 为 5 A，A_2 为 20 A，A_3 为 25 A。试求：

（1）图中电流表 A 的读数。

（2）如果维持 A_1 的读数不变，而把电源的频率提高一倍，再求电流表 A 的读数。

解 （1）由于 R、L 和 C 为并联，各元件的电压相同。

设并联元件的电压为参考相量，即 $\dot U=U\underline{/0°}$。根据元件电压、电流的相量关系，可得

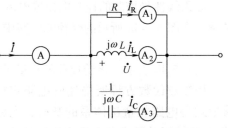

图 6-2-6　例 6-2-2 电路图

$$\dot I_R=\frac{\dot U}{R}=5\underline{/0°}\text{ A}$$

$$\dot I_L=\frac{\dot U}{j\omega L}=20\underline{/-90°}\text{ A}$$

$$\dot I_C=j\omega C\,\dot U=25\underline{/90°}\text{ A}$$

根据 KCL 得

$$\dot I=\dot I_R+\dot I_L+\dot I_C=(5\underline{/0°}+20\underline{/-90°}+25\underline{/90°})\text{ A}=5\sqrt2\underline{/45°}\text{ A}=7.07\underline{/45°}\text{ A}$$

电流表 A 的读数为 7.07 A。

（2）如果维持 A_1 的读数不变，而把电源的频率提高一倍，电压 $\dot U$ 的有效值 U 不变，设 $\dot U=U\underline{/0°}$，所以

$$\dot I_R=\frac{\dot U}{R}=5\underline{/0°}\text{ A}$$

$$\dot I_L=\frac{\dot U}{j(2\omega)L}=10\underline{/-90°}\text{ A}$$

$$\dot I_C=j(2\omega)C\,\dot U=50\underline{/90°}\text{ A}$$

此时

$$\dot I=\dot I_R+\dot I_L+\dot I_C=(5\underline{/0°}+10\underline{/-90°}+50\underline{/90°})\text{ A}=40.31\underline{/82.87°}\text{ A}$$

电流表 A 的读数为 40.31 A。

例 6-2-3 图 6-2-7 所示正弦稳态电路中，已知 $I_1=I_2=10$ A，试求电流 I 和电压 U_s。

解 设电阻的电压 $\dot U_R=U\underline{/0°}$，则

$$\dot I_1=10\underline{/0°}\text{ A}$$

$$\dot I_2=10\underline{/90°}\text{ A}$$

且

$$\dot U_R=R\dot I_1=10\times10\underline{/0°}\text{ V}=100\underline{/0°}\text{ V}$$

由 KCL 得

$$\dot I=\dot I_1+\dot I_2=(10\underline{/0°}+10\underline{/90°})\text{ A}=10\sqrt2\underline{/45°}\text{ A}$$

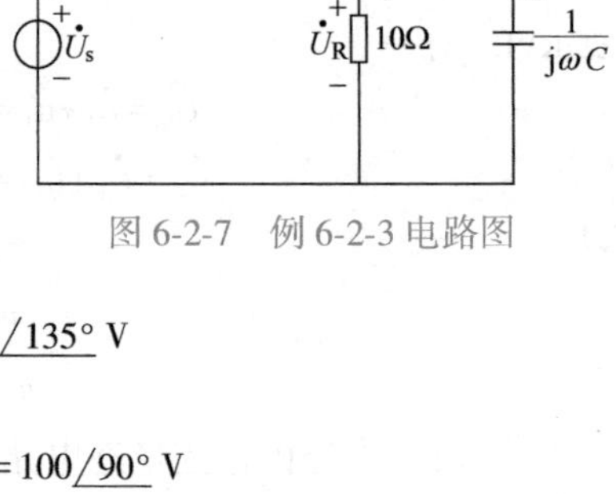

图 6-2-7　例 6-2-3 电路图

则

$$\dot U_L=j\omega L\dot I=j10\times10\sqrt2\underline{/45°}\text{ V}=100\sqrt2\underline{/135°}\text{ V}$$

所以

$$\dot U_s=\dot U_L+\dot U_R=(100\sqrt2\underline{/135°}+100\underline{/0°})\text{ V}=100\underline{/90°}\text{ V}$$

因此，电流 I 为 $10\sqrt2$ A，电压 U_s 为 100 V。

6.3 复阻抗与复导纳

6-3-1 复阻抗和 复导纳（1）　6-3-2 复阻抗和 复导纳（2）

在正弦稳态电路中，线性非时变的不含独立源一端口电路（或二端元件）的电压和电流为同频率的正弦量，其端口特性的相量形式就是欧姆定律的相量形式。

复阻抗与复导纳概念的引入，对正弦电流电路的稳态分析有着十分重要的意义。

6.3.1 复阻抗

图 6-3-1 所示电路为一个不含独立源的一端口 N_0，当它在角频率 ω 的正弦电源激励下处于稳定状态时，端口的电压、电流是同频率的正弦量，其相量分别设为 $\dot{U} = U \underline{/\varphi_u}$ 和 $\dot{I} = I \underline{/\varphi_i}$。在相量法中，可以利用一端口的电压相量、电流相量之间的比值，用两种不同类型的等效参数来描述一端口 N_0 的对外特性。这与电阻一端口电路类似。

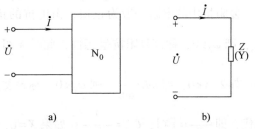

图 6-3-1 一端口 N_0 的复阻抗、复导纳

一端口 N_0 的入端复阻抗 Z 定义为该电路的端电压相量 $\dot{U}$ 与流入此电路的电流相量 $\dot{I}$ 之比，即

$$Z = \frac{\dot{U}}{\dot{I}} = \frac{U \underline{/\varphi_u}}{I \underline{/\varphi_i}} = \frac{U}{I} \underline{/(\varphi_u - \varphi_i)} = |Z| \underline{/\varphi_Z} \tag{6-3-1}$$

或

$$\dot{U} = Z \dot{I} \tag{6-3-2}$$

式（6-3-1）是用复阻抗 Z 表示的欧姆定律的相量形式。Z 不是正弦量对应的复数，而是一个常规的复数（由于 Z 不是相量，因此 Z 的符号上面不能加"·"）。通常将复阻抗 Z 简称为阻抗，其模 $|Z| = \dfrac{U}{I}$ 称为阻抗模，辐角 $\varphi_Z = \varphi_u - \varphi_i$ 称为阻抗角。Z 的单位为欧姆（Ω），电气符号如图 6-3-1b 所示。

Z 的代数形式为

$$Z = R + jX \tag{6-3-3}$$

式中，实部 R 称为电阻；虚部 X 称为电抗。

如果一端口 N_0 分别为单个元件 R、L、C，则

$$Z_R = \frac{\dot{U}_R}{\dot{I}_R} = R$$

$$Z_L = \frac{\dot{U}_L}{\dot{I}_L} = j\omega L = jX_L$$

$$Z_C = \frac{\dot{U}_C}{\dot{I}_C} = \frac{1}{j\omega C} = -j\frac{1}{\omega C} = -jX_C$$

式中，$X_L = \omega L$ 称为感性电抗，简称感抗；$X_C = \frac{1}{\omega C}$[⊖] 称为容性电抗，简称容抗。

如果一端口 N_0 为 RLC 串联电路，则复阻抗 Z 为

$$Z = \frac{\dot{U}}{\dot{I}} = R + j\left(\omega L - \frac{1}{\omega C}\right) = R + j(X_L - X_C) = R + jX = |Z|\underline{/\varphi_Z} \tag{6-3-4}$$

式中

$$\begin{cases} |Z| = \sqrt{R^2 + X^2}, \varphi_Z = \arctan\left(\dfrac{X}{R}\right) \\ R = |Z|\cos\varphi_Z, X = |Z|\sin\varphi_Z \end{cases} \tag{6-3-5}$$

复阻抗中的电阻一般为正值，由电抗的正负可以判断电路的性质。如果 $X > 0$，即 $\omega L > \frac{1}{\omega C}$，则 $\varphi_Z > 0$，称该复阻抗呈感性，此时 X 可用等效电感 L_{eq} 的感抗替代，即 $\omega L_{eq} = X$，$L_{eq} = \frac{X}{\omega}$；如果 $X < 0$，即 $\omega L < \frac{1}{\omega C}$，则 $\varphi_Z < 0$，称该复阻抗呈容性，此时 X 可用等效电容 C_{eq} 的容抗替代，即 $\frac{1}{\omega C_{eq}} = |X|$，$C_{eq} = \frac{1}{\omega|X|}$；如果 $X = 0$，即 $\omega L = \frac{1}{\omega C}$，则 $\varphi_Z = 0$，称该复阻抗呈电阻性。

一般情况下，复阻抗 Z 的实部和虚部是外施正弦激励的角频率 ω 的函数，这时复阻抗 Z 可表达为

$$Z(\omega) = R(\omega) + jX(\omega)$$

$R(\omega)$ 称为 $Z(\omega)$ 的电阻分量，$X(\omega)$ 称为 $Z(\omega)$ 的电抗分量。

复阻抗 Z 的代数形式 $Z = R + jX$ 和极坐标形式 $Z = |Z|\underline{/\varphi_Z}$ 之间的参数关系可用一个直角三角形表示，如图 6-3-2 所示，这个三角形称为阻抗三角形，其参数之间的变换计算式如式（6-3-5）所示。

显然，复阻抗具有与电阻相同的量纲。

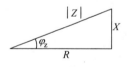

图 6-3-2　阻抗三角形

6.3.2　复导纳

流入一端口 N_0 的电流相量 $\dot{I}$ 与该电路的端电压相量 $\dot{U}$ 之比定义为此电路的入端复导纳 Y，即

$$Y = \frac{\dot{I}}{\dot{U}} = \frac{I\underline{/\varphi_i}}{U\underline{/\varphi_u}} = \frac{I}{U}\underline{/(\varphi_i - \varphi_u)} = |Y|\underline{/\varphi_Y} \tag{6-3-6}$$

或

$$\dot{I} = Y\dot{U} \tag{6-3-7}$$

式（6-3-7）是用复导纳 Y 表示的欧姆定律的相量形式。Y 不是正弦量对应的复数，而是一个常规的复数（由于 Y 不是相量，因此 Y 的符号上面不能加"·"）。通常将复导纳 Y 简称

⊖　在某些"电路"教材中，定义 $X_C = -\frac{1}{\omega C}$。

为导纳，其模 $|Y| = \dfrac{I}{U}$ 称为导纳模，辐角 $\varphi_{\text{Y}} = \varphi_{\text{i}} - \varphi_{\text{u}}$ 称为导纳角。Y 的单位为西门子（S）。

Y 的代数形式为

$$Y = G + jB \tag{6-3-8}$$

式中，实部 G 称为电导；虚部 B 称为电纳。

如果一端口 N_0 分别为单个元件 R、L、C，则

$$Y_{\text{R}} = \frac{\dot{I}_{\text{R}}}{\dot{U}_{\text{R}}} = \frac{1}{R} = G$$

$$Y_{\text{L}} = \frac{\dot{I}_{\text{L}}}{\dot{U}_{\text{L}}} = \frac{1}{j\omega L} = -j\frac{1}{\omega L} = -jB_{\text{L}}$$

$$Y_{\text{C}} = \frac{\dot{I}_{\text{C}}}{\dot{U}_{\text{C}}} = j\omega C = jB_{\text{C}}$$

式中，$B_{\text{L}} = \dfrac{1}{\omega L}$ 称为感性电纳$^{\ominus}$，简称感纳；$B_{\text{C}} = \omega C$ 称为容性电纳，简称容纳。

如果一端口 N_0 为 RLC 并联电路，如图 6-3-3 所示，则复导纳 Y 为

$$Y = \frac{\dot{I}}{\dot{U}} = \frac{1}{R} + j\left(\omega C - \frac{1}{\omega L}\right) = G + j(B_{\text{C}} - B_{\text{L}}) = G + jB = |Y| \underline{/\varphi_{\text{Y}}} \tag{6-3-9}$$

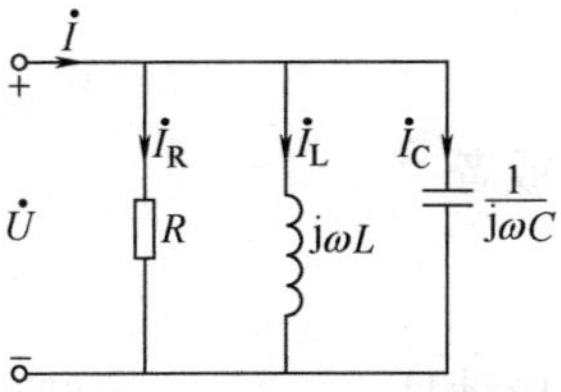

式中

$$\begin{cases} |Y| = \sqrt{G^2 + B^2}, \ \varphi_{\text{Y}} = \arctan\left(\dfrac{B}{G}\right) \\ G = |Y|\cos\varphi_{\text{Y}}, \ B = |Y|\sin\varphi_{\text{Y}} \end{cases} \tag{6-3-10}$$

图 6-3-3 RLC 并联电路

复导纳中的电导一般为正值，由电纳的正负也可以判断电路的性质。如果 $B > 0$，即 $\omega C > \dfrac{1}{\omega L}$，则 $\varphi_{\text{Y}} > 0$，称该复导纳呈容性，此时 B 可用等效电容 C_{eq} 的容纳替代，即 $\omega C_{\text{eq}} = B$，$C_{\text{eq}} = \dfrac{B}{\omega}$；如果 $B < 0$，即 $\omega C < \dfrac{1}{\omega L}$，则 $\varphi_{\text{Y}} < 0$，称该复导纳呈感性，此时 B 可用等效电感 L_{eq} 的感纳替代，即 $\dfrac{1}{\omega L_{\text{eq}}} = |B|$，$L_{\text{eq}} = \dfrac{1}{\omega |B|}$；如果 $B = 0$，即 $\omega C = \dfrac{1}{\omega L}$，则 $\varphi_{\text{Y}} = 0$，称该复导纳呈电导性。

一般情况下，复导纳 Y 的实部和虚部是外施正弦激励的角频率 ω 的函数，这时复导纳 Y 可表达为

$$Y(\omega) = G(\omega) + jB(\omega)$$

式中，$G(\omega)$ 称为 $Y(\omega)$ 的电导分量；$B(\omega)$ 称为 $Y(\omega)$ 的电纳分量。

复导纳 Y 的代数形式 $Y = G + jB$ 和极坐标形式 $Y = |Y| \underline{/\varphi_{\text{Y}}}$ 之间的参数关系可用一个直角三角形表示，如图 6-3-4 所示，这个三角形称为导纳三角形，其参数之间的变换计算式如式（6-3-10）所示。

复导纳具有与电导相同的量纲。

图 6-3-4 导纳三角形

$\ominus$ 在某些"电路"教材中，定义 $B_{\text{L}} = -\dfrac{1}{\omega L}$。

这里需要指出的是，一端口 N_0 的复阻抗或复导纳是由其内部的参数、结构和正弦电源的频率共同决定的，在一般情况下，其每一部分都是频率、参数的函数，且随频率、参数而变。

一端口 N_0 内部若不含受控源，则有 $|\varphi_Z| \leqslant 90°$ 或 $|\varphi_Y| \leqslant 90°$；但有受控源时，可能会出现 $|\varphi_Z| > 90°$ 或 $|\varphi_Y| > 90°$，此时复阻抗或复导纳的实部为负值，其等效电路要设定受控源来表示实部。

6.3.3 复阻抗与复导纳间的等效变换

无源一端口网络 N_0 的复阻抗和复导纳可以等效变换，即有

$$ZY = 1 \tag{6-3-11}$$

Z 和 Y 互为倒数。若用极坐标形式表示，则有

$$|Z||Y| = 1 \text{ 和 } \varphi_Z + \varphi_Y = 0 \tag{6-3-12}$$

若用代数形式，即设 $Z = R + jX$，$Y = G + jB$，则

$$Y = \frac{1}{Z} = \frac{1}{R+jX} = \frac{R}{R^2+X^2} - j\frac{X}{R^2+X^2}$$

应满足

$$G = \frac{R}{R^2+X^2} \text{ 和 } B = -\frac{X}{R^2+X^2} \tag{6-3-13}$$

或者

$$Z = \frac{1}{Y} = \frac{1}{G+jB} = \frac{G}{G^2+B^2} - j\frac{B}{G^2+B^2}$$

应满足

$$R = \frac{G}{G^2+B^2} \text{ 和 } X = -\frac{B}{G^2+B^2} \tag{6-3-14}$$

一般情况下 $R \neq \dfrac{1}{G}$，$X \neq \dfrac{1}{B}$。

可见，串联等效电路和并联等效电路可以互相变换。等效变换不会改变复阻抗（或复导纳）原来的感性或容性性质。

例 6-3-1 已知图 6-3-5 所示电路中，$R = 100\,\Omega$，$C = 10\,\mu F$，$L = 0.1\,H$。试分别计算角频率为 $\omega = 314\,rad/s$、$\omega = 1000\,rad/s$、$\omega = 4000\,rad/s$ 时此电路的入端复阻抗和复导纳。

解 此电路的入端复导纳为

$$Y = \frac{1}{R} + j\omega C + \frac{1}{j\omega L}$$

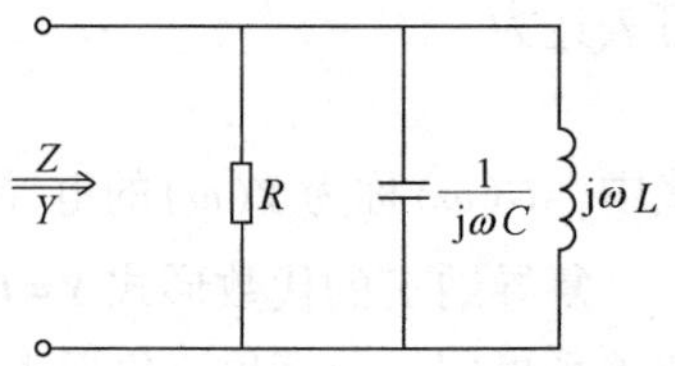

（1）当 $\omega = 314\,rad/s$ 时

$$Y_1 = \left(\frac{1}{100} + j314 \times 10 \times 10^{-6} + \frac{1}{j314 \times 0.1}\right) S$$

$$= (0.01 - j0.0287)\,S$$

$$Z_1 = \frac{1}{Y_1} = \frac{1}{0.01 - j0.0287}\,\Omega = (10.8 + j31.1)\,\Omega$$

图 6-3-5 例 6-3-1 电路图

可见此并联电路在 $\omega = 314\,rad/s$ 时呈感性。

（2）当 $\omega = 1000\,rad/s$ 时

$$Y_2 = \left(\frac{1}{100} + j1000 \times 10 \times 10^{-6} + \frac{1}{j1000 \times 0.1}\right) S = 0.01\,S$$

$$Z_2 = \frac{1}{Y_2} = \frac{1}{0.01}\,\Omega = 100\,\Omega$$

当 $\omega = 1000\,\mathrm{rad/s}$ 时，电容和电感的电纳互相抵消，等效阻抗是一个电阻 R。

（3）当 $\omega = 4000\,\mathrm{rad/s}$ 时

$$Y_3 = \left(\frac{1}{100} + \mathrm{j}4000\times10\times10^{-6} + \frac{1}{\mathrm{j}4000\times0.1}\right)\mathrm{S} = (0.01 + \mathrm{j}0.0375)\,\mathrm{S}$$

$$Z_3 = \frac{1}{Y_3} = \frac{1}{0.01 + \mathrm{j}0.0375}\,\Omega = (6.64 - \mathrm{j}24.9)\,\Omega$$

当 $\omega = 4000\,\mathrm{rad/s}$ 时，此电路呈现容性。

6.3.4 复阻抗（复导纳）的串、并联

对复阻抗（复导纳）的串、并联电路的分析计算，以及三角形联结和星形联结之间的等效变换，完全可以采用电阻电路中的分析计算方法以及相关公式。

例 6-3-2 电路如图 6-3-6 所示，已知 $Z_1 = (10+\mathrm{j}6.28)\,\Omega$，$Z_2 = (20-\mathrm{j}31.9)\,\Omega$，$Z_3 = (15+\mathrm{j}15.7)\,\Omega$。试求 Z_{ab}。

解 由题意,得

$$Z_{ab} = Z_3 + \frac{Z_1 Z_2}{Z_1 + Z_2} = Z_3 + Z$$

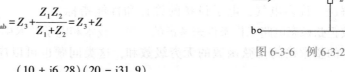

图 6-3-6 例 6-3-2 电路图

其中

$$
\begin{aligned}
Z &= \frac{Z_1 Z_2}{Z_1 + Z_2} = \frac{(10+\mathrm{j}6.28)(20-\mathrm{j}31.9)}{(10+\mathrm{j}6.28)+(20-\mathrm{j}31.9)}\,\Omega \\
&= \frac{11.81\underline{/32.13°}\times 37.65\underline{/-57.91°}}{39.45\underline{/-40.5°}}\,\Omega \\
&= 11.27\underline{/14.72°}\,\Omega = (10.9+\mathrm{j}2.86)\,\Omega
\end{aligned}
$$

所以

$$Z_{ab} = Z_3 + Z = (15+\mathrm{j}15.7+10.9+\mathrm{j}2.86)\,\Omega = (25.9+\mathrm{j}18.56)\,\Omega = 31.86\underline{/35.63°}\,\Omega$$

例 6-3-3 已知电路如图 6-3-7 所示，且 $U = 100\,\mathrm{V}$，频率 $f = 50\,\mathrm{Hz}$，$R = 20\,\Omega$，$L = 0.2\,\mathrm{H}$，$C = 100\,\mu\mathrm{F}$。试求图中各支路的电流。

解 设 $\dot{U} = 100\underline{/0°}\,\mathrm{V}$。由已知条件得

电源角频率为 $\omega = 2\pi f = 2\pi\times50\,\mathrm{rad/s} = 314.2\,\mathrm{rad/s}$

电感的感抗为 $\omega L = 314.2\times0.2\,\Omega = 62.84\,\Omega$

电容的容抗为 $\dfrac{1}{\omega C} = \dfrac{1}{314.2\times100\times10^{-6}}\,\Omega = 31.83\,\Omega$

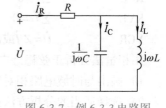

图 6-3-7 例 6-3-3 电路图

电路的入端阻抗为

$$
\begin{aligned}
Z &= R + \frac{\mathrm{j}\omega L \times \dfrac{1}{\mathrm{j}\omega C}}{\mathrm{j}\omega L + \dfrac{1}{\mathrm{j}\omega C}} = R + \frac{\dfrac{L}{C}}{\mathrm{j}\left(\omega L - \dfrac{1}{\omega C}\right)} \\
&= \left[20 + \frac{\dfrac{0.2}{100\times10^{-6}}}{\mathrm{j}(62.84 - 31.83)}\right]\Omega = (20 - \mathrm{j}64.5)\,\Omega \\
&= 67.53\underline{/-72.77°}\,\Omega
\end{aligned}
$$

得电流

$$\dot{I}_R = \frac{\dot{U}}{Z} = \frac{100\underline{/0°}}{67.53\underline{/-72.77°}} \text{A} = 1.481\underline{/72.77°} \text{ A}$$

由分流公式，得

$$\dot{I}_L = \frac{\frac{1}{j\omega C}}{j\left(\omega L - \frac{1}{\omega C}\right)} \times \dot{I}_R = \frac{-j31.83}{j(62.84-31.83)} \times 1.481\underline{/72.77°} \text{ A} = 1.52\underline{/-107.23°} \text{ A}$$

$$\dot{I}_C = \frac{j\omega L}{j\left(\omega L - \frac{1}{\omega C}\right)} \times \dot{I}_R = \frac{j62.84}{j(62.84-31.83)} \times 1.481\underline{/72.77°} \text{ A} = 3.00\underline{/72.77°} \text{ A}$$

6.4 正弦稳态电路的分析

6-4-1 正弦稳态
电路的分析（1）　6-4-2 正弦稳态
电路的分析（2）

正弦稳态电路的分析方法可采用相量法，无论在实际应用上，还是在理论分析上该方法都极为重要。电力工程中遇到的大多数问题都可以按照正弦稳态电路分析方法来解决。许多电气、电子设备的设计和性能指标也往往是按正弦稳态电路工作条件来考虑的。电工技术和电子技术中的非正弦周期信号可以分解为频率的整数倍的正弦函数的无穷级数和，这类问题也可以应用正弦稳态分析方法来处理。

在对正弦稳态电路进行分析时，若电路中所有元件都用元件的相量模型表示，电路中的所有电压和电流亦都用相量表示，所得电路的相量模型都服从相量形式的基尔霍夫定律和元件的伏安关系，则列出的电路方程是线性复数代数方程，与电阻电路的代数方程类似。因此，前面所讨论的关于直流输入下的线性电阻电路的分析方法、定理、公式可以推广到正弦稳态电路的相量运算之中。

根据前面章节中已为相量法奠定的理论基础，可获得电路基本定律的相量形式，即

KCL　　　　$\sum \dot{I} = 0$

KVL　　　　$\sum \dot{U} = 0$

VCR　　　　$\dot{U} = Z \dot{I}$ 或 $\dot{I} = Y \dot{U}$

用相量法分析正弦稳态电路时所采取的一般步骤如下：

1）画出与时域电路相对应的相量形式的电路。

2）选择适当的分析方法或定理求解待求的相量响应。

3）将求得的相量响应变换为时域响应。

例 6-4-1 试分别用回路电流法和结点电压法求图 6-4-1 所示电路的电压 $\dot{U}_2$。已知 $Z_1 = Z_4 = 5\underline{/36.9°}$ Ω，$Z_2 = Z_3 = 10\underline{/36.9°}$ Ω，$\dot{U}_s = 220\underline{/0°}$ V，$\dot{I}_s = 20\underline{/0°}$ A。

解　（1）回路电流法

回路电流的参考方向如图 6-4-1 所示，有

$$\dot{I}_{l1} = \dot{I}_s$$

$$-Z_1 \dot{I}_{l1} + (Z_1 + Z_2 + Z_3)\dot{I}_{l2} - Z_3 \dot{I}_{l3} = 0$$

$$-Z_3 \dot{I}_{l2} + (Z_3 + Z_4)\dot{I}_{l3} = -\dot{U}_s$$

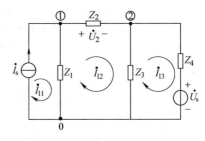

图 6-4-1　例 6-4-1 电路图

代入数据得

$$\dot{I}_{12} = 4.9\underline{/101°} \text{ A}, \dot{I}_{13} = 17.23\underline{/135.83°} \text{ A}$$

所以

$$\dot{U}_2 = Z_2 \dot{I}_{12} = 49\underline{/137.9°} \text{ V}$$

（2）结点电压法

以结点 0 为参考结点，列出结点电压方程为

$$\left(\frac{1}{Z_1} + \frac{1}{Z_2}\right)\dot{U}_{n1} - \frac{1}{Z_2}\dot{U}_{n2} = \dot{I}_s$$

$$-\frac{1}{Z_2}\dot{U}_{n1} + \left(\frac{1}{Z_2} + \frac{1}{Z_3} + \frac{1}{Z_4}\right)\dot{U}_{n2} = \frac{\dot{U}_s}{Z_4}$$

代入数据得

$$\dot{U}_{n1} = 107.44\underline{/23.98°} \text{ V}$$

$$\dot{U}_{n2} = 134.98\underline{/4.64°} \text{ V}$$

所以

$$\dot{U}_2 = \dot{U}_{n1} - \dot{U}_{n2} = 48.95\underline{/138°} \text{ V}$$

例 6-4-2 已知图 6-4-2a 所示电路的 $\dot{U}_s = 5\underline{/0°}$ V，试求该电路的戴维宁等效电路和诺顿等效电路。

解 根据图 6-4-2a 所示电路，先求出 $2\,\Omega$ 和 $\text{j}2\,\Omega$ 并联的等效复阻抗 Z_2。

$$Z_2 = \frac{2 \times \text{j}2}{2 + \text{j}2}\,\Omega = (1+\text{j}1)\,\Omega = \sqrt{2}\underline{/45°}\,\Omega$$

所以，在端口开路情况下，图 6-4-2a 中的电流 $\dot{I}_1$ 为

$$\dot{I}_1 = \frac{\dot{U}_s}{-\text{j}1 + Z_2} = 5\underline{/0°} \text{ A}$$

则开路电压为

$$\dot{U}_{oc} = -2\dot{I}_1 + Z_2\dot{I}_1 = (-5+\text{j}5) \text{ V} = 5\sqrt{2}\underline{/135°} \text{ V}$$

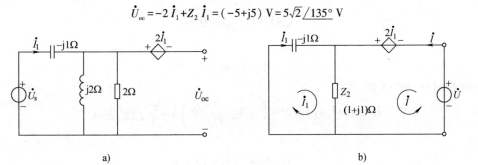

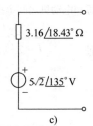

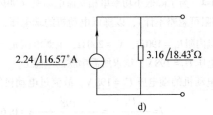

图 6-4-2　例 6-4-2 电路图

在一端口外部加电源 $\dot{U}$（与独立源同频率），并将独立源置零，如图 6-4-2b 所示。对该电路列出回路电流方程

$$(-j1 + 1 + j1)\dot{I}_1 + (1 + j1)\dot{I} = 0$$

$$(1 + j1)\dot{I}_1 + (1 + j1)\dot{I} = \dot{U} + 2\dot{I}_1$$

消去$\dot{I}_1$，得

$$\dot{U} = (3+j1)\dot{I}$$

故原电路的戴维宁等效阻抗为

$$Z_{eq} = \frac{\dot{U}}{\dot{I}} = (3+j1)\,\Omega = 3.16\underline{/18.43°}\,\Omega$$

短路电流为

$$\dot{I}_{sc} = \frac{\dot{U}_{oc}}{Z_{eq}} = \frac{5\sqrt{2}\underline{/135°}}{3.16\underline{/18.43°}}\,A = 2.24\underline{/116.57°}\,A$$

戴维宁等效电路和诺顿等效电路分别如图 6-4-2c、d 所示。

例 6-4-3 正弦稳态电路如图 6-4-3 所示，已知当 $u_s(t) = 0$ V 时，$i(t) = 3\cos(\omega t)$ A；当 $u_s(t) = 3\cos(\omega t + 30°)$ V 时，$i(t) = 3\sqrt{2}\cos(\omega t + 45°)$ A。试求当 $u_s(t) = 4\cos(\omega t + 30°)$ V 时的 $i(t)$。

解 依题意，设线性有源网络单独作用时，复阻抗 Z 上的电流为 $\dot{I}_0$，则根据叠加定理，可得图 6-4-3 所示电路的电流为

$$\dot{I} = Y_1\dot{U}_s + \dot{I}_0$$

当 $u_s(t) = 0$ V 时，$i(t) = 3\cos(\omega t)$ A，所以

$$\frac{3}{\sqrt{2}}\underline{/0°} = Y_1 \times 0 + \dot{I}_0$$

得

$$\dot{I}_0 = \frac{3}{\sqrt{2}}\underline{/0°}\,A$$

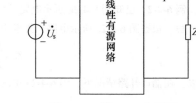

图 6-4-3 例 6-4-3 电路图

当 $u_s(t) = 3\cos(\omega t + 30°)$ V 时，$i(t) = 3\sqrt{2}\cos(\omega t + 45°)$ A，所以

$$3\underline{/45°} = Y_1 \times \frac{3}{\sqrt{2}}\underline{/30°} + \dot{I}_0$$

得

$$Y_1 = 1\underline{/60°}\,S$$

当 $u_s(t) = 4\cos(\omega t + 30°)$ V 时，有

$$\dot{I} = Y_1\dot{U}_s + \dot{I}_0 = \left(1\underline{/60°} \times \frac{4}{\sqrt{2}}\underline{/30°} + \frac{3}{\sqrt{2}}\underline{/0°}\right)A = \frac{5}{\sqrt{2}}\underline{/53.13°}\,A$$

所以

$$i(t) = 5\cos(\omega t + 53.13°)\,A$$

例 6-4-4 为了降低小功率单相交流电动机（如风扇）的转速，可在电源和电动机之间串接一电感线圈 L（线圈的内阻可忽略不计），以降低电动机的端电压，其电路如图 6-4-4 所示。已知电动机内阻 $R_L = 190\,\Omega$，$X_L = 260\,\Omega$，电源电压 $u_s = 220\sqrt{2}\cos(314t)$ V。为使电动机端电压 $U_2 = 198$ V，试求所需串联的电感 L。

解 电动机的端电压 $U_2 = 198$ V，故流过电动机的电流为

$$I = \frac{U_2}{\sqrt{R_L^2 + X_L^2}} = \frac{198}{\sqrt{190^2 + 260^2}}\,A = 0.615\,A$$

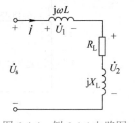

图 6-4-4 例 6-4-4 电路图

电路的总阻抗为

$$Z = \frac{\dot{U}_s}{\dot{I}} = R_L + j(X_L + \omega L)$$

电路的总阻抗的模为

$$|Z| = \frac{U_s}{I} = \sqrt{R_L^2 + (X_L + \omega L)^2} = \frac{220}{0.615}\,\Omega = 357.7\,\Omega$$

所以电感线圈 L 的感抗为

$$\omega L = \sqrt{|Z|^2 - R_L^2} - X_L = (\sqrt{357.7^2 - 190^2} - 260)\,\Omega = 43.1\,\Omega$$

线圈的电感为

$$L = \frac{43.1}{\omega} = \frac{43.1}{314}\,\mathrm{H} = 0.137\,\mathrm{H}$$

例 6-4-5 图 6-4-5 所示电路是一个实用移相电路，试求电压 $\dot{U}_o$。

解 列出结点 a 的结点电压方程，并利用理想运算放大器的虚断性质，有

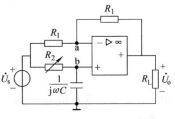

$$\left(\frac{1}{R_1} + \frac{1}{R_1}\right)\dot{U}_{na} - \frac{1}{R_1}\dot{U}_o = \frac{1}{R_1}\dot{U}_s$$

即

$$2\dot{U}_{na} - \dot{U}_o = \dot{U}_s$$

图 6-4-5　例 6-4-5 电路图

再由分压公式，得

$$\dot{U}_{nb} = \frac{\dfrac{1}{j\omega C}}{R_2 + \dfrac{1}{j\omega C}} \times \dot{U}_s = \frac{1}{j\omega C R_2 + 1} \times \dot{U}_s$$

由理想运算放大器的"虚短路"性质，即 $\dot{U}_{na} = \dot{U}_{nb}$，得

$$\dot{U}_o = 2\dot{U}_{na} - \dot{U}_s = \frac{2}{j\omega C R_2 + 1} \times \dot{U}_s - \dot{U}_s = \frac{1 - j\omega C R_2}{1 + j\omega C R_2} \times \dot{U}_s = 1 \underline{/-2\arctan(\omega C R_2)} \times \dot{U}_s$$

由此可见，输出电压 $\dot{U}_o$ 的幅值与输入电压 $\dot{U}_s$ 的幅值相等，但是当 R_2 由 0 变化至 ∞ 时，$\dot{U}_o$ 的相位滞后 $\dot{U}_s$ 为 $0° \sim 180°$，称之为滞后移相电路。

移相电路通常用于校正原电路中已经存在的不必要的相移或用于产生某种特定的效果。

例 6-4-6 图 6-4-6a 中的正弦电压 $U_s = 380\,\mathrm{V}$，$f = 50\,\mathrm{Hz}$，电容可调。当 $C = 80.95\,\mu\mathrm{F}$ 时，交流电流表 A 的读数最小，其值为 2.59 A。试求交流电流表 A_1 的读数。

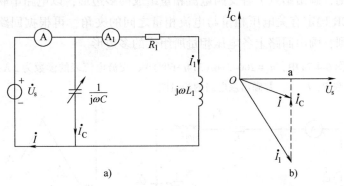

a)　　　　　　　　　b)

图 6-4-6　例 6-4-6 电路图

解　方法一

当 I 最小时，表示电路的入端导纳模最小（或入端阻抗模最大）。由于

$$Y(j\omega) = j\omega C + \frac{1}{R_1 + j\omega L_1} = j\omega C + \frac{R_1}{|Z_1|^2} - j\frac{\omega L_1}{|Z_1|^2} = \frac{R_1}{|Z_1|^2} + j\left(\omega C - \frac{\omega L_1}{|Z_1|^2}\right)$$

式中，$Z_1=R_1+\mathrm{j}\omega L_1$。可见，当 C 变化时，只改变 $Y(\mathrm{j}\omega)$ 的虚部，导纳模最小意味着虚部为零，$\dot{U}_\mathrm{s}$ 与 $\dot{I}$ 同相。设 $\dot{U}_\mathrm{s}=380\underline{/0^\circ}$ V，则 $\dot{I}=2.59\underline{/0^\circ}$ A，而 $\dot{I}_\mathrm{C}=\mathrm{j}\omega C\dot{U}_\mathrm{s}=\mathrm{j}9.66$ A。设 $\dot{I}_1=I_1\underline{/\varphi_1}$，由 KCL 得

$$\dot{I}=\dot{I}_\mathrm{C}+\dot{I}_1$$

$$2.59\underline{/0^\circ}=\mathrm{j}9.66+I_1\underline{/\varphi_1}$$

得

$$I_1\cos\varphi_1=2.59$$

$$I_1\sin\varphi_1=-9.66$$

解得

$$\varphi_1=\arctan\left(\frac{-9.66}{2.59}\right)=-75^\circ$$

$$I_1=\frac{2.59}{\cos\varphi_1}\text{A}=10\text{A}$$

即电流表 A_1 的读数为 10 A。

方法二

当电容 C 变化时，$\dot{I}_1$ 始终不变，定性画出电路的相量图。令 $\dot{U}_\mathrm{s}=380\underline{/0^\circ}$ V，$\dot{I}_1=\dfrac{\dot{U}_\mathrm{s}}{R_1+\mathrm{j}\omega L_1}$，故 $\dot{I}_1$ 滞后电压 $\dot{U}_\mathrm{s}$，$\dot{I}_\mathrm{C}=\mathrm{j}\omega C\dot{U}_\mathrm{s}$。表示 $\dot{I}=\dot{I}_1+\dot{I}_\mathrm{C}$ 的电流相量组成的三角形如图 6-4-6b 所示。当 C 变化时，$\dot{I}_\mathrm{C}$ 始终与 $\dot{U}_\mathrm{s}$ 正交，故 $\dot{I}_\mathrm{C}$ 的末端将沿图 6-4-6b 中所示虚线变化。而达到 a 点时，I 最小。$I_\mathrm{C}=\omega C U_\mathrm{s}=9.66$ A，此时 $I=2.59$ A。用电流三角形解得电流表 A_1 的读数为

$$\sqrt{9.66^2+2.59^2}\text{ A}=10\text{ A}$$

在分析阻抗（导纳）串、并联电路时，可以利用电压相量和电流相量在复平面上组成电路的相量图。相量图直观地显示了各相量之间的关系，并可辅助电路的分析计算。在相量图上，除了按比例反映各相量的模（有效值）以外，重要的是按照各相量的相位相对地确定各相量在图上的位置。通常的做法是：以电路并联部分的电压相量为参考，根据支路的 VCR 确定各并联支路的电流相量与电压相量之间的夹角；然后，再根据结点上的 KCL 方程，用平行四边形法则，画出结点上各支路电流相量组成的多边形；以电路串联部分的电流相量为参考，根据 VCR 确定有关电压相量与电流相量之间的夹角，再根据回路上的 KVL 方程，用平行四边形法则，画出回路上各电压相量所组成的多边形。

例 6-4-7 已知图 6-4-7a 中，$u_\mathrm{s}=200\sqrt{2}\cos(314t+60^\circ)$ V，交流电流表的读数为 2 A，电压 U_1、U_2 的值均为 200 V。试求参数 R、L、C，并画出该电路的相量图。

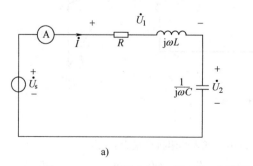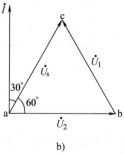

图 6-4-7　例 6-4-7 电路图

解 方法一：利用相量图求解。

由于电压 U_s、U_1、U_2 的值均为 200 V，且 $\dot{U}_s = \dot{U}_1 + \dot{U}_2$，因此由 $\dot{U}_s$、$\dot{U}_1$、$\dot{U}_2$ 构成的电压三角形为等边三角形 abc，如图 6-4-7b 所示。由题意知电压为 $\dot{U}_s = 200\underline{/60°}$ V，因此是三角形的 ac 边。又由已知条件可知，电容电压 U_2 与感性支路（电阻 R 与电感 L 所组成）电压 U_1 在幅值上相等，因此电容电压的数值要大于电感电压的数值，整个 RLC 组成的串联电路将是容性电路。对于输入电源端口来讲，电流 $\dot{I}$ 将超前于输入的电压源 $\dot{U}_s$。根据电容电压滞后电流 $\dot{I}$ 相位 90° 的关系，可得 $\dot{U}_2$ 是三角形的 ab 边，$\dot{U}_1$ 为 bc 边，电流 $\dot{I}$ 超前 $\dot{U}_s$ 相位 30°，如图 6-4-7b 所示。各相量为

$$\dot{U}_s = 200\underline{/60°} \text{ V}, \dot{U}_1 = 200\underline{/120°} \text{ V}$$

$$\dot{U}_2 = 200\underline{/0°} \text{ V}, \dot{I} = 2\underline{/90°} \text{ A}$$

故根据欧姆定律的相量形式，有

$$-jX_C = \frac{\dot{U}_2}{\dot{I}} = \frac{200\underline{/0°}}{2\underline{/90°}} \Omega = -j100 \text{ }\Omega$$

$$C = \frac{1}{\omega X_C} = \frac{1}{314 \times 100} \text{F} = 31.85 \text{ }\mu\text{F}$$

$$R + jX_L = \frac{\dot{U}_1}{\dot{I}} = \frac{200\underline{/120°}}{2\underline{/90°}} \Omega = 100\underline{/30°} \text{ }\Omega$$

则

$$R = 100\cos30° \text{ }\Omega = 86.6 \text{ }\Omega$$

$$L = \frac{X_L}{\omega} = \frac{100\sin30°}{314} \text{H} = 0.159 \text{ H}$$

方法二

根据电压、电流有效值关系，可得

$$X_C = \frac{1}{\omega C} = \frac{U_2}{I} = \frac{200}{2} \Omega = 100 \text{ }\Omega$$

$$C = \frac{1}{\omega X_C} = \frac{1}{314 \times 100} \text{F} = 31.85 \text{ }\mu\text{F}$$

$$|Z| = |R + jX_L| = \frac{U_1}{I} = \frac{200}{2} \Omega = 100 \text{ }\Omega$$

Z 的阻抗角为 $\dot{U}_1$ 和 $\dot{I}$ 间的相位差。为了计算方便，不妨设 $\dot{I} = 2\underline{/0°}$ A，则 $\dot{U}_2 = 200\underline{/-90°}$ V。另设 $\dot{U}_1 = 200\underline{/\varphi_1}$ V，$\dot{U}_s = 200\underline{/\varphi}$ V。

由 KVL 得

$$\dot{U}_s = \dot{U}_1 + \dot{U}_2$$

即

$$200\underline{/\varphi} = 200\underline{/\varphi_1} + 200\underline{/-90°}$$

由此可得

$$\cos\varphi = \cos\varphi_1$$
$$\sin\varphi = \sin\varphi_1 - 1$$

将以上两式二次方后相加，解得

$$\sin\varphi_1 = 0.5, \varphi_1 = 30°$$

所以

$$Z = \frac{\dot{U}_1}{\dot{I}} = \frac{200\underline{/30°}}{2\underline{/0°}} \Omega = 100\underline{/30°} \text{ }\Omega = (86.6 + j50) \text{ }\Omega$$

即

$$R = 86.6\,\Omega$$

$$L = \frac{50}{\omega} = \frac{50}{314}\,\mathrm{H} = 0.159\,\mathrm{H}$$

显然本题用相量图进行求解既直观又简便。

6-5-1　正弦稳态 6-5-2　正弦稳态
电路的功率（1）电路的功率（2）

6.5　正弦稳态电路的功率

在电能、电信号的传输、处理和应用等技术领域中，有关电功率的分析计算具有重要的实际意义。在这一节里讨论正弦稳态电路的功率计算。

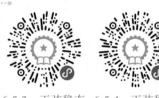

6-5-3　正弦稳态 6-5-4　正弦稳态
电路的功率（3）电路的功率（4）

6.5.1　正弦稳态一端口电路的功率

1. 瞬时功率

对于图 6-5-1 所示的正弦稳态线性无源一端口电路 N，设其端口电压和端口电流分别为

$$u = \sqrt{2}\,U\cos(\omega t + \varphi_{\mathrm{u}}) \qquad (6\text{-}5\text{-}1)$$

$$i = \sqrt{2}\,I\cos(\omega t + \varphi_{\mathrm{i}})$$

则该线性无源一端口电路 N 吸收的瞬时功率为

$$
\begin{aligned}
p = ui &= 2UI\cos(\omega t + \varphi_{\mathrm{u}})\cos(\omega t + \varphi_{\mathrm{i}}) \\
&= UI\cos(\varphi_{\mathrm{u}} - \varphi_{\mathrm{i}}) + UI\cos(2\omega t + \varphi_{\mathrm{u}} + \varphi_{\mathrm{i}}) \\
&= UI\cos\varphi + UI\cos(2\omega t + \varphi_{\mathrm{u}} + \varphi_{\mathrm{i}})
\end{aligned}
\qquad (6\text{-}5\text{-}2)
$$

式中，$\varphi = \varphi_{\mathrm{u}} - \varphi_{\mathrm{i}}$。

式（6-5-2）表示的瞬时功率 p 是一个随时间变化的量。瞬时功率 p 包括两项，前一项 $UI\cos\varphi$ 为常量，后一项 $UI\cos(2\omega t + \varphi_{\mathrm{u}} + \varphi_{\mathrm{i}})$ 为正弦量，频率是电压（电流）频率的两倍。图 6-5-2 表示了电压 u、电流 i 和瞬时功率 p 的波形。当 u、i 符号相同时，p 为正值，表明在该时刻电路从它的外部吸收功率；当 u、i 符号相异时，p 为负值，表明在该时刻电路实际上向外输出功率。

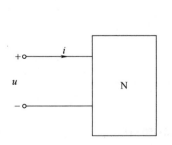

图 6-5-1　正弦稳态一端口电路

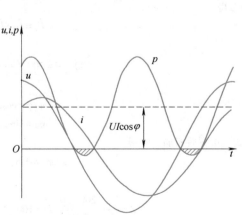

图 6-5-2　正弦稳态一端口电路的功率

式（6-5-2）还可以表示为

$$p = UI\cos\varphi + UI\cos(2\omega t + \varphi_u + \varphi_i)$$
$$= UI\cos\varphi + UI\cos(2\omega t + 2\varphi_u - \varphi)$$
$$= UI\cos\varphi + UI\cos\varphi\cos(2\omega t + 2\varphi_u) + UI\sin\varphi\sin(2\omega t + 2\varphi_u)$$
$$= UI\cos\varphi[1 + \cos(2\omega t + 2\varphi_u)] + UI\sin\varphi\sin(2\omega t + 2\varphi_u) \tag{6-5-3}$$

式（6-5-3）中的第一项 $UI\cos\varphi[1 + \cos(2\omega t + 2\varphi_u)]$ 始终大于或等于零（$|\varphi| \leqslant \pi/2$ 时），它是瞬时功率中的不可逆部分，为被电路所吸收的功率，不再返回外部电路；第二项 $UI\sin\varphi\sin(2\omega t + 2\varphi_u)$ 正负值交替变化，是瞬时功率中的可逆部分，说明外部电路与一端口电路之间有能量来回交换。如果一端口电路内不含有独立源，则这种能量交换的现象就是由电路内部的储能元件所引起的。

上述关于正弦稳态电路的瞬时功率的描述，反映了线性无源一端口电路在能量转换过程中的状态，并为工程测量和全面反映正弦稳态电路的功率提供了理论依据。由于瞬时功率不便测量，工程上常引用有功功率、无功功率和视在功率等概念。

2. 有功功率、无功功率和视在功率

将瞬时功率在一个周期内的平均值定义为平均功率，即

$$P \overset{\text{def}}{=} \frac{1}{T}\int_0^T p\mathrm{d}t \tag{6-5-4}$$

将式（6-5-2）代入式（6-5-4）中，得

$$P = \frac{1}{T}\int_0^T [UI\cos\varphi + UI\cos(2\omega t + \varphi_u + \varphi_i)]\mathrm{d}t = UI\cos\varphi = UI\cos(\varphi_u - \varphi_i) \tag{6-5-5}$$

平均功率亦称为有功功率，是线性无源一端口电路实际消耗的功率，它等于瞬时功率中的恒定分量。有功功率不仅与电压、电流的有效值的乘积有关，而且还与它们之间的相位差有关。有功功率的单位为瓦（W）。

工程上计量的功率和家用电器所标记的功率都是周期量的平均功率，如某电热水器的功率为 1500 W、荧光灯的功率为 40 W 等，都是指平均功率。

对于一般的正弦电流电路，为了反映电路中储能元件与外电路或电源之间能量交换的状况，引用了无功功率的概念，其定义为

$$Q \overset{\text{def}}{=} UI\sin\varphi \tag{6-5-6}$$

从式（6-5-3）中可知无功功率是瞬时功率可逆部分的振幅。这里"无功"的意思是指这部分能量存在于往复交换的过程中，没有被"消耗"掉。无功功率对电感和电容来说是工作所需，但对电源来说却是一种负担。无功功率的单位用 var(乏) 表示。

许多电力设备的最大负载能力是由它们的额定电压和额定电流○的乘积来衡量的，为此引入了视在功率的概念，定义为

$$S \overset{\text{def}}{=} UI \tag{6-5-7}$$

视在功率又称为表观功率。视在功率是满足线性无源一端口电路有功功率和无功功率两者的需要时，要求外部提供的功率容量。视在功率的单位用 V·A(伏安) 表示。

○ 额定电压和额定电流是设备允许的正常工作电压和电流。其中额定电压受设备绝缘强度的限制，额定电流受设备容许温升、通风冷却条件、机械强度等因素的限制。

电器的容量主要取决于它所能长期耐受的电压和允许通过的工作电流。在规定的环境条件下使用时，电器的实际视在功率一般不允许超过额定容量。例如一个额定值为 110 kV、72500 kV·A 的变压器，即表明它是接在 110 kV 电网上使用的，且允许的视在功率为 72500 kV·A。

有功功率 P、无功功率 Q 和视在功率 S 三者的关系为

$$P = S\cos\varphi, Q = S\sin\varphi, S = \sqrt{P^2+Q^2}, \varphi = \arctan\left(\frac{Q}{P}\right)$$

上述三种功率的量纲相同，但分别用 W、var 和 V·A 三种单位来表示，目的是区分三种不同的功率。

工程中通常用到功率因数 λ 的概念，定义为

$$\lambda = \cos\varphi_Z \leqslant 1 \tag{6-5-8}$$

φ_Z 为功率因数角（是指不含独立源的一端口电路等效阻抗的阻抗角，下同）。λ 是衡量传输电能效果的一个非常重要的指标，表示传输系统有功功率所占的比例，即

$$\lambda = \frac{P}{S} \tag{6-5-9}$$

实际电网非常庞大，延伸数千公里，为了提高发电设备的利用率，降低传输过程中的功率损耗，要尽量减少电能的往复传输，所以理想状态为 $\lambda = 1$，$Q = 0$。

由于功率因数不能反映电压与电流相位差的正负号，工程中称电流超前电压时的功率因数为超前功率因数，电流滞后电压时的功率因数为滞后功率因数。

如果一端口电路 N 分别为 R、L、C 单个元件，则可以求出上述单个元件的瞬时功率、有功功率和无功功率。假设 R、L、C 元件的电压、电流均为关联参考方向，那么对于电阻 R，有 $\varphi_Z = \varphi_u - \varphi_i = 0$，则

$$p_R = UI[1 + \cos(2\omega t + 2\varphi_u)]$$

因此始终有 $p_R \geqslant 0$，这表明电阻一直在吸收能量，其吸收的平均功率为

$$P_R = \frac{1}{T}\int_0^T UI[1 + \cos(2\omega t + 2\varphi_u)]\,dt = UI = RI^2 = GU^2$$

电阻吸收的无功功率为

$$Q_R = UI\sin 0° = 0$$

对于电感 L，有 $\varphi_Z = \varphi_u - \varphi_i = 90°$，则

$$p_L = UI\sin(2\omega t + 2\varphi_u)$$

p_L 的值随时间呈正负交替变化，说明电感与外电路有能量在进行来回的交换。电感吸收的平均功率为

$$P_L = \frac{1}{T}\int_0^T UI\sin(2\omega t + 2\varphi_u)\,dt = 0$$

上式表明电感元件不消耗能量。其吸收的无功功率为

$$Q_L = UI\sin 90° = UI = \omega LI^2 = \frac{U^2}{\omega L}$$

对于电容 C，有 $\varphi_Z = \varphi_u - \varphi_i = -90°$，则

$$p_C = -UI\sin(2\omega t + 2\varphi_u)$$

p_C的值随时间呈正负交替变化，说明电容与外电路有能量在进行来回的交换。电容吸收的平均功率为

$$P_C = \frac{1}{T}\int_0^T \big[-UI\sin(2\omega t + 2\varphi_u)\big]\,\mathrm{d}t = 0$$

上式表明电容元件的非耗能的储能特性。其吸收的无功功率为

$$Q_C = UI\sin(-90°) = -UI = -\frac{1}{\omega C}I^2 = -\omega C U^2$$

在电路系统中，电感和电容的无功功率有互补作用，工程上认为电感"吸收"无功功率，而电容"发出"无功功率，将两者加以区别。

如果一端口电路 N 为 RLC 串联电路，则该电路的等效阻抗为

$$Z = R + \mathrm{j}\left(\omega L - \frac{1}{\omega C}\right) = R + \mathrm{j}X, \quad \varphi_Z = \arctan\left(\frac{X}{R}\right)$$

并有 $U = |Z|I, R = |Z|\cos\varphi_Z, X = |Z|\sin\varphi_Z$，则该电路吸收的有功功率为

$$P = UI\cos\varphi_Z = |Z|I^2\cos\varphi_Z = RI^2$$

无功功率为

$$Q = UI\sin\varphi_Z = |Z|I^2\sin\varphi_Z = XI^2 = \left(\omega L - \frac{1}{\omega C}\right)I^2 = Q_L + Q_C$$

上式中，若 $\varphi_Z > 0$，即 $\sin\varphi_Z > 0$，则 $Q > 0$；若 $\varphi_Z < 0$，即 $\sin\varphi_Z < 0$，则 $Q < 0$。换言之，感性电路吸收正值的无功功率，容性电路吸收负值的无功功率。

上述对于 R、L、C 及 RLC 串联电路的正弦稳态功率的论述，具有普遍意义，适用于任何不含独立源的一端口电路。

对于一般不含独立源的一端口电路 N 而言，可以用等效阻抗 $Z = R + \mathrm{j}X = |Z|\underline{/\varphi_Z}$（串联形式的等效电路）替代（见图 6-5-3a），端电压 $\dot{U}$ 可以分解为 $\dot{U}_R$ 和 $\dot{U}_X$（见图 6-5-3b），则该一端口电路吸收的有功功率为

$$P = UI\cos\varphi_Z = U_R I = RI^2$$

无功功率为

$$Q = UI\sin\varphi_Z = U_X I = XI^2$$

可见 $\dot{U}_R$ 产生有功功率 P，称其为电压 $\dot{U}$ 的有功分量；$\dot{U}_X$ 产生无功功率 Q，称其为电压 $\dot{U}$ 的无功分量。

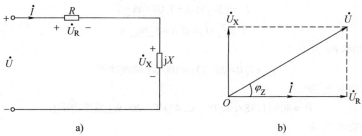

a)   b)

图 6-5-3 电压的有功分量和无功分量

如果用等效导纳 $Y = G + \mathrm{j}B$（并联形式的等效电路）替代一端口电路 N（见图 6-5-4a），则输入电流 $\dot{I}$ 可以分解为 $\dot{I}_R$ 和 $\dot{I}_B$（见图 6-5-4b），则该一端口电路吸收的有功功率为

$$P = UI\cos\varphi_Y = UI_R = GU^2$$

考虑到 $\varphi_Z = -\varphi_Y$，则该一端口电路吸收的无功功率为

$$Q = UI\sin\varphi_Z = -UI\sin\varphi_Y = -UI_B = -BU^2$$

可见 $\dot{I}_R$ 产生有功功率 P，称其为电流 $\dot{I}$ 的有功分量；$\dot{I}_B$ 产生无功功率 Q，称其为电流 $\dot{I}$ 的无功分量。

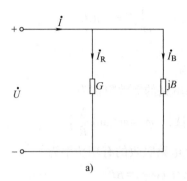 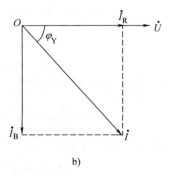

图 6-5-4　电流的有功分量和无功分量

对于含有独立源的一端口电路，由于电源参与了有功功率、无功功率的交换，使问题变得复杂，但上述有关三个功率的定义，仍然适用，可以通过端口的电压、电流的计算获得，但是功率因数将失去实际意义。

此外 $\varphi = \varphi_u - \varphi_i$，对于不含独立源的一端口电路来说就是阻抗角 φ_Z，一般有 $|\varphi_Z| \leqslant 90°$。而对于含独立源的一端口电路，它不是阻抗角，有可能出现 $|\varphi_Z| > 90°$，此时一端口电路发出有功功率。

例 6-5-1　试求图 6-5-5 所示电路中 $4\,\Omega$ 电阻以及各电源的平均功率，并判断各功率的状态。

解　设回路电流 $\dot{I}_{l1}$ 和 $\dot{I}_{l2}$ 取图中所示方向。

回路电流方程为

$$(4-j4)\dot{I}_{l1} - 4\dot{I}_{l2} = 40\underline{/0°}$$

$$-4\dot{I}_{l1} + (4+j4)\dot{I}_{l2} = -20\underline{/0°}$$

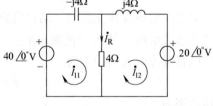

图 6-5-5　例 6-5-1 电路图

解得

$$\dot{I}_{l1} = (5+j10)\ \text{A} = 11.18\underline{/63.4°}\ \text{A}$$

$$\dot{I}_{l2} = (5+j5)\ \text{A} = 7.07\underline{/45°}\ \text{A}$$

$$\dot{I}_R = \dot{I}_{l1} - \dot{I}_{l2} = j5\ \text{A} = 5\underline{/90°}\ \text{A}$$

所以，$4\,\Omega$ 电阻的功率 P_R 为

$$P_R = I_R^2 R = 25 \times 4\ \text{W} = 100\ \text{W}(吸收功率)$$

$40\,\text{V}$ 电压源的平均功率 P_1 为

$$P_1 = 40 \times 11.18 \times \cos(0° - 63.4°)\ \text{W} = 200\ \text{W}(发出功率)$$

$20\,\text{V}$ 电压源的平均功率 P_2 为

$$P_2 = 20 \times 7.07 \times \cos(0° - 45°)\ \text{W} = 100\ \text{W}(吸收功率)$$

例 6-5-2　图 6-5-6 中的 3 个负载 Z_1(容性)、Z_2(感性) 和 Z_3(容性) 并联接到 220 V 正弦电源上，各负载吸收的功率及电流分别为 $P_1 = 4.4\,\text{kW}$，$I_1 = 40\,\text{A}$；$P_2 = 8.8\,\text{kW}$，$I_2 = 50\,\text{A}$；$P_3 = 6.6\,\text{kW}$，$I_3 = 60\,\text{A}$。试求电源的总电流 $\dot{I}$ 和电路的功率因数。

解 设各负载分别为

$$Z_1 = |Z_1| \underline{/\varphi_1}, Z_2 = |Z_2| \underline{/\varphi_2}, Z_3 = |Z_3| \underline{/\varphi_3}$$

根据 $P = UI\cos\varphi$，可得

$$\cos\varphi_1 = \frac{P_1}{UI_1} = 0.5, \cos\varphi_2 = \frac{P_2}{UI_2} = 0.8, \cos\varphi_3 = \frac{P_3}{UI_3} = 0.5$$

则

$$\varphi_1 = -60°, \varphi_2 = 36.87°, \varphi_3 = -60°$$

因此各支路电流相量为

$$\dot{I}_1 = 40\underline{/60°} \text{ A}, \dot{I}_2 = 50\underline{/-36.87°} \text{ A}, \dot{I}_3 = 60\underline{/60°} \text{ A}$$

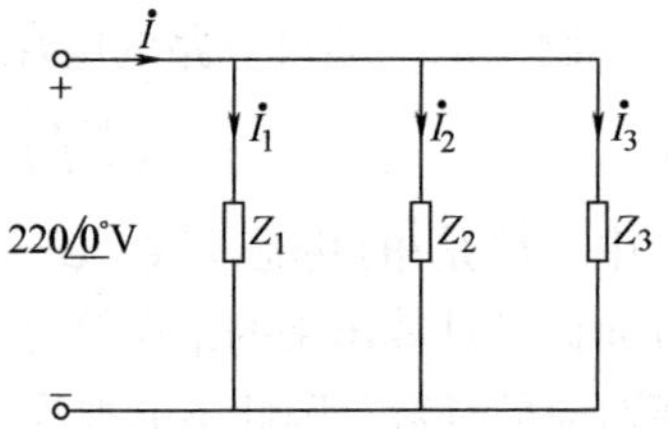

总电流为

$$\dot{I} = \dot{I}_1 + \dot{I}_2 + \dot{I}_3 = 106.32\underline{/32.17°} \text{ A}$$

电路的功率因数为

$$\cos\varphi = \cos(0° - 32.17°) = 0.846(\text{容性})$$

例 6-5-3 图 6-5-7 是测量电感线圈参数 R、L 的实验电路。已知交流电压表的读数为 50 V，交流电流表的读数为 1 A，交流功率表的读数为 30 W，交流电源的频率为 50 Hz。试求 R、L 的值。

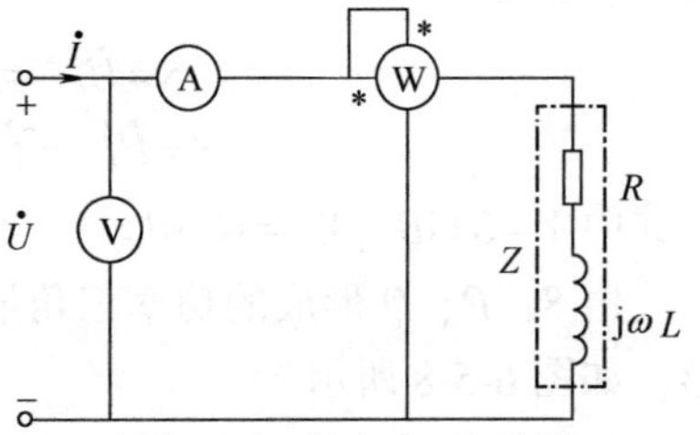

解 方法一

根据图 6-5-7 中 3 个表的读数，可先求得线圈的阻抗模

$$Z = |Z|\underline{/\varphi} = R + jX$$

$$|Z| = \frac{U}{I} = 50 \ \Omega$$

因为功率表的读数表示线圈吸收的有功功率，故有

$$P = UI\cos\varphi = 30 \text{ W}$$

$$\varphi = \arccos\frac{P}{UI} = \arccos\frac{30}{50 \times 1} = 53.13°$$

解得

$$Z = 50\underline{/53.13°} \ \Omega = (30 + j40) \ \Omega$$

$$R = 30 \ \Omega$$

$$L = \frac{40}{\omega} = \frac{40}{314} \text{ H} = 127.39 \text{ mH}$$

方法二

功率表的读数表示电阻吸收的有功功率，即

$$I^2R = 30$$

得

$$R = 30 \ \Omega$$

而 $|Z| = \sqrt{R^2 + (\omega L)^2} = \frac{U}{I} = 50 \ \Omega$，故可求得

$$\omega L = \sqrt{|Z|^2 - R^2} = \sqrt{50^2 - 30^2} \ \Omega = 40 \ \Omega$$

$$L = \frac{40}{\omega} = \frac{40}{314} \text{ H} = 127.39 \text{ mH}$$

图 6-5-6　例 6-5-2 电路图

图 6-5-7　例 6-5-3 电路图

6.5.2　复功率

正弦电流电路的瞬时功率等于两个同频率的电压和电流的乘积，其结果是一个非正弦周

期量，同时它的频率也不同于电压或电流的频率，故不能用相量法讨论。而正弦电流电路的有功功率、无功功率和视在功率三者之间可以通过"复功率"表述。

设一个一端口电路的电压相量为$\dot{U}$，电流相量为$\dot{I}$，复功率$\bar{S}$定义为

$$\bar{S} \stackrel{\text{def}}{=} \dot{U}\dot{I}^* = UI\underline{/(\varphi_\mathrm{u}-\varphi_\mathrm{i})} = UI\cos\varphi + \mathrm{j}UI\sin\varphi = P + \mathrm{j}Q \qquad (6\text{-}5\text{-}10)$$

式中，$\dot{I}^*$是$\dot{I}$的共轭复数，$\varphi = \varphi_\mathrm{u} - \varphi_\mathrm{i}$。复功率的吸收或发出同样根据端口电压和电流的参考方向以及计算出来的结果符号来判断。复功率是一个辅助计算功率的复数，$\bar{S}$并不代表正弦量所对应的复数，因此不能视为相量，它只是将正弦稳态电路的 3 种功率和功率因数统一为一个公式计算。只要计算出电路中的电压相量和电流相量，各种功率就可以很方便地计算出来。

复功率的单位为 V·A。

$\dot{U}\dot{I}$ 乘积是没有物理意义的。

对于不含独立源的一端口电路可以用等效阻抗 Z 或等效导纳 Y 替代，此时复功率 $\bar{S}$ 又可以表示为

$$\bar{S} = \dot{U}\dot{I}^* = (Z\dot{I})\dot{I}^* = ZI^2$$
$$\bar{S} = \dot{U}\dot{I}^* = \dot{U}(\dot{U}Y)^* = Y^*U^2$$

上式中 $Y = G + \mathrm{j}B$，$Y^* = G - \mathrm{j}B$。

由 S、P、Q 形成的功率三角形是一个与阻抗三角形相似的直角三角形，如图 6-5-8 所示。

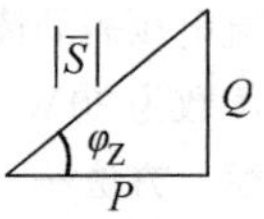

图 6-5-8 功率三角形

与电阻电路中有功功率平衡定理相似，正弦稳态下的电路有下述复功率平衡定理：在正弦稳态下，任一电路的所有各支路吸收的复功率之和为零。设电路有 b 条支路，第 k 条支路关联参考方向下的电压相量、电流相量分别为$\dot{U}_k$、$\dot{I}_k$，则有

$$\sum_{k=1}^{b} \bar{S}_k = \sum_{k=1}^{b} \dot{U}_k \dot{I}_k^* = 0 \qquad (6\text{-}5\text{-}11)$$

或

$$\sum_{k=1}^{b} (P_k + \mathrm{j}Q_k) = 0$$

即

$$\sum_{k=1}^{b} P_k = 0, \ \sum_{k=1}^{b} Q_k = 0 \qquad (6\text{-}5\text{-}12)$$

请读者根据特勒根定理自行证明复功率平衡定理。

例 6-5-4 图 6-5-9 所示电路中，已知$\dot{I}_\mathrm{s} = 10\underline{/0°}$ A，$Z_1 = -\mathrm{j}5\,\Omega$，$Z_2 = (6+\mathrm{j}4)\,\Omega$，$\beta = 7$。试求各元件的复功率。

解 用结点电压法列方程，得

$$\begin{cases} \left(\dfrac{1}{Z_1} + \dfrac{1}{Z_2}\right)\dot{U} = \dot{I}_\mathrm{s} + \dfrac{\beta\dot{I}_2}{Z_1} \\[2mm] \dot{I}_2 = \dfrac{\dot{U}}{Z_2} \end{cases}$$

代入数据，得

$$\dot{U} = (50 + \mathrm{j}250) \text{ V}$$
$$\dot{I}_2 = \frac{\dot{U}}{Z_2} = (25 + \mathrm{j}25) \text{ A}$$
$$\dot{I}_1 = \dot{I}_\mathrm{s} - \dot{I}_2 = (-15 - \mathrm{j}25) \text{ A}$$

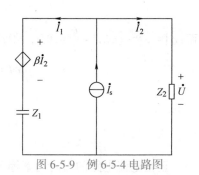

图 6-5-9 例 6-5-4 电路图

电流源 $\dot{I}_s$ 发出的复功率为

$$\bar{S}=\dot{U}\dot{I}_s^*=(50+\text{j}250)\times10\text{V}\cdot\text{A}=(500+\text{j}2500)\text{V}\cdot\text{A}$$

Z_2 吸收的复功率为

$$\bar{S}_2=\dot{U}\dot{I}_2^*=Z_2I_2^2=(7500+\text{j}5000)\text{V}\cdot\text{A}$$

Z_1 吸收的复功率为

$$\bar{S}_1=Z_1I_1^2=-\text{j}4250\text{V}\cdot\text{A}$$

受控源吸收的复功率为

$$\bar{S}_3=\beta\dot{I}_2\dot{I}_1^*=7\times(25+\text{j}25)\times(-15+\text{j}25)\text{V}\cdot\text{A}=(-7000+\text{j}1750)\text{V}\cdot\text{A}$$

电路元件吸收的总复功率为三个元件的复功率之和，即

$$\bar{S}_1+\bar{S}_2+\bar{S}_3=(500+\text{j}2500)\text{V}\cdot\text{A}$$

它与电源发出的复功率相等。

6.5.3　功率因数的提高

在电力工程供电电路中，用电设备（负载）都连接到供电线路上。由输电线传输至用户的总功率为 $P=UI\cos\varphi$，它除了和电压、电流有关外，还和负载的功率因数 $\lambda=\cos\varphi$ 有关。在实际用电设备中，小部分负载是纯电阻负载，大部分负载是作为动力用途的交流感应电机。感应电机的功率因数（滞后）较低，工作时一般为 0.75~0.85，轻载时可能低于 0.5。在传送相同有功功率的情况下，负载的功率因数低，则负载向供电设备所取的电流就必然相对地大，也就是说，电源设备向负载提供的电流就大。这会产生两个方面不良的后果：一方面，因为输电线路上具有一定的阻抗，电流增大就会使线路上的电压降和功率损失增加，前者会使负载的用电电压降低，而后者则造成较大的电能损耗；另一方面，从电源设备的角度来看，在电源电压、电流一定的情况下，$\cos\varphi$ 越低，电源可能输出的功率越低，就限制了电源输出功率的能力，不能满足再增加负载的需要。因此有必要提高电路的功率因数。

可以从两个方面来提高电路的功率因数：一方面是直接改进用电设备的功率因数，但这涉及更换或改进设备；另一方面是在原感性负载上适当地并联电容以提高总负载（相对于供电设备而言）的功率因数（这种方法更为常用），这是利用电感、电容无功功率的互补特性。接入电容后，不会改变原负载的工作状态，而利用电容发出的无功功率，部分（或全部）补偿感性负载所吸收的无功功率，从而减轻了电源和传输系统的无功功率的负担。再者，这对于未架设的传输线路来说，由于输电电流的减小，便可以采用截面较小的传输线，节省了有色金属，降低了线路的投资费用。

用相量图可以分析说明原感性负载并联电容后总负载功率因数提高的情况。在图 6-5-10a 所示电路中，感性负载 Z_L 由电阻 R 和电感 L 组成，通过导线与电压为 $\dot{U}$ 的电源相连。并联电容之前，电路的端口电流就是负载电流 $\dot{I}_L$，此时电路的阻抗角为 φ_L。并联电容 C 后，负载电流 $\dot{I}_L$ 不变，而电路的端口电流 $\dot{I}$ 为负载电流 $\dot{I}_L$ 与电容 C 中的电流 $\dot{I}_C$（超前电压 $\dot{U}$ 相位 $\frac{\pi}{2}$）之和，即 $\dot{I}=\dot{I}_L+\dot{I}_C$。在图 6-5-10b 所示该电路的相量图中，将负载电流 $\dot{I}_L$ 分解成与电压 $\dot{U}$ 同相的有功分量 $\dot{I}_{LR}$ 和与电压 $\dot{U}$ 相垂直的无功分量 $\dot{I}_{LX}$。从图中可以看到，电容电流 $\dot{I}_C$ 抵消了部分 $\dot{I}_{LX}$，使端口电流 $\dot{I}$ 的无功分量减小为 $\dot{I}_X$，而端口电路 $\dot{I}$ 的有功分量仍为负载电流的有功分量 $\dot{I}_{LR}$。由于无功分量的减小，则端口电流 I 比并联电容前的 I_L 减少了，整个电路的阻抗角从 φ_L 减小为

φ，从而提高了整个电路的功率因数。

需要注意的是，并不是并联的电容越大越好，电容一定要与负载相"匹配"。图 6-5-10b 中的电流 $\dot{I}$ 和电流 $\dot{I}'$ 的模相等，它们对应的功率因数也相等。此时提高的功率因数效果相同，但要达到 $\dot{I}'$，却需要并联较大的电容，显然这样是不经济的。

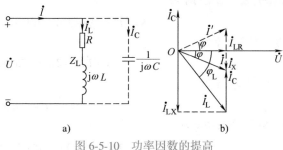

图 6-5-10　功率因数的提高

现在分析计算符合电路要求的并联电容的数值。

设原感性负载吸收的有功功率为 P，由于并联的电容并不消耗有功功率，故电源提供的有功功率在并联电容后并没有改变。

并联电容前的无功功率为

$$Q_L = P\tan\varphi_L$$

并联电容后的无功功率为

$$Q = P\tan\varphi = Q_L + Q_C$$

电容的无功功率补偿了负载所吸收的部分，其中电容的无功功率为

$$Q_C = -X_C I_C^2 = -\frac{U^2}{X_C} = -\omega C U^2$$

由上述三式可得

$$P\tan\varphi = P\tan\varphi_L - \omega C U^2$$

所以

$$C = \frac{P}{\omega U^2}(\tan\varphi_L - \tan\varphi) \tag{6-5-13}$$

需要注意的是，在电力系统中将补偿电容投入系统时，应采取必要的控制措施，保证系统接入点的电压与电容电压相等。

例 6-5-5　有一感性负载接在 50 Hz、220 V 的电源上，吸收的有功功率为 10 kW，功率因数为 0.6。试求：

（1）将功率因数提高到 0.9 时所需并联的电容。

（2）计算并联电容前后电路中的电流。

（3）若将功率因数提高到 1，并联电容应该是多少？

解　电路如图6-5-10a 所示。

（1）当 $\cos\varphi_L = 0.6$ 时，$\varphi_L = 53.13°$；$\cos\varphi = 0.9$ 时，$\varphi = 25.84°$。所以

$$C = \frac{P}{\omega U^2}(\tan\varphi_L - \tan\varphi) = \frac{10\times10^3}{2\pi\times50\times220^2}\times(\tan53.13° - \tan25.84°)\,F = 559\,\mu F$$

（2）并联电容前电路中的电流，即负载电流

$$I_L = \frac{P}{U\cos\varphi_L} = \frac{10\times10^3}{220\times0.6}\,A = 75.76\,A$$

并联电容后电路中的电流

$$I = \frac{P}{U\cos\varphi} = \frac{10\times10^3}{220\times0.9}\,A = 50.51\,A$$

（3）若 $\cos\varphi=1$，则 $\varphi=0°$，则并联电容的值应为

$$C=\frac{10\times10^3}{2\pi\times50\times220^2}\times(\tan53.13°-\tan0°)\ \text{F}=876.7\ \mu\text{F}$$

增加的电容为

$$\Delta C=(876.7-559)\ \mu\text{F}=317.7\ \mu\text{F}$$

在并联电容之前，电源提供给负载的视在功率为

$$S_1=\frac{P}{\cos\varphi_\text{L}}=\frac{10}{0.6}\ \text{kV}\cdot\text{A}=16.67\ \text{kV}\cdot\text{A}$$

并联电容后（将功率因数提高到 0.9），电源提供给负载的视在功率为

$$S_2=\frac{P}{\cos\varphi}=\frac{10}{0.9}\ \text{kV}\cdot\text{A}=11.11\ \text{kV}\cdot\text{A}$$

可见，电源提供该负载的视在功率减少了，因此提高了带负载的能力。

在工程中，通常并不把功率因数提高到 $\cos\varphi=1$，而是提高到 0.9 左右，以防止该电路产生并联谐振现象（关于谐振现象将在下一章讨论）。

我国规定：高压供电的工厂，最大负荷时功率因数（该定义可参考相关教材）不得低于 0.9；其他工厂，功率因数不得低于 0.85。若达不到上述要求，则必须采用人工补偿措施。因此，供电设计考虑无功功率补偿时，就应按最大负荷时功率因数来计算。

例 6-5-6 频率为 50 Hz 的电源向一感性负载供电，已知负载电阻 $R=4\ \Omega$，$X_\text{L}=10\ \Omega$，额定电压为 220 V，输电线路的线路电阻 $R_0=0.5\ \Omega$，试问：（1）线路损耗为多少？（2）若不改变负载的工作状态，并将功率因数提高到 0.9，应并联多大的电容器，此时线路损耗为多少？（3）并联电容后用户一年（以每年 365 天，每天用电 8 小时计算）可节约电能多少度？用户用电量有无变化？

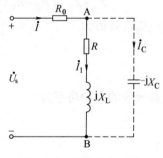

图 6-5-11　例 6-5-6 电路图

解　（1）画出电路如图 6-5-11 所示。用户的负载电流为

$$I_1=I=\frac{U_\text{N}}{|Z_\text{L}|}=\frac{U_\text{N}}{\sqrt{R^2+X_\text{L}^2}}=\frac{220}{\sqrt{4^2+10^2}}\ \text{A}=20.43\ \text{A}$$

则线路损耗为

$$\Delta P_1=R_0I^2=0.5\times20.43^2\ \text{W}=208.62\ \text{W}$$

（2）并联电容前，电路的功率因数为

$$\cos\varphi=\frac{R}{\sqrt{R^2+X_\text{L}^2}}=\frac{4}{\sqrt{4^2+10^2}}=0.3714$$

此时

$$\tan\varphi=2.5$$

而负载消耗的有功功率为

$$P=U_\text{N}I_1\cos\varphi=220\times20.43\times0.3714\ \text{W}=1669.29\ \text{W}$$

若使功率因数提高到 0.9（$\cos\varphi_1=0.9$，$\tan\varphi_1=0.4843$），则应并联的电容为

$$C=\frac{P}{\omega U_\text{N}^2}(\tan\varphi-\tan\varphi_1)=\frac{1669.29}{314\times220^2}\times(2.5-0.4843)\ \text{F}=221.4\ \mu\text{F}$$

此时电阻 R_0 上的电流应为

$$I=\frac{P}{U_\text{N}\cos\varphi_1}=\frac{1669.29}{220\times0.9}\ \text{A}=8.43\ \text{A}$$

则线路损耗为

$$\Delta P_2 = R_0 I^2 = 0.5 \times 8.43^2 \text{ W} = 35.54 \text{ W}$$

（3）并联电容后，节省的功率为

$$\Delta P = \Delta P_1 - \Delta P_2 = (208.62 - 35.54) \text{ W} = 173.08 \text{ W}$$

一年可节约电能为

$$W = \Delta P \times 365 \times 8 \times 10^{-3} \text{度} = 505.4 \text{度}$$

用户用电量不变，因为并联电容不影响原负载的工作情况。

6.5.4 最大功率传输

图 6-5-12a 所示电路为含源一端口 N_s 向终端负载 Z_L 传输功率。当该电路传输的功率较小（如通信系统、电子电路等），而不计较传输效率时，通常要研究使负载 Z_L 获得最大功率（有功功率）的条件。根据戴维宁定理，该问题可以简化为图 6-5-12b 所示等效电路进行研究。

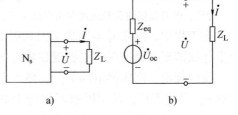

设 $Z_{eq} = R_{eq} + jX_{eq}$，$Z_L = R_L + jX_L$，则电路电流为

$$\dot{I} = \frac{\dot{U}_{oc}}{Z_{eq} + Z_L} = \frac{\dot{U}_{oc}}{(R_{eq} + R_L) + j(X_{eq} + X_L)}$$

图 6-5-12　最大功率传输

故电流有效值为

$$I = \frac{U_{oc}}{\sqrt{(R_{eq} + R_L)^2 + (X_{eq} + X_L)^2}}$$

负载吸收的有功功率为

$$P_L = R_L I^2 = \frac{R_L U_{oc}^2}{(R_{eq} + R_L)^2 + (X_{eq} + X_L)^2} \tag{6-5-14}$$

首先讨论负载吸收的有功功率 P_L 与电抗 X_L 之间的关系。因为 X_L 只出现在式（6-5-14）的分母中，故当 $X_L = -X_{eq}$ 时 P_L 达到最大，即

$$P_L' = \frac{R_L U_{oc}^2}{(R_{eq} + R_L)^2} \tag{6-5-15}$$

式（6-5-15）表明 P_L' 为 R_L 的函数。当 $\dfrac{\mathrm{d}P_L'}{\mathrm{d}R_L}$ 等于零时可求得 P_L' 的最大值，即

$$\frac{\mathrm{d}P_L'}{\mathrm{d}R_L} = \frac{(R_{eq} + R_L)^2 - 2(R_{eq} + R_L)R_L}{(R_{eq} + R_L)^4} U_{oc}^2 = \frac{R_{eq} - R_L}{(R_{eq} + R_L)^3} U_{oc}^2 = 0$$

可得极值点为

$$R_L = R_{eq}$$

当 $R_L < R_{eq}$ 时，$\dfrac{\mathrm{d}P_L'}{\mathrm{d}R_L} > 0$；当 $R_L > R_{eq}$ 时，$\dfrac{\mathrm{d}P_L'}{\mathrm{d}R_L} < 0$，故 $R_L = R_{eq}$ 时 P_L' 为唯一的极大值。

由 $X_L = -X_{eq}$ 和 $R_L = R_{eq}$，得到负载从给定的电源获得最大功率的条件是

$$Z_L = R_L + jX_L = R_{eq} - jX_{eq}$$

或者

$$Z_L = Z_{eq}^* \tag{6-5-16}$$

当负载阻抗满足式（6-5-16）时，称负载阻抗和电源等效阻抗为最大功率匹配或共轭匹配。这时负载从电源获得的最大功率为

$$P_{Lmax} = \frac{U_{oc}^2}{4R_{eq}} \tag{6-5-17}$$

由于 $R_L = R_{eq}$，负载吸收的功率与等效电源内阻消耗的功率相等，所以此时电路的传输效率很低，这是电力系统不允许的；至于在信号处理和一些测量系统中，由于大多数是微弱信号，因此负载能否取得的最大功率是相当重要的，而效率高低却不是关键所在。

以上是负载阻抗可任意改变时的最大功率传输情况分析，在工程实际中还经常遇到所谓"模匹配"的情况，即负载阻抗 Z_L 的阻抗角不变而其阻抗模可以任意改变时的最大功率传输问题。

若设 $Z_L = |Z_L|\cos\varphi_L + j|Z_L|\sin\varphi_L$，$Z_{eq} = |Z_{eq}|\cos\varphi_{eq} + j|Z_{eq}|\sin\varphi_{eq}$，负载阻抗 Z_L 的阻抗角不变而其阻抗模可以任意改变，则当

$$|Z_L| = |Z_{eq}| = \sqrt{R_{eq}^2 + X_{eq}^2} \tag{6-5-18}$$

时，负载阻抗能够获得最大功率，此时该最大功率为

$$P_{Lmax} = \frac{U_{oc}^2 \cos\varphi_L}{2|Z_{eq}|[1+\cos(\varphi_{eq}-\varphi_L)]} \tag{6-5-19}$$

特别地，若负载阻抗是任意可变的纯电阻 R_L，则当

$$R_L = |Z_{eq}| = \sqrt{R_{eq}^2 + X_{eq}^2} \tag{6-5-20}$$

时，负载能够获得最大功率，此时该最大功率为

$$P_{Lmax} = \frac{U_{oc}^2}{2R_L[1+\cos\varphi_{eq}]} \tag{6-5-21}$$

以上结论请读者自行证明。

例 6-5-7 电路如图 6-5-13 所示，其中 R 和 L 为电源内部电阻和电感。已知 $R = 5\ \Omega$，$L = 5\ \text{mH}$，$u_s = 10\sqrt{2}\cos(1000t)\ \text{V}$。

（1）当 $R_L = 5\ \Omega$ 时，试求其消耗的功率。

（2）当 R_L 为何值时，能获得最大功率，最大功率是多少？

（3）若在 R_L 两端并联一电容 C，问 R_L 和 C 各等于多少时，能与内阻共轭匹配？并求此时负载吸收的功率。

解 电源内阻抗为

$$Z = R + j\omega L = (5+j5)\ \Omega$$

（1）当 $R_L = 5\ \Omega$ 时，电路中的电流为

$$\dot{I} = \frac{\dot{U}_s}{Z+R_L} = \frac{10\underline{/0°}}{5+j5+5}\ \text{A} = 0.89\underline{/-26.6°}\ \text{A}$$

负载 R_L 消耗的功率为

$$P_L = R_L I^2 = 5 \times 0.89^2\ \text{W} = 4\ \text{W}$$

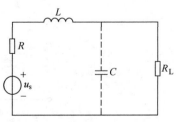

图 6-5-13　例 6-5-7 电路图

（2）当 $R_L = \sqrt{5^2+5^2}\ \Omega = 5\sqrt{2}\ \Omega$ 时，负载能获得最大功率。此时

$$\varphi_L = 0°$$

$$\varphi_{eq} = 45°$$

$$|Z_{eq}| = 5\sqrt{2} \ \Omega$$

所以由式（6-5-19）得

$$P_{Lmax} = \frac{U_{oc}^2 \cos\varphi_L}{2|Z_{eq}|[1 + \cos(\varphi_{eq} - \varphi_L)]}$$

$$= \frac{10^2 \times \cos 0°}{2 \times 5\sqrt{2} \times [1 + \cos(45° - 0°)]} W = 4.142 \ W$$

（3）在负载端并联一电容后，此时的负载阻抗为

$$Z_L = \frac{R_L \times \frac{1}{j\omega C}}{R_L + \frac{1}{j\omega C}} = \frac{R_L}{1 + (\omega C R_L)^2} - j\frac{\omega C R_L^2}{1 + (\omega C R_L)^2}$$

当 $Z_L = Z^* = (5-j5) \ \Omega$ 时，负载获得最大功率，即

$$\begin{cases} \dfrac{R_L}{1 + (\omega C R_L)^2} = 5 \\ \dfrac{\omega C R_L^2}{1 + (\omega C R_L)^2} = 5 \end{cases}$$

或者由

$$Y_L = \frac{1}{R_L} + j\omega C = \frac{1}{Z_L} = \frac{1}{Z^*} = \frac{1}{5-j5} = \frac{1}{10} + j\frac{1}{10}$$

得

$$R_L = 10 \ \Omega, C = 100 \ \mu F$$

负载获得的最大功率为

$$P_{max} = \frac{U_{oc}^2}{4R} = \frac{100}{4 \times 5} W = 5 \ W$$

6.6 应用实例与分析

继续讨论在本章开头介绍的荧光灯电路工作情况。在 220 V 正弦交流电压作用下，由于镇流器（等效电感）的作用，该电路不同于纯电阻电路。图 6-6-1a 给出了图 6-0-1b 所对应的相量模型电路，对此可以采用本章介绍的相量法来计算正弦交流电路中的电压和电流。

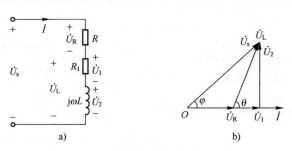

图 6-6-1　荧光灯的等效电路相量模型

令 $\dot{I} = I\underline{/0°}$，则有 $\dot{U}_R = U_R\underline{/0°}$，$\dot{U}_L = U_L\underline{/\theta}$。根据 KVL，有 $\dot{U}_s = \dot{U}_R + \dot{U}_L$，所以 $\dot{U}_R$、$\dot{U}_L$ 以及 $\dot{U}_s$

三者可以形成一个如图 6-6-1b 所示的三角形，从而灯管电压 U_R 与镇流器电压 U_L 相加不等于 218.2 V。

通过实验测得 $U_s = 218.2$ V，$U_R = 113$ V，$U_L = 154.5$ V。由余弦定理得

$$\theta = \arccos \frac{218.2^2 - 113^2 - 154.5^2}{2 \times 113 \times 154.5} = 71.69°$$

从而 $U_1 = U_L \cos\theta = 48.53$ V，$U_2 = U_L \sin\theta = 146.68$ V。

从荧光灯的等效电路可以看到，该电路为感性电路，其电压超前电流的角度为

$$\varphi = \arctan \frac{146.68}{113 + 48.53} = 42.24°$$

由已知荧光灯功率为 40 W，可计算该电路中的电流为

$$I = \frac{P}{U\cos\varphi} = \frac{40}{220 \times \cos 42.24°} \text{A} = 0.246 \text{ A}$$

由此可验证电路电压之间的关系为

$$U_s = \sqrt{(U_R + U_1)^2 + U_2^2} = \sqrt{(113 + 48.53)^2 + 146.68^2} \text{ V} = 218.19 \text{ V}$$

从计算结果可以看到该数据符合实验测量数据。

因为镇流器是一个绕在硅钢铁心上的电感线圈，其作用是限制荧光灯的电流和在电流变化时产生较高的自感电动势。

对于镇流器，因为其阻抗角为 $\theta = 71.69°$，所以它所消耗的电能为

$$P = U_L I \cos\theta = 11.94 \text{ W}$$

而电源向镇流器提供的无功功率为

$$Q = U_L I \sin\theta = 36.08 \text{ var}$$

6.7　本章小结

6.7.1　本章基本知识点

1. 正弦量及其三要素

（1）正弦稳态电路

正弦稳态电路是指电路在同频率正弦信号的作用下，达到稳态时，电路中各部分电压和电流都是与输入信号同频率的正弦量。在正弦稳态电路中，由正弦电源或正弦信号在电路中引起的各电压和电流统称为正弦稳态响应。

（2）正弦量的时域表达式

以正弦电流为例，有 $i = I_m \cos(\omega t + \varphi_i) = \sqrt{2} I \cos(\omega t + \varphi_i)$

（3）正弦量的三要素

1）角频率、频率、周期

角频率　ω——正弦量单位时间内变化的电角度，单位为弧度/秒（rad/s）。

频率　f——单位时间内正弦量变化的周波数，单位为赫兹（Hz）。

周期　T——正弦波变化一次所需要的时间，单位为秒（s）。

ω、f、T 之间的关系为　　　　　　$\omega = 2\pi f = \dfrac{2\pi}{T}$，$f = \dfrac{1}{T}$

2）振幅、有效值

对于周期性的电流函数，其有效值为 $I = \sqrt{\dfrac{1}{T}\displaystyle\int_0^T i^2\mathrm{d}t}$

在正弦电流的时域表达式中，I_m 称为振幅或最大值；与有效值的关系为 $I_\mathrm{m}=\sqrt{2}I$。

注意正弦量的瞬时值、有效值、最大值用符号表示时的区别：瞬时值用小写字母表示，有效值用大写字母表示，最大值或振幅用大写字母加下标"m"表示。

3）相位、初相

相位：$\omega t+\varphi_i$，反映了正弦量变化过程，单位为弧度或度（rad 或°）。

初相：$t=0$ 时刻正弦量的相位，用 φ_i 表示，也称作初相位，单位为弧度或度。对于任一正弦量，初相是可以任意确定的，初相的取值范围通常为 $|\varphi_i|\leqslant180°$。

正弦量的三要素是区别不同正弦量的重要参数。

（4）同频率正弦量的相位差

两个同频率正弦量的相位之差定义为相位差。

设正弦电压、电流分别为 $u(t)=\sqrt{2}U\cos(\omega t+\varphi_u)$，$i(t)=\sqrt{2}I\cos(\omega t+\varphi_i)$，则电压与电流的相位差为 $\varphi=\varphi_u-\varphi_i$。

通常情况下，φ 的取值范围为 $|\varphi|\leqslant180°$。相位差与计时起点无关。

1）当 $\varphi>0$ 时，称电压 u 超前电流 i，或电流 i 滞后于电压 u，对应电路呈感性。

2）当 $\varphi=0$ 时，称电压 u 与电流 i 同相，即同时过零，同时达到正负最大值，对应电路呈电阻性。

3）当 $\varphi<0$ 时，称电压 u 滞后于电流 i，或电流 i 超前电压 u，对应电路呈容性。

4）当 $\varphi=\pm90°$ 时，称电压 u 与电流 i 正交。

5）当 $\varphi=\pm180°$ 时，称电压 u 与电流 i 反相。

在求两个正弦量的相位差时应注意：只有同频率正弦量的相位差才有意义，在求解相位差时，应将两个正弦量都化为余弦函数表示。

2. 相量法的概念

（1）正弦量的相量

设正弦电流 $i=\sqrt{2}I\cos(\omega t+\varphi_i)$，则正弦量的有效值和初相构成的复数称为正弦量 i 的有效值相量，简称相量。即 $\dot{I}=I\underline{/\varphi_i}$。

相量与正弦量具有一一对应的关系（注意不是相等关系）。给定了正弦量，就可以写出其相量；反之，给定了相量及角频率 ω，就可以写出其正弦量。相量反映了正弦量中有效值和初相两个要素。

（2）相量图

正弦量的相量也可以用复平面内的有向线段表示，有向线段的长度等于正弦量的有效值或最大值；有向线段与正实轴的夹角等于正弦量的初相。该有向线段称为正弦量的相量图。同频率正弦量的相量图可以画在同一复平面内。

（3）R、L、C 元件伏安关系的相量形式

当 R、L、C 理想电路元件上电压与电流选取关联参考方向时，其电压、电流的关系见表6-7-1。

电路元件中电压与电流的相位差 φ 的大小不同，所反映的元件性质也不一样。

表 6-7-1　正弦交流电路中电压与电流的关系

元件	时域关系式	相量形式	模值关系	相位关系
R	$u=Ri$	$\dot{I}=\dfrac{\dot{U}}{R}$	$I=\dfrac{U}{R}$	$\xrightarrow{\quad\dot{I}\quad}\ \xrightarrow{\quad\dot{U}\quad}\ \varphi=0°$

（续）

元件	时域关系式	相量形式	模值关系	相位关系
L	$u = L\dfrac{\mathrm{d}i}{\mathrm{d}t}$	$\dot{I} = \dfrac{\dot{U}}{\mathrm{j}\omega L}$	$I = \dfrac{U}{\omega L}$	$\varphi = 90°$
C	$u = \dfrac{1}{C}\int i\mathrm{d}t$	$\dot{I} = \mathrm{j}\omega C\dot{U}$	$I = \omega C U$	$\varphi = -90°$
RL 串联	$u = Ri + L\dfrac{\mathrm{d}i}{\mathrm{d}t}$	$\dot{I} = \dfrac{\dot{U}}{R+\mathrm{j}\omega L}$	$I = \dfrac{U}{\sqrt{R^2+(\omega L)^2}}$	$\varphi > 0°$
RC 串联	$u = Ri + \dfrac{1}{C}\int i\mathrm{d}t$	$\dot{I} = \dfrac{\dot{U}}{R-\mathrm{j}\dfrac{1}{\omega C}}$	$I = \dfrac{U}{\sqrt{R^2+\left(\dfrac{1}{\omega C}\right)^2}}$	$\varphi < 0°$
RLC 串联	$u = Ri + L\dfrac{\mathrm{d}i}{\mathrm{d}t} + \dfrac{1}{C}\int i\mathrm{d}t$	$\dot{I} = \dfrac{\dot{U}}{R+\mathrm{j}\left(\omega L-\dfrac{1}{\omega C}\right)}$	$I = \dfrac{U}{\sqrt{R^2+\left(\omega L-\dfrac{1}{\omega C}\right)^2}}$	$\varphi > 0° \left(\omega L > \dfrac{1}{\omega C}\text{时}\right)$ $\varphi = 0° \left(\omega L = \dfrac{1}{\omega C}\text{时}\right)$ $\varphi < 0° \left(\omega L < \dfrac{1}{\omega C}\text{时}\right)$

对于 RLC 串联电路，其电路性质决定于 $\left(\omega L - \dfrac{1}{\omega C}\right)$ 的差值。若其差值大于零，则电路呈感性性质；若其差值等于零，则电路呈纯电阻性质；而其差值小于零时，电路呈容性性质。

感抗在意义上只能代表电感电压与电流之比，即 $X_L = U/I$，不能代表它们的瞬时值之比，即 $X_L \neq u/i$。而且这种感抗只有对正弦电流才有意义。同样，容抗在意义上只能代表电容电压与电流之比，即 $X_C = U/I$，不能代表它们的瞬时值之比，即 $X_C \neq u/i$。而且这种感抗只有对正弦电流才有意义。

（4）电路定律的相量形式

KCL：$\sum \dot{I} = 0$，KVL：$\sum \dot{U} = 0$

欧姆定律的相量形式 $\dot{U} = Z\dot{I}$ 或 $\dot{I} = Y\dot{U}$

3. 复阻抗、复导纳及其串并联

不含独立源的一端口网络的等效复阻抗 Z 与等效复导纳 Y 的定义为

复阻抗 $Z = \dfrac{\dot{U}}{\dot{I}} = |Z|\underline{/\varphi_z}$，复导纳 $Y = \dfrac{\dot{I}}{\dot{U}} = |Y|\underline{/\varphi_y}$

式中，$\dot{U}$、$\dot{I}$ 分别为端口电压与端口电流，二者取关联参考方向。要注意的是，Z 和 Y 是一个计算用的复数，它们不代表正弦量，因而不是相量。二者互为倒数，即 $Y = 1/Z$。

若 $Z = R + \mathrm{j}\omega L$，此复阻抗等效的复导纳为

$$Y = \frac{1}{Z} = \frac{1}{R+\mathrm{j}\omega L} = \frac{R}{R^2+(\omega L)^2} + \mathrm{j}\frac{-\omega L}{R^2+(\omega L)^2}$$

对于 RLC 串联电路，$Z = R + \mathrm{j}\left(\omega L - \dfrac{1}{\omega C}\right) = R + \mathrm{j}X = |Z|\underline{/\varphi_z}$

对于 *GLC* 并联电路，$Y = G + \mathrm{j}\left(\omega C - \dfrac{1}{\omega L}\right) = G + \mathrm{j}B = |Y| \underline{/\varphi_\mathrm{y}}$

（1）R、X、$|Z|$ 与 φ_z 之间的关系

$$R = |Z|\cos\varphi_\mathrm{z}, \quad X = |Z|\sin\varphi_\mathrm{z}$$

$$|Z| = \sqrt{R^2 + X^2}, \quad \varphi_\mathrm{z} = \arctan\frac{X}{R}$$

（2）G、B、$|Y|$ 和 φ_y 之间的关系

$$G = |Y|\cos\varphi_\mathrm{y}, \quad B = |Y|\sin\varphi_\mathrm{y}$$

$$|Y| = \sqrt{G^2 + B^2}, \quad \varphi_\mathrm{y} = \arctan\frac{B}{G}$$

（3）电路的相量图

电路的相量图体现了电路中 KCL 和 KVL 的关系，也体现了电路中电压和电流的相位关系。画相量图时一般要先确定一个参考相量，对于电阻性电路，电压与电流同相；对于感性电路，电压超前电流一定的角度；对于容性电路，电压滞后电流一定的角度。

在画相量图时，对于串联电路，通常以电流为参考相量；对于并联电路，通常以并联电压为参考相量；对于混联电路，则要根据实际的电路合理选择参考相量，以有利于解题为准。可以通过计算各支路的电压、电流相量，再画相量图，从而得到电路中各电压、电流的数值与相位关系；也可以在确定了参考相量的基础上，通过确定电压与电流的同相、超前和滞后的关系，画出相量图，从而求出电路中的某些参数。一般可以用平行四边形法则画出其几何图形，最终以封闭多边形的形式表示电路的 KCL 与 KVL 关系。

4. 正弦稳态电路的分析

正弦稳态电路相量模型的各种方程与直流电阻电路的相应方程一一对应，即线性直流电阻电路的各种分析方法和定理均可推广到正弦稳态电路的相量模型，列写各种方程的方法与直流电路完全类似。

用相量法分析正弦稳态电路的一般步骤如下：

1）将电路元件用相量模型表示，得到正弦稳态电路的相量模型。

2）用线性电路的各种分析方法和定理求出待求量的相量。

3）将计算得到的相量结果变换为正弦量，即得所求电路的时域电压和电流。

必须注意，列写的各种方程中，所有电压、电流符号上一定要打"点"，且代数方程前的系数是复数而不是实数。

5. 正弦稳态电路的功率

（1）有功功率

有功功率 $\qquad\qquad\qquad\qquad P = UI\cos\varphi = \mathrm{Re}\left[\dot{U}\dot{I}^*\right]$

有功功率的常用单位为 W 或 kW。有功功率一般是指电阻元件消耗的功率。

（2）无功功率

无功功率 $\qquad\qquad\qquad\qquad Q = UI\sin\varphi = I_\mathrm{m}\left[\dot{U}\dot{I}^*\right]$

无功功率的常用单位为 var 或 kvar。无功功率是电抗元件与外电路进行能量交换的标志。

（3）视在功率

视在功率 $\qquad\qquad\qquad\qquad S = UI = \sqrt{P^2 + Q^2}$

视在功率的常用单位为 V·A 或 kV·A。

（4）复功率

复功率 $\qquad\qquad\qquad\qquad \overline{S} = \dot{U}\dot{I}^* = P + \mathrm{j}Q = I^2 Z = U^2 Y^*$

复功率的单位为 V·A 或 kV·A。

（5）功率因数及功率因数的提高

功率因数 $\lambda = \cos\varphi = \dfrac{P}{UI}$，$\varphi$ 为电路的端电压和端电流之间的相位差或无源一端口网络的阻抗角。

功率因数的提高：当电网的功率因数较低时，线路损耗较大，有功分量较小，电能利用率较低。需要提高功率因数时，可在感性负载两端并联一适当容量的电容。

设某感性负载接在电压为 U 的正弦电源上，其有功功率为 P，功率因数为 $\lambda_1 = \cos\varphi_1$，电路角频率为 ω。现通过并联电容使电路功率因数提高至 $\lambda_2 = \cos\varphi_2$，则所需并联电容的数值为

$$C = \frac{P}{\omega U^2}(\tan\varphi_1 - \tan\varphi_2)$$

并联电容提高了功率因数后，减小了电源的总电流，从而减小了线路损耗，提高了电能的传输效率，而负载的工作状态并没有发生变化。

（6）最大功率传输

任意可变的负载 Z_L 要从有源一端口网络获得最大功率，可首先将一端口网络用戴维宁等效电路来替代，即用开路电压 $\dot{U}_{oc}$ 和等效阻抗 Z_{eq} 的串联来等效，此时负载 Z_L 能获得最大功率的条件是：当 $Z_L = Z_{eq}^* = R_{eq} - jX_{eq}$ 时（称为共轭匹配，也称为最佳匹配），负载可获得最大功率。最大功率为

$$P_{max} = \frac{U_{oc}^2}{4R_{eq}}$$

（7）功率表的读数

交流电压表和交流电流表的读数都是有效值。若功率表电压线圈的电压为 $\dot{U}$，电流线圈的电流为 $\dot{I}$，则功率表的读数为

$$P = \mathrm{Re}[\dot{U}\dot{I}^*]$$

即有功功率的值。

6.7.2　本章重点与难点

本章重点讲述了如何用相量法分析正弦稳态电路的电压、电流和功率，包括：

1）正弦量及其相量的联系与区别；同频率正弦量的相位差的概念；R、L、C 元件的相量模型及其电压与电流之间同相、超前、滞后的关系。

2）复阻抗与复导纳的概念；复阻抗与复导纳的等效及其串联、并联时的计算；电路定律的相量形式。

3）正弦稳态电路的一般分析方法；定性绘制电路的相量图；利用相量图分析电路中各电压、电流之间的相互关系，从而分析求解正弦交流电路的稳态响应。

4）正弦稳态电路的有功功率、无功功率、视在功率、复功率的概念与计算方法；各电路元件的功率特点；功率表读数的计算；提高功率因数的意义及分析方法；正弦稳态电路的最大功率传输的计算方法。

本章由于引入了相量法，在进行电路分析时会遇到复数运算，因此在以下方面需要特别注意：

1）正弦量与其相量之间不是相等关系，它们是对应关系。

2）电路元件的电压、电流之间的相位差关系对于相量图的绘制十分重要。

3）复阻抗与复导纳之间的等效、电路实现以及串联、并联特点需要熟练掌握。

4）相量图一方面反映了电路中各电压、电流之间的相位关系，另一方面也反映了电路所满足的 KCL 和 KVL。因此，在定性绘制电路的相量图时，应合理选择参考相量，同时，不仅要注意各相量的相位关系，还要注意它们的幅值比例关系。如何利用相量图开展正弦稳态电路的分析是本章难点。

5）正弦稳态电路各种功率的定义比较多，需要注意它们之间的相互关系与计算；对于各电路元件的功率特点要特别注意。

6）在进行正弦稳态电路的分析时，必须注意正确区分正弦量（时域形式）、相量、有效值等，在公式书写上要特别注意是否要带"点"。

6.8 习题

1. 已知某正弦电流的瞬时表达式为 $i(t)=10\cos(2\pi t+45°)$ A，试绘出 $i(t)$ 的波形图，并求 $i(t)$ 的有效值、角频率及初相，求出 $t=0.5$ s、1.25 s 时的瞬时电流值。

2. 已知某一正弦电流的波形如图 6-8-1 所示。试求其振幅、有效值、周期、频率、角频率和初相位，并写出其正弦函数表达式。

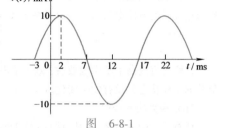

图 6-8-1

3. 试求下列各组正弦量的相位差，并说明超前、滞后的关系。

(1) $u_1=220\sqrt{2}\cos(\omega t-120°)$ V　　$u_2=220\sqrt{2}\cos(\omega t+120°)$ V

(2) $i=10\cos(\omega t-130°)$ A　　　　$u=200\sin(\omega t)$ V

(3) $i_1=30\cos(\omega t-20°)$ A　　　　$i_2=40\cos(3\omega t-50°)$ A

4. 已知 $u_1=220\sqrt{2}\cos(314t-120°)$ V，$u_2=220\sqrt{2}\cos(314t+30°)$ V。试：

(1) 画出它们的波形图，求出它们的有效值、频率 f 和周期 T。

(2) 写出它们的相量，画出其相量图，并求出它们的相位差。

(3) 如果把电压 u_2 的参考方向反向，重新回答 (1)、(2)。

5. 试将下列复数化为极坐标形式。

(1) $F_1=-5-j5$　　(2) $F_2=-6+j8$　　(3) $3+j4$　　　　(4) $15-j12$

6. 试将下列复数化为代数形式。

(1) $F_1=4\underline{/135°}$　　(2) $F_2=5\underline{/17°}$　　(3) $F_3=7.07\underline{/0°}$　　(4) $F_4=250\underline{/-60°}$

7. 已知两复数 $F_1=12+j16$，$F_2=-5+j8.66$，试求：

(1) F_1+F_2　　　　(2) F_1-F_2　　　　(3) F_1F_2　　　　(4) $\dfrac{F_1}{F_2}$

8. 已知电压、电流相量，试写出电压、电流的瞬时表达式。其中 $\omega=100$ rad/s。

(1) $\dot I=(3+j4)$ A　(2) $\dot U=(-8+j6)$ V　(3) $\dot I=10\underline{/-45°}$ A　(4) $\dot U=50\underline{/-60°}$ V

9. 已知 $i_1=10\sqrt{2}\cos(\omega t+45°)$ A，$i_2=10\sqrt{2}\sin(\omega t)$ A，试求：

(1) i_1+i_2。

(2) 若 $i_2=-10\sqrt{2}\sin(\omega t)$ A，再求 i_1+i_2。

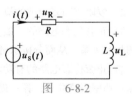

图 6-8-2

10. RL 串联电路如图 6-8-2 所示，已知 $R=200\ \Omega$，$L=0.1$ H，$u_R(t)=\sqrt{2}\cos(1000t)$ V，试求电源电压 $u_s(t)$，并画出相量图。

11. 电路如图 6-8-3 所示，已知电流相量 $\dot I_C=3\underline{/0°}$ A，试求电压源相量 $\dot U_s$。

12. 图 6-8-4 所示正弦稳态电路中，已知各交流电压表的读数分别为 (v)$=171$ V，(v₁)$=45$ V，(v₂)$=135$ V，电源频率 $f=50$ Hz。试求 R 与 L 的值。

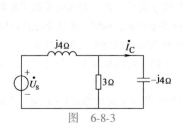

图 6-8-3

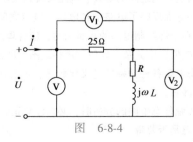

图 6-8-4

13. 图 6-8-5 所示正弦稳态电路中，已知 $\dot{I}_1 = 0.5\underline{/0°}$ A，$\dot{U}_1 = 40\underline{/-90°}$ V，$R = 20\,\Omega$，$X_C = 80\,\Omega$，$X_L = 20\,\Omega$，试求 $\dot{U}_s$。

14. 图 6-8-6 所示电路中，$R_1 = R_2 = 1\,\Omega$。

(1) 当电源频率为 f_0 时，$X_{C2} = 1\,\Omega$，交流电压表的读数为 $\text{V}_1 = 3$ V，$\text{V}_2 = 6$ V，$\text{V}_3 = 2$ V，试求 I_s。

(2) 电路中电阻、电感和电容的值不变，现将电源的频率提高一倍，若想维持 V_1 的读数不变，试问 I_s 应为多少？

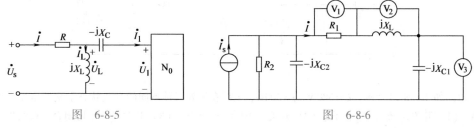

图 6-8-5   图 6-8-6

15. 电路如图 6-8-7 所示，已知 $R_1 = 10\,\Omega$，$X_C = 17.32\,\Omega$，$I_1 = 5$ A，$U = 120$ V，$U_L = 50$ V，$\dot{U}$ 与 $\dot{i}$ 同相，试求 R、R_2 和 X_L。

16. 电路如图 6-8-8 所示，已知 $I_2 = 10$ A，$I_3 = 10\sqrt{2}$ A，$U = 200$ V，$R_1 = 5\,\Omega$，$R_2 = \omega L$，试求 I_1、$\dfrac{1}{\omega C}$、ωL 和 R_2。

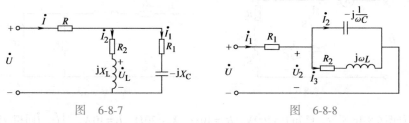

图 6-8-7   图 6-8-8

17. 图 6-8-9 所示电路中，已知 $R = 1\,\Omega$，$L = 62.5\,\text{mH}$，$C = 0.25\,\text{F}$，$g = 3\,\text{S}$，$\omega = 4\,\text{rad/s}$，试求该电路的输入导纳 Y。

18. 电路如图 6-8-10 所示。$R = 5\,\Omega$，$C = 2000\,\mu\text{F}$，$L = 0.1\,\text{H}$。电流源为正弦量，$I_{sm} = 5$ A、$\omega = 100\,\text{rad/s}$，$\varphi_{is} = -30°$。试求：

(1) $\dot{U}$ 及其与 $\dot{i}_s$ 的相位差。

(2) $\dot{I}_R$、$\dot{I}_C$、$\dot{I}_L$。

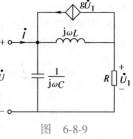

图 6-8-9

19. 图 6-8-11 所示电路中，一端口网络 N_0 是由一个电阻和一个动态元件相并联构成的。已知 $R = 4\,\Omega$，$C = 10\,\text{mF}$，$u(t) = 4\sqrt{2}\cos(10t+15°)$ V，$i(t) = 0.5\cos(10t+60°)$ A。试求 N_0 的等效复阻抗及其中的电阻 R_0 和动态元件的值。

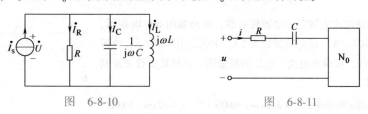

图 6-8-10   图 6-8-11

20. 电路如图 6-8-12 所示，已知 $Z_1 = (10+j50)\,\Omega$，$Z_2 = (400-j1000)\,\Omega$。试问：

(1) 为使 $\dot{U}$ 与 $\dot{i}_2$ 正交，β 应等于多少？

（2）为使该电路呈现感性，β 的取值必须大于多少？

21. 电路如图 6-8-13 所示，已知 $I_1 = 2\,A$，$I = 2\sqrt{3}\,A$，$Z = 50\;\underline{/60°}\;\Omega$，$\dot{U}$ 与 $\dot{I}$ 同相。试：

（1）以 $\dot{I}_1$ 为参考相量，画出电压、电流相量图。

（2）求出 R、X_C 的值及总电压的有效值。

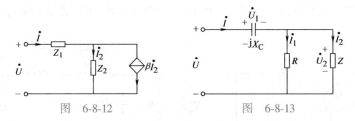

图 6-8-12　　　　　　　图 6-8-13

22. 电路如图 6-8-14 所示，$U = 380\,V$，$f = 50\,Hz$，电路在下列三种不同的开关状态下交流电流表读数均为 0.5 A。（1）开关 S_1 断开，S_2 闭合；（2）开关 S_1 闭合、S_2 断开；（3）开关 S_1、S_2 均闭合。试绘出电路的相量图，并借助于相量图求 R、L 的值。

23. 电路如图 6-8-15 所示。已知 $R_1 = 2\,k\Omega$，$R_2 = 10\,k\Omega$，$L = 10\,H$，$C = 1\,\mu F$，$f = 50\,Hz$，通过电阻 R_2 的电流 $I_2 = 10\,mA$，试求总电压 u。

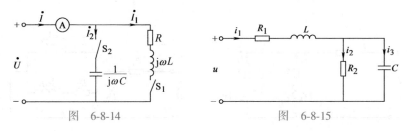

图 6-8-14　　　　　　　图 6-8-15

24. 电路如图 6-8-16 所示，已知 $U = 100\,V$，$R_1 = 10\,\Omega$，$X_C = 20\,\Omega$，$I_2 = 10\,A$，且 $\dot{U}$、$\dot{I}$ 同相。试用相量图求解 $Z_L = R + jX$ $(X>0)$。

25. 图 6-8-17 所示电路是电阻为 10 Ω 的线圈与一可变电容元件相串联，接于 220 V 的工频电源上，调节电容，使线圈和电容元件的端电压均等于 220 V，试绘出此电路的相量图，并计算电路中消耗的功率。

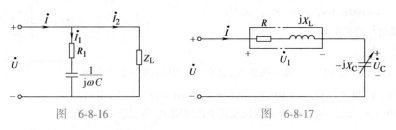

图 6-8-16　　　　　　　图 6-8-17

26. 用三只交流电流表测定一电容性负载，电路如图 6-8-18 所示。设其中表 A_1 的读数为 7 A，表 A_2 的读数为 2 A，表 A_3 的读数为 6 A，电源电压有效值为 220 V，试画出电流、电压的相量图，并计算负载 Z 及其所吸收的平均功率。

27. 图 6-8-19 所示电路中，$u_s = 2\sqrt{2}\cos(10000t)$ V，$i_s = \sqrt{2}\cos(10000t - 90°)$ A，试求电压源的电流 i 及电流源的电压 u。

28. 电路如图 6-8-20 所示，$\dot{U}_s = 4\;\underline{/0°}\;V$，$\dot{I}_s = 4\;\underline{/0°}\;A$，$R = X_L =$

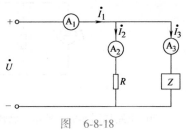

图 6-8-18

$X_C = 1\,\Omega$，试分别用结点电压法和回路电流法求出各支路电流。

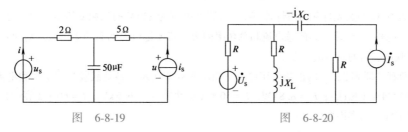

图 6-8-19　　　　　　　图 6-8-20

29. 电路如图 6-8-21 所示，已知 $u_s = 70\sqrt{2}\cos(1000t)\,$V，$R_1 = 3\,\Omega$，$R_2 = 8\,\Omega$，$R_3 = 2\,\Omega$，$L_1 = 4\,$mH，$L_2 = 6\,$mH，$C = 166.67\,\mu$F，试求 $u_C(t)$。

30. 图 6-8-22 所示电路中，已知 $R_1 = 5\,\Omega$，$R_2 = 20\,\Omega$，$X_C = 20\,\Omega$，$r = 30\,\Omega$，$\dot{U}_s = 6\,\underline{/0^\circ}\,$V，若 $Z = (20 - j10)\,\Omega$，试求流经 Z 的电流 $\dot{I}$。

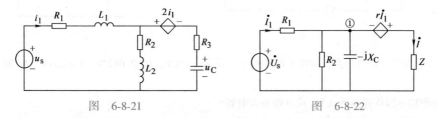

图 6-8-21　　　　　　　图 6-8-22

31. 图 6-8-23 所示电路中，试用结点电压法求电压相量 $\dot{U}_C$，试用回路电流法求电流相量 $\dot{I}_1$ 和 $\dot{I}_2$。

32. 试求图 6-8-24 所示一端口电路的诺顿等效电路及戴维宁等效电路。

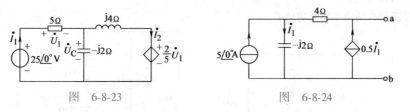

图 6-8-23　　　　　　　图 6-8-24

33. 电路如图 6-8-25 所示，试用叠加定理求 $\dot{U}_X$。已知 $\omega = 500\,$rad/s，写出 $U_X(t)$ 的表达式。

34. 图 6-8-26 所示电路中，$\dot{U}_{s1} = 50\,\underline{/0^\circ}\,$V，$\dot{U}_{s4} = 60\,\underline{/-120^\circ}\,$V，$Z_1 = 5\,\underline{/90^\circ}\,\Omega$，$Z_2 = Z_3 = 10\,\underline{/53.13^\circ}\,\Omega$，$Z_4 = 3\,\underline{/-90^\circ}\,\Omega$，试求：

（1）流过复阻抗 Z_3 的电流 $\dot{I}_3$。

（2）各电源发出的功率。

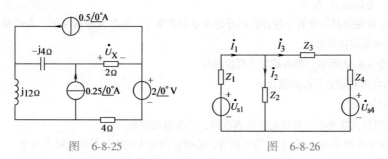

图 6-8-25　　　　　　　图 6-8-26

35. 已知图 6-8-27 所示电路中各交流仪表的读数分别为 Ⓐ：2 A，Ⓥ₁：220 V，Ⓦ₁：400 W，Ⓥ₂：64 V，

Ⓦ₂：100 W，试求电路元件的参数 R_1、X_{L1}、R_2 和 X_{L2}。

36. 功率为 40 W 的荧光灯和白炽灯各 100 只并联在电压为 220 V 的工频交流电源上。已知荧光灯的功率因数为 0.5（感性），试求电路的总电流和总功率因数。若要把电路的总功率因数提高到 0.9，应并联多大的电容？并联电容后的总电流是多少？

37. 三个负载并联到 220 V 的正弦电压源上，如图 6-8-28 所示。各负载吸收的功率和电流分别为 P_1 = 4.4 kW，I_1 = 44.74 A（感性）；P_2 = 8.8 kW，I_2 = 50 A（感性）；P_3 = 6.6 kW，I_3 = 60 A（容性）。试求电压源供给负载的总电流和功率因数。

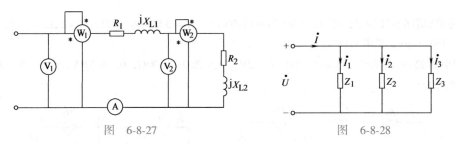

图 6-8-27　　　　　　　图 6-8-28

38. 已知感性负载串联电路，如图 6-8-29 所示。其 $\cos\varphi$ = 0.6，P = 2.64 kW，U = 220 V，f = 50 Hz。试求：

(1) I_L。

(2) 为使功率因数提高到 0.9，应并联多大电容？

39. 电路如图 6-8-30 所示，$\dot{I}_s$ = 10 $\underline{/0°}$ A，试求：

(1) 电流源发出的复功率。

(2) 电阻消耗的功率。

(3) 受控源的有功功率和无功功率。

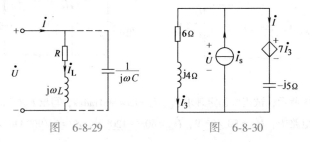

图 6-8-29　　　　　　　图 6-8-30

40. 电路如图 6-8-31 所示，正弦电压源的电压 U_s = 1 V，频率为 50 Hz，发出的平均功率 P = 0.1 W，整个电路的功率因数为 1，且已知 Z_1 和 Z_2 吸收的平均功率相等，Z_2 的功率因数为 0.5(φ_2>0)。试求：

(1) 电流 I、复阻抗 Z_1 和 Z_2。

(2) 如在 Z_2 两端并联一电容，使并联部分的功率因数为 1，求在这种情况下，电源发出的有功功率、无功功率及整个电路的功率因数。

41. 电路如图 6-8-32 所示，当负载为下列情况时：

(1) 负载为电阻和动态元件的组合。

(2) 负载为纯电阻。

试求负载获得最大功率时，负载元件的参数值，并求最大功率。

42. 电路如图 6-8-33 所示，试问 Z_L 为何值时，能够获得最大功率？并求此最大功率。

43. 电路如图 6-8-34 所示，为使负载获得最大功率，试问负载 Z_L 应为多少？此时 Z_L 得到的功率为多少？

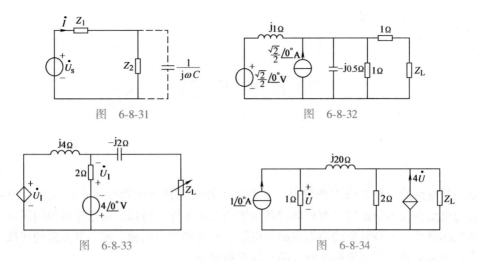

图　6-8-31　　　　　　　　　　　　图　6-8-32

图　6-8-33　　　　　　　　　　　　图　6-8-34

第 **7** 章

谐 振 电 路

引言

谐振是电路的一种特殊工作状况，它在电子和电工技术中得到了广泛应用，但另一方面，有的电路在发生谐振时又有可能破坏系统的正常工作。所以，对谐振现象的研究，有着重要的实际意义。本章分析的谐振电路由电阻、电感和电容组成，按照其元件的连接形式可分为串联谐振电路、并联谐振电路和串并联谐振电路。

人们生活的空间中存在许多不同频率的无线电波，这些无线电波丰富了人们的生活，让人们看到多彩的世界，听到美妙的音符。华为的创新技术让人们感受到了生活的便利。对于人们经常使用的收音机来说，为了接收所需要的节目，需要将所选的频道信号进行放大，同时将不需要的频率信号进行过滤，以免产生干扰。

收音机接收电路如图 7-0-1a 所示，等效电路如图 7-0-1b 所示。图 7-0-1b 中 e_1、e_2、$\cdots$、e_n 分别为来自不同电台的无线电信号的感应电动势，f_1、f_2、$\cdots$、f_n 分别为相应的无线电信号的频率，L 为接收信号线圈的等效电感，R_L 为接收信号线圈的绕线电阻，C 为可调电容。在无线电技术中，通常用此电路来接收信号，同时将接收到的信号进行放大。

在此电路中，如果需要接收信号 f_1，只要调节电容的数值就可以了。那么这个电路是用什么原理来接收信号 f_1？它需要满足什么条件？这些问题在学完本章内容后便可以得到解答。

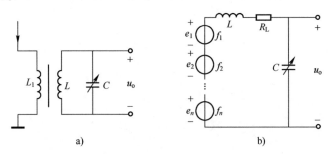

图 7-0-1　收音机接收电路及其等效电路

a）收音机接收电路　b）等效电路

7.1　串联谐振电路

串联谐振电路是一种最基本的谐振电路，是研究谐振电路的基础。图 7-1-1 所示的是 *RLC* 串联谐振电路。为了分析方便，设电路中的电

7-1-1　串联谐振　7-1-2　串联谐振　7-1-3　串联谐振
电路（1）　　　电路（2）　　　电路（3）

源是角频率为 ω 的正弦电压源，其相量为 $\dot{U}_\mathrm{s}$，初相角为零。

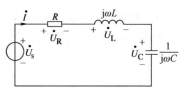

图 7-1-1　*RLC* 串联谐振电路

1. 谐振条件

图 7-1-1 所示的 *RLC* 串联电路的总复阻抗为

$$Z = R + \mathrm{j}\left(\omega L - \frac{1}{\omega C}\right) = R + \mathrm{j}(X_\mathrm{L} - X_\mathrm{C}) = R + \mathrm{j}X \qquad (7\text{-}1\text{-}1)$$

当电路 $X_\mathrm{L} = X_\mathrm{C}$，即 $X = 0$ 时，整个电路的阻抗等于电阻，即 $Z = R$，也就是电压源 $\dot{U}_\mathrm{s}$ 和电流 $\dot{I}$ 同相位，此时电路发生了谐振。由于这是串联电路，所以将这种谐振称为串联谐振。因此，*RLC* 串联电路发生谐振的条件为

$$X = 0$$

即

$$X_\mathrm{L} = X_\mathrm{C} \qquad (7\text{-}1\text{-}2)$$

或

$$\omega_0 L = \frac{1}{\omega_0 C} \qquad (7\text{-}1\text{-}3)$$

2. 谐振频率

发生谐振时的角频率称为谐振角频率，用 ω_0 来表示。

根据谐振条件可知，在谐振时 $\omega_0 L = 1/(\omega_0 C)$，则谐振角频率为

$$\omega_0 = \frac{1}{\sqrt{LC}} \qquad (7\text{-}1\text{-}4)$$

由于 $\omega_0 = 2\pi f_0$，所以谐振频率为

$$f_0 = \frac{1}{2\pi\sqrt{LC}} \qquad (7\text{-}1\text{-}5)$$

式 (7-1-4) 中的谐振角频率 ω_0 的单位为每秒弧度 (rad/s)；而式 (7-1-5) 中的谐振频率 f_0 的单位为赫兹 (Hz)。

谐振频率的倒数称为电路的谐振周期，用 T_0 表示，即

$$T_0 = \frac{1}{f_0} = 2\pi\sqrt{LC} \qquad (7\text{-}1\text{-}6)$$

从式 (7-1-4) 或式 (7-1-5) 中可以看到，串联电路的谐振角频率 (或频率) 是由电路本身的参数 L 和 C 所决定的，与电阻和外加激励电压无关。如果电路的参数 L、C 为定值，那么谐振频率也是一个固定的数值，因此谐振反映了电路的固有性质，f_0 是电路的固有频率。只有当外加电压源的频率与电路中的固有频率相等时，电路才会发生谐振。如果外加电源频率一定，也可调节元件参数使电路达到谐振。总之，改变电源频率或改变元件 (L 或 C) 的数值都可以使电路发生谐振或消除谐振。例如无线电收音机的接收回路中，通常是改变电容 C 的数值，使电路对所要选择的广播频率发生谐振 (称为调谐)，从而达到接收该电台信号的目的。

3. 谐振阻抗、特性阻抗与品质因数

电路在谐振时的输入阻抗称为谐振阻抗，用 Z_0 表示。由于谐振时的电抗 $X = 0$，故由式 (7-1-1) 可得谐振阻抗为

$$Z_0 = R \qquad (7\text{-}1\text{-}7)$$

可见 Z_0 为纯电阻,且其模值为最小。

谐振时的感抗 X_{L0} 和容抗 X_{C0} 称为电路的特性阻抗,用 ρ 表示,即

$$
\begin{cases}
\rho = X_{L0} = \omega_0 L = \dfrac{1}{\sqrt{LC}}L = \sqrt{\dfrac{L}{C}} \\
\rho = X_{C0} = \dfrac{1}{\omega_0 C} = \dfrac{\sqrt{LC}}{C} = \sqrt{\dfrac{L}{C}}
\end{cases}
\tag{7-1-8}
$$

可见特性阻抗 ρ 只与电路参数 L、C 有关,而与 ω 无关,且有 $X_{L0} = X_{C0}$。

将特性阻抗 ρ 与电阻 R 的比值称为串联谐振电路的品质因数,用 Q 表示,即

$$
Q = \frac{\rho}{R} = \frac{\omega_0 L}{R} = \frac{1}{\omega_0 CR} = \frac{1}{R}\sqrt{\frac{L}{C}}
\tag{7-1-9}
$$

由式(7-1-9)可见,品质因数 Q 值是由串联电路 R、L、C 元件参数值来决定的一个无量纲的量,Q 值的大小可反映谐振电路的性能,是串联谐振电路基本属性的重要参数。

4. 串联谐振电路的特征

在外加激励电压 $\dot{U}_s$ 保持一定、RLC 串联电路发生谐振时,有如下特征:

1)电路阻抗模最小,且为电阻性。因为 RLC 串联电路发生谐振时,其电抗 $X=0$,所以这时电路的复阻抗 $Z=R+jX=R$,阻抗模达到最小值,而且是个纯电阻,阻抗角 $\varphi=0$。

2)电路的电流最大,并与电源电压同相位。因谐振时电路的阻抗模最小,故在一定的电源电压作用下,电路的电流达到最大值,此时的电流称为谐振电流,用 I_0 表示,即

$$
I_0 = \frac{U_s}{R}
\tag{7-1-10}
$$

这是串联电路谐振的一个很重要的特征,据此可以判断电路是否发生谐振。由于谐振时电路的阻抗呈电阻性,所以电路中的电流与电源电压同相位。如果 $\dot{U}_s = U_s \underline{/\varphi_u}$,则电流相量为

$$
\left.
\begin{aligned}
\dot{I}_0 &= \frac{\dot{U}_s}{R} = \frac{U_s}{R}\underline{/\varphi_u} = I_0\underline{/\varphi_i} \\
\underline{/\varphi_u} &= \underline{/\varphi_i}
\end{aligned}
\right\}
\tag{7-1-11}
$$

电流数值完全取决于电阻值,与电感和电容值无关。电阻越小,谐振电流越大。

3)电感与电容上电压的有效值相等,且为电源电压的 Q 倍。

在 RLC 串联电路谐振时,电感和电容上电压的有效值为

$$
\left.
\begin{aligned}
U_{L0} &= I_0 X_{L0} = \frac{U_s}{R}X_{L0} = QU_s \\
U_{C0} &= I_0 X_{C0} = \frac{U_s}{R}X_{C0} = QU_s
\end{aligned}
\right\}
\tag{7-1-12}
$$

可见当 $Q \gg 1$ 时,有 $U_{L0} = U_{C0} \gg U_s$,因而电感或电容的电压是电源电压的 Q 倍,即有"升压"的现象。这种出现高电压的现象,在无线电和电子工程中极为有用,它使微弱的激励信号电压通过串联谐振,在电感或电容上产生了激励电压的 Q 倍的响应电压。但在电力工程中却表现极为有害,串联谐振现象可能产生危险的过电压,使电容器或电感线圈的绝缘被击穿而造成损坏;但在实验室中,却是用谐振原理产生高电压进行实验。所以对于串联谐振要根据不同情况加以利用或者力求避免。

从谐振时的电感或电容电压的有效值表达式中，又可得到品质因数 Q 的另一种表达式，即

$$Q = \frac{U_{L0}}{U_s} = \frac{U_{C0}}{U_s} \tag{7-1-13}$$

从式（7-1-13）也可以理解品质因数 Q 为谐振时，电感 L 两端或电容 C 两端的电压（$U_{L0} = U_{C0}$）与电源电压 U_s 相比的倍数。

4）电阻上的电压就是外加激励电压。

当电路发生串联谐振时，电阻上的电压为

$$\left.\begin{aligned} \dot{U}_{R0} &= \dot{I}_0 R = \frac{\dot{U}_s}{R} R = \dot{U}_s \\ U_{R0} &= U_s \end{aligned}\right\} \tag{7-1-14}$$

由此可见电阻电压与电源电压有效值相等，且达到最大值，并同相位。而电感、电容的电压相量等于它们各自电抗与谐振电流的乘积，即

$$\left.\begin{aligned} \dot{U}_{L0} &= j\omega_0 L \dot{I}_0 = j\omega_0 L \frac{\dot{U}_s}{R} = jQ\dot{U}_s \\ \dot{U}_{C0} &= -j\frac{1}{\omega_0 C}\dot{I}_0 = -j\frac{1}{\omega_0 C}\frac{\dot{U}_s}{R} = -jQ\dot{U}_s \end{aligned}\right\} \tag{7-1-15}$$

故 $\dot{U}_{L0} = -\dot{U}_{C0}$。

由此可见，串联谐振时，电感电压 $\dot{U}_{L0}$ 与电容电压 $\dot{U}_{C0}$ 大小相等、相位相反。因此 $\dot{U}_{L0} + \dot{U}_{C0} = 0$，电阻上的电压就等于电源电压，即 $\dot{U}_R = \dot{U}_s$。谐振时，电感和电容的串联相当于短路，所以串联谐振又称为电压谐振。

若设 $\dot{U}_s = U_s \underline{/0°}$，谐振时电压、电流的相量图如图 7-1-2 所示。

5）电路的无功功率为零。

串联谐振时，电源发出的有功功率为

$$P = U_s I \cos\varphi = U_s I_0 \cos 0° = U_s I_0 = I_0^2 R \tag{7-1-16}$$

电路中的无功功率为

$$\left.\begin{aligned} Q &= U_s I \sin\varphi = U_s I_0 \sin 0° = 0 \\ Q &= Q_L + Q_C = 0 \end{aligned}\right\} \tag{7-1-17}$$

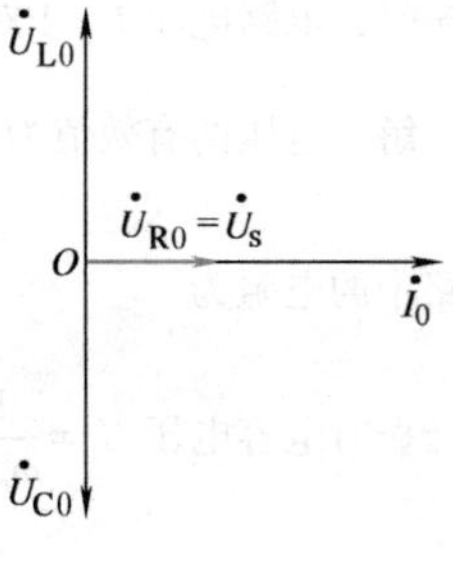

即

所以 $\qquad Q_L = -Q_C$ 或 $|Q_L| = |Q_C|$

以上各式说明，串联谐振时，电感与电容的无功功率绝对值相等、符号相反，整个电路在谐振时无功功率为零，即表明了电感和电容之间进行能量的相互交换而不与电源之间交换能量。也就是说，当电感吸收功率时，线圈中的磁场增强，与此同时，电容发出功率、电容中的电场减弱；继而当电容吸收功率时，电场增强，而同时电感发出功率，磁场减弱。电场和磁场能量进行着等量交换，它们的总和不变，维持能量振荡。所以电路一旦从电源获得能量后，无功功率不再依靠电源供给（$Q = 0$），在电感与电容之间，能量自交换，电源只供电阻的能量消耗，维持电路做等幅振荡。因而整个电路相当于纯电阻电路。

注意式（7-1-17）中的 Q 代表整个 RLC 串联电路的无功功率；Q_L 代表电感的无功功率；Q_C 代表电容的无功功率。

图 7-1-2　串联谐振相量图

功率的关系反映着电压的关系。在谐振时，电感的无功功率与电路的有功功率关系为

$$\frac{|Q_L|}{P} = \frac{U_{L0}I_0}{U_sI_0} = \frac{U_{L0}}{U_s} \tag{7-1-18}$$

而电容的无功功率与电路有功功率关系为

$$\frac{|Q_C|}{P} = \frac{U_{C0}I_0}{U_sI_0} = \frac{U_{C0}}{U_s} \tag{7-1-19}$$

式（7-1-18）和式（7-1-19）两个等式的右边的比值与式（7-1-13）比较，恰好都等于电路品质因数 Q。所以品质因数 Q 值的另一物理意义是：在谐振时，电感或电容中的无功功率与电路中的有功功率的比值，即

$$品质因数 \ Q = \frac{|无功功率|}{有功功率} \tag{7-1-20}$$

例 7-1-1 一半导体收音机的输入电路为 RLC 串联电路。$L = 300\,\mu H$，$R = 10\,\Omega$。当收听频率 $f = 540\,kHz$ 的电台广播时，输入信号电压的有效值 $U_s = 100\,\mu V$。试求可变电容 C 的值、电路的品质因数 Q、电流 I_0 和输出电压 U_{L0}。

解 收到频率 $f = 540\,kHz$，说明电路在 $f_0 = 540\,kHz$ 时发生谐振。

$$C = \frac{1}{\omega_0^2 L} = \frac{1}{(2\pi f_0)^2 L} \approx 292\,pF$$

$$Q = \frac{\omega_0 L}{R} = \frac{2\pi f_0 L}{R} \approx 101.8$$

$$I_0 = \frac{U_s}{R} = 10\,\mu A$$

$$U_{L0} = QU_s = 10.18\,mV$$

例 7-1-2 已知 RLC 串联电路两端的电压 $u = \cos(\omega t)\,mV$，其频率 $f = 1\,MHz$，当调节电容 C 使电路发生谐振时，电路电流 $I_0 = 100\,\mu A$，电容两端电压 $U_C = 100\,mV$，试求电路中 R、L、C 和 Q 的值。

解 电压的有效值为

$$U = \frac{U_m}{\sqrt{2}} = \frac{1}{\sqrt{2}}\,mV \approx 0.707\,mV$$

电路中的电阻为

$$R = \frac{U}{I_0} = \frac{0.707 \times 10^{-3}}{100 \times 10^{-6}}\,\Omega = 7.07\,\Omega$$

因谐振时电容电压 $U_C = \frac{1}{\omega_0 C}I_0$，所以电路中的电容为

$$C = \frac{I_0}{\omega_0 U_C} = \frac{100 \times 10^{-6}}{2\pi \times 10^6 \times 100 \times 10^{-3}}\,F \approx 159\,pF$$

再根据 $\omega_0 L = \frac{1}{\omega_0 C}$，可得电路中的电感为

$$L = \frac{1}{\omega_0^2 C} = \frac{1}{(2\pi \times 10^6)^2 \times 159 \times 10^{-12}}\,H \approx 159\,\mu H$$

电路的品质因数为

$$Q = \frac{\omega_0 L}{R} = \frac{2\pi \times 10^6 \times 159 \times 10^{-6}}{7.07} \approx 141$$

或

$$Q = \frac{U_C}{U} = \frac{100 \times 10^{-3}}{0.707 \times 10^{-3}} \approx 141$$

5. 串联谐振电路的频率特性

为了研究 RLC 串联电路的谐振性能，需要考虑电路中的电流、电压、阻抗、导纳以及

阻抗角等各量随电源角频率 ω 变化的关系，这些关系称为频率特性。表明电流、电压与频率的关系的图形，称为谐振曲线。

（1）阻抗及阻抗角的频率特性

图 7-1-1 中的 *RLC* 串联电路的复阻抗为

$$Z = R + \mathrm{j}\left(\omega L - \frac{1}{\omega C}\right) = R + \mathrm{j}(X_L - X_C) = R + \mathrm{j}X$$

其中复阻抗的模 $|Z|$ 及阻抗角 $\varphi(\omega)$ 分别为

$$\left. \begin{aligned} |Z| &= \sqrt{R^2 + X^2} = \sqrt{R^2 + \left(\omega L - \frac{1}{\omega C}\right)^2} \\ \varphi(\omega) &= \arctan\frac{X(\omega)}{R} = \arctan\frac{\omega L - \dfrac{1}{\omega C}}{R} \end{aligned} \right\} \tag{7-1-21}$$

从式（7-1-21）可以看到，感抗与角频率的关系式为 $X_L(\omega) = \omega L$，感抗随角频率成正比例变化，即呈线性关系，是一条通过原点的直线；容抗与角频率的关系式为 $X_C(\omega) = 1/(\omega C)$，容抗随角频率成反比例变化；而电抗 $X = X_L - X_C$。现将 X_L、X_C、X 以及 $|Z|$ 随 ω 变化的关系曲线用图 7-1-3a 来表示，而阻抗角 $\varphi(\omega)$ 随 ω 变化的关系曲线，用图 7-1-3b 来表示。

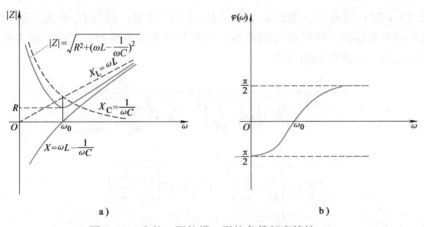

a)　　　　　　　　　　　b)

图 7-1-3　电抗、阻抗模、阻抗角等频率特性

从图 7-1-3 中可以看到，当 $\omega = 0$ 时，$|Z| \to \infty$，$\varphi = -\dfrac{\pi}{2}$；当 $0 < \omega < \omega_0$ 时，$X < 0(X_L < X_C)$，φ 为负值，电路呈电容性；当 $\omega = \omega_0$ 时，$X = 0(X_L = X_C)$，$\varphi = 0$，电路呈电阻性，$|Z| = R$，电路处于谐振状态；当 $\omega_0 < \omega < \infty$ 时，$X > 0(X_L > X_C)$，φ 为正值，电路呈电感性；当 $\omega \to \infty$ 时，$|Z| \to \infty$，$\varphi = \dfrac{\pi}{2}$。所以阻抗 $|Z|$ 随 ω 变化的曲线的形状为 V 字形。

电路的导纳模与阻抗模是倒数关系，即 $|Y| = 1/|Z|$，因此导纳模的频率特性曲线的形状与阻抗模频率特性曲线相反，并通过原点，如图 7-1-4 所示。

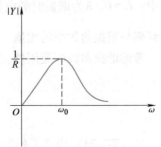

图 7-1-4　导纳模的频率特性

（2）电流的频率特性

当外加电压的有效值 U_s 固定不变，而使其频率改变时，电流的频率特性为

$$I(\omega)=\frac{U_s}{|Z|}=U_s|Y| \tag{7-1-22}$$

从式（7-1-22）可见，电流的频率特性（或称电流谐振曲线）$I(\omega)$ 与导纳模的频率特性 $|Y|$ 非常相似，它们之间只差一个常数 U_s，谐振曲线 $I(\omega)$ 如图 7-1-5 所示。从电流的谐振曲线可以看出，电路只有在谐振频率附近的一段频率内，电流才有较大的幅值，而在谐振角频率 $\omega=\omega_0$ 处出现峰值。当 ω 偏离谐振频率时，由于电抗 $|X|$ 的增加，电流将从谐振时的最大值（U_s/R）下降，表明电路逐渐增强对电流的抑制能力。串联谐振电路对于不同频率的信号具有选择的能力。为了研究串联谐振电路的选择性，不能只讨论谐振时的特性，必须同时注意电路在谐振频率附近的工作状态，所以通常采用相对频率特性来分析串联谐振电路中的电流。

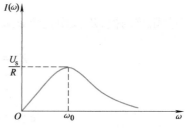

图 7-1-5　电流谐振曲线

（3）相对频率特性

由式（7-1-22）可看到，电流 I 不仅与 R、L、C 有关，且与 U_s 有关，这就难以确切地比较电路参数对电路频率特性曲线的影响。为此利用相对电流频率特性来研究电路参数对电路选择性的影响。电路中的电流为

$$
\begin{aligned}
I&=\frac{U_s}{|Z|}=\frac{U_s}{\sqrt{R^2+\left(\omega L-\dfrac{1}{\omega C}\right)^2}}=\frac{U_s}{\sqrt{R^2+\left(\dfrac{\omega\omega_0}{\omega_0}L-\dfrac{\omega_0}{\omega\omega_0 C}\right)^2}}\\
&=\frac{U_s}{\sqrt{R^2+\rho^2\left(\dfrac{\omega}{\omega_0}-\dfrac{\omega_0}{\omega}\right)^2}}=\frac{U_s}{R\sqrt{1+Q^2\left(\dfrac{\omega}{\omega_0}-\dfrac{\omega_0}{\omega}\right)^2}}\\
&=\frac{I_0}{\sqrt{1+Q^2\left(\eta-\dfrac{1}{\eta}\right)^2}}
\end{aligned}
\tag{7-1-23}
$$

式中，$I_0=U_s/R$ 为谐振时的电流；$Q=\dfrac{\omega_0 L}{R}=\dfrac{1}{\omega_0 CR}$ 为电路品质因数；$\eta=\dfrac{\omega}{\omega_0}$ 为外加激励电压的角频率与谐振角频率的比值，表明角频率 ω 偏离谐振角频率 ω_0 的程度。

考虑谐振曲线的通用性，电流取相对值，即式（7-1-23）可写为

$$\frac{I}{I_0}=\frac{1}{\sqrt{1+Q^2\left(\eta-\dfrac{1}{\eta}\right)^2}} \tag{7-1-24}$$

式（7-1-24）描述了相对电流值 I/I_0 与 η（ω/ω_0）的函数关系，为相对电流频率特性。由此可见式（7-1-24）与 U_s 无关，其频率特性如图 7-1-6 所示。对于 Q 值相同的任何 RLC 串联谐振电路只有一条曲线与之对应，所以，这种曲线称为串联谐振电路的通用曲线。

（4）品质因数与频率特性的关系

从式（7-1-24）中可以看到，对于不同的品质因数 Q，将对应不同的谐振曲线。因为相对电流值 I/I_0 不但随频率比 ω/ω_0 变化而变化，还与 Q 值的大小有关，电路的品质因数 Q 对谐振曲线形状起决定的作用。根据式（7-1-24）可画出不同 Q 值时的通用谐振曲线，如图 7-1-7 所示。从图中看出，Q 值高，曲线就尖锐；Q 值低，曲线就平坦。Q 值越高，说明电路对偏离谐振频率的信号抑制能力越强。

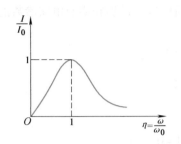

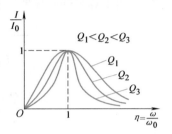

图 7-1-6　串联谐振电路的通用曲线　　　图 7-1-7　Q 值与频率特性的关系

6. 选择性与通频带

（1）选择性

谐振电路的选择性就是选择有用电信号的能力。

当 RLC 串联电路中有若干个不同频率的信号源同时作用时，则接近于谐振角频率 ω_0 的电流成分将大于其他偏离谐振角频率的电流成分而被选择出来，这种性能称为选择性。显然电路的选择性的好坏与电流谐振曲线的形状密切相关。谐振曲线越尖锐（品质因数 Q 越大），电路的选择性就越好。在电子电路中，如收音机，选择性能好的，调谐到某电台时声音就清晰，"窜音"就很小。由此可知，电路的品质因数的大小是反映谐振电路品质的一个重要指标。电路的品质因数及选择性，只由电路本身的参数所决定，而与信号源无关。如果信号源内阻不能忽略，则当其接入电路后，将增大电路的总电阻从而降低电路的品质因数和选择性。

（2）通频带

实际传输的信号往往由多频率组成，占有一定的频率范围，这个频率范围称为频带。例如，在电话通信中，频带宽度为 $0.3 \sim 3 \mathrm{kHz}$；在电台广播中，频带宽为十几千赫。如果电路的品质因数 Q 值过高，谐振曲线太尖锐，部分需要传输的信号必受抑制，引起其频率成分幅值比例的变化，造成传输信号的失真。所以在强调谐振电路的选择性的同时，还必须考虑到电路的通频带。

在谐振曲线上，电流 I 不小于谐振电流 I_0 的 $1/\sqrt{2}$（即 0.707）所对应的频率范围称为电路的通频带，用 B_f 表示，如图 7-1-8 所示。由图中的曲线可以看出，电流为谐振电流的 $1/\sqrt{2}$ 的频率有两个，其中较高的频率 f_2 称为上界频率，较低的频率 f_1 称为下界频率。由于谐振时电路消耗的功率为 $P_0 = I_0^2 R$，而在 f_1 和 f_2 时，电路消耗的功率

$$P_1 = P_2 = I^2 R = (I_0/\sqrt{2})^2 R = \frac{1}{2} I_0^2 R = \frac{1}{2} P_0$$。可见在上、下边界频率 f_1 和 f_2 处，电路消耗的功率等于谐振频率时消耗的功率的

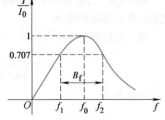

图 7-1-8　电路通频带的定义

一半，故又称上、下边界频率为半功率点频率。

谐振电路的通频带定义为上、下两个边界频率之差，即

$$B_f = f_2 - f_1 \tag{7-1-25}$$

或

$$B_\omega = \omega_2 - \omega_1$$

其中

$$\omega_2 = 2\pi f_2, \quad \omega_1 = 2\pi f_1$$

通频带规定了谐振电路允许通过信号的频率范围。B_f 的单位是 Hz，B_ω 的单位是 rad/s。

由式（7-1-24）可推算得到通频带与电路品质因数、谐振频率及电路参数的关系式，即

$$\frac{1}{\sqrt{1 + Q^2 \left(\eta - \dfrac{1}{\eta} \right)^2}} = \frac{1}{\sqrt{2}}$$

或

$$Q^2 \left(\eta - \frac{1}{\eta} \right)^2 = 1$$

$$\eta^2 \mp \frac{1}{Q} \eta - 1 = 0$$

从上式可解得其中两个正根分别为

$$\eta_1 = -\frac{1}{2Q} + \sqrt{\frac{1}{4Q^2} + 1}, \quad \eta_2 = \frac{1}{2Q} + \sqrt{\frac{1}{4Q^2} + 1}$$

所以有

$$\eta_2 - \eta_1 = \frac{1}{Q}$$

即

$$B_\omega = \omega_2 - \omega_1 = \frac{\omega_0}{Q} \tag{7-1-26}$$

或

$$B_f = f_2 - f_1 = \frac{f_0}{Q} \tag{7-1-27}$$

将 $Q = \dfrac{\omega_0 L}{R}$ 代入式（7-1-26），则有

$$B_\omega = \frac{R}{L} \tag{7-1-28}$$

可见通频带仅与电路的参数 R、L 有关。

由式（7-1-27）可知，电路的品质因数 Q 值越高，通频带就越窄，谐振曲线就越尖锐，选择性能就越好；反之，Q 值低，通频带就宽，但选择性差。从提高选择性抑制干扰信号的观点看，要求电路的谐振曲线尖锐，因而 Q 值要高；而从减小信号失真的观点来看，要求电路的通频带要宽一些，因而 Q 值不宜太高。在实际应用中，必须根据需要，两者兼顾，并有所侧重，选择适当的品质因数。

例 7-1-3 已知 RLC 串联电路中 $R = 200\,\Omega$、$L = 20\,\mathrm{mH}$，$C = 200\,\mathrm{pF}$，试求电路的谐振频率 f_0、特性阻抗 ρ、品质因数 Q 和通频带 B_f。

解 谐振频率为

$$f_0 = \frac{1}{2\pi \sqrt{LC}} = \frac{1}{2\pi \sqrt{20 \times 10^{-3} \times 200 \times 10^{-12}}}\,\mathrm{Hz} \approx 79.6\,\mathrm{kHz}$$

特性阻抗为

$$\rho = \sqrt{\frac{L}{C}} = \sqrt{\frac{20 \times 10^{-3}}{200 \times 10^{-12}}}\,\Omega = 10\,\mathrm{k\Omega}$$

品质因数为

$$Q = \frac{\rho}{R} = \frac{10000}{200} = 50$$

通频带为

$$B_f = \frac{f_0}{Q} = \frac{79.6 \times 10^3}{50} \text{Hz} = 1.592 \text{kHz}$$

例 7-1-4 由线圈和电容组成的串联电路中，已知电容 $C = 199 \text{pF}$，谐振频率 $f_0 = 800 \text{kHz}$，通频带的边界频率分别为 796 kHz 及 804 kHz，试求电路的品质因数 Q 及线圈的电阻 R、电感 L。

解 （1）电路的通频带为

$$B_f = f_2 - f_1 = (804 - 796) \text{kHz} = 8 \text{kHz}$$

由式（7-1-27）可得

$$Q = f_0 / B_f = \frac{800 \times 10^3}{8 \times 10^3} = 100$$

（2）当电路谐振时 $Q = \frac{1}{\omega_0 C R}$，以及 $\omega_0 L = \frac{1}{\omega_0 C}$，因此可求得

$$R = \frac{1}{\omega_0 C Q} = \frac{1}{(2\pi \times 800 \times 10^3) \times 199 \times 10^{-12} \times 100} \Omega \approx 10 \, \Omega$$

$$L = \frac{1}{\omega_0^2 C} = \frac{1}{(2\pi \times 800 \times 10^3)^2 \times 199 \times 10^{-12}} \text{H} \approx 200 \, \mu\text{H}$$

7. 电感、电容电压的频率特性

在电路谐振时，电感电压 U_L 与电容电压 U_C 大小相等，且等于激励电压 Q 倍。但是当改变激励电压频率时，U_L 和 U_C 的最大值并不出现在谐振点。这是因为当改变 ω 时，感抗 X_L 和容抗 X_C 都随着变化，谐振时，电流虽然最大，但由于 $U_L = \omega L I$、$U_C = \frac{1}{\omega C} I$，而 ωL 和 $\frac{1}{\omega C}$ 并非常数而又不是最大，因此电感和电容电压的最大值不一定出现在谐振点上。已知

$$U_L = \omega L I = \frac{\omega L \cdot U}{\sqrt{R^2 + \left(\omega L - \frac{1}{\omega C}\right)^2}} = \frac{QU}{\sqrt{\frac{1}{\eta^2} + Q^2 \left(1 - \frac{1}{\eta^2}\right)^2}} \qquad (7\text{-}1\text{-}29)$$

$$U_C = \frac{1}{\omega C} I = \frac{U}{\omega C \sqrt{R^2 + \left(\omega L - \frac{1}{\omega C}\right)^2}} = \frac{QU}{\sqrt{\eta^2 + Q^2 (\eta^2 - 1)^2}} \qquad (7\text{-}1\text{-}30)$$

它们的通用曲线如图 7-1-9 所示。显然，它们的形状与 Q 值有很大的关系。当 $\eta = 0$ 时，电感相当于短路，电压全部加在电容上，$U_L = 0$，$U_C = U$；当 $\eta = 1$ 时，电路发生谐振，$U_L = U_C = QU$；当 $\eta \to \infty$ 时，电容相当于短路，电压全部加在电感上，$U_L = U$，$U_C = 0$。进一步分析可以看出，只要 Q 值足够大，U_L、U_C 可能有大于 QU 的极大值出现，要求出 U_L、U_C 的最大值，可对式（7-1-29）、式（7-1-30）中的分母根号内的式子求导来获得这一极值的条件。下面对 U_C 来求极值点，有

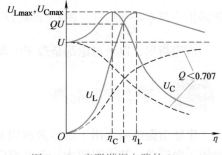

图 7-1-9　串联谐振电路的 U_L、U_C 频率特性

$$\frac{\mathrm{d}}{\mathrm{d}\eta}\left[\eta^2+Q^2(\eta^2-1)^2\right]=2\eta+2Q^2(\eta^2-1)2\eta=2\eta(1+2Q^2\eta^2-2Q^2)=0$$

解得 U_C 的极大值出现在

$$\eta_C=\sqrt{1-\frac{1}{2Q^2}}=\sqrt{\frac{2Q^2-1}{2Q^2}}<1 \qquad (7\text{-}1\text{-}31)$$

或

$$\omega_C=\omega_0\sqrt{1-\frac{1}{2Q^2}}=\omega_0\sqrt{\frac{2Q^2-1}{2Q^2}}<\omega_0 \qquad (7\text{-}1\text{-}32)$$

可见，只有当 $1-\dfrac{1}{2Q^2}>0$，即 $Q>\dfrac{1}{\sqrt{2}}=0.707$ 时，ω_C 才存在。此时 $\eta_C<1$，亦即 U_C 在谐振频率左侧的 $\eta=\eta_C$ 处出现大于 QU 的极大值，其值为

$$U_C(\eta_C)=\frac{QU}{\sqrt{1-\dfrac{1}{4Q^2}}}>QU \qquad (7\text{-}1\text{-}33)$$

如图 7-1-9 所示。同理，可求得 U_L 的极大值出现在

$$\eta_L=\sqrt{\frac{2Q^2}{2Q^2-1}}>1 \qquad (7\text{-}1\text{-}34)$$

或

$$\omega_L=\omega_0\sqrt{\frac{2Q^2}{2Q^2-1}}>\omega_0 \qquad (7\text{-}1\text{-}35)$$

可见，只有当 $2Q^2-1>0$，即 $Q>\dfrac{1}{\sqrt{2}}=0.707$ 时，ω_L 才存在。此时，$\eta_L>1$，亦即 U_L 在谐振频率右侧的 $\eta=\eta_L$ 处出现大于 QU 的极大值，其值为

$$U_L(\eta_L)=\frac{QU}{\sqrt{1-\dfrac{1}{4Q^2}}}>QU \qquad (7\text{-}1\text{-}36)$$

如图 7-1-9 所示。从以上分析可见，当 $Q>\dfrac{1}{\sqrt{2}}$ 时，U_L 和 U_C 的最大值都不在谐振点出现，而且不论 Q 值如何，两个最大值总是相等。当 Q 值很大时，U_L、U_C 的最大值出现在离谐振点很近的地方（Q 值越大，U_L 和 U_C 的最大值出现点离谐振点越近），而且它们将超过外加电压很多倍。当 $Q<\dfrac{1}{\sqrt{2}}$ 时，U_L 和 U_C 都将没有峰值出现，如图 7-1-9 中的虚线所示。

应当指出，以上讨论都是改变电源频率，如果改变电路参数 L 或 C 则应当另做分析。

7.2 并联谐振电路

串联谐振电路适用于信号源内阻很小的情况。如果信号源为电流源，其内阻很大，势必要降低电路的品质因数 Q 值，因而使电路的选择性显著变坏，此时应当采用并联谐振电路。在此介绍两种并联谐振电路发生谐振的条件以

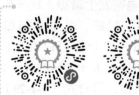

7-2-1 并联谐振电路（1）　7-2-2 并联谐振电路（2）

及谐振时的特征。

7.2.1 简单 *RLC* 并联电路

1. 谐振条件与谐振频率

图 7-2-1 所示为一个简单 *RLC* 并联电路，在正弦电流源激励下，该电路的复导纳为

$$Y=G+\mathrm{j}\left(\omega C-\frac{1}{\omega L}\right)=G+\mathrm{j}(B_\mathrm{C}-B_\mathrm{L})=G+\mathrm{j}B \tag{7-2-1}$$

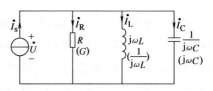

如果 ω、L、C 满足一定的条件，使并联电路的感纳和容纳相等，有 $B_\mathrm{L}=B_\mathrm{C}$，即 $B=0$ 时，电流和电压同相，该并联电路就发生了谐振。所以 *RLC* 并联电路发生谐振的条件为

$$B=0$$

即

$$B_\mathrm{C}=B_\mathrm{L}$$

图 7-2-1 并联谐振电路

或

$$\omega_0 C=\frac{1}{\omega_0 L} \tag{7-2-2}$$

其谐振角频率为

$$\omega_0=\frac{1}{\sqrt{LC}} \tag{7-2-3}$$

谐振频率为

$$f_0=\frac{1}{2\pi\sqrt{LC}} \tag{7-2-4}$$

这说明 *RLC* 并联电路的谐振频率是电路本身的参数所决定的，如果 L、C 一定，谐振频率就是一个固定的数值。

2. *RLC* 并联谐振电路的特征

1）电路导纳模最小，且为电阻性。

因为并联电路发生谐振时，其电纳 $B=0$，所以电路的复导纳 $Y=G+\mathrm{j}B=G$，这时导纳模最小，而且是个纯电阻，即导纳角为零。

2）如果外加激励电流 I_s 保持不变，则端电压为最大，且与电流同相。

由于并联谐振时，导纳模最小，这时端电压 $U_0=I_\mathrm{s}/G$ 为最大；并由于谐振时导纳为电阻性，所以端电压与外加激励电流同相位。

3）电感与电容中的电流有效值相等且为电流源电流的 Q 倍。

当 *RLC* 并联电路发生谐振时，电感或电容吸收的无功功率为 $U^2/(\omega_0 L)$ 或 $\omega_0 C U^2$，而电阻吸收的有功功率为 U^2/R，故电路的品质因数 Q 为

$$Q=\frac{|\text{无功功率}|}{\text{有功功率}}=\frac{\dfrac{U^2}{\omega_0 L}}{\dfrac{U^2}{R}}=\frac{R}{\omega_0 L}=\omega_0 CR \tag{7-2-5}$$

从式（7-2-5）中可看到，并联谐振电路的品质因数 $Q_{并}$ 为谐振时感纳或容纳与入端电导的比值，即

$$Q_{并}=\frac{1}{G\omega_0 L}=\frac{\omega_0 C}{G}=\frac{1}{G}\sqrt{\frac{C}{L}} \tag{7-2-6}$$

在并联谐振时，电感支路、电容支路和电导支路中的电流分别为

$$\begin{aligned}
\dot{I}_{L0} &= \frac{\dot{U}_0}{j\omega_0 L} = \frac{1}{j\omega_0 L}\,\frac{\dot{I}_s}{G} = -jQ\,\dot{I}_s \\
\dot{I}_{C0} &= j\omega_0 C\,\dot{U}_0 = j\omega_0 C\,\frac{\dot{I}_s}{G} = jQ\,\dot{I}_s \\
\dot{I}_{G0} &= G\,\dot{U}_0 = G\,\frac{\dot{I}_s}{G} = \dot{I}_s
\end{aligned} \Bigg\} \tag{7-2-7}$$

从式（7-2-7）中可以看到，在谐振时电感电流与电容电流有效值相等，且等于电流源电流的 Q 倍，但它们相位相反，有 $\dot{I}_L + \dot{I}_C = 0$，从 L、C 两端看进去的等效电纳等于零，相当于开路，外加电流源电流全部通过电导，这种情况是并联谐振电路所特有的，所以并联谐振又称为电流谐振。如果 $Q \gg 1$，则谐振时在电感和电容中会出现过电流。谐振时，各电流的相量图如图 7-2-2 所示。

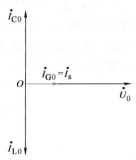

图 7-2-2　RLC 并联谐振时的相量图

并联谐振时，电路吸收的无功功率 $Q_L + Q_C = 0$，电源只供给电导消耗的能量，电感和电容之间却在等量地交换能量。

可以推出，RLC 并联电路中，电压谐振曲线与 RLC 串联电路中电流谐振曲线相似。

7.2.2　电感线圈与电容并联电路

在实际应用中，常遇到电感线圈和电容器并联的电路。由于电感线圈有损耗，所以电感线圈相当于电阻和电感相串联；电容器由于漏电流和介质损耗很小，可以作为理想电容处理。这样，并联电路模型如图 7-2-3 所示。

1. 谐振条件与谐振频率

对图 7-2-3 所示的电路，其复导纳为

$$\begin{aligned}
Y &= \frac{1}{R+j\omega L}+j\omega C \\
&= \frac{R}{R^2+\omega^2 L^2}+j\left(\omega C - \frac{\omega L}{R^2+\omega^2 L^2}\right) \\
&= G_{eq}+jB_{eq}
\end{aligned} \tag{7-2-8}$$

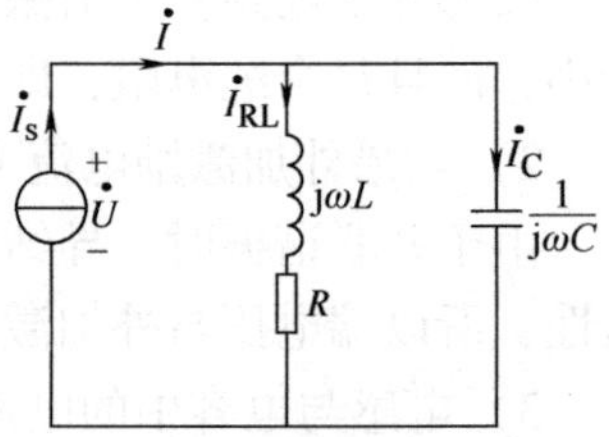

图 7-2-3　电感线圈与电容并联电路

式中，$G_{eq}=\dfrac{R}{R^2+\omega^2 L^2}$ 为并联电路的等效电导；$B_{eq}=\omega C-\dfrac{\omega L}{R^2+\omega^2 L^2}$ 为并联电路的等效电纳。

当电路发生并联谐振时，电路的两端电压 $\dot{U}$ 与电流 $\dot{I}$ 同相位，这时复导纳的虚部即等效电纳应等于零，$B_{eq}=0$，因此这个并联电路发生谐振的条件是

$$\omega_0 C - \frac{\omega_0 L}{R^2+\omega_0^2 L^2}=0 \tag{7-2-9}$$

即

$$C = \frac{L}{R^2+\omega_0^2 L^2} \tag{7-2-10}$$

由式（7-2-10）可得谐振角频率为

$$\omega_0 = \sqrt{\frac{1}{LC} - \frac{R^2}{L^2}} = \frac{1}{\sqrt{LC}}\sqrt{1 - \frac{CR^2}{L}} \tag{7-2-11}$$

并联谐振频率为

$$f_0 = \frac{1}{2\pi\sqrt{LC}}\sqrt{1 - \frac{CR^2}{L}} \tag{7-2-12}$$

当电路参数一定时，改变外加激励源的频率能否达到谐振，要看式（7-2-12）根号内的值。如果 $1 - \frac{CR^2}{L} > 0$，即 $R < \sqrt{\frac{L}{C}}$，则 ω_0 为实数，这说明有一谐振频率。如果 $R > \sqrt{\frac{L}{C}}$，ω_0 为虚数，则电路不可能发生谐振，即电压、电流不能同相位。但对调节电容的情况就不一样了，由式（7-2-10）可以看出，不论 R、L、ω_0 为何值，调节电容 C 总可以达到谐振。

将式（7-2-8）写成

$$Y = G_{eq} + j\left(\omega C - \frac{1}{\omega L_{eq}}\right)$$

其中

$$L_{eq} = \frac{R^2 + \omega^2 L^2}{\omega^2 L}$$

此时 Y 可以用图 7-2-4 所示的 G_{eq}、L_{eq}、C 并联电路来等效图 7-2-3 所示的电感线圈与电容的并联电路。

图 7-2-4 所示电路的品质因数为

$$Q = \frac{1}{\omega_0 L_{eq} G_{eq}} = \frac{1}{\dfrac{R^2 + \omega_0^2 L^2}{\omega_0 L}\dfrac{R}{R^2 + \omega_0^2 L^2}}$$

$$= \frac{\omega_0 L}{R} \tag{7-2-13}$$

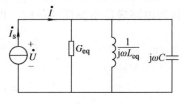

图 7-2-4　图 7-2-3 的等效电路

这正是图 7-2-3 电路的品质因数。

一般实际并联谐振电路满足 $Q \gg 1$（高 Q）条件，因此有 $Q^2 \gg 1$，即 $\omega_0^2 L^2 \gg R^2$，则在谐振频率附近处，图 7-2-4 的等效电路中

$$L_{eq} \approx L$$

谐振角频率

$$\omega_0 = \frac{1}{\sqrt{L_{eq}C}} \approx \frac{1}{\sqrt{LC}} \tag{7-2-14}$$

谐振频率

$$f_0 = \frac{1}{2\pi\sqrt{L_{eq}C}} \approx \frac{1}{2\pi\sqrt{LC}} \tag{7-2-15}$$

由于特性阻抗 $\rho = \omega_0 L = \sqrt{\frac{L}{C}}$，那么品质因数

$$Q = \frac{\omega_0 L}{R} = \frac{\rho}{R} = \frac{1}{R}\sqrt{\frac{L}{C}} \tag{7-2-16}$$

谐振时电路的等效阻抗即并联谐振阻抗

$$R_0 = \frac{R^2 + \omega_0^2 L^2}{R} \approx \frac{\omega_0^2 L^2}{R} = \frac{\rho^2}{R} = \frac{L}{RC} \tag{7-2-17}$$

当 $Q \gg 1$ 时，图 7-2-3 的并联谐振电路用图 7-2-4 的等效电路来分析就比较方便了。

2. 电感线圈与电容并联电路的特征

1）电路呈现高阻抗，且为纯电阻。

并联谐振时，由于电纳 B_{eq} 等于零，故复导纳为

$$Y_0 = G_{eq} = \frac{R}{R^2 + \omega_0^2 L^2} = \frac{RC}{L} \tag{7-2-18}$$

此时，整个电路相当于一个电阻，如用 R_0 表示，则有

$$R_0 = \frac{1}{Y_0} = \frac{1}{G_{eq}} = \frac{L}{RC} = Q^2 R = Q\rho \tag{7-2-19}$$

当 $Q \gg 1$ 时，由式（7-2-19）可看出，$R_0 \gg R$。前面已指出，实际应用的谐振电路，其 Q 值一般很大，可达到几十至几百，这样电路的谐振阻抗可以达到很高的数值，因此，所讨论的并联电路在谐振频率附近呈现高阻抗值，这可以满足电子电路的高阻抗要求，故获得广泛应用。例如收音机的中频放大电路、电视机伴音通道中的谐振放大电路都采用了并联谐振电路。

2）当电流源供电时，电路两端呈现高电压。

由于并联谐振时，电路出现高阻抗。当电源为电流源时，电路两端可以获得很高的电压，即 $\dot{U}_0 = R_0 \dot{I}_s = Q\rho \dot{I}_s$。

3）电感、电容支路的电流值接近相等，且为总电流的 Q 倍。

假设电感线圈支路电流 $\dot{I}_{RL}$ 和电容支路电流 $\dot{I}_C$ 与总电流 $\dot{I}$ 的参考方向如图 7-2-3 所示，并且认为电路满足小损耗的条件，即 $R \ll \omega_0 L$（$Q \gg 1$），当电路发生谐振时，电容电流

$$\dot{I}_{C0} = j\omega_0 C \dot{U}_0 = j\omega_0 C R_0 \dot{I}_s = j\omega_0 C \frac{L}{RC} \dot{I}_s$$

$$= j\frac{\omega_0 L}{R} \dot{I}_s = jQ \dot{I}_s \tag{7-2-20}$$

电感线圈的电流

$$\dot{I}_{RL0} = \dot{I}_s - \dot{I}_{C0}$$

$$= (1 - jQ) \dot{I}_s \approx -jQ \dot{I}_s \tag{7-2-21}$$

由此可见，发生并联谐振时，电感线圈的电流与电容电流的有效值近似相等，且为总电流的 Q 倍。因为并联谐振时，电流有扩大的现象，因此并联谐振正如前面所讲的，又称为电流谐振。

发生并联谐振时，电路中的电压和电流的相量图如图 7-2-5 所示。由于谐振时电路为纯电阻性，所以总电流 $\dot{I}_s$ 与端电压 $\dot{U}$ 同相，电容电流 $\dot{I}_C$ 超前电压 $\dot{U}$ 90°，而电感线圈的电流 $\dot{I}_{RL}$，考虑到小损耗的影响，它滞后电压 $\dot{U}$ 将近 90°。由图可见，电容和电感线圈的电流接近于大小相等、方向相反。这样，就可以把它们看作是一个环绕流动在电感线圈与电容组成的回路中的电流，当发生并联谐振时，这个回路电流为电路总电流的 Q 倍。

4）当电压源供电时，电路端口的总电流为最小。

由于并联谐振时，电路呈现高阻抗，所以当外加激励为电压源时，端口总电流为最小。

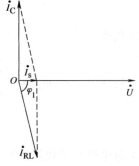

图 7-2-5　并联谐振时的相量图

例 7-2-1 在图 7-2-6 中，已知 $R = 16.5\ \Omega$，$L = 540\ \mu H$，$C = 200\ pF$，电流源电流 $I_s = 0.2\ mA$，试求：（1）谐振时的电流 $\dot{I}_{RL0}$ 和 $\dot{I}_{C0}$；（2）谐振阻抗 R_0；（3）谐振时电路消耗的功率 P。

图 7-2-6　例 7-2-1 电路图

解 （1）电路的品质因数为

$$Q = \frac{\omega_0 L}{R} = \frac{1}{R}\sqrt{\frac{L}{C}} = \frac{1}{16.5}\sqrt{\frac{540 \times 10^{-6}}{200 \times 10^{-12}}} \approx 100$$

电容电流（取 $\dot{I}_s = 0.2\ \underline{/0°}\ mA$）

$$\dot{I}_{C0} = jQ\dot{I}_s = j100 \times 0.2 \times 10^{-3}\ A = j20\ mA$$

电感线圈电流在 $Q \gg 1$ 时可表示为

$$\dot{I}_{RL0} = (1 - jQ)\dot{I}_s \approx -jQ\dot{I}_s = -j20\ mA$$

（2）由式（7-2-17）可知，电路的谐振阻抗

$$R_0 = \frac{L}{CR} = \frac{540 \times 10^{-6}}{200 \times 10^{-12} \times 16.5}\ \Omega \approx 164\ k\Omega$$

（3）谐振时电路消耗的功率

$$P = I_s^2 R_0 = (0.2 \times 10^{-3})^2 \times 164 \times 10^3\ W = 6.56\ mW$$

例 7-2-2 若图 7-2-6 所示谐振电路的 $f_0 = 465\ kHz$，$Q = 100$，$R_0 = 80\ k\Omega$，试求电路各元件的参数值。

解 根据已知 $Q = \frac{\omega_0 L}{R} = 100$，即有 $\quad \dfrac{L}{R} = \dfrac{100}{\omega_0} = \dfrac{100}{2\pi \times 465 \times 10^3}$

而 $R_0 = 80 \times 10^3\ \Omega$，可得 $\quad R_0 = \dfrac{L}{CR} = 80 \times 10^3\ \Omega$

由上两式可推得

$$C = \frac{L}{R} \times \frac{1}{R_0} = \frac{100}{2\pi \times 465 \times 10^3} \times \frac{1}{80 \times 10^3}\ F \approx 428\ pF$$

$$L \approx \frac{1}{\omega_0^2 C} = \frac{1}{(2\pi \times 465 \times 10^3)^2 \times 428 \times 10^{-12}}\ H \approx 273\ \mu H$$

$$R = \frac{L}{CR_0} = \frac{273 \times 10^{-6}}{428 \times 10^{-12} \times 80 \times 10^3}\ \Omega \approx 8\ \Omega$$

7.3　串并联谐振电路

本节将简要讨论由纯电感和纯电容所组成的简单串、并联谐振电路，并分析此类电路发生谐振时具有的特点。图 7-3-1 中画出了串、并联谐振电路的两个例子。分析这种电路时将看到，由电感、电容组成的串并联电路的谐振频率不止一个，既有串联谐振频率又有并联谐振频率。所以在

7-3-1　串并联谐振电路

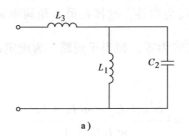

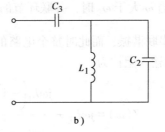

a)　　　　　　　　　　　　b)

图 7-3-1　串、并联谐振电路

分析具体电路之前，需要再次熟悉由电感、电容所组成的串联电路以及并联电路的频率特性。

1. 电感、电容串联电路的频率特性

电感、电容串联电路如图 7-3-2a 所示，所对应的电路复阻抗 $Z_串(\omega)$ 为

$$Z_串(\omega) = jX_串(\omega) = j(X_L - X_C) = j\left(\omega L - \frac{1}{\omega C}\right)$$

$$= jL\left(\omega - \frac{1}{\omega LC}\right) = jL\left(\frac{\omega^2 - \omega_0^2}{\omega}\right) \tag{7-3-1}$$

式中，$\omega_0^2 = \frac{1}{LC}$。当 $\omega = \omega_0$ 时，$Z_串(\omega) = 0$，电路的串联谐振角频率 $\omega_0 = \frac{1}{\sqrt{LC}}$；当 $\omega < \omega_0$ 时，$X_串(\omega) < 0$，电路呈容性；当 $\omega > \omega_0$ 时，$X_串(\omega) > 0$，电路呈感性。$X_串(\omega)$ 的频率特性如图 7-3-2b 所示。

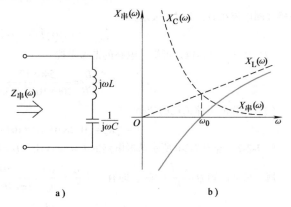

a)   b)

图 7-3-2　电感、电容串联电路的频率特性

2. 电感、电容并联电路的频率特性

电感、电容并联电路如图 7-3-3a 所示，所对应的电路复阻抗 $Z_并(\omega)$ 为

$$Z_并(\omega) = jX_并(\omega) = \frac{jX_L(-jX_C)}{jX_L + (-jX_C)} = \frac{j\omega L\left(-j\frac{1}{\omega C}\right)}{j\omega L - j\frac{1}{\omega C}} \tag{7-3-2}$$

$$= j\frac{\omega L}{1 - \omega^2 LC} = j\frac{\omega}{C(\omega_0^2 - \omega^2)}$$

式中，$\omega_0^2 = \frac{1}{LC}$。当 $\omega = \omega_0$ 时，$Z_并(\omega) = \infty$，电路的并联谐振角频率 $\omega_0 = \frac{1}{\sqrt{LC}}$；当 $\omega < \omega_0$ 时，$X_并(\omega) > 0$，电路呈感性；当 $\omega > \omega_0$ 时，$X_并(\omega) < 0$，电路呈容性。$X_并(\omega)$ 的频率特性如图 7-3-3b 所示。

3. 电感、电容串并联电路的频率特性

现在分析图 7-3-1a 所示的电感、电容串并联电路。不难看出，当 L_1 和 C_2 的并联电路发生谐振时，其阻抗为无穷大，所以整个电路的阻抗也是无穷大。设其谐振角频率为 ω_1，则 $\omega_1 = \frac{1}{\sqrt{L_1 C_2}}$。当 ω 大于 ω_1 时，并联环节的阻抗将为容性，这样在另一角频率 $\omega_2(\omega_2 > \omega_1)$ 时可与 L_3 发生串联谐振，而此时整个电路的阻抗将为零，相当于短路。为确定谐振频率 ω_2，写出此电路的输入阻抗为

$$Z(\omega) = j\omega L_3 + \frac{j\omega L_1\left(-j\frac{1}{\omega C_2}\right)}{j\omega L_1 - j\frac{1}{\omega C_2}} = j\frac{\omega^3 L_1 L_3 C_2 - \omega(L_1 + L_3)}{\omega^2 L_1 C_2 - 1} \tag{7-3-3}$$

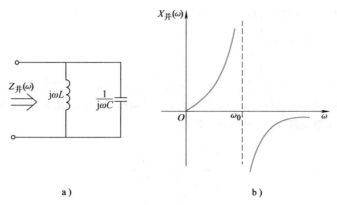

图 7-3-3　电感、电容并联电路的频率特性

当式（7-3-3）中分母为零，即 $\omega^2 L_1 C_2 - 1 = 0$ 时可得并联谐振频率，有

$$\omega_1 = \frac{1}{\sqrt{L_1 C_2}} \tag{7-3-4}$$

这时 $Z(\omega_1) = j\infty$，相当于开路。当式（7-3-3）中分子为零，即 $\omega^3 L_1 L_3 C_2 - \omega(L_1 + L_3) = 0$ 时，可得串联谐振频率，有

$$\omega_2 = \sqrt{\frac{L_1 + L_3}{L_1 L_3 C_2}} \tag{7-3-5}$$

这时 $Z(\omega_2) = j0$，相当于短路。

图 7-3-4 所示为图 7-3-1a 电感、电容串并联电路的频率特性曲线 $X(\omega)$，这一曲线可按以下步骤画出。先画出 $L_1 C_2$ 并联电路的电抗与频率的关系曲线，如图 7-3-4 中的曲线①所示，在 $\omega = \omega_1$ 处此电抗为无穷大，这一频率就是并联谐振频率；再画出电感 L_3 的电抗曲线，如图 7-3-4 中的曲线②所示，然后将 $L_1 C_2$ 的并联电抗与 L_3 的电抗相加，便得到总的电抗 $X(\omega)$ 曲线，如图 7-3-4 中的曲线③所示。总阻抗在 $0 < \omega < \omega_1$ 时，$Z(\omega)$ 为纯感抗性；在 $\omega = \omega_1$ 时，$Z(\omega_1)$ 为无穷大，电路发生并联谐振；在 $\omega_1 < \omega < \omega_2$ 时，$Z(\omega)$ 为纯容性；

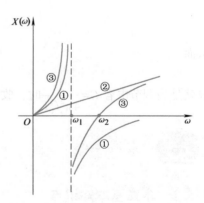

图 7-3-4　图 7-3-1a 电路的频率特性

在 $\omega = \omega_2$ 时，$Z(\omega_2)$ 为零，电路发生串联谐振；在 $\omega > \omega_2$ 时，$Z(\omega)$ 又为感性，在 $\omega \to \infty$ 时，总阻抗 $Z(\omega)$ 趋近于 $jX_3 = j\omega L_3$。

对于图 7-3-1b 所示的电感、电容串并联电路可进行类似的分析。

例 7-3-1　电路如图 7-3-5 所示，其中 $u_{s1} = U_{s1m}\cos(2\pi f_1 t + \varphi_1)$，$u_{s2} = U_{s2m}\cos(2\pi f_2 t + \varphi_2)$，若使电路能阻止 $f_2 = 2000$ Hz 频率不通至负载，而让 $f_1 = 1000$ Hz 频率顺利通至负载，试求 C_1 和 C_2。

解　若阻止 f_2 频率电流通过负载，则应使电路在 f_2 时断路，即使 L 和 C_1 对 f_2 频率发生并联谐振，则可实现断路。若使 f_1 频率顺利通至负载，只要在 f_1 时从电源到负载间的阻抗为零，则可实现顺利通过。要使阻抗为零只有让电感、电容组成的串并联电路发生串联谐振。

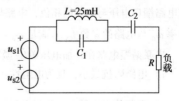

图 7-3-5　例 7-3-1 电路图

首先令 L 和 C_1 对 f_2 频率发生并联谐振，则有

$$f_2 = \frac{1}{2\pi\sqrt{LC_1}}$$

$$C_1 = \frac{1}{(2\pi f_2)^2 L} = \frac{1}{(2\pi \times 2000)^2 \times 25 \times 10^{-3}}\,\text{F} \approx 0.25\,\mu\text{F}$$

当 $f<f_2$ 时，由前面分析内容可知，L 和 C_1 并联电路呈感性，可与 C_2 组成串联谐振电路。设在 $f=f_1$ 时电感、电容组成的串并联电路发生串联谐振，有

$$\frac{j\omega_1 L \times \dfrac{1}{j\omega_1 C_1}}{j\omega_1 L + \dfrac{1}{j\omega_1 C_1}} + \frac{1}{j\omega_1 C_2} = 0$$

解得
$$C_2 = \frac{1-\omega_1^2 LC_1}{\omega_1^2 L} = \frac{1}{\omega_1^2 L} - C_1 = \left[\frac{1}{(2\pi \times 1000)^2 \times 25 \times 10^{-3}} - 0.25 \times 10^{-6}\right]\text{F} \approx 0.76\,\mu\text{F}$$

7.4 应用实例与分析

继续讨论在本章开始介绍的收音机接收电路。

收音机接收电路主要是利用电路的谐振原理来接收信号，为了接收信号 f_1，在图 7-0-1b 中，调节电容 C 使得电路在频率 f_1 下发生串联谐振，这就使得电路中电感 L、电容 C 和频率 $\omega_1 = 2\pi f_1$ 之间满足下面的关系：

$$\omega_1 = \frac{1}{\sqrt{LC}} = 2\pi f_1$$

从而
$$C = \frac{1}{4\pi^2 f_1^2 L}$$

也就是当调节电容 $C = \dfrac{1}{4\pi^2 f_1^2 L}$ 时，收音机能够接收到信号 f_1。

7.5 本章小结

7.5.1 本章基本知识点

谐振现象是正弦稳态电路的一种特定的工作状态。由于谐振电路具有良好的选择性，因此在通信与电子技术中得到广泛的应用。谐振电路根据电阻、电感、电容的不同组成形式可分为串联谐振电路、并联谐振电路和复杂谐振电路。不同的谐振电路有不同的特点，掌握了不同谐振电路的特征，就可将其正确地应用到实际中。

1. 串联谐振电路

当 RLC 串联电路的元件参数不变而改变外加激励频率，或者外加激励频率不变而改变电感或电容时，使电路端口电压与电流同相位，电路呈纯电阻性质，则称电路发生串联谐振。在串联谐振电路中，谐振角频率 ω_0 与电路的参数 L、C 满足 $\omega_0 = 1/\sqrt{LC}$。

串联谐振电路在外加电压源 $\dot{U}_s$ 激励下，阻抗、电流及各元件上的电压具有如下特征：

1）电路阻抗最小，且为电阻性：$Z_0 = R$。

2）电路的电流最大，并与电压源电压同相位：$\dot{I}_0 = \dfrac{\dot{U}_s}{R}$，$I_0 = I_{\max} = \dfrac{U_s}{R}$。

3）电阻电压就是外加激励电压源电压：$\dot{U}_{R0}=\dot{U}_{s}$。

4）电感与电容电压的有效值相等，且为电压源电压的 Q 倍：$U_{L0}=U_{C0}=QU_{s}$ 或 $\dot{U}_{L0}=-\dot{U}_{C0}=\mathrm{j}Q\dot{U}_{s}$。

在串联谐振时，电感电压 $\dot{U}_{L0}$ 与电容电压 $\dot{U}_{C0}$ 大小相等、相位相反，因此电感和电容的串联对外电路相当于短路。

5）谐振时，有功功率最大，$P_{0}=I_{0}^{2}R=\dfrac{U_{s}^{2}}{R}$。无功功率为零。

谐振电路的选择性好坏与谐振电路的品质因数 Q 的大小密切相关。品质因数越大，电路的选择性越好。对于串联谐振电路，品质因数 $Q_{\text{串}}$ 可用下列多种形式计算得到，即

$$Q_{\text{串}}=\frac{\omega_0 L}{R}=\frac{1}{\omega_0 CR}=\frac{U_{L0}}{U_s}=\frac{U_{C0}}{U_s}=\frac{1}{R}\sqrt{\frac{L}{C}}$$

2. 并联谐振电路

（1）简单 *RLC* 并联电路

当 *GLC* 并联电路的元件参数不变而改变外加激励频率，或者外加激励频率不变而改变电感或电容时，使电路端口电压与电流同相位，电路呈纯电阻性质，则称电路发生了简单 *GLC* 并联谐振。在并联谐振电路中，谐振角频率 ω_0 与电路参数 L、C 满足 $\omega_0=1/\sqrt{LC}$。

此并联谐振电路在外加电流源 $\dot{I}_{s}$ 的激励下，导纳、电压及各元件上的电流具有如下特征：

1）电路导纳最小，且为电导性：$Y_0=G$。

2）电路端电压最大，并与电流源 $\dot{I}_{s}$ 同相位：$\dot{U}_{0}=\dfrac{\dot{I}_{s}}{G}$，$U=U_{\max}=\dfrac{I_{s}}{G}$。

3）电导电流就是外加激励电流源电流：$\dot{I}_{G0}=\dot{I}_{s}$。

4）电感与电容的电流有效值相等，且为电流源电流的 Q 倍：$I_{L0}=I_{C0}=QI_{s}$ 或 $\dot{I}_{L0}=-\dot{I}_{C0}=-\mathrm{j}Q\dot{I}_{s}$。

在简单 *GLC* 并联谐振电路中，当发生谐振时，电感电流 $\dot{I}_{L0}$ 与电容电流 $\dot{I}_{C0}$ 大小相等、相位相反，因此电感、电容的并联对外电路相当于开路。

5）谐振时，有功功率最大，$P_{0}=I_{s}^{2}\dfrac{1}{G}$。无功功率为零。

并联谐振电路的品质因数 $Q_{\text{并}}$ 为谐振时感纳或容纳与入端电导的比值，可由下列多种形式计算得到，即

$$Q_{\text{并}}=\frac{1}{\omega_0 LG}=\frac{\omega_0 C}{G}=\frac{1}{G}\sqrt{\frac{C}{L}}=\frac{I_{L0}}{I_s}=\frac{I_{C0}}{I_s}$$

（2）电感线圈与电容并联电路

在实际应用中，常用电感线圈（R、C 串联等效）与电容器（用 C 描述）组成并联电路，当发生谐振时，谐振角频率 ω_0 与电路参数 R、L、C 关系为

$$\omega_0=\frac{1}{\sqrt{LC}}\sqrt{1-\frac{CR^2}{L}}$$

当改变外加激励源的频率使电路发生并联谐振时，电路的参数必须满足 $R<\sqrt{\dfrac{L}{C}}$ 的关系；当外加激励源的频率及电阻 R、电感 L 为定值时，调节电容 C 总可以达到谐振状态。

当电感线圈与电容并联的电路发生谐振时，其主要特征如下：

1）电路呈现高阻抗，且为纯电阻

$$Y_0=G_{\text{eq}}=\frac{R}{R^2+\omega_0^2 L^2}=\frac{RC}{L}$$

或

$$R_0=\frac{1}{Y_0}=\frac{1}{G_{\text{eq}}}=\frac{L}{RC}=Q^2 R$$

式中，R 为电感线圈的电阻；R_0 为电感线圈与电容并联电路在谐振时整个电路的等效电阻。

在一般情况下，$Q \gg 1$，因此 $R_0 \gg R$，即该并联电路在谐振频率上呈现高阻抗值。

2）当电流源供电时，电路两端呈现高电压：$\dot{U}_0 = R_0 \dot{I}_s = Q^2 R \dot{I}_s$。

由于并联谐振时，电路呈高阻抗，因此在外加激励电流源 $\dot{I}_s$ 为恒定时，电路两端将出现高电压。

3）在电流源供电时，电感线圈与电容中的电流值接近相等，且为总电流的 Q 倍。

$$\dot{I}_{C0} = jQ \dot{I}_s, \quad \dot{I}_{RL0} \approx -jQ \dot{I}_s$$

4）当电压源供电时，电路端口的总电流为最小：$\dot{I}_0 = \dot{U}_s / R_0$。

由于并联谐振时，电路呈高阻抗，因此在外加激励电压源 $\dot{U}_s$ 为恒定时，电路的端电流将为最小值。

电感线圈与电容并联电路的品质因数 Q 正是电感线圈的品质因数 Q_{RL}，即 $Q = \dfrac{\omega_0 L}{R}$。

3. 串并联谐振电路

串并联谐振电路的谐振频率不止一个，既有串联谐振频率又有并联谐振频率。要根据电路具体要求求取不同的谐振频率。对于串联谐振频率的求取，可根据串联电路的复阻抗 Z 中的电抗 $X=0$ 列方程进行计算，即串联谐振满足 $I_m[Z]=0$ 的条件；对于并联谐振频率的求取，可根据并联电路的复导纳 Y 中的电纳 $B=0$ 列方程进行计算，即并联谐振满足 $I_m[Y]=0$ 的条件。

7.5.2 本章重点与难点

本章的重点是利用谐振的条件计算谐振频率，并根据各种谐振电路的特征来计算相关的参数。对于串联电路，当发生谐振时，要满足 $I_m[Z]=0$ 的条件，而对于并联电路，当发生谐振时，要满足 $I_m[Y]=0$ 的条件。同时要注意串联电路与并联电路的品质因数 Q 的定义是不同的。

本章的难点是串并联谐振电路的频率特性分析。

7.6 习题

1. 当 $\omega = 2000 \, \text{rad/s}$ 时，RLC 串联电路发生谐振，已知 $R = 5 \, \Omega$，$L = 500 \, \text{mH}$，端电压 $U = 10 \, \text{V}$。试求电容 C 的值及电路中电流和各元件电压的瞬时表达式。

2. 已知 RLC 串联电路的 $R = 5 \, \Omega$，$L = 150 \, \mu\text{H}$，$C = 470 \, \text{pF}$，外加电压 $U = 10 \, \text{V}$，试求：

（1）电路的谐振频率 f_0。

（2）电路的品质因数 Q。

（3）谐振时电容及电感上的电压。

3. 若已知 RLC 串联电路的 $L = 160 \, \text{mH}$，$C = 64 \, \mu\text{F}$，$Q = 25$，试求：

（1）电路中的电阻 R。

（2）若外加电压 $U = 2 \, \text{V}$，谐振时电容电压是多少？

4. RLC 串联电路的端电压 $u = 10\sqrt{2} \cos(2500t + 15°) \, \text{V}$，当电容 $C = 8 \, \mu\text{F}$ 时，电路吸收的功率为最大，$P_{max} = 100 \, \text{W}$。试：

（1）求电感 L 和电路 Q 值。

（2）画出电路的相量图。

5. 已知 $R = 10 \, \Omega$ 的电阻与 $L = 1 \, \text{H}$ 的电感和电容 C 串联接到端电压为 $100 \, \text{V}$ 的电源上，此时电流为 $10 \, \text{A}$，如果把 R、L、C 改为并联接到同一个电源上，试求各并联支路的电流（电源的频率为 $50 \, \text{Hz}$）。

6. 图 7-6-1 所示并联谐振电路的谐振角频率 $\omega_0 = 10^5 \, \text{rad/s}$，谐振阻抗 $Z_0 = 120 \, \text{k}\Omega$，品质因数 $Q = 100$。试求 R、L、C 的值？若将此电路与 $240 \, \text{k}\Omega$ 的电阻并联，问整个电路的品质因数将降为多少？

7. 电路如图 7-6-2 所示，已知 $U = 100\,\text{V}$，谐振时的 $I_1 = I_C = 10\,\text{A}$，试求 R、X_C 及 U_L。

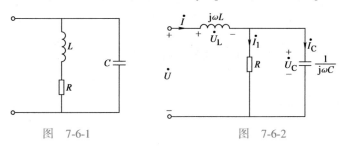

图 7-6-1   图 7-6-2

8. 图 7-6-3 所示电路由电流源供电。已知 $I_s = 1\,\text{A}$。当 $\omega_0 = 1000\,\text{rad/s}$ 时电路发生谐振，$R_1 = R_2 = 100\,\Omega$，$L = 0.2\,\text{H}$。试求电路谐振时电容 C 的值和电流源的端电压。

9. 图 7-6-4 所示电路是通信中常用的一种并联谐振电路，已知 $R_s = 20\,\text{k}\Omega$，$R = 2\,\Omega$，$R_L = 40\,\text{k}\Omega$，$L = 2\,\text{mH}$，$C = 0.05\,\mu\text{F}$。试求：

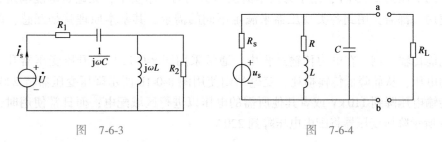

图 7-6-3   图 7-6-4

（1）电路的并联谐振角频率 ω_0。

（2）电路的品质因数 Q 和通频带 B_f。

（3）当电路 a、b 端接上负载电阻 R_L，则电路品质因数 Q 和通频带 B_f 有什么变化？

10. 试求图 7-6-5 所示电路的谐振频率。

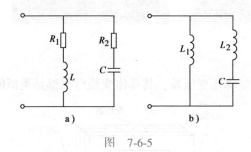

图 7-6-5

11. 图 7-6-6 所示电路能否发生谐振？若能，其谐振频率为多大？

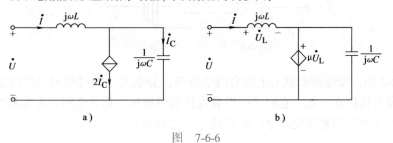

图 7-6-6

第 **8** 章

互 感 电 路

引言

现代社会的生活和工作，处处都离不开电。不同用电设备对电压规格的需求不同。例如，大多数工业用电采用的是 380 V 的交流电，用于驱动在各类生产设备中广泛应用的三相交流感应电机；日常家居生活用电是 220 V 的交流电，多用于照明及家用电器；我国高速铁路接触网的电压为 27.5 kV，用于为列车提供牵引动力。事实上，无论是电能输送，还是电子信息应用，都需要用到各类变压器来满足不同的需求，其基本原理就是互感，即线圈磁耦合。

以电能传输为例。在电力传输过程中，通常采用图 8-0-1a 所示升压变压器升高发电机所产生的电压，从而降低传输损耗；变电站则使用图 8-0-1b 所示降压变压器将 220 kV 以及更高的传输电压降到 110 kV 或者其他所需的电压以进行区域配电；而日常使用时，则采用图 8-0-1c 所示降压变压器将配电电压降到 220 V。

 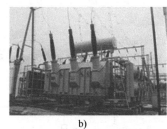 

a) b) c)

图 8-0-1   电力传输系统中的变压器

不管是升压变压器还是降压变压器，其具体变换电路都是类似的，如图 8-0-2 所示。

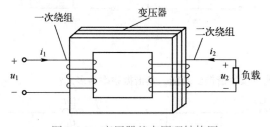

图 8-0-2   变压器基本原理结构图

在图 8-0-2 中，变压器的铁心上绕有两个绕组，分别为一次绕组和二次绕组，一次绕组与二次绕组没有连接在一起，它们之间没有直接电的连接，那么变压器是如何变换、传送交流电压的呢？这些问题在学完本章内容后便可以得到解答。

8.1　互感电路的基本概念

8.1.1　互感现象

根据物理学的知识，两个靠近的电感线圈，当一个线圈流过变动的电流时，在另一个线圈两端将产生感应电压。这种载流线圈之间通过彼此的磁场相互联系的物理现象称为互感现象，所产生的感应电压称为互感电压，此时也称这两个电感线圈发生了磁耦合，两线圈称为耦合线圈或耦合电感。

考虑如图 8-1-1a 所示的具有磁耦合的两个载流线圈Ⅰ和Ⅱ，其电感分别为 L_1 和 L_2，载流线圈中的电流 i_1 和 i_2 称为施感电流，两线圈的匝数分别为 N_1 和 N_2。根据两个线圈的绕向、施感电流的参考方向和两线圈的相对位置，按照右手螺旋法则可以确定施感电流产生的磁通方向和彼此交链的情况。在线圈Ⅰ中流过的变动电流 i_1 所产生的磁通 Φ_{11} 称为自感磁通，方向如图 8-1-1a 所示，该磁通交链线圈Ⅰ所产生的磁通链设为 Ψ_{11}，称为自感磁通链。Φ_{11} 的一部分或全部会与线圈Ⅱ发生联系，这部分由线圈Ⅰ中的电流 i_1 产生的，存在于线

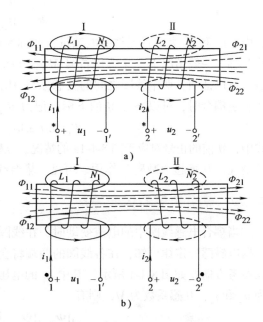

图 8-1-1　两个电感线圈的耦合情况示意图

圈Ⅱ中的磁通记作 Φ_{21}，称为互感磁通。Φ_{21} 交链线圈Ⅱ所产生的磁通链设为 Ψ_{21}，称为互感磁通链。同理，线圈Ⅱ中的施感电流 i_2 也在线圈Ⅱ中产生了自感磁通 Φ_{22} 及自感磁通链 Ψ_{22}，Φ_{22} 的一部分或全部会与线圈Ⅰ发生联系而产生互感磁通 Φ_{12} 和互感磁通链 Ψ_{12}。图 8-1-1a 给出了两线圈之间产生耦合的情况。同样，在图 8-1-1b 中的两线圈也发生了耦合，注意，线圈Ⅱ中的绕线方向发生了改变。图 8-1-1 中磁力线由 i_1 引起的用实线表示、由 i_2 引起的用虚线表示。

值得注意的是，磁通 Φ 和磁通链 Ψ 的双下标，第一个下标表示该磁通（链）作用的线圈编号，第二个下标表示产生该磁通（链）的施感电流所在的线圈编号。

分析图 8-1-1 的各图可知，两线圈之间的耦合情况因线圈的绕向不同而出现不同。在图 8-1-1a 中，因为耦合线圈中的磁通链等于自感磁通链和互感磁通链两部分的代数和，若设线圈Ⅰ和Ⅱ中的磁通链分别为 Ψ_1 和 Ψ_2，由于各线圈中的自感磁通链和互感磁通链方向一致，因此有

$$\Psi_1 = \Psi_{11} + \Psi_{12}, \ \Psi_2 = \Psi_{21} + \Psi_{22}$$

此时互感起"增磁"作用。而在图 8-1-1b 中，由于各线圈中的自感磁通链与互感磁通链方向相反，因此有

$$\Psi_1 = \Psi_{11} - \Psi_{12} , \quad \Psi_2 = -\Psi_{21} + \Psi_{22}$$

此时互感起"减磁"作用。

当线圈周围的空间是各向同性的线性磁介质时，每一种磁通链都与产生它的施感电流成正比，有

$$\Psi_{11} = L_1 i_1 = N_1 \Phi_{11}$$
$$\Psi_{22} = L_2 i_2 = N_2 \Phi_{22}$$
$$\Psi_{12} = M_{12} i_2 = N_1 \Phi_{12}$$
$$\Psi_{21} = M_{21} i_1 = N_2 \Phi_{21}$$

式中，L_1 和 L_2 为电感元件的电感量，亦称为自感系数或自感；M_{12} 和 M_{21} 称为互感系数，简称互感。一般情况下，互感用符号 M 进行标记，其单位为 H（亨），在本书中互感恒为正值。可以证明，两个线圈之间的互感系数 M_{12} 和 M_{21} 是相等的，因此当只有两个电感线圈之间有磁耦合时，可以略去 M 的下标，记为 $M_{12} = M_{21} = M$。则两个耦合线圈的磁通链可表示为

$$\Psi_1 = L_1 i_1 \pm M i_2 , \quad \Psi_2 = \pm M i_1 + L_2 i_2$$

式中，M 前的正号对应于图 8-1-1a 的情况，互感起"增磁"作用；M 前的负号对应于图 8-1-1b 的情况，互感起"减磁"作用。可见，耦合线圈中的磁通链与施感电流呈线性关系。

8.1.2 耦合电感的伏安关系

当耦合电感线圈中的电流变动时，在线圈中的自感磁通链和互感磁通链都将随之变化。根据电磁感应定律可知，在各线圈的两端将会产生感应电压。若设各线圈的电压与电流取关联参考方向，如图 8-1-1 所示，其中 L_1 的电压和电流分别为 u_1 和 i_1，L_2 的电压和电流分别为 u_2 和 i_2，互感系数为 M，则有

$$u_1 = \frac{\mathrm{d}\Psi_1}{\mathrm{d}t} = \frac{\mathrm{d}\Psi_{11}}{\mathrm{d}t} \pm \frac{\mathrm{d}\Psi_{12}}{\mathrm{d}t} = L_1 \frac{\mathrm{d}i_1}{\mathrm{d}t} \pm M \frac{\mathrm{d}i_2}{\mathrm{d}t} \tag{8-1-1}$$

$$u_2 = \frac{\mathrm{d}\Psi_2}{\mathrm{d}t} = \frac{\mathrm{d}\Psi_{22}}{\mathrm{d}t} \pm \frac{\mathrm{d}\Psi_{21}}{\mathrm{d}t} = L_2 \frac{\mathrm{d}i_2}{\mathrm{d}t} \pm M \frac{\mathrm{d}i_1}{\mathrm{d}t} \tag{8-1-2}$$

式（8-1-1）和式（8-1-2）即为耦合电感的伏安关系式。通常令 $u_{11} = L_1 \frac{\mathrm{d}i_1}{\mathrm{d}t}$、$u_{22} = L_2 \frac{\mathrm{d}i_2}{\mathrm{d}t}$，并称为自感电压；令 $u_{12} = M \frac{\mathrm{d}i_2}{\mathrm{d}t}$、$u_{21} = M \frac{\mathrm{d}i_1}{\mathrm{d}t}$，并称为互感电压或耦合电压。其中 u_{12} 是变动电流 i_2 在 L_1 中产生的互感电压，u_{21} 是变动电流 i_1 在 L_2 中产生的互感电压。可见耦合线圈中每一线圈的电压由两部分组成：一部分是自感电压，它由流过自身线圈的施感电流产生；另一部分是互感电压，它由流过另一线圈的施感电流产生。自感电压和互感电压的本质是相同的，都是由于线圈中的磁通链变化而产生的感应电压。根据电磁感应定律，若自感电压和互感电压的参考方向与产生感应电压的磁通链的参考方向符合右手螺旋法则，当线圈的电流与电压取关联参考方向时，自感电压前的符号总为正；而互感电压前的符号可正可负。当互感磁通链与自感磁通链的参考方向一致时，取正号，此时互感起"增磁"作用；反之，当互感磁通链与自感磁通链的参考方向不一致时，取负号，此时互感起"减磁"作用。

从耦合电感的伏安关系式可以看出，由两个线圈组成的耦合电感是一个由 L_1、L_2 和 M

三个参数表征的四端元件，并且由于它的自感电压和互感电压分别与两个线圈中施感电流的变化率成正比，因此是一种动态元件和记忆元件。

8.1.3 互感线圈的同名端及耦合电感的电路模型

由前面的讨论可知，耦合电感线圈中互感磁通链和自感磁通链的参考方向可能一致，也可能不一致，这取决于线圈中电流的参考方向、线圈的绕向及线圈间的相对位置。然而实际的耦合线圈都是密封的，从外观上很难看到线圈的绕向；另外，要在电路图中画出每个线圈的绕向及线圈间的相对位置也是不现实的。为了解决这一问题，引入了"同名端"的概念。

所谓同名端，指的是耦合线圈中的这样一对端钮：当线圈的电流同时流入（或流出）这对端钮时，在各自线圈中的自感磁通链与互感磁通链的参考方向一致，即互感起"增磁"作用。从感应电压的角度来看，如果施感电流与其产生的磁通链的参考方向符合右手螺旋法则，且该磁通链与其产生的感应电压的参考方向也符合右手螺旋法则，那么，同名端也可以这样定义：同一施感电流所产生的自感电压与互感电压的同极性端互为同名端。

在图 8-1-1 中，两个施感电流 i_1 和 i_2 所产生的自感磁通及互感磁通均已按照右手螺旋法则确定并画出。显然，对于图 8-1-1a，各线圈中的自感磁通与互感磁通的方向一致，因此两个施感电流流入各线圈的那对端钮 1 和 2 互为同名端，同时端钮 1′ 和 2′ 也互为同名端。对于图 8-1-1b，各线圈中的自感磁通与互感磁通的方向相反，则两个施感电流流入各线圈的那对端钮 1 和 2 不是同名端，此时将 1 和 2 称为异名端或非同名端。对于具有耦合的两个电感线圈来说，以图 8-1-1b 为例，端钮 1 和 2 为异名端，即意味着端钮 1 和 2′ 互为同名端。

研究图 8-1-1 的各图即可发现，施感电流流入线圈的端子与它在另一线圈中所产生的互感电压的正极性端总是具有一一对应的关系，它们互为同名端。同名端通常采用相同的符号如"*"或"·"等进行标记，如图 8-1-1 所示。利用同名端的概念即可将图 8-1-1a 和 b 所示的耦合电感分别用图 8-1-2a 和 b 所示的电气符号表示。

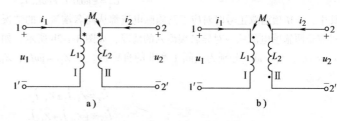

图 8-1-2　耦合电感的电气符号

必须注意，耦合线圈的同名端只取决于线圈的绕向以及线圈间的相对位置，与线圈施感电流的方向无关。两个有耦合的线圈的同名端可以根据它们的绕向和相对位置判别，也可以通过实验的方法来确定。图 8-1-3 即为一种测定两耦合线圈同名端的电路。在该电路中，电压表为直流电压表，且其正表针接端钮 2，负表针接端钮 2′。当开关 S 闭合时，i_1 从线圈 I 的端钮 1 流入，且 $\dfrac{\mathrm{d}i_1}{\mathrm{d}t} > 0$。如果此时电压表正向偏转，则表明电压表正表针所接端钮 2 为线圈 II 中的互感电压

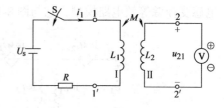

图 8-1-3　同名端的测定

$u_{21} = M \dfrac{\mathrm{d}i_1}{\mathrm{d}t}$ 的正极性端，则两线圈的同名端为 1-2 和 1′-2′。反之，如果开关 S 闭合时电压表

反向偏转，则表明电压表负表针接在了互感电压 u_{21} 的正极性端，故同名端为 1-2′ 和 1′-2。所以，从同名端流入的增大的电流，会引起另一线圈同名端电位的升高。

当有两个以上电感彼此之间存在耦合时，同名端应当一对一对地进行标记，且每一对同名端使用不同的符号。利用同名端标志及各线圈电压和电流方向，就能直接写出耦合电感的伏安关系。

例 8-1-1 试写出图 8-1-2 所示耦合电感的伏安关系。

解 对图 8-1-2a，电流 i_1 从端子 1 流入，其同名端为 2，因此在线圈 II 中所产生的互感电压的正极性端为端子 2；同理，电流 i_2 从端子 2 流入，其同名端为 1，因此在线圈 I 中所产生的互感电压的正极性端为端子 1。或者说，电流 i_1、i_2 同时流入同名端，互感起"增磁"作用。考虑到各施感电流在各自线圈中都产生关联参考方向的自感电压，则下式成立：

$$u_1 = L_1 \frac{di_1}{dt} + M \frac{di_2}{dt} \tag{8-1-3}$$

$$u_2 = M \frac{di_1}{dt} + L_2 \frac{di_2}{dt} \tag{8-1-4}$$

对图 8-1-2b，电流 i_1、i_2 同时流入一对异名端，互感起"减磁"作用，此时有

$$u_1 = L_1 \frac{di_1}{dt} - M \frac{di_2}{dt}$$

$$u_2 = -M \frac{di_1}{dt} + L_2 \frac{di_2}{dt}$$

当施感电流为同频率正弦量时，在正弦稳态情况下，电压、电流方程可用相量形式表示。以图 8-1-2 的电路为例，有

$$\dot{U}_1 = j\omega L_1 \dot{I}_1 \pm j\omega M \dot{I}_2 \tag{8-1-5}$$

$$\dot{U}_2 = \pm j\omega M \dot{I}_1 + j\omega L_2 \dot{I}_2 \tag{8-1-6}$$

其中，$j\omega M$ 项前取正号时对应于两施感电流都从同名端流入的情况，如图 8-1-2a 所示；$j\omega M$ 项前取负号时对应于两施感电流从一对异名端流入的情况，如图 8-1-2b 所示。如令 $Z_M = j\omega M = jX_M$，$X_M = \omega M$ 称为互感抗。$X_{L1} = \omega L_1$、$X_{L2} = \omega L_2$ 分别为线圈 I 和 II 的自感抗。令 $Z_{L1} = j\omega L_1$，$Z_{L2} = j\omega L_2$，则式（8-1-5）、式（8-1-6）可表示为

$$\dot{U}_1 = Z_{L1} \dot{I}_1 \pm Z_M \dot{I}_2$$

$$\dot{U}_2 = \pm Z_M \dot{I}_1 + Z_{L2} \dot{I}_2$$

由于耦合电感的互感电压反映了具有耦合的电感线圈之间电流与电压的关系，因此这种伏安关系也可以用电流控制电压源（CCVS）来表示。图 8-1-4a 和 b 给出了相量形式的耦合电感受控源等效电路模型，它与图 8-1-2a 和 b 这两种情况相对应。在图 8-1-4 的电路模型中

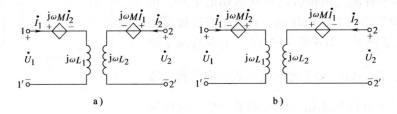

图 8-1-4 耦合电感的受控源去耦等效电路模型

a）施感电流由同名端流入时 b）施感电流由异名端流入时

互感不再出现（没有了同名端标记），因此也称为去耦等效电路。值得注意的是，耦合电感的受控源去耦等效电路与施感电流的参考方向有关。

8.1.4　耦合因数

耦合因数 k 在工程上是一个十分重要的概念，用以定量地描述两个耦合线圈耦合紧密程度，其定义为

$$k \stackrel{\text{def}}{=} \sqrt{\left|\frac{\Psi_{12}}{\Psi_{11}}\right| \cdot \left|\frac{\Psi_{21}}{\Psi_{22}}\right|} \tag{8-1-7}$$

即两线圈的互感磁通链与自感磁通链比值的几何平均值。由于 $\Psi_{11} = L_1 i_1$，$|\Psi_{12}| = M i_2$，$\Psi_{22} = L_2 i_2$，$|\Psi_{21}| = M i_1$，且 $|\Psi_{12}| \leqslant \Psi_{22}$，$|\Psi_{21}| \leqslant \Psi_{11}$，代入式（8-1-7）可得

$$k \stackrel{\text{def}}{=} \frac{M}{\sqrt{L_1 L_2}} \leqslant 1 \tag{8-1-8}$$

显然，对于图 8-1-5a 所示的耦合电感线圈，由于通过线圈Ⅰ的磁通也几乎全部通过了线圈Ⅱ，即此时 $|\Psi_{12}| \approx \Psi_{22}$，$|\Psi_{21}| \approx \Psi_{11}$，故 $k \approx 1$。而对于图 8-1-5b 所示的耦合电感线圈来说，耦合程度明显减弱，特别是当这两线圈距离较远时，$k \approx 0$。对于图 8-1-5b，若两个线圈的轴心方向互相垂直，无互感磁通的交链，故 $k = 0$。通常，$k > 0.5$，称为紧耦合；$k < 0.5$，称为松耦合；$k = 0$，称为无耦合。

研究表明，耦合因数 k 的大小与两个线圈的结构、相互位置以及线圈周围的磁介质有关。改变或调整它们的相互位置有可能改

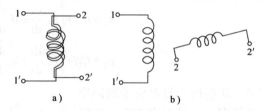

图 8-1-5　耦合因数的两种不同情况
a）$k \approx 1$　b）$k \ll 1$

变耦合因数 k 的大小。特别地，当 L_1 和 L_2 一定时，这样做就相应地改变了互感 M 的大小。

8.2　互感电路的计算

含有互感电路的正弦稳态分析可以采用相量法。在对互感进行处理时主要有两种方法：一是采用去耦等效的方法，将具有某种特殊连接的耦合电感用无耦合的等效电路替代，然后利用一般电路分析方法进行求解；另一种方法

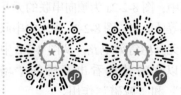

8-2-1　互感电路 8-2-2　互感电路
的计算（1）　的计算（2）

是直接列写电路的 KVL 方程。此时应当注意在各耦合电感上的电压中除自感电压外还必须考虑互感电压的作用，并根据同名端、施感电流及互感电压之间的关系准确地确定互感电压的极性。列写 KVL 方程前应设出各支路电流及其参考方向，并将各元件的电压，尤其是互感电压表示出来，以避免在列写 KVL 方程时丢失某些电压项。由于耦合电感支路的电压不仅与本支路电流有关，还与其他某些支路电流有关，因此在列写结点电压方程时会遇到困难，须另行处理。

8.2.1 耦合电感的串联

耦合电感的两个线圈在实际电路中，一般是以某种方式相互连接，基本的连接方式有串联、并联和三端连接等。在电路分析中，针对上述情况可采用去耦等效的方法进行处理，这样会使问题得到简化。

耦合电感的两个线圈串联时可以有两种接法，一种如图 8-2-1a 所示，两个线圈的一对异名端相连，此时称为顺向串联，互感起"增磁"作用；另一种如图 8-2-1b 所示，两个线圈的一对同名端相连，此时称为反向串联，互感起"减磁"作用。若设各线圈上的电压和电流取图 8-2-1 中所示的参考方向，则可得下列方程：

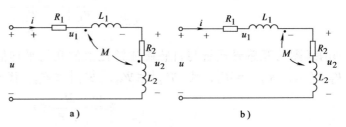

图 8-2-1 耦合电感的串联

a）顺向串联 b）反向串联

$$u_1 = R_1 i + \left(L_1 \frac{\mathrm{d}i}{\mathrm{d}t} \pm M \frac{\mathrm{d}i}{\mathrm{d}t} \right) = R_1 i + (L_1 \pm M) \frac{\mathrm{d}i}{\mathrm{d}t} \tag{8-2-1}$$

$$u_2 = R_2 i + \left(L_2 \frac{\mathrm{d}i}{\mathrm{d}t} \pm M \frac{\mathrm{d}i}{\mathrm{d}t} \right) = R_2 i + (L_2 \pm M) \frac{\mathrm{d}i}{\mathrm{d}t} \tag{8-2-2}$$

式中，M 前的正号对应于顺向串联的情况，负号对应于反向串联的情况。根据上述方程可以给出一个无互感等效电路（也称为去耦等效电路），如图 8-2-2 所示。其中，图 8-2-2a 为顺向串联的无互感等效电路，图 8-2-2b 为反向串联的无互感等效电路。从图 8-2-2 中可以很清楚地看出互感的"增磁"和"减磁"作用。

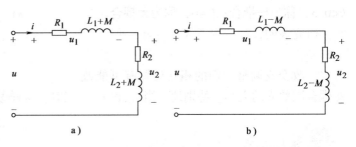

图 8-2-2 耦合电感串联电路的无互感等效电路

a）顺向串联去耦等效电路 b）反向串联去耦等效电路

根据图 8-2-2 所示的去耦等效电路，有下列方程成立：

$$u = u_1 + u_2 = (R_1 + R_2) i + (L_1 + L_2 \pm 2M) \frac{\mathrm{d}i}{\mathrm{d}t} \tag{8-2-3}$$

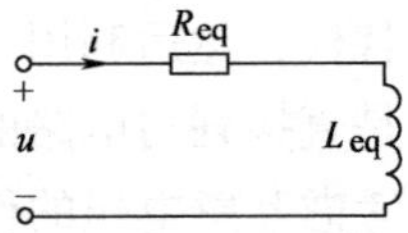

因此还可以得到如图 8-2-3 所示的另一种等效电路。其中，$R_{eq} = R_1 + R_2$，$L_{eq} = L_1 + L_2 \pm 2M$（正号对应于顺向串联时的情况）。对于正弦稳态电路，可以采用相量形式进行相应的计算和等效。以顺向串联的情况为例，有

图 8-2-3 耦合电感串联等效电路

$$\dot{U}_1 = [R_1 + \mathrm{j}\omega(L_1 + M)] \dot{I} \tag{8-2-4}$$

$$\dot{U}_2 = [R_2 + \mathrm{j}\omega(L_2 + M)] \dot{I} \tag{8-2-5}$$

$$\dot{U} = [(R_1 + R_2) + \mathrm{j}\omega(L_1 + L_2 + 2M)] \dot{I} \tag{8-2-6}$$

每一条耦合电感支路的阻抗和电路的输入等效阻抗分别为

$$Z_1 = R_1 + \mathrm{j}\omega(L_1 + M), \; Z_2 = R_2 + \mathrm{j}\omega(L_2 + M)$$

$$Z = Z_1 + Z_2 = (R_1 + R_2) + j\omega(L_1 + L_2 + 2M) \tag{8-2-7}$$

值得注意的是，当反向串联时，由于

$$Z_1 = R_1 + j\omega(L_1 - M), \quad Z_2 = R_2 + j\omega(L_2 - M)$$

$$Z = Z_1 + Z_2 = (R_1 + R_2) + j\omega(L_1 + L_2 - 2M) \tag{8-2-8}$$

因此每一条耦合电感支路的阻抗和电路的输入等效阻抗都比没有互感时的阻抗小，这是因为此时互感起"减磁"作用，由于这种作用类似于在支路中串联了电容，因此常称为互感的"容性"效应，但可以证明，整个电路仍呈感性，即 $L_1 + L_2 - 2M \geq 0$ 总成立。

例 8-2-1 在图 8-2-1b 所示电路中，若电路处于正弦稳态，且正弦电压有效值 $U = 20\,\text{V}$，$R_1 = 30\,\Omega$，$\omega L_1 = 50\,\Omega$，$R_2 = 50\,\Omega$，$\omega L_2 = 60\,\Omega$，$\omega M = 10\,\Omega$。试求电流 I、电压 U_1 及电路消耗的有功功率 P。

解 $\quad Z_1 = R_1 + j\omega(L_1 - M) = [30 + j(50-10)]\,\Omega = (30 + j40)\,\Omega = 50\underline{/53.13°}\,\Omega$

$\quad Z_2 = R_2 + j\omega(L_2 - M) = [50 + j(60-10)]\,\Omega = (50 + j50)\,\Omega = 70.71\underline{/45°}\,\Omega$

电路的输入阻抗为

$$Z = Z_1 + Z_2 = [(30 + j40) + (50 + j50)]\,\Omega = (80 + j90)\,\Omega = 120.42\underline{/48.37°}\,\Omega$$

因为 $\dot{U} = Z\dot{I}$，所以电流 I 为

$$I = \frac{U}{|Z|} = \frac{20}{120.42}\,\text{A} \approx 0.166\,\text{A}$$

电压 U_1 为

$$U_1 = |Z_1|\,I = 50 \times 0.166\,\text{V} = 8.3\,\text{V}$$

电路消耗的有功功率即为电阻上所消耗的有功功率，故

$$P = I^2(R_1 + R_2) = [0.166^2 \times (30 + 50)]\,\text{W} \approx 2.204\,\text{W}$$

8.2.2 耦合电感的并联

耦合电感的两线圈并联时也有两种接法，一种如图 8-2-4a 所示，两个线圈的同名端两两并接，称为同侧并联电路；另一种如图 8-2-4b 所示，两个线圈的异名端两两并接，称为异侧并联电路。

在正弦稳态情况下，对同侧并联电路，有下列方程成立：

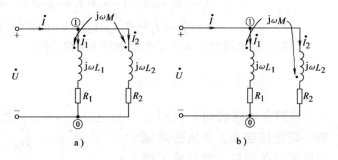

图 8-2-4 耦合电感的并联
a) 同侧并联 b) 异侧并联

$$\dot{U} = (R_1 + j\omega L_1)\dot{I}_1 + j\omega M\dot{I}_2 \tag{8-2-9}$$

$$\dot{U} = j\omega M\dot{I}_1 + (R_2 + j\omega L_2)\dot{I}_2 \tag{8-2-10}$$

$$\dot{I} = \dot{I}_1 + \dot{I}_2$$

若令 $Z_1 = R_1 + j\omega L_1$，$Z_2 = R_2 + j\omega L_2$，$Z_M = j\omega M$，则有

$$\dot{I}_1 = \frac{Z_2 - Z_M}{Z_1 Z_2 - Z_M^2}\dot{U} \tag{8-2-11}$$

$$\dot{I}_2 = \frac{Z_1 - Z_M}{Z_1 Z_2 - Z_M^2}\dot{U} \tag{8-2-12}$$

$$\dot I = \dot I_1 + \dot I_2 = \frac{Z_1 + Z_2 - 2Z_M}{Z_1 Z_2 - Z_M^2}\dot U \qquad (8\text{-}2\text{-}13)$$

若用$\dot I_2 = \dot I - \dot I_1$消去支路 1 方程中的$\dot I_2$，用$\dot I_1 = \dot I - \dot I_2$消去支路 2 方程中的$\dot I_1$，则有

$$\dot U = j\omega M \dot I + [\, R_1 + j\omega(L_1 - M)\,]\dot I_1 \qquad (8\text{-}2\text{-}14)$$

$$\dot U = j\omega M \dot I + [\, R_2 + j\omega(L_2 - M)\,]\dot I_2 \qquad (8\text{-}2\text{-}15)$$

因此，同侧并联电路的去耦等效电路如图 8-2-5a 所示，但应注意与图 8-2-4a 中的结点①相对应的结点是图 8-2-5a 中的结点①，而不是结点②。

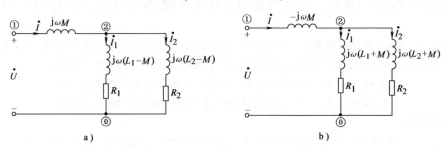

图 8-2-5　耦合电感并联的去耦等效电路

a）同侧并联去耦等效电路　b）异侧并联去耦等效电路

对异侧并联电路可类似得出下列方程：

$$\dot I = \dot I_1 + \dot I_2$$

$$\dot U = (R_1 + j\omega L_1)\dot I_1 - j\omega M \dot I_2 = -j\omega M \dot I + [\, R_1 + j\omega(L_1 + M)\,]\dot I_1 \qquad (8\text{-}2\text{-}16)$$

$$\dot U = -j\omega M \dot I_1 + (R_2 + j\omega L_2)\dot I_2 = -j\omega M \dot I + [\, R_2 + j\omega(L_2 + M)\,]\dot I_2 \qquad (8\text{-}2\text{-}17)$$

异侧并联电路的去耦等效电路如图 8-2-5b 所示。

8.2.3　耦合电感的三端连接

将耦合电感的两个线圈各取一端连接起来，并从公共端引出第三条端线，即形成了耦合电感的三端连接。三端连接也有两种接法，一种是将一对同名端相连，构成如图 8-2-6a 所示的三端连接电路；另一种是将一对异名端相连，构成如图 8-2-6b 所示的三端连接电路。

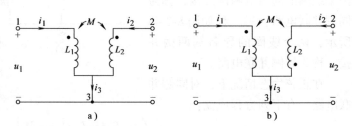

图 8-2-6　耦合电感的三端连接

对图 8-2-6a 所示的三端连接的电路，在正弦稳态情况下，有

$$\dot I_3 = \dot I_1 + \dot I_2$$

$$\dot U_1 = j\omega L_1 \dot I_1 + j\omega M \dot I_2 = j\omega(L_1 - M)\dot I_1 + j\omega M \dot I_3 \qquad (8\text{-}2\text{-}18)$$

$$\dot U_2 = j\omega M \dot I_1 + j\omega L_2 \dot I_2 = j\omega(L_2 - M)\dot I_2 + j\omega M \dot I_3 \qquad (8\text{-}2\text{-}19)$$

据此可得此时的去耦等效电路如图 8-2-7a 所示。依类似的方法可得异名端相连的三端连接去耦等效电路，如图 8-2-7b 所示。

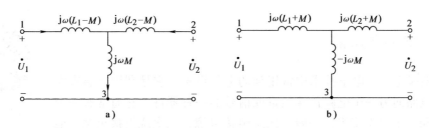

图 8-2-7　三端连接的去耦等效相量模型

对耦合电感的处理可采用上述的去耦等效方式，也可以利用耦合电感的受控源等效模型。它们的特点是：受控源等效模型与施感电流的参考方向有关，而采用去耦等效时与电流的方向无关；受控源等效对耦合电感之间是否有公共端没有要求，而采用去耦等效时要求耦合电感之间必须有公共端。

例 8-2-2　电路如图 8-2-8a 所示，已知 $R_1 = 3\,\Omega$，$R_2 = 5\,\Omega$，$\omega L_1 = 7.5\,\Omega$，$\omega L_2 = 12.5\,\Omega$，$\omega M = 6\,\Omega$，电压 $\dot{U} = 100\underline{/0^\circ}$ V。试求开关 S 打开和闭合时的电流 $\dot{I}$。

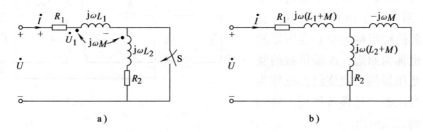

图 8-2-8　例 8-2-2 电路图

解　开关 S 断开时，两线圈为顺向串联，则

$$\dot{I} = \frac{\dot{U}}{R_1 + R_2 + j\omega(L_1 + L_2 + 2M)} = \frac{\dot{U}}{R_1 + R_2 + j(\omega L_1 + \omega L_2 + 2\omega M)}$$

$$= \frac{100\underline{/0^\circ}}{3 + 5 + j(7.5 + 12.5 + 2 \times 6)}\,\text{A} = 3.03\underline{/-75.96^\circ}\,\text{A}$$

开关 S 闭合时，可用去耦等效电路计算，等效电路如图 8-2-8b 所示。电路的等效阻抗为

$$Z_{eq} = R_1 + j\omega(L_1 + M) + \frac{-j\omega M \cdot [R_2 + j\omega(L_2 + M)]}{-j\omega M + [R_2 + j\omega(L_2 + M)]}$$

$$= R_1 + j(\omega L_1 + \omega M) + \frac{-j\omega M \cdot [R_2 + j(\omega L_2 + \omega M)]}{-j\omega M + [R_2 + j(\omega L_2 + \omega M)]}$$

$$= \left(3 + j(7.5 + 6) + \frac{-j6 \times [5 + j(12.5 + 6)]}{-j6 + [5 + j(12.5 + 6)]}\right)\,\Omega$$

$$= (3.99 + j5.02)\,\Omega = 6.41\underline{/51.52^\circ}\,\Omega$$

故此时

$$\dot{I} = \frac{\dot{U}}{Z_{eq}} = \frac{100\underline{/0^\circ}}{6.41\underline{/51.52^\circ}}\,\text{A} \approx 15.60\underline{/-51.52^\circ}\,\text{A}$$

8.3 空心变压器

变压器是电工、电子技术中常用到的电气设备，它是利用互感来实现从一个电路向另一个电路传输能量或信号的一种器件。它通常有一个一次绕组和一个二次绕组，一般一次绕组接电源，二次绕组接负载，能量或信号可以通过磁场的耦合，从电源传递给负载。

8-3-1　空心变压器

变压器可以有铁心也可以没有铁心。有铁心的变压器称为铁心变压器，没有铁心的变压器称为空心变压器。铁心变压器处于紧耦合状态，空心变压器处于松耦合状态。本节讨论空心变压器的电路模型及其在正弦稳态电路中的分析。

8.3.1 空心变压器的电路模型及方程

图 8-3-1 所示是一个工作在正弦稳态下的空心变压器电路的相量模型，点画框内部为空心变压器电路模型。空心变压器的两个绕组两端分别连接了电源和负载，其中，连接电源的绕组称为空心变压器的一次绕组，也称为原边；连接负载的绕组称为空心变压器的二次绕组，也称为副边。空心变压器通过耦合作用，将一次输入传递到二次输出。

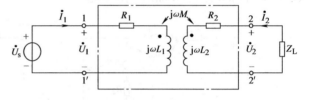

图 8-3-1　空心变压器电路的相量模型

对图 8-3-1 所示电路中的一次回路，列写其 KVL 方程可得

$$(R_1+j\omega L_1)\dot{I}_1+j\omega M \dot{I}_2=\dot{U}_1 \tag{8-3-1}$$

且

$$\dot{U}_1=\dot{U}_s$$

同理可得二次回路 KVL 方程为

$$j\omega M \dot{I}_1+(R_2+j\omega L_2+Z_L)\dot{I}_2=0 \tag{8-3-2}$$

令 $Z_{11}=R_1+j\omega L_1$，称为一次回路阻抗，$Z_{22}=R_2+j\omega L_2+Z_L$，称为二次回路阻抗，$Z_M=j\omega M$，称为互感阻抗，$Z_L=R_L+jX_L$，称为负载阻抗，则由式（8-3-1）和式（8-3-2）可表示为

$$Z_{11}\dot{I}_1+Z_M \dot{I}_2=\dot{U}_s \tag{8-3-3}$$

$$Z_M \dot{I}_1+Z_{22}\dot{I}_2=0 \tag{8-3-4}$$

解之可得两电流分别为

$$\dot{I}_1=\frac{Z_{22}\dot{U}_s}{Z_{11}Z_{22}-Z_M^2}=\frac{\dot{U}_s}{Z_{11}-Z_M^2 Y_{22}}=\frac{\dot{U}_s}{Z_{11}+(\omega M)^2 Y_{22}} \tag{8-3-5}$$

$$\dot{I}_2=\frac{-Z_M \dot{U}_s}{Z_{11}Z_{22}-Z_M^2}=\frac{-Z_M Y_{11}\dot{U}_s}{Z_{22}-Z_M^2 Y_{11}}=\frac{-j\omega M Y_{11}\dot{U}_s}{Z_{22}+(\omega M)^2 Y_{11}}=\frac{-j\omega M Y_{11}\dot{U}_s}{R_2+j\omega L_2+Z_L(\omega M)^2 Y_{11}} \tag{8-3-6}$$

式中，$Y_{11}=\dfrac{1}{Z_{11}}$，$Y_{22}=\dfrac{1}{Z_{22}}$。则空心变压器一次回路电流与二次回路电流的关系为

$$\frac{\dot{I}_1}{\dot{I}_2}=-\frac{Z_{22}}{Z_M} \qquad 或 \quad \dot{I}_2=-\frac{j\omega M}{Z_{22}}\dot{I}_1 \tag{8-3-7}$$

8.3.2 空心变压器的等效电路及引入阻抗

由式（8-3-5）可得

$$\frac{\dot{U}_{\mathrm{s}}}{\dot{I}_1} = Z_{11} + (\omega M)^2 Y_{22} \tag{8-3-8}$$

因此，$Z_{11} + (\omega M)^2 Y_{22}$就是空心变压器的一次输入阻抗，其中 $(\omega M)^2 Y_{22}$称为引入阻抗或反映阻抗，它是二次回路阻抗 Z_{22}通过互感作用反映到一次侧的等效阻抗。显然，当 Z_{22}为感性阻抗时，引入阻抗$(\omega M)^2 Y_{22}$的性质为容性；当 Z_{22}为容性阻抗时，引入阻抗的性质为感性，即引入阻抗的性质总是与二次回路阻抗的性质相反。

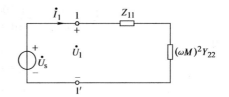

图 8-3-2　空心变压器的一次等效电路

根据等效的概念，式（8-3-8）可用图 8-3-2 所示的等效电路来表示，称为一次等效电路。

该电路常用于一次电流及功率的计算，若求得$\dot{I}_1$，可通过式（8-3-7）求得二次电流$\dot{I}_2$。

由式（8-3-6）可得

$$\frac{\mathrm{j}\omega M Y_{11} \dot{U}_{\mathrm{s}}}{-\dot{I}_2} = Z_{22} + (\omega M)^2 Y_{11} = R_2 + \mathrm{j}\omega L_2 + Z_{\mathrm{L}} + (\omega M)^2 Y_{11} \tag{8-3-9}$$

式（8-3-9）可用图 8-3-3a 所示的等效电路来表示，称为二次等效电路。其中 $(\omega M)^2 Y_{11}$称为引入阻抗，它是一次回路阻抗通过互感反映到二次侧的等效阻抗。

如果令图 8-3-1 中的端子 2-2′端开路，此时$\dot{I}_2 = 0$，可以得到端子 2-2′左侧含源一端口的开路电压为

$$\dot{U}_2 = \mathrm{j}\omega M \dot{I}_1 = \mathrm{j}\omega M Y_{11} \dot{U}_{\mathrm{s}} \tag{8-3-10}$$

令端子 2-2′左侧含源一端口的电源置零，可得戴维宁等效阻抗为

$$Z_{\mathrm{eq}} = R_2 + \mathrm{j}\omega L_2 + (\omega M)^2 Y_{11} \tag{8-3-11}$$

则可得图 8-3-3b 所示的戴维宁等效电路的形式。这两个等效电路实质上是一样的，图 8-3-3a 是由式（8-3-6）获得的，图 8-3-3b 是通过戴维宁定理获得的。两者的差别主要是二次等效电路阻抗的组合不同。二次等效电路常用于二次回路电流及功率的计算。

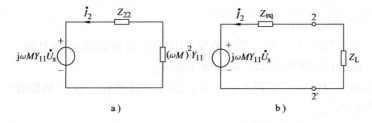

图 8-3-3　空心变压器的二次等效电路

例 8-3-1　在图 8-3-1 所示电路中，若 $R_1 = R_2 = 0\,\Omega$，$L_1 = 2\,\mathrm{H}$，$L_2 = 1\,\mathrm{H}$，$M = 0.5\,\mathrm{H}$，$u_{\mathrm{s}} = 100\sqrt{2}\cos(100t)\,\mathrm{V}$，负载阻抗为 $Z_{\mathrm{L}} = 8\,\Omega$。试求一次电流 i_1 与二次电流 i_2。

解　用图 8-3-2 所示的一次等效电路求电流$\dot{I}_1$：

$$Z_{11} = R_1 + j\omega L_1 = j \times 100 \times 2 \ \Omega = j200 \ \Omega$$

$$(\omega M)^2 Y_{22} = \frac{(100 \times 0.5)^2}{j \times 100 \times 1 + 8} \ \Omega = (1.99 - j24.84) \ \Omega$$

令 $\dot{U}_1 = 100\underline{/0°}$ V，则

$$\dot{I}_1 = \frac{\dot{U}_1}{Z_{11} + (\omega M)^2 Y_{22}} = \frac{100\underline{/0°}}{j200 + 1.99 - j24.84} \text{A} = 0.57\underline{/-89.35°} \text{ A}$$

由一次电流与二次电流的关系式（8-3-7）得

$$\dot{I}_2 = -\frac{j\omega M}{Z_{22}} \dot{I}_1 = -\frac{j \times 100 \times 0.5}{j100 \times 1 + 8} \times 0.57\underline{/-89.35°} \text{ A} = 0.28\underline{/95.22°} \text{ A}$$

则

$$i_1 = 0.57\sqrt{2}\cos(100t - 89.35°) \text{ A}$$

$$i_2 = 0.28\sqrt{2}\cos(100t + 95.22°) \text{ A}$$

分析含有空心变压器的电路时，也可以利用互感的受控源等效电路或按耦合电感的三端连接方式进行去耦等效计算。在图 8-3-4a 所示电路中，如果将 1′ 和 2′ 端相连，则该连线上无电流，对原电路没有影响，但此时空心变压器中的耦合电感成为三端连接方式，通过去耦等效便可得如图 8-3-4b 所示的等效电路，利用此等效电路可进行相应的分析计算。

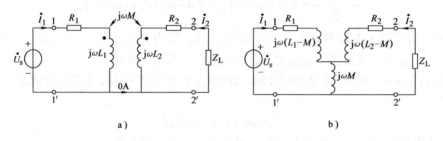

a)   b)

图 8-3-4   空心变压器电路的去耦等效电路

8.4   理想变压器

8.4.1   理想变压器的电路模型及方程

8-4-1   理想
变压器

理想变压器在实际上不存在，但它有实用价值，通常高频电路中的互感耦合电路可以看成理想变压器，从而便于计算。

空心变压器如果同时满足下列 3 个条件，即经 "理想化" 和 "极限化" 就演变为理想变压器。这 3 个条件是：

1) 空心变压器本身无损耗，即 $R_1 = R_2 = 0$。

2) 全耦合，即耦合因数 $k = 1$ 或 $M = \sqrt{L_1 L_2}$。

3) L_1、L_2 和 M 均为无限大，但保持 $\sqrt{\dfrac{L_1}{L_2}} = n$ 不变，n 为一次、二次绕组的匝数比。若

N_1 和 N_2 分别为一次绕组和二次绕组的匝数，则 $n=\dfrac{N_1}{N_2}$。

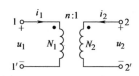

图 8-4-1 所示即为理想变压器的电路模型，在图示参考方向下，其一次、二次电压和电流满足下列关系：

$$\frac{u_1}{N_1}=\frac{u_2}{N_2} \quad 或 \quad u_1=\frac{N_1}{N_2}u_2=nu_2 \quad (8\text{-}4\text{-}1)$$

图 8-4-1 理想变压器的电路模型

$$N_1 i_1+N_2 i_2=0 \quad 或 \quad i_1=-\frac{N_2}{N_1}i_2=-\frac{1}{n}i_2 \quad (8\text{-}4\text{-}2)$$

上述方程的相量形式可简记为

$$\dot{U}_1=n\dot{U}_2 \tag{8-4-3}$$

$$\dot{I}_1=-\frac{1}{n}\dot{I}_2 \tag{8-4-4}$$

式（8-4-3）、式（8-4-4）即为理想变压器的电压、电流方程。可见，理想变压器具有变换电压和变换电流的作用。同时，理想变压器的电压、电流方程是通过一个参数 n 来描述的代数方程，所以它不是一个动态元件。n 也称为理想变压器的变比。当 $n>1$ 时，为降压变压器；当 $n<1$ 时，为升压变压器。值得注意的是，以上给出的理想变压器的方程是针对图 8-4-1 中的电压、电流参考方向及同名端的位置而言的。若其中某变量的参考方向或同名端的位置发生改变，这些方程中的正负号也将作相应的变化。一般地，在解题过程中对理想变压器的电压、电流的参考方向应尽量设置成图 8-4-1 所示的情况以简化计算。

理想变压器所吸收的瞬时功率恒等于零，即

$$p = p_1+p_2=u_1 i_1+u_2 i_2$$
$$=nu_2\cdot\left(-\frac{1}{n}i_2\right)+u_2 i_2=0 \tag{8-4-5}$$

式（8-4-5）表明，理想变压器既不耗能也不储能，它将能量由一次侧全部传输到二次侧输出，在传输过程中，仅将电压、电流按变比做数值变换。

根据理想变压器的电压、电流方程，可画出理想变压器的一种用受控源表示的电路模型，如图 8-4-2 所示。

8.4.2 理想变压器的阻抗变换作用

理想变压器除了变换电压和电流外，更重要的作用是可以进行阻抗变换。理想变压器的阻抗变换作用可以用如图 8-4-3 所示电路来说明。

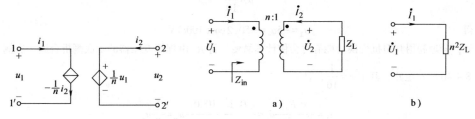

图 8-4-2 理想变压器的受控源电路模型　　图 8-4-3 理想变压器的阻抗变换作用

在正弦稳态的情况下，当在理想变压器二次侧终端 2-2′ 接入阻抗 Z_L 时，在变压器一次

侧 1-1′ 的输入阻抗 Z_{in} 为

$$Z_{in} = \frac{\dot{U}_1}{\dot{I}_1} = \frac{n\dot{U}_2}{-\frac{1}{n}\dot{I}_2} = n^2\left(\frac{\dot{U}_2}{-\dot{I}_2}\right) = n^2 Z_L \tag{8-4-6}$$

这表明，$n^2 Z_L$ 是二次侧折合至一次侧的等效阻抗。当在二次侧接上电阻 R、电感 L、电容 C 或阻抗 Z 时，折合至一次侧将分别是 $n^2 R$ 的电阻、$n^2 L$ 的电感、$\frac{C}{n^2}$ 的电容或 $n^2 Z$ 的阻抗。因此，理想变压器是阻抗变换器。同理，如将阻抗 Z 由一次侧折合至二次侧，将得到 $\frac{Z}{n^2}$ 的阻抗。

当二次侧开路时，$i_2 = 0$，则 $i_1 = -\frac{1}{n}i_2 = 0$，即一次侧此时相当于开路。虽然此时一次侧无电流，但二次电压 $u_2 = \frac{1}{n}u_1$ 仍成立，只要一次电压 u_1 存在，二次侧仍将有电压 u_2。

当二次侧短路时，$u_2 = 0$，则 $u_1 = nu_2 = 0$，即一次侧此时相当于短路。

在工程上常采用两方面的措施使实际变压器的性能接近理想变压器：一是尽量采用具有高磁导率的铁磁材料作为芯子；二是尽量紧密耦合，使耦合系数 k 接近于 1，并在保持电压比不变的情况下，尽量增加一、二次侧绕组的匝数。

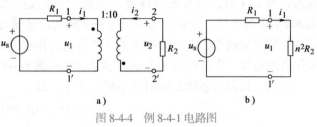

图 8-4-4　例 8-4-1 电路图

例 8-4-1　若已知图 8-4-4a 所示理想变压器的变比为 1:10，且 $u_s = 10\sqrt{2}\cos(100t)$ V，$R_1 = 10\,\Omega$，$R_2 = 1\,\text{k}\Omega$。试求 u_2。

解　对于含有理想变压器的电路来说，可以在设出变压器一、二次电压和电流后列写电路方程，并附加理想变压器的电压、电流方程求解。

依题意，由图 8-4-4a 可得

$$R_1 i_1 + u_1 = u_s$$
$$R_2 i_2 + u_2 = 0$$

由于同名端位置的变化，此时的电压、电流方程为

$$u_1 = -nu_2$$
$$i_1 = \frac{1}{n}i_2$$

由题可知

$$n = \frac{1}{10}$$

解之可得

$$u_2 = -5u_s = -50\sqrt{2}\cos(100t)\ \text{V}$$

另外，合理利用其阻抗变换功能有时会使计算简便。将 R_2 由理想变压器的二次侧折合到一次侧，则可得到图 8-4-4b 所示电路，其中 $n = \frac{1}{10}$，且

$$u_1 = \frac{n^2 R_2}{R_1 + n^2 R_2}u_s = \frac{0.1^2 \times 1000}{10 + 0.1^2 \times 1000}u_s = \frac{1}{2}u_s$$

则

$$u_2 = -\frac{1}{n}u_1 = -10 \times \frac{1}{2}u_s = -10 \times \frac{1}{2} \times 10\sqrt{2}\cos(100t)\ \text{V} = -50\sqrt{2}\cos(100t)\ \text{V}$$

8.5 应用实例与分析

继续讨论在本章开头介绍的变压器情况。变压器的一次绕组与二次绕组之间是通过磁耦合来传递能量的。

把图 8-0-2 中的变压器看成理想变压器，其变比为 $n:1$，当 $n>1$ 时，为降压变压器；当 $n<1$ 时，为升压变压器。

两侧绕组的电压降 $u_1:u_2=n:1$，并且电流 i_1 的大小取决于 i_2，且 $i_1:i_2=-1:n$。

从中可以看到，变压器两个绕组电压之间的关系仅仅与两个绕组的匝数比 n 有关。

其实，近些年发展起来的智能手机无线充电技术，也与互感有关。无线充电是以非接触、无线的方式来实现电源与用电设备之间的电能传输。无线充电技术中应用最为广泛的是电磁感应式，其原理是变化的电流在经过充电底座线圈时产生变化的磁场，从而对紧挨的手机背盖下方的配对线圈产生磁耦合，进而产生相应的电压进行充电，这种方式能够实现近距离无线充电，电能转换效率较高。对于无线充电技术的具体原理和技术要求，读者可另行参阅相关文献资料，本书不再赘述。

8.6 本章小结

8.6.1 本章基本知识点

1. 互感

（1）互感元件的电路模型

互感元件的电路模型如图 8-6-1 所示，L_1 和

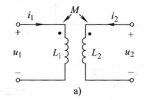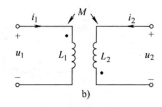

图 8-6-1 互感元件的电路模型
a) 电流由同名端流入 b) 电流由异名端流入

L_2 分别是线圈 1 和 2 的自感，M 为两线圈之间的互感，"·"代表两线圈的同名端。

（2）同名端

施感电流入端与其所产生的互感电压正极性端互为同名端。同名端可用一对相同的符号如"·""＊"等表示。对于三个以上线圈互相耦合时，同名端应采用多对符号两两对应标记。

（3）互感元件的伏安关系

设耦合电感的两个线圈电压的参考方向与相应线圈中电流的参考方向为关联参考方向，如图 8-6-1 所示，则有

$$u_1(t)=L_1\frac{\mathrm{d}i_1(t)}{\mathrm{d}t}\pm M\frac{\mathrm{d}i_2(t)}{\mathrm{d}t},\ u_2(t)=L_2\frac{\mathrm{d}i_2(t)}{\mathrm{d}t}\pm M\frac{\mathrm{d}i_1(t)}{\mathrm{d}t}$$

其中，"+"号对应于图 8-6-1a，即施感电流由同名端流入，互感起"增磁"作用；"-"号对应于图 8-6-1b，即施电流由异名端流入，互感起"减磁"作用。若电路工作在正弦稳态，则其相量形式为

$$\dot{U}_1=\mathrm{j}\omega L_1\dot{I}_1\pm\mathrm{j}\omega M\dot{I}_2,\ \dot{U}_2=\mathrm{j}\omega L_2\dot{I}_2\pm\mathrm{j}\omega M\dot{I}_1$$

2. 互感的去耦等效电路

（1）受控源去耦等效

由互感元件伏安关系，两种基本的耦合电感模型可按图 8-6-2a、b 进行等效。

（2）互感串联时的去耦等效

互感的串联有顺向串接和反向串接两种情况，如图 8-6-3a、b 所示；其对应的去耦等效电路如图 8-6-3c、d 所示。

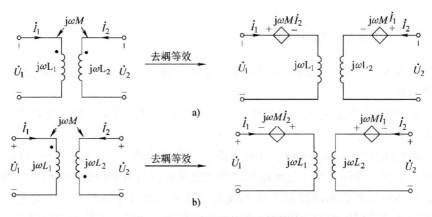

图 8-6-2 互感的受控源去耦等效

a) 施感电流由同名端流入 b) 施感电流由异名端流入

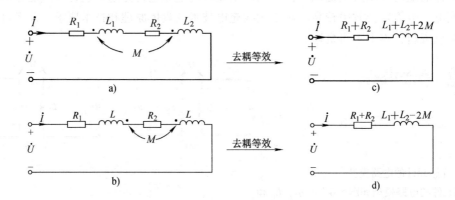

图 8-6-3 互感串联及其等效电路

a) 顺向串接 b) 反向串接 c) 顺向串接等效电路 d) 反向串接等效电路

（3）互感并联时的去耦等效

互感的并联有同侧并联和异侧并联两种情况，如图 8-6-4a、b 所示；其对应的去耦等效电路如图 8-6-4c、d 所示。

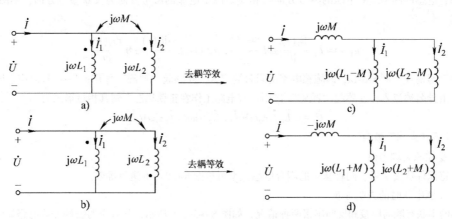

图 8-6-4 互感并联及其等效电路

a) 同侧并联 b) 异侧并联 c) 同侧并联等效电路 d) 异侧并联等效电路

（4）三端连接时的去耦等效

三端同名端连接和三端异名端连接分别如图 8-6-5a、b 所示，根据耦合电感的伏安关系和 KCL 得到其相应的去耦等效电路，分别如图 8-6-5c、d 所示。

3. 含有耦合电感电路的计算

在计算含有耦合电感元件的正弦稳态电路时，仍可采用相量法，但在列写 KVL 方程时，要充分注意因互感的作用而引起的互感电压。如果能够采用去耦等效电路进行分析，则因为去耦后电路中不再出现耦合电感，从而可用常规的相量法来进行分析。一般地，对于含有耦合电感的电路，适宜采用列写回路方程的方法来分析，不宜采用结点电压法。

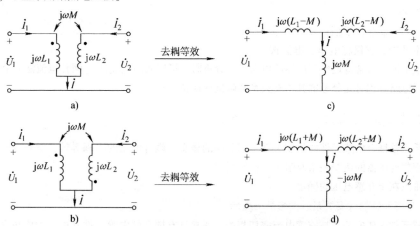

图 8-6-5 三端连接时的去耦等效电路

a）三端同名端连接 b）三端异名端连接

c）三端同名端连接等效电路 d）三端异名端连接等效电路

4. 空心变压器

对于含有空心变压器的电路，可采用网孔电流法或回路电流法进行分析，也可以利用图 8-6-6 所示的一、二次等效电路来分析。其中 Z_{11} 和 Z_{22} 分别为一、二次回路的总阻抗；$\dfrac{\omega^2 M^2}{Z_{22}}$ 为二次侧对一次侧的引入阻抗；$\dfrac{\omega^2 M^2}{Z_{11}}$ 为一次侧对二次侧的引入阻抗。

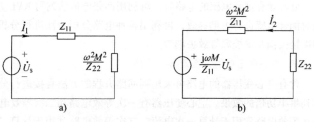

图 8-6-6 空心变压器的等效模型

a）一次等效电路 b）二次等效电路

5. 理想变压器

当耦合电感元件满足无损耗、全耦合（$k=1$）及 L_1、L_2 和 M 均为无限大，并保持 $\sqrt{\dfrac{L_1}{L_2}} = \dfrac{N_1}{N_2} = n$ 的条件时，元件模型即为理想变压器，如图 8-6-7 所示，其中 n 为一、二次绕组匝数比，也是电压比或称变比，是理想变压器的唯一参数。

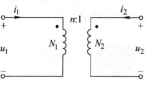

图 8-6-7 理想变压器模型

1）伏安关系。在图 8-6-7 所示的电压、电流参考方向下，有

$$u_1 = nu_2 , i_1 = -\frac{1}{n} i_2$$

其工作在正弦稳态下时，有

$$\dot{U}_1 = n\,\dot{U}_2, \dot{I}_1 = -\frac{1}{n}\dot{I}_2$$

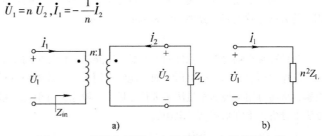

2）理想变压器的阻抗变换作用。若在理想变压器的二次侧接上复阻抗 Z_L，如图 8-6-8a 所示，则从一次侧看其输入阻抗 $Z_{in} = n^2 Z_L$，其等效电路如图 8-6-8b 所示。特别地，将阻抗 Z 由一次侧折算到二次侧时等效阻抗为 Z/n^2。

3）理想变压器本身不消耗功率，它既不耗能也不储能，它仅将电压、电流按

图 8-6-8　理想变压器二次阻抗向一次侧折算电路

比例进行数值变换。对含有理想变压器的电路进行分析时，可用回路电流法（网孔电流法）和结点电压法等，并在列写电路方程时充分考虑其伏安关系和阻抗变换特性。

8.6.2　本章重点与难点

本章的重点是耦合电感元件的伏安关系、同名端的概念、耦合电感的去耦等效、空心变压器的方程及等效电路、理想变压器的伏安关系及阻抗变换作用。

本章的难点在于互感电压的确定。

1. 耦合电感元件的伏安关系、同名端的概念

耦合电感元件的伏安关系与施感电流密切相关，通常具有耦合的电感元件其电压中应包含自感电压与互感电压两大项。互感电压与同名端、施感电流密切相关，在进行电路分析时应特别注意利用同名端对互感电压的参考方向进行判断。施感电流的入端与其在另一耦合线圈中产生的耦合电压的正极性端为同名端。

2. 耦合电感的去耦等效

分析含有耦合电感的电路时，可利用回路电流法列写 KVL 方程，一般不适用结点电压法。另外，也可先对耦合电感进行去耦等效，再利用各种电路分析方法进行分析。去耦等效包括串联去耦、并联去耦、三端连接去耦及受控源等效去耦等。

3. 空心变压器的方程及等效电路

含有空心变压器的电路可采用列回路方程的方法直接进行分析，但如能合理利用其等效电路则往往能起到事半功倍的效果。空心变压器有一次等效电路和二次等效电路两种，它们各自是一个整体，单独使用。一次等效电路常用于计算一次电流，二次等效电路常用于计算二次回路的待求量。二次等效电路也可以变换为戴维宁等效电路。在一、二次等效电路中应注意"引入阻抗"的概念。

4. 理想变压器的伏安关系及阻抗变换作用

理想变压器是经过理想化后的变压器模型，它只有变比 n 这一个参数。理想变压器除了可以变换电压和电流外，还能实现阻抗的变换。一般地，二次阻抗 Z_2 折算到一次侧时变为 $n^2 Z_2$；一次阻抗 Z_1 折算到二次侧时变为 Z_1/n^2。

8.7　习题

1. 试确定图 8-7-1 中所示耦合线圈的同名端。

2. 如图 8-7-2 所示电路，图中两耦合电感的同名端未知，若已知开关 S 突然断开时，直流电压表指针正向偏转，试判断耦合电感的同名端，并说明理由。

3. 已知耦合电感 L_1、L_2 采用图 8-7-3 所示电路的两种连接时，其 1-1′端的等效电感分别为 150 mH 和

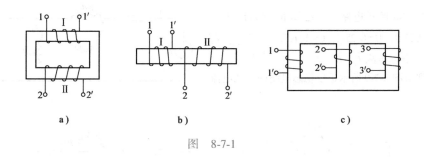

图 8-7-1

30 mH，试求该耦合电感的耦合因数 k。

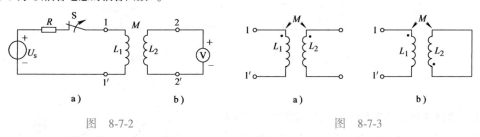

图 8-7-2   图 8-7-3

4. 试求图 8-7-4 所示各电路的输入阻抗 $Z(\omega = 1\,\text{rad/s})$。

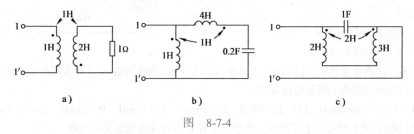

图 8-7-4

5. 在图 8-7-5 中，若 $R_1 = R_2 = 1\,\Omega$，$\omega L_1 = 3\,\Omega$，$\omega L_2 = 2\,\Omega$，$\omega M = 2\,\Omega$，$\dot{U}_s = 50\underline{/0°}\,\text{V}$。试求：

（1）开关 S 打开和闭合时的电流 $\dot{I}_1$。

（2）开关 S 闭合时 $\dot{I}_2$ 是否为零？讨论开关 S 闭合时电路各部分的复功率。

6. 把两个耦合线圈串联起来接到正弦电源 $u_s = 220\sqrt{2}\cos(314t)\,\text{V}$ 上，若顺接时测得电流为 $I_1 = 2.7\,\text{A}$，电压源 u_s 发出的有功功率为 $P = 218.7\,\text{W}$；反接时测得电流为 $I_2 = 7\,\text{A}$。试求互感 M。

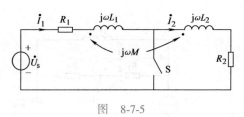

图 8-7-5

7. 在图 8-7-6 中，已知 $R_1 = 20\,\Omega$，$R_2 = 80\,\Omega$，$L_1 = 3\,\text{H}$，$L_2 = 10\,\text{H}$，$M = 5\,\text{H}$，$u_s = 100\sqrt{2}\cos(100t)\,\text{V}$。试求电容 C 为多大时电流 i 与 u_s 同相？计算此时电压源发出的有功功率。

8. 试求图 8-7-7 所示一端口电路的戴维宁等效电路。已知 $R_1 = R_2 = 6\,\Omega$，$L_1 = L_2 = 0.1\,\text{H}$，$M = 0.05\,\text{H}$，$u_s = 30\sqrt{2}\cos(100t)\,\text{V}$。

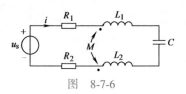

图 8-7-6

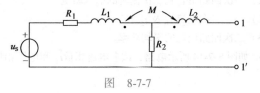

图 8-7-7

9. 在图 8-7-8 所示电路中，已知 $R = 50\,\Omega$，$L_1 = 0.7\,H$，$L_2 = 0.25\,H$，$M = 0.25\,H$，$C = 10\,\mu F$，$\dot{U}_s = 50\underline{/0°}\,V$，$\omega = 1000\,rad/s$。试求电流 $\dot{I}_1$、$\dot{I}_2$ 及 $\dot{I}_C$。

10. 试列写图 8-7-9 所示正弦稳态电路的网孔电流方程。

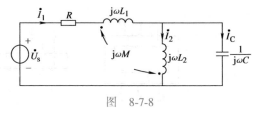

图 8-7-8

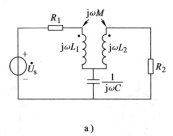

a)

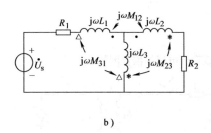

b)

图 8-7-9

11. 在图 8-7-10 所示含有耦合电感的电路中，已知 $R_1 = R_2 = 4\,\Omega$，$L_1 = 5\,mH$，$L_2 = 8\,mH$，$M = 3\,mH$，$C = 50\,\mu F$，$\dot{U}_s = 100\underline{/0°}\,V$，电源角频率 $\omega = 2000\,rad/s$。试求：

(1) 电流 $\dot{I}_1$。

(2) 电压源发出的复功率 $\overline{S}$。

(3) 电阻 R_2 消耗的平均功率。

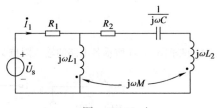

图 8-7-10

12. 在图 8-7-11 所示电路中，已知 $R_1 = R_2 = R$，$L_1 = L_2 = L$，耦合因数 $k = 1$（全耦合），正弦电流源 $\dot{I}_s$ 的角频率为 ω。试写出该电路的网孔电流方程。

13. 在图 8-7-12 所示电路中，已知 $R = 500\,\Omega$，$L_1 = 10\,mH$，$L_2 = 50\,mH$，$M = 10\,mH$，$U = 100\,V$，$\omega = 10^4\,rad/s$，若电容 C 的大小恰好使电路发生电流谐振，试求此电容 C 及各交流电流表的读数。

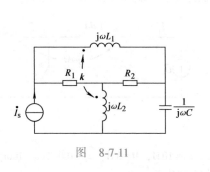

图 8-7-11

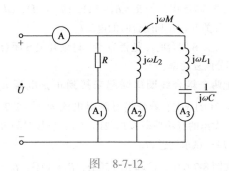

图 8-7-12

14. 在图 8-7-13 所示空心变压器电路中，已知 $R_1 = 20\,\Omega$，$R_2 = 0.08\,\Omega$，$L_1 = 3.6\,H$，$L_2 = 0.06\,H$，$M = 0.465\,H$，$R_L = 42\,\Omega$，$u_s = 115\sqrt{2}\cos(314t)\,V$。试求：

(1) 一次回路折合到二次侧时的引入阻抗。

(2) 一、二次电流 i_1 及 i_2。

(3) 二次回路消耗的平均功率。

15. 如图 8-7-14 所示电路，试求电流相量 $\dot{I}_1$ 和电压相量 $\dot{U}_2$。

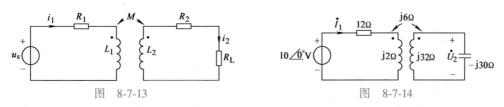

图 8-7-13   图 8-7-14

16. 如图 8-7-15 所示理想变压器电路，理想变压器的变比为 1:10。试求二次电压 $\dot{U}_2$。

17. 在图 8-7-16 所示的电路中，若要使 $10\,\Omega$ 电阻能获得最大功率，试确定理想变压器的变比 n，并求出此最大功率。

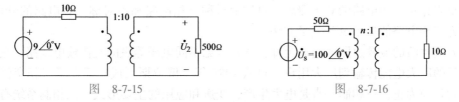

图 8-7-15   图 8-7-16

18. 若图 8-7-17 所示电路处于正弦稳态，且交流电流表的读数为 10 A，试求阻抗 Z。

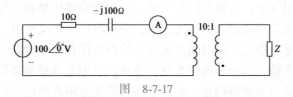

图 8-7-17

19. 在图 8-7-18 所示电路中，当 n_1、n_2 为何值时，$80\,\Omega$ 的电阻才能从电压源中获得最大功率？试求出此最大功率。

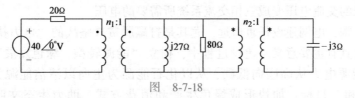

图 8-7-18

20. 在图 8-7-19 所示电路中，开关 S 闭合前电路已处于稳态，在 $t=0$ 时将开关 S 闭合。试求 $t\geq0$ 时的 $u_C(t)$ 和 $u(t)$。

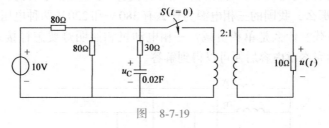

图 8-7-19

第 **9** 章

三 相 电 路

引言

本章先介绍三相电路的有关概念，再讨论对称三相电路和不对称三相电路的分析方法，最后研究三相电路的功率及其测量方法。

在人们生活的城乡道路或交通走廊，随处可见不同电压等级的交流输电线路，它们将来自发电厂的巨大电能传输到广大用户。自从 1888 年，俄罗斯人成功建立了三相交流输电方式后，到目前为止，三相制一直是电力生产、变送和应用的主要形式。三相制系统有着单相系统无法比拟的优点：发电机在相同尺寸下，三相发电机比单相发电机输出的功率大；在相同的输电电压和线路损耗下，传输相同的功率，三相制输电比单相制传输节省输电线，可节约材料；三相供电系统带负载的灵活性大，生活中所用的单相交流电，实际上是三相中的一相；对称三相电路的总功率是不随时间变化的，使得工作在三相电路中的三相电动机的转矩是恒定的，因而运行平稳，起动和维护方便。另外，三相电动机制造简单，价格便宜，应用广泛。因此，电力系统的主要结构是三相制电路。即使远距离输电采用超高压或特高压直流输电，也是将主相交流电经整流转变为直流电，通过直流输电线路输送到远处的逆变站（整流站和逆变站统称为换流站），再由逆变器把直流电转变为三相交流电，最后由三相变压器把逆变出来的交流电压变成三相交流系统所需要的电压。

我国国土辽阔，电网建设任重道远，尤其是打赢脱贫攻坚战的"电力扶贫"，对于脱贫攻坚、乡村振兴具有重要意义。建设过程中，树立"能源转型、绿色发展"理念，加大技术创新，推动能源电力从高碳向低碳、从以化石能源为主向以清洁能源为主转变，实现"碳达峰、碳中和"目标，加快形成绿色生产和消费方式，助力生态文明建设和可持续发展。

人们在日常生活中会接触到三相负载和单相负载，比如三相电动机和照明用电，其接法如图 9-0-1 所示。那么，我国的三相电源为什么有 380 V 和 220 V 两种电压？什么是三相四线制？什么是三相负载？什么是单相负载？三相电动机和照明灯要怎样接入电路才能正常工作？这些问题在学完本章内容后便可以得到解答。

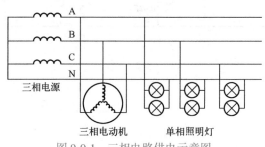

图 9-0-1　三相电路供电示意图

9.1 三相电路的基本概念

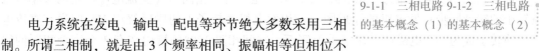

9-1-1 三相电路 9-1-2 三相电路 的基本概念（1）的基本概念（2）

9.1.1 对称三相电源

电力系统在发电、输电、配电等环节绝大多数采用三相制。所谓三相制，就是由 3 个频率相同、振幅相等但相位不同的电压源作为电源供电的体系。如果此三相电源 u_A、u_B、u_C 的相位依次相差 $\frac{kT}{3}$（T 为周期，$\omega T=2\pi$，$k=0,1,2,\cdots$），则称为对称三相电压。当对称三相电压为正弦波时，其瞬时表达式为

$$\left.\begin{aligned}
u_A &= \sqrt{2}\,U\cos(\omega t+\psi)\\
u_B &= \sqrt{2}\,U\cos\left[\omega\left(t-\frac{kT}{3}\right)+\psi\right]=\sqrt{2}\,U\cos\left(\omega t+\psi-\frac{2k\pi}{3}\right)\\
u_C &= \sqrt{2}\,U\cos\left[\omega\left(t-\frac{2kT}{3}\right)+\psi\right]=\sqrt{2}\,U\cos\left(\omega t+\psi-\frac{4k\pi}{3}\right)
\end{aligned}\right\} \tag{9-1-1}$$

当式（9-1-1）中的 $k=1$ 时，对称三相电源的三相电压的瞬时值表达式为

$$\left.\begin{aligned}
u_A &= \sqrt{2}\,U\cos(\omega t+\psi)\\
u_B &= \sqrt{2}\,U\cos(\omega t+\psi-120°)\\
u_C &= \sqrt{2}\,U\cos(\omega t+\psi-240°)\\
&= \sqrt{2}\,U\cos(\omega t+\psi+120°)
\end{aligned}\right\} \tag{9-1-2}$$

它们的相量分别为

$$\left.\begin{aligned}
\dot{U}_A &= U\underline{/\psi}\\
\dot{U}_B &= U\underline{/\psi-120°}=\alpha^2\dot{U}_A\\
\dot{U}_C &= U\underline{/\psi+120°}=\alpha\dot{U}_A
\end{aligned}\right\} \tag{9-1-3}$$

式中，$\alpha=1\underline{/120°}$，是工程中为了方便而引入的单位相量算子。

如果设 $\psi=0°$，可得到对称三相电压的波形图和相量图分别如图 9-1-1 和图 9-1-2 所示。

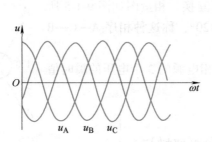

图 9-1-1　对称三相电压波形图

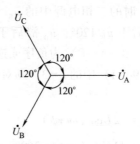

图 9-1-2　对称三相电压相量图

由式（9-1-2）可得，对称三相电源 3 个电压的瞬时值之和为零，即

$$u_A + u_B + u_C = 0$$

3 个电压相量之和亦为零，即

$$\dot{U}_A + \dot{U}_B + \dot{U}_C = 0$$

这是对称三相电源的重要特性。

通常以三相发电机作为三相电源。图 9-1-3 是一台三相同步（交流电压产生的频率与机械转子的转动同步）发电机的原理图。三相发电机中转子上的励磁绕组 MN 内通有直流电流，使转子成为一个电磁铁。在定子内侧面、空间相隔 120° 的槽内装有 3 个完全相同的绕组 U_1-U_2、V_1-V_2、W_1-W_2。转子与定子间磁场被设计成正弦分布。当转子的磁极按图 9-1-3 所示方向以恒定角速度 ω 旋转时，3 个绕组中便感应出频率相同、幅值相等、相位依次相差 120° 的 3 个正弦电压，这样的 3 个正弦电压便构成对称三相电源。

发电机中各个绕组对称位置的始端分别用 U_1、V_1、W_1 表示，而尾端分别用 U_2、V_2、W_2 表示，并设各绕组中电压的参考方向都是由始端指向尾端。对称三相电源如图 9-1-4 所示。

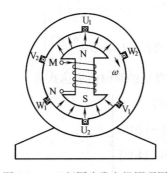

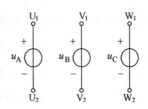

图 9-1-3 三相同步发电机原理图　　　　图 9-1-4 对称三相电源

对称三相电源中的每一相电压经过同一值（如正的最大值）的先后次序称为相序。上述三相电压的相序 A—B—C（或 B—C—A、C—A—B）称为正序或顺序。

如果式（9-1-1）中的 $k=2$，则对称三相电源的 3 个电压的瞬时值表达式为

$$\left. \begin{aligned}
u_A &= \sqrt{2}\,U\cos(\omega t+\psi) \\
u_B &= \sqrt{2}\,U\cos(\omega t+\psi-240°) = \sqrt{2}\,U\cos(\omega t+\psi+120°) \\
u_C &= \sqrt{2}\,U\cos(\omega t+\psi-480°) = \sqrt{2}\,U\cos(\omega t+\psi-120°)
\end{aligned} \right\}$$

也就是将 $k=1$ 时的三相电源中的 u_B 与 u_C 互换，相量图如图 9-1-5 所示，即 u_A 滞后于 u_B 120°，u_B 滞后于 u_C 120°，称这种相序 A—C—B（或 C—B—A、B—A—C）为负序或逆序。

如果式（9-1-1）中的 $k=3$，则对称三相电源的 3 个电压的瞬时值表达式为

$$\left. \begin{aligned}
u_A &= \sqrt{2}\,U\cos(\omega t+\psi) \\
u_B &= \sqrt{2}\,U\cos(\omega t+\psi-360°) = \sqrt{2}\,U\cos(\omega t+\psi) = u_A \\
u_C &= \sqrt{2}\,U\cos(\omega t+\psi-720°) = \sqrt{2}\,U\cos(\omega t+\psi) = u_A
\end{aligned} \right\}$$

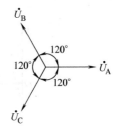

图 9-1-5 负序相量图

就是说 A、B、C 三相电压不仅振幅、频率相等，而且相位也完全一样（见图 9-1-6），称为零序。

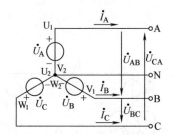

$$\dot{U}_A = \dot{U}_B = \dot{U}_C$$

图 9-1-6 零序相量图

负序和零序是相对于正序而言的，它们通常来自于事故或非对称情况下的等效电路。

电力系统一般采用正序。本书中如不特别指明，则也是以正序展开讨论。

9.1.2 对称三相电路的连接方式

在三相制中，负载一般也是由三部分电路组成，每一部分称为负载的一相，这样的负载称为三相负载（如三相电动机）。若三相负载中各相的参数都相同，则称为对称三相负载。由三相电源、三相负载和连接导线所组成的电路称为三相电路。当三相电源和三相负载都对称而且三相的导线阻抗都相等时，称为对称三相电路。

三相电源的连接方式有星形联结和三角形联结。星形联结（简称星形或 Y）的电源如图 9-1-7所示，是将对称三相电源的尾端 U_2、V_2、W_2 连在一起，连接在一起的 U_2、V_2、W_2 点称为对称三相电源的中性点，用 N 表示。三角形联结（简称三角形或 △）的电源如图 9-1-8 所示，是将对称三相电源中的 3 个单相电源首尾相接。

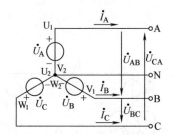 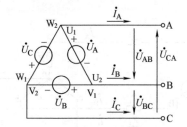

图 9-1-7　对称三相电源的星形联结　　图 9-1-8　对称三相电源的三角形联结

在图 9-1-7 中，从 3 个电压源正极性端子向外引出的 A、B、C 导线称为端线⊖，从中性点 N 引出的导线称为中性线。端线 A、B、C 之间的电压称为线电压（图中的 $\dot{U}_{AB}$、$\dot{U}_{BC}$、$\dot{U}_{CA}$）。电源每一相的电压称为相电压（图中的 $\dot{U}_A$、$\dot{U}_B$、$\dot{U}_C$）。端线中的电流称为线电流（图中的 $\dot{I}_A$、$\dot{I}_B$、$\dot{I}_C$），各相电压源中的电流称为相电流。对于图 9-1-8 所示电路的有关线电压、相电压、线电流和相电流的概念与星形联结的电源相同。三角形联结的电源不能引出中性线。

三角形联结的电源如果正确连接，则有相量图如图 9-1-9a 所示。由于 $\dot{U}_A + \dot{U}_B + \dot{U}_C = 0$，则在没有负载

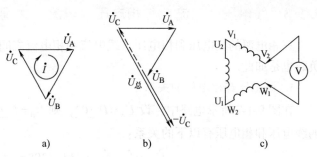

图 9-1-9　三角形联结电源的相量图及某相接错时的情形

⊖ 工程中，A 相、B 相、C 相的端线常用黄、绿、红三种颜色标志。

的情况下，电源内部没有环形电流。如果接错，将可能形成很大的环形电流。如把 C 相接反，相量图如图 9-1-9b 所示，则回路电压为 $\dot{U}_\text{总} = \dot{U}_\text{A} + \dot{U}_\text{B} + (-\dot{U}_\text{C}) = -2\dot{U}_\text{C}$，即在量值上为相电压的 2 倍，这将在电源内部回路中引起极大的电流，从而造成危险。

为此，当将一组三相电源连接成三角形时，应先不完全闭合，留下一个开口，在开口处接上一个交流电压表，测量回路中总的电压是否为零。如果电压为零，说明连接正确，然后再把开口处接在一起，如图 9-1-9c 所示。

三相负载的相电压和相电流是指各相负载的电压和电流（见图 9-1-10）。三相负载的 3 个端子 a、b、c 向外引出的端线中的电流称为负载的线电流；a、b、c 的任两个端子之间的电压称为负载的线电压。

图 9-1-10 所示的电路为两个对称三相电路的例子。图 9-1-10a 中的三相电源为星形联结电源，负载为星形联结负载，称为丫—丫联结方式；图 9-1-10b 中的三相电源为星形联结电源，负载为三角形联结负载，称为丫—△联结方式。类似的还有 △—丫 和 △—△ 联结方式。

在 丫—丫 连接中，若把三相电源的中性点 N 和负载的中性点 n 用一条阻抗为 Z_N 的中性线连接起来，如图 9-1-10a 所示，这种方式为三相四线制方式（称为 丫₀—丫₀ 连接）。其余三种连接方式都是三相三线制。

实际三相电路中，三相电源通常是对称的，3 条端线阻抗是相等的，但负载则不一定是对称的。

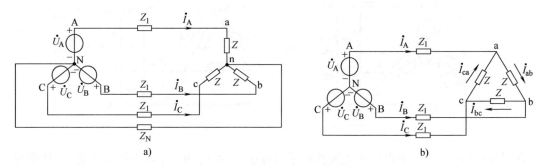

图 9-1-10　对称三相电路

9.1.3　线电压（电流）与相电压（电流）之间的关系

三相电源的线电压和相电压、线电流和相电流之间的关系都与连接方式有关。对于三相负载也是如此。

1. 线电压与相电压的关系

在图 9-1-7 所示电路中，设 $\dot{U}_\text{A} = U\,\underline{/0^\circ}$，则 $\dot{U}_\text{B} = U\,\underline{/-120^\circ}$，$\dot{U}_\text{C} = U\,\underline{/120^\circ}$。可得三相电源的线电压和相电压有以下的关系：

$$\left.\begin{array}{l} \dot{U}_\text{AB} = \dot{U}_\text{A} - \dot{U}_\text{B} = \sqrt{3}\,U\,\underline{/30^\circ} = \sqrt{3}\,\dot{U}_\text{A}\,\underline{/30^\circ} \\[4pt] \dot{U}_\text{BC} = \dot{U}_\text{B} - \dot{U}_\text{C} = \sqrt{3}\,U\,\underline{/-90^\circ} = \sqrt{3}\,\dot{U}_\text{B}\,\underline{/30^\circ} \\[4pt] \dot{U}_\text{CA} = \dot{U}_\text{C} - \dot{U}_\text{A} = \sqrt{3}\,U\,\underline{/150^\circ} = \sqrt{3}\,\dot{U}_\text{C}\,\underline{/30^\circ} \end{array}\right\} \qquad (9\text{-}1\text{-}4)$$

由式（9-1-4）可以看出，星形联结的对称三相电源的线电压也是对称的，有 $\dot{U}_\text{AB} + \dot{U}_\text{BC} +$

$\dot{U}_{CA} = 0$，并且在上述的 3 个方程中只有两个是独立的。另外，线电压有效值（用 U_l 表示）是相电压有效值（用 U_p 表示）的 $\sqrt{3}$ 倍，即

$$U_l = \sqrt{3}\, U_p \tag{9-1-5}$$

此外，线电压的相位超前各自对应的相电压 $30°$，这里所说的对应是指线电压和相电压的第一下标相同。如 $\dot{U}_{AB}$ 超前 $\dot{U}_A$ $30°$，等等。各线电压之间相位差 $120°$。因此，实际计算时，只要算出 $\dot{U}_{AB}$，就可以依次写出 $\dot{U}_{BC} = \alpha^2 \dot{U}_{AB}$，$\dot{U}_{CA} = \alpha \dot{U}_{AB}$。

对称的星形联结三相电源端的线电压和相电压之间的关系可以用相量图来表示，如图 9-1-11 所示。

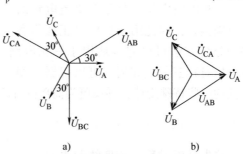

图 9-1-11 星形联结对称三相电源的电压相量图

如果对称三相电源是三角形联结（见图 9-1-8），则有

$$\dot{U}_{AB} = \dot{U}_A, \quad \dot{U}_{BC} = \dot{U}_B, \quad \dot{U}_{CA} = \dot{U}_C \tag{9-1-6}$$

所以线电压等于相电压。当相电压对称时，线电压也对称。

2. 线电流与相电流的关系

对于电源若是星形联结，可以看到线电流与相电流是相同的。

对于图 9-1-10b 所示的电路，以三角形联结负载为例。设每相负载中的对称相电流分别为 $\dot{I}_{ab}$、$\dot{I}_{bc}(=\alpha^2 \dot{I}_{ab})$、$\dot{I}_{ca}(=\alpha \dot{I}_{ab})$，3 个线电流依次分别为 $\dot{I}_A$、$\dot{I}_B$、$\dot{I}_C$。则由图 9-1-10b 所示的电流的参考方向，根据 KCL，得

$$\left. \begin{array}{l} \dot{I}_A = \dot{I}_{ab} - \dot{I}_{ca} = (1-\alpha)\dot{I}_{ab} = \sqrt{3}\dot{I}_{ab}\underline{/-30°} \\[4pt] \dot{I}_B = \dot{I}_{bc} - \dot{I}_{ab} = (1-\alpha)\dot{I}_{bc} = \sqrt{3}\dot{I}_{bc}\underline{/-30°} \\[4pt] \dot{I}_C = \dot{I}_{ca} - \dot{I}_{bc} = (1-\alpha)\dot{I}_{ca} = \sqrt{3}\dot{I}_{ca}\underline{/-30°} \end{array} \right\} \tag{9-1-7}$$

由式（9-1-7）可以看出，三角形联结的对称三相负载的线电流也是对称的，有 $\dot{I}_A + \dot{I}_B + \dot{I}_C = 0$，并且在上述的 3 个方程中只有两个是独立的。另外，线电流有效值（用 I_l 表示）是相电流有效值（用 I_p 表示）的 $\sqrt{3}$ 倍，即

$$I_l = \sqrt{3}\, I_p \tag{9-1-8}$$

此外，线电流的相位滞后各自对应的相电流 $30°$，如 $\dot{I}_A$ 滞后 $\dot{I}_{ab}$ $30°$，等等。各线电流之间相位差 $120°$。因此，实际计算时，只要算出 $\dot{I}_A$，就可以依次写出 $\dot{I}_B = \alpha^2 \dot{I}_A$，$\dot{I}_C = \alpha \dot{I}_A$。

对称的三角形联结负载的线电流和相电流之间的关系，可以用相量图来表示，如图 9-1-12 所示。

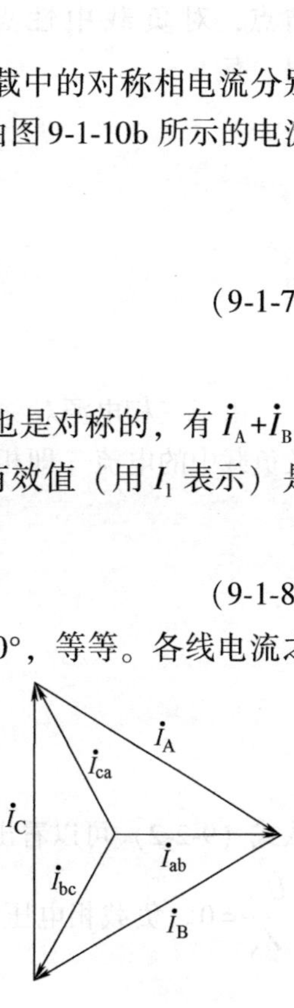

值得指出的是，上述所有关于电压、电流的对称性以及对称时线电流（电压）、相电流（电压）之间的讨论，都是在指定电源相序（正序）和参考方向的条件下得出的，在实际应用时必须注意这个前提。通常，电力工程中的三相发电机、三相电动机等设备，都严格标注着每一相绕组的头尾，以便按正确顺序连接成三相电路使用。

图 9-1-12 三角形对称
三相负载的电流相量图

9.2 对称三相电路的计算

三相电路实质上是复杂交流电路的一种特殊类型，因此第 6 章中对正弦稳态电路的分析方法可以完全适用于三相电路。在分析对称三相电路时，可以根据三相对称性的一些特殊规律，寻找更为简单的计算方法。

9-2-1 对称三相 电路的计算（1）　9-2-2 对称三相 电路的计算（2）　9-2-3 对称三相 电路的计算（3）

9.2.1 星形—星形系统

首先分析对称三相四线制电路（Y_0—Y_0），在此基础上，再分析其他连接形式的电路。

图 9-2-1 所示为对称三相四线制 Y_0—Y_0 电路，其中 Z_1 为端线的复阻抗，Z_N 为中性线的复阻抗。以电源中性点 N 为参考结点，对负载中性点 n 列结点电压方程，有

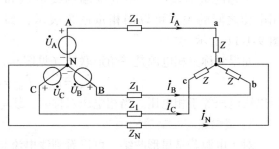

图 9-2-1 对称三相四线制 Y_0—Y_0 电路

$$\left(\frac{1}{Z_N}+\frac{3}{Z+Z_1}\right)\dot{U}_{nN}=\frac{\dot{U}_A}{Z_1+Z}+\frac{\dot{U}_B}{Z_1+Z}+\frac{\dot{U}_C}{Z_1+Z}$$

即

$$\dot{U}_{nN}=\frac{\dfrac{1}{Z_1+Z}(\dot{U}_A+\dot{U}_B+\dot{U}_C)}{\dfrac{1}{Z_N}+\dfrac{3}{Z+Z_1}} \tag{9-2-1}$$

由于三相电源对称，即 $\dot{U}_A+\dot{U}_B+\dot{U}_C=0$，则 $\dot{U}_{nN}=0$，说明 n 点与 N 点等电位。各相电源及负载中的电流（即相电流）等于线电流：

$$\left.\begin{aligned}\dot{I}_A&=\frac{\dot{U}_A-\dot{U}_{nN}}{Z+Z_1}=\frac{\dot{U}_A}{Z+Z_1}\\[4pt]\dot{I}_B&=\frac{\dot{U}_B-\dot{U}_{nN}}{Z+Z_1}=\frac{\dot{U}_B}{Z+Z_1}=\alpha^2\dot{I}_A\\[4pt]\dot{I}_C&=\frac{\dot{U}_C-\dot{U}_{nN}}{Z+Z_1}=\frac{\dot{U}_C}{Z+Z_1}=\alpha\dot{I}_A\end{aligned}\right\} \tag{9-2-2}$$

从式（9-2-2）可以看出，各相电流是对称的，并且中性线电流 $\dot{I}_N=-(\dot{I}_A+\dot{I}_B+\dot{I}_C)=0$ 或 $\dot{I}_N=-\dfrac{\dot{U}_{nN}}{Z_N}=0$。负载相电压分别为

$$\left.\begin{aligned}\dot{U}_{an}&=Z\dot{I}_A\\\dot{U}_{bn}&=Z\dot{I}_B=\alpha^2\dot{U}_{an}\\\dot{U}_{cn}&=Z\dot{I}_C=\alpha\dot{U}_{an}\end{aligned}\right\} \tag{9-2-3}$$

可见负载相电压也是对称的。

以上分析表明，对称的 $\curlyvee_0$—$\curlyvee_0$ 三相电路，由于 $\dot{U}_{nN}=0$，各相电流彼此互不相关，各自独立；每相电流、电压不仅构成对称组，而且它们由各自对应相的电源和复阻抗来决定。

根据各自的独立性，只要分析计算其中任意一相电流、电压，其他两相可根据式（9-2-2）和式（9-2-3）直接写出，这就是对称三相 $\curlyvee_0$—$\curlyvee_0$ 电路归结为一相计算的方法。此外，在上述情况下，中性点 N 和 n 等电位，即无论有无中性线，或中性线复阻抗 Z_N 取任意值，对于对称的 $\curlyvee$—$\curlyvee$ 三相电路均无影响。根据这一特点，可画出等效的一相计算电路（A 相），如图 9-2-2 所示。

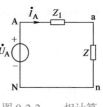

图 9-2-2　一相计算电路（A 相）

例 9-2-1　对称三相电路如图 9-2-1 所示，已知 $Z_1=(3+j4)\ \Omega$，$Z=(6.4+j4.8)\ \Omega$，$Z_N=(1+j2)\ \Omega$，$u_{AB}=380\sqrt{2}\cos(\omega t+30°)\ \text{V}$。试求负载中各电流相量。

解　设有一组对称三相电压源与该组对称线电压对应。根据式（9-1-4）的关系，有

$$\dot{U}_A=\frac{\dot{U}_{AB}}{\sqrt{3}}\underline{/-30°}=220\ \underline{/0°}\ \text{V}$$

画出一相（A 相）计算电路图，如图 9-2-2 所示，注意 Z_N 不起作用，可以求得

$$\dot{I}_A=\frac{\dot{U}_A}{Z+Z_1}=\frac{220\ \underline{/0°}}{9.4+j8.8}\text{A}=17.09\ \underline{/-43.11°}\ \text{A}$$

所以

$$\dot{I}_B=\alpha^2\dot{I}_A=17.09\ \underline{/-163.11°}\ \text{A},\quad \dot{I}_C=\alpha\dot{I}_A=17.09\ \underline{/76.89°}\ \text{A}$$

9.2.2　星形—三角形系统

如果电源仍为星形联结电源，但负载为三角形联结负载，连接成 $\curlyvee$—$\triangle$ 系统。对于这种电路可先将三角形联结负载化为等效的星形联结负载，则电路又成为 $\curlyvee$—$\curlyvee$ 系统，然后可用归结为一相的计算方法来计算分析。

例 9-2-2　对称三相电路如图 9-1-10b 所示，已知 $Z_1=(1+j2)\ \Omega$，$Z=(15+j18)\ \Omega$，$U_{AB}=380\ \text{V}$。试求负载端的线电压和线电流。

解　先将三角形联结负载化为等效的星形联结负载，如图 9-2-3 所示。图中 Z' 为

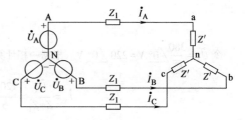

图 9-2-3　例 9-2-2 电路图

$$Z'=\frac{Z}{3}=\frac{15+j18}{3}\Omega=(5+j6)\ \Omega$$

令 $\dot{U}_A=220\ \underline{/0°}\ \text{V}$。根据一相计算电路，有

$$\dot{I}_A=\frac{\dot{U}_A}{Z'+Z_1}=\frac{220\ \underline{/0°}}{6+j8}\text{A}=22\ \underline{/-53.13°}\ \text{A}$$

则

$$\dot{I}_B=\alpha^2\dot{I}_A=22\ \underline{/-173.13°}\ \text{A},\quad \dot{I}_C=\alpha\dot{I}_A=22\ \underline{/66.87°}\ \text{A}$$

此电流为负载端的线电流。再求出负载端的相电压，利用线电压与相电压的关系就可得负载端的线电压，有

$$\dot{U}_{an}=\dot{I}_AZ'=171.83\ \underline{/-2.94°}\ \text{V}$$

由式（9-1-4）得

$$\dot{U}_{ab} = \sqrt{3}\,\dot{U}_{an}\underline{/30^\circ} = 297.62\,\underline{/27.06^\circ}\ \text{V}$$

所以

$$\dot{U}_{bc} = \alpha^2\dot{U}_{ab} = 297.62\,\underline{/-92.94^\circ}\ \text{V},\ \dot{U}_{ca} = \alpha\,\dot{U}_{ab} = 297.62\,\underline{/147.06^\circ}\ \text{V}$$

根据负载端的线电压可以求得负载中的相电流，有

$$\dot{I}_{ab} = \frac{\dot{U}_{ab}}{Z} = \frac{297.62\,\underline{/27.06^\circ}}{15+\text{j}18}\ \text{A} = 12.7\,\underline{/-23.13^\circ}\ \text{A}$$

$$\dot{I}_{bc} = \alpha^2\dot{I}_{ab} = 12.7\,\underline{/-143.13^\circ}\ \text{A},\ \dot{I}_{ca} = \alpha\,\dot{I}_{ab} = 12.7\,\underline{/96.87^\circ}\ \text{A}$$

也可以利用式（9-1-7）来计算负载的相电流，有

$$\dot{I}_{ab} = \frac{\dot{I}_A}{\sqrt{3}}\,\underline{/30^\circ} = \frac{22}{\sqrt{3}}\,\underline{/-53.13^\circ+30^\circ}\ \text{A} = 12.7\,\underline{/-23.13^\circ}\ \text{A}$$

所得结果完全相同。

9.2.3　三角形—星形系统

若电路为对称△—Y系统，可将三角形联结电源等效为星形联结电源，然后利用归结为一相计算的方法进行计算。

例 9-2-3　对称三相电路如图 9-2-4a 所示，已知 $Z_1 = (1+\text{j}2)\ \Omega$，$Z = (5+\text{j}6)\ \Omega$，$U_{AB} = 380\ \text{V}$。试求负载中各电流相量。

解　先将三角形联结电源化为等效的星形联结电源，如图 9-2-4b 所示。

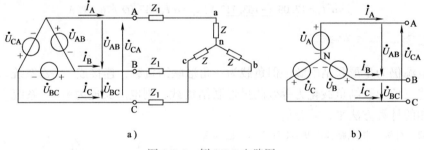

a)　　　　　　　　　　　　　　　　　　　b)

图 9-2-4　例 9-2-3 电路图

令 $\dot{U}_A = \dfrac{380}{\sqrt{3}}\,\underline{/0^\circ}\ \text{V} = 220\,\underline{/0^\circ}\ \text{V}$。根据一相计算电路，有

$$\dot{I}_A = \frac{\dot{U}_A}{Z+Z_1} = \frac{220\,\underline{/0^\circ}}{6+\text{j}8}\ \text{A} = 22\,\underline{/-53.13^\circ}\ \text{A}$$

则

$$\dot{I}_B = \alpha^2\dot{I}_A = 22\,\underline{/-173.13^\circ}\ \text{A},\ \dot{I}_C = \alpha\,\dot{I}_A = 22\,\underline{/66.87^\circ}\ \text{A}$$

9.2.4　三角形—三角形系统

对于图 9-2-5 所示的△—△对称三相电路，可以将三角形电源和三角形联结负载分别化为等效的星形联结电源和星形联结负载，则电路又变化为Y—Y系统（见图 9-2-1），这样就可以归结为一相来计算。

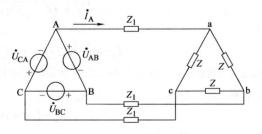

图 9-2-5　△—△对称三相电路

9.2.5 复杂的对称三相电路

复杂的对称三相电路是指有多组对称三相电源及对称三相负载的对称三相电路。电源或负载的连接方式可以是星形或三角形的。这种电路的求解步骤如下：

1）将三角形联结的电源或负载用等效的星形联结的电源或负载代替。

2）将各电源及负载的中性点短接，画出一相的计算电路。求出一相的各电流及电压值。

3）利用对称性求出其余两相的各电流及电压值。此时电路中原为星形联结的电源及负载的相电流及相电压已可求得。

4）对于电路中原为三角形联结的电源及负载，可以先求出它们的线电压及线电流，然后求出它们的相电压及相电流。

例 9-2-4 对称三相电路如图 9-2-6a 所示，已知电源线电压为 380 V，$Z_1 = 10 \underline{/53.13°}\ \Omega$，$Z_2 = -j50\ \Omega$，$Z_N = (1+j2)\ \Omega$。试求线电流、相电流，并定性画出相量图（以 A 相为例）。

解 先将三角形联结负载化为等效的星形联结负载（注意中性线电流为零），如图 9-2-6b 所示。

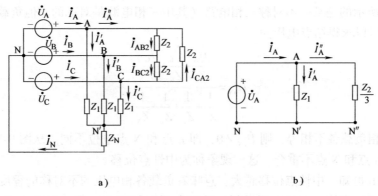

a)   b)

图 9-2-6 例 9-2-4 电路图

设 $\dot{U}_{AB} = 380 \underline{/30°}$ V，则 $\dot{U}_A = 220 \underline{/0°}$ V。在图 9-2-6b 中，有

$$\dot{I}_A'' = \frac{\dot{U}_A}{Z_2/3} = \frac{220 \underline{/0°}}{-j50/3} A = j13.2 A$$

$$\dot{I}_A' = \frac{\dot{U}_A}{Z_1} = \frac{220 \underline{/0°}}{10 \underline{/53.13°}} A = 22 \underline{/-53.13°} A = (13.2 - j17.6) A$$

所以

$$\dot{I}_A = \dot{I}_A' + \dot{I}_A'' = 13.9 \underline{/-18.4°} A$$

根据对称性，得 B、C 相的线电流、相电流：

$$\dot{I}_B = 13.9 \underline{/-138.4°} A，\quad \dot{I}_C = 13.9 \underline{/101.6°} A$$

还可以得 Z_1 中另两相的相电流为

$$\dot{I}_B' = 22 \underline{/-173.13°} A，\quad \dot{I}_C' = 22 \underline{/66.87°} A$$

Z_2 中的相电流为

$$\dot{I}_{AB2} = \frac{1}{\sqrt{3}} \dot{I}_A'' \underline{/30°} = 7.62 \underline{/120°} A，\quad \dot{I}_{BC2} = 7.62 \underline{/0°} A，\quad \dot{I}_{CA2} = 7.62 \underline{/-120°} A$$

相量图如图 9-2-7 所示。

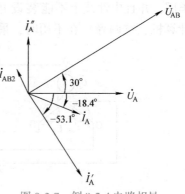

图 9-2-7 例 9-2-4 电路相量
图（A 相）

9.3 不对称三相电路的分析

9-3-1 不对称
三相电路的分析

不对称三相电路是指电源、负载及端线中至少有一个部分不对称的三相电路。其中，电源对称而负载不对称的情况最为常见。在电力系统中，包含着许多由小功率单相负载（如白炽灯、电阻炉等）组成的三相负载。在实际生活中，应尽可能把它们平均分配在各相上，但往往不可能完全平衡，而且这些负载并不都是同时运行的，这就使得三相负载不相等，形成了不对称的三相电路。另外，当三相电路发生故障（如发电机某相绕组短路、输电线断裂等）时，不对称情况可能更为严重，甚至造成三相负载（如三相电动机）不能正常工作或烧毁。本节仅讨论电源对称而负载不对称的情况。

不对称三相电路不能像对称三相电路那样按一相进行计算，但可以应用各种分析复杂电路的方法求解。

图 9-3-1a 所示的是某一不对称三相电路（其中三相电源是对称的，但负载不对称）。用结点电压法，可以求得结点电压为

$$\dot{U}_{nN} = \frac{\dfrac{\dot{U}_A}{Z_a} + \dfrac{\dot{U}_B}{Z_b} + \dfrac{\dot{U}_C}{Z_c}}{\dfrac{1}{Z_a} + \dfrac{1}{Z_b} + \dfrac{1}{Z_c} + \dfrac{1}{Z_N}}$$

显然，由于三相负载各不相等，则 $\dot{U}_{nN} \neq 0$，即 n 点和 N 点电位不同。从图 9-3-1b 的相量关系可以看出，n 点和 N 点不重合，这一现象称为中性点位移。

由图 9-3-1b 可知，中性点位移越大，意味着负载各相电压的不对称的程度越大。当 $\dot{U}_{nN}$ 过大时，可能使负载某一相的电压太低，导致电器不能正常工作，而另外两相的电压又太高，可能超过电器的允许电压以致烧毁用电设备。所以在三相制供电系统中总是力图使电路的三相负载对称分配。在低压电网中，由于单相电器（如照明设备、家用电器等）占很大的比例，而且用户用电情况变化不定，三相负载一般不可能完全对称，所以均采用三相四线制，使中性线阻抗 $Z_N \approx 0$，则 $\dot{U}_{nN} \approx 0$。这可使电路在不对称的情况下，各相仍保持独立性，各相负载的工作互不影响，因而各相可以分别独立计算。为此，在工程上，要求中性线安装牢固，并且中性线上不能装设开关和熔断器。为防止意外，一些家用电器（譬如电视、计算机、空调等）在不用时，最好彻底关闭电源，不要使其处于待机状态。

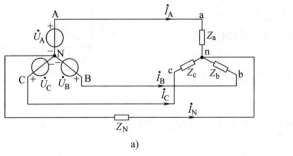

a)   b)

图 9-3-1 不对称三相电路

图 9-3-1a 中各相负载的相电压、相电流分别为

$$\left.\begin{array}{c}\dot{U}_{an}=\dot{U}_{A}-\dot{U}_{nN}\\[4pt]\dot{U}_{bn}=\dot{U}_{B}-\dot{U}_{nN}\\[4pt]\dot{U}_{cn}=\dot{U}_{C}-\dot{U}_{nN}\end{array}\right\}$$

$$\dot{I}_{A}=\frac{\dot{U}_{an}}{Z_{a}},\dot{I}_{B}=\frac{\dot{U}_{bn}}{Z_{b}},\dot{I}_{C}=\frac{\dot{U}_{cn}}{Z_{c}}$$

由于相电流的不对称，造成中性线电流不为零，即

$$\dot{I}_{N}=-(\dot{I}_{A}+\dot{I}_{B}+\dot{I}_{C})\neq0$$

例 9-3-1　图 9-3-2 所示星形电路是由两个相同的白炽灯（用电阻 R 替代）和电容组成的，可用于测定三相电源的相序，称为相序指示仪。对称三相电源的线电压为 U_1，如果使 $\dfrac{1}{\omega C}=R$，试说明如何根据两个白炽灯亮度来确定对称三相电源的相序。

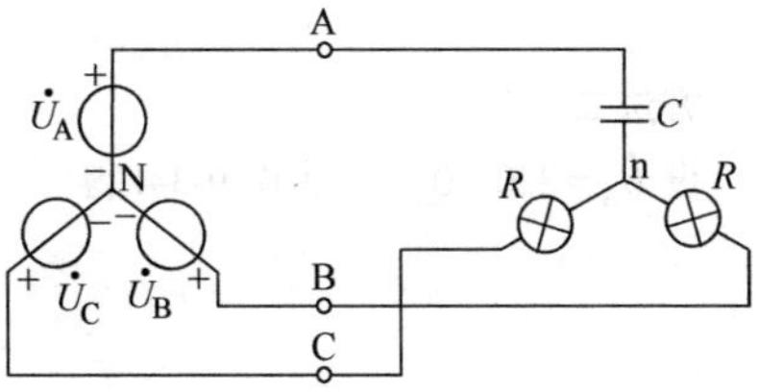

解　设 $\dot{U}_{A}=U_{p}\ \underline{/0^\circ}$，其中 $U_{p}=U_{1}/\sqrt{3}$。所以中性点位移电压

为

$$\dot{U}_{nN}=\frac{\mathrm{j}\omega C\,\dot{U}_{A}+\dfrac{\dot{U}_{B}}{R}+\dfrac{\dot{U}_{C}}{R}}{\mathrm{j}\omega C+\dfrac{1}{R}+\dfrac{1}{R}}=\frac{\mathrm{j}\dot{U}_{A}+\dot{U}_{B}+\dot{U}_{C}}{2+\mathrm{j}1}$$

$$=\frac{(-1+\mathrm{j}1)\dot{U}_{A}}{2+\mathrm{j}1}=0.632U_{p}\ \underline{/108.4^\circ}$$

B 相白炽灯所承受的电压为

$$\dot{U}_{Bn}=\dot{U}_{B}-\dot{U}_{nN}=U_{p}\ \underline{/-120^\circ}-0.632U_{p}\ \underline{/108.4^\circ}$$

$$\approx1.5U_{p}\ \underline{/-101.6^\circ}$$

C 相白炽灯所承受的电压为

$$\dot{U}_{Cn}=\dot{U}_{C}-\dot{U}_{nN}=U_{p}\ \underline{/120^\circ}-0.632U_{p}\ \underline{/108.4^\circ}$$

$$\approx0.4U_{p}\ \underline{/138.4^\circ}$$

本例的相量图如图 9-3-3 所示。

其实，根据中性点位移电压 $\dot{U}_{nN}$ 也可判断 $U_{Bn}>U_{Cn}$。

根据上述结果可以判断：如果电容所在的那一相设为 A 相，则白炽灯较亮的一相为 B 相，较暗的一相为 C 相。利用这一电路可以确定三相电源的相序。

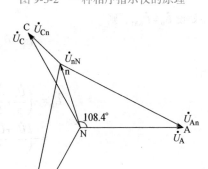

图 9-3-2　一种相序指示仪的原理

图 9-3-3　例 9-3-1 相量图

例 9-3-2　图 9-3-4 所示电路中，已知三相电源对称，相电压为 220 V，试求电流 $\dot{I}_{L0}$。

解　方法一

设 $\dot{U}_{A}=220\ \underline{/0^\circ}$ V。选取结点 N 为参考点，列写结点电压方程，有

$$\begin{cases}\left(\dfrac{1}{5}+\dfrac{1}{5}+\dfrac{1}{5}+\dfrac{1}{\mathrm{j}1}\right)\dot{U}_{N_1N}-\dfrac{1}{\mathrm{j}1}\dot{U}_{N_2N}-\dfrac{1}{5}\dot{U}_{A}-\dfrac{1}{5}\dot{U}_{B}-\dfrac{1}{5}\dot{U}_{C}=0\\[10pt]-\dfrac{1}{\mathrm{j}1}\dot{U}_{N_1N}+\left(\dfrac{1}{10}+\dfrac{1}{\mathrm{j}10}+\dfrac{1}{-\mathrm{j}10}+\dfrac{1}{\mathrm{j}1}\right)\dot{U}_{N_2N}-\dfrac{1}{10}\dot{U}_{A}-\dfrac{1}{\mathrm{j}10}\dot{U}_{B}-\dfrac{1}{-\mathrm{j}10}\dot{U}_{C}=0\end{cases}$$

解得

$$\dot{I}_{L0}=\frac{\dot{U}_{N_2N}-\dot{U}_{N_1N}}{\mathrm{j}1}=13.75\ \underline{/175.1^\circ}\ \mathrm{A}$$

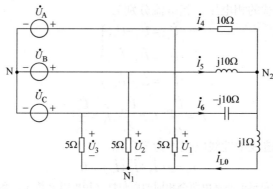

图 9-3-4 例 9-3-2 电路图

方法二

设 $\dot{U}_A = 220\ \underline{/0°}$ V。由图 9-3-4 得

$$\begin{cases} \dot{U}_1 - \dot{U}_2 = \dot{U}_A - \dot{U}_B \\ \dot{U}_2 - \dot{U}_3 = \dot{U}_B - \dot{U}_C \\ \dot{U}_3 - \dot{U}_1 = \dot{U}_C - \dot{U}_A \end{cases}$$

不妨设 $\dot{U}_0 = \dot{U}_{NN1}$，则

$$\dot{U}_1 = \dot{U}_A + \dot{U}_0, \quad \dot{U}_2 = \dot{U}_B + \dot{U}_0, \quad \dot{U}_3 = \dot{U}_C + \dot{U}_0$$

所以

$$\dot{I}_{L0} = -\left(\frac{\dot{U}_1}{5} + \frac{\dot{U}_2}{5} + \frac{\dot{U}_3}{5} \right) = -\left(\frac{\dot{U}_A + \dot{U}_0}{5} + \frac{\dot{U}_B + \dot{U}_0}{5} + \frac{\dot{U}_C + \dot{U}_0}{5} \right)$$

$$= -\left(\frac{\dot{U}_A + \dot{U}_B + \dot{U}_C}{5} + \frac{3\dot{U}_0}{5} \right) = -0.6\dot{U}_0$$

又

$$\dot{I}_{L0} = \dot{I}_4 + \dot{I}_5 + \dot{I}_6 = \frac{\dot{U}_1 - j1 \times \dot{I}_{L0}}{10} + \frac{\dot{U}_2 - j1 \times \dot{I}_{L0}}{j10} + \frac{\dot{U}_3 - j1 \times \dot{I}_{L0}}{-j10}$$

$$= \frac{\dot{U}_A + \dot{U}_0 + j1 \times 0.6\dot{U}_0}{10} + \frac{\dot{U}_B + \dot{U}_0 + j1 \times 0.6\dot{U}_0}{j10} + \frac{\dot{U}_C + \dot{U}_0 + j1 \times 0.6\dot{U}_0}{-j10}$$

$$= \left(\frac{\dot{U}_A}{10} + \frac{\dot{U}_B}{j10} + \frac{\dot{U}_C}{-j10} \right) + (0.1 + j0.06)\dot{U}_0$$

由上述两式解得

$$\dot{U}_0 = 22.92\ \underline{/-4.9°}\text{V}, \quad \dot{I}_{L0} = 13.75\ \underline{/175.1°}\ \text{A}$$

不对称三相电路中还有三相电源不对称的情况，这里就不作讨论了。

保持用户端电压的稳定性是电力部门的责任和义务。按规定，高压配电线路的电压损耗，一般不超过线路额定电压的 5%；从变压器低压侧母线到用电设备受电端的低压线路的电压损耗，一般不超过用电设备额定电压的 5%；对视觉要求较高的照明线路，则为 2% ~ 3%。若线路的电压损耗值超过了允许值，则应适当加大导线的截面积，使之满足允许的电压损耗要求。在电力系统中放置电容有利于维持电压的稳定。

9.4 三相电路的功率及测量

9-4-1 三相电路的功率及测量（1） 9-4-2 三相电路的功率及测量（2）

9.4.1 三相电路的功率

在三相电路中，三相负载吸收的复功率等于各相复功率之和，即

$$\overline{S} = \overline{S}_A + \overline{S}_B + \overline{S}_C$$

也就是说，三相负载吸收的有功功率 P、无功功率 Q 分别等于各相负载吸收的有功功率、无功功率之和，即

$$P = P_A + P_B + P_C, \quad Q = Q_A + Q_B + Q_C$$

如果负载是对称三相负载，则各相负载吸收的功率相同，故三相负载吸收的总功率可表示为

$$\left. \begin{array}{l} P = 3P_A = 3U_p I_p \cos\varphi_p \\ Q = 3Q_A = 3U_p I_p \sin\varphi_p \end{array} \right\} \tag{9-4-1}$$

式中，U_p、I_p 分别是每相负载上的相电压和相电流的有效值；φ_p 是每相负载的阻抗角（φ_p 也是每相负载上的相电压与相电流之间的相位差）。

当对称三相负载为星形联结时，有

$$U_l = \sqrt{3}\, U_p, \quad I_l = I_p$$

则式（9-4-1）可改写为

$$P = 3U_p I_p \cos\varphi_p = 3 \times \frac{U_l}{\sqrt{3}} I_l \cos\varphi_p = \sqrt{3}\, U_l I_l \cos\varphi_p$$

$$Q = 3U_p I_p \sin\varphi_p = 3 \times \frac{U_l}{\sqrt{3}} I_l \sin\varphi_p = \sqrt{3}\, U_l I_l \sin\varphi_p$$

当对称三相负载为三角形联结时，有

$$U_l = U_p, \quad I_l = \sqrt{3}\, I_p$$

则式（9-4-1）可改写为

$$P = 3U_p I_p \cos\varphi_p = 3U_l \times \frac{I_l}{\sqrt{3}} \cos\varphi_p = \sqrt{3}\, U_l I_l \cos\varphi_p$$

$$Q = 3U_p I_p \sin\varphi_p = 3U_l \times \frac{I_l}{\sqrt{3}} \sin\varphi_p = \sqrt{3}\, U_l I_l \sin\varphi_p$$

由此可见，星形联结和三角形联结的对称三相负载的有功功率和无功功率都可以用线电压、线电流来表示：

$$\left. \begin{array}{l} P = \sqrt{3}\, U_l I_l \cos\varphi_p \\ Q = \sqrt{3}\, U_l I_l \sin\varphi_p \end{array} \right\} \tag{9-4-2}$$

式中，U_l、I_l 分别是负载的线电压、线电流的有效值；φ_p 仍是每相负载的阻抗角。

对称三相电路的视在功率和功率因数分别定义为

$$S \overset{\text{def}}{=} \sqrt{P^2+Q^2} = \sqrt{3}\, U_1 I_1$$

$$\cos\varphi \overset{\text{def}}{=} \frac{P}{S}$$

9.4.2　三相电路的瞬时功率

设一三相星形联结负载，它的相电压分别为 u_A、u_B 和 u_C，相电流分别为 i_A、i_B 和 i_C，则它所吸收的三相瞬时总功率应为各相瞬时功率之和，即

$$p = p_A + p_B + p_C = u_A i_A + u_B i_B + u_C i_C \tag{9-4-3}$$

如果负载和相电压都是对称的，并设

$$Z_A = Z_B = Z_C = |Z| \underline{/\varphi}$$

$$u_A = \sqrt{2}\, U\cos\omega t$$

则相电流为

$$i_A = \sqrt{2}\, I\cos(\omega t - \varphi)$$

对称三相电路各相负载的瞬时功率分别为

$$\begin{aligned}
p_A &= u_A i_A = \sqrt{2}\, U\cos(\omega t) \times \sqrt{2}\, I\cos(\omega t - \varphi) \\
&= UI[\cos\varphi + \cos(2\omega t - \varphi)]
\end{aligned}$$

$$\begin{aligned}
p_B &= u_B i_B = \sqrt{2}\, U\cos(\omega t - 120°) \times \sqrt{2}\, I\cos(\omega t - \varphi - 120°) \\
&= UI[\cos\varphi + \cos(2\omega t - \varphi - 240°)]
\end{aligned}$$

$$\begin{aligned}
p_C &= u_C i_C = \sqrt{2}\, U\cos(\omega t + 120°) \times \sqrt{2}\, I\cos(\omega t - \varphi + 120°) \\
&= UI[\cos\varphi + \cos(2\omega t - \varphi + 240°)]
\end{aligned}$$

将上述三式代入式（9-4-3）中，得

$$p = 3UI\cos\varphi = P$$

上式表明，三相电源传输给负载的瞬时功率是一常数，它恰好等于平均功率 P，习惯上称此为瞬时功率平衡。对三相电动机负载来说，瞬时功率恒定意味着电动机转动平稳（能量的均匀传输使电动机转矩恒稳，没有振动），有利于电动机械设备的平稳运行，这是对称三相电路的一个优越的性能。而单相负载的瞬时功率以电源角频率的两倍脉动，因此单相电动机的功率通常比较小，否则运行时会剧烈振动。

例 9-4-1　某一对称三相负载的阻抗 $Z = (6+\text{j}8)\ \Omega$。现分别将它接成星形和三角形，且在线电压为 380 V 的对称三相电源的激励之下，如图 9-4-1 所示。试求两种接法下三相负载吸收的平均功率。

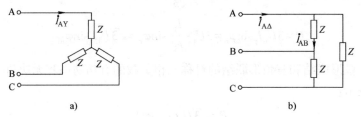

图 9-4-1　例 9-4-1 电路图

解　设 $\dot{U}_{AB} = 380 \underline{/30°}$ V，则 $\dot{U}_A = 220 \underline{/0°}$ V。对于星形联结，有

$$\dot{I}_{AY} = \frac{\dot{U}_A}{Z} = \frac{220 \underline{/0°}}{6+\text{j}8}\ \text{A} = 22 \underline{/-53.13°}\ \text{A}$$

$$P_Y = \sqrt{3}\, U_1 I_1 \cos\varphi_1 = \sqrt{3} \times 380 \times 22 \times \cos\ (0° + 53.13°)\ \text{W} = 8687.97\ \text{W}$$

对于三角形联结，有

$$\dot{I}_{AB} = \frac{\dot{U}_{AB}}{Z} = \frac{380\ \underline{/30°}}{6+j8}\text{A} = 38\ \underline{/-23.13°}\ \text{A}$$

$$\dot{I}_{A\triangle} = \sqrt{3}\dot{I}_{AB}\underline{/-30°} = 38\sqrt{3}\ \underline{/-53.13°}\ \text{A} \approx 66\ \underline{/-53.13°}\ \text{A}$$

$$P_\triangle = \sqrt{3}\, U_1 I_1 \cos\varphi_2 = \sqrt{3} \times 380 \times 38\sqrt{3} \times \cos(30° + 23.13°)\ \text{W} = 25992\ \text{W}$$

显然，$P_Y \neq P_\triangle$，且有 $P_\triangle = 3P_Y$，$I_{A\triangle} = 3I_{AY}$，即一对称三相负载，当把它分别接成星形和三角形并在同一对称三相电源的激励下，三角形联结负载吸收的有功功率是星形联结负载吸收的有功功率的 3 倍，三角形联结负载的起动电流是星形联结负载起动电流的 3 倍。工程中，大功率三相电动机的起动电流是额定电流的 5~6 倍，因此常采用 Y—△ 起动方法，即先将电动机接成星形，待电动机起动后，再用自控设备将其转接成三角形下运行，这样可以降低电动机产生的大起动电流对电网和周围用电设备的影响。

9.4.3　三相电路功率的测量

当三相电路对称时，只要用一块单相功率表测量其中一相的功率，如图 9-4-2a、b 所示，然后将功率表读数乘以 3 便得到三相总功率。

事实上，还可以用一块功率表来测量对称三相电路负载的无功功率。其原理图如图 9-4-3a 所示。

设通过功率表的电流为 $\dot{I}_A$，加在电压线圈上的电压为 $\dot{U}_{BC}$。将三相负载看成等效星形联结，负载阻抗角为 φ。若 $\dot{U}_A = U_p\underline{/0°}$，则 $\dot{U}_{BC} = \sqrt{3}\, U_p\ \underline{/-90°}$，$\dot{I}_A = I_p\underline{/-\varphi}$，见图9-4-3b。则功率表读数为

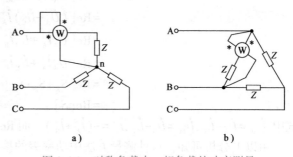

图 9-4-2　对称负载中一相负载的功率测量

$$P_1 = \text{Re}\ [\dot{U}_{BC}\dot{I}_A^*]$$
$$= \text{Re}\ [\sqrt{3}\, U_p\ \underline{/-90°} \times I_p\ \underline{/\varphi}]$$
$$= \text{Re}\ [U_1 I_1\ \underline{/-90°+\varphi}]$$
$$= U_1 I_1 \cos\ (-90°+\varphi)$$
$$= U_1 I_1 \sin\varphi$$

而对称三相电路负载的无功功率为 $\sqrt{3}\, U_1 I_1 \sin\varphi$，恰是上述读数的 $\sqrt{3}$ 倍，所以可得对称三相负载的无功功率为

$$Q = \sqrt{3}\, U_1 I_1 \sin\varphi = \sqrt{3}P_1$$

应该注意的是，上式中的 P_1 仅为图 9-4-3a 所示电路功率表的读数。

还可以用三表法来测量三相四线制电路中的负载的功率。因为有中性线，可以方便地用功率表分别

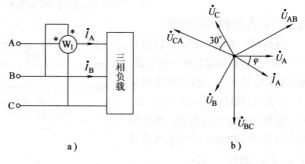

图 9-4-3　一表法测对称三相电路无功功率原理图

测量各相负载的功率，将测得的结果相加后就可以得到三相负载的功率（见图 9-4-4）。

但是在测量三相三线制电路的功率时，由于没有中性线，不方便直接测量各相负载的功率。这时可以用二表法来测量三相功率。二表法的一种连接方式如图 9-4-5 所示。两块功率表的电流线圈分别串入两端线中（图示为 A、B 端线），它们的电压线圈的负极性端（即无 * 端）共同接到第 3 条端线上（图示为 C 端线）。下面证明两块功率表的代数和即为三相三线制负载的功率。

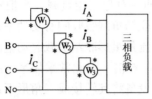

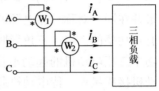

图 9-4-4　三表法测三相四线制负载功率原理图　　　　图 9-4-5　二表法

设两块功率表的读数分别为 P_1 和 P_2，根据功率表的工作原理，有

$$P_1 = \mathrm{Re}[\dot{U}_{AC}\dot{I}_A^*], P_2 = \mathrm{Re}[\dot{U}_{BC}\dot{I}_B^*]$$

所以

$$
\begin{aligned}
P_1 + P_2 &= \mathrm{Re}[\dot{U}_{AC}\dot{I}_A^* + \dot{U}_{BC}\dot{I}_B^*] \\
&= \mathrm{Re}[(\dot{U}_A - \dot{U}_C)\dot{I}_A^* + (\dot{U}_B - \dot{U}_C)\dot{I}_B^*] \\
&= \mathrm{Re}[\dot{U}_A\dot{I}_A^* + \dot{U}_B\dot{I}_B^* - \dot{U}_C(\dot{I}_A^* + \dot{I}_B^*)] \\
&= \mathrm{Re}[\dot{U}_A\dot{I}_A^* + \dot{U}_B\dot{I}_B^* + \dot{U}_C\dot{I}_C^*] \\
&= \mathrm{Re}[\bar{S}_A + \bar{S}_B + \bar{S}_C] \\
&= \mathrm{Re}[\bar{S}]
\end{aligned}
$$

式中，$\dot{U}_{AC} = \dot{U}_A - \dot{U}_C$，$\dot{U}_{BC} = \dot{U}_B - \dot{U}_C$，$\dot{I}_C^* = -(\dot{I}_A^* + \dot{I}_B^*)$。而 $\mathrm{Re}[\bar{S}]$ 表示三相负载的有功功率。

由以上分析可知，这种测量方法中功率表的接线只涉及端线，而与负载和电源的连接方式无关（即无论电路对称与否）。这种方法也称为二瓦计法。

需要指出的是，在用二表法测量三相负载功率时，单一功率表的读数没有确定的意义，而两块功率表读数的代数和恰好是三相负载吸收的总功率（如果一块功率表的读数为负值，则求代数和时该读数也应以负值代入）。另外，还可以证明，若图 9-4-5 所示电路为对称三相电路，有

$$
\left.
\begin{aligned}
P_1 &= \mathrm{Re}[\dot{U}_{AC}\dot{I}_A^*] = U_{AC}I_A\cos(\varphi - 30°) \\
P_2 &= \mathrm{Re}[\dot{U}_{BC}\dot{I}_B^*] = U_{BC}I_B\cos(\varphi + 30°)
\end{aligned}
\right\}
\tag{9-4-4}
$$

式中，φ 为负载的阻抗角。

例 9-4-2　对称三相电源线电压 $U_1 = 380\,\mathrm{V}$，接有两组对称三相负载，如图 9-4-6a 所示。一组负载接成星形，每相负载阻抗 $Z_1 = (30 + \mathrm{j}40)\,\Omega$；另一组是三相电动机负载，电动机的功率是 $P = 1700\,\mathrm{W}$，功率因数是 $\cos\varphi = 0.8$（感性）。试：

（1）求线电流和电源发出的总

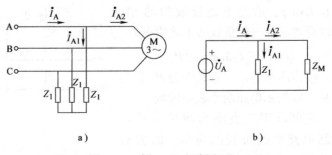

图 9-4-6　例 9-4-2 电路图（Ⅰ）

功率。

（2）画出用二表法测电动机功率时，功率表的接线图，并求每一功率表的读数。

解 （1）题中的电动机可用一星形联结的对称三相负载替代，每相负载阻抗设为 Z_M。画出图 9-4-6a 电路的一相等效电路，如图 9-4-6b 所示。

设 $\dot{U}_A = 220 \angle 0° \text{ V}$，则星形联结的负载 Z_1 的线电流为

$$\dot{I}_{A1} = \frac{\dot{U}_A}{Z_1} = \frac{220 \angle 0°}{30+\text{j}40}\text{A} = 4.4 \angle -53.1° \text{ A}$$

对电动机负载，有

$$P = \sqrt{3} U_1 I_{A2} \cos\varphi$$

$$I_{A2} = \frac{P}{\sqrt{3} U_1 \cos\varphi} = \frac{1700}{\sqrt{3} \times 380 \times 0.8}\text{A} = 3.23 \text{ A}$$

又由 $\cos\varphi = 0.8$（感性），得

$$\varphi = 36.9°$$

所以

$$\dot{I}_{A2} = 3.23 \angle -36.9° \text{ A}$$

则

$$\dot{I}_A = \dot{I}_{A1} + \dot{I}_{A2} = (4.4 \angle -53.1° + 3.23 \angle -36.9°) \text{ A} = 7.56 \angle -46.2° \text{ A}$$

$\dot{U}_A$ 与 $\dot{I}_A$ 间的相位差为 $\varphi' = 0° - (-46.2°) = 46.2°$，得三相电源发出的总功率为

$$P_{电源} = \sqrt{3} U_1 I_A \cos\varphi' = \sqrt{3} \times 380 \times 7.56 \times \cos 46.2° \text{W} \approx 3444 \text{ W}$$

（2）用二表法测电动机功率的接线图如图 9-4-7 所示。

$\dot{U}_{AC}$ 与 $\dot{I}_{A2}$ 间的相位差 $\varphi_1 = -30° - (-36.9°) = 6.9°$，则功率表 W_1 的读数为

$$P_1 = U_{AC} I_{A2} \cos\varphi_1 = 380 \times 3.23 \times \cos 6.9° \text{W}$$
$$= 1218.5 \text{ W}$$

$\dot{U}_{BC}$ 与 $\dot{I}_{B2}$ 间的相位差 $\varphi_2 = -90° - (-156.9°) = 66.9°$，则功率表 W_2 的读数为

$$P_2 = U_{BC} I_{B2} \cos\varphi_2 = 380 \times 3.23 \times \cos 66.9° \text{W} = 481.6 \text{ W}$$

两块功率表的读数之和为

$$P = P_1 + P_2 = (1218.5 + 481.6) \text{ W} = 1700.1 \text{W} \approx 1700\text{W}$$

其值刚好等于电动机的功率。

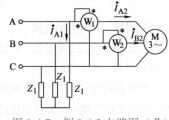

图 9-4-7　例 9-4-2 电路图（Ⅱ）

9.5　应用实例与分析

继续讨论在本章开头介绍过的三相电路供电情况。

在我国，三相电源中的 220 V 电压是指单相电压，即相线与中性线之间的电压；而 380 V 指的则是线电压，即相线与相线之间的电压。

在三相四线制中，分别是星形联结的三个电源及三个负载，它们用四条线进行相连，其中三条相线分别将 A、B、C 三相电源的正极性与三相负载各端相接，另一条中性线将三相电源中性点与三相负载的中性点相连，由此构成三相四线制的连接形式。当三相电路对称时，中性线上无电流；当三相电路不对称时，中性线上有电流。

三相负载，就是有三个负载一起接在三相电源上，构成三相系统。三相负载可分为对称三相负载和不对称三相负载，其中对称三相负载表示三个负载彼此相等。

单相负载就是三相负载的其中一相负载。

三相电动机作为三相负载，需要将电动机的三相绕组分别接到三根相线上；而照明灯作为单相负载，就是将其接到一根相线与中性线之间。

9.6 本章小结

9.6.1 本章基本知识点

1. 三相电路的基本概念

三相电压按其相位关系可分为正序（或顺序）、负序（或逆序）和零序。由 3 个等幅值、同频率、初相依次相差 120°的正弦电压称为对称三相电压。

（1）对称三相电源

对称三相电源的瞬时表达式为

$$u_A = \sqrt{2}U\cos(\omega t)$$
$$u_B = \sqrt{2}U\cos(\omega t - 120°)$$
$$u_C = \sqrt{2}U\cos(\omega t - 240°) = \sqrt{2}U\cos(\omega t + 120°)$$

并满足 $u_A + u_B + u_C = 0$。

以 A 相电压 u_A 作为参考正弦量，则对应的相量形式为

$$\dot{U}_A = U\underline{/0°}, \dot{U}_B = U\underline{/-120°}, \dot{U}_C = U\underline{/120°}$$

而且满足

$$\dot{U}_A + \dot{U}_B + \dot{U}_C = 0$$

（2）对称三相电源的连接

在三相电路中，三相电源、三相变压器广泛采用丫或△联结。

（3）对称三相电路的连接

三相负载是指三个独立的负载按丫、△联结。若三个负载 $Z_A = Z_B = Z_C$，则称为对称三相负载；由对称三相电源与对称三相负载的组合连接的电路称为对称三相电路。对称三相电路的连接形式主要有丫—丫、丫—△、△—丫、△—△以及三相四线制连接 $丫_0—丫_0$。如果电路中有对称三相电源和多组三相负载组合在一起，则称为"复杂对称三相电路"。

2. 对称三相电路的计算

三相电路实际上是正弦电流电路的一种特殊类型，因此正弦电流电路的分析方法对三相电路完全适用。由对称三相电路的一些特点，可以简化对称三相电路的计算。

（1）线电压（电流）与相电压（电流）的关系

设对称三相电源连接形式为丫，对称三相负载分别为丫联结和△联结。

在丫—丫联结中，线电压的幅值是相电压幅值的 $\sqrt{3}$ 倍，相位依次超前相应的相电压 30°，线电流与对应的相电流相等。

在丫—△联结中，流过负载的相电流与端线的线电流之间的关系为：线电流的幅值为相电流的 $\sqrt{3}$ 倍，相位依次滞后相应的相电流 30°，负载的相电压与负载的线电压分别对应相等。

另外，还可以总结出：

1）对电源来说，当希望得到较大输出电压时可采用星形联结。根据功率与电压的二次方成正比的关系，若两种联结对相同负载的阻抗供电，则星形联结电源提供的平均功率是三角形联结电源的

3 倍。

2）在电源一定的情况下，由于三角形联结的负载每相承受的电压是星形联结时的 $\sqrt{3}$ 倍。因此，若将同一负载分别接成三角形和星形，则三角形联结负载吸收的平均功率是星形联结负载的 3 倍。对三相感应电机来说，转矩也将是 3 倍的关系。因此，在使用三相设备时，要依据产品的技术说明和实际需要选择正确的联结。

（2）对称三相电路的分析计算

对称三相电路中，电源的中性点与负载的中性点之间的电压 $\dot{U}_{nN} = 0$，因此各相完全独立，只要知道某一相的电源和负载就可计算出该相的电压、电流，其余两相的电压和电流可根据对称性求出。

不管负载与电源为何种接线，均可将电源与负载转化为丫—丫联结的形式。当负载与电源均为丫联结时，对称三相电路各电源的中性点与各负载的中性点为等电位（无论是否有中性线）。利用这一特性，可将三相化为单相进行计算。

对称三相电路转化为单相电路的一般步骤如下：

1）将电源、负载均变换成丫联结。

2）选择三相中的某一相电路，例如 A 相。

3）将电源中性点与负载的中性点，用阻抗为 0 的导线相连，画出对应单相图。

4）根据正弦稳态电路的分析方法计算单相电路的有关电压和电流。

5）根据对称性，依次写出其余两相的电流、电压。

6）根据丫联结和△联结时相电压与线电压，以及相电流与线电流之间的关系，得到原电路相应的线电压、线电流、相电压和相电流的值。

3. 不对称三相电路的概念及计算

三相电路的三相电源、三相负载及端线阻抗中只要有一部分不满足对称条件，则构成不对称三相电路。对于 $丫_0$—$丫_0$ 联结的不对称三相电路，首先要计算电源中性点与负载的中性点之间的电压。在不对称三相电路中，$\dot{U}_{nN} \neq 0$，各相之间没有相互独立的特点，只能采用常规的正弦稳态电路的分析方法。

不对称三相电路通常为电源对称、负载不对称的丫—丫电路。对此可利用结点电压法计算中性点电压 $\dot{U}_{nN}$，求解中性点之间的电压，再根据电路结构与参数来求解相关电路的变量。

对于丫联结的不对称三相负载，由于其中性点与电源中性点存在电位差，使得各负载的相电压不相等。若各相负载是由单相负载组成，则造成有的负载由于电压低于额定电压而无法正常工作，有的负载又由于电压高于额定电压而损坏。因此，为使处于不对称连接的负载能够正常工作，要用导线即中性线将电源的中性点和负载的中性点相连，此时中性线电流不为零，并且需要可靠连接。在工程上，为减小电源的中性点与负载的中性点之间的电压，中性线截面选择通常较大，而且中性线上不允许安装熔断器和开关。处于不对称工作的三相电路，其瞬时功率不再是常量，这对发电机、电动机、变压器等三相电气设备将产生严重影响。

4. 三相电路的功率

（1）三相电路功率的计算

在三相电路中介绍了三相电路的有功功率（平均功率）P、无功功率 Q、视在功率 S、瞬时功率 p 以及复功率 $\bar{S}$ 的计算方法，其三相电路的各种功率计算见表 9-6-1。

表 9-6-1 三相电路的各种功率计算

电 路 功 率	一般三相电路	对称三相电路	注 释
复功率 $\bar{S}$	$\bar{S} = \bar{S}_A + \bar{S}_B + \bar{S}_C$	$\bar{S} = 3\bar{S}_A$	对称电路中以 A 相为例

（续）

功率\电路	一般三相电路	对称三相电路	注　释
有功功率 P 无功功率 Q	$P = P_A + P_B + P_C$ $Q = Q_A + Q_B + Q_C$	$P = 3U_A I_A \cos\varphi$ $Q = 3U_A I_A \sin\varphi$	U_A、I_A——相电压和相电流的有效值 φ——相电压与相电流的相位差
		$P = \sqrt{3}\,U_{AB} I_A \cos\varphi$ $Q = \sqrt{3}\,U_{AB} I_A \sin\varphi$	U_{AB}、I_A——线电压和线电流的有效值 φ——相电压与相电流的相位差
瞬时功率 p	$p = p_A + p_B + p_C$	$p = 3U_A I_A \cos\varphi$	对称电路中 $p = P$

（2）三相电路功率的测量

1）三相四线制功率的测量。可用三块单相功率表对三相四线制电路的每相功率分别进行测量，测得的各相功率之和为三相电路的功率。

2）三相三线制功率的测量——二表法。在三相三线制电路中，不论对称与否，可以使用两块功率表的方法测量三相功率。这种测量方法中，功率表的接线只触及端线，而与负载和电源的连接方式无关。这种方法习惯上称二表法。具体接线有 3 种，图 9-6-1 给出了二表法测量的一种接线图。

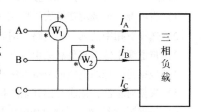

图 9-6-1　二表法接线图

二表法测量三相电路的功率时须注意：

1）两块单相功率表测量时，一只表的读数无实际意义。

2）一块表的读数有可能会出现负值，或指针反偏。

3）两表的读数代数和为三相负载的功率。

4）二表法不适用于不对称三相四线制电路。

学习电路理论要与工程实际相结合，才能更牢固地掌握电路理论。读者现在可以结合三相电路、变压器等电路知识，设计一个家庭、居民小区或小型工厂的供配电系统。在设计过程中，要深入讨论和思考变压器的容量、电表的量程、导线和开关的型号以及电压损失、线路损耗、无功补偿等内容。该设计可以加深对电路理论的理解和掌握，也可以增强实践动手能力。在设计中，可能会碰到还没有学习的知识，这需要读者自主学习，敢于创新，在解决问题的过程中锻炼自己发现问题、解决问题和综合应用知识的能力。如果是一个项目组完成设计任务，则要做好顶层设计、合理分工，处理好个人与集体、局部与全局的关系，发挥集体优势，集思广益，相互协调，设计出考虑全面、符合实际的供配电系统。

9.6.2　本章重点与难点

三相电路实质是复杂的正弦电流电路，因此正弦交流电路的分析方法完全适用于三相电路。但三相电路由于是正弦交流电路的一种特殊类型，因此本章的难点在于深刻理解三相电路这一特殊类型电路：

1）特殊的电源。三相电路由 3 个振幅、频率相同，而相位相差 120° 的正弦交流电源组成供电系统，即对称三相电源供电。

2）特殊的负载。三相电路负载由 Z_A、Z_B、Z_C 三部分组成，每一部分称为一相负载，当 $Z_A = Z_B = Z_C$ 时，称为对称三相负载。

3）特殊的连接方式。三相电源和三相负载以星形或三角形两种方式联结。

本章重点在于在深刻理解三相电路相关概念基础上，熟练掌握对称三相电路的计算方法，特别是对称三相电路归为一相计算的分析方法。另外三相电路中性线电压和相电压、线电流与相电流之间的关系，以及三相电路的功率计算及测量也是本章须熟练掌握的重点。

9.7 习题

1. 对称三相电路中，负载为三角形联结，电源为星形联结（见图 9-7-1）。已知负载各相阻抗为 $(8-j6)$ Ω，线路阻抗为 j2Ω，电源线电压为 380 V，试求电源和负载的相电流。

2. 在图 9-7-2 所示对称三相电路中，已知星形联结负载阻抗 $Z_Y = (90-j27)$ Ω，线电压有效值为 $U_{ab} = 380$ V，三角形联结负载阻抗 $Z_\triangle = (150+j51)$ Ω，线路阻抗 $Z_l = j2Ω$。试求线电流及电源端的线电压。

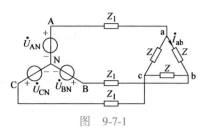

图 9-7-1

3. 星形联结的负载与线电压为 380 V 的对称三相电源相连接（见图 9-7-3），各相负载的电阻分别为 20 Ω、24 Ω、30 Ω。电路无中性线，试求各相电压。

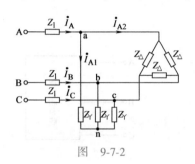

图 9-7-2

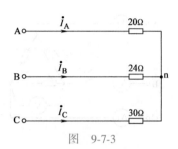

图 9-7-3

4. 电源对称而负载不对称的三相电路如图 9-7-4 所示。$Z_1 = (150+j75)$ Ω，$Z_2 = 75$ Ω，$Z_3 = (45+j45)$ Ω，电源线电压为 380 V。试求电源各线电流 $\dot{I}_A$、$\dot{I}_B$、$\dot{I}_C$。

5. 电路如图 9-7-5 所示。星形联结的对称电源相电压为 220 V，$Z_1 = (2+j2)$ Ω，$Z_A = Z_B = Z_C = (2+j4)$ Ω。试求下列两种情况下电源线电流 $\dot{I}_A$、$\dot{I}_B$、$\dot{I}_C$。

　　(1) S 打开。　　　　　　(2) S 闭合。

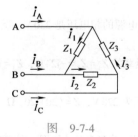

图 9-7-4

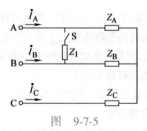

图 9-7-5

6. 如图 9-7-6 所示电路中，阻抗 $Z = (6+j8)$ Ω。对称三相电源的线电压为 380 V。试：

(1) 求图 9-7-6a 中负载各相电压和线电流。

(2) 求图 9-7-6b 中负载各相电压和线电流。

7. 在图 9-7-7 所示电路中，当 S_1、S_2 都闭合时，各电流表的读数均为 3 A，电压表的读数为 380 V。试求在下列两种情况下的各电表的读数？

　　(1) S_1 闭合，S_2 断开。　　　　　(2) S_1 断开，S_2 闭合。

8. 如图 9-7-8 所示，对称三相感性负载的功率为 3.2 kW、功率因数为 0.8。负载与线电压为 380 V 的对称三相电源相连。试：

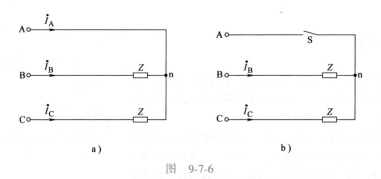

图 9-7-6

（1）求线电流。

（2）若负载为星形联结，求负载阻抗 Z_Y。

（3）若负载为三角形联结，求负载阻抗 $Z_\triangle$。

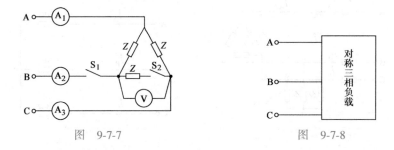

图 9-7-7   图 9-7-8

9. 已知星形联结负载的各相阻抗为 $(30+j45)\,\Omega$，所加对称的线电压为 380 V。试求此负载的功率因数和吸收的平均功率。

10. 某对称负载的功率因数为 $\lambda = 0.866$（感性），当接于线电压为 380 V 的对称三相电源时，其平均功率为 45 kW。试计算负载为星形联结时的每相等效阻抗。

11. 已知对称三相电路中，线电流 $\dot{I}_A = 5\,\underline{/25°}$ A，线电压 $\dot{U}_{AB} = 380\,\underline{/90°}$ V，试求此负载的功率因数和吸收的平均功率。

12. 某负载各相阻抗 $Z = (3+j4)\,\Omega$，所加对称星形联结的电源的相电压是 220 V，试分别计算负载接成星形和三角形时所吸收的平均功率。

13. 图 9-7-9 中，对称三相电源的线电压为 200 V，三相负载的 $Z_1 = Z_2 = -j24\,\Omega$，$Z_3 = (6-j24)\,\Omega$。试求此负载吸收的总有功功率和总无功功率。

14. 三相负载接成三角形，如图 9-7-10 所示。电源线电压为 220 V，$Z = (20+j20)\,\Omega$。试：

（1）求三相总有功功率。

（2）若用二表法测三相总功率，其中一表已接好，画出另一功率表的接线图，并求出其读数。

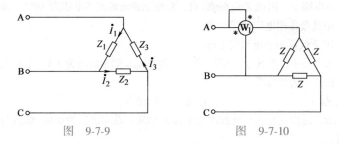

图 9-7-9   图 9-7-10

15. 两组对称负载并联如图 9-7-11 所示，接成星形的负载功率为 20 kW，功率因数为 0.9（感性）；接成三角形的负载功率为 15 kW，功率因数为 0.85（感性）。端线阻抗 $Z_1 = (0.1+j0.2)\ \Omega$。要求负载端线电压有效值保持 380 V，试问电源线电压应为多少？

16. 图 9-7-12 所示对称三相电路，负载的额定线电压为 380 V，额定功率为 11.6 kW，功率因数为 0.8，现并联星形联结的对称三相电容，使并联部分的功率因数达到 1，工频三相电源线电压为 380 V。试求电容 C 值和负载实际相电压及吸收的平均功率。

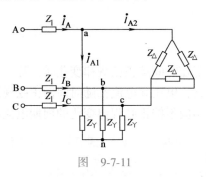

图 9-7-11

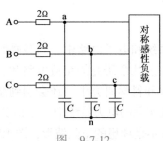

图 9-7-12

17. 图 9-7-13 所示为用功率表测量对称三相电路无功功率的一种方法，已知功率表的读数为 3000 W，试求三相负载的无功功率。

18. 某星形联结的三相感应电机，接入线电压为 380 V 的电网中。当电动机满载运行时，其额定输出功率为 10 kW、效率为 90%、线电流为 20 A。当电动机轻载运行时，其输出功率为 2 kW、效率为 60%、线电流为 10.5 A。试求在上述两种情况下的功率因数。

19. 在图 9-7-14 所示电路中，对称三相电源的线电压为 380 V，对称三相负载吸收的功率为 53 kW，$\cos\varphi = 0.9$（感性），B、C 两端线间接入一个功率为 7 kW 的电阻 R，试求各线电流相量 $\dot{I}_A$、$\dot{I}_B$、$\dot{I}_C$。

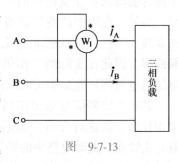

图 9-7-13

20. 在图 9-7-15 所示对称三相电路中，三相负载吸收的有功功率为 450 W，在 A 相断开后，试分别求各相负载吸收的有功功率。

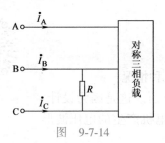

图 9-7-14

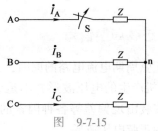

图 9-7-15

21. 已知对称三相电路如图 9-7-16 所示，电源线电压 $\dot{U}_{AB} = 380\ \underline{/30°}$ V，星形联结负载阻抗 $Z = (8-j3)\ \Omega$，线路阻抗 $Z_1 = (2-j3)\ \Omega$，中性线阻抗 $Z_N = (1+j2)\ \Omega$。试求：

（1）电流 $\dot{I}_A$、$\dot{I}_B$。

（2）负载相电压 $\dot{U}_{an}$、线电压 $\dot{U}_{ab}$。

（3）功率表的读数 P_1。

（4）三相电源发出的总有功功率 P。

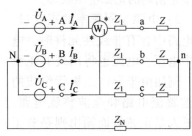

图 9-7-16

第 10 章
非正弦周期电流电路

引言

在电力系统和电子电路中，当激励和响应都随时间按正弦规律变化时，称之为正弦交流电路，如本书前几章研究的交流电路和三相电路，电压和电流都随时间做正弦规律变化。但是在工程实际和科学研究中，还会遇到激励和响应不按正弦规律变化的周期电流电路。

例如，在实际的电力系统中，三相发电机产生的电压往往不是理想的正弦波形，图 10-0-1 所示即为实测的三相发电机的一相电压及电流波形。另外，电网中的变压器等设备由于磁路存在非线性特性，其励磁电流往往也是非正弦周期波形。因此在实际的三相供电系统中，电网电压与电流都可能是非正弦波形。

非正弦周期信号电源作用于电路时，电路采用什么方法进行分析？非正弦周期电流电路有什么特点？此时电路中的平均功率如何计算？在学完本章之后，这些问题将得到解答。

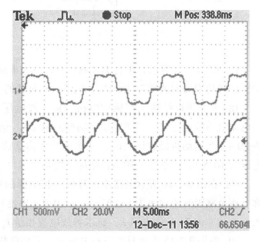

图 10-0-1 实测的电压、电流波形图

10.1 非正弦周期信号的谐波分析

10.1.1 非正弦周期信号

形成非正弦周期电流电路的原因，大概有以下几种情况：

1）发电机产生的电压波形并不是标准的正弦电压。这是因为设计、设备加工或安装出现偏差等各种因素的影响，使发电机产生的电压波形并不是精确的正弦电压波形。

2）电源是同频率的正弦量，而电路中含有非线性元件时，电路中电压、电流也将出现非正弦量。例如由半导体二极管组成的半波整流电路和全波整流电路，其输入是正弦波而输出则是非正弦波，如图 10-1-1 所示。

3）在电子技术及自动控制系

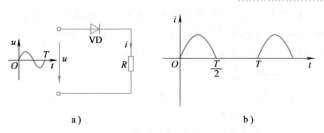

图 10-1-1 具有二极管半波整流的非正弦电流电路及波形

统中，所传输的信号常常不是按正弦规律变化的，例如方波电压、脉冲电流、锯齿波电压等。这些电压、电流都是非正弦量，如图 10-1-2 所示。

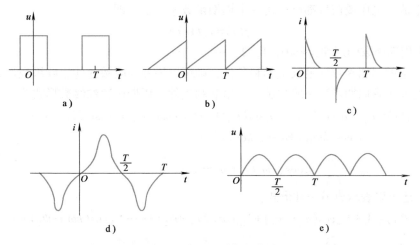

图 10-1-2　非正弦周期函数波形

4）当两个或两个以上不同频率的正弦激励共同作用于某一电路时，其响应也是非正弦的。如图 10-1-3a 所示电路，角频率为 ω 的正弦电压源 u_1 与角频率为 3ω 的正弦电压源 u_3 串联，负载 R 上所得到的电压 $u=u_1+u_3$ 是一个非正弦波，如图 10-1-3b 所示。如果将此非正弦电压 u 作用于线性电路中，将会出现非正弦电流。

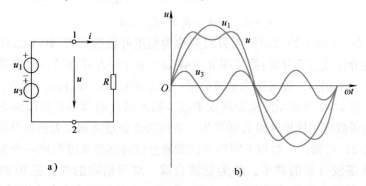

图 10-1-3　两个不同频率正弦波的叠加

注：$u_1=U_{1\mathrm{m}}\sin(\omega t)$，$u_3=U_{3\mathrm{m}}\sin(3\omega t)$

在电子技术中，电路常常工作在非正弦状态中。

非正弦量可分为周期和非周期两种，本章仅讨论线性电路在非正弦周期电源作用时电路的响应，并介绍适用于这种情况的非正弦交流电路的计算方法——谐波分析法。首先应用数学中的傅里叶级数展开法，将非正弦周期激励电压、电流或信号分解为一系列不同频率的激励分量（通常为恒定分量和正弦分量）之和，再根据线性电路的叠加定理，分别计算在各个激励分量的单独作用下，电路中所产生的同频率电流响应分量和电压响应分量，最后将所得响应分量按时域形式进行代数叠加，就可以得到非正弦周期激励下的稳态电流和电压。其实质是把非正弦周期电流电路的计算化为直流电路及一系列正弦电流电路的计算。

10.1.2　周期函数分解为傅里叶级数

周期电流、电压或信号都可以用一个周期函数来表示，即

$$f(t) = f(t+kT)$$

式中，T 为周期函数的周期，$k = 0$，1，2，$\cdots$。

如果给定的周期函数满足狄里赫利条件，则可以展开为收敛的傅里叶级数形式。电工技术中用到的非正弦周期函数一般都满足狄里赫利条件。周期函数的级数形式为

$$
\begin{aligned}
f(t) &= a_0 + [\, a_1\cos(\omega_1 t) + b_1\sin(\omega_1 t)\,] + [\, a_2\cos(2\omega_1 t) + b_2\sin(2\omega_1 t)\,] + \cdots + \\
&\quad [\, a_k\cos(k\omega_1 t) + b_k\sin(k\omega_1 t)\,] + \cdots \\
&= a_0 + \sum_{k=1}^{\infty} [\, a_k\cos(k\omega_1 t) + b_k\sin(k\omega_1 t)\,]
\end{aligned}
\tag{10-1-1}
$$

式(10-1-1)还可以表示成另一种形式：

$$
\begin{aligned}
f(t) &= A_0 + A_{1m}\cos(\omega_1 t + \psi_1) + A_{2m}\cos(2\omega_1 t + \psi_2) + \cdots + A_{km}\cos(k\omega_1 t + \psi_k) + \cdots \\
&= A_0 + \sum_{k=1}^{\infty} A_{km}\cos(k\omega_1 t + \psi_k)
\end{aligned}
\tag{10-1-2}
$$

根据式(10-1-1)、式(10-1-2)可得

$$A_0 = a_0$$

$$A_{km} = \sqrt{a_k^2 + b_k^2}\ , \quad \psi_k = \arctan\left(\frac{-b_k}{a_k}\right)$$

$$a_k = A_{km}\cos\psi_k\ , \quad b_k = -A_{km}\sin\psi_k$$

式(10-1-1)和式(10-1-2)表示的无穷级数称为傅里叶级数。式(10-1-2)中第一项 $A_0 = a_0$ 称为 $f(t)$ 的恒定分量或直流分量；第二项 $A_{1m}\cos(\omega_1 t + \psi_1)$ 称为 $f(t)$ 的一次谐波分量，由于它的频率与 $f(t)$ 的频率相同，故又称为基波分量；第 k 项 $A_{km}\cos(k\omega_1 t + \psi_k)$ 称为 $f(t)$ 的 k 次谐波分量。工程上，将 $k \geqslant 2$ 展开项统称为高次谐波，高次谐波的频率是基波频率的整数倍。将一个非正弦周期函数应用傅里叶级数展开为一系列谐波分量之和称为谐波分析。

由式(10-1-2)可知，一系列不同频率的谐波分量叠加起来可形成一个非正弦波，非正弦波的频率等于基波分量的频率，称为谐波合成。对于给定的非正弦周期函数，可由式(10-1-1)确定各傅里叶系数，再应用 A_{km}、ψ_k 与 a_k、b_k 的关系求出各次谐波的振幅和初相。

式(10-1-1)中的系数可按下列公式进行计算：

$$
\left.
\begin{aligned}
a_0 &= \frac{1}{T}\int_0^T f(t)\,\mathrm{d}t = \frac{1}{T}\int_{-\frac{T}{2}}^{\frac{T}{2}} f(t)\,\mathrm{d}t \\
a_k &= \frac{2}{T}\int_0^T f(t)\cos(k\omega_1 t)\,\mathrm{d}t = \frac{1}{\pi}\int_0^{2\pi} f(t)\cos(k\omega_1 t)\,\mathrm{d}(\omega_1 t) = \frac{1}{\pi}\int_{-\pi}^{\pi} f(t)\cos(k\omega_1 t)\,\mathrm{d}(\omega_1 t) \\
b_k &= \frac{2}{T}\int_0^T f(t)\sin(k\omega_1 t)\,\mathrm{d}t = \frac{1}{\pi}\int_0^{2\pi} f(t)\sin(k\omega_1 t)\,\mathrm{d}(\omega_1 t) = \frac{1}{\pi}\int_{-\pi}^{\pi} f(t)\sin(k\omega_1 t)\,\mathrm{d}(\omega_1 t)
\end{aligned}
\right\}
\tag{10-1-3}
$$

式中，$k = 1$，2，3，$\cdots$。

傅里叶级数是一个收敛的无穷级数，随着 k 取值的增大，A_{km} 的值减小。k 取值越大，傅里叶级数就越接近周期函数 $f(t)$。当 $k \to \infty$ 时，傅里叶级数就能无限逼近周期函数 $f(t)$。但随着 k 取值的增大，计算量也随之增大。实际运算时傅里叶级数应取多少项，要根据计算精

度要求和级数的收敛快慢而定。在工程计算中，一般取式中的前几项就可以满足要求了，后边的更高次谐波可以忽略不计。

对于一个给定的非正弦周期函数，运用式（10-1-1）和式（10-1-2）来计算它的傅里叶系数，计算量通常比较大。为了减少计算量，将一些常见非正弦周期函数的傅里叶系数计算出来，提供给使用者查用，见表 10-1-1。

表 10-1-1 常见的非正弦周期信号的傅里叶级数

名称	$f(t)$ 的波形图	$f(t)$ 分解为傅里叶级数	A （有效值）	A_{av} （平均值）
正弦波		$f(t) = A_m \cos(\omega_1 t)$	$\dfrac{A_m}{\sqrt{2}}$	$\dfrac{2A_m}{\pi}$
梯形波		$f(t) = \dfrac{4A_{max}}{\alpha\pi}\left[\sin\alpha\sin(\omega_1 t) + \dfrac{1}{9}\sin(3\alpha)\sin(3\omega_1 t) + \dfrac{1}{25}\sin(5\alpha)\sin(5\omega_1 t) + \cdots + \dfrac{1}{k^2}\sin(k\alpha)\sin(k\omega_1 t) + \cdots \right]$ $\left(\text{式中 } \alpha = \dfrac{2\pi d}{T}, k \text{ 为奇数}\right)$	$A_{max}\sqrt{1 - \dfrac{4\alpha}{3\pi}}$	$A_{max}\left(1 - \dfrac{\alpha}{\pi}\right)$
锯齿波		$f(t) = A_{max}\left\{ \dfrac{1}{2} - \dfrac{1}{\pi}\left[\sin(\omega_1 t) + \dfrac{1}{2}\sin(2\omega_1 t) + \dfrac{1}{3}\sin(3\omega_1 t) + \cdots \right] \right\}$	$\dfrac{A_{max}}{\sqrt{3}}$	$\dfrac{A_{max}}{2}$
矩形脉冲波		$f(t) = A_{max}\left\{ \alpha + \dfrac{2}{\pi}\left[\sin(\alpha\pi)\cos(\omega_1 t) + \dfrac{1}{2}\sin(2\alpha\pi)\cos(2\omega_1 t) + \dfrac{1}{3}\sin(3\alpha\pi)\cos(3\omega_1 t) + \cdots \right] \right\}$	$\sqrt{\alpha}\,A_{max}$	αA_{max}
三角波		$f(t) = \dfrac{8A_{max}}{\pi^2}\left[\sin(\omega_1 t) - \dfrac{1}{9}\sin(3\omega_1 t) + \dfrac{1}{25}\sin(5\omega_1 t) - \cdots + \dfrac{(-1)^{\frac{k-1}{2}}}{k^2}\sin(k\omega_1 t) + \cdots \right] (k \text{ 为奇数})$	$\dfrac{A_{max}}{\sqrt{3}}$	$\dfrac{A_{max}}{2}$

（续）

名称	$f(t)$ 的波形图	$f(t)$ 分解为傅里叶级数	A （有效值）	A_{av} （平均值）
矩形波	$f(t)$ 波形，幅度 $A_{\max}$，周期 $\dfrac{T}{2}$, T	$f(t) = \dfrac{4A_{\max}}{\pi}\left[\sin(\omega_1 t) + \dfrac{1}{3}\sin(3\omega_1 t) + \dfrac{1}{5}\sin(5\omega_1 t) + \cdots + \dfrac{1}{k}\sin(k\omega_1 t) + \cdots\right]$ （k 为奇数）	$A_{\max}$	$A_{\max}$
全波整流波	$f(t)$ 波形，幅度 A_m，周期 $\dfrac{T}{4}$, $\dfrac{T}{2}$, T	$f(t) = \dfrac{4A_m}{\pi}\left[\dfrac{1}{2} + \dfrac{1}{1\times 3}\cos(2\omega_1 t) - \dfrac{1}{3\times 5}\cos(4\omega_1 t) + \dfrac{1}{5\times 7}\cos(6\omega_1 t) - \cdots\right]$	$\dfrac{A_m}{\sqrt{2}}$	$\dfrac{2A_m}{\pi}$

10.1.3 非正弦周期信号的频谱

非正弦周期信号可以分解为直流及各次谐波分量的和，各次谐波分量都具有一定的幅值和初相。虽然它们能够准确地描述组成非正弦周期函数的各次谐波分量，但显得不够直观。为了直观、清晰地看出各谐波幅值 A_{km} 和初相位 ψ_k 与角频率 $k\omega_1$ 之间的关系，通常以 $k\omega_1$ 为横坐标，A_{km} 和 ψ_k 为纵坐标，对应 $k\omega_1$ 的 A_{km} 和 ψ_k 用竖线段表示，这样就得到了一系列离散竖线段所构成的图形。它们分别称为幅度频谱图和相位频谱图，简称幅度频谱和相位频谱。由于各次谐波的角频率是基波角频率 ω_1 的整数倍，所以非正弦周期函数的频谱图是离散的。图 10-1-4 就是某方波信号的幅度频谱和相位频谱。

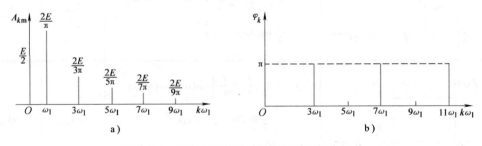

图 10-1-4　周期方波信号的幅度频谱和相位频谱

a）幅度频谱　b）相位频谱

频谱图中的竖线称为谱线，谱线只能在离散点 $k\omega_1$ 的位置上出现。谱线间的间距取决于信号 $f(t)$ 的周期 T。周期 T 越大，ω_1 越小，谱线间距越窄，谱线越密。

信号频谱的重要性在不同场合有所不同。如传送语音信号时，重要的是使各频率分量的幅值相对不变，以保持原来的音调，即不失真，因此幅度频谱很重要，而此时相位频谱并不重要，因为人的听觉对各频率分量的相位关系不敏感。但是在传送图像信号时，保持各频率分量间的相位关系则对图像的不失真具有重要意义。

10. 1. 4　傅里叶级数与波形对称性的关系

傅里叶级数与波形的对称性有关，分解非正弦周期函数时，应用波形的对称性可使计算大为简化。

1）在一个周期内，$f(t)$ 的波形在横轴上部和下部面积相等时，如图 10-1-2c、d 所示，则 $f(t)$ 的傅里叶系数

$$a_0 = \frac{1}{T}\int_0^T f(t)\,\mathrm{d}t = 0$$

2）若函数满足 $f(t) = -f(-t)$，则称其为奇函数，其波形关于原点对称，如图 10-1-5a 所示。由于

$$f(t) = a_0 + \sum_{k=1}^{\infty} \left[a_k\cos(k\omega_1 t) + b_k\sin(k\omega_1 t) \right]$$

而

$$-f(-t) = -a_0 - \sum_{k=1}^{\infty} \left[a_k\cos(k\omega_1 t) - b_k\sin(k\omega_1 t) \right]$$

要满足 $f(t) = -f(-t)$，必须使 $a_0 = a_k = 0$，即把奇函数分解为傅里叶级数时，在式（10-1-1）中只含有奇函数 $\sin(k\omega_1 t)$ 的分量，不含具有偶函数性质的 $\cos(k\omega_1 t)$ 分量，而直流分量也等于零。由于 $f(t)$ 和 $\sin(k\omega_1 t)$ 均为奇函数，故乘积 $f(t)\sin(k\omega_1 t)$ 应为偶函数，故 b_k 的计算只需求半个周期积分即可

$$b_k = \frac{2}{\pi}\int_0^\pi f(t)\sin(k\omega_1 t)\,\mathrm{d}(\omega_1 t)$$

3）若函数满足条件 $f(t) = f(-t)$，则称其为偶函数，其波形对称于纵轴，如图 10-1-5b 所示。

由于

$$f(t) = a_0 + \sum_{k=1}^{\infty} \left[a_k\cos(k\omega_1 t) + b_k\sin(k\omega_1 t) \right]$$

而

$$f(-t) = a_0 + \sum_{k=1}^{\infty} \left[a_k\cos(k\omega_1 t) - b_k\sin(k\omega_1 t) \right]$$

要满足 $f(t) = f(-t)$，必须使 $b_k = 0$，即把偶函数分解为傅里叶级数时，在式（10-1-1）中只含有直流分量 a_0 和 $\cos(k\omega_1 t)$ 的分量。由于 $f(t)$ 和 $\cos(k\omega_1 t)$ 均为偶函数，故乘积也为偶函数，故系数 a_k 的计算只需求半个周期积分即可

$$a_k = \frac{2}{\pi}\int_0^\pi f(t)\cos(k\omega_1 t)\,\mathrm{d}(\omega_1 t)$$

4）若函数满足 $f(t) = -f\left(t + \dfrac{T}{2}\right)$，则称其为半波对称函数，也称为镜对称函数。其特点是将波形移动半个周期后与原波形对称于横轴。如图 10-1-5c 所示。

由于

$$f(t) = a_0 + \sum_{k=1}^{\infty} \left[a_k\cos(k\omega_1 t) + b_k\sin(k\omega_1 t) \right]$$

而

$$-f\left(t + \frac{T}{2}\right) = -a_0 - \sum_{k=1}^{\infty} \left\{ a_k\cos\left[k\omega_1\left(t + \frac{T}{2}\right) \right] + b_k\sin\left[k\omega_1\left(t + \frac{T}{2}\right) \right] \right\}$$

$$= -a_0 - \sum_{k=1}^{\infty} \left[a_k\cos(k\omega_1 t + k\pi) + b_k\sin(k\omega_1 t + k\pi) \right]$$

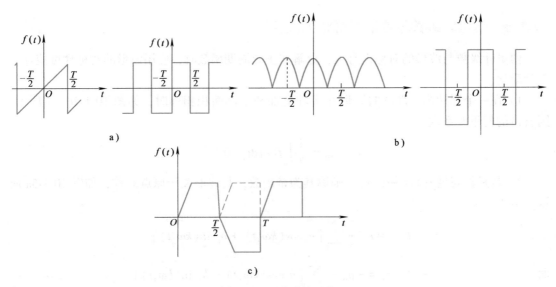

图 10-1-5　波形的对称

a）奇函数　b）偶函数　c）镜对称函数

要满足 $f(t) = -f\left(t+\dfrac{T}{2}\right)$，故 $a_0 = 0$，$a_2 = a_4 = \cdots = a_{2n} = 0$，$b_2 = b_4 = \cdots = b_{2n} = 0$，$n = 1, 2, 3, \cdots$。

即在式（10-1-1）表示的傅里叶级数展开式中，恒定分量和偶次谐波分量都为零，只含有奇次谐波，所以镜对称函数也称为奇谐波函数。

需要指出的是，奇函数与偶函数除了与函数本身的波形有关外，还与计时起点有关。

例 10-1-1　试求图 10-1-6 所示方波周期函数 $f(t)$ 的傅里叶级数。

解　$f(t)$ 在一个周期内的表达式为

$$f(t) = \begin{cases} U_m & 0 \leqslant t \leqslant \dfrac{T}{2} \\ -U_m & \dfrac{T}{2} < t \leqslant T \end{cases}$$

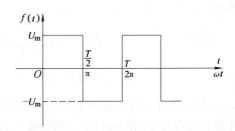

图 10-1-6　例 10-1-1 周期方波信号

先求出傅里叶级数的系数

$$a_0 = \frac{1}{T}\int_0^T f(t)\,\mathrm{d}t = \frac{1}{T}\int_0^{\frac{T}{2}} U_m\,\mathrm{d}t + \frac{1}{T}\int_{\frac{T}{2}}^T (-U_m)\,\mathrm{d}t = 0$$

恒定分量等于零，表明该电压傅里叶级数展开式中不含直流成分。

$$a_k = \frac{1}{\pi}\int_0^{2\pi} f(t)\cos(k\omega_1 t)\,\mathrm{d}(\omega_1 t) = \frac{1}{\pi}\left[\int_0^\pi U_m\cos(k\omega_1 t)\,\mathrm{d}(\omega_1 t) - \int_\pi^{2\pi} U_m\cos(k\omega_1 t)\,\mathrm{d}(\omega_1 t)\right]$$

$$= \frac{2U_m}{\pi}\int_0^\pi \cos(k\omega_1 t)\,\mathrm{d}(\omega_1 t) = 0$$

$$b_k = \frac{1}{\pi}\int_0^{2\pi} f(t)\sin(k\omega_1 t)\,\mathrm{d}(\omega_1 t) = \frac{1}{\pi}\left[\int_0^\pi U_m\sin(k\omega_1 t)\,\mathrm{d}(\omega_1 t) - \int_\pi^{2\pi} U_m\sin(k\omega_1 t)\,\mathrm{d}(\omega_1 t)\right]$$

$$= \frac{2U_m}{\pi}\left[-\frac{1}{k}\cos(k\omega_1 t)\right]\Bigg|_0^\pi = \frac{2U_m}{k\pi}[1 - \cos(k\pi)]$$

当 k 为偶数时，$\cos(k\pi) = 1$，故 $b_k = 0$。

而 k 为奇数时，$\cos(k\pi) = -1$，故 $b_k = \dfrac{4U_m}{k\pi}$。

由此可得

$$f(t) = \frac{4U_m}{\pi}\left[\sin(\omega_1 t) + \frac{1}{3}\sin(3\omega_1 t) + \frac{1}{5}\sin(5\omega_1 t) + \cdots\right]$$

由于 $f(t)$ 是镜对称函数，所以其傅里叶级数展开式中只含奇次谐波分量，高次谐波的振幅越来越小。

10.2 非正弦周期信号的有效值和平均值

10-2-1 非正弦周期信号的有效值和平均值

10.2.1 非正弦周期电流和电压的有效值

任何周期信号的有效值都等于其瞬时值的方均根值，因此正弦电流有效值的定义式

$$I = \sqrt{\frac{1}{T}\int_0^T i^2 \mathrm{d}t}$$

设某非正弦周期电流 $i(t)$ 的傅里叶级数可表示为

$$i(t) = I_0 + \sum_{k=1}^{\infty} I_{km}\cos(k\omega_1 t + \psi_k)$$

将该式代入电流有效值的公式，有

$$I = \sqrt{\frac{1}{T}\int_0^T \left[I_0 + \sum_{k=1}^{\infty} I_{km}\cos(k\omega_1 t + \psi_k)\right]^2 \mathrm{d}t} \tag{10-2-1}$$

式（10-2-1）中根号内的函数展开后并求积分包含有如下三种情况：

1）各项二次方的积分为

$$\frac{1}{T}\int_0^T I_0^2 \mathrm{d}t = I_0^2$$

$$\frac{1}{T}\int_0^T I_{km}^2\cos^2(k\omega_1 t + \psi_k)\mathrm{d}t = \frac{I_{km}^2}{2} = I_k^2$$

2）直流分量与各次谐波分量乘积的 2 倍的积分为

$$\frac{1}{T}\int_0^T 2I_0 I_{km}\cos(k\omega_1 t + \psi_k)\mathrm{d}t = 0$$

3）不同频率谐波分量乘积的 2 倍的积分为

$$\frac{1}{T}\int_0^T \left[2I_{km}\cos(k\omega_1 t + \psi_k) \times I_{qm}\cos(q\omega_1 t + \psi_q)\right]\mathrm{d}t = 0$$

其中，$k \neq q$，此项说明不同频率的正弦量乘积在一个周期内积分的平均值为零。

将以上结果代入式（10-2-1），有

$$I = \sqrt{I_0^2 + I_1^2 + I_2^2 + \cdots} = \sqrt{I_0^2 + \sum_{k=1}^{\infty} I_k^2} \tag{10-2-2}$$

即非正弦周期电流的有效值等于直流分量的二次方与各次谐波有效值的二次方求和后的二次方根。同理，非正弦周期电压 $u(t)$ 的有效值定义为

$$U = \sqrt{U_0^2 + \sum_{k=1}^{\infty} U_k^2}$$

需要指出的是，非正弦周期信号的有效值只与各谐波分量的有效值有关而与其相位无关。因此，当两个信号的幅度频谱相同而相位频谱不同时，它们的有效值相等，但波形不一样，最大值不相等。例如基波和三次谐波叠加，设

$$i' = i_1 + i_3 = I_{1m}\cos(\omega_1 t) + I_{3m}\cos(3\omega_1 t)$$

$$i'' = i_1 - i_3 = I_{1m}\cos(\omega_1 t) - I_{3m}\cos(3\omega_1 t)$$

它们的波形如图 10-2-1 所示。由此可见，尽管两个电流 i'、i'' 的有效值相同，但波形却不相同，最大值也完全不同。

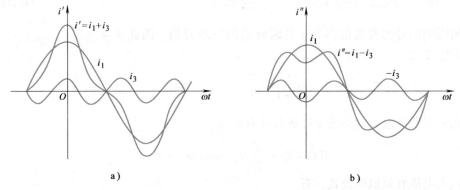

图 10-2-1　基波与三次谐波的叠加

例 10-2-1　已知电流 $i = [10 + 20\cos(\omega_1 t) - 12\cos(2\omega_1 t + 60°) + 8\cos(3\omega_1 t)]$ A，试求电流的有效值 I。

解　根据式（10-2-2），有

$$I = \sqrt{10^2 + \left(\frac{20}{\sqrt{2}}\right)^2 + \left(\frac{12}{\sqrt{2}}\right)^2 + \left(\frac{8}{\sqrt{2}}\right)^2} \text{ A} = 20.1 \text{ A}$$

10.2.2　非正弦周期电流和电压的平均值

电工、电子技术中有时要用到电压、电流的平均值，其定义为信号的绝对值在一个周期内积分的平均值。以电流为例，其平均值为

$$I_{av} = \frac{1}{T}\int_0^T |i|\,\mathrm{d}t \tag{10-2-3}$$

正弦电流 $i = I_m\cos(\omega t)$ 的绝对值的波形是全波整流波形，如图 10-2-2 所示，这是因为取电流的绝对值相当于把负半周的值变为对应的正值。根据式（10-2-3）可知，正弦电流的平均值为

$$I_{av} = \frac{1}{T}\int_0^T |I_m\cos(\omega t)|\,\mathrm{d}t = \frac{4I_m}{T}\int_0^{\frac{T}{4}}\cos(\omega t)\,\mathrm{d}t$$

$$= \frac{4I_m}{\omega T}\sin(\omega t)\bigg|_0^{\frac{T}{4}} = 0.637I_m = 0.898I$$

当使用不同类型的电工仪表测量同一个非正弦周期电流或电压时，会得到不同

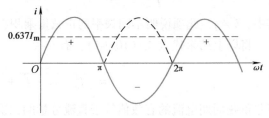

图 10-2-2　正弦电流的平均值

的结果。以测量非正弦周期电流为例，一般认为用磁电系仪表（直流表）测量时，由于它的指针偏转角正比于周期函数的恒定分量 $\dfrac{1}{T}\displaystyle\int_0^T i(t)\,dt$，因此用它测出的是该非正弦周期电流的直流分量。用电磁系或电动系仪表（交流表）测量不含直流分量的非正弦周期电流时，仪表的读数将是该非正弦周期电流的有效值，因为这种仪表的偏转角正比于 $\dfrac{1}{T}\displaystyle\int_0^T i^2\,dt$。用全波整流式仪表测量时，所得的结果是电流的平均值，因为这种仪表的偏转角正比于 $\dfrac{1}{T}\displaystyle\int_0^T |i|\,dt$。但由于整流式仪表在制造仪表时已经把它的刻度校准为正弦波的有效值，即全部刻度都扩大了 1.11 倍，故整流式仪表实际读数为 1.11 倍平均值。当然，随着科学技术的不断发展，各种智能仪表不断涌现，使得使用不同仪表测量非正弦周期电流或电压时，仪表读数的含义较为复杂。因此，在测量非正弦周期电流或电压时，要注意选择合适的仪表，并注意各种不同类型仪表读数的含义。

例 10-2-2 图 10-2-3 所示电路，一个矩形波电源 $u(t)$ 加在电阻 R 两端。已知 $U_m = 100\,V$，现分别用磁电系仪表、电磁系仪表和整流式仪表测量电阻电压 $u(t)$，试求各种表的读数。

解 磁电系仪表测出的电压 $u(t)$ 的直流分量，由于电压 $u(t)$ 的波形在横轴上下面积相等，故磁电系电压表的读数为 0。

由于矩形波的傅里叶级数不含直流分量，故电磁系仪表测出的就是电压 $u(t)$ 的有效值，根据有效值的定义，有

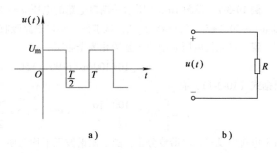

图 10-2-3 例 10-2-2 电路图
a) 矩形波电源 b) 测电阻电压

$$U = \sqrt{\frac{1}{T}\int_0^T u^2(t)\,dt} = \sqrt{\frac{2}{T}\int_0^{\frac{T}{2}} U_m^2\,dt} = U_m = 100\,V$$

故电磁系电压表的读数为 100 V。

欲求整流式电压表的读数，应先计算电压 $u(t)$ 的平均值

$$U_{av} = \frac{1}{T}\int_0^T |u(t)|\,dt = \frac{2}{T}\int_0^{\frac{T}{2}} U_m\,dt = 100\,V$$

故整流式仪表的电压读数为

$$1.11 U_{av} = 111\,V$$

10-3-1 非正弦
周期电流电路
的功率

10.3 非正弦周期电流电路的功率

设作用于图 10-3-1 所示一端口网络 N 的非正弦周期电压为

$$u = U_0 + \sum_{k=1}^{\infty} U_{km}\cos(k\omega_1 t + \psi_{uk})$$

由该非正弦周期电压所产生的非正弦周期电流设为

$$i = I_0 + \sum_{q=1}^{\infty} I_{qm}\cos(q\omega_1 t + \psi_{iq})$$

则此一端口网络的瞬时功率为

图 10-3-1 非正弦
周期电压作用
下的一端口网络

$$p = ui = \left[U_0 + \sum_{k=1}^{\infty} U_{km}\cos(k\omega_1 t + \psi_{uk}) \right] \times \left[I_0 + \sum_{q=1}^{\infty} I_{qm}\cos(q\omega_1 t + \psi_{iq}) \right]$$

此式展开后有四类不同项，其中正弦量在一个周期内的平均值为零，不同频率正弦量的乘积在一个周期内的平均值也为零。因而有

$$P = \frac{1}{T}\int_0^T p\mathrm{d}t = U_0 I_0 + \sum_{k=1}^{\infty} U_k I_k \cos\varphi_k$$

$$= U_0 I_0 + U_1 I_1 \cos\varphi_1 + U_2 I_2 \cos\varphi_2 + \cdots \tag{10-3-1}$$

或 $$P = P_0 + P_1 + P_2 + \cdots = \sum_{k=0}^{\infty} P_k \tag{10-3-2}$$

式中，$\varphi_k = \psi_{uk} - \psi_{ik}$ 是第 k 次谐波电压与第 k 次谐波电流之间的相位差。式（10-3-1）表明，非正弦周期电路吸收的平均功率等于直流分量的功率与各谐波分量的平均功率之和。并且，只有在同频率正弦电压和电流的情况下才产生平均功率，不同频率的电压和电流之间是不产生平均功率的。

例 10-3-1 设图 10-3-1 所示一端口电路的电压 $u = [10 + 100\sin t + 50\cos(2t) - 30\cos(3t)]$ V，电流 $i = [2 + 10\cos(t - 30°) + 5\cos(3t + 45°)]$ A，试求该一端口电路吸收的平均功率。

解 首先将电压 u 中的正弦项化为余弦项，有

$$u = [10 + 100\cos(t - 90°) + 50\cos(2t) + 30\cos(3t + 180°)] \text{ V}$$

根据式（10-3-1），有

$$P = \left[10 \times 2 + \frac{100}{\sqrt{2}} \times \frac{10}{\sqrt{2}}\cos(-90° + 30°) + \frac{30}{\sqrt{2}} \times \frac{5}{\sqrt{2}}\cos(180° - 45°) \right] \text{ W} = 217 \text{ W}$$

由于电流中没有二次谐波分量，故二次谐波无平均功率。

10.4 非正弦周期电流电路的计算

10.4.1 非正弦周期信号激励时电路的响应

10-4-1 非正弦周期电流电路的计算

正弦激励作用于线性电路并达到稳态时，电路中各支路的响应也是与激励同频率的正弦量。在这个前提下，正弦交流稳态电路的分析计算使用了相量法。当非正弦周期信号激励作用于线性电路并达到稳态时，将激励进行傅里叶级数展开后，对于各次谐波，仍然可以利用相量法进行计算。非正弦周期电流电路的分析计算步骤如下：

1）将非正弦周期电压或电流展开成为傅里叶级数的形式，即将非正弦周期函数展开为直流分量和各次谐波分量之和，谐波分量取多少项，要根据所需精度的高低而定。

2）分别计算出直流分量、各次谐波分量单独作用时电路中各支路的响应。当直流分量单独作用时，采用直流稳态电路的计算方法计算，此时电容相当于开路，电感相当于短路。当各次谐波分量单独作用时，电路中各支路的响应可以利用相量法来求解。此时须注意电路中的电容元件及电感元件的复阻抗与谐波的角频率有关。

3）运用叠加定理，将属于同一条支路的直流分量和各次谐波分量分别单独作用所产生的响应按时域形式叠加在一起，即可得到非正弦周期电压或电流作为激励时所产生的响应。

由于非正弦周期电流电路的特殊性，在电路计算时应注意以下几个问题：

1) 当各次谐波分量分别单独作用于电路时，电路中只包含所有相同频率的谐波分量，不同频率的谐波分量不能同时放在一起进行计算。**电感和电容对于不同的谐波分量呈现不同的电抗值。**当第 k 次谐波单独作用时，电感 L 的感抗为 $k\omega_1 L$；电容 C 的容抗为 $\dfrac{1}{k\omega_1 C}$，即感抗与容抗都与谐波频率有关。随着谐波频率的升高，感抗值增大，容抗值减小。

2) 在进行各支路的响应叠加时，需将直流分量及各谐波分量分别单独作用时所产生的响应按时域形式进行相加，而不能用其相量形式直接相加。因为只有同频率的正弦量才可以按相量形式相加，不同频率正弦量的相量直接相加是没有意义的。

3) 当电路中同时含有电感与电容时，可能会对某一频率的谐波分量发生串联或并联谐振，在计算过程中应多加注意。

例 10-4-1 已知 RLC 串联电路如图 10-4-1a 所示。$R = 10\ \Omega$，$C = 200\ \mu F$，$L = 0.1\ H$，$\omega = 314\ rad/s$，$u = [20 + 20\cos(\omega t) + 10\cos(3\omega t + 90°)]\ V$，试求：

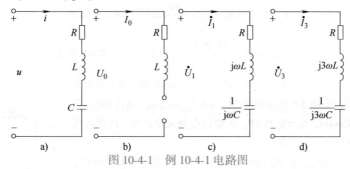

图 10-4-1 例 10-4-1 电路图

(1) 电流 i。
(2) 电压 u 和电流 i 的有效值。
(3) 电路中消耗的平均功率。

解 本题中，端电压已经分解为傅里叶级数展开式，故可直接利用谐波分析法进行分析。

(1) 应用谐波分析法求 i。

当直流分量 $U_0 = 20\ V$ 单独作用时，其对应的电路如图 10-4-1b 所示，由于电容具有隔直作用，所以

$$I_0 = 0$$

当基波分量 $u_1 = 20\cos(\omega t)\ V$ 单独作用时，其对应的电路如图 10-4-1c 所示，设

$$\dot{U}_1 = \frac{20}{\sqrt{2}}\ \angle 0°\ V$$

则

$$\dot{I}_1 = \frac{\dot{U}_1}{R + j\left(\omega L - \dfrac{1}{\omega C}\right)} = \frac{\dfrac{20}{\sqrt{2}}\ \angle 0°}{\left[10 + j\left(314 \times 0.1 - \dfrac{10^6}{314 \times 200}\right)\right]}\ A = \frac{1.08}{\sqrt{2}}\ \angle -57.2°\ A$$

故

$$i_1 = 1.08\cos(\omega t - 57.2°)\ A$$

当三次谐波分量 $u_3 = 10\cos(3\omega t + 90°)\ V$ 单独作用时，其对应的电路如图 10-4-1d 所示，设

$$\dot{U}_3 = \frac{10}{\sqrt{2}}\ \angle 90°\ V$$

则

$$\dot{I}_3 = \frac{\dot{U}_3}{R + j\left(3\omega L - \dfrac{1}{3\omega C}\right)} = \frac{\dfrac{10}{\sqrt{2}}\ \angle 90°}{10 + j(94.2 - 5.3)}\ A = \frac{0.112}{\sqrt{2}}\ \angle 6.4°\ A$$

$$i_3 = 0.112\cos(3\omega t + 6.4°) \text{ A}$$

所以 $$i = i_1 + i_3 = [1.08\cos(\omega t - 57.2°) + 0.112\cos(3\omega t + 6.4°)] \text{ A}$$

（2）电流的有效值为

$$I = \sqrt{I_0^2 + I_1^2 + I_3^2} = \sqrt{0 + \left(\frac{1.08}{\sqrt{2}}\right)^2 + \left(\frac{0.112}{\sqrt{2}}\right)^2} \text{ A} = 0.767 \text{ A}$$

电压有效值为

$$U = \sqrt{U_0^2 + U_1^2 + U_3^2} = \sqrt{20^2 + \left(\frac{20}{\sqrt{2}}\right)^2 + \left(\frac{10}{\sqrt{2}}\right)^2} \text{ V} = 25.5 \text{ V}$$

（3）电路中消耗的平均功率即为电阻 R 所消耗的平均功率

$$P = I^2 R = 0.767^2 \times 10 \text{ W} = 5.9 \text{ W}$$

也可以用公式 $P = P_0 + P_1 + P_3$ 进行计算：

$$P_0 = U_0 I_0 = 0 \text{ W}$$

$$P_1 = U_1 I_1 \cos\varphi_1 = \frac{20}{\sqrt{2}} \times \frac{1.08}{\sqrt{2}} \cos 57.2° \text{ W} = 5.85 \text{ W}$$

$$P_3 = U_3 I_3 \cos\varphi_3 = \frac{10}{\sqrt{2}} \times \frac{0.112}{\sqrt{2}} \cos(90° - 6.4°) \text{ W} = 0.062 \text{ W}$$

即 $$P = P_0 + P_1 + P_3 = (0 + 5.85 + 0.062) \text{ W} = 5.91 \text{ W}$$

例 10-4-2 已知图 10-4-2 所示电路中，$u = U_{1m}\cos(\omega_1 t + \psi_1) + U_{3m}\cos(3\omega_1 t + \psi_3)$，$\omega_1 = 100 \text{ rad/s}$，$C_1 = 0.25 \text{ μF}$，若要该电路完全滤掉三次谐波而使基波畅通，试求此时 L、C 的值。

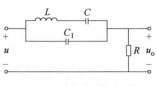

图 10-4-2 例 10-4-2 电路图

解 要使基波顺利通过，依据电路的结构可知，在基波单独作用时，L、C 串联支路发生串联谐振，此时 L、C 串联支路相当于短路导线；要完全滤掉三次谐波，则在三次谐波单独作用时，L、C 与 C_1 所构成的并联结构支路发生并联谐振，此时电路的相当于开路，端电流为零。因此，根据电路发生串、并联谐振时各自的特点可知

$$\begin{cases} \omega_1 L = \dfrac{1}{\omega_1 C} \\ 3\omega_1 L - \dfrac{1}{3\omega_1 C} = \dfrac{1}{3\omega_1 C_1} \end{cases}$$

求解该方程组，得

$$L = \frac{1}{8\omega_1^2 C_1} = \frac{1}{8 \times 100^2 \times 0.25 \times 10^{-6}} \text{ H} = 50 \text{ H}$$

$$C = \frac{1}{\omega_1^2 L} = \frac{1}{100^2 \times 50} \text{ F} = 2 \text{ μF}$$

由例 10-4-2 可知，与正弦交流电路相似，非正弦周期电流电路也会发生谐振现象。非正弦周期电路中的谐振仅仅是对某次谐波的谐振，也就是该次谐波的电压与电流同相位。因此，在信号电路中可以利用这一性质滤掉某次谐波，而在电力系统中又应该尽量避免谐振现象发生。

10.4.2 不同频率正弦电源共同作用下电路的分析

几个不同频率的正弦电源共同作用于电路时，响应的瞬时值可以用叠加定理进行计算。因此响应中含有与电源频率相同的正弦量。当两个不同频率的正弦电源共同作用于电路时，

该响应电流为

$$i = i_1 + i_2 = I_{1m}\cos(\omega_1 t + \psi_1) + I_{2m}\cos(\omega_2 t + \psi_2)$$

式中，$\omega_1 \neq \omega_2$；i_1 的周期 $T_1 = \dfrac{2\pi}{\omega_1}$；$i_2$ 的周期 $T_2 = \dfrac{2\pi}{\omega_2}$。若 T_1、T_2 存在最大公约数 T，则 i 是一个以 T 为周期的非正弦量，否则就是非周期的。本书只讨论周期性的情况。

多个不同频率正弦电源共同作用的非正弦周期电流电路的计算方法，与前几节的分析计算方法相同。当某个频率下的电源单独作用时，将不同频率的其他电源置零。若需要计算多个不同频率正弦信号共同作用时所产生的平均功率，可分别计算各频率下的正弦电源单独作用时产生的平均功率，再按不同频率的情况进行叠加，即平均功率对不同频率信号而言具有叠加性。电路响应的有效值仍可以用式（10-2-2）进行计算。

例 10-4-3 电路如图 10-4-3a 所示，已知 $R = 1200\ \Omega$，$\omega = 314\ \mathrm{rad/s}$，$L = 1\ \mathrm{H}$，$C = 4\ \mu\mathrm{F}$，$u_s(t) = 50\sqrt{2}\cos(\omega t + 30°)\ \mathrm{V}$，$i_s(t) = 100\sqrt{2}\cos(3\omega t + 60°)\ \mathrm{mA}$，试求 u_R 及其有效值 U_R。

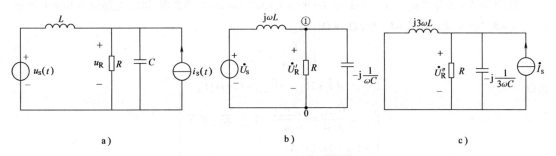

图 10-4-3　例 10-4-3 电路图

解 由于两个独立源含有不同的频率，因此响应中也应含有这些频率，可用叠加定理进行求解。

（1）当角频率为 ω 的电压源单独作用时，角频率为 3ω 的电流源置零视为开路，其计算电路如图 10-4-3b 所示。其中

$$\dot{U}_s = 50\ \underline{/30°}\ \mathrm{V},\ \omega L = 314\ \Omega,\ \frac{1}{\omega C} = 796.2\ \Omega$$

对结点①列写结点电压方程

$$\left(\frac{1}{R} + \frac{1}{\mathrm{j}\omega L} + \mathrm{j}\omega C\right)\dot{U}_{n1}' = \frac{\dot{U}_s}{\mathrm{j}\omega L}$$

故有

$$\dot{U}_{n1}' = \frac{\dfrac{\dot{U}_s}{\mathrm{j}\omega L}}{\dfrac{1}{R} + \mathrm{j}\omega C - \mathrm{j}\dfrac{1}{\omega L}} = \frac{\dfrac{50\ \underline{/30°}}{\mathrm{j}314 \times 1}}{\dfrac{1}{1200} + \mathrm{j}314 \times 4 \times 10^{-6} - \mathrm{j}\dfrac{1}{314 \times 1}}\ \mathrm{V} = 75.78\ \underline{/6.63°}\ \mathrm{V}$$

所以

$$u_R' = u_{n1}' = 75.78\sqrt{2}\cos(\omega t + 6.63°)\ \mathrm{V}$$

（2）当角频率为 3ω 的电流源单独作用时，角频率为 ω 的电压置零视为短路，其计算电路如图 10-4-3c 所示。其中

$$\dot{I}_s = 100 \times 10^{-3}\ \underline{/60°}\ \mathrm{A} = 0.1\ \underline{/60°}\ \mathrm{A}$$

$$3\omega L = 942\ \Omega,\ \frac{1}{3\omega C} = 265.4\ \Omega$$

则

$$\dot{U}_R'' = \frac{\dot{I}_s}{\dfrac{1}{R} + \mathrm{j}3\omega C + \dfrac{1}{\mathrm{j}3\omega L}} = 35.32\ \underline{/-12.88°}\ \mathrm{V}$$

所以
$$u_R'' = 35.32\sqrt{2}\cos(3\omega t - 12.88°)\,\text{V}$$

故 u_R 的瞬时表达式为
$$u_R = u_R' + u_R'' = [75.78\sqrt{2}\cos(\omega t + 6.63°) + 35.32\sqrt{2}\cos(3\omega t - 12.88°)]\,\text{V}$$

(3) 由于 u_R' 和 u_R'' 的频率成整数倍，故 u_R 是非正弦周期电压，其有效值为

$$U_R = \sqrt{U_R'^2 + U_R''^2} = \sqrt{75.78^2 + 35.32^2}\,\text{V} = 83.61\,\text{V}$$

例 10-4-4 图 10-4-4a 所示电路中，已知电压源电压 $u_{s1}(t) = [1.5 + 5\sqrt{2}\sin(2t + 90°)]\,\text{V}$，电流源电流 $i_{s2}(t) = 2\sin(1.5t)\,\text{A}$。试求电压 $u_R(t)$ 及电压源发出的功率。

解 本题既有正弦激励，又有非正弦激励，根据线性叠加定理，电路的响应可看作电压源各谐波分量和电流源分别单独作用时所得响应的叠加。

当电压源的直流分量单独作用时，$U_{s1(0)} = 1.5\,\text{V}$，电路如图 10-4-4b 所示。根据 KVL，有

$$U_{s1(0)} = 2U_{R(0)} + U_{R(0)} = 3U_{R(0)}$$

$$U_{R(0)} = \frac{1}{3}U_{s1(0)} = \frac{1}{3} \times 1.5\,\text{V} = 0.5\,\text{V}$$

当电压源的谐波分量 $u_{s1(1)}(t) = 5\sqrt{2}\sin(2t + 90°)\,\text{V} = 5\sqrt{2}\cos(2t)\,\text{V}$ 单独作用时，电路如图 10-4-4c 所示，设 $\dot{U}_{s1(1)} = 5\,\underline{/0°}\,\text{V}$，此时感抗 $\omega L = 2 \times 2\,\Omega = 4\,\Omega$，则

$$\dot{I}_1 = \frac{\dot{U}_{R(1)}}{R} = \dot{U}_{R(1)}$$

所以
$$\left.\begin{array}{l} \dot{U}_{s1(1)} = j4\dot{I}_1 + 2\dot{U}_{R(1)} + \dot{U}_{R(1)} = (3+j4)\dot{U}_{R(1)} \\[2mm] \dot{U}_{R(1)} = \frac{\dot{U}_{s1(1)}}{3+j4} = \frac{5\,\underline{/0°}}{3+j4}\,\text{V} = 1\,\underline{/-53.13°}\,\text{V} \\[2mm] \dot{I}_1 = 1\,\underline{/-53.13°}\,\text{A} \end{array}\right\}$$

当电流源 $i_{s2(2)}(t) = 2\sin(1.5t)\,\text{A} = 2\cos(1.5t - 90°)\,\text{A}$ 单独作用时，电路如图 10-4-4d 所示，$\dot{I}_{s2(2)} = \sqrt{2}\,\underline{/-90°}\,\text{A}$，此时 $j1.5L = j3\,\Omega$，$-j\dfrac{1}{1.5C} = -j1\,\Omega$。

对结点①有
$$\left(\frac{1}{j3} + 1\right)\dot{U}_{n1(2)} = \dot{I}_{s2(2)} + \frac{2\dot{U}_{R(2)}}{1}$$

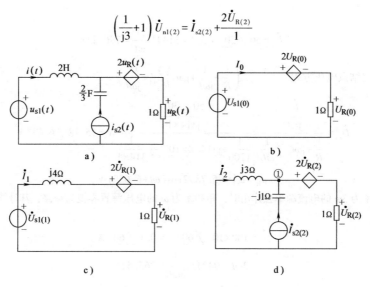

图 10-4-4 例 10-4-4 电路图

又有
$$\dot{U}_{\text{n1(2)}} = 2\dot{U}_{\text{R(2)}} + \dot{U}_{\text{R(2)}} = 3\dot{U}_{\text{R(2)}}$$

所以
$$\dot{U}_{\text{R(2)}} = \frac{\dot{I}_{s2(2)}}{1-j} = \frac{\sqrt{2}\ \underline{/-90°}}{1-j}\,\text{V} = 1\ \underline{/45°}\ \text{V}$$

$$\dot{I}_2 = \frac{\dot{U}_{\text{R(2)}}}{1} - \dot{I}_{\text{S2(2)}} = \left(\frac{1\ \underline{/-45°}}{1} - \sqrt{2}\ \underline{/-90°}\right)\text{A} = 1\ \underline{/45°}\ \text{A}$$

故根据叠加定理，有
$$u_{\text{R}}(t) = [\,0.5 + \sqrt{2}\cos(2t-53.13°) + \sqrt{2}\cos(1.5t-45°)\,]\,\text{V}$$

$$i(t) = [\,0.5 + \sqrt{2}\cos(2t-53.13°) + \sqrt{2}\cos(1.5t+45°)\,]\,\text{A}$$

电压源发出的功率为　$P_{s1} = P_{s1(0)} + P_{s1(1)} + P_{s1(2)} = (1.5 \times 0.5 + 5 \times 1 \times \cos 53.13°)\,\text{W} = 3.75\,\text{W}$

　　当然在此例题中，用正弦函数表示的电压源、电流源也可以不化为余弦函数，而直接用相量法求解，但此时得到的时域解应该采用正弦函数表示。

10.4.3　滤波器的基本概念

　　感抗和容抗对各次谐波的反应不同，这种性质在工程上有广泛的应用。通常可以利用电感和电容组成不同的电路，接在输入和输出之间，可让某些所需频率分量顺利通过或抑制某些频率分量，这种电路称为滤波器。图 10-4-5 给出了几种滤波电路。图 10-4-5a 所示为简单的低通滤波器，电感对高频电流有抑制作用，而电容对高频电流起分流作用，输出的高频电流分量大大地减小，低频电流能顺利通过。图 10-4-5b 是简单的高通滤波器，其中电容对低频分量有抑制作用，电感对低频分量有分流作用。这主要是由于感抗 ωL、容抗 $\dfrac{1}{\omega C}$ 与频率有关，从而实现这些功能的。滤波器按结构通常又分为 T 型滤波器、Π 型滤波器等。关于滤波器的有关分析请参见相关书籍。

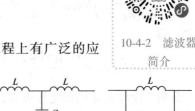

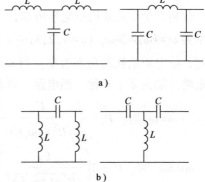

图 10-4-5　滤波器

a）低通滤波器　b）高通滤波器

10-4-2　滤波器简介

10.5　应用实例与分析

　　继续讨论本章开头提出的问题，以实际发电机中存在非正弦情况为例。实际发电机绕组采用星形联结，可等效为对称三相非正弦电源，对称三相负载也采用星形联结，等效电路如图 10-5-1 所示，此时三相非正弦电源各相的变化规律相似，但在时间上依次相差三分之一周期，若取 A 相电源电压的初相位为参考相位（为零），则三相电源电压分别为

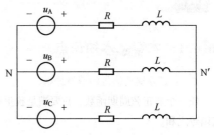

$$u_{\text{A}}(t) = u(t),\ u_{\text{B}}(t) = u\!\left(t-\frac{T}{3}\right),\ u_{\text{C}}(t) = u\!\left(t-\frac{2T}{3}\right)$$

图 10-5-1　非正弦电源作用下的对称三相电路

一般情况下，发电机所产生的三相电压均为奇谐波函数，即

$$u_A(t) = \sqrt{2}U_1\sin(\omega_1 t+\varphi_1) + \sqrt{2}U_3\sin(3\omega_1 t+\varphi_3) + \sqrt{2}U_5\sin(5\omega_1 t+\varphi_5) + \cdots$$

$$u_B(t) = \sqrt{2}U_1\sin\left[\omega_1\left(t-\frac{T}{3}\right)+\varphi_1\right] + \sqrt{2}U_3\sin\left[3\omega_1\left(t-\frac{T}{3}\right)+\varphi_3\right] + \sqrt{2}U_5\sin\left[5\omega_1\left(t-\frac{T}{3}\right)+\varphi_5\right] + \cdots$$

$$u_C(t) = \sqrt{2}U_1\sin\left[\omega_1\left(t-\frac{2T}{3}\right)+\varphi_1\right] + \sqrt{2}U_3\sin\left[3\omega_1\left(t-\frac{2T}{3}\right)+\varphi_3\right] + \sqrt{2}U_5\sin\left[5\omega_1\left(t-\frac{2T}{3}\right)+\varphi_5\right] + \cdots$$

利用本章所介绍的方法，第 k 次谐波所对应的电源作用时的电路如图 10-5-2 所示。

以 N 点为参考结点，取 $Z_k = R+\mathrm{j}k\omega_1 L$，列写此电路的结点电压方程，则

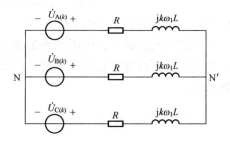

$$\left(\frac{1}{Z_k}+\frac{1}{Z_k}+\frac{1}{Z_k}\right)\dot{U}_{NN'(k)} = \frac{\dot{U}_{A(k)}}{Z_k}+\frac{\dot{U}_{B(k)}}{Z_k}+\frac{\dot{U}_{C(k)}}{Z_k}$$

解之，得

$$\dot{U}_{NN'(k)} = \frac{\dot{U}_{A(k)}+\dot{U}_{B(k)}+\dot{U}_{C(k)}}{3}$$

图 10-5-2 第 k 次谐波所对应的电源作用时的电路

分析 3 个非正弦周期电压可知，当谐波分量的角频率为 $\omega=k\omega_1=3q\omega_1$（$q=1,2,3,\cdots$）时，$\dot{U}_{A(k)}=\dot{U}_{B(k)}=\dot{U}_{C(k)}=\dot{U}_{NN'(k)}$，此时电阻上没有电流流过，故电阻消耗的功率为零；当 $\omega=k\omega_1\neq3q\omega_1$（$q=1,2,3,\cdots$）时，$\dot{U}_{NN'(k)}=0$，此时可将电路分解为多个对称三相电路，再利用第 9 章中的对称三相电路分析方法进行计算。

当 $\omega=\omega_1$ 时，$P_1 = 3\left(\dfrac{U_1}{\sqrt{R^2+(\omega_1 L)^2}}\right)^2 R = \dfrac{3U_1^2 R}{R^2+(\omega_1 L)^2}$；

$\omega=5\omega_1$ 时，$P_5 = 3\left(\dfrac{U_5}{\sqrt{R^2+(5\omega_1 L)^2}}\right)^2 R = \dfrac{3U_5^2 R}{R^2+(5\omega_1 L)^2}$；

……

注意到此电源不含偶次谐波，由式（10-3-2）可知 3 个电阻上消耗的功率为

$$P = P_1+P_5+P_7+\cdots = \frac{3U_1^2 R}{R^2+(\omega_1 L)^2}+\frac{3U_5^2 R}{R^2+(5\omega_1 L)^2}+\frac{3U_7^2 R}{R^2+(7\omega_1 L)^2}+\cdots$$

此即为三相电源发出的有功功率，亦即负载吸收的平均功率。

10.6　本章小结

10.6.1　本章基本知识点

1. 非正弦周期信号的谐波分析

任一个非正弦周期函数，只要满足狄里赫利条件，都可以展开为恒定分量与一系列频率成整数倍的正弦函数之和。

若 $f(t)=f(t+T)$，其中 $\omega=\dfrac{2\pi}{T}$，$f=\dfrac{1}{T}$，则有

$$f(t) = a_0 + \sum_{k=1}^{\infty} (a_k \cos k\omega_1 t + b_k \sin k\omega_1 t) = A_0 + \sum_{k=1}^{\infty} A_{km} \cos(k\omega_1 t + \psi_k)$$

$A_{1m} \cos(\omega_1 t + \psi_1)$ 称为周期函数 $f(t)$ 的基波分量，简称基波，它很大程度上反映了 $f(t)$ 的主要成分。$A_{km} \cos(k\omega_1 t + \psi_k)$ 称为 k 次谐波，$k \geqslant 2$ 的谐波称为高次谐波。

在求解周期函数的傅里叶展开式时，根据周期函数的特点计算系数 a_0、a_k、b_k，可使计算变得简单。

描述非正弦周期信号各谐波分量的振幅和相位随频率而变化的图形，称为非正弦周期信号的频谱。非正弦周期信号的频谱能直观地反映各谐波分量振幅和相位随频率变化的规律，以及各谐波分量在信号中所占的比例。

2. 非正弦周期信号的有效值、平均值和平均功率

（1）非正弦周期信号的有效值

非正弦周期电流的傅里叶级数展开式为

$$i(t) = I_0 + \sum_{k=1}^{\infty} I_{km} \cos(k\omega_1 t + \psi_k)$$

则有效值为

$$I = \sqrt{\frac{1}{T} \int_0^T i^2 \mathrm{d}t} = \sqrt{\frac{1}{T} \int_0^T \left[I_0 + \sum_{k=1}^{\infty} I_{km} \cos(k\omega_1 t + \psi_k) \right]^2 \mathrm{d}t}$$

$$= \sqrt{I_0^2 + \frac{1}{2} I_{1m}^2 + \frac{1}{2} I_{2m}^2 + \cdots} = \sqrt{I_0^2 + I_1^2 + I_2^2 + \cdots}$$

即非正弦周期电流的有效值为其恒定分量的二次方与各次谐波有效值的二次方求和后的二次方根。同理可得非正弦周期电压信号的有效值为

$$U = \sqrt{U_0^2 + U_1^2 + U_2^2 + \cdots}$$

（2）非正弦周期电流、电压的平均值

非正弦周期电流、电压的平均值定义为

$$I_{av} = \frac{1}{T} \int_0^T |i| \mathrm{d}t, \ U_{av} = \frac{1}{T} \int_0^T |u| \mathrm{d}t$$

（3）非正弦周期电流电路的平均功率

设线性一端口网络的端电压为 $u(t)$，电流为 $i(t)$，若电压、电流取关联参考方向，则该一端口网络吸收的平均功率为

$$P = \frac{1}{T} \int_0^T u(t) i(t) \mathrm{d}t = U_0 I_0 + U_1 I_1 \cos\varphi_1 + U_2 I_2 \cos\varphi_2 + \cdots$$

可见，非正弦周期电流电路的平均功率等于其直流分量产生的功率与各次谐波分量分别产生的平均功率之和。由于三角函数的正交性，不同频率的电压和电流同时作用时只产生瞬时功率而不产生平均功率。

3. 非正弦周期电流电路的计算

非正弦周期激励作用于线性电路时，由于电压源或电流源可分解为直流分量及一系列不同频率的谐波分量，故电源可等效为直流电源及一系列谐波电源的组合。根据线性电路叠加定理，电路的响应为直流电源及各次谐波电源单独作用时所得响应的代数和。这种方法称为谐波分析法。谐波分析法的具体步骤如下：

1）将给定的非正弦周期激励分解为直流分量与各次谐波分量的和，即把非正弦周期激励分解为傅里叶级数展开式。

2）当直流分量单独作用时，电感视为短路，电容视为开路，求解出相应的直流响应。

3）当不同频率的谐波分量单独作用时，首先建立相应的相量模型，用相量法计算各谐波分量单独作用下的响应。要注意的是，电感的感抗及电容的容抗随激励源的频率不同而改变，即 $X_{Lk} = k\omega_1 L$，$X_{Ck} = \dfrac{1}{k\omega_1 C}$。

4) 将各分量单独作用时的响应写成时域表达式后与直流响应一起叠加，即得非正弦周期激励下的稳态响应。注意只能按时域形式对响应进行叠加，不能对各次谐波对应的响应相量直接相加。

10.6.2 本章重点与难点

重点在于能够理解和掌握谐波分析法并用其对非正弦周期电流电路进行分析与计算，该方法实质上是把非正弦周期电流电路的计算转化为直流电路及一系列正弦电流电路的计算，它是建立在线性电路叠加定理的基础之上的。

在计算非正弦周期电流电路时应注意以下几个问题：

1) 将非正弦周期信号分解为傅里叶级数时可能同时含有正弦项和余弦项，若同一频率的分量既有正弦项，又有余弦项，需化为统一的余弦函数求解；若正弦和余弦函数表示的是不同频率的分量，则不必化为同一类函数，可直接分别用相量法求解，在时域响应叠加时分别用对应的正弦和余弦函数表示即可。

2) 电感和电容元件对于不同的谐波分量有不同的感抗和容抗，即感抗和容抗随电源频率改变而不同，而当直流分量单独作用时，电感视为短路，电容视为开路。

3) 运用叠加定理求最终响应时，一定在时域中将各次谐波分量的响应进行叠加，把不同频率正弦量的相量进行加减是没有意义的。

10.7 习题

1. 试将图 10-7-1 中所示信号展开成傅里叶级数。

2. 图 10-7-2 所示电路中，已知 $L=1\,\mathrm{H}$，$R=100\,\Omega$，输入电压 $u_\mathrm{i}(t)=[20+100\cos(\omega t)+70\cos(3\omega t)]\,\mathrm{V}$，$f=50\,\mathrm{Hz}$，试求输出电压 $u_\mathrm{R}(t)$。

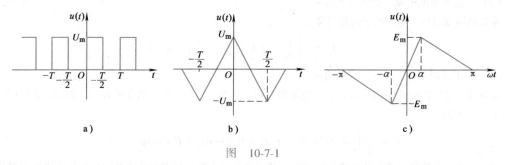

图　10-7-1

3. 电路如图 10-7-3 所示，已知 $R=\omega L=\dfrac{1}{\omega C}=10\,\Omega$，$u_\mathrm{s}(t)=[10+10\sqrt{2}\cos(\omega t)]\,\mathrm{V}$，试求电流 $i_2(t)$ 及有效值 I_2 和电源发出的功率。

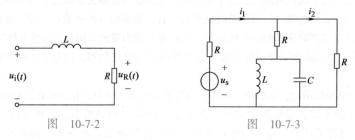

图　10-7-2　　　　　　　图　10-7-3

4. 图 10-7-4 所示电路为低通滤波器，输入电压为 $u_1(t)=[400+100\cos(3\times314t)-20\cos(6\times314t)]\,\mathrm{V}$，试求负载电压 $u_2(t)$。

5. 电路如图 10-7-5 所示，$R = 20\,\Omega$，$\omega L_1 = 0.625\,\Omega$，$\dfrac{1}{\omega C} = 45\,\Omega$，$\omega L_2 = 5\,\Omega$，外加电压为 $u(t) = [\,100 +$ $276\cos(\omega t) + 100\cos(3\omega t) + 50\cos(9\omega t)\,]\,$V，试求电流 $i(t)$ 和它的有效值。

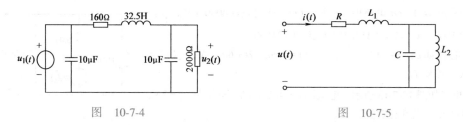

图 10-7-4 　　　　　　　　　　　　　图 10-7-5

6. 电路如图 10-7-6 所示，试求 $u_x(t)$。

7. 电路如图 10-7-7 所示，$u_s(t) = \Big[\,100 + 14.14\cos\Big(2\omega t + \dfrac{\pi}{6}\Big) + 7.07\cos\Big(4\omega t + \dfrac{\pi}{3}\Big)\,\Big]\,$V，且已知 $\omega L_1 = \omega L_2 = 10\,\Omega$，$\dfrac{1}{\omega C_1} = 160\,\Omega$，$\dfrac{1}{\omega C_2} = 40\,\Omega$，$R = 200\,\Omega$，试求：

(1) 电容 C_1 两端电压的有效值。

(2) 电感 L_2 中电流的有效值。

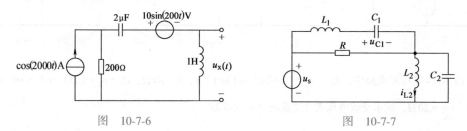

图 10-7-6 　　　　　　　　　　　　　图 10-7-7

8. 电路如图 10-7-8 所示，已知 $u_1 = [\,2 + 2\cos(2t)\,]\,$V，$u_2 = 3\sin(2t)\,$V，$R = 1\,\Omega$，$L = 1\,$H，$C = 0.25\,$F，试求电阻上的电压 u_R 及其消耗的功率。

9. 电路如图 10-7-9 所示，$u(t) = [\,100 + 80\sqrt{2}\cos(\omega t + 30°) + 18\sqrt{2}\cos(3\omega t)\,]\,$V，$R = 6\,k\Omega$，$\omega L = 2\,k\Omega$，$\dfrac{1}{\omega C} = 18\,k\Omega$，试求交流电流表、电压表及功率表的读数。

10. 测量线圈电阻 R、电感 L 的电路如图 10-7-10 所示，若交流电流表读数为 15 A，交流电压表读数为 60 V，功率表读数为 225 W，电源频率 $f = 50\,$Hz。从波形分析中得知电源电压除基波外还有三次谐波，其幅值为基波的 40%，试求 R、L；若忽略三次谐波，测出的 R、L 又为多少？

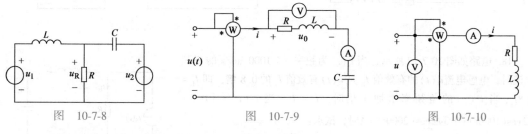

图 10-7-8 　　　　　　　图 10-7-9 　　　　　　　图 10-7-10

11. 已知通过 R、L、C 串联电路的端电压、电流分别为

$$u(t) = [\,100\cos(314t) + 50\cos(942t - 30°)\,]\,\text{V}$$

$$i(t) = [\,10\cos(314t) + 1.755\cos(942t + \theta)\,]\,\text{A}$$

试求：（1）R、L、C 的值。

　　　　（2）θ 的值。

　　　　（3）电源发出的有功功率 P 为多大？

12. 图 10-7-11 所示电路中，已知 $u_s(t) = 40\sqrt{2}\cos(4000t)$ V，$i_s(t)$ $= 5\sqrt{2}\cos(1000t)$ A，试求 $8\,\Omega$ 电阻消耗的平均功率。

13. 电路如图 10-7-12 所示，$u_s(t) = 5\cos(2t+60°)$ V，$i_s(t) = \cos(4t)$ A，试求 $i(t)$。

14. 电路如图 10-7-13 所示，电流源 $i_s = 4\sqrt{2}\cos t$ A，电压源 $U_s = 2$ V，试求电感电流 i_L 及其有效值。

15. 电路如图 10-7-14 所示，$i_s = [2+\cos(10^4 t)]$ A，$u_s = 2\cos(10^4 t+90°)$ V。试求两电源发出的功率之和及 i_L 的有效值。

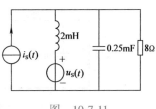

图 10-7-11

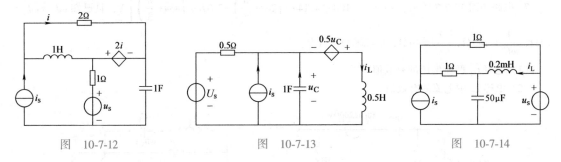

图 10-7-12　　　　　　　图 10-7-13　　　　　　　图 10-7-14

16. 图 10-7-15 所示电路中，若 $i_s(t) = [2+2\sqrt{2}\cos(\omega t)]$ A，$R = 20\,\Omega$，$R_1 = R_2 = 10\,\Omega$，$\omega L_1 = \omega L_2 = 15\,\Omega$，$\omega M = 5\,\Omega$，$\dfrac{1}{\omega C} = 20\,\Omega$，试求交流电压表及交流电流表的读数。

17. 电路如图 10-7-16 所示，已知 $R_1 = 20\,\Omega$，$R_2 = 10\,\Omega$，$\omega L_1 = 6\,\Omega$，$\omega L_2 = 4\,\Omega$，$\omega M = 2\,\Omega$，$\dfrac{1}{\omega C} = 16\,\Omega$，$u_s = [100+50\cos(2\omega t+10°)]$ V，试求两交流电流表读数及电源发出的平均功率。

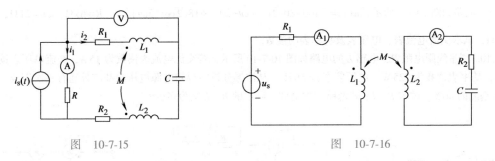

图 10-7-15　　　　　　　　　　图 10-7-16

18. 电路如图 10-7-17 所示，当 $i_s(t)$ 为频率 $\omega = 1000$ rad/s 的正弦电流时，电感电流 $i_L(t)$ 的有效值 I_L 是 $i_s(t)$ 有效值 I_s 的 0.8 倍，即 $I_L = 0.8I_s$；当 $i_s(t)$ 的角频率增加 1 倍时，$I_L = I_s$。当 $i_s(t) = [0.3+\sqrt{2}\cos(1000t)+0.3\sqrt{2}\cos(2000t)]$ A 时，试求：

（1）电感电流 $i_L(t)$。

（2）若电流源 $i_s(t)$ 发出的功率为 15 W，求 R、L、C 的值。

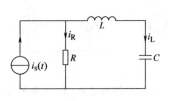

图 10-7-17

第 11 章
动态电路的复频域分析

引言

本章首先介绍拉普拉斯变换及其基本性质，接着介绍拉普拉斯反变换，然后建立动态电路的复频域模型，包括基尔霍夫定律的复频域形式和元件方程的复频域形式，并在此基础上讨论复频域分析法，最后讨论网络函数。

第 5 章介绍了线性动态电路（一阶和二阶电路）的经典分析法。该方法通过利用电路定律及元件的伏安特性，建立起电路的微分方程并寻求此方程满足给定初始条件的解。然而该方法具有一定的局限性，对于高阶电路或当动态电路中含有非直流电源时，所对应的微分方程的时域求解将变得较为烦琐。

本章介绍分析线性动态电路的拉普拉斯变换法，它是皮埃尔·西蒙·拉普拉斯于 1779 年首次提出的。拉普拉斯变换是将各个时间函数化为复变量 s 的函数，从而使常微分方程问题化为代数方程问题。由于 s 是复变量而且具有频率的量纲，因此拉普拉斯变换法又称为复频域分析法。复频域分析法属于变换域分析法。这种方法的思路类似于第 6 章的正弦稳态分析的相量法。基于拉普拉斯变换的线性动态电路的分析方法，可归结为由时域变换到"复频域"（将时域里的微分方程化为复频域的代数方程）进行分析，最后将结果再反变换回时域。利用这种变域法解高阶电路，因其在变换过程中已经以某种形式计入原微分方程的初始条件，故可避免确定积分常数时所遇到的复杂计算，这是积分变换法的主要优点。

随着个人计算机及各种灵敏电子设备被越来越多地应用在日常生活与工作中，这些设备面临着电路开、关过程中所产生的浪涌电压或浪涌电流的威胁，因此必须采取浪涌保护措施或使用浪涌保护器（见图 11-0-1）对这些设备加强保护，浪涌保护器能够为各种电子设备、仪器仪表、通信线路提供安全防护。当电气回路或者通信线路中因为外界的干扰（如电路的开、关或雷击等）突然产生尖峰电流或者电压时，浪涌保护器能在极短时间内导通分流，从而避免浪涌对回路中其他设备的损害。那么，为什么在日常生活中开、关电器（如电灯或电

图 11-0-1　浪涌保护器

吹风等）也可能引起电压浪涌现象呢？在本章中，将会对此问题进行分析，并说明在正弦交流电路中，开、关电阻性负载也能引起电压浪涌的原因。

11.1　拉普拉斯变换及其基本性质

11.1.1　拉普拉斯变换的定义

在电路分析中，通常把动态过程中的起始时刻作为计时的原点 $t=0$，

11-1-1　拉普拉斯
变换及其基本性质

因此只需研究电路中的变量（函数）在 $t \in [0, \infty)$ 区间的暂态过程，而不考虑它们在 $t \in (-\infty, 0)$ 的情形。所以若用 $f(t)$ 代表换路后电路中的激励函数，即相当于把函数 $f(t)$ 乘以单位阶跃函数：

$$f(t)\varepsilon(t) = \begin{cases} f(t) & 0 \le t < \infty \\ 0 & -\infty < t < 0 \end{cases}$$

则定义函数 $f(t)$ 的拉普拉斯变换为

$$F(s) = \int_{0_-}^{\infty} f(t) \mathrm{e}^{-st} \mathrm{d}t \qquad (11\text{-}1\text{-}1)$$

式中，$s = \sigma + \mathrm{j}\omega$ 为复数；$F(s)$ 称为 $f(t)$ 的拉普拉斯象函数，简称象函数；$f(t)$ 称为 $F(s)$ 的原函数。拉普拉斯变换简称为拉氏变换。

式（11-1-1）表明拉普拉斯变换是一种积分变换。对于 $f(t)$，若 $\sigma > \sigma_0$，且积分 $\int_0^{\infty} \mathrm{e}^{-\sigma t} |f(t)| \mathrm{d}t$ 收敛，$f(t)$ 的拉普拉斯变换就存在，可以对它进行拉普拉斯变换，而 σ_0 是使积分 $\int_0^{\infty} \mathrm{e}^{-\sigma t} |f(t)| \mathrm{d}t$ 收敛的最小实数。不同的函数，σ_0 的值不同。一般称 σ_0 为 $F(s)$ 在复平面 $s = \sigma + \mathrm{j}\omega$ 内的收敛横坐标。

在电路问题中常见的函数一般是指数阶函数。指数阶函数是指满足

$$|f(t)| \le M\mathrm{e}^{Ct} \qquad t \in [0, \infty)$$

的函数，其中 M 是正实数，C 为有限值的实数。当函数 $f(t)$ 是指数阶函数时，则有

$$\int_{0_-}^{\infty} |f(t)| \mathrm{e}^{-\sigma t} \mathrm{d}t \le \int_{0_-}^{\infty} M\mathrm{e}^{Ct} \mathrm{e}^{-\sigma t} \mathrm{d}t = \frac{M}{\sigma - C} \qquad (\sigma > C)$$

可见只要选择 $\sigma > C$，则 $f(t)\mathrm{e}^{-\sigma t}$ 的绝对积分就存在，即可对它进行拉普拉斯变换。

拉普拉斯变换式（11-1-1）的积分下限记为 0_-，如果 $f(t)$ 包含 $t = 0$ 时刻的冲激，则拉普拉斯变换也应包括这个冲激。原函数 $f(t)$ 是以时间 t 为自变量的实变函数，象函数 $F(s)$ 是以复变量 s 为自变量的复变函数。$f(t)$ 与 $F(s)$ 之间是一一对应的关系。

如果 $F(s)$ 已知，则可求出与它对应的原函数 $f(t)$，由 $F(s)$ 到 $f(t)$ 的变换称为拉普拉斯反变换，定义为

$$f(t) = \frac{1}{2\pi\mathrm{j}} \int_{\sigma-\mathrm{j}\infty}^{\sigma+\mathrm{j}\infty} F(s) \mathrm{e}^{st} \mathrm{d}s \qquad (11\text{-}1\text{-}2)$$

式（11-1-1）和式（11-1-2）用符号分别表示为

$$F(s) = \mathscr{L}[f(t)] \qquad (11\text{-}1\text{-}3)$$

$$f(t) = \mathscr{L}^{-1}[F(s)] \qquad (11\text{-}1\text{-}4)$$

复变量 $s = \sigma + \mathrm{j}\omega$ 常称为复频率。称分析线性电路的复频域分析为运算法，而相应地称时域分析为经典法。

拉普拉斯反变换公式（11-1-2）是一个复变函数的广义积分，可用留数方法来计算。在11.2 节中讨论的展开定理可用于有理分式象函数的反变换计算。而集总参数电路变量的象函数基本上属于有理分式。

由于原函数 $f(t)$ 与象函数 $F(s)$ 之间是一一对应的关系，可以把 $f(t)$ 与 $F(s)$ 编制成对应的拉普拉斯变换表，以供查用。因此在很多场合可以像查阅三角函数表、对数表那样，方便地解决函数的拉普拉斯变换和反变换问题。

下面根据式（11-1-1）求一些常用函数的象函数。

（1）单位阶跃函数

设 $f(t) = \varepsilon(t)$，则

$$F(s) = \mathscr{L}[\varepsilon(t)] = \int_{0_-}^{\infty} \varepsilon(t) e^{-st} dt = \int_{0_-}^{\infty} e^{-st} dt = -\frac{1}{s} e^{-st} \Big|_{0_-}^{\infty} = \frac{1}{s} \qquad (11\text{-}1\text{-}5a)$$

即

$$\mathscr{L}[\varepsilon(t)] = \frac{1}{s} \text{ 或 } \mathscr{L}^{-1}\left[\frac{1}{s}\right] = \varepsilon(t) \qquad (11\text{-}1\text{-}5b)$$

（2）单位冲激函数

单位冲激函数用 $\delta(t)$ 表示，定义为

$$\delta(t) = \begin{cases} 0 & t \neq 0 \\ \infty & t = 0 \end{cases} \quad \text{且} \quad \int_{-\infty}^{+\infty} \delta(t) dt = 1$$

设 $f(t) = \delta(t)$，则

$$F(s) = \mathscr{L}[\delta(t)] = \int_{0_-}^{\infty} \delta(t) e^{-st} dt = \int_{0_-}^{0_+} \delta(t) e^{-st} dt = e^{-s \times 0} = 1 \qquad (11\text{-}1\text{-}6a)$$

即

$$\mathscr{L}[\delta(t)] = 1 \text{ 或 } \mathscr{L}^{-1}[1] = \delta(t) \qquad (11\text{-}1\text{-}6b)$$

（3）指数函数

设 $f(t) = e^{\alpha t}$（α 是任一实数或复数），则

$$F(s) = \mathscr{L}[e^{\alpha t}] = \int_{0_-}^{\infty} e^{\alpha t} e^{-st} dt = \frac{1}{\alpha - s} e^{(\alpha-s)t} \Big|_{0_-}^{\infty} = \frac{1}{s - \alpha} \qquad (11\text{-}1\text{-}7a)$$

即

$$\mathscr{L}[e^{\alpha t}] = \frac{1}{s-\alpha} \text{ 或 } \mathscr{L}^{-1}\left[\frac{1}{s-\alpha}\right] = e^{\alpha t} \qquad (11\text{-}1\text{-}7b)$$

11.1.2　拉普拉斯变换的基本性质

拉普拉斯变换的基本性质可以归结为若干定理（变换法则），它们在拉普拉斯变换的实际应用中都很重要，利用这些性质可以计算一些复杂原函数的象函数，并可利用这些性质与电路分析的物理内容结合起来获得应用拉普拉斯变换求解电路的方法——运算法。

1. 线性性质

设 $f_1(t)$ 与 $f_2(t)$ 是两个任意定义在 $t \geqslant 0$ 的时间函数，它们的象函数分别为 $F_1(s)$ 和 $F_2(s)$，C_1 和 C_2 是任意两个常数，则

$$\mathscr{L}[C_1 f_1(t) \pm C_2 f_2(t)] = C_1 \mathscr{L}[f_1(t)] \pm C_2 \mathscr{L}[f_2(t)]$$
$$= C_1 F_1(s) \pm C_2 F_2(s)$$

证明
$$\mathscr{L}[C_1 f_1(t) \pm C_2 f_2(t)] = \int_{0_-}^{\infty} [C_1 f_1(t) \pm C_2 f_2(t)] e^{-st} dt$$
$$= C_1 \int_{0_-}^{\infty} f_1(t) e^{-st} dt \pm C_2 \int_{0_-}^{\infty} f_2(t) e^{-st} dt$$
$$= C_1 F_1(s) \pm C_2 F_2(s)$$

例 11-1-1　求 $f(t) = \cos(\omega t)$ 和 $f(t) = \sin(\omega t)$ 的象函数。

解 根据欧拉公式，有

$$\cos(\omega t) = \frac{e^{j\omega t} + e^{-j\omega t}}{2}, \ \sin(\omega t) = \frac{e^{j\omega t} - e^{-j\omega t}}{2j}$$

根据线性性质可得

$$\mathscr{L}[\cos(\omega t)] = \mathscr{L}\left[\frac{1}{2}(e^{j\omega t} + e^{-j\omega t})\right] = \frac{1}{2}\left(\frac{1}{s-j\omega} + \frac{1}{s+j\omega}\right) = \frac{s}{s^2 + \omega^2} \tag{11-1-8}$$

同理可得

$$\mathscr{L}[\sin(\omega t)] = \frac{1}{2j}\left(\frac{1}{s-j\omega} - \frac{1}{s+j\omega}\right) = \frac{\omega}{s^2 + \omega^2} \tag{11-1-9}$$

例 11-1-2 求 $f(t) = A(1 - e^{-\alpha t})$ 的象函数。

解
$$\mathscr{L}[A(1 - e^{-\alpha t})] = \mathscr{L}[A] - \mathscr{L}[Ae^{-\alpha t}] = \frac{A}{s} - \frac{A}{s+\alpha} = \frac{A\alpha}{s(s+\alpha)}$$

2. 微分性质

(1) 时域微分性质

函数 $f(t)$ 的象函数与其导数 $f'(t) = \dfrac{df(t)}{dt}$ 的象函数之间有如下关系：

若
$$\mathscr{L}[f(t)] = F(s)$$

则
$$\mathscr{L}[f'(t)] = sF(s) - f(0_-)$$

证明
$$\mathscr{L}\left[\frac{df(t)}{dt}\right] = \int_{0_-}^{\infty} \frac{df(t)}{dt} e^{-st} dt = \int_{0_-}^{\infty} e^{-st} df(t)$$

利用积分中的分部积分法，可得

$$\int_{0_-}^{\infty} e^{-st} df(t) = [e^{-st} f(t)]_{0_-}^{\infty} - \int_{0_-}^{\infty} f(t) de^{-st} = -f(0_-) + s\int_{0_-}^{\infty} f(t) e^{-st} dt$$

这里只要 s 的实部 σ 取得足够大，就有 $\lim\limits_{t\to\infty} e^{-st} f(t) = 0$，所以

$$\mathscr{L}[f'(t)] = sF(s) - f(0_-) \tag{11-1-10}$$

时域微分定理可以推广到求原函数的二阶及二阶以上导数的拉普拉斯变换，即

$$\mathscr{L}\left[\frac{d^2 f(t)}{dt^2}\right] = s[sF(s) - f(0_-)] - f'(0_-) = s^2 F(s) - sf(0_-) - f'(0_-) \tag{11-1-11}$$

$$\mathscr{L}\left[\frac{d^n f(t)}{dt^n}\right] = s^n F(s) - s^{n-1} f(0_-) - s^{n-2} f'(0_-) - \cdots - f^{(n-1)}(0_-) \tag{11-1-12}$$

例 11-1-3 利用时域微分性质求 $f(t) = \cos(\omega t)$ 和 $f(t) = \delta(t)$ 的象函数。

解
$$\mathscr{L}[\cos(\omega t)] = \mathscr{L}\left[\frac{1}{\omega}\frac{d\sin(\omega t)}{dt}\right] = \frac{1}{\omega}\left(s\times\frac{\omega}{s^2+\omega^2} - 0\right) = \frac{s}{s^2+\omega^2}$$

$$\mathscr{L}[\delta(t)] = \mathscr{L}\left[\frac{d\varepsilon(t)}{dt}\right] = s\times\frac{1}{s} - 0 = 1$$

(2) 复频域微分性质

设 $f(t)$ 的象函数为 $F(s)$，则有

$$\mathscr{L}[-tf(t)] = \frac{dF(s)}{ds}$$

证明
$$\frac{d}{ds}F(s) = \frac{d}{ds}\int_{0_-}^{\infty} f(t) e^{-st} dt = \int_{0_-}^{\infty} f(t)\frac{de^{-st}}{ds} dt$$

$$= \int_{0_-}^{\infty} f(t)(-t)\mathrm{e}^{-st}\mathrm{d}t = \mathscr{L}\left[-tf(t)\right] \qquad (11\text{-}1\text{-}13)$$

例 11-1-4 利用复频域微分性质求 $f(t)=t$、$f(t)=t^n$ 和 $f(t)=t\mathrm{e}^{-\alpha t}$ 的象函数。

解
$$\mathscr{L}\left[t\varepsilon(t)\right] = -\frac{\mathrm{d}}{\mathrm{d}s}\left(\frac{1}{s}\right) = \frac{1}{s^2} \qquad (11\text{-}1\text{-}14)$$

$$\mathscr{L}\left[t^n\right] = (-1)^n \frac{\mathrm{d}^n}{\mathrm{d}s^n}\left(\frac{1}{s}\right) = \frac{n!}{s^{n+1}} \qquad (11\text{-}1\text{-}15)$$

$$\mathscr{L}\left[t\mathrm{e}^{-\alpha t}\right] = -\frac{\mathrm{d}}{\mathrm{d}s}\left(\frac{1}{s+\alpha}\right) = \frac{1}{(s+\alpha)^2} \qquad (11\text{-}1\text{-}16)$$

3. 积分性质

函数 $f(t)$ 的象函数与其积分 $\int_{0_-}^{t} f(\xi)\mathrm{d}\xi$ 的象函数之间有如下关系：

若
$$\mathscr{L}\left[f(t)\right] = F(s)$$

则
$$\mathscr{L}\left[\int_{0_-}^{t} f(\xi)\mathrm{d}\xi\right] = \frac{F(s)}{s}$$

证明 因为 $\mathscr{L}\left[f(t)\right] = \mathscr{L}\left[\dfrac{\mathrm{d}}{\mathrm{d}t}\displaystyle\int_{0_-}^{t} f(\xi)\mathrm{d}\xi\right]$，利用时域微分性质 [式 (11-1-10)]，得

$$F(s) = s\mathscr{L}\left[\int_{0_-}^{t} f(\xi)\mathrm{d}\xi\right] - \left[\int_{0_-}^{t} f(\xi)\mathrm{d}\xi\right]_{t=0_-} = s\mathscr{L}\left[\int_{0_-}^{t} f(\xi)\mathrm{d}\xi\right]$$

故
$$\mathscr{L}\left[\int_{0_-}^{t} f(\xi)\mathrm{d}\xi\right] = \frac{F(s)}{s} \qquad (11\text{-}1\text{-}17)$$

例 11-1-5 利用积分性质求 $f(t)=t$ 和 $f(t)=t^2$ 的象函数。

解
$$\mathscr{L}\left[t\varepsilon(t)\right] = \mathscr{L}\left[\int_{0_-}^{t} \varepsilon(t)\mathrm{d}t\right] = \frac{1}{s}\mathscr{L}\left[\varepsilon(t)\right] = \frac{1}{s}\cdot\frac{1}{s} = \frac{1}{s^2}$$

$$\mathscr{L}\left[t^2\varepsilon(t)\right] = \mathscr{L}\left[2\int_{0_-}^{t} t\varepsilon(t)\mathrm{d}t\right] = \frac{1}{s}\frac{2}{s^2} = \frac{2}{s^3}$$

4. 平移性质

(1) 时域平移（时移）性质

函数 $f(t)$ 的象函数与其延迟函数 $f(t-t_0)$ 的象函数之间有如下关系：

若
$$\mathscr{L}\left[f(t)\right] = F(s)$$

则
$$\mathscr{L}\left[f(t-t_0)\right] = \mathrm{e}^{-st_0}F(s)$$

这里所说的 $f(t-t_0)$ 是指当 $t<t_0$ 时，$f(t-t_0)=0$（参考图 11-1-1 和图 11-1-2）。

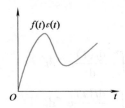

图 11-1-1 从 0 时刻开始
出现的连续时间函数 $f(t)$

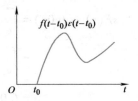

图 11-1-2 将 $f(t)$ 的
波形延迟到 t_0

证明

$$\mathscr{L}\left[f(t-t_0)\right]=\int_{0_-}^{\infty}f(t-t_0)\mathrm{e}^{-st}\mathrm{d}t=\int_{t_0-}^{\infty}f(t-t_0)\mathrm{e}^{-st}\mathrm{d}t$$

$$\overset{令\tau=t-t_0}{=}\int_{0_-}^{\infty}f(\tau)\mathrm{e}^{-s(\tau+t_0)}\mathrm{d}\tau=\mathrm{e}^{-st_0}\int_{0_-}^{\infty}f(\tau)\mathrm{e}^{-s\tau}\mathrm{d}\tau$$

$$=\mathrm{e}^{-st_0}F(s) \tag{11-1-18}$$

例 11-1-6 已知电压 $u(t)$ 的波形如图 11-1-3 所示，求 $u(t)$ 的象函数 $U(s)$。

解 根据图 11-1-3 得电压 $u(t)$ 的表达式为

$$u(t)=U_0\varepsilon(t)-2U_0\varepsilon(t-T)+U_0\varepsilon(t-2T)$$

对上式等号两端进行拉普拉斯变换，并运用线性性质和时域平移性质，得

$$U(s)=U_0\mathscr{L}\left[\varepsilon(t)\right]-2U_0\mathscr{L}\left[\varepsilon(t)\right]\mathrm{e}^{-sT}+U_0\mathscr{L}\left[\varepsilon(t)\right]\mathrm{e}^{-2sT}$$

则

$$U(s)=U_0\times\frac{1}{s}-2U_0\times\frac{1}{s}\times\mathrm{e}^{-sT}+U_0\times\frac{1}{s}\times\mathrm{e}^{-2sT}=\frac{U_0}{s}(1-2\mathrm{e}^{-sT}+\mathrm{e}^{-2sT})$$

（2）复频域平移（频移）性质

设 $f(t)$ 的象函数为 $F(s)$，则有

$$\mathscr{L}\left[\mathrm{e}^{-\alpha t}f(t)\right]=F(s+\alpha)$$

证明

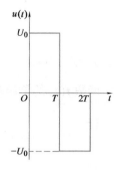

图 11-1-3 例 11-1-6 的电压 $u(t)$ 波形

$$\mathscr{L}\left[\mathrm{e}^{-\alpha t}f(t)\right]=\int_{0_-}^{\infty}\mathrm{e}^{-\alpha t}f(t)\mathrm{e}^{-st}\mathrm{d}t=\int_{0_-}^{\infty}f(t)\mathrm{e}^{-(s+\alpha)t}\mathrm{d}t=F(s+\alpha) \tag{11-1-19}$$

例 11-1-7 利用复频域平移性质求 $f(t)=t\mathrm{e}^{-\alpha t}$ 和 $f(t)=\mathrm{e}^{-\alpha t}\cos(\omega t)$ 的象函数。

解 因为 $\mathscr{L}\left[t\right]=\dfrac{1}{s^2}$，则根据复频域平移性质，可得

$$\mathscr{L}\left[t\mathrm{e}^{-\alpha t}\right]=\frac{1}{(s+\alpha)^2}$$

因为 $\mathscr{L}\left[\cos(\omega t)\right]=\dfrac{s}{s^2+\omega^2}$，则根据复频域平移性质，可得

$$\mathscr{L}\left[\mathrm{e}^{-\alpha t}\cos(\omega t)\right]=\frac{s+\alpha}{(s+\alpha)^2+\omega^2}$$

5. 初值定理和终值定理

（1）初值定理

设 $f(t)$ 的象函数为 $F(s)$，$f(t)$ 的一阶导数的象函数存在，并且当 $s\to\infty$ 时 $sF(s)$ 的极限存在，则有

$$\lim_{t\to0_+}f(t)=\lim_{s\to\infty}sF(s)$$

证明 由时域微分性质

$$sF(s)-f(0_-)=\int_{0_-}^{\infty}\frac{\mathrm{d}f(t)}{\mathrm{d}t}\mathrm{e}^{-st}\mathrm{d}t$$

$$=\int_{0_-}^{0_+}\frac{\mathrm{d}f(t)}{\mathrm{d}t}\mathrm{e}^{-st}\mathrm{d}t+\int_{0_+}^{\infty}\frac{\mathrm{d}f(t)}{\mathrm{d}t}\mathrm{e}^{-st}\mathrm{d}t$$

$$=f(0_+)-f(0_-)+\int_{0_+}^{\infty}\frac{\mathrm{d}f(t)}{\mathrm{d}t}\mathrm{e}^{-st}\mathrm{d}t$$

故

$$sF(s)=f(0_+)+\int_{0_+}^{\infty}\frac{\mathrm{d}f(t)}{\mathrm{d}t}\mathrm{e}^{-st}\mathrm{d}t \tag{11-1-20}$$

对上式两端取 $s \to \infty$ 时的极限，显然有

$$\lim_{s \to \infty} \int_{0_+}^{\infty} \frac{\mathrm{d}f(t)}{\mathrm{d}t} \mathrm{e}^{-st} \mathrm{d}t = \lim_{s \to \infty} \int_{0_+}^{\infty} \mathrm{e}^{-st} \mathrm{d}f(t) = \int_{0_+}^{\infty} (\lim_{s \to \infty} \mathrm{e}^{-st}) \mathrm{d}f(t) = 0$$

则

$$\lim_{s \to \infty} sF(s) = f(0_+) \tag{11-1-21}$$

（2）终值定理

设 $f(t)$ 的象函数为 $F(s)$，并且当 $t \to \infty$ 时 $f(t)$ 的极限存在，则有

$$\lim_{t \to \infty} f(t) = \lim_{s \to 0} sF(s)$$

证明　根据式（11-1-20），对其两端取 $s \to 0$ 的极限，有

$$\lim_{s \to 0} \int_{0_+}^{\infty} \frac{\mathrm{d}f(t)}{\mathrm{d}t} \mathrm{e}^{-st} \mathrm{d}t = \lim_{s \to 0} \int_{0_+}^{\infty} \mathrm{e}^{-st} \mathrm{d}f(t) = \int_{0_+}^{\infty} (\lim_{s \to 0} \mathrm{e}^{-st}) \mathrm{d}f(t) = \lim_{t \to \infty} f(t) - f(0_+)$$

则

$$\lim_{s \to 0} sF(s) = \lim_{t \to \infty} f(t) \tag{11-1-22}$$

例 11-1-8　运用初值定理和终值定理求象函数 $F(s) = \dfrac{1}{s(s+\alpha)}$ 对应的原函数 $f(t)$ 的初值 $f(0_+)$ 和终值 $f(\infty)$。

解

$$f(0_+) = \lim_{s \to \infty} sF(s) = \lim_{s \to \infty} \frac{s}{s(s+\alpha)} = \lim_{s \to \infty} \frac{1}{s+\alpha} = 0$$

$$f(\infty) = \lim_{s \to 0} sF(s) = \lim_{s \to 0} \frac{s}{s(s+\alpha)} = \lim_{s \to 0} \frac{1}{s+\alpha} = \frac{1}{\alpha}$$

根据以上介绍的拉普拉斯变换的定义以及一些基本性质，可以方便地求得一些常用的时间函数的象函数。表 11-1-1 为常用函数的拉普拉斯变换表。

表 11-1-1　常用函数拉普拉斯变换表

原函数 $f(t)$	象函数 $F(s)$	原函数 $f(t)$	象函数 $F(s)$
$A\delta(t)$	A	$\mathrm{e}^{-\alpha t}\cos(\omega t)$	$\dfrac{s+\alpha}{(s+\alpha)^2+\omega^2}$
$A\varepsilon(t)$	$\dfrac{A}{s}$	$t\mathrm{e}^{-\alpha t}$	$\dfrac{1}{(s+\alpha)^2}$
$A\mathrm{e}^{-\alpha t}$	$\dfrac{A}{s+\alpha}$	t	$\dfrac{1}{s^2}$
$1-\mathrm{e}^{-\alpha t}$	$\dfrac{\alpha}{s(s+\alpha)}$	$\mathrm{sh}(\alpha t)$	$\dfrac{\alpha}{s^2-\alpha^2}$
$\sin(\omega t)$	$\dfrac{\omega}{s^2+\omega^2}$	$\mathrm{ch}(\alpha t)$	$\dfrac{s}{s^2-\alpha^2}$
$\cos(\omega t)$	$\dfrac{s}{s^2+\omega^2}$	$(1-\alpha t)\mathrm{e}^{-\alpha t}$	$\dfrac{s}{(s+\alpha)^2}$
$\sin(\omega t+\varphi)$	$\dfrac{s\sin\varphi+\omega\cos\varphi}{s^2+\omega^2}$	$\dfrac{1}{2}t^2$	$\dfrac{1}{s^3}$
$\cos(\omega t+\varphi)$	$\dfrac{s\cos\varphi-\omega\sin\varphi}{s^2+\omega^2}$	$\dfrac{1}{n!}t^n$	$\dfrac{1}{s^{n+1}}$
$\mathrm{e}^{-\alpha t}\sin\omega t$	$\dfrac{\omega}{(s+\alpha)^2+\omega^2}$	$\dfrac{1}{n!}t^n\mathrm{e}^{-\alpha t}$	$\dfrac{1}{(s+\alpha)^{n+1}}$

11.2 拉普拉斯反变换的部分分式展开

应用拉普拉斯变换分析线性定常网络时，首先要将时域中的问题变换为复频域中的问题，在求得待求响应的象函数之后，须经过拉普拉斯反变换后才能得到原函数——时域中的解答。如果利用式（11-1-2）进行反变换，则涉及计算复变函数的积分，这个积分的计算一般比较复杂。

在实际进行反变换时，通常是将象函数展开为若干个较简单的复频域函数的线性组合，其中每个简单的复频域函数均可查阅拉普拉斯变换表（例如表 11-1-1）得到其原函数，然后根据线性组合定理即可求得整个原函数。下面介绍这种常用的拉普拉斯反变换法——部分分式展开法。

在集总参数电路中，线性定常网络分析中所求得的象函数 $F(s)$ 基本上是 s 的有理分式：

$$F(s) = \frac{N(s)}{D(s)} = \frac{b_m s^m + b_{m-1}s^{m-1} + \cdots + b_1 s + b_0}{a_n s^n + a_{n-1}s^{n-1} + \cdots + a_1 s + a_0} \tag{11-2-1}$$

式中，分子和分母均是复频域变量 s 的多项式；m 和 n 为正整数；所有的系数均是实数。

如果 $m \geq n$，则 $F(s)$ 为有理假分式，写成

$$F(s) = \frac{N(s)}{D(s)} = Q(s) + \frac{R(s)}{D(s)} \tag{11-2-2}$$

式中，$Q(s)$ 是 $N(s)$ 与 $D(s)$ 相除的商；$R(s)$ 是余式，其次数低于 $D(s)$ 的次数。这样就将假分式 $N(s)/D(s)$ 化为有理真分式 $R(s)/D(s)$ 和多项式 $Q(s)$ 的和。多项式 $Q(s)$ 中各项所对应的时间函数是冲激函数及其各阶导数（因为在电路分析中，通常不出现 $m>n$ 的情况，所以在本书中只分析 $m \leq n$ 的情形，对于 $m>n$ 这种情形，可参阅"信号与系统"等相关书籍）；对于有理真分式 $R(s)/D(s)$，可用部分分式展开法求其原函数。

当 $m=n$ 时，式（11-2-2）中的

$$Q(s) = \frac{b_m}{a_n}$$

为一常数，其对应的时间函数为 $\frac{b_m}{a_n}\delta(t)$。

设 $F(s) = \frac{N(s)}{D(s)}$ 为有理真分式，它的分子多项式 $N(s)$ 与分母多项式 $D(s)$ 互质。为了能将 $F(s)$ 写成部分分式后再进行拉普拉斯反变换，可将分母多项式 $D(s)$ 写成因式连乘的形式，即

$$D(s) = a_n s^n + a_{n-1}s^{n-1} + \cdots + a_1 s + a_0 = a_n \prod_{j=1}^{n}(s - p_j) \tag{11-2-3}$$

式中，$p_j(j=1,2,\cdots,n)$ 为 $D(s)=0$ 的根。因为 $s \to p_j$ 时，$F(s) \to \infty$，所以将 p_j 称为有理真分式 $F(s)$ 的极点。若 p_j 是多项式 $D(s)$ 的单根，则称 p_j 为 $F(s)$ 的单极点；若 p_j $(j=1, 2, \cdots, r)$ 是多项式 $D(s)$ 的 r 重根，则称 p_j 为 $F(s)$ 的 r 阶极点。

下面讨论 $F(s)$ 有不同类型的极点时，对应的原函数的求法。

11.2.1 $F(s)$ 的极点均为单极点的情况

根据代数理论，$F(s)$ 的部分分式展开式为

$$F(s) = \frac{N(s)}{D(s)} = \frac{A_1}{s-p_1} + \frac{A_2}{s-p_2} + \cdots + \frac{A_n}{s-p_n} \qquad (11\text{-}2\text{-}4)$$

式中，$p_j(j=1, 2, \cdots, n)$ 为 $F(s)$ 的实数或复数极点；A_1、A_2、$\cdots$、A_n 是待定系数。

为了求出 A_1、A_2、$\cdots$、A_n，将式(11-2-4)两端同乘以$(s-p_j)$，得

$$(s-p_j)F(s) = \frac{A_1(s-p_j)}{s-p_1} + \cdots + A_j + \cdots + \frac{A_n(s-p_j)}{s-p_n}$$

令 $s=p_j$，则等式右端除第 j 项外都变为零，这样求得

$$A_j = (s-p_j)F(s) \Big|_{s=p_j} = (s-p_j)\frac{N(s)}{D(s)} \Big|_{s=p_j} \qquad (11\text{-}2\text{-}5)$$

系数 $A_j(j=1,2,\cdots,n)$ 也可用下列方法求得。

由于 p_j 为 $F(s)$ 的一个根，故式 (11-2-5) 关于 A_j 的表达式可视为 $s \to p_j$ 时的极限，在求极限的过程中，出现 $\dfrac{0}{0}$ 的不定式，应用洛必达法则，得

$$A_j = \lim_{s \to p_j} \frac{(s-p_j)N(s)}{D(s)} = \lim_{s \to p_j} \frac{N(s)+(s-p_j)N'(s)}{D'(s)} = \frac{N(p_j)}{D'(p_j)}$$

所以确定式 (11-2-4) 中各待定系数的另一公式为

$$A_j = \frac{N(s)}{D'(s)} \Big|_{s=p_j} \qquad (11\text{-}2\text{-}6)$$

式中，$j=1, 2, \cdots, n$。

当式 (11-2-4) 中各系数确定以后，利用 $\mathscr{L}^{-1}\left[\dfrac{1}{s-p_j}\right] = \mathrm{e}^{p_j t}$，并根据拉普拉斯变换的线性性质，可求得 $F(s)$ 的原函数

$$f(t) = \sum_{j=1}^{n} A_j \mathrm{e}^{p_j t} \varepsilon(t) \qquad (11\text{-}2\text{-}7)$$

例 11-2-1　试求

$$F(s) = \frac{24s+64}{s^3+9s^2+23s+15}$$

的原函数 $f(t)$。

解　$F(s)$ 的分母多项式

$$D(s) = s^3+9s^2+23s+15 = (s+1)(s+3)(s+5)$$

则 $F(s)$ 的极点分别为 $p_1=-1$、$p_2=-3$、$p_3=-5$。则 $F(s)$ 可展开为

$$F(s) = \frac{A_1}{s+1} + \frac{A_2}{s+3} + \frac{A_3}{s+5}$$

因此上式各系数分别应为

$$A_1 = (s+1) \times \frac{24s+64}{(s+1)(s+3)(s+5)} \Big|_{s=-1} = \frac{24s+64}{(s+3)(s+5)} \Big|_{s=-1} = 5$$

$$A_2 = \frac{24s+64}{(s+1)(s+5)} \Big|_{s=-3} = 2, \quad A_3 = \frac{24s+64}{(s+1)(s+3)} \Big|_{s=-5} = -7$$

故 $F(s)$ 的原函数为

$$f(t) = (5e^{-t}+2e^{-3t}-7e^{-5t})\,\varepsilon(t)$$

系数 A_1、A_2、A_3 也可运用式（11-2-6）求得。

因为

$$D'(s) = 3s^2+18s+23$$

所以 A_1、A_2、A_3 分别为

$$A_1 = \frac{24s+64}{3s^2+18s+23}\bigg|_{s=-1} = 5,\ A_2 = \frac{24s+64}{3s^2+18s+23}\bigg|_{s=-3} = 2,\ A_3 = \frac{24s+64}{3s^2+18s+23}\bigg|_{s=-5} = -7$$

11.2.2　$F(s)$ 有复数极点的情况

设 $D(s) = 0$ 具有共轭复根 $p_1 = \alpha+j\omega$、$p_2 = \alpha-j\omega$，则

$$A_1 = [s-(\alpha+j\omega)]F(s)\,|_{s=\alpha+j\omega} = \frac{N(s)}{D'(s)}\bigg|_{s=\alpha+j\omega}$$

$$A_2 = [s-(\alpha-j\omega)]F(s)\,|_{s=\alpha-j\omega} = \frac{N(s)}{D'(s)}\bigg|_{s=\alpha-j\omega}$$

由于 $F(s)$ 是实系数多项式之比，可以证明 A_1、A_2 也为一对共轭复数。

设 $A_1 = |A_1|\,e^{j\theta_1}$，则 $A_2 = |A_1|\,e^{-j\theta_1}$，所以

$$\begin{aligned}
f(t) &= A_1 e^{(\alpha+j\omega)t}+A_2 e^{(\alpha-j\omega)t}\\
&= |A_1|\,e^{j\theta_1}e^{(\alpha+j\omega)t}+|A_1|\,e^{-j\theta_1}e^{(\alpha-j\omega)t}\\
&= |A_1|\,e^{\alpha t}[e^{j(\omega t+\theta_1)}+e^{-j(\omega t+\theta_1)}]\\
&= 2|A_1|\,e^{\alpha t}\cos(\omega t+\theta_1),\ t\geqslant 0
\end{aligned} \tag{11-2-8}$$

例 11-2-2　试求

$$F(s) = \frac{2s+5}{s^2+6s+34}$$

的原函数 $f(t)$。

解　$D(s) = s^2+6s+34 = 0$ 的根 $p_1 = -3+j5$、$p_2 = -3-j5$。所以，$F(s)$ 的部分分式展开式为

$$F(s) = \frac{A_1}{s-(-3+j5)}+\frac{A_2}{s-(-3-j5)}$$

式中

$$A_1 = (s+3-j5)F(s)\,|_{s=-3+j5} = \frac{2s+5}{s+3+j5}\bigg|_{s=-3+j5} = 1+j0.1 = e^{j5.7°}$$

$$A_2 = (s+3+j5)F(s)\,|_{s=-3-j5} = \frac{2s+5}{s+3-j5}\bigg|_{s=-3-j5} = 1-j0.1 = e^{-j5.7°}$$

由式（11-2-8），得

$$f(t) = 2e^{-3t}\cos(5t+5.7°)\varepsilon(t)$$

也可以用配方法来求解此例。

因为

$$\begin{aligned}
F(s) &= \frac{2s+5}{s^2+6s+34} = \frac{2s+5}{(s+3)^2+25} = \frac{2(s+3)-1}{(s+3)^2+5^2}\\
&= 2\times\frac{s+3}{(s+3)^2+5^2}-\frac{1}{5}\times\frac{5}{(s+3)^2+5^2}
\end{aligned}$$

查拉普拉斯变换表中的复频域平移性质变换对

$$\mathscr{L}[e^{-\alpha t}\sin(\omega t)] = \frac{\omega}{(s+\alpha)^2+\omega^2},\ \mathscr{L}[e^{-\alpha t}\cos(\omega t)] = \frac{s+\alpha}{(s+\alpha)^2+\omega^2}$$

得

$$f(t) = \left[2e^{-3t}\cos(5t) - 0.2e^{-3t}\sin(5t) \right]\varepsilon(t) = 2e^{-3t}\cos(5t+5.7°)\varepsilon(t)$$

11.2.3 $F(s)$ 有多重极点的情况

若 $F(s)$ 有一个 r 阶极点 p_1，其余的 p_2、$\cdots$、p_{n-r} 为单极点，则 $F(s)$ 的部分分式展开式为

$$F(s) = \frac{A_{1r}}{s-p_1} + \frac{A_{1(r-1)}}{(s-p_1)^2} + \cdots + \frac{A_{11}}{(s-p_1)^r} + \left(\frac{A_2}{s-p_2} + \cdots + \frac{A_{n-r}}{s-p_{n-r}} \right) \tag{11-2-9}$$

式中，系数 A_2、$\cdots$、A_{n-r} 的求解如上述。现在来分析系数 A_{11}、$\cdots$、A_{1r} 的求法。

为了求 A_{11}、$\cdots$、A_{1r}，可以将式（11-2-9）两端同乘以 $(s-p_1)^r$，则 A_{11} 被单独分离出来

$$(s-p_1)^r F(s) = A_{1r}(s-p_1)^{r-1} + A_{1(r-1)}(s-p_1)^{r-2} + \cdots + A_{11} + (s-p_1)^r \left(\frac{A_2}{s-p_2} + \cdots + \frac{A_{n-r}}{s-p_{n-r}} \right) \tag{11-2-10}$$

则

$$A_{11} = (s-p_1)^r F(s) \big|_{s=p_1}$$

再对式（11-2-10）两端对 s 求导一次，A_{12} 被分离出来

$$\frac{\mathrm{d}}{\mathrm{d}s}\left[(s-p_1)^r F(s) \right] = A_{1r}(r-1)(s-p_1)^{r-2} + \cdots + A_{12} + \frac{\mathrm{d}}{\mathrm{d}s}\left[(s-p_1)^r \left(\frac{A_2}{s-p_2} + \cdots + \frac{A_{n-r}}{s-p_{n-r}} \right) \right]$$

所以

$$A_{12} = \frac{\mathrm{d}}{\mathrm{d}s}\left[(s-p_1)^r F(s) \right]_{s=p_1}$$

同理可得

$$A_{13} = \frac{1}{2!} \frac{\mathrm{d}^2}{\mathrm{d}s^2}\left[(s-p_1)^r F(s) \right]_{s=p_1}$$

$$\vdots$$

$$A_{1(r-1)} = \frac{1}{(r-2)!} \frac{\mathrm{d}^{r-2}}{\mathrm{d}s^{r-2}}\left[(s-p_1)^r F(s) \right]_{s=p_1}$$

$$A_{1r} = \frac{1}{(r-1)!} \frac{\mathrm{d}^{r-1}}{\mathrm{d}s^{r-1}}\left[(s-p_1)^r F(s) \right]_{s=p_1}$$

例 11-2-3 试求

$$F(s) = \frac{s+4}{(s+1)(s+2)^3}$$

的原函数 $f(t)$。

解 $F(s)$ 的部分分式展开式为

$$F(s) = \frac{A_{13}}{s+2} + \frac{A_{12}}{(s+2)^2} + \frac{A_{11}}{(s+2)^3} + \frac{A_2}{s+1}$$

则

$$A_{11} = (s+2)^3 F(s) \big|_{s=-2} = \frac{s+4}{s+1} \bigg|_{s=-2} = -2$$

$$A_{12} = \frac{\mathrm{d}}{\mathrm{d}s}\left[(s+2)^3 F(s) \right]_{s=-2} = \frac{\mathrm{d}}{\mathrm{d}s}\left(\frac{s+4}{s+1} \right) \bigg|_{s=-2} = -3$$

$$A_{13} = \frac{1}{2!} \frac{\mathrm{d}^2}{\mathrm{d}s^2}\left[(s+2)^3 F(s) \right]_{s=-2} = \frac{1}{2!} \frac{\mathrm{d}^2}{\mathrm{d}s^2}\left(\frac{s+4}{s+1} \right) \bigg|_{s=-2} = -3$$

$$A_2 = (s+1) F(s) \big|_{s=-1} = \frac{s+4}{(s+2)^3} \bigg|_{s=-1} = 3$$

即

$$F(s) = \frac{-3}{s+2} + \frac{-3}{(s+2)^2} + \frac{-2}{(s+2)^3} + \frac{3}{s+1}$$

所以

$$f(t) = \left(-3e^{-2t} - 3te^{-2t} - \frac{2}{2!}t^2e^{-2t} + 3e^{-t}\right)\varepsilon(t)$$

$$= \left(-3e^{-2t} - 3te^{-2t} - t^2e^{-2t} + 3e^{-t}\right)\varepsilon(t)$$

此外，关于 $F(s)$ 中出现共轭重极点情况，这里就不再讨论，请读者自行拓展。

11.3 动态电路的复频域模型

11-3-1　动态电路
的复频域模型

用相量法求解正弦稳态响应时，引进了复阻抗（复导纳）的概念，并在电路图中直接画出频域中的元件模型，从而不仅可省去列写微分方程，直接写出相量形式的代数方程，而且由于相量形式表示的基本定律和直流激励下的电阻电路中所用同一定律具有完全相似的形式，因此就使正弦稳态电路的分析与电阻电路的分析统一为一种方法。

同样，可以将各电路元件的特性方程变换成复频域形式，再画出线性定常网络的复频域模型（或称为运算电路），然后直接列出网络在复频域中的代数方程并求解；第二种方法是，先列出网络的微积分方程，然后变换为复频域中的代数方程并求解。一般来说，第一种方法比第二种方法简便。这一节主要介绍第一种方法。

11.3.1　基尔霍夫定律的复频域形式

基尔霍夫电流定律的时域表达式为

$$\sum i(t) = 0$$

对上式进行拉普拉斯变换，并应用拉普拉斯变换的线性性质，可得

$$\mathscr{L}\left[\sum i(t)\right] = \sum \mathscr{L}\left[i(t)\right] = 0$$

设任一支路的电流 $i(t)$ 的象函数为 $I(s)$，代入上式得

$$\sum I(s) = 0 \tag{11-3-1}$$

上式就是基尔霍夫电流定律的复频域表达式。

同理，可以求得基尔霍夫电压定律的复频域表达式为

$$\sum U(s) = 0 \tag{11-3-2}$$

11.3.2　电阻元件的复频域形式

在时域电路中，线性定常电阻元件（见图 11-3-1a）的特性方程为

$$u(t) = Ri(t) \text{ 或 } i(t) = Gu(t)$$

对以上两式进行拉普拉斯变换，可得

$$U(s) = RI(s) \text{ 或 } I(s) = GU(s) \tag{11-3-3}$$

上述两式为线性定常电阻元件特性方程的复频域形式，相应的运算电路如图 11-3-1b 所示。

图 11-3-1　电阻元件
的电路模型

11.3.3　电感元件的复频域形式

在时域电路中，线性定常电感元件（见图 11-3-2a）的特性方程为

$$u(t) = L\frac{\mathrm{d}i(t)}{\mathrm{d}t} \ \text{或} \ i(t) = \frac{1}{L}\int_{0_-}^{t} u(t)\mathrm{d}t + i(0_-)$$

对上述第一式进行拉普拉斯变换，可得

$$\mathscr{L}[u(t)] = \mathscr{L}\left[L\frac{\mathrm{d}i(t)}{\mathrm{d}t}\right]$$

$$U(s) = sLI(s) - Li(0_-) \qquad\qquad (11\text{-}3\text{-}4\mathrm{a})$$

或改写为

$$I(s) = \frac{1}{sL}U(s) + \frac{i(0_-)}{s} \qquad (11\text{-}3\text{-}4\mathrm{b})$$

式（11-3-4a）中，sL 为电感 L 的运算阻抗，$i(0_-)$ 表示电感中的初始电流。这样就可以得到图 11-3-2b 所示的运算电路，$Li(0_-)$ 表示附加电压源的电压，它反映了电感初始电流的作用。

式（11-3-4b）中，$\frac{1}{sL}$ 为电感 L 的运算导纳，$\frac{i(0_-)}{s}$ 表示附加电流源的电流，其相应的运算电路如图 11-3-2c 所示。

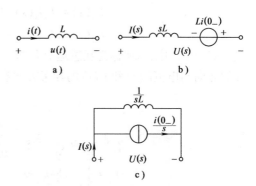

图 11-3-2 电感元件的电路模型

11.3.4 电容元件的复频域形式

在时域电路中，线性定常电容元件（见图 11-3-3a）的特性方程为

$$u(t) = \frac{1}{C}\int_{0_-}^{t} i(t)\mathrm{d}t + u(0_-) \ \text{或} \ i(t) = C\frac{\mathrm{d}u(t)}{\mathrm{d}t}$$

对上述第二式进行拉普拉斯变换，可得

$$\mathscr{L}[i(t)] = \mathscr{L}\left[C\frac{\mathrm{d}u(t)}{\mathrm{d}t}\right]$$

$$I(s) = sCU(s) - Cu(0_-) \qquad\qquad (11\text{-}3\text{-}5\mathrm{a})$$

或改写为

$$U(s) = \frac{1}{sC}I(s) + \frac{u(0_-)}{s} \qquad\qquad (11\text{-}3\text{-}5\mathrm{b})$$

式（11-3-5a）中，sC 为电容 C 的运算导纳，$u(0_-)$ 表示电容中的初始电压。这样就可以得到图 11-3-3b 所示的运算电路，$Cu(0_-)$ 表示附加电流源的电流，它反映了电容初始电压的作用。式（11-3-5b）中，$\frac{1}{sC}$ 为电容 C 的运算阻抗，$\frac{u(0_-)}{s}$ 表示附加电压源的电压，其相应的运算电路如图 11-3-3c 所示。

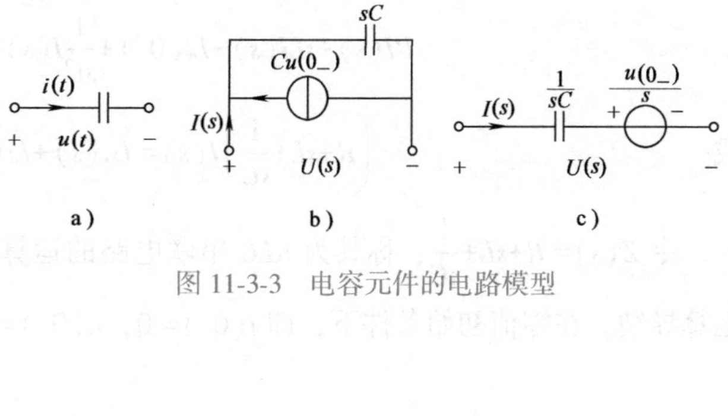

图 11-3-3 电容元件的电路模型

11.3.5 耦合电感的复频域形式

在时域电路中，线性定常耦合电感（见图 11-3-4a，设电流流入同名端）的特性方程为

$$u_1(t) = L_1 \frac{\mathrm{d}i_1(t)}{\mathrm{d}t} + M \frac{\mathrm{d}i_2(t)}{\mathrm{d}t}, \quad u_2(t) = L_2 \frac{\mathrm{d}i_2(t)}{\mathrm{d}t} + M \frac{\mathrm{d}i_1(t)}{\mathrm{d}t}$$

对上式两端进行拉普拉斯变换，可得

$$U_1(s) = sL_1 I_1(s) - L_1 i_1(0_-) + sM I_2(s) - M i_2(0_-)$$
$$U_2(s) = sL_2 I_2(s) - L_2 i_2(0_-) + sM I_1(s) - M i_1(0_-)$$

$(11\text{-}3\text{-}6)$

式（11-3-6）中，sM 称为互感运算阻抗；$M i_1(0_-)$ 和 $M i_2(0_-)$ 都是附加的电压源，附加电压源的方向与电流 $i_1(t)$ 和 $i_2(t)$ 的参考方向有关。图11-3-4b 为具有耦合电感的运算电路。

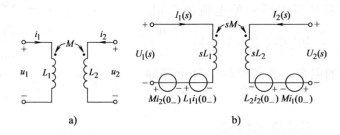

a)

b)

图 11-3-4　耦合电感的电路模型

受控源及理想变压器等电路元件的特性方程的复频域形式，可根据它们的时域特性方程经拉普拉斯变换而得，这里不再一一举例。

11.3.6 *RLC* 元件串联的复频域形式

图 11-3-5a 所示为 *RLC* 串联电路。设电源电压为 $u_1(t)$，电感初始电流为 $i(0_-)$，电容初始电压为 $u(0_-)$。如果用运算电路表示，将得到图 11-3-5b 所示的电路。

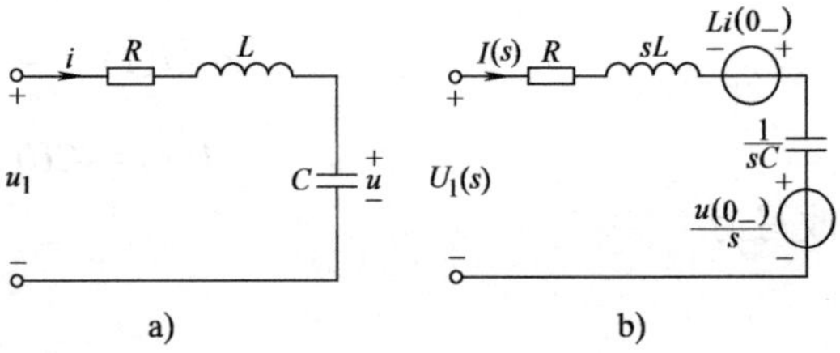

由基尔霍夫电压定律的复频域形式 $\sum U(s) = 0$，有

图 11-3-5　*RLC* 元件串联的电路模型

$$RI(s) + sLI(s) - Li(0_-) + \frac{1}{sC}I(s) + \frac{u(0_-)}{s} = U_1(s)$$

或

$$\left(R + sL + \frac{1}{sC}\right)I(s) = U_1(s) + Li(0_-) - \frac{u(0_-)}{s}$$

令 $Z(s) = R + sL + \dfrac{1}{sC}$，称其为 *RLC* 串联电路的运算阻抗。有时还定义 $Y(s) = \dfrac{1}{Z(s)}$，称为运算导纳。在零值初始条件下，即 $i(0_-) = 0$，$u(0_-) = 0$ 时，上式将变为

$$\left(R+sL+\frac{1}{sC}\right)I(s)=U_1(s) \tag{11-3-7}$$

或

$$Z(s)I(s)=U_1(s)$$

上式即为运算形式的欧姆定律。

请读者将式（11-3-7）中的 s 变换为 $j\omega$，并与 RLC 串联电路的正弦稳态电路的相量模型进行比较。

11.4 动态电路的复频域分析

11-4-1 动态电路的复频域分析

在 11.3 节将储能元件的初始条件作为附加电源处理后，所有运算阻抗均符合欧姆定律。基尔霍夫定律和欧姆定律在电阻电路中导出了一系列电路定理、变换和电路方程，所有这些在正弦稳态电路中曾用过，现在依然可以引申到运算电路。所有结点电压法、回路电流法、网孔电流法、叠加定理、戴维宁定理、阻抗串并联和 △—Y 形变换等均可以直接应用于运算电路，这样便可把解微分方程问题转化为网络中的代数运算。求解过程大体上可分为 4 个步骤：

1) 由换路前瞬间电路的工作状态，计算出所有储能元件的初始状态，即各电感电流和电容电压初始值。

2) 画出运算电路图。将所有电路元件均用运算电路模型表示，如 R 用 R 替代，L 用运算感抗 sL 及附加电压源 $Li(0_-)$ 相串联的有源支路替代，C 用运算容抗 $\frac{1}{sC}$ 和附加电压源 $\frac{u(0_-)}{s}$ 相串联的有源支路替代，将电源变换为运算形式。运算电路的结构、电压和电流的参考方向均和时域电路图相同。

3) 根据运算电路图，运用线性电路的各种分析方法，计算出响应的象函数。求得的运算解一般是 s 的有理分式，物理意义是不明显的。

4) 运用部分分式展开法，将求出的象函数进行拉普拉斯反变换，可得到对应的时域解。时域解是响应的时间函数表达式，由时域解可以明显地看出响应的变化规律、量值大小等。

例 11-4-1 RC 并联电路如图 11-4-1a 所示，换路前处于零状态，激励为单位冲激函数 $\delta(t)$。试求 $u_C(t)$ 和 $i_C(t)$。

解 画出运算电路如图 11-4-1b 所示。

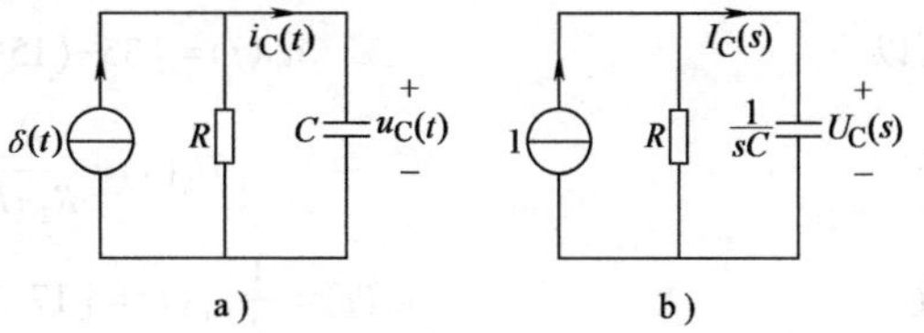

$$U_C(s)=\frac{I(s)}{Y(s)}=\frac{1}{C}\times\frac{1}{s+\frac{1}{RC}}$$

图 11-4-1 例 11-4-1 电路图

故

$$u_C(t)=\frac{1}{C}e^{-\frac{t}{RC}}\varepsilon(t)$$

$$I_C(s)=\frac{U_C(s)}{\frac{1}{sC}}=\frac{s}{s+\frac{1}{RC}}=1-\frac{\frac{1}{RC}}{s+\frac{1}{RC}}$$

得
$$i_C(t) = \delta(t) - \frac{1}{RC} e^{-\frac{t}{RC}} \varepsilon(t)$$

$i_C(t)$ 中的瞬间冲激部分就是迫使 $u_C(t)$ 发生突变的初始瞬间的充电电流。在 $t=0$ 瞬间，C 相当于短路，冲激电流 $\delta(t)$ 全部进入电容，将电容充电至

$$u_C(0_+) = \frac{1}{C} \int_{0_-}^{0_+} \delta(t)\,dt = \frac{1}{C}$$

然后电容向电阻放电，放电规律和零输入响应相同。冲激响应仅仅体现为骤然建立了新的初始状态。

例 11-4-2 图 11-4-2a 所示的电路中，已知 $R_1=30\,\Omega$，$R_2=R_3=5\,\Omega$，$L_1=0.1\,\mathrm{H}$，$C=1000\,\mu\mathrm{F}$，$U=140\,\mathrm{V}$，开关闭合已久。试求开关打开后其端电压 $u_k(t)$ 和电容电压 $u_C(t)$。

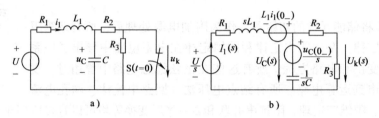

图 11-4-2　例 11-4-2 电路图

解 先求出电感电流及电容电压的初始值。由题意可得

$$i_1(0_-) = \frac{U}{R_1+R_2} = \frac{140}{30+5}\,\mathrm{A} = 4\,\mathrm{A}$$

$$u_C(0_-) = -i_1(0_-)R_1 + U = (-4 \times 30 + 140)\,\mathrm{V} = 20\,\mathrm{V} \ \text{或} \ u_C(0_-) = R_2 i_1(0_-) = 20\,\mathrm{V}$$

画出运算电路如图 11-4-2b 所示。由结点电压法列方程得

$$\left(\frac{1}{R_1+sL_1} + \frac{1}{\dfrac{1}{sC}} + \frac{1}{R_2+R_3} \right) U_C(s) = \frac{\dfrac{U}{s}+L_1 i_1(0_-)}{R_1+sL_1} + \frac{\dfrac{u_C(0_-)}{s}}{\dfrac{1}{sC}}$$

代入已知数据，整理后得

$$U_C(s) = \frac{20s^2 + 10^4 s + 140 \times 10^4}{s(s^2 + 400s + 4 \times 10^4)}$$

$$= \frac{35}{s} - \frac{15}{s+200} - \frac{1000}{(s+200)^2}$$

所以
$$u_C(t) = \left[35 - (15 + 1000t)\,e^{-200t} \right] \varepsilon(t)\,\mathrm{V}$$

而
$$U_k(s) = \frac{R_3}{R_2+R_3} U_C(s) = \frac{U_C(s)}{2}$$

故
$$u_k(t) = \frac{1}{2} u_C(t) = \left[17.5 - (7.5 + 500t)\,e^{-200t} \right] \varepsilon(t)\,\mathrm{V}$$

例 11-4-3 图 11-4-3a 所示电路中，已知 $u_C(0_-) = 100\,\mathrm{V}$，开关打开已久。在 $t=0$ 时刻将开关闭合，试求 $i_1(t)$ 和 $u_L(t)$。

解 先求出电感电流的初始值。由题意可得

$$i_1(0_-) = \frac{200}{30+10}\,\mathrm{A} = 5\,\mathrm{A}$$

画出运算电路如图 11-4-3b 所示。由回路电流法列方程得

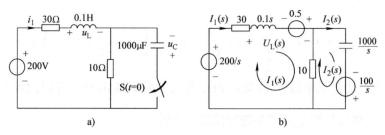

图 11-4-3　例 11-4-3 电路图

$$\begin{cases} (30+0.1s+10)I_1(s)-10I_2(s)=\dfrac{200}{s}+0.5 \\[2mm] -10I_1(s)+\left(10+\dfrac{1000}{s}\right)I_2(s)=\dfrac{100}{s} \end{cases}$$

解得
$$I_1(s)=\frac{5(s^2+700s+40000)}{s(s+200)^2}=\frac{5}{s}+\frac{1500}{(s+200)^2}$$

所以
$$i_1(t)=(5+1500te^{-200t})\varepsilon(t)\ \text{A}$$

$$U_L(s)=sLI_1(s)-0.5=\frac{150}{s+200}+\frac{-30000}{(s+200)^2}$$

故
$$u_L(t)=(150e^{-200t}-30000te^{-200t})\varepsilon(t)\ \text{V}$$

请读者用拉普拉斯变换的初值定理和终值定理验证上述 $I_1(s)$ 的正确性，这里 $i_1(0_+)=i_1(\infty)=5\ \text{A}$。

请读者在时域中运用 $u_L(t)=L\dfrac{\mathrm{d}i_1(t)}{\mathrm{d}t}$ 求取 $u_L(t)$，与本例 $u_L(t)$ 的结果进行比较，并分析之。

例 11-4-4　图 11-4-4a 所示电路中，已知 $u_{s1}=10\ \text{V}$，$u_{s2}=2\ \text{V}$，$R=2\ \Omega$，$C_1=C_2=C_3=2\ \text{F}$，$u_{C1}(0_-)=u_{C2}(0_-)=5\ \text{V}$，$t=0$ 时 S 合向 2，试求 u_{C2}。

解　先求出电容 C_3 的电压的初始值。由题意可得

$$u_{C3}(0_-)=u_{s2}=2\ \text{V}$$

画出运算电路如图 11-4-4b 所示。
由结点电压法得

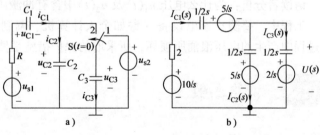

图 11-4-4　例 11-4-4 电路图

$$\left(\frac{1}{2+\dfrac{1}{2s}}+2s+2s\right)U(s)=\frac{\dfrac{10}{s}-\dfrac{5}{s}}{2+\dfrac{1}{2s}}+\frac{\dfrac{5}{s}}{\dfrac{1}{2s}}+\frac{\dfrac{2}{s}}{\dfrac{1}{2s}}$$

故
$$U(s)=\frac{28s+12}{s(3+8s)}=\frac{4}{s}-\frac{4}{8s+3}$$

则
$$u=u_{C2}=u_{C3}=\left(4-0.5e^{-\frac{3}{8}t}\right)\varepsilon(t)\ \text{V}$$

此时
$$I_{C2}(s)=\frac{U(s)-\dfrac{5}{s}}{\dfrac{1}{2s}}=-3+\frac{3}{8s+3}, \quad \text{则}\ i_{C2}=\left[-3\delta(t)+\frac{3}{8}e^{-\frac{3}{8}t}\varepsilon(t)\right]\ \text{A}$$

$$I_{C3}(s) = \frac{U(s) - \dfrac{2}{s}}{\dfrac{1}{2s}} = 3 + \frac{3}{8s+3}, \quad \text{则} \quad i_{C3} = \left[3\delta(t) + \frac{3}{8}e^{-\frac{3}{8}t}\varepsilon(t)\right] A$$

请读者分析：为什么电流 $i_2(t)$ 及 $i_3(t)$ 中含有冲激函数 $\delta(t)$？先请读者不妨用 $i_{C2}(t) = C_2 \dfrac{\mathrm{d}u_{C2}}{\mathrm{d}t}$ 求取 i_{C2}，并与本例 i_{C2} 的结果进行比较和分析。

例 11-4-5　图 11-4-5a 所示电路中，开关闭合已久。在 $t=0$ 时刻将其打开，试求 $i_1(t)$。

解　先求出电感电流的初始值。由题意可得

图 11-4-5　例 11-4-5 电路图

$$i_1(0_-) = \frac{10}{2} A = 5 A$$

$$i_2(0_-) = 0$$

画出运算电路如图 11-4-5b 所示。则

$$I_1(s) = \frac{\dfrac{10}{s} + 1.5}{5 + 0.4s} = \frac{10 + 1.5s}{(5 + 0.4s)s} = \frac{2}{s} + \frac{1.75}{s + 12.5}$$

故

$$i_1(t) = (2 + 1.75e^{-12.5t})\varepsilon(t) A$$

此时

$$U_1(s) = 0.3sI_1(s) - 1.5 = -\frac{6.56}{s+12.5} - 0.375, \quad \text{则} \quad u_1(t) = \left[-0.375\delta(t) - 6.56e^{-12.5t}\varepsilon(t)\right] V$$

$$U_2(s) = 0.1sI_1(s) = 0.375 - \frac{2.19}{s+12.5}, \quad \text{则} \quad u_2(t) = \left[0.375\delta(t) - 2.19e^{-12.5t}\varepsilon(t)\right] V$$

请读者分析：为什么电压 $u_1(t)$ 及 $u_2(t)$ 中含有冲激函数 $\delta(t)$？

工程中，要防止家电设备（譬如个人计算机、调制解调器以及灵敏电子设备）被开、关过程中产生的电压浪涌所损坏，所采取的保护措施是使用浪涌抑制器。

11.5　网络函数

11.5.1　网络函数的定义

在仅含有一个激励源的零状态线性动态网络中，若任意激励 $e(t)$ 的象函数为 $E(s)$，响应 $r(t)$ 的象函数为 $R(s)$，则网络的零状态响应象函数 $R(s)$ 与激励象函数 $E(s)$ 之比称为网络函数 $H(s)$，即

$$H(s) = \frac{R(s)}{E(s)} \tag{11-5-1}$$

所以电路的零状态响应象函数等于网络函数乘以激励象函数，即

$$R(s) = H(s)E(s) \tag{11-5-2}$$

网络函数 $H(s)$ 是联系电路中任一零状态响应象函数（例如，电路中任意两个结点间的电压或者任一支路的电流）与激励象函数的复频域导出参数。按激励与响应的类型，网络函数可以具有不同的形式。因为响应和激励可以是同一端口上的电压或电流，也可以是不同端

11-5-1　网络函数（1）　11-5-2　网络函数（2）

口上的电压或电流，所以网络函数可以是驱动点阻抗或导纳、转移阻抗或导纳、电压转移函数或电流转移函数。

这里所谓的驱动点阻抗或导纳实际上就是端口的输入阻抗或导纳。

在式（11-5-2）中，若 $E(s)=1$，则 $R(s)=H(s)$，即网络函数就是该响应的象函数。而当 $E(s)=1$ 时，$e(t)=\delta(t)$。换言之，网络函数 $H(s)$ 的原函数 $h(t)$ 就是单位冲激函数 $\delta(t)$ 激励下的零状态响应，即

$$h(t)=\mathscr{L}^{-1}[H(s)]=\mathscr{L}^{-1}[R(s)]=r(t)$$
$$(11\text{-}5\text{-}3)$$

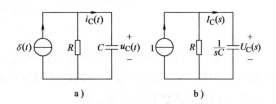

图 11-5-1　例 11-5-1 电路图

例 11-5-1　RC 并联电路如图 11-5-1a 所示，换路前处于零状态，激励为单位冲激函数 $\delta(t)$。试求冲激响应 $h(t)$，即电容电压 $u_C(t)$。

解　画出运算电路如图 11-5-1b 所示。由于此冲激响应为电路端电压，与冲激电流激励属于同一端口，因而网络函数为驱动点阻抗，即

$$H(s)=\frac{R(s)}{E(s)}=\frac{U_C(s)}{1}=Z(s)=\frac{1}{\dfrac{1}{R}+sC}=\frac{1}{C}\cdot\frac{1}{s+\dfrac{1}{RC}}$$

$$h(t)=u_C(t)=\mathscr{L}^{-1}[H(s)]=\mathscr{L}^{-1}\left[\frac{1}{C}\cdot\frac{1}{s+\dfrac{1}{RC}}\right]=\frac{1}{C}e^{-\frac{1}{RC}t}\varepsilon(t)$$

例 11-5-2　图 11-5-2 所示电路，已知 $R=0.5\,\Omega$，$L=1\,H$，$C=1\,F$，$\alpha=0.25$。

（1）定义网络函数 $H(s)=\dfrac{I_2(s)}{U_s(s)}$，试求 $H(s)$ 及其单位冲激响应 $h(t)$。

（2）试求当 $u_s(t)=3e^{-t}\varepsilon(t)$ V 时的响应 $i_2(t)$。

解　（1）如图 11-5-2 所示，列回路电流方程，得

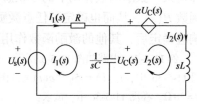

图 11-5-2　例 11-5-2 电路图

$$\begin{cases}\left(R+\dfrac{1}{sC}\right)I_1(s)-\dfrac{1}{sC}I_2(s)=U_s(s)\\[2mm]-\dfrac{1}{sC}I_1(s)+\left(sL+\dfrac{1}{sC}\right)I_2(s)=-\alpha U_C(s)\\[2mm]U_C(s)=\dfrac{1}{sC}[I_1(s)-I_2(s)]\end{cases}$$

代入已知数据并化简得

$$\begin{cases}(0.5s+1)I_1(s)-I_2(s)=sU_s(s)\\-0.75I_1(s)+(s^2+0.75)I_2(s)=0\end{cases}$$

解得

$$I_2(s)=\frac{1.5U_s(s)}{s^2+2s+0.75}$$

所以

$$H(s)=\frac{I_2(s)}{U_s(s)}=\frac{1.5}{s^2+2s+0.75}=\frac{1.5}{s+0.5}-\frac{1.5}{s+1.5}$$

则其单位冲激响应为

$$h(t) = 1.5(e^{-0.5t} - e^{-1.5t})\varepsilon(t)$$

(2) 当 $u_s(t) = 3e^{-t}\varepsilon(t)$ V 时

$$U_s(s) = \mathscr{L}[u_s(t)] = \frac{3}{s+1}$$

$$I_2(s) = H(s)U_s(s) = \frac{1.5}{s^2+2s+0.75} \times \frac{3}{s+1} = \frac{9}{s+0.5} + \frac{9}{s+1.5} - \frac{18}{s+1}$$

所以

$$i_2(t) = (9e^{-0.5t} + 9e^{-1.5t} - 18e^{-t})\varepsilon(t) \text{ A}$$

由此可见，对于拓扑结构及参数给定的电路，指出输入、输出变量后，必能算出网络函数 $H(s)$，即拓扑结构和参数完全确定了网络函数。而且对于非时变、线性、集总参数电路，$H(s)$ 都是 s 的实系数有理函数，即

$$H(s) = \frac{N(s)}{D(s)} = \frac{b_m s^m + b_{m-1} s^{m-1} + \cdots + b_1 s + b_0}{a_n s^n + a_{n-1} s^{n-1} + \cdots + a_1 s + a_0} \tag{11-5-4}$$

因为 $H(s)$ 的获得无非是通过 R、L、C 串并联，或回路、结点方程的行列式计算，所有这些不外于 R、sL、$1/sC$ 的加、减、乘、除等运算。由代数知识可知其结果必为式（11-5-4）的形式。该式中的系数也必是 R、L、C（或受控源的控制系数）的乘积之代数和，故其必为实系数。

此外，象函数 $H(s)$ 必对应着一个时域原函数 $h(t)$。由前面所述可知，网络函数 $H(s)$ 的原函数 $h(t)$ 是单位冲激函数 $\delta(t)$ 激励下的零状态响应。所以知道了冲激函数 $\delta(t)$ 的零状态响应 $h(t)$，就可以求出网络函数 $H(s)$，也就可以确定任意激励下的零状态响应。反之，若知道某一激励函数作用下的零状态响应，则可以求出其象函数 $E(s)$ 和 $R(s)$，进而确定网络函数 $H(s)$，从而也确定了任意激励下的零状态响应。因此线性电路任一激励函数的零状态响应确定后，其他的激励函数作用下的零状态响应也就确定了。

例 11-5-3 电路如图 11-5-3 所示，N 中初始值为零。已知图 11-5-3a 中，$u_0(t) = (1 - e^{-100t})\varepsilon(t)$ V；图 11-5-3b 中，$i_s(t) = 5e^{-50t}\varepsilon(t)$ A，图 11-5-3c 中，$R = 30\ \Omega$。在图 11-5-3c 中，试求：

(1) $H(s) = \dfrac{I(s)}{U_1(s)}$

(2) 若 $u_1(t) = 5e^{-40t}\varepsilon(t)$ V，$i(t) = ?$

解 由图 11-5-3a 可知，当 $U_s(s) = \dfrac{1}{s}$ 时，有

$$U_0(s) = \frac{1}{s} - \frac{1}{s+100} = \frac{100}{s(s+100)}$$

此时若 $U_s(s) = 1$，则根据线性定理，图 11-5-3a 中 2-2′端电压应为

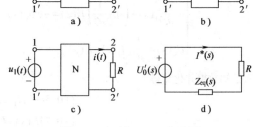

图 11-5-3　例 11-5-3 电路图

$$U_0'(s) = \frac{100}{s+100}$$

即当图 11-5-3a 电路中的 $U_s(s) = 1$ 时，开路电压为 $\dfrac{100}{s+100}$。由图 11-5-3b 所示电路又可确定短路电流为

$I_s(s) = \dfrac{5}{s+50}$（注意图 11-5-3b 中激励的象函数亦为 1）。故得图 11-5-3c 所示电路（由 2-2′端向左看）的戴维宁等效电路的等效运算阻抗为

$$Z_{eq}(s) = \frac{U_0'(s)}{I_s(s)} = \frac{100}{s+100} \bigg/ \frac{5}{s+50} = \frac{20(s+50)}{s+100}$$

再根据戴维宁等效电路，如图 11-5-3d 所示，得所求网络函数为

$$H(s) = I^*(s) = \frac{U_0'(s)}{Z_{eq}(s)+R} = \frac{\dfrac{100}{s+100}}{\dfrac{20(s+50)}{s+100}+30} = \frac{2}{s+80}$$

那么当 $U_s(s) = \dfrac{5}{s+40}$ 时，有

$$I(s) = \frac{5}{s+40} \cdot \frac{2}{s+80} = \frac{1}{4}\left(\frac{1}{s+40} - \frac{1}{s+80}\right)$$

所以

$$i(t) = \frac{1}{4}(e^{-40t} - e^{-80t})\varepsilon(t)\ \text{A}$$

11.5.2 网络函数的极点和零点

前面已经指出了网络函数 $H(s)$ 是复频率变量 s 的实系数有理式，其表达式如式（11-5-4）所示，它的一般形式还可以写成

$$H(s) = \frac{N(s)}{D(s)} = \frac{b_m s^m + b_{m-1} s^{m-1} + \cdots + b_1 s + b_0}{a_n s^n + a_{n-1} s^{n-1} + \cdots + a_1 s + a_0} = H_0 \frac{(s-z_1)(s-z_2)\cdots(s-z_i)\cdots(s-z_m)}{(s-p_1)(s-p_2)\cdots(s-p_j)\cdots(s-p_n)}$$

$$= H_0 \frac{\displaystyle\prod_{i=1}^{m}(s-z_i)}{\displaystyle\prod_{j=1}^{n}(s-p_j)} \tag{11-5-5}$$

式中，$H_0 = \dfrac{b_m}{a_n}$ 为一实数，称为增益常数；$p_j(j=1,2,\cdots,n)$ 为 $D(s)=0$ 的根，称为网络函数 $H(s)$ 的极点；$z_i(i=1,2,\cdots,m)$ 为 $N(s)=0$ 的根，称为网络函数 $H(s)$ 的零点。

式（11-5-5）表明，一个网络函数可以用它的 n 个极点和 m 个零点及增益常数来完整地描述。极点和零点必然是实数或成对出现的共轭复数，这是由实系数多项式的性质决定的。如果以复数 s 的实部 σ 为横轴，虚部 $j\omega$ 为纵轴，就得到一个复频率平面，简称复平面或 s 平面。在复平面上把 $H(s)$ 的零点用"o"表示，极点用"×"表示，从而得到网络函数 $H(s)$ 的零、极点分布图。

零、极点在 s 平面上的分布与网络的时域响应和正弦稳态响应有着密切的关系。

例 11-5-4 已知某网络函数为

$$H(s) = \frac{2s^2 - 12s + 16}{s^3 + 4s^2 + 6s + 3}$$

试在复平面上绘出其零、极点。

解 分子 $N(s) = 2(s^2 - 6s + 8) = 2(s-2)(s-4)$

分母 $D(s) = (s+1)(s^2+3s+3) = (s+1)\left(s+\dfrac{3}{2}+j\dfrac{\sqrt{3}}{2}\right)\left(s+\dfrac{3}{2}-j\dfrac{\sqrt{3}}{2}\right)$

所以 $H(s)$ 有 2 个零点：$z_1 = 2$、$z_2 = 4$；3 个极点：$p_1 = -1$、$p_2 = -\dfrac{3}{2} - j\dfrac{\sqrt{3}}{2}$、$p_3 = -\dfrac{3}{2} + j\dfrac{\sqrt{3}}{2}$。其零、极点图如

图 11-5-4 所示。

在极端情况下，如果一个零点 z_i 和一个极点 p_j 重合，则与该极点 p_j 有关项的系数 A_j 为零（亦称为零传输），也就是在响应中不存在这个极点的项。例如对于图 11-5-5 所示的电路，当 i_s 作为输入，u 作为输出时，网络函数为

$$H(s) = \frac{(s+1)\left(\dfrac{1}{s}+1\right)}{(s+1)+\left(\dfrac{1}{s}+1\right)} = \frac{(s+1)(s+1)}{(s+1)^2} = 1$$

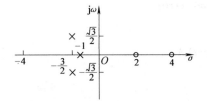

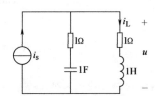

图 11-5-4　例 11-5-4 的零、极点图　　　　图 11-5-5　零极点重合示例电路图

二重零点和二重极点完全重合，响应中不存在相应极点的项。实际上，在定义 $H(s)$ 时并未规定因子不可相约，由 $H(s)$ 中反映不出零极点重合。例如本例中，$H(s)$ 为常数 1，就认为该网络函数不存在零极点。所以在特殊情况下，同一电路不同响应的网络函数的极点可以不同。在本例中，若 i_L 作为输出时，$H(s) = \dfrac{1}{s+1}$，具有一个极点（−1），而 u 作为输出时，其网络函数没有极点。

11.5.3　极点和零点与冲激响应

若已知网络函数 $H(s)$ 和外加激励的象函数 $E(s)$，则零状态响应象函数为

$$R(s) = H(s)E(s) = \frac{N(s)}{D(s)}\frac{P(s)}{Q(s)}$$

式中，$H(s) = \dfrac{N(s)}{D(s)}$，$E(s) = \dfrac{P(s)}{Q(s)}$，而 $N(s)$、$D(s)$、$P(s)$、$Q(s)$ 都是 s 的多项式。用部分分式法求 $R(s)$ 的原函数时，$D(s)Q(s) = 0$ 的根包含 $D(s) = 0$ 和 $Q(s) = 0$ 的根。响应中与 $Q(s) = 0$ 的根对应的那些项与外加激励的函数形式相同，属于强制分量；而与 $D(s) = 0$ 的根（即网络函数的极点）对应的那些项的性质由网络的结构与参数决定，属于自由分量。因此说网络函数极点的性质决定了网络暂态过程的性质。

若网络函数仅含一阶极点，且 $n>m$，则网络函数可展开为

$$H(s) = \frac{N(s)}{D(s)} = \frac{b_m s^m + b_{m-1}s^{m-1} + \cdots + b_1 s + b_0}{a_n s^n + a_{n-1}s^{n-1} + \cdots + a_1 s + a_0} = \sum_{i=1}^{n} \frac{A_i}{s - p_i} \tag{11-5-6}$$

其中极点 $p_i(i=1,2,\cdots,n)$ 也称为网络函数 $H(s)$ 的自然频率或固有频率，它仅与网络的结构及参数有关。

网络的单位冲激响应为

$$h(t) = \mathscr{L}^{-1}[H(s)] = \sum_{i=1}^{n} A_i \mathrm{e}^{p_i t} \qquad (11\text{-}5\text{-}7)$$

不失一般性，设 $p_i = \alpha_i + \mathrm{j}\omega_i$，$A_i = |A_i| \underline{/\theta_i}$，现讨论如下：

1）当极点位于左半实轴（如图 11-5-6 中的极点 p_1）时，$\alpha_1 < 0$，$\omega_1 = 0$，则 $h_1(t) = A_1 \mathrm{e}^{\alpha_1 t}$ 按指数规律衰减。$|\alpha_1|$ 值越大，即 p_1 离原点越远，衰减越快，如图 11-5-6 中的 h_1。

2）当极点位于左半平面但不包含实轴（如图 11-5-6 中的极点 p_2 和其共轭复数 p_2^*）时，$\alpha_2 < 0$，则 $h_2(t) = 2|A_2| \mathrm{e}^{\alpha_2 t} \cos(\omega_2 t + \theta_2)$，它是振幅按指数衰减的自由振荡。$|\alpha_2|$ 值越大，即 p_2 和 p_2^* 离虚轴越远，衰减越快；ω_2 越大，即 p_2 和 p_2^* 离实轴越远，振荡越激烈，如图 11-5-6 中的 h_2。

3）当极点位于原点（如图 11-5-6 中的极点 p_3）时，$\alpha_3 = \omega_3 = 0$，则 $h_3(t) = A_3 \varepsilon(t)$ 为阶跃函数，如图 11-5-6 中的 h_3。

4）当极点位于虚轴（如图 11-5-6 中的极点 p_4 和其共轭复数 p_4^*）时，$\alpha_4 = 0$，则 $h_4(t) = 2|A_4| \cos(\omega_4 t + \theta_4)$，它是不衰减的自由振荡。$\omega_4$ 越大，即 p_4 和 p_4^* 离实轴越远，振荡越激烈，如图 11-5-6 中的 h_4。

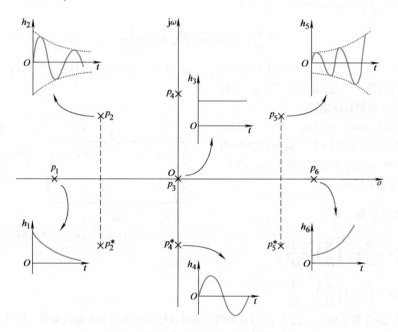

图 11-5-6 网络函数的极点位置与冲激响应关系

5）当极点位于右半平面但不包含实轴（如图 11-5-6 中的极点 p_5 和其共轭复数 p_5^*）时，$\alpha_5 > 0$，则 $h_5(t) = 2|A_5| \mathrm{e}^{\alpha_5 t} \cos(\omega_5 t + \theta_5)$，它是振幅按指数增长的自由振荡。$\alpha_5$ 值越大，即 p_5 和 p_5^* 离虚轴越远，增长越快；ω_5 越大，即 p_5 和 p_5^* 离实轴越远，振荡越激烈，如图 11-5-6 中的 h_5。

6）当极点位于右半实轴（如图 11-5-6 中的极点 p_6）时，$\alpha_6 > 0$，$\omega_6 = 0$，则 $h_6(t) = A_6 \mathrm{e}^{\alpha_6 t}$ 按指数规律增长。α_6 值越大，即 p_6 离原点越远，增长越快，如图 11-5-6 中的 h_6。

由以上分析可以看到，一个稳定线性定常网络的网络函数 $H(s)$ 具有以下性质：

1）$H(s)$ 是 s 的实有理函数。

2）在其所有的极点中无位于开右半 s 平面上的极点。

3）在位于虚轴 $j\omega$ 上的极点中无重极点（这一点请读者思考：可以由它对应的时域解入手分析）。

如果线性定常网络稳定，而且还是渐进稳定（定义请参考相关教材），则其网络函数具有以下性质：

1）它是 s 的实有理函数。

2）其所有的极点均位于开左半 s 平面。

例 11-5-5　RLC 串联电路接通直流电源 U_s，如图 11-5-7a 所示。试根据网络函数 $H(s) = \dfrac{U_C(s)}{U_s(s)}$ 的极点分布情况分析 $u_C(t)$ 的变化规律。

解
$$H(s) = \frac{U_C(s)}{U_s(s)} = \frac{1}{R + sL + \dfrac{1}{sC}} \times \frac{1}{sC} = \frac{1}{s^2 LC + sRC + 1} = \frac{1}{LC} \times \frac{1}{(s - p_1)(s - p_2)}$$

1）当 $0 < R < 2\sqrt{\dfrac{L}{C}}$ 时，$p_{1,2} = -\delta \pm j\omega_d$，其中

$$\delta = \frac{R}{2L}, \quad \omega_d = \sqrt{\omega_0^2 - \delta^2}, \quad \omega_0 = \frac{1}{\sqrt{LC}}$$

这时 $H(s)$ 的极点位于左半平面，如图 11-5-7b 中的 p_1、p_2，因此 $u_C(t)$ 的自由分量 $u_C''(t)$ 为衰减的正弦振荡，其包络线为指数函数 $e^{-\delta t}$，振荡角频率为 ω_d 且极点离开虚轴越远，振荡衰减越快。

2）当 $R = 0$ 时，$\delta = 0$，$\omega_d = \omega_0$，故 $p_{1,2}' = \pm j\omega_0$，这说明 $H(s)$ 的极点位于虚轴上（如图 11-5-7b 所示的 p_1'、p_2'），因此 $u_C''(t)$ 为等幅振荡且 $|\omega_d|$ 越大，等幅振荡的振荡频率越高。

3）当 $R > 2\sqrt{\dfrac{L}{C}}$ 时，有

$$p_1'' = -\frac{R}{2L} + \sqrt{\left(\frac{R}{2L}\right)^2 - \frac{1}{LC}}$$

$$p_2'' = -\frac{R}{2L} - \sqrt{\left(\frac{R}{2L}\right)^2 - \frac{1}{LC}}$$

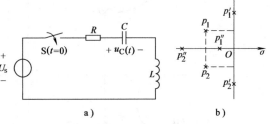

图 11-5-7　例 11-5-5 电路图

这时 $H(s)$ 的极点位于负实轴上，因此 $u_C(t)$ 是由两个衰减速度不同的指数函数组成的，且极点离原点越远，$u_C''(t)$ 衰减越快。

$u_C(t)$ 中的强制分量 $u_C'(t)$ 取决于激励的情况，本例中 $u_C'(t) = U_s$。

11.5.4　极点和零点与频率响应

在 11.3 节中请读者将式（11-3-7）的 s 变换为 $j\omega$，并与 RLC 串联电路的正弦稳态分析进行比较，可以得到复数形式的网络函数 $H(j\omega)$，它等于响应的相量与激励的相量之比，即

$$H(\mathrm{j}\omega) = \frac{N(\mathrm{j}\omega)}{D(\mathrm{j}\omega)} \tag{11-5-8}$$

它实际上就是将式(11-5-1)中的 s 用 $\mathrm{j}\omega$ 替代。一般用 $H(\mathrm{j}\omega)$ 来讨论网络的频率特性。计算 $H(\mathrm{j}\omega)$ 时要用电路的相量模型。把一个电路的复频域模型和相量模型进行比较后可以看到，如果将复频域模型中的 s 代以 $\mathrm{j}\omega$，将象函数代以相量，就得到相应的相量模型。即在一般情况下，令 $H(s)$ 中的 $s=\mathrm{j}\omega$，就得到 $H(\mathrm{j}\omega)$。

通过分析 $H(\mathrm{j}\omega)$ 随 ω 变化的情况，可以预见相应的驱动点函数或转移函数在正弦稳态情况下随 ω 变化的特性。

对于某一固定的频率 ω，$H(\mathrm{j}\omega)$ 通常是一个复数，即可表示为

$$H(\mathrm{j}\omega) = |H(\mathrm{j}\omega)|\mathrm{e}^{\mathrm{j}\varphi} = |H(\mathrm{j}\omega)| \underline{/\varphi(\mathrm{j}\omega)} \tag{11-5-9}$$

式中，$|H(\mathrm{j}\omega)|$ 为网络函数在频率 ω 处的模值，而 $|H(\mathrm{j}\omega)|$ 随 ω 变化的关系称为幅值频率特性，简称幅频特性；$\varphi(\mathrm{j}\omega) = \arg[H(\mathrm{j}\omega)]$ 为网络函数在频率 ω 处的辐角，而 $\varphi = \arg[H(\mathrm{j}\omega)]$ 随 ω 变化的关系称为相位频率特性，简称相频特性。根据式（11-5-5），有

$$H(\mathrm{j}\omega) = H_0 \frac{\displaystyle\prod_{i=1}^{m}(\mathrm{j}\omega - z_i)}{\displaystyle\prod_{j=1}^{n}(\mathrm{j}\omega - p_j)} \tag{11-5-10}$$

则

$$|H(\mathrm{j}\omega)| = |H_0| \frac{\displaystyle\prod_{i=1}^{m}|(\mathrm{j}\omega - z_i)|}{\displaystyle\prod_{j=1}^{n}|(\mathrm{j}\omega - p_j)|} \tag{11-5-11}$$

$$\varphi = \arg[H(\mathrm{j}\omega)] = \sum_{i=1}^{m}\arg(\mathrm{j}\omega - z_i) - \sum_{j=1}^{n}\arg(\mathrm{j}\omega - p_j) \tag{11-5-12}$$

所以若已知网络函数的极点和零点，则按式（11-5-11）、式（11-5-12）便可计算相对应的频率响应，同时还可以通过在 s 平面上作图的方法定性描绘出频率响应。

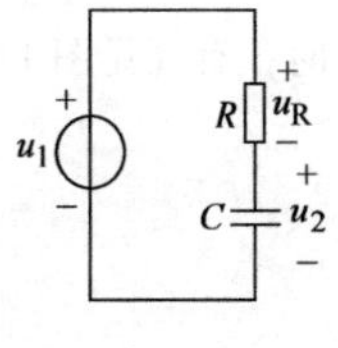

例 11-5-6 图 11-5-8 为 RC 串联电路，试定性分析以电压 u_2 为输出时该电路的频率响应。

图 11-5-8　例 11-5-6 电路图

解　以 u_2 为输出时的网络函数为

$$H(s) = \frac{U_2(s)}{U_1(s)} = \frac{\dfrac{1}{sC}}{R + \dfrac{1}{sC}} = \frac{\dfrac{1}{RC}}{s + \dfrac{1}{RC}}$$

其极点为 $p = -\dfrac{1}{RC}$，如图 11-5-9a 所示。

令上式中的 $s = \mathrm{j}\omega$，得

$$H(\mathrm{j}\omega) = \frac{\dot{U}_2(\mathrm{j}\omega)}{\dot{U}_1(\mathrm{j}\omega)} = \frac{\dfrac{1}{RC}}{\mathrm{j}\omega + \dfrac{1}{RC}}$$

$H(j\omega)$ 在 $\omega=\omega_1$、ω_2 和 ω_3 时的模值分别为 $1/RC$ 除以图 11-5-9a 中的线段长度 M_1、M_2 和 M_3，对应的相位分别为图 11-5-9a 中的 θ_1、θ_2 和 θ_3 的负值。随着 ω 从零沿虚轴向 ∞ 增长时，$|H(j\omega)|$ 趋于零，而相位从零趋于 $-90°$。由此定性画出的幅频特性和相频特性如图 11-5-9b 和图 11-5-9c 所示。

可以看到，该电路具有低通特性。当 $\omega=0$ 时，$\dfrac{\dot{U}_2}{\dot{U}_1}=1\underline{/0°}$；$\omega=\dfrac{1}{RC}$ 时，$\dfrac{\dot{U}_2}{\dot{U}_1}=\dfrac{1}{1+j}=\dfrac{1}{\sqrt{2}}\underline{/-45°}$，即 $\dfrac{U_2}{U_1}=$ 0.707，相当于 $\omega=0$ 时模值的 0.707 倍，此频率称为低通滤波电路的截止角频率，用 ω_c 表示，而 $0\sim\omega_c$ 的频率范围称为通频带。

请读者分析图 11-5-8 所示电路输出为电阻电压 u_R 时的频率响应。

例 11-5-7 某二阶系统网络函数为

$$H(s)=\frac{s}{s^2+2\alpha s+\omega_0^2}$$

式中，$\alpha>0$ 且 $\omega_0^2>\alpha^2$。试定性分析其频率响应。

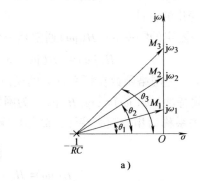

a)

RC 低通滤波电路被广泛应用于电子设备的整流电路中，以滤除整流后还存在的交流成分；或用于检波电路中以滤除检波后的高频分量。

解 该系统网络函数的零点为 $s=0$，极点为

$$p_{1,2}=-\alpha\pm j\sqrt{\omega_0^2-\alpha^2}=-\alpha\pm j\omega_d \quad (11\text{-}5\text{-}13)$$

式中，$\omega_d=\sqrt{\omega_0^2-\alpha^2}$。则系统网络函数 $H(s)$ 可以写为

$$H(s)=\frac{s}{(s-p_1)(s-p_2)}$$

另外由于 $\alpha>0$，则极点位于开左半 s 平面。该系统的频率响应函数为

$$H(j\omega)=H(s)\Big|_{s=j\omega}=\frac{j\omega}{(j\omega-p_1)(j\omega-p_2)}$$

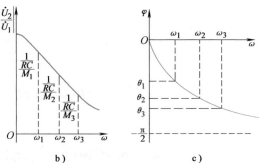

b) c)

图 11-5-9 例 11-5-6 的频率响应

当 $\omega=\omega_1$ 时，有（见图 11-5-10a）

$$|H(j\omega_1)|=\frac{|j\omega_1|}{|j\omega_1-p_1||j\omega_1-p_2|}=\frac{N}{M_1M_2} \tag{11-5-14a}$$

$$\arg[H(j\omega_1)]=\psi-(\theta_1+\theta_2) \tag{11-5-14b}$$

由图 11-5-10a 和式（11-5-14）可以得到：当 $\omega\to0_+$ 时，$N\to0$，$M_1=M_2=\sqrt{\alpha^2+\omega_d^2}=\omega_0$，$\theta_1=-\theta_2$，$\psi=\pi/2$，故 $|H(j\omega)|=0$，$\arg[H(j\omega)]=\pi/2$。随着 $\omega(<\omega_0$ 时）的增大，N 和 M_2 增大，而 M_1 减小，则 $|H(j\omega)|$ 增大；而 $|\theta_1|$ 减小，故 $(\theta_1+\theta_2)$ 增大，因而 $\arg[H(j\omega)]$ 减小。当 $\omega=\omega_0$ 时，系统发生谐振，这时 $|H(j\omega)|=1/(2\alpha)$ 为极大值，而 $\arg[H(j\omega)]=0$。当 $\omega(>\omega_0$ 时）继续增大，M_1、M_2、N 和 θ_1、θ_2 均增大，则 $|H(j\omega)|$ 减小，$\arg[H(j\omega)]$ 继续减小。当 $\omega\to\infty$ 时，M_1、M_2、N 均趋于无穷大，故 $|H(j\omega)|$ 趋于零；θ_1、θ_2 均趋于 $\pi/2$，从而 $\arg[H(j\omega)]$ 趋于 $-\pi/2$。定性绘出的幅频特性和相频特性如图 11-5-10b、c 所示。由幅频特性可见，该系统是带通系统。

图 11-5-10b、图 11-5-10c 中的 $Q=\dfrac{\omega_0}{2\alpha}$。根据不同的 Q，得到不同的频率特性曲线。

从上述分析可以看出，如系统的某一极点十分接近 $j\omega$ 轴时，则当频率 ω 在该极点虚部附近处（即 $\omega\approx\omega_d$ 处），幅频响应有一峰值，相频响应急剧减小。类似地，如系统函数有一零点（譬如 $z=-a+jb$）十分靠近 $j\omega$ 轴，则在 $\omega\approx b$ 处幅频响应有一谷值，相频响应急速增大。

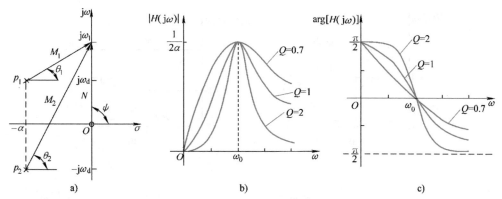

图 11-5-10 例 11-5-7 的频率特性

事实上，对于图 11-5-11 所示 *RLC* 串联电路而言，若分别以电阻电压 $U_R(s)$、电感电压 $U_L(s)$ 及电容电压 $U_C(s)$ 为输出，对应的网络函数分别为

图 11-5-11 RLC 串联电路

$$H_R(s) = \frac{U_R(s)}{U_s(s)} = \frac{R}{R + sL + \frac{1}{sC}} = \frac{R}{L} \cdot \frac{s}{s^2 + \frac{R}{L}s + \frac{1}{LC}} = \frac{R}{L} \cdot \frac{s}{s^2 + 2\alpha s + \omega_0^2} \tag{11-5-15}$$

$$H_L(s) = \frac{U_L(s)}{U_s(s)} = \frac{sL}{R + sL + \frac{1}{sC}} = \frac{s^2}{s^2 + \frac{R}{L}s + \frac{1}{LC}} = \frac{s^2}{s^2 + 2\alpha s + \omega_0^2} \tag{11-5-16}$$

$$H_C(s) = \frac{U_C(s)}{U_s(s)} = \frac{\frac{1}{sC}}{R + sL + \frac{1}{sC}} = \frac{1}{LC} \cdot \frac{1}{s^2 + \frac{R}{L}s + \frac{1}{LC}} = \frac{1}{LC} \cdot \frac{1}{s^2 + 2\alpha s + \omega_0^2} \tag{11-5-17}$$

上述各式中，$\alpha = \frac{R}{2L}$，$\omega_0 = \sqrt{\frac{1}{LC}}$。可以看到，式 (11-5-15) 本质上就是例 11-5-7 的网络函数 $\left(此时 H_0 = \frac{R}{L}\right)$。按照例 11-5-7 的分析步骤，再对网络函数 $H_L(s)$、$H_C(s)$ 进行分析，频率响应分别如图 11-5-12、图 11-5-13 所示$\left(图中的 Q = \frac{1}{R}\sqrt{\frac{L}{C}} 为该 RLC 串联电路的品质因数\right)$。

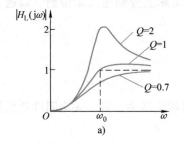
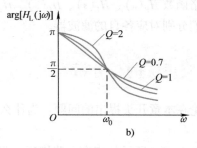

图 11-5-12 网络函数 $H_L(s)$ 的频率特性

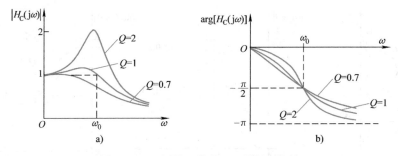

图 11-5-13　网络函数 $H_C(s)$ 的频率特性

还可以得到网络函数 $H_1(s) = \dfrac{s^2 + \omega_z^2}{s^2 + 2\alpha s + \omega_0^2}$ 的频率特性 $\left(\text{注意 } H_1(j\omega) = \dfrac{\omega_z^2 - \omega^2}{(\omega_0^2 - \omega^2) + j2\alpha\omega} \text{有零}\right.$ 点 $\left. z_1 = \omega_z \right)$，如图 11-5-14 所示（分析步骤从略）。

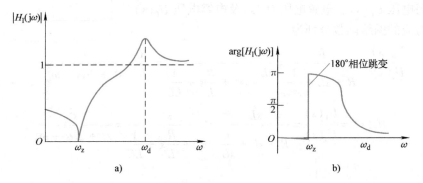

图 11-5-14　网络函数 $H_1(s)$ 的频率特性

从上述分析可知，网络函数 $H_R(s)$、$H_L(s)$、$H_C(s)$、$H_1(s)$ 的极点相同，不同的是各自的零点：$H_R(s)$ 存在一阶零点，$H_L(s)$ 有二阶零点，而 $H_C(s)$ 无零点，$H_1(s)$ 存在二阶零点。可以看到，零点会使幅频特性曲线上出现一个数值为零的最小值，即 $|H(j\omega)| = 0$；零点会使相频特性曲线上出现一个间断，即跳变现象（见图 11-5-14b）。

从网络函数 $H_1(s)$ 的频率特性还可以看到，当 $\omega = \omega_z$ 时 $|H(j\omega)| = 0$，表明网络纵然有频率为 $\omega = \omega_z$ 的正弦输入，也不会有这种频率的正弦稳态输出。由此可见，这种零点具有阻塞网络传输某个频率的正弦信号的性能。

上述网络函数 $H_R(s)$、$H_L(s)$、$H_C(s)$、$H_1(s)$ 实际上分别是二阶带通、高通、低通、带阻函数，它们分别对应各自的滤波器。

11.6　应用实例与分析

继续讨论在本章开头提出的问题：为什么在日常生活中，开、关电阻性负载能够引起电压浪涌？

考虑如图 11-6-1 所示的家庭电路模型，假设负载有 3 个，分别是 1 个电感 L_2 和 2 个电阻 R_1 和 R_3，其中电阻 R_1 在 $t = 0$ 时刻断开。为了简化分析计算，假设在开关 S_1 打开之前该电路处于稳态，并且负载端电压为 $u_o(t)=220\sqrt{2}\cos(314t)$ V。此时电感 L_2 的电流为

$$i_2(t)=\sqrt{2}I_2\cos(314t-90°)\ \text{A}$$

在 $t=0$ 时刻 S_1 断开瞬间，L_2 上的电流初值为零。若供电线路端的线路电感 L_1 在 S_1 断开瞬间的电流初值设为 $i(0_-)$，则 S_1 断开后的运算电路模型如图 11-6-2 所示。

S_1 断开前，电路处于正弦稳态，3 个负载两端的电压峰值为 $220\sqrt{2}$ V，即 311.8 V，3 个负载分流供电线路上的总电流。当 $t=0$ 时刻 S_1 断开瞬间，由于 L_2 上的电流不能发生突然跃变，且其电流初值为零，所以所有的电流都在电阻性负载 R_3 上流过。这样，当供电线路上的电流直接流过 R_3 时，其余负载上的电压就会呈现出一个浪涌的过程。假设供电线路端的初始电流为 15 A，$R_3=30\ \Omega$，则在 S_1 断开瞬间，R_3 上的电压峰值将由 311.8 V 跃变为 $(15\times\sqrt{2}\times30)$ V = 636.3 V，如果电阻性负载 R_3 无法承受这么高的电压，就应该采用浪涌保护措施，或使用浪涌保护器。读者可以自行设定图 11-6-1 中各元件的参数值，并利用图 11-6-2 对有关电压或电流进行具体推导。进一步分析还可发现，本实例中 S_1 的断开时刻与所引起的浪涌情况有着密切关系。

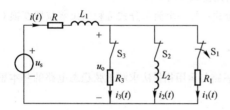

图 11-6-1　用于说明产生电压浪涌
现象的家庭电路模型

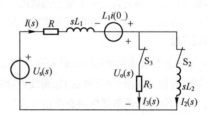

图 11-6-2　运算电路模型

11.7　本章小结

11.7.1　本章基本知识点

傅里叶积分公式存在的条件是函数 $f(t)$ 需满足狄里赫利条件，且 $\int_{-\infty}^{\infty}|f(t)|\,\mathrm{d}t$ 是收敛的。后一个条件致使工程上常用的一些函数不能进行傅里叶变换，其原因是 $t\to\infty$ 时 $f(t)$ 的减幅太慢。为了扩大傅里叶变换的使用范围，选正实数 σ，用收敛因子 $\mathrm{e}^{-\sigma t}$ 乘 $f(t)$。只要 $f(t)$ 随时间的增长比指数函数慢，则可使 $\int_{-\infty}^{\infty}\mathrm{e}^{-\sigma t}|f(t)|\,\mathrm{d}t$ 收敛。当 $t<0$ 时，$\mathrm{e}^{-\sigma t}$ 将起发散作用，故 $f(t)$ 仅限于 $t\geqslant0$ 的情况。这在电路理论中是可行的，因为换路常发生在 $t=0$ 时刻，换路前的历史可用 $t=0$ 时的初始条件概括地表示。于是对 $\mathrm{e}^{-\sigma t}f(t)$ 进行傅里叶变换，并引入复变量 $s=\sigma+\mathrm{j}\omega$，便可得到拉普拉斯变换公式

$$F(s)=\int_{0_-}^{\infty}f(t)\mathrm{e}^{-st}\mathrm{d}t \quad \text{或} F(s)=\mathscr{L}[f(t)]$$

$$f(t)=\frac{1}{2\pi\mathrm{j}}\int_{\sigma-\mathrm{j}\infty}^{\sigma+\mathrm{j}\infty}F(s)\mathrm{e}^{st}\mathrm{d}s \quad \text{或} f(t)=\mathscr{L}^{-1}[F(s)]$$

拉普拉斯变换式的积分下限记为 0_-，如果 $f(t)$ 包含 $t=0$ 时刻的冲激，则拉普拉斯变换也应包括这个冲激。复变量 $s=\sigma+\mathrm{j}\omega$ 的实部 σ 应足够大，使 $\mathrm{e}^{-\sigma t}f(t)$ 绝对可积，$f(t)$ 的拉普拉斯变换才存在。有些函数

如 t^t、e^{t^2} 等，不论 σ 多大都不存在拉普拉斯变换，这些函数在电路理论中用处不大。原函数 $f(t)$ 是以时间 t 为自变量的实变函数，象函数 $F(s)$ 是以复变量 s 为自变量的复变函数。$f(t)$ 与 $F(s)$ 之间存在一一对应的关系。

原函数 $f(t)$ 的拉普拉斯变换，实际上就是 $f(t)\varepsilon(t)e^{-\sigma t}$ 的傅里叶变换。在 $t<0$ 时，$f(t)=0$ 的条件下，拉普拉斯变换可看作傅里叶变换把 $j\omega$ 换成 s 的推广，而傅里叶变换（如果存在）则可看作拉普拉斯变换 $s=j\omega$ 的特例。因为 $f(t)$ 的拉普拉斯变换就是将 $e^{-\sigma t}f(t)$ 进行傅里叶变换，即把信号 $f(t)$ 展开为复频域函数 $F(s)$。

对于具有几个动态元件的复杂电路，用直接求解微分方程的方法比较困难，拉普拉斯变换法是求解高阶复杂动态电路的有效而重要的方法之一。

1. 拉普拉斯变换的基本性质

拉普拉斯变换的基本性质有线性性质、微分性质、积分性质等。利用这些性质，可以推导得到一些常用函数的象函数。

常利用初值定理、终值定理验证计算结果的正确性。

2. 拉普拉斯反变换

拉普拉斯反变换公式是一个复变函数的广义积分，可用留数方法来计算。

另一种方法是，将一个有理真分式展开成若干简单分式；每一个简单分式可利用拉普拉斯变换对求出其相应原函数。

3. 线性动态电路的复频域分析——运算法

运用拉普拉斯变换法（运算法）求解线性动态电路的思路与运用相量法求解正弦稳态电路的基本思想是类似的，运用运算法求解线性动态电路可分为三个步骤：

1）完整正确地画出时域电路对应的运算电路。

2）采用与相量法类似的计算方法和定理对所得到的运算电路进行分析。

3）对求解出的各电压和电流的象函数，利用部分分式展开进行拉普拉斯反变换。

求解过程可参考图 11-7-1。

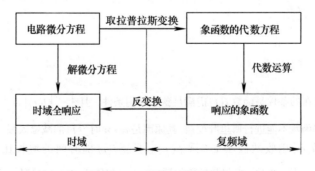

图 11-7-1　运算法求解过程

4. 网络函数的定义

$$H(s)=\mathscr{L}[\text{零状态响应}]/\mathscr{L}[\text{激励}]=R(s)/E(s)$$

$H(s)$ 是零状态响应 $R(s)$ 与激励 $E(s)$ 的比值，不同的响应 $R(s)$（如电压、电流）与不同的激励 $E(s)$ 决定了网络函数 $H(s)$ 不同的物理含义，见表 11-7-1。

表 11-7-1　网络函数 $H(s)$ 的物理含义

$R(s)$ 和 $E(s)$ 是否属于同一端口	$H(s)$	名　称
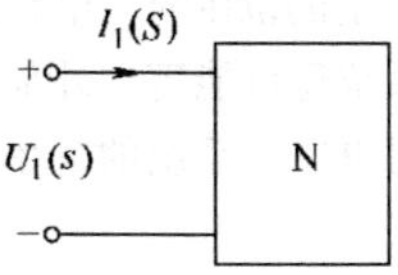 $I_1(S)$ ⊣ $U_1(s)$ ⊢ N	$H(s) = \dfrac{U_1(s)}{I_1(s)}$	驱动点阻抗
	$H(s) = \dfrac{I_1(s)}{U_1(s)}$	驱动点导纳
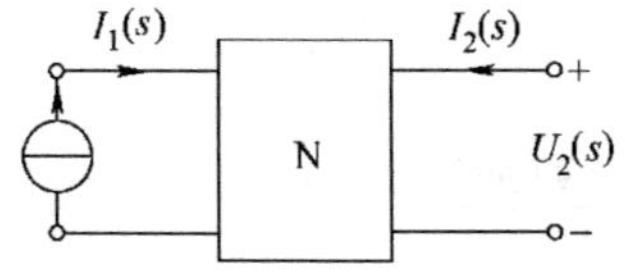 $I_1(s)$　$I_2(s)$　N　$U_2(s)$	$H(s) = \dfrac{U_2(s)}{I_1(s)}$	转移阻抗
	$H(s) = \dfrac{I_2(s)}{I_1(s)}$	电流转移函数
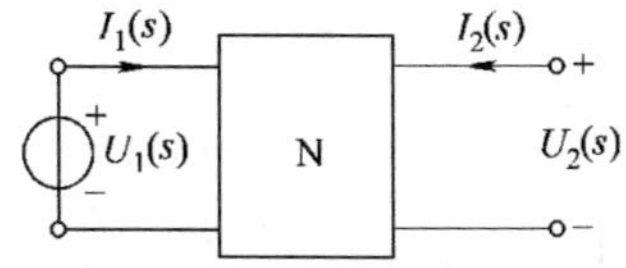 $I_1(s)$　$I_2(s)$　$U_1(s)$　N　$U_2(s)$	$H(s) = \dfrac{I_2(s)}{U_1(s)}$	转移导纳
	$H(s) = \dfrac{U_2(s)}{U_1(s)}$	电压转移函数

5. 网络函数的零、极点及其分布

$$H(s) = \frac{N(s)}{D(s)} = H_0 \frac{(s-z_1)(s-z_2)\cdots(s-z_m)}{(s-p_1)(s-p_2)\cdots(s-p_n)}$$

$$= H_0 \frac{\displaystyle\prod_{j=1}^{m}(s-z_j)}{\displaystyle\prod_{i=1}^{n}(s-p_i)}$$

式中，z_1、z_2、$\cdots$、z_m 是 $N(s)=0$ 的根，称为零点，复平面上用"○"表示；p_1、p_2、$\cdots$、p_n 是 $D(s)=0$ 的根，称为极点，复平面上用"×"表示。

几个常见函数的零极点分布和冲激响应见表 11-7-2。

表 11-7-2　几个常见函数的零极点分布和冲激响应（设 $p = -a + j\omega$）

$H(s)$	零极点分布	冲激响应	$H(s)$	零极点分布	冲激响应
$\dfrac{1}{s}$	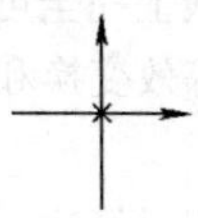	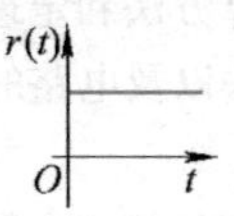 $r(t)$	$\dfrac{1}{s-a}$		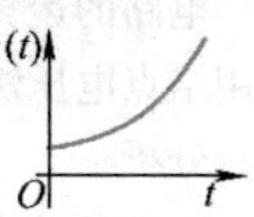 $r(t)$
$\dfrac{1}{s+a}$	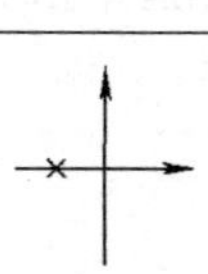	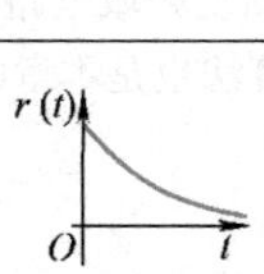 $r(t)$	$\dfrac{\omega}{s^2+\omega^2}$	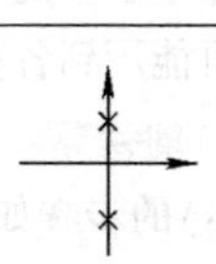	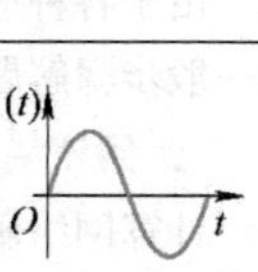 $r(t)$
$\dfrac{\omega}{(s+a)^2+\omega^2}$	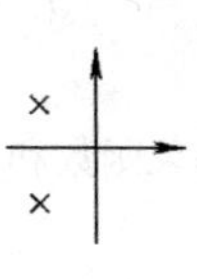	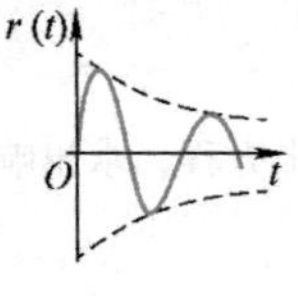 $r(t)$	$\dfrac{\omega}{(s-a)^2+\omega^2}$	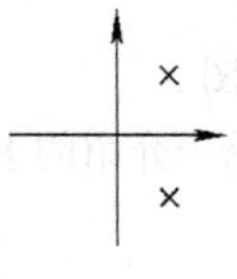	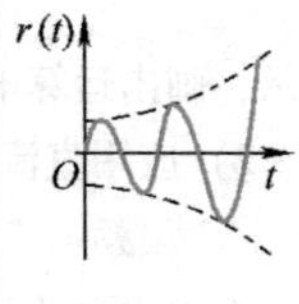 $r(t)$

6. 网络函数的频率响应

由于电路和系统中存在着电感和电容，当电路中激励源的频率变化时，电路中的感抗、容抗将跟随频率变化，从而导致电路的工作状态也跟随频率变化。当频率的变化超出一定的范围时，电路将偏离正常的工作范围，并可能导致电路失效，甚至使电路遭到损坏。此外，电路和系统还可能遭到外部的各种频率的电磁干扰，如雷电或太阳风暴对电路和系统的袭击而造成的破坏，所以对电路和系统的频率特性的分析研究就显得格外重要。

$$H(s)\bigg|_{s=j\omega} = \frac{R(s)}{E(s)}\bigg|_{s=j\omega} = \frac{\dot{R}}{\dot{E}}$$

$$H(j\omega) = |H(j\omega)|e^{j\varphi(j\omega)} = |H(j\omega)| \underline{/\varphi(j\omega)}$$

设

$$H(j\omega) = H_0 \frac{\prod_{j=1}^{m}(j\omega - z_j)}{\prod_{i=1}^{n}(j\omega - p_i)}$$

幅频响应

$$|H(j\omega)| = |H_0| \frac{\prod_{j=1}^{m}|(j\omega - z_j)|}{\prod_{i=1}^{n}|(j\omega - p_i)|}$$

相频响应

$$\varphi(j\omega) = \arg[H(j\omega)]$$
$$= \sum_{j=1}^{m}\arg(j\omega - z_j) - \sum_{i=1}^{n}\arg(j\omega - p_i)$$

11. 7. 2 本章重点与难点

本章的重点在于利用运算法求解高阶动态复杂电路，求解电路的网络函数 $H(s)$，以及根据 $H(s)$ 绘出幅频响应曲线。

1. 电路的运算法分析

应用运算法分析电路的关键在于能否正确画出复频域电路。在画运算电路时应注意到：对电容、电感及耦合电感元件不要遗漏附加电源，方向不能搞错，而且要正确写出其运算阻抗（或运算导纳），如 $\frac{1}{sC}$、sL、sM 等。求解运算电路中的电容电压和电感电压应包含其运算阻抗两端电压和附加电源电压两部分。

电路的运算形式和相量形式相似，相量法中各种计算方法和定理在形式上完全可以移用于运算法。可利用结点电压法、割集电压法、网孔电流法、回路电流法以及电路的各种等效变换和电路定理对运算电路进行分析。

由于各种应用在相量法里的一般分析方法均可推广到复频域电路，采用运算法时，除了按照分析方法的一般步骤解题，还可能用到各种方法和技巧，因此运算法也是本章的难点。

2. 网络函数 $H(s)$ 的计算

计算网络函数 $H(s)$ 的步骤如下：

1) 将输入 $u_s(t)$ 或 $i_s(t)$ 变换成象函数 $U_s(s)$ 或 $I_s(s)$，电路中电容元件 C 用 $\frac{1}{sC}$ 表示，电感元件 L 用 sL 表示，画出运算电路图。

2) 应用直流电路中介绍的求解线性电路的方法列出方程，求出响应的象函数和激励象函数的比值。

3. 幅频响应

在求出电路的 $H(s)$ 后，令 $s=j\omega$，可得到一个随 ω 变化的复数 $H(j\omega)$，幅频响应即为 $|H(j\omega)|$ 随 ω 的变化曲线，相频响应是 $\arg H(j\omega)$ 随 ω 变化的曲线。幅频响应能反映网络的性质，因此幅频响应是本章的一

个重点内容。要定性地画出幅频响应，图解法是一种非常重要的方法：根据零极点在复平面上的分布情况，用相应的线段代表动点 $j\omega$ 到零、极点的距离，距离的变化即能反映出 $|H(j\omega)|$ 随 ω 变化的情况。

11.8 习题

1. 试求下列函数的象函数。

(1) $f(t) = \sin(\omega t + \varphi)$

(2) $f(t) = \sinh(at)$

(3) $f(t) = e^{-\alpha t}(1 - \alpha t)$

(4) $f(t) = \dfrac{1}{\alpha}(1 - e^{-\alpha t})$

(5) $f(t) = t^2$

(6) $f(t) = t\cos(\alpha t)$

(7) $f(t) = 3\delta(t-3) - 5e^{-at}$

(8) $f(t) = 1 + t + 3\delta(t)$

(9) $f(t) = 3e^{-t} + 4\varepsilon(t-1)e^{-(t-1)} + 5\delta(t-2)$

(10) $f(t) = t[\varepsilon(t-1) - \varepsilon(t-2)]$

2. 设 $f_1(t) = A(1 - e^{-t})$，$f_1(0_-) = 0$，$f_2(t) = a\dfrac{\mathrm{d}f_1(t)}{\mathrm{d}t} + bf_1(t) + c\displaystyle\int_{0_-}^{t} f_1(\xi)\mathrm{d}\xi$。试求 $f_2(t)$ 的象函数 $F_2(s)$。

3. 试用部分分式展开法求下列各象函数的原函数。

(1) $F(s) = \dfrac{4s+2}{s^3+3s^2+2s}$ (2) $F(s) = \dfrac{2s-1}{s^2+2s+3}$

(3) $F(s) = \dfrac{s^2+4s+1}{s(s+1)^2}$ (4) $F(s) = \dfrac{5s^2+14s+3}{s^3+6s^2+11s+6}$

(5) $F(s) = \dfrac{3s^2+9s+5}{(s+3)(s^2+2s+2)}$ (6) $F(s) = \dfrac{e^{-s}+e^{-2s}+1}{s^2+3s+2}$

(7) $F(s) = \dfrac{2s+1}{s^2+5s+6}$ (8) $F(s) = \dfrac{s^3+5s^2+9s+8}{(s+1)(s+2)}$

4. 图 11-8-1 所示电路的初始状态为 $i_L(0_-) = 10\,\mathrm{A}$，$u_C(0_-) = 5\,\mathrm{V}$，试用运算法求电流 $i(t)$。

5. 已知图 11-8-2 所示电路的原始状态为 $i_L(0_-) = 30\,\mathrm{A}$，$u_C(0_-) = 2\,\mathrm{V}$。试用运算法求 $u_C(t)$。

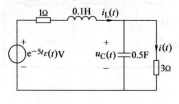

图 11-8-1

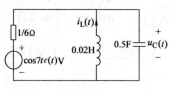

图 11-8-2

6. 试求图 11-8-3 所示电路在下列两激励源分别作用下的零状态响应 $u(t)$。

(1) $u_s(t) = 2\varepsilon(t)\,\mathrm{V}$

(2) $u_s(t) = 5\delta(t)\,\mathrm{V}$

7. 试求图 11-8-4 所示电路的冲激响应电流 $i(t)$。

8. 图 11-8-5 所示电路在开关 S 断开前处于稳态，试求开关断开后开关上的电压 $u_s(t)$。

9. 已知图 11-8-6 所示电路的原始状态为 $u_C(0_-) = 2\,\mathrm{V}$，$i_L(0_-) = 0.5\,\mathrm{A}$。试求电路的全响应 $u_C(t)$。

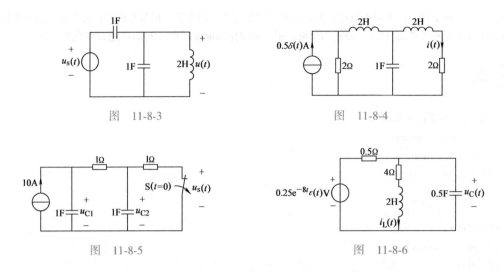

图 11-8-3　　　　　　　　　　　　图 11-8-4

图 11-8-5　　　　　　　　　　　　图 11-8-6

10. 试就下列两种情况求图 11-8-7 所示电路的零状态响应 $i_{L1}(t)$ 和 $i_{L2}(t)$。

（1） $u_{s1}(t)=\varepsilon(t)$ V， $u_{s2}(t)=2\varepsilon(t)$ V

（2） $u_{s1}(t)=\delta(t)$ V， $u_{s2}(t)=\varepsilon(t)$ V

11. 试求图 11-8-8 所示电路的零状态响应 $u(t)$。

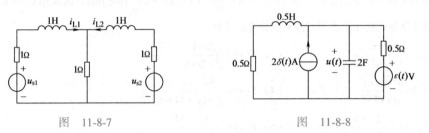

图　11-8-7　　　　　　　　　　　　图　11-8-8

12. 试求图 11-8-9 所示电路的零状态响应 $i_1(t)$ 和 $i_2(t)$。

13. 在图 11-8-10 所示电路中，$t=0$ 时开关 S 由 a 倒向 b。开关动作前电路处于稳态。试求 $u_C(t)(t\geqslant 0_+)$。

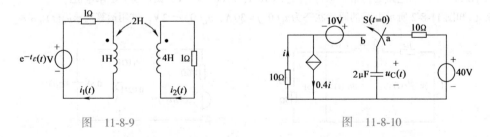

图　11-8-9　　　　　　　　　　　　图　11-8-10

14. 图 11-8-11 所示电路在开关断开前处于稳态，试求开关断开后的电感电流 $i_L(t)$ 和电压 $u_L(t)$。

15. 图 11-8-12 所示电路，开关接通前已经处于稳态。已知 $U_1=2$ V， $U_2=4$ V， $R_1=4$ Ω， $R_2=R_3=8$ Ω，$C=0.1$ F，$L=(5/3)$ H。试求开关接通后电容电压 $u(t)$。

16. 图 11-8-13 所示电路开关断开前处于稳态。试求开关断开后电路的 i_1、u_1 及 u_2。

17. 图 11-8-14 所示电路原处于稳态，在 $t=0$ 时将开关接通。试求电压 u_2 的象函数 $U_2(s)$，判断此电路的暂态过程是否振荡，并利用拉普拉斯变换的初值和终值定理求 u_2 的初始值和稳态值。

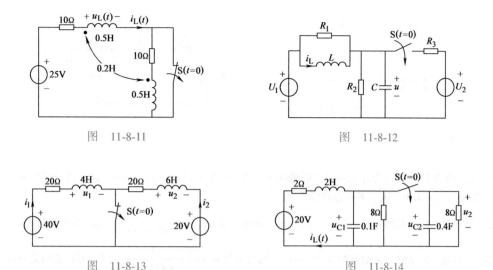

图 11-8-11

图 11-8-12

图 11-8-13

图 11-8-14

18. 电路如图 11-8-15 所示，开关原来是闭合的，电路处于稳态。若 S 在 $t=0$ 时打开，已知 $U_s = 2\,\text{V}$，$L_1 = L_2 = 1\,\text{H}$，$R_1 = R_2 = 1\,\Omega$。试求 $t \geq 0$ 时的 $i_1(t)$ 和 $u_{12}(t)$。

19. 试求图 11-8-16 所示网络的驱动点阻抗 $Z(s)$ 并绘出零、极点图。

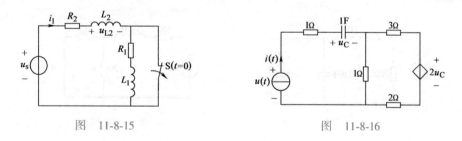

图 11-8-15

图 11-8-16

20. 试求图 11-8-17 所示网络的驱动点导纳 $Y(s)$，并绘出零、极点图。

21. 试求图 11-8-18 所示网络的转移电压比 $H(s) = \dfrac{U_2(s)}{U_1(s)}$，并定性画出幅频特性与相频特性示意图。

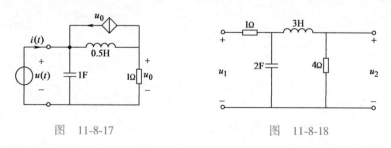

图 11-8-17

图 11-8-18

22. 某网络函数 $H(s)$ 的极零点分布图如图 11-8-19 所示，且已知 $H(s)\Big|_{s=0} = 32$，试求该网络函数。

23. 在图 11-8-20 所示电路中，已知 $R_1 = R_2 = 1\,\Omega$，$C = 1\,\text{F}$，$n = 5$。试求网络函数 $H(s) = \dfrac{U_2(s)}{U_s(s)}$，并定性画出幅频特性与相频特性示意图。

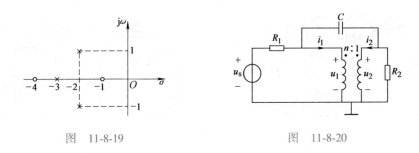

图 11-8-19　　　　　　　　图 11-8-20

24. 已知某电路在激励为 $f_1(t)=\varepsilon(t)$ 的情况下，其零状态响应为 $f_2(t)=\sin 3t$，试求网络函数 $H(s)$。若将激励改为 $f_1(t)=\sin 3t$，试求零状态响应 $f_2(t)$。

25. 已知某二阶电路的激励函数 $f(t)=t\varepsilon(t)$，网络函数 $H(s)=\dfrac{s}{(s+2)(s+5)}$，试求零状态响应 $r(t)$。

26. 已知某二阶电路的激励函数 $f(t)=\delta(t)$，网络函数 $H(s)=\dfrac{3}{(s+4)(s+2)}$，试求零状态响应 $r(t)$。

27. 电路如图 11-8-21 所示，试求转移电流比 $H(s)=I_2(s)/I_s(s)$，并讨论当 r_m 分别为 $-53\,\Omega$、$-35\,\Omega$、$21\,\Omega$、$53\,\Omega$ 时的单位冲激特性是否振荡，是否稳定？

28. 电路如图 11-8-22 所示。试求其网络函数 $H(s)=U(s)/U_\mathrm{s}(s)$ 以及当 $u_\mathrm{s}=100\sqrt{2}\sin(10t+45°)$ V 时的正弦稳态电压 u。

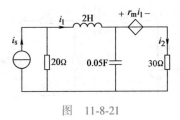

图 11-8-21

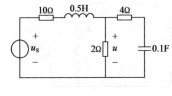

图 11-8-22

第 **12** 章

电路方程的矩阵形式

引言

本书第 3 章介绍了建立电路方程的各种基本分析方法，如支路电流法、回路电流法、结点电压法等，这些方法适用于规模相对较小、结构相对简单的电路。根据这些方法所列出的方程是一组代数方程，可以通过手工计算来进行求解。然而随着科学技术的发展，电路规模日趋庞大，结构日趋复杂，如果利用这些分析方法来建立电路方程并进行手工求解，将显得十分困难。本章将介绍如何利用矩阵对复杂电路进行分析，如何系统地编写电路的矩阵方程。当电路方程以矩阵形式描述后，就可以借助于计算机分析计算软件（如 MATLAB 等）来完成方程的求解。电路的矩阵分析法为进行电路计算机辅助分析与设计提供了依据与可能，运用这种方法要用到网络图论的若干基本概念和线性代数中的矩阵知识。

现代控制系统（如神舟飞船、"深海勇士"号载人潜水器）中，存在着大量多输入多输出网络、非线性网络以及时变网络。对于这类系统，采用状态变量分析法分析其动态复杂行为，将很多控制系统理论的概念和方法移植到网络分析中，以便计算机求解。本章将介绍如何根据电路特点直观列出简单电路的状态方程，如何通过特有树建立复杂电路的状态方程。

图 12-0-1 为某个实际电路的等效电路，如果用第 3 章的电路分析方法分析，则由于所得到的电路方程变量数较多，且涉及复数运算，因而手工求解十分烦琐。学完本章内容后，即可利用矩阵理论快速建立起矩阵形式的电路方程，为进一步利用计算机软件求解打下基础。

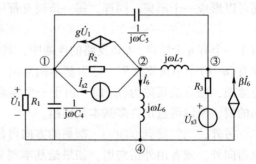

图 12-0-1 复杂电路

12.1 割集

电路的 KCL、KVL 方程只涉及支路与结点的关系或支路与回路的关系，而与元件特性无关。因此，如果将结点看成数学概念的点，支路看成线（边），则基尔霍夫定律只涉及点、线的关系。把点、线的关系用图表示出来，这种图就称为网络的图。

第 3 章介绍了图的定义和基本概念，介绍了有关树、树支、连支的概念以及通过选取不同的树确定基本回路，从而确定独立的 KCL、KVL 方程。本节介绍另外一个非常重要的概念——割集，并介绍如何利用树的概念确定基本割集组。

12-1-1 割集

割集：如果某一连通图 G，用一个封闭面（高斯面）对其进行切割，所切割到的支路集合满足如下性质：

1) 若移去被切割的全部支路，则剩下的图 G 被分成两个分离部分（非连通图）。

2) 保留被切割到的支路中的任何一条，则图 G 仍是连通的。

则称被切割到的支路集合为一个割集。

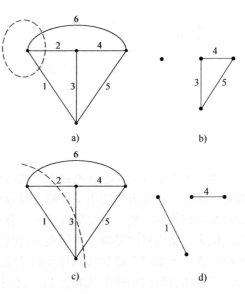

图 12-1-1 所示为某图 G 的两个割集的示例。其中图 12-1-1a 切割到了支路 1、2、6，把这些支路全部移走，如图 12-1-1b 所示，则图 G 被分成两个部分（一部分为封闭面内的孤立结点，另一部分为封闭面外的除去支路 1、2、6 外的部分），保留其中的任意一条（如支路 1），则图 G 仍是连通的；同理，图 12-1-1c 切割到了支路 2、3、5、6，把这些支路全部移走，如图 12-1-1d 所示，则图 G 被分成两个部分（一部分在封闭面内，另一部分封闭面外），保留其

图 12-1-1 割集的示例

中的任意一条，则图 G 仍是连通的。可见，图 12-1-1a、c 为该图 G 的两个不同割集。

割集不唯一，一个连通图有许多不同的割集。借助树的概念可以很方便地确定一组独立的割集。对于一个连通图，如任选一个树，显然，全部的连支不可能构成割集，因为将全部连支移去后所得的图仍是连通的，所以，每一割集应至少包含一条树支。另一方面，由于树是连接全部结点所需最少支路的集合，所以移去任何一条树支，连通图将被分成两部分，从而可以形成一个割集。同理，每一条树支都可以与相应的一些连支构成割集。这种只包含一条树支与相应的一些连支构成的割集称为单树支割集或基本割集。对于一个有 n 个结点、b 条支路的连通图，其树支数为 $(n-1)$，因此有 $(n-1)$ 个单树支割集，称为基本割集组。即对于 n 个结点的连通图，独立割集数为 $(n-1)$。由于一个连通图 G 可以有许多不同的树，所以可选出许多基本割集组。

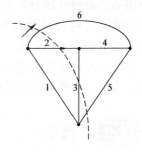

另外，割集是有方向的。割集的方向可任意设为从封闭面由里指向外，或者由外指向里。如果是基本割集组，一般选取树支的方向为对应割集的方向。如图 12-1-2 所示，设割集的方向和树支 2 的方向相同，从高斯面由里指向外。

图 12-1-2 割集的方向

12.2 关联矩阵、回路矩阵、割集矩阵

图的支路是从电路中某个元件或元件组合抽象而来的，因此，在图论中，图的支路与结点、回路、割集这三者之间的关系显得非常重要，反映的是电路的结构关系，直接关系到电路的 KCL、KVL 方程列写。通过矩阵的形式来描述图的支路与结点、回路、割集这三者的关联性质，可以使电路的系统分析非常简单直观。构成的三种矩阵分别称为关联矩阵 A、回路矩阵 B、割集矩阵 Q。

12-2-1 关联矩阵、回路矩阵、割集矩阵

12. 2. 1 关联矩阵

关联矩阵 A 主要描述图的支路和结点的关联情形。

设有向图 G 的结点数为 n、支路数为 b，则结点和支路的关联性质可用一个 $n×b$ 的矩阵表示，该矩阵称为关联矩阵，一般记为 A_a。A_a 的行对应图 G 的结点，列对应图 G 的支路，它的第 i 行第 j 列的元素 a_{ij} 定义为

$$a_{ij} = \begin{cases} 1 & \text{支路 } j \text{ 与结点 } i \text{ 关联，且支路方向背离结点} \\ -1 & \text{支路 } j \text{ 与结点 } i \text{ 关联，且支路方向指向结点} \\ 0 & \text{支路 } j \text{ 与结点 } i \text{ 不关联} \end{cases}$$

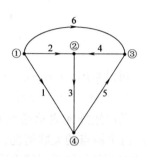

可以看出，通过 0、1、-1 这三个值，关联矩阵的行体现了每一个结点与全部支路的关联情况；而关联矩阵的列体现了每一条支路跨接在哪些结点上。对于如图 12-2-1 所示的有向图 G，行按结点序号顺序编排，列按支路顺序，则它的关联矩阵为

图 12-2-1　有向图 G

$$A_a = \begin{bmatrix} 1 & 1 & 0 & 0 & 0 & 1 \\ 0 & -1 & 1 & -1 & 0 & 0 \\ 0 & 0 & 0 & 1 & -1 & -1 \\ -1 & 0 & -1 & 0 & 1 & 0 \end{bmatrix}$$

从矩阵 A_a 可以看出，A_a 每一行表明了该结点上连有哪些支路，以及各支路的方向是指向或背离该结点；A_a 的每一列表明了各支路连接在哪两个结点之间，因此矩阵 A_a 的每一列必然只有 1（背离）和-1（指向）两个非零元素。把矩阵 A_a 的所有行的元素按列相加，则会得到一行全为零的行，这说明矩阵 A_a 的所有行彼此不是独立的，A_a 存在冗余行。

如果删去 A_a 的任意一行，将得到一个 $(n-1)×b$ 的矩阵，称为降阶关联矩阵，一般用 A 表示。A_a 被删去的那一行所对应的结点可看作参考结点。例如，在图 12-2-1 中，若删去 A_a 的第 4 行，也就是将结点④作为参考结点，则降阶关联矩阵 A 为

$$A = \begin{bmatrix} 1 & 1 & 0 & 0 & 0 & 1 \\ 0 & -1 & 1 & -1 & 0 & 0 \\ 0 & 0 & 0 & 1 & -1 & -1 \end{bmatrix}$$

由于支路的方向背离一个结点，必然指向另一个结点，故可从降阶关联矩阵 A 推导出 A_a。在不混淆的情况下，常将降阶关联矩阵简称为关联矩阵。关联矩阵 A 和 A_a 一样，完全表明了图的支路和结点的关联关系。有向图 G 和它的关联矩阵 A 有完全对应的关系。

既然关联矩阵 A 表明了支路和结点的关联情况，则电路的 KCL、KVL 方程必然和关联矩阵 A 有关，即支路电流、支路电压能用关联矩阵 A 表示。

1. KCL 方程的矩阵形式

设某电路含有 b 条支路、n 个结点，若支路电流和支路电压取关联参考方向，可画出其有向图 G，其支路的方向代表该支路的电流和电压的参考方向。不妨设支路电流列向量为 $i = \begin{bmatrix} i_1 & i_2 & \cdots & i_b \end{bmatrix}^T$，支路电压列向量为 $u = \begin{bmatrix} u_1 & u_2 & \cdots & u_b \end{bmatrix}^T$，结点电压列向量 $u_n = \begin{bmatrix} u_{n1} & u_{n2} & \cdots & u_{n(n-1)} \end{bmatrix}^T$，则此电路的 KCL 方程的矩阵形式可表示为

$$Ai = 0 \tag{12-2-1}$$

关联矩阵 A 的行对应 $(n-1)$ 个独立结点，列对应 b 条支路，组成 $(n-1)×b$ 矩阵，而电

流 i 列向量为 $b×1$ 矩阵，根据矩阵乘法规则可知，所得乘积恰好等于汇集于相应结点上的支路电流的代数和，也就是结点的 KCL 方程 $\sum\limits_{结点k} i = 0$。以图 12-2-1 为例，结点④作为参考结点，有

$$Ai = \begin{bmatrix} 1 & 1 & 0 & 0 & 0 & 1 \\ 0 & -1 & 1 & -1 & 0 & 0 \\ 0 & 0 & 0 & 1 & -1 & -1 \end{bmatrix} \begin{bmatrix} i_1 \\ i_2 \\ i_3 \\ i_4 \\ i_5 \\ i_6 \end{bmatrix} = \begin{bmatrix} i_1+i_2+i_6 \\ -i_2+i_3-i_4 \\ i_4-i_5-i_6 \end{bmatrix} = \begin{bmatrix} 0 \\ 0 \\ 0 \end{bmatrix}$$

可以看出，$i_1+i_2+i_6$、$-i_2+i_3-i_4$、$i_4-i_5-i_6$ 正好是结点①、②、③关联电流的代数和。

2. KVL 方程的矩阵形式

关联矩阵 A 表示结点和支路的关联情况，而 A 的转置矩阵 A^{T} 表示的是 b 条支路和 $(n-1)$ 个结点的关联情况，用 A^{T} 乘以结点电压列向量 u_{n}，所乘结果是一个 b 维的列向量，其中每行的元素正好等于用结点电压表示的对应支路的电压，用矩阵表示为

$$u = A^{\mathrm{T}} u_{\mathrm{n}} \tag{12-2-2}$$

仍以图 12-2-1 为例，有

$$u = \begin{bmatrix} u_1 \\ u_2 \\ u_3 \\ u_4 \\ u_5 \\ u_6 \end{bmatrix} = A^{\mathrm{T}} u_{\mathrm{n}} = \begin{bmatrix} 1 & 0 & 0 \\ 1 & -1 & 0 \\ 0 & 1 & 0 \\ 0 & -1 & 1 \\ 0 & 0 & -1 \\ 1 & 0 & -1 \end{bmatrix} \begin{bmatrix} u_{\mathrm{n}1} \\ u_{\mathrm{n}2} \\ u_{\mathrm{n}3} \end{bmatrix} = \begin{bmatrix} u_{\mathrm{n}1} \\ u_{\mathrm{n}1}-u_{\mathrm{n}2} \\ u_{\mathrm{n}2} \\ -u_{\mathrm{n}2}+u_{\mathrm{n}3} \\ -u_{\mathrm{n}3} \\ u_{\mathrm{n}1}-u_{\mathrm{n}3} \end{bmatrix} = \begin{bmatrix} u_1 \\ u_2 \\ u_3 \\ u_4 \\ u_5 \\ u_6 \end{bmatrix}$$

12. 2. 2 回路矩阵

如果一个回路包含某一条支路，则称此回路与该支路关联。回路与支路的关联性质也可用矩阵来描述。在有向图 G 中，任选一组独立回路，且规定回路的方向，根据支路和回路的关联情况，回路矩阵的元素 b_{ij} 定义为

$$b_{ij} = \begin{cases} 1 & 支路 j 与回路 i 关联,且它们方向一致 \\ -1 & 支路 j 与回路 i 关联,且它们方向相反 \\ 0 & 支路 j 与回路 i 不关联 \end{cases}$$

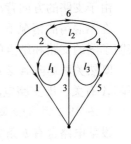

图 12-2-2 回路矩阵示例

由此定义构成的矩阵称为独立回路矩阵 B，简称回路矩阵。回路矩阵的行对应选定的回路，而列对应有向图 G 的支路。与关联矩阵类似，回路矩阵同样通过 0、1、-1 这三个值体现了每一个回路（行）与各支路，以及每一条支路（列）属于哪些回路的关联情况。例如图 12-2-2 所示有向图 G，矩阵的行分别对应 l_1、l_2、l_3 三个回路，列分别是它的支路，则回路矩阵为

$$B = \begin{bmatrix} 1 & -1 & -1 & 0 & 0 & 0 \\ 0 & 1 & 0 & -1 & 0 & -1 \\ 0 & 0 & -1 & -1 & -1 & 0 \end{bmatrix}$$

对于比较复杂的大型网络，借助于对应图的树的概念，进一步确定一组独立回路。选好一个树，每增添一条连支可以构成一个回路，因此独立回路的个数便是连支的个数，即 $l=b-n+1$ 个独立回路。这种回路称为单连支回路，也叫基本回路。体现支路和基本回路之间关联性质的矩阵，称为基本回路矩阵，一般用 $\boldsymbol{B}_f$ 表示。写 $\boldsymbol{B}_f$ 时，支路的顺序一般按"先连支，后树支"或者"先树支，后连支"的顺序排列，且以该连支的方向为对应的回路绕行方向，这种情况下，$\boldsymbol{B}_f$ 中将出现一个单位子矩阵，即

$$\boldsymbol{B}_f = [1_1 \vdots B_t]$$

例如对于图 12-2-2，如果选取支路 2、3、5 为树支，则 1、4、6 为连支，如图 12-2-3 所示，且构成的基本回路的绕行方向与对应的连支方向一致。支路按"先连支，后树支"的顺序排列，即 1、4、6、2、3、5，则基本回路矩阵为

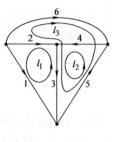

图 12-2-3 单连支
回路示例

$$\boldsymbol{B}_f = \begin{matrix} & \begin{matrix} 1 & 4 & 6 & 2 & 3 & 5 \end{matrix} \\ \begin{matrix} l_1 \\ l_2 \\ l_3 \end{matrix} & \begin{bmatrix} 1 & 0 & 0 & -1 & -1 & 0 \\ 0 & 1 & 0 & 0 & 1 & 1 \\ 0 & 0 & 1 & -1 & -1 & -1 \end{bmatrix} \end{matrix}$$

回路矩阵 $\boldsymbol{B}_f$ 左乘支路电压列向量，所得乘积是一个 l 阶的列向量。由于矩阵 $\boldsymbol{B}$ 的每一行表示每一对应回路与支路的关联情况，由矩阵的乘法规则可知所得乘积列向量中每一元素将等于每一对应回路中各支路电压的代数和，即

$$\boldsymbol{Bu} = \begin{bmatrix} 回路 1 \ 中的 \sum u \\ 回路 2 \ 中的 \sum u \\ \vdots \\ 回路 l \ 中的 \sum u \end{bmatrix}$$

根据基尔霍夫电压定律（KVL），故有 $\quad \boldsymbol{Bu} = 0 \quad$ (12-2-3)

式（12-2-3）是用矩阵表示的 KVL 的矩阵形式。例如，对于图 12-2-2，矩阵形式的 KVL 方程为

$$\boldsymbol{Bu} = \begin{bmatrix} 1 & -1 & -1 & 0 & 0 & 0 \\ 0 & 1 & 0 & -1 & 0 & -1 \\ 0 & 0 & -1 & -1 & -1 & 0 \end{bmatrix} \begin{bmatrix} u_1 \\ u_2 \\ u_3 \\ u_4 \\ u_5 \\ u_6 \end{bmatrix} = \begin{bmatrix} u_1-u_2-u_3 \\ u_2-u_4-u_6 \\ -u_3-u_4-u_5 \end{bmatrix} = \begin{bmatrix} 0 \\ 0 \\ 0 \end{bmatrix}$$

设 l 个回路电流的列向量为 $\quad \boldsymbol{i}_l = [\, i_{l1} \quad i_{l2} \quad \cdots \quad i_{ll} \,]^T$

由于矩阵 $\boldsymbol{B}$ 的每一列，对应矩阵 $\boldsymbol{B}^T$ 的每一行，表示每一对应支路与回路的关联情况，所以按矩阵的乘法规则可知

$$i = \boldsymbol{B}^T i_l \quad (12\text{-}2\text{-}4)$$

例如，对图 12-2-2 有

$$
\begin{bmatrix} i_1 \\ i_2 \\ i_3 \\ i_4 \\ i_5 \\ i_6 \end{bmatrix} = \begin{bmatrix} 1 & 0 & 0 \\ -1 & 1 & 0 \\ -1 & 0 & -1 \\ 0 & -1 & -1 \\ 0 & 0 & -1 \\ 0 & -1 & 0 \end{bmatrix} \begin{bmatrix} i_{l1} \\ i_{l2} \\ i_{l3} \end{bmatrix} = \begin{bmatrix} i_{l1} \\ -i_{l1}+i_{l2} \\ -i_{l1}-i_{l3} \\ -i_{l2}-i_{l3} \\ -i_{l3} \\ -i_{l2} \end{bmatrix}
$$

式（12-2-4）表明，电路中各支路电流可以用与该支路关联的回路电流表示，这正是回路电流法的基本思想，式（12-2-4）是用矩阵 $\boldsymbol{B}$ 表示的 KCL 的矩阵形式。值得一提的是，如果采用基本回路矩阵 $\boldsymbol{B}_f$ 表示 KVL、KCL 的矩阵形式时，支路电压、支路电流的支路顺序要与基本回路矩阵 $\boldsymbol{B}_f$ 的支路顺序相同。

12.2.3　割集矩阵

设一个割集由某些支路构成，则称这些支路与该割集关联。支路与割集的关联性质可用割集矩阵描述。设有向图的结点数为 n、支路数为 b，则该图的独立割集数为 $(n-1)$。对每个割集编号，并指定割集的方向，则割集矩阵为一个 $(n-1)\times b$ 的矩阵，一般用 $\boldsymbol{Q}$ 表示。$\boldsymbol{Q}$ 的行对应割集，列对应支路，它的任一元素 q_{ij} 定义为

$$
q_{ij} = \begin{cases} 1 & \text{支路} j \text{与割集} i \text{关联，且它们方向一致} \\ -1 & \text{支路} j \text{与割集} i \text{关联，且它们方向相反} \\ 0 & \text{支路} j \text{与割集} i \text{不关联} \end{cases}
$$

设某一电路的图如图 12-2-4 所示，割集分别为 C_1、C_2、C_3，则对应的割集矩阵为

$$
\boldsymbol{Q} = \begin{matrix} 1 & 2 & 3 & 4 & 5 & 6 \\ \begin{bmatrix} 1 & 1 & 0 & 0 & 0 & 1 \\ 0 & -1 & 1 & 1 & 0 & 0 \\ 0 & 0 & 0 & 1 & -1 & 1 \end{bmatrix} \end{matrix}
$$

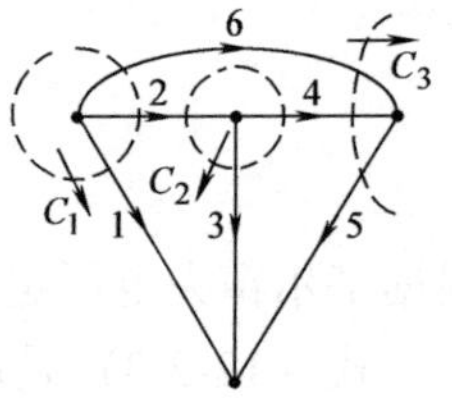

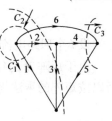

图 12-2-4　割集矩阵示例

如果选一组单树支割集为一组独立割集，这种割集矩阵称为基本割集矩阵，一般用 $\boldsymbol{Q}_f$ 表示。在写 $\boldsymbol{Q}_f$ 时，矩阵的列（各支路）一般按照"先树支，后连支"或者"先连支，后树支"的顺序排列；矩阵的行按照单树支对应割集的顺序，并且割集的方向与相应树支的方向一致，则 $\boldsymbol{Q}_f$ 将会出现一个单位子矩阵，即有

$$
\boldsymbol{Q}_f = \begin{bmatrix} \boldsymbol{1}_t & \vdots & \boldsymbol{Q}_l \end{bmatrix} \tag{12-2-5}
$$

式中，下标 t 和 l 分别表示对应于树支和连支部分。如图 12-2-4 中，若取支路 1、3、4 为树支，则对应的单树支割集分别为 C_1（1、2、6）、C_2（2、3、5、6）、C_3（4、5、6），割集的方向与对应的树支方向一致，如图 12-2-5 所示。则单树支割集矩阵为

$$
\boldsymbol{Q}_f = \begin{matrix} 1 & 3 & 4 & 2 & 5 & 6 \\ \begin{bmatrix} 1 & 0 & 0 & 1 & 0 & 1 \\ 0 & 1 & 0 & -1 & 1 & -1 \\ 0 & 0 & 1 & 0 & -1 & 1 \end{bmatrix} \end{matrix}
$$

图 12-2-5　单树支割集示例

用割集矩阵乘以支路电流列向量，根据矩阵的乘法规则所得结果为汇集在每个割集支路电流的代数和，由 KCL 和割集的概念，可知

$$Qi = 0 \tag{12-2-6}$$

式（12-2-6）是用矩阵 Q 表示的 KCL 的矩阵形式。例如，对图 12-2-4 所示的有向图和对应的割集，则有

$$Qi = \begin{bmatrix} 1 & 1 & 0 & 0 & 0 & 1 \\ 0 & -1 & 1 & 1 & 0 & 0 \\ 0 & 0 & 0 & 1 & -1 & 1 \end{bmatrix} \begin{bmatrix} i_1 \\ i_2 \\ i_3 \\ i_4 \\ i_5 \\ i_6 \end{bmatrix} = \begin{bmatrix} i_1 + i_2 + i_6 \\ -i_2 + i_3 + i_4 \\ i_4 - i_5 + i_6 \end{bmatrix} = \begin{bmatrix} 0 \\ 0 \\ 0 \end{bmatrix}$$

注意用单树支割集矩阵 Q_f 乘以支路电流列向量时，支路电流的排列顺序要与单树支割集支路顺序一致。

树支的支路电压称为树支电压，连支的支路电压称为连支电压。由于基本割集中只含有一个树支，因此通常就把树支电压定义该基本割集的电压，称为基本割集电压。又由于树支数为 $(n-1)$ 个，故共有 $(n-1)$ 个树支电压（即基本割集电压），而其余的支路电压则为连支电压。根据 KVL，全部的支路电压都可用 $(n-1)$ 个树支电压来表示。所以基本割集电压可以作为网络分析的一组独立变量。将电路中 $(n-1)$ 个树支电压用 $(n-1)$ 阶列向量表示，即 $u_t = (u_{t1} \quad u_{t2} \quad \cdots \quad u_{t(n-1)})^T$。

由于 Q_f 的每一列，也就是 Q_f^T 的每一行，表示的是一条支路与割集的关联情况，按矩阵相乘的规则，可得

$$u = Q_f^T u_t \tag{12-2-7}$$

式（12-2-7）是用矩阵 Q_f 表示的 KVL 的矩阵形式。例如，对图 12-2-5 所示有向图，选取 1、3、4 为树支，则有 $u = \begin{bmatrix} u_1 & u_3 & u_4 & u_2 & u_5 & u_6 \end{bmatrix}^T$。那么

$$u = Q_f^T u_t = \begin{bmatrix} 1 & 0 & 0 \\ 0 & 1 & 0 \\ 0 & 0 & 1 \\ 1 & -1 & 0 \\ 0 & 1 & -1 \\ 1 & -1 & 1 \end{bmatrix} \begin{bmatrix} u_{t1} \\ u_{t2} \\ u_{t3} \end{bmatrix} = \begin{bmatrix} u_{t1} \\ u_{t2} \\ u_{t3} \\ u_{t1} - u_{t2} \\ u_{t2} - u_{t3} \\ u_{t1} - u_{t2} + u_{t3} \end{bmatrix}$$

注意用单树支割集矩阵 Q_f 乘以树支电压向量时，获得的支路电压的排列顺序与单树支割集支路顺序一致。

在求解电路时，选取不同的独立变量就形成了不同的方法。下面几节中所讨论的回路电流法、结点电压法、割集电压法就是分别选用连支电流 i_l（即回路电流）、结点电压 u_n 和树支电压 u_t 作为独立变量的，所列出的 KCL、KVL 方程都存在对应的矩阵形式。

12.3 回路电流方程的矩阵形式

12-3-1 回路电流方程的矩阵形式

回路电流法和网孔电流法是分别以回路电流和网孔电流作为电路的独立变量,列写回路和网孔的 KVL 方程的分析方法。根据 12.2 节内容可知,描述支路与回路关联性质的是回路矩阵 $\boldsymbol{B}$,所以可以用以回路矩阵 $\boldsymbol{B}$ 表示的 KCL 和 KVL 方程推导出回路电流方程的矩阵形式。

设回路电流列向量为 $\dot{\boldsymbol{I}}_1$,有

$$\text{KCL} \qquad \dot{\boldsymbol{I}}=\boldsymbol{B}^{\mathrm{T}}\dot{\boldsymbol{I}}_1 \tag{12-3-1}$$

$$\text{KVL} \qquad \boldsymbol{B}\dot{\boldsymbol{U}}=0 \tag{12-3-2}$$

分析电路,除了依据 KCL、KVL 外,还要知道每一条支路所含元件的特性,即要知道支路的电压、电流的约束关系。若定义一种典型支路作为通用的电路模型则可以简化分析,这种支路称为"复合支路"。对于回路电流法采用图 12-3-1a 所示的复合支路,$\dot{U}_{sk}$ 和 $\dot{I}_{sk}$ 分别表示第 k 条支路独立电压源和独立电流源,Z_k 表示阻抗,且规定它只能是单一的电阻、电感或电容,不允许是它们的组合;支路电压 $\dot{U}_k$ 和支路电流 $\dot{I}_k$ 取关联参考方向,独立源 $\dot{U}_{sk}$ 和 $\dot{I}_{sk}$ 的参考方向和支路方向相反,而阻抗元件 Z_k 的电压 $\dot{U}_{ek}$、电流 $\dot{I}_{ek}$ 参考方向与支路方向相同(阻抗上电压和电流取关联参考方向)。在此种情况下,该复合支路可抽象为图 12-3-1b 所示的有向图。

图 12-3-1a 所示的复合支路采用的是相量形式,应用运算法时,可相应地采用运算形式。

下面分几种不同情况推导整个电路的回路电流方程的矩阵形式。

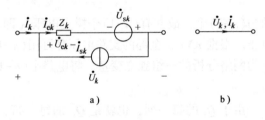

图 12-3-1 复合支路

12.3.1 电路不含互感和受控源的情况

对于第 k 条支路,如图 12-3-1a 所示,支路电压和支路电流的关系为

$$\dot{U}_k=Z_k(\dot{I}_k+\dot{I}_{sk})-\dot{U}_{sk} \tag{12-3-3}$$

分别设

支路电流列向量为 $\dot{\boldsymbol{I}}=[\dot{I}_1 \quad \dot{I}_2 \quad \cdots \quad \dot{I}_b]^{\mathrm{T}}$

支路电压列向量为 $\dot{\boldsymbol{U}}=[\dot{U}_1 \quad \dot{U}_2 \quad \cdots \quad \dot{U}_b]^{\mathrm{T}}$

支路电流源列向量为 $\dot{\boldsymbol{I}}_s=[\dot{I}_{s1} \quad \dot{I}_{s2} \quad \cdots \quad \dot{I}_{sb}]^{\mathrm{T}}$

支路电压源列向量为 $\dot{\boldsymbol{U}}_s=[\dot{U}_{s1} \quad \dot{U}_{s2} \quad \cdots \quad \dot{U}_{sb}]^{\mathrm{T}}$

按式(12-3-3),分别写出整个电路的 b 条支路方程,并整理成矩阵形式

$$\begin{bmatrix} \dot{U}_1 \\ \dot{U}_2 \\ \vdots \\ \dot{U}_b \end{bmatrix}=\begin{bmatrix} Z_1 & & & 0 \\ & Z_2 & & \\ & & \ddots & \\ 0 & & & Z_b \end{bmatrix}\begin{bmatrix} \dot{I}_1+\dot{I}_{s1} \\ \dot{I}_2+\dot{I}_{s2} \\ \vdots \\ \dot{I}_b+\dot{I}_{sb} \end{bmatrix}-\begin{bmatrix} \dot{U}_{s1} \\ \dot{U}_{s2} \\ \vdots \\ \dot{U}_{sb} \end{bmatrix}$$

即

$$\dot{U} = Z(\dot{I} + \dot{I}_{\mathrm{s}}) - \dot{U}_{\mathrm{s}} \tag{12-3-4}$$

式中，Z 称为支路阻抗矩阵，是一个 $b \times b$ 的对角矩阵，对角线的元素分别为每条支路的阻抗。

把式（12-3-4）代入 KVL 方程式（12-3-2），可得

$$B\left[Z(\dot{I} + \dot{I}_{\mathrm{s}}) - \dot{U}_{\mathrm{s}} \right] = 0$$

$$BZ\dot{I} + BZ\dot{I}_{\mathrm{s}} - B\dot{U}_{\mathrm{s}} = 0$$

再把 KCL 方程式（12-3-1）代入上式，可得

$$BZB^{\mathrm{T}}\dot{I}_{\mathrm{l}} = B\dot{U}_{\mathrm{s}} - BZ\dot{I}_{\mathrm{s}} \tag{12-3-5}$$

式（12-3-5）即为回路电流方程的矩阵形式。若设 $Z_{\mathrm{l}} \stackrel{\mathrm{def}}{=\!=} BZB^{\mathrm{T}}$，可知它是一个 l 阶的方阵，称为回路阻抗矩阵，它的主对角线元素为自阻抗，非对角线元素为互阻抗。

12.3.2 电路含有互感的情况

设第 k 条、第 j 条支路之间有耦合关系，此时应考虑支路间的互感电压的相互作用，支路编号时将它们相邻的编在一起，则第 k 条、第 j 条支路的支路方程为

$$\dot{U}_k = Z_k\dot{I}_{ek} \pm \mathrm{j}\omega M_{kj}\dot{I}_{ej} - \dot{U}_{sk} = Z_k(\dot{I}_k + \dot{I}_{sk}) \pm \mathrm{j}\omega M_{kj}(\dot{I}_j + \dot{I}_{sj}) - \dot{U}_{sk}$$

$$\dot{U}_j = \pm \mathrm{j}\omega M_{jk}\dot{I}_{ek} + Z_j\dot{I}_{ej} - \dot{U}_{sj} = \pm \mathrm{j}\omega M_{jk}(\dot{I}_k + \dot{I}_{sk}) + Z_j(\dot{I}_j + \dot{I}_{sj}) - \dot{U}_{sj}$$

其余支路不含互感，则对应的支路方程为

$$\dot{U}_1 = Z_1\dot{I}_{e1} - \dot{U}_{s1} = Z_1(\dot{I}_1 + \dot{I}_{s1}) - \dot{U}_{s1}$$

$$\dot{U}_2 = Z_2\dot{I}_{e2} - \dot{U}_{sk} = Z_2(\dot{I}_2 + \dot{I}_{s2}) - \dot{U}_{s2}$$

$$\vdots$$

$$\dot{U}_b = Z_b\dot{I}_{eb} - \dot{U}_{sb} = Z_b(\dot{I}_b + \dot{I}_{sb}) - \dot{U}_{sb}$$

将整个电路的 b 条支路方程表示为矩阵形式：

$$\begin{bmatrix} \dot{U}_1 \\ \dot{U}_2 \\ \vdots \\ \dot{U}_k \\ \dot{U}_j \\ \vdots \\ \dot{U}_b \end{bmatrix} = \begin{bmatrix} Z_1 & 0 & \cdots & 0 & 0 & \cdots & 0 \\ 0 & Z_2 & \cdots & 0 & 0 & \cdots & 0 \\ \vdots & \vdots & & \vdots & \vdots & & \vdots \\ 0 & 0 & \cdots & Z_k & \pm \mathrm{j}\omega M_{kj} & \cdots & 0 \\ 0 & 0 & \cdots & \pm \mathrm{j}\omega M_{jk} & Z_j & \cdots & 0 \\ \vdots & \vdots & & \vdots & \vdots & & \vdots \\ 0 & 0 & \cdots & 0 & 0 & \cdots & Z_b \end{bmatrix} \begin{bmatrix} \dot{I}_1 + \dot{I}_{s1} \\ \dot{I}_2 + \dot{I}_{s2} \\ \vdots \\ \dot{I}_k + \dot{I}_{sk} \\ \dot{I}_j + \dot{I}_{sj} \\ \vdots \\ \dot{I}_b + \dot{I}_{sb} \end{bmatrix} - \begin{bmatrix} \dot{U}_{s1} \\ \dot{U}_{s2} \\ \vdots \\ \dot{U}_{sk} \\ \dot{U}_{sj} \\ \vdots \\ \dot{U}_{sb} \end{bmatrix}$$

或者可统一写成

$$\dot{U} = Z(\dot{I} + \dot{I}_{\mathrm{s}}) - \dot{U}_{\mathrm{s}}$$

可以看出，上式和式（12-3-4）形式完全相同，因此支路间有耦合时，回路方程的矩阵形式仍为式（12-3-5）。所不同的只有支路阻抗矩阵 Z，其主对角线元素仍为各支路阻抗，而非对角线元素的第 k 行、第 j 列和第 j 行、第 k 列的两个元素是两条支路的互阻抗，阻抗阵 Z 不再为对角阵。式中互阻抗前的"±"取决于各电感的同名端和电流、电压的参考方向，电流流入同名端的对应取"+"，反之取"−"。

12.3.3 电路含有受控源的情况

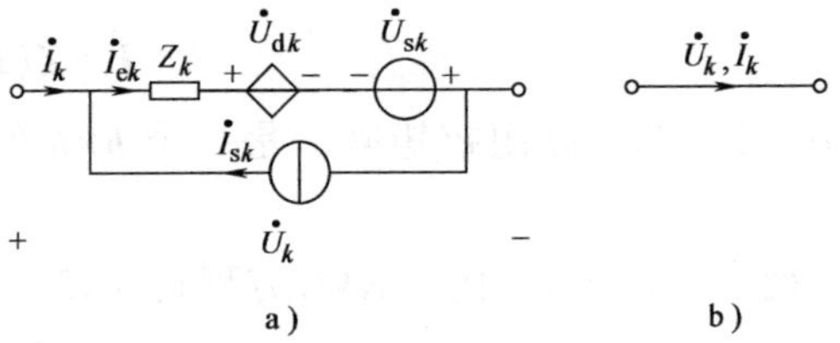

如图 12-3-2a 所示为一条复合支路，图 12-3-2b 为有向图。设第 k 条支路上含有受控电压源 $\dot{U}_{dk}$，控制量是第 j 条支路无源元件的电压或电流，则该支路的支路方程为

$$\dot{U}_k = Z_k(\dot{I}_k + \dot{I}_{sk}) + \dot{U}_{dk} - \dot{U}_{sk} \quad (12\text{-}3\text{-}6)$$

可以看出，式（12-3-6）和式（12-3-3）

图 12-3-2 含受控电压源的复合支路

基本相同，只多了一项 $\dot{U}_{dk}$，若受控源为电流控制电压源，即 $\dot{U}_{dk} = r_{kj}\dot{I}_{ej} = r_{kj}(\dot{I}_j + \dot{I}_{sj})$，则电路的回路电流方程的矩阵形式可写为

$$\begin{bmatrix} \dot{U}_1 \\ \dot{U}_2 \\ \vdots \\ \dot{U}_k \\ \vdots \\ \dot{U}_j \\ \vdots \\ \dot{U}_b \end{bmatrix} = \begin{matrix} \\ \\ \\ k \\ \\ j \\ \\ \end{matrix} \begin{bmatrix} Z_1 & & & & & & & \\ & Z_2 & & & & \mathbf{0} & \\ & & \ddots & & & & \\ & & & Z_k & \cdots & r_{kj} & & \\ & & & & \ddots & \vdots & & \\ & & & & & Z_j & & \\ & \mathbf{0} & & & & & \ddots & \\ & & & & & & & Z_b \end{bmatrix} \begin{bmatrix} \dot{I}_1 + \dot{I}_{s1} \\ \dot{I}_2 + \dot{I}_{s2} \\ \vdots \\ \dot{I}_k + \dot{I}_{sk} \\ \vdots \\ \dot{I}_j + \dot{I}_{sj} \\ \vdots \\ \dot{I}_b + \dot{I}_{sb} \end{bmatrix} - \begin{bmatrix} \dot{U}_{s1} \\ \dot{U}_{s2} \\ \vdots \\ \dot{U}_{sk} \\ \vdots \\ \dot{U}_{sj} \\ \vdots \\ \dot{U}_{sb} \end{bmatrix}$$

或写成

$$\dot{U} = Z(\dot{I} + \dot{I}_s) - \dot{U}_s$$

可以看出，上式和式（12-3-4）形式完全相同，因此支路上含有受控电压源时，回路方程的矩阵形式仍为式（12-3-5）。所不同的是支路阻抗矩阵 Z 的主对角线元素仍为各支路阻抗，而非对角线元素的第 k 行、第 j 列的元素不再为零，而为电流控制电压源的控制系数 r_{kj}。若图 12-3-2 的复合支路中受控源的参考方向和图示相反，则阻抗矩阵 Z 中该元素对应为 $-r_{kj}$；若支路的受控源为电压控制电压源，即 $\dot{U}_{dk} = \mu_{kj}\dot{U}_{ej} = \mu_{kj}Z_j(\dot{I}_j + \dot{I}_{sj})$，则 Z 的第 k 行、第 j 列的元素为 $\mu_{kj}Z_j$，其正负号的判断与电流控制电压源时的情况相同。

综上所述，不管何种电路，回路电流方程的矩阵形式都为式（12-3-5）。只是不同的支路内容，对应的支路阻抗矩阵 Z 有所不同而已。在列写回路电流方程的矩阵形式时，只需按照式（12-3-5），分别写出回路矩阵 B、阻抗矩阵 Z、电压源列向量 $\dot{U}_s$ 和电流源列向量 $\dot{I}_s$，代入式（12-3-5）进行矩阵相乘，即可得到所求结果。

例 12-3-1 电路如图 12-3-3 所示，试用矩阵形式列写电路的回路电流方程。

(1) L_2 和 L_3 之间不含互感时。

(2) L_2 和 L_3 之间含有互感时。

解 (1) L_2 和 L_3 之间不含互感时。画出有向图，选支路 1、4、5 为树支，两个单连支回路如图 12-3-3b 所示，则基本回路矩阵为

$$\begin{matrix} \quad 2 \quad\ 3 \quad\ 1 \quad\ 4 \quad\ 5 \end{matrix}$$
$$B = \begin{bmatrix} 1 & 0 & -1 & 1 & 0 \\ 0 & 1 & 0 & -1 & 1 \end{bmatrix}$$

支路阻抗阵 Z 为

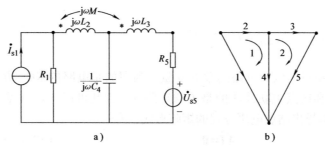

图 12-3-3 例 12-3-1 电路图

$$\mathbf{Z} = \mathrm{diag}\begin{bmatrix} \mathrm{j}\omega L_2 & \mathrm{j}\omega L_3 & R_1 & \dfrac{1}{\mathrm{j}\omega C_4} & R_5 \end{bmatrix} = \begin{bmatrix} \mathrm{j}\omega L_2 & 0 & 0 & 0 & 0 \\ 0 & \mathrm{j}\omega L_3 & 0 & 0 & 0 \\ 0 & 0 & R_1 & 0 & 0 \\ 0 & 0 & 0 & \dfrac{1}{\mathrm{j}\omega C_4} & 0 \\ 0 & 0 & 0 & 0 & R_5 \end{bmatrix}$$

电压源列向量为 $\qquad\dot{\mathbf{U}}_s = \begin{bmatrix} 0 & 0 & 0 & 0 & -\dot{U}_{s5} \end{bmatrix}^{\mathrm{T}}$

电流源列向量为 $\qquad\dot{\mathbf{I}}_s = \begin{bmatrix} 0 & 0 & \dot{I}_{s1} & 0 & 0 \end{bmatrix}^{\mathrm{T}}$

回路电流方程的矩阵形式为 $\qquad\mathbf{BZB}^{\mathrm{T}}\dot{\mathbf{I}}_1 = \mathbf{B}\dot{\mathbf{U}}_s - \mathbf{BZ}\dot{\mathbf{I}}_s$

代入可得

$$\begin{bmatrix} R_1 + \mathrm{j}\omega L_2 + \dfrac{1}{\mathrm{j}\omega C_4} & -\dfrac{1}{\mathrm{j}\omega C_4} \\ -\dfrac{1}{\mathrm{j}\omega C_4} & R_5 + \mathrm{j}\omega L_3 + \dfrac{1}{\mathrm{j}\omega C_4} \end{bmatrix} \begin{bmatrix} \dot{I}_{l1} \\ \dot{I}_{l2} \end{bmatrix} = \begin{bmatrix} R_1\dot{I}_{s1} \\ -\dot{U}_{s5} \end{bmatrix}$$

（2）L_2 和 L_3 之间含有互感时，有

$$\mathbf{Z} = \begin{bmatrix} \mathrm{j}\omega L_2 & \mathrm{j}\omega M & 0 & 0 & 0 \\ \mathrm{j}\omega M & \mathrm{j}\omega L_3 & 0 & 0 & 0 \\ 0 & 0 & R_1 & 0 & 0 \\ 0 & 0 & 0 & \dfrac{1}{\mathrm{j}\omega C_4} & 0 \\ 0 & 0 & 0 & 0 & R_5 \end{bmatrix}$$

代入式（12-3-5），可得

$$\begin{bmatrix} R_1 + \mathrm{j}\omega L_2 + \dfrac{1}{\mathrm{j}\omega C_4} & -\dfrac{1}{\mathrm{j}\omega C_4} + \mathrm{j}\omega M \\ -\dfrac{1}{\mathrm{j}\omega C_4} + \mathrm{j}\omega M & R_5 + \mathrm{j}\omega L_3 + \dfrac{1}{\mathrm{j}\omega C_4} \end{bmatrix} \begin{bmatrix} \dot{I}_{l1} \\ \dot{I}_{l2} \end{bmatrix} = \begin{bmatrix} R_1\dot{I}_{s1} \\ -\dot{U}_{s5} \end{bmatrix}$$

若选网孔为一组独立回路，则回路电流方程即为网孔电流方程。由于回路电流方程中的独立变量是电流，因此在回路电流法中处理有互感的电路或含有电流控制电压源比较方便。如果电路中含有受控电流源，可将含受控电流源的部分电路等效变换成含受控电压源的电路，然后按上述步骤进行分析。

12. 4 结点电压方程的矩阵形式

12-4-1 结点电压方程的矩阵形式

结点电压法以结点电压为电路的独立变量，列写的是电路的 KCL 方程。由于描述支路和结点关联性质的是关联矩阵 $\boldsymbol{A}$，因此可以用以 $\boldsymbol{A}$ 表示的 KCL 和 KVL 推导出结点电压方程的矩阵形式，有

$$\text{KCL} \qquad\qquad \boldsymbol{A}\dot{\boldsymbol{I}}=0 \qquad\qquad (12\text{-}4\text{-}1)$$

$$\text{KVL} \qquad\qquad \dot{\boldsymbol{U}}=\boldsymbol{A}^{\mathrm{T}}\dot{\boldsymbol{U}}_{\mathrm{n}} \qquad\qquad (12\text{-}4\text{-}2)$$

除了依据 KCL、KVL 方程外，还需知道每一条支路的电压、电流的约束关系。对于结点电压法，一般可采用图 12-4-1a 所示的复合支路。$\dot{U}_{sk}$ 和 $\dot{I}_{sk}$ 分别表示第 k 条支路独立电压源和独立电流源，Y_k 表示这条支路的导纳；支路电压 $\dot{U}_k$ 和支路电流 $\dot{I}_k$ 取关联参考方向，独立源 $\dot{U}_{sk}$ 和 $\dot{I}_{sk}$ 的参考方向和支路方向相反，而导纳 Y_k 上电压电流的参考方向与支路方向相同（导纳上电压电流取关联参考方向）。在此种情况下，该复合支路可抽象为图 12-4-1b 所示的有向图。

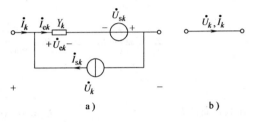

图 12-4-1　复合支路

下面分不同情况推导整个电路的结点电压方程的矩阵形式。

12. 4. 1 电路不含互感和受控源的情况

对于第 k 条支路，如图 12-4-1 所示，有

$$\dot{I}_k=Y_k\dot{U}_{ek}-\dot{I}_{sk}=Y_k(\dot{U}_k+\dot{U}_{sk})-\dot{I}_{sk} \qquad (12\text{-}4\text{-}3)$$

则对整个电路，有

$$
\begin{bmatrix} \dot{I}_1 \\ \dot{I}_2 \\ \vdots \\ \dot{I}_b \end{bmatrix}=\begin{bmatrix} Y_1 & & & 0 \\ & Y_2 & & \\ & & \ddots & \\ 0 & & & Y_b \end{bmatrix}\begin{bmatrix} \dot{U}_1+\dot{U}_{s1} \\ \dot{U}_2+\dot{U}_{s2} \\ \vdots \\ \dot{U}_b+\dot{U}_{sb} \end{bmatrix}-\begin{bmatrix} \dot{I}_{s1} \\ \dot{I}_{s2} \\ \vdots \\ \dot{I}_{sb} \end{bmatrix}
$$

或写成

$$\dot{\boldsymbol{I}}=\boldsymbol{Y}(\dot{\boldsymbol{U}}+\dot{\boldsymbol{U}}_s)-\dot{\boldsymbol{I}}_s \qquad (12\text{-}4\text{-}4)$$

式中，$\boldsymbol{Y}$ 称为支路导纳矩阵，它是一个 $b{\times}b$ 的对角阵，对角线上的每个元素分别是各支路的导纳。支路导纳阵 $\boldsymbol{Y}$ 和支路阻抗阵 $\boldsymbol{Z}$ 互逆，即满足 $\boldsymbol{Y}=\boldsymbol{Z}^{-1}$。

将式（12-4-4）代入式（12-4-1），可得

$$\boldsymbol{A}\dot{\boldsymbol{I}}=\boldsymbol{A}\boldsymbol{Y}(\dot{\boldsymbol{U}}+\dot{\boldsymbol{U}}_s)-\boldsymbol{A}\dot{\boldsymbol{I}}_s=0 \qquad (12\text{-}4\text{-}5)$$

将式（12-4-2）代入式（12-4-5），整理可得

$$\boldsymbol{A}\boldsymbol{Y}\boldsymbol{A}^{\mathrm{T}}\dot{\boldsymbol{U}}_{\mathrm{n}}=\boldsymbol{A}\dot{\boldsymbol{I}}_s-\boldsymbol{A}\boldsymbol{Y}\dot{\boldsymbol{U}}_s \qquad (12\text{-}4\text{-}6)$$

式（12-4-6）即为结点电压方程的矩阵形式。如果设 $\boldsymbol{Y}_{\mathrm{n}}\overset{\text{def}}{=}\boldsymbol{A}\boldsymbol{Y}\boldsymbol{A}^{\mathrm{T}}$，可知它是一个 $(n{-}1)$ 阶的方阵，称为结点导纳阵，它的主对角线元素即为自导纳，非对角线元素为互导纳。方程右边的 $\boldsymbol{j}_{\mathrm{n}}\overset{\text{def}}{=}\boldsymbol{A}\dot{\boldsymbol{I}}_s-\boldsymbol{A}\boldsymbol{Y}\dot{\boldsymbol{U}}_s$ 为流入各结点等效电流源列向量。

例 12-4-1 试列写如图 12-4-2a 所示电路的结点电压矩阵方程。

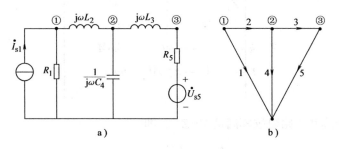

图 12-4-2 例 12-4-1 电路图

解 画出图示电路的有向图，如图 12-4-2b 所示，则关联矩阵 A 为

$$A = \begin{bmatrix} 1 & 1 & 0 & 0 & 0 \\ 0 & -1 & 1 & 1 & 0 \\ 0 & 0 & -1 & 0 & 1 \end{bmatrix}$$

支路导纳矩阵为 $\qquad Y = \mathrm{diag}\left[\dfrac{1}{R_1} \quad \dfrac{1}{j\omega L_2} \quad \dfrac{1}{j\omega L_3} \quad j\omega C_4 \quad \dfrac{1}{R_5}\right]$

电流源列向量为 $\qquad \dot{I}_s = \begin{bmatrix} \dot{I}_{s1} & 0 & 0 & 0 & 0 \end{bmatrix}^T$

电压源列向量为 $\qquad \dot{U}_s = \begin{bmatrix} 0 & 0 & 0 & 0 & -\dot{U}_{s5} \end{bmatrix}^T$

结点电压的矩阵方程为 $\qquad AYA^T \dot{U}_n = A\dot{I}_s - AY\dot{U}_s$

则

$$Y_n = AYA^T = \begin{bmatrix} \dfrac{1}{R_1} + \dfrac{1}{j\omega L_2} & -\dfrac{1}{j\omega L_2} & 0 \\ -\dfrac{1}{j\omega L_2} & \dfrac{1}{j\omega L_2} + \dfrac{1}{j\omega L_3} + j\omega C_4 & -\dfrac{1}{j\omega L_3} \\ 0 & -\dfrac{1}{j\omega L_3} & \dfrac{1}{R_5} + \dfrac{1}{j\omega L_3} \end{bmatrix}$$

$$\dot{j}_n = A\dot{I}_s - AY\dot{U}_s = \begin{bmatrix} \dot{I}_{s1} & 0 & \dfrac{\dot{U}_{s5}}{R_5} \end{bmatrix}^T$$

由结点电压矩阵方程，可得

$$\begin{bmatrix} \dfrac{1}{R_1} + \dfrac{1}{j\omega L_2} & -\dfrac{1}{j\omega L_2} & 0 \\ -\dfrac{1}{j\omega L_2} & \dfrac{1}{j\omega L_2} + \dfrac{1}{j\omega L_3} + j\omega C_4 & -\dfrac{1}{j\omega L_3} \\ 0 & -\dfrac{1}{j\omega L_3} & \dfrac{1}{R_5} + \dfrac{1}{j\omega L_3} \end{bmatrix} \begin{bmatrix} \dot{U}_{n1} \\ \dot{U}_{n2} \\ \dot{U}_{n3} \end{bmatrix} = \begin{bmatrix} \dot{I}_{s1} \\ 0 \\ \dfrac{\dot{U}_{s5}}{R_5} \end{bmatrix}$$

12.4.2 电路含有互感的情况

设第 k 条、第 j 条支路之间有耦合关系，支路编号时将它们相邻的编在一起，根据 12.3.2 节的内容容易得出其支路阻抗阵为

$$\boldsymbol{Z} = \begin{matrix} & & k & j \\ k & \\ j & \end{matrix} \begin{bmatrix} Z_1 & & & & \\ & \ddots & & & 0 \\ \text{-----} & \text{j}\omega L_k & \pm \text{j}\omega M & \\ \text{---} 0 \text{---} & \pm \text{j}\omega M & \text{j}\omega L_j & \\ & & & & \ddots \end{bmatrix}$$

则对应的支路导纳阵和支路阻抗阵满足 $\boldsymbol{Y} = \boldsymbol{Z}^{-1}$，即

$$\boldsymbol{Y} = \boldsymbol{Z}^{-1} = \begin{matrix} & & k & j \\ k & \\ j & \end{matrix} \begin{bmatrix} Y_1 & & & & \\ & \ddots & & & 0 \\ \text{-----} & \dfrac{L_j}{\Delta} & \mp \dfrac{M}{\Delta} & \\ \text{---} 0 \text{-} & \mp \dfrac{M}{\Delta} & \dfrac{L_k}{\Delta} & \\ & & & & \ddots \end{bmatrix}, \quad \text{其中，} \Delta = \text{j}\omega (L_k L_j - M^2) \qquad (12\text{-}4\text{-}7)$$

从式（12-4-7）可以看出，支路导纳阵中只有含有互感的由第 k 条、第 j 条支路构成的导纳子矩阵发生了变化，即该子矩阵的非对角线元素不再为零，其余支路的导纳没有发生变化。因此，含有互感电路的结点电压矩阵方程仍为式（12-4-6），所不同的只有支路导纳矩阵 $\boldsymbol{Y}$ 不再为对角阵。

12. 4. 3 电路含有受控源的情况

复合支路如图 12-4-3a 所示，图 12-4-3b 为其有向图。设第 k 条支路上含有受控电流源 $\dot{I}_{\text{dk}}$，控制量是第 j 条支路无源元件的电压或电流，则该支路的支路方程为

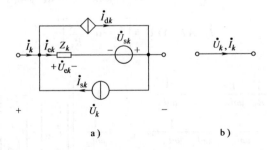

图 12-4-3 含受控源的复合支路

$$\dot{I}_k = \dot{I}_{\text{ek}} + \dot{I}_{\text{dk}} - \dot{I}_{\text{sk}} = Y_k \dot{U}_{\text{ek}} + \dot{I}_{\text{dk}} - \dot{I}_{\text{sk}} = Y_k (\dot{U}_k + \dot{U}_{\text{sk}}) + \dot{I}_{\text{dk}} - \dot{I}_{\text{sk}} \qquad (12\text{-}4\text{-}8)$$

若受控电流源是电压控制电流源（VCCS），$\dot{I}_{\text{dk}} = g_{kj}\dot{U}_{\text{ej}} = g_{kj}(\dot{U}_j + \dot{U}_{\text{sj}})$；若受控电流源是电流控制电流源（CCCS），$\dot{I}_{\text{dk}} = \beta_{kj}\dot{I}_{\text{ej}} = \beta_{kj}Y_j (\dot{U}_j + \dot{U}_{\text{sj}})$。将 b 条支路的支路方程写成矩阵形式为

$$
\begin{bmatrix} \dot{I}_1 \\ \vdots \\ \dot{I}_k \\ \vdots \\ \dot{I}_j \\ \vdots \\ \dot{I}_b \end{bmatrix} = \begin{matrix} & k & j & \\ \\ k \\ \\ j \\ \\ \end{matrix} \begin{bmatrix} Y_1 & & & & & 0 \\ & \ddots & & & & \\ & & Y_k & \cdots & Y_{kj} & \\ & & & \ddots & & \\ & & & & Y_j & \\ & & & & & \ddots \\ 0 & & & & & Y_b \end{bmatrix} \begin{bmatrix} \dot{U}_1 + \dot{U}_{s1} \\ \vdots \\ \dot{U}_k + \dot{U}_{sk} \\ \vdots \\ \dot{U}_j + \dot{U}_{sj} \\ \vdots \\ \dot{U}_b + \dot{U}_{sb} \end{bmatrix} - \begin{bmatrix} \dot{I}_{s1} \\ \vdots \\ \dot{I}_{sk} \\ \vdots \\ \dot{I}_{sj} \\ \vdots \\ \dot{I}_{sb} \end{bmatrix}
$$

其中

$$
Y_{kj} = \begin{cases} g_{kj} & \text{含电压控制电流源} \\ \beta_{kj} Y_j & \text{含电流控制电流源} \end{cases}
$$

将上式写成矩阵形式为

$$
\dot{\boldsymbol{I}} = \boldsymbol{Y}(\dot{\boldsymbol{U}} + \dot{\boldsymbol{U}}_s) - \dot{\boldsymbol{I}}_s
$$

可以发现，上式和式（12-4-4）完全相同，因此，含有受控电流源的结点电压方程仍为式（12-4-6），只是支路导纳阵 $\boldsymbol{Y}$ 不再是对角阵，其第 k 行、第 j 列的元素不再为零，而是 Y_{kj}。

例 12-4-2 电路如图 12-4-4a 所示，图 12-4-4b 为其有向图，试列写结点电压矩阵方程。

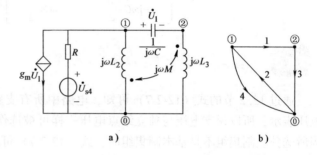

图 12-4-4 例 12-4-2 电路图

解 本题中既含有受控源，又含有互感支路，写支路导纳阵的时候，可先写出只含有互感的支路阻抗阵 $\boldsymbol{Z}'$，并求出对应的导纳阵 $\boldsymbol{Y}' = \boldsymbol{Z}'^{-1}$，再考虑有受控源的情况，即可求出导纳阵 $\boldsymbol{Y}$。

关联矩阵为

$$
\boldsymbol{A} = \begin{bmatrix} 1 & -1 & 0 & 1 \\ -1 & 0 & 1 & 0 \end{bmatrix}
$$

仅含互感，不含受控源时的支路阻抗阵 $\boldsymbol{Z}'$ 为（支路电流流入互感同名端）

$$
\boldsymbol{Z}' = \begin{bmatrix} \dfrac{1}{j\omega C} & & & 0 \\ & j\omega L_2 & j\omega M & \\ & j\omega M & j\omega L_3 & \\ 0 & & & R \end{bmatrix}
$$

则对应的导纳阵 $\boldsymbol{Y}'$ 为

$$
\boldsymbol{Y}' = \boldsymbol{Z}'^{-1} = \begin{bmatrix} j\omega C & & & 0 \\ & \dfrac{L_3}{\Delta} & -\dfrac{M}{\Delta} & \\ & -\dfrac{M}{\Delta} & \dfrac{L_2}{\Delta} & \\ 0 & & & \dfrac{1}{R} \end{bmatrix}, \quad \text{其中，} \Delta = j\omega(L_2 L_3 - M^2)
$$

再考虑受控电流源，该电路的导纳阵 Y 为

$$Y = \begin{bmatrix} j\omega C & & & 0 \\ & \dfrac{L_3}{\Delta} & -\dfrac{M}{\Delta} & \\ & -\dfrac{M}{\Delta} & \dfrac{L_2}{\Delta} & \\ g_m & & & \dfrac{1}{R} \end{bmatrix}$$

电压源列向量和电流源列向量分别为

$$\dot{\boldsymbol{U}}_s = \begin{bmatrix} 0 & 0 & 0 & -\dot{U}_{s4} \end{bmatrix}^T, \quad \dot{\boldsymbol{I}}_s = \begin{bmatrix} 0 & 0 & 0 & 0 \end{bmatrix}^T$$

代入结点电压方程 $\boldsymbol{A}\boldsymbol{Y}\boldsymbol{A}^T\dot{\boldsymbol{U}}_n = \boldsymbol{A}\dot{\boldsymbol{I}}_s - \boldsymbol{A}\boldsymbol{Y}\dot{\boldsymbol{U}}_s$，可得

$$\begin{bmatrix} j\omega C + g_m + \dfrac{L_3}{\Delta} + \dfrac{1}{R} & -j\omega C - g_m + \dfrac{M}{\Delta} \\ -j\omega C + \dfrac{M}{\Delta} & j\omega C + \dfrac{L_2}{\Delta} \end{bmatrix} \begin{bmatrix} \dot{U}_{n1} \\ \dot{U}_{n2} \end{bmatrix} = \begin{bmatrix} \dfrac{\dot{U}_{s4}}{R} \\ 0 \end{bmatrix}$$

12.5 割集电压方程的矩阵形式

通过 12.2 节的式（12-2-7）可知，电路中所有支路电压可以用树支电压表示，所以树支电压与独立结点电压一样可被选作电路的独立变量。当所选独立割集组不是基本割集组时，式（12-2-7）可理解为一组独立的割集电压。这时割集电压是指由割集划分的两组结点（或两分离部分）之间的一种假想电压，正如回路电流是沿着回路流动的一种假想电流一样。以割集电压为电路独立变量的分析法称为割集电压法。

12-5-1 割集电压方程的矩阵形式

如图 12-5-1a 所示的复合支路，有

KCL $\boldsymbol{Q}_f\dot{\boldsymbol{I}} = \boldsymbol{0}$ (12-5-1)

KVL $\dot{\boldsymbol{U}} = \boldsymbol{Q}_f^T\dot{\boldsymbol{U}}_t$ (12-5-2)

图 12-5-1b 为其有向图。

支路方程的形式为 $\dot{\boldsymbol{I}} = \boldsymbol{Y}(\dot{\boldsymbol{U}} + \dot{\boldsymbol{U}}_s) - \dot{\boldsymbol{I}}_s$

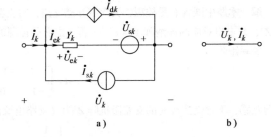

图 12-5-1 复合支路

通过化简整理，可得割集电压（树支电压）方程的矩阵形式为

$$\boldsymbol{Q}_f\boldsymbol{Y}\boldsymbol{Q}_f^T\dot{\boldsymbol{U}}_t = \boldsymbol{Q}_f\dot{\boldsymbol{I}}_s - \boldsymbol{Q}_f\boldsymbol{Y}\dot{\boldsymbol{U}}_s \tag{12-5-3}$$

式（12-5-3）即为割集电压法的矩阵形式。值得一提的是，割集电压法是结点电压法的推广，或者说结点电压法是割集电压法的一个特例。若选择一组独立割集，使每一割集都由汇集在一个结点上的支路构成时，割集电压法便成为结点电压法。

例 12-5-1 试写出图 12-5-2a 所示电路的割集电压方程的矩阵形式。

解 画出有向图如图 12-5-2b 所示，选支路 1、2、3 为树支，3 个单树支割集如虚线所示，树支电压 $\dot{U}_{t1}$、$\dot{U}_{t2}$ 和 $\dot{U}_{t3}$ 也就是割集电压，它们的方向也是割集的方向。

基本割集矩阵 $\boldsymbol{Q}_f$ 为

$$Q_f=\begin{matrix}&1&2&3&4&5\\1\\2\\3\end{matrix}\begin{bmatrix}1&0&0&1&1\\0&1&0&-1&0\\0&0&1&1&1\end{bmatrix}$$

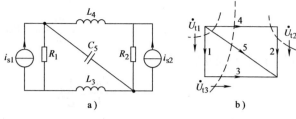

图 12-5-2　例 12-5-1 电路图

支路电压源和电流源列向量分别为

$$\dot{U}_s=[\begin{matrix}0&0&0&0&0\end{matrix}]^T$$

$$\dot{I}_s=[\begin{matrix}\dot{I}_{s1}&\dot{I}_{s2}&0&0&0\end{matrix}]^T$$

支路导纳矩阵为

$$Y=\text{diag}\left[\frac{1}{R_1}\quad\frac{1}{R_2}\quad\frac{1}{j\omega L_3}\quad\frac{1}{j\omega L_4}\quad j\omega C_5\right]$$

代入割集电压方程

$$Q_fYQ_f^T\dot{U}_t=Q_f\dot{I}_s-Q_fY\dot{U}_s$$

可得

$$\begin{bmatrix}\dfrac{1}{R_1}+\dfrac{1}{j\omega L_4}+j\omega C_5&-\dfrac{1}{j\omega L_4}&\dfrac{1}{j\omega L_4}+j\omega C_5\\[2mm]-\dfrac{1}{j\omega L_4}&\dfrac{1}{R_2}+\dfrac{1}{j\omega L_4}&-\dfrac{1}{j\omega L_4}\\[2mm]\dfrac{1}{j\omega L_4}+j\omega C_5&-\dfrac{1}{j\omega L_4}&\dfrac{1}{j\omega L_3}+\dfrac{1}{j\omega L_4}+j\omega C_5\end{bmatrix}\begin{bmatrix}\dot{U}_{t1}\\[2mm]\dot{U}_{t2}\\[2mm]\dot{U}_{t3}\end{bmatrix}=\begin{bmatrix}\dot{I}_{s1}\\[2mm]\dot{I}_{s2}\\[2mm]0\end{bmatrix}$$

12.6 状态方程

12.6.1　状态变量与状态方程

电路理论中，t_0 时刻的状态是指在 t_0 时刻电路必须具备的最少信息，它们和从该时刻开始的任意输入一起确定 t_0 时刻以后电路的响应。状态变量是电路的一组独立的动态变量，它们在任意时刻的值组成了该时刻的状态。从对一阶电路、二阶电路的分析可知，电容电压 u_C（或电荷 q_C）和电感的电流 i_L（或磁通链 Ψ_L）是电路的状态变量。对状态变量列出的一阶微分方程称为状态方程。这就是说，如果已知状态变量在 t_0 时的值，而且已知自 t_0 开始的外施激励，通过求解微分方程就能唯一地确定 $t>t_0$ 后电路的全部性状。

下面通过一个简单的例子说明以上概念，在讨论二阶 RLC 串联电路（见图 12-6-1）的时域分析中，列出了以电容电压为求解对象的微分方程为

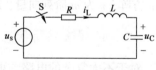

图 12-6-1　RLC 串联电路

$$LC\frac{d^2u_C}{dt^2}+RC\frac{du_C}{dt}+u_C=u_s$$

这是一个二阶线性微分方程。其中，电容电压和电感电流的初始值 $u_C(0_+)$、$i_L(0_+)$ 作为确定积分常数的初始条件。

如果以电容电压 u_C 和电感电流 i_L 为变量列上述电路的方程，则有

$$C\frac{du_C}{dt}=i_L$$

$$L \frac{di_{\mathrm{L}}}{dt} = u_{\mathrm{s}} - Ri_{\mathrm{L}} - u_{\mathrm{C}}$$

对以上两个方程变形, 可得

$$\left. \begin{aligned} \frac{du_{\mathrm{C}}}{dt} &= \frac{1}{C} i_{\mathrm{L}} \\ \frac{di_{\mathrm{L}}}{dt} &= -\frac{1}{L} u_{\mathrm{C}} - \frac{R}{L} i_{\mathrm{L}} + \frac{1}{L} u_{\mathrm{s}} \end{aligned} \right\} \tag{12-6-1}$$

式 (12-6-1) 是一组以 u_{C} 和 i_{L} 为变量的一阶微分方程, 初始值 $u_{\mathrm{C}}(0_+)$ 和 $i_{\mathrm{L}}(0_+)$ 用来确定积分常数, 因此方程 (12-6-1) 就是刻画电路动态过程的状态方程。

如果用矩阵形式列写方程 (12-6-1), 则有

$$\begin{bmatrix} \dfrac{du_{\mathrm{C}}}{dt} \\ \dfrac{di_{\mathrm{L}}}{dt} \end{bmatrix} = \begin{bmatrix} 0 & \dfrac{1}{C} \\ -\dfrac{1}{L} & -\dfrac{R}{L} \end{bmatrix} \begin{bmatrix} u_{\mathrm{C}} \\ i_{\mathrm{L}} \end{bmatrix} + \begin{bmatrix} 0 \\ \dfrac{1}{L} \end{bmatrix} [u_{\mathrm{s}}]$$

若令 $x_1 = u_{\mathrm{C}}$, $x_2 = i_{\mathrm{L}}$, $\dot{x}_1 = \dfrac{du_{\mathrm{C}}}{dt}$, $\dot{x}_2 = \dfrac{di_{\mathrm{L}}}{dt}$, 则有

$$\begin{bmatrix} \dot{x}_1 \\ \dot{x}_2 \end{bmatrix} = \boldsymbol{A} \begin{bmatrix} x_1 \\ x_2 \end{bmatrix} + \boldsymbol{B} [u_{\mathrm{s}}]$$

式中

$$\boldsymbol{A} = \begin{bmatrix} 0 & \dfrac{1}{C} \\ -\dfrac{1}{L} & -\dfrac{R}{L} \end{bmatrix}, \boldsymbol{B} = \begin{bmatrix} 0 \\ \dfrac{1}{L} \end{bmatrix}$$

如果令 $\dot{\boldsymbol{x}} = (\dot{x}_1 \quad \dot{x}_2)^{\mathrm{T}}$, $\boldsymbol{x} = (x_1 \quad x_2)^{\mathrm{T}}$, $\boldsymbol{v} = u_{\mathrm{s}}$, 则有

$$\dot{\boldsymbol{x}} = \boldsymbol{A}\boldsymbol{x} + \boldsymbol{B}\boldsymbol{v} \tag{12-6-2}$$

式 (12-6-2) 称为状态方程的标准形式。$\boldsymbol{x}$ 称为状态向量, $\boldsymbol{v}$ 称为输入向量。在一般情况下, 设电路具有 n 个状态变量, m 个独立源, 则式 (12-6-2) 中的 $\dot{\boldsymbol{x}}$ 和 $\boldsymbol{x}$ 为 n 阶列向量, $\boldsymbol{A}$ 为 $n \times n$ 方阵, $\boldsymbol{v}$ 为 m 阶列向量, $\boldsymbol{B}$ 为 $n \times m$ 矩阵。

12.6.2 直观法列写状态方程

对于不太复杂的电路, 可以用直观法列写状态方程。一般步骤如下:

1) 选取所有电容电压和电感电流作为状态变量 (有时也选取电容的电荷和电感的磁通链为状态变量)。

2) 列出包含 $\dfrac{du_{\mathrm{C}}}{dt}$ 项的方程, 可对只含有一个电容的结点或割集列写 KCL 方程; 列出包含 $\dfrac{di_{\mathrm{L}}}{dt}$ 项的方程, 可对只包含一个电感的回路列写 KVL 方程。

3) 消去步骤 2) 所列方程中的非状态变量, 然后把状态变量的一阶导数移向方程左边,

整理化简为标准矩阵形式。

例12-6-1 对图12-6-2所示电路，以 u_C、i_{L1} 和 i_{L2} 为状态变量，试列写该电路的状态方程。

解 对结点①列写 KCL 方程：

$$C\frac{du_C}{dt}=i_{L1}-i_{L2}$$

对回路 1 和回路 2 分别列写 KVL 方程：

$$L_1\frac{di_{L1}}{dt}=-u_C+u_{R1}+u_{s1}=-u_C-R_1i_{L1}+u_{s1}$$

$$L_2\frac{di_{L2}}{dt}=u_C-u_{R2}=u_C-R_2i_{L2}$$

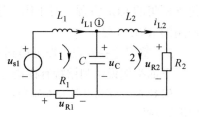

图 12-6-2   例 12-6-1 电路图

整理上述方程并写成矩阵形式，可得

$$\begin{bmatrix}\dfrac{du_C}{dt}\\[2mm]\dfrac{di_{L1}}{dt}\\[2mm]\dfrac{di_{L2}}{dt}\end{bmatrix}=\begin{bmatrix}0 & \dfrac{1}{C} & -\dfrac{1}{C}\\[2mm]-\dfrac{1}{L_1} & -\dfrac{R_1}{L_1} & 0\\[2mm]\dfrac{1}{L_2} & 0 & -\dfrac{R_2}{L_2}\end{bmatrix}\begin{bmatrix}u_C\\[1mm]i_{L1}\\[1mm]i_{L2}\end{bmatrix}+\begin{bmatrix}0\\[1mm]\dfrac{1}{L_1}\\[1mm]0\end{bmatrix}\begin{bmatrix}u_{s1}\end{bmatrix}$$

或写成标准形式

$$\dot{\boldsymbol{x}}=\boldsymbol{A}\boldsymbol{x}+\boldsymbol{B}\,\boldsymbol{v}$$

式中，$\dot{\boldsymbol{x}}=[\dot{x}_1\quad\dot{x}_2\quad\dot{x}_3]^{\mathrm{T}}$，$\boldsymbol{x}=[x_1\quad x_2\quad x_3]^{\mathrm{T}}$，$\boldsymbol{v}=[u_{s1}]^{\mathrm{T}}$，而 $x_1=u_C$，$x_2=i_{L1}$，$x_3=i_{L2}$。

在列写包含 $\dfrac{du_C}{dt}$ 或 $\dfrac{di_L}{dt}$ 的方程时，往往会出现非状态变量，例如上例中的 u_{R1} 和 u_{R2}，只有消去这些非状态变量后，才能得到状态方程的标准形式。通常可利用 KCL、KVL 或元件上的电压和电流关系消去非状态变量。

12.6.3 系统法列写状态方程

对于复杂电路，利用树的概念建立状态方程较为方便。下面介绍一种借助"特有树"建立状态方程的系统列写法。特有树的树支包含了电路中的所有电压源支路和电容支路，它的连支包含了电路中所有电流源支路和电感支路。当电路中不存在仅由电容和电压源支路构成的回路或仅由电流源和电感支路构成的割集时，特有树总是存在的。于是可以对单电容树支割集列写 KCL 方程，对单电感连支回路列写 KVL 方程。然后消去非状态变量（如果有必要），最后整理并写成矩阵形式。

系统法列写状态方程的具体步骤如下：

1）令每一支路只包含一个元件。把网络的独立源、电容、电感、电阻都作为一条支路。

2）选择一个特有树：将电压源支路、电容支路看成树支；将电流源支路、电感支路看成连支；由树的定义决定其余电阻支路哪些为树支、哪些为连支。

3）对电容支路列写基本割集方程，对电感支路列写基本回路方程，使方程等号左边尽量出现 $C\dfrac{du_C}{dt}$、$L\dfrac{di_L}{dt}$ 项，而等号右边尽可能含 u_C、i_L（状态变量）和 u_s、i_s（输入量），以及其他非状态变量 i_C、u_L 等。

4）消去非状态变量，即对于作为树支的电阻电压，结合欧姆定律列写包含该电阻的单树支割集的 KCL 方程；对于作为连支的电阻电流，结合欧姆定律列写包含该电阻的单连支回路的 KVL 方程。

5）整理这些方程，即可得到 $\dot{x}=Ax+Bv$。

下面举例说明利用特有树概念建立状态方程的方法。

例 12-6-2 试列出图 12-6-3a 所示电路的状态方程。

解 选择如图 12-6-3b 实线所示的树，支路的编号与参考方向均在图中标出（注意一条支路只含一个元件）。支路 1、2、3、4、5 为树支，支路 6、7、8、9 为连支。对包含电容的支路 2、3、4 列写基本割集 KCL 方程，即对只包含树支 2、3、4 确定的单树支割集列写 KCL 方程，有

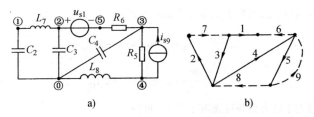

图 12-6-3　例 12-6-2 电路图

$$C_2\frac{\mathrm{d}u_2}{\mathrm{d}t}=i_7$$

$$C_3\frac{\mathrm{d}u_3}{\mathrm{d}t}=i_6+i_7$$

$$C_4\frac{\mathrm{d}u_4}{\mathrm{d}t}=i_6+i_8$$

对包含电感的支路列写基本回路 KVL 方程，即对由连支 7、8 确定的单连支回路列写 KVL 方程，有

$$L_7\frac{\mathrm{d}i_7}{\mathrm{d}t}=-u_2-u_3$$

$$L_8\frac{\mathrm{d}i_8}{\mathrm{d}t}=-u_4-u_5$$

消去非状态变量 u_5、i_6，有

$$u_5=R_5i_5=R_5(i_8+i_{s9})，\quad i_6=\frac{1}{R_6}u_6=\frac{1}{R_6}(u_{s1}-u_3-u_4)$$

经整理后得

$$\frac{\mathrm{d}u_2}{\mathrm{d}t}=\frac{1}{C_2}i_7$$

$$\frac{\mathrm{d}u_3}{\mathrm{d}t}=-\frac{1}{C_3R_6}u_3-\frac{1}{C_3R_6}u_4+\frac{1}{C_3}i_7+\frac{1}{C_3R_6}u_{s1}$$

$$\frac{\mathrm{d}u_4}{\mathrm{d}t}=-\frac{1}{C_4R_6}u_3-\frac{1}{C_4R_6}u_4+\frac{1}{C_4}i_8+\frac{1}{C_4R_6}u_{s1}$$

$$\frac{\mathrm{d}i_7}{\mathrm{d}t}=-\frac{1}{L_7}u_2-\frac{1}{L_7}u_3$$

$$\frac{\mathrm{d}i_8}{\mathrm{d}t}=-\frac{1}{L_8}u_4-\frac{R_5}{L_8}i_8-\frac{R_5}{L_8}i_{s9}$$

如 $x_1=u_2$，$x_2=u_3$，$x_3=u_4$，$x_4=i_7$，$x_5=i_8$，则有

$$
\begin{bmatrix} \dot{x}_1 \\ \dot{x}_2 \\ \dot{x}_3 \\ \dot{x}_4 \\ \dot{x}_5 \end{bmatrix} = \begin{bmatrix} 0 & 0 & 0 & \dfrac{1}{C_2} & 0 \\ 0 & -\dfrac{1}{C_3 R_6} & -\dfrac{1}{C_3 R_6} & \dfrac{1}{C_3} & 0 \\ 0 & -\dfrac{1}{C_4 R_6} & -\dfrac{1}{C_4 R_6} & 0 & \dfrac{1}{C_4} \\ -\dfrac{1}{L_7} & -\dfrac{1}{L_7} & 0 & 0 & 0 \\ 0 & 0 & -\dfrac{1}{L_8} & 0 & -\dfrac{R_5}{L_8} \end{bmatrix} \begin{bmatrix} x_1 \\ x_2 \\ x_3 \\ x_4 \\ x_5 \end{bmatrix} + \begin{bmatrix} 0 & 0 \\ \dfrac{1}{C_3 R_6} & 0 \\ \dfrac{1}{C_4 R_6} & 0 \\ 0 & 0 \\ 0 & -\dfrac{R_5}{L_8} \end{bmatrix} \begin{bmatrix} u_{s1} \\ i_{s9} \end{bmatrix}
$$

以上即为所求的状态方程。

综上所述，状态变量和储能元件有联系，状态变量的个数等于独立的储能元件个数；一般选择 u_C 和 i_L 为状态变量，也常选 q 和 ψ 为状态变量；状态变量的选择不唯一。

在实际应用中，若需要以结点电压为输出，这就要求导出结点电压与状态变量之间的关系。在线性电路中，结点电压可用状态变量与输入激励的线性组合表示。如上例中，若要求结点①、②、③、④的电压作为输出，则有

$$
\begin{aligned}
u_{n1} &= -u_2 \\
u_{n2} &= u_3 \\
u_{n3} &= -u_4 \\
u_{n4} &= -u_5 - u_4 = -\frac{1}{G_5}(i_8 + i_{s9}) - u_4
\end{aligned}
$$

整理并写成矩阵形式，有

$$
\begin{bmatrix} u_{n1} \\ u_{n2} \\ u_{n3} \\ u_{n4} \end{bmatrix} = \begin{bmatrix} -1 & 0 & 0 & 0 & 0 \\ 0 & 1 & 0 & 0 & 0 \\ 0 & 0 & -1 & 0 & 0 \\ 0 & 0 & -1 & 0 & -\dfrac{1}{G_5} \end{bmatrix} \begin{bmatrix} u_2 \\ u_3 \\ u_4 \\ i_7 \\ i_8 \end{bmatrix} + \begin{bmatrix} 0 & 0 \\ 0 & 0 \\ 0 & 0 \\ 0 & -\dfrac{1}{G_5} \end{bmatrix} \begin{bmatrix} u_{s1} \\ i_{s9} \end{bmatrix}
$$

输出变量与状态变量和输入量之间的关系式称为电路的输出方程，一般形式为

$$
\boldsymbol{y} = \boldsymbol{Cx} + \boldsymbol{D}\,\boldsymbol{v} \tag{12-6-3}
$$

式中，$\boldsymbol{y}$ 为输出向量；$\boldsymbol{x}$ 为状态向量；$\boldsymbol{v}$ 为输入向量；$\boldsymbol{C}$ 和 $\boldsymbol{D}$ 为仅与电路结构和元件值有关的系数矩阵。输出方程刻画了电路输出变量与状态变量和激励之间的关系。

12.7 应用实例与分析

继续讨论本章开头给出的电路：为便于分析，重画电路及其有向图如图 12-7-1 所示。考虑到该电路中的元件及结构特征，该电路适合用结点电压法进行分析。

以结点④为参考结点，可得该电路的降阶关联矩阵为

$$
\boldsymbol{A} = \begin{bmatrix} 1 & -1 & 0 & 1 & 1 & 0 & 0 \\ 0 & 1 & 0 & 0 & 0 & 1 & 1 \\ 0 & 0 & 1 & 0 & -1 & 0 & -1 \end{bmatrix}
$$

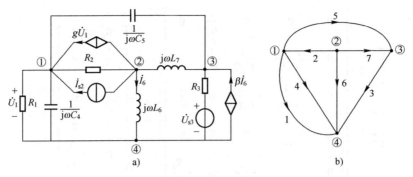

图 12-7-1　电路及其有向图

支路导纳矩阵为

$$
Y = \begin{bmatrix}
\dfrac{1}{R_1} & 0 & 0 & 0 & 0 & 0 & 0 \\[2mm]
g & \dfrac{1}{R_2} & 0 & 0 & 0 & 0 & 0 \\[2mm]
0 & 0 & \dfrac{1}{R_3} & 0 & 0 & -\dfrac{\beta}{j\omega L_6} & 0 \\[2mm]
0 & 0 & 0 & j\omega C_4 & 0 & 0 & 0 \\[2mm]
0 & 0 & 0 & 0 & j\omega C_5 & 0 & 0 \\[2mm]
0 & 0 & 0 & 0 & 0 & \dfrac{1}{j\omega L_6} & 0 \\[2mm]
0 & 0 & 0 & 0 & 0 & 0 & \dfrac{1}{j\omega L_7}
\end{bmatrix}
$$

支路电流源列向量为 $\qquad \dot{\boldsymbol{I}}_\mathrm{s} = \begin{bmatrix} 0 & -\dot{I}_{s2} & 0 & 0 & 0 & 0 & 0 \end{bmatrix}^\mathrm{T}$

支路电压源列向量为 $\qquad \dot{\boldsymbol{U}}_\mathrm{s} = \begin{bmatrix} 0 & 0 & -\dot{U}_{s3} & 0 & 0 & 0 & 0 \end{bmatrix}^\mathrm{T}$

代入结点电压方程 $\qquad \boldsymbol{A}\boldsymbol{Y}\boldsymbol{A}^\mathrm{T}\dot{\boldsymbol{U}}_\mathrm{n} = \boldsymbol{A}\dot{\boldsymbol{I}}_\mathrm{s} - \boldsymbol{A}\boldsymbol{Y}\dot{\boldsymbol{U}}_\mathrm{s}$

整理得

$$
\begin{bmatrix}
\dfrac{1}{R_1}+\dfrac{1}{R_2}+j\omega C_4+j\omega C_5-g & -\dfrac{1}{R_2} & -j\omega C_5 \\[3mm]
-\dfrac{1}{R_2}+g & \dfrac{1}{R_2}+\dfrac{1}{j\omega L_6}+\dfrac{1}{j\omega L_7} & -\dfrac{1}{j\omega L_7} \\[3mm]
-j\omega C_5 & -\dfrac{\beta}{j\omega L_6}-\dfrac{1}{j\omega L_7} & \dfrac{1}{R_3}+j\omega C_5+\dfrac{1}{j\omega L_7}
\end{bmatrix}
\begin{bmatrix}
\dot{U}_{n1} \\[3mm] \dot{U}_{n2} \\[3mm] \dot{U}_{n3}
\end{bmatrix}
=
\begin{bmatrix}
\dot{I}_{s2} \\[3mm] -\dot{I}_{s2} \\[3mm] \dfrac{\dot{U}_{s3}}{R_3}
\end{bmatrix}
$$

对于以上列写出来的矩阵方程可以借助于计算机分析计算软件（如 MATLAB 软件）来完成方程的求解。

12.8 本章小结

12.8.1 本章基本知识点

1. 概念

有向图：标明了各支路参考方向的图称为有向图。

树：不包含回路，但包含图的所有结点的连通子图称为树。组成树的支路称为树支，其余的支路称为连支。若支路数为 b，结点数为 n，则树支数为 $(n-1)$，连支数为 $(b-n+1)$。

基本回路：只包含一条连支的回路称为基本回路，又叫单连支回路。回路的方向一般取连支的方向。

割集：由连通图的一些支路组成的集合。如果移去这些支路，图将分成两部分，保留其中的任意一条，图仍是连通的。

基本割集：只包含一条树支的割集称为基本割集，也叫单树支割集。割集的方向一般取树支的方向。

2. 图的矩阵表示

（1）降阶关联矩阵 A

降阶关联矩阵 A 表示支路和结点的关联性质，不引起误解时可简称为关联矩阵 A。

（2）回路矩阵 B

回路矩阵 B 表示支路与回路的关联性质。

若独立回路是单连支回路，则对应的回路矩阵称为基本回路矩阵，一般用 B_f 表示。支路的排列顺序一般按照"先连支、后树支"或者"先树支、后连支"的顺序。若独立回路是网孔，则对应的矩阵称为网孔矩阵。

（3）割集矩阵 Q

割集矩阵 Q 表示支路与割集的关联性质。

若独立割集为单树支割集，则对应的矩阵称为基本割集矩阵，一般用 Q_f 表示。支路的排列顺序一般按照"先连支、后树支"或者"先树支、后连支"的顺序。

3. 复合支路

复合支路用图 12-8-1 所示。其中，$\dot{U}_k$、$\dot{I}_k$ 取关联参考方向，阻抗 Z_k 上电压 $\dot{U}_{ek}$ 和电流 $\dot{I}_{ek}$ 也为关联参考方向，且与支路方向相同；而独立电源（$\dot{U}_{sk}$ 和 $\dot{I}_{sk}$）参考方向与支路方向相反。

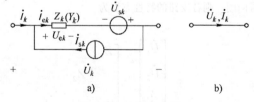

图 12-8-1　复合支路

a）第 k 条支路　b）有向图

4. 网络的矩阵分析法

网络的矩阵分析法总结表 12-8-1。

表 12-8-1　网络的矩阵分析法

方　法	基本回路分析法	结点电压分析法	基本割集分析法
变量	$\dot{I}_l$	$\dot{U}_n$	$\dot{U}_t$
KCL	$\dot{I}=B^T\dot{I}_l$	$A\dot{I}=0$	$\dot{Q}\dot{I}=0$
KVL	$B\dot{U}=0$	$\dot{U}=A^T\dot{U}_n$	$\dot{U}=Q^T\dot{U}_t$
VCR	$\dot{U}=Z\dot{I}+Z\dot{I}_s-\dot{U}_s$	$\dot{I}=Y\dot{U}+Y\dot{U}_s-\dot{I}_s$	$\dot{I}=Y\dot{U}+Y\dot{U}_s-\dot{I}_s$

（续）

方　法	基本回路分析法	结点电压分析法	基本割集分析法
矩阵方法	$BZB^T\dot{I}_l=B\dot{U}_s-BZ\dot{I}_s$	$AYA^T\dot{U}_n=A\dot{I}_s-AY\dot{U}_s$	$QYQ^T\dot{U}_t=Q\dot{I}_s-QY\dot{U}_s$

注：$\dot{U}_n$ 为结点电压列向量；$\dot{I}_l$ 为回路电流列向量；$\dot{U}_t$ 为割集电压列向量；$\dot{I}$ 为支路电流列向量；Z 为支路阻抗阵；$\dot{U}$ 为支路电压列向量；Y 为支路导纳阵；$\dot{I}_s$ 为支路电流源列向量；$\dot{U}_s$ 为支路电压源列向量。

需要注意的是，上述方程的各矩阵中，各支路排列顺序要相同。

　5. 状态方程

状态方程：$\dot{X}=AX+Bu$

输出方程：$Y=CX+Du$

注：①状态变量的个数等于电路中独立储能元件的个数，即电路的阶数。

　　②一般选取电容电压 u_C 和电感电流 i_L 作为状态变量，但状态变量的选择不唯一。

　　③能用状态变量的线性组合和输入激励来表示电路的全部输出。

12.8.2　本章重点与难点

本章的重点是如何列写矩阵形式的回路电流方程、结点电压方程以及状态方程，而列写含有受控源或互感的电路的矩阵方程是本章的难点，判断理想电源列向量中元素的正负号以及受控源在导纳阵（或阻抗阵）中所在的位置与正负是本章中最容易出错的地方。此外，如何消去状态方程中的非状态变量也是本章的一个难点。

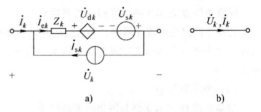

图 12-8-2　含有受控电压源的复合支路

a) 第 k 条支路　b) 有向图

　1. 回路电流矩阵方程

（1）含有受控源的矩阵方程

图 12-8-2a 所示为某复合支路，图 12-8-2b 所示为有向图。则各支路的特性方程为

$$\begin{bmatrix}\dot{U}_1\\\dot{U}_2\\\vdots\\\dot{U}_k\\\vdots\\\dot{U}_j\\\vdots\\\dot{U}_b\end{bmatrix}=\begin{matrix}&&&&j&&\\&&&&\vdots&&\\k&&&&\vdots&&\end{matrix}\begin{bmatrix}Z_1&&&&&&0\\&Z_2&&&&&\\&&\ddots&&&&\\&\text{-----}&&Z_k&\cdots&\gamma_{kj}&\text{-----}\\&&&&\ddots&&\\&&&&&Z_j&\\&&&&&&\ddots\\0&&&&&&Z_b\end{bmatrix}\begin{bmatrix}\dot{I}_1+\dot{I}_{s1}\\\dot{I}_2+\dot{I}_{s2}\\\vdots\\\dot{I}_k+\dot{I}_{sk}\\\vdots\\\dot{I}_j+\dot{I}_{sj}\\\vdots\\\dot{I}_b+\dot{I}_{sb}\end{bmatrix}-\begin{bmatrix}\dot{U}_{s1}\\\dot{U}_{s2}\\\vdots\\\dot{U}_{sk}\\\vdots\\\dot{U}_{sj}\\\vdots\\\dot{U}_{sb}\end{bmatrix}$$

其中阻抗阵 Z 的第 k 行、第 j 列的元素不为零，相应的 Z_{kj} 为 γ_{kj}（CCVS 时）。

（2）含有耦合互感的矩阵方程

设第 k 条、第 j 条支路上有耦合互感，则这两条支路上电压、电流的关系为

$$\dot{U}_k=j\omega L_k(\dot{I}_k+\dot{I}_{sk})-\dot{U}_{sk}\pm j\omega M(\dot{I}_j+\dot{I}_{sj})$$

$$\dot{U}_j=\pm j\omega M(\dot{I}_k+\dot{I}_{sk})+j\omega L_j(\dot{I}_j+\dot{I}_{kj})-\dot{U}_{sj}$$

则写成矩阵方程为

$$
\begin{bmatrix}
\dot U_1 \\
\dot U_2 \\
\vdots \\
\dot U_k \\
\dot U_j \\
\vdots \\
\dot U_b
\end{bmatrix}
=
\begin{array}{c}
\\ \\ \\ k \\ \\ \\ \\
\end{array}
\begin{bmatrix}
Z_1 & & & & & & 0 \\
& Z_2 & & & & & \\
& & \ddots & & & & \\
\hline
& & & j\omega L_k & \pm j\omega M & & \\
& & & \pm j\omega M & j\omega L_j & & \\
& & & & & \ddots & \\
0 & & & & & & Z_b
\end{bmatrix}
\begin{bmatrix}
\dot I_1 + \dot I_{s1} \\
\dot I_2 + \dot I_{s2} \\
\vdots \\
\dot I_k + \dot I_{sk} \\
\dot I_j + \dot I_{sj} \\
\vdots \\
\dot I_b + \dot I_{sb}
\end{bmatrix}
-
\begin{bmatrix}
\dot U_{s1} \\
\dot U_{s2} \\
\vdots \\
\dot U_{sk} \\
\dot U_{sj} \\
\vdots \\
\dot U_{sb}
\end{bmatrix}
$$

阻抗阵 $\mathbf{Z}$ 的第 k、j 行与第 k、j 列组成的二阶子矩阵的元素发生了变化，$\mathbf{Z}$ 不再是对角阵，对应的二阶子矩阵为

$$
\left[Z_{kj} \right] =
\begin{bmatrix}
j\omega L_k & \pm j\omega M \\
\pm j\omega M & j\omega L_j
\end{bmatrix}
$$

其中，互感电流同时流进同名端取 "+" 号，反之取 "–" 号。注意在为支路编号时，k、j 为相邻数字。

2. 结点电压矩阵方程

（1）含受控源的矩阵方程

含有受控电流源的复合支路如图 12-8-3 所示，则各支路的特性方程为

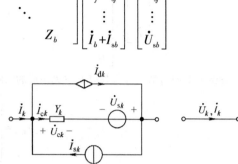

图 12-8-3　含有受控电流源的复合支路
a）第 k 条支路　b）有向图

$$
\begin{bmatrix}
\dot I_1 \\
\vdots \\
\dot I_k \\
\vdots \\
\dot I_j \\
\vdots \\
\dot I_b
\end{bmatrix}
=
\begin{array}{c}
\\ \\ k \\ \\ \\ \\
\end{array}
\begin{bmatrix}
Y_1 & & & & & & 0 \\
& \ddots & & & & & \\
& & Y_k & \cdots & Y_{kj} & & \\
& & & \ddots & \vdots & & \\
& & & & Y_j & & \\
& & & & & \ddots & \\
0 & & & & & & Y_b
\end{bmatrix}
\begin{bmatrix}
\dot U_1 + \dot U_{s1} \\
\vdots \\
\dot U_k + \dot U_{sk} \\
\vdots \\
\dot U_j + \dot U_{sj} \\
\vdots \\
\dot U_b + \dot U_{sb}
\end{bmatrix}
-
\begin{bmatrix}
\dot I_{s1} \\
\vdots \\
\dot I_{sk} \\
\vdots \\
\dot I_{sj} \\
\vdots \\
\dot I_{sb}
\end{bmatrix}
$$

导纳阵 $\mathbf{Y}$ 的第 k 行第 j 列的元素不再为零，相应的 Y_{kj} 为 g_{kj}（VCCS 时）或 $\beta_{kj} Y_{kj}$（CCCS 时），矩阵方程形式基本不变。

（2）含耦合互感的矩阵方程

设第 k 条、第 j 条支路有耦合互感，则这两条支路的电压和电流的关系为

$$
\dot U_k = j\omega L_k (\dot I_k + \dot I_{sk}) - \dot U_{sk} \pm j\omega M (\dot I_j + \dot I_{sj})
$$
$$
\dot U_j = \pm j\omega M (\dot I_k + \dot I_{sk}) + j\omega L_j (\dot I_j + \dot I_{kj}) - \dot U_{sj}
$$

解得

$$
\dot I_k = \mp \frac{M}{\Delta}(\dot U_j + \dot U_{sj}) + \frac{L_j}{\Delta}(\dot U_k + \dot U_{sk}) - \dot I_{sk}
$$
$$
\dot I_j = \frac{L_k}{\Delta}(\dot U_j + \dot U_{kj}) - \dot I_{sj} \mp \frac{M}{\Delta}(\dot U_k + \dot U_{sk})
$$

则各支路的特性方程可统一写成矩阵形式

$$
\begin{bmatrix} \dot{I}_1 \\ \vdots \\ \dot{I}_k \\ \dot{I}_j \\ \vdots \\ \dot{I}_b \end{bmatrix} = \begin{bmatrix} Y_1 & & & & & & 0 \\ & Y_2 & & & & & \\ & & Y_3 & & & & \\ & & & \ddots & & & \\ & & & & \dfrac{L_j}{\Delta} & \mp\dfrac{M}{\Delta} & \\ & & & & \mp\dfrac{M}{\Delta} & \dfrac{L_k}{\Delta} & \\ & & & & & & \ddots \\ 0 & & & & & & Y_b \end{bmatrix} \begin{bmatrix} \dot{U}_1+\dot{U}_{s1} \\ \dot{U}_2+\dot{U}_{s2} \\ \dot{U}_3+\dot{U}_{s3} \\ \vdots \\ \dot{U}_k+\dot{U}_{sk} \\ \dot{U}_j+\dot{U}_{sj} \\ \vdots \\ \dot{U}_b+\dot{U}_{sb} \end{bmatrix} - \begin{bmatrix} \dot{I}_{s1} \\ \dot{I}_{s2} \\ \dot{I}_{s3} \\ \vdots \\ \dot{I}_{sk} \\ \dot{I}_{sj} \\ \vdots \\ \dot{I}_{sb} \end{bmatrix}
$$

导纳阵 Y 中由第 k、j 行与第 k、j 列组成的二阶子矩阵发生了变化，Y 不是对角阵了，该二阶子矩阵为

$$
\begin{bmatrix} Y_{kj} \end{bmatrix} = \begin{bmatrix} \dfrac{L_j}{\Delta} & \mp\dfrac{M}{\Delta} \\ \mp\dfrac{M}{\Delta} & \dfrac{L_k}{\Delta} \end{bmatrix}
$$

式中，$\Delta = j\omega(L_jL_k - M^2)$；"$-$"号项对应互感电流同时流入同名端；"$+$"号项对应互感电流同时流入异名端。

因此，在列写结点电压矩阵方程时，若含有受控源、耦合互感时，只要注意导纳阵中的某些元素的变化，仍然按照 $AYA^{\mathrm{T}}\,\dot{U}_n = A\dot{I}_s - AY\dot{U}_s$ 的步骤列写即可。值得一提的是，含耦合互感时的阻抗阵和导纳阵之间满足 $Y = Z^{-1}$，因此也可直接列写出阻抗阵后，只需对其对角线上的子矩阵求逆后即可得到导纳阵。

3. 割集电压矩阵方程

割集电压法是结点电压法的推广，其分析方法与结点电压法相似，在此不再赘述。

4. 矩阵方程中的电源（独立源或受控源）的正负号确定

阻抗（或导纳）上电压、电流的参考方向和受控源的电压、电流参考方向一般与复合支路的参考方向相同；而独立电压源、独立电流源的参考方向与复合支路的参考方向相反。

对于给定电路，画出其有向图后，比较其受控源或独立源的电压、电流参考方向是否符合上述规定，如果不符合，则需对应地在导纳阵（或阻抗阵）中受控源相应的元素前或理想电源列向量中相应的元素前添加一负号。

5. 状态方程

（1）直观列写法

取电容电压、电感电流为状态变量，对仅含有一个电容的结点列写 KCL 方程；对仅包含一个电感的回路列写 KVL 方程；而对于消去非状态变量，一般采用支路的伏安特性表示成含有状态变量的方程。

（2）系统编写法

1）每一个元件作为一条支路。

2）选择一个树，其树支由电压源、电容和部分电阻组成，而连支由电感、另一部分电阻、电流源组成，这种树称为"特有树"。

3）对包含电容的支路列写基本割集的 KCL 方程，对包含电感的支路列写基本回路的 KVL 方程，使方程的左边尽量出现 $C\dfrac{\mathrm{d}u_C}{\mathrm{d}t}$ 和 $L\dfrac{\mathrm{d}i_L}{\mathrm{d}t}$，而右边尽可能含 u_C、i_L（状态变量）和 u_s、i_s（输入量），以及其他非状态变量 i_C、u_L 等，利用支路电压电流关系从这些方程中消去非状态变量，即可得到状态方程 $\dot{X} = AX + Bu$。

12.9 习题

1. 以结点⑤为参考结点，试写出图 12-9-1 所示有向图的关联矩阵 $\boldsymbol{A}$。

2. 对于图 12-9-2 所示有向图，若选支路 1、2、3、7 为树，试写出基本割集矩阵和基本回路矩阵；另外，以网孔作为回路写出回路矩阵。

3. 对于图 12-9-3 所示有向图，选 1、2、3 作为树支，试列写 $\boldsymbol{A}$、$\boldsymbol{B}_{\mathrm{f}}$、$\boldsymbol{Q}_{\mathrm{f}}$，并验证 $\boldsymbol{Q}_{\mathrm{l}} = -\boldsymbol{B}_{\mathrm{t}}^{\mathrm{T}}$。

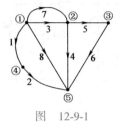
图 12-9-1

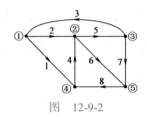
图 12-9-2

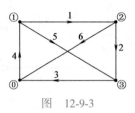
图 12-9-3

4. 某有向图的 $\boldsymbol{A}_{\mathrm{a}}$ 阵（非降阶的关联矩阵）为

$$\boldsymbol{A}_{\mathrm{a}} = \begin{bmatrix} 1 & 0 & 1 & 0 & -1 \\ 0 & 1 & 0 & 0 & 1 \\ -1 & -1 & 0 & -1 & 0 \\ 0 & 0 & -1 & 1 & 0 \end{bmatrix}$$

试绘制其拓扑图。

5. 试写出图 12-9-4 所示电路的回路方程。

6. 对图 12-9-5 所示电路，试采用相量形式分别列写下列两种情况下的网孔电流矩阵方程：

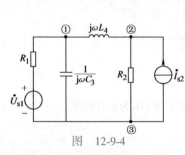
图 12-9-4

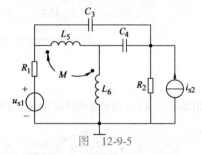
图 12-9-5

（1）电感 L_5 和 L_6 之间无互感。

（2）L_5 和 L_6 之间有互感 M。

7. 试写出图 12-9-6 所示电路的回路电流方程的矩阵形式。

8. 电路如图 12-9-7 所示，其中电源角频率为 ω，试列写其回路矩阵方程的矩阵形式。

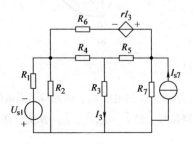
图 12-9-6

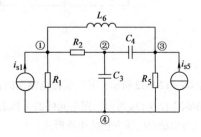
图 12-9-7

9. 电路如图 12-9-8 所示，试用相量形式写出回路电流方程的矩阵形式。

10. 电路如图 12-9-9 所示，ω 为交流电源的角频率，试列写结点电压矩阵方程。

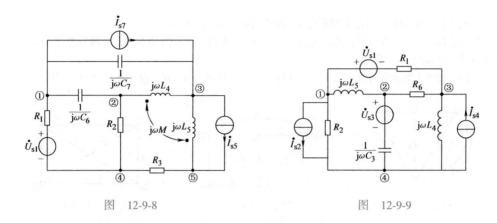

图　12-9-8　　　　　　　　　　图　12-9-9

11. 如图 12-9-10 所示电路中，电源角频率为 ω，试以结点④为参考结点，列写该电路的结点电压方程的矩阵形式。

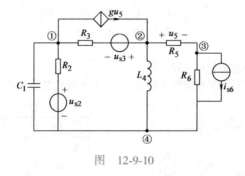

图　12-9-10

12. 试写出如图 12-9-11a 所示电路的结点电压方程，图 12-9-11b 为其有向图。

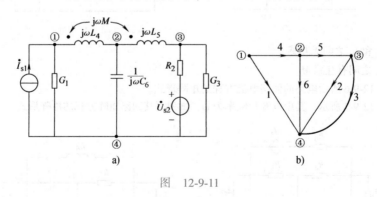

a)　　　　　　　　　　　　b)

图　12-9-11

13. 电路如图 12-9-12 所示，其中受控电流源的控制量为电阻 R_2 的电压 $\dot{U}_2$，试列写结点电压矩阵方程。

14. 电路如图 12-9-13a 所示，图中元件的下标表示支路编号，设 $\dot{I}_{d2} = g_{21}\dot{U}_1$，$\dot{I}_{d3} = \beta_{36}\dot{I}_6$，图 12-9-13b 为其有向图。试写出结点电压方程的矩阵形式。

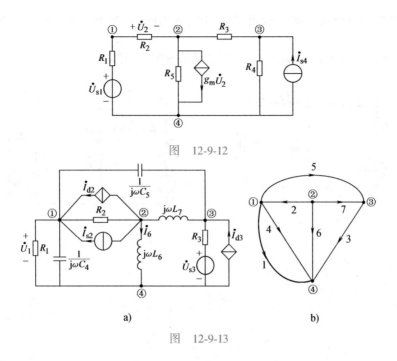

图 12-9-12

图 12-9-13

15. 电路如图 12-9-14 所示，试用相量形式写出割集电压的矩阵形式。

16. 电路如图 12-9-15a 所示，图 12-9-15b 为其有向图。试选支路 1、2、6、7 为树，列出割集电压方程的矩阵形式。

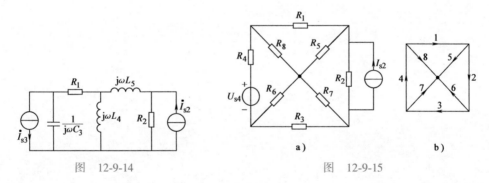

图 12-9-14   图 12-9-15

17. 试以 i_1、i_2 和 u_C 为状态变量，列写图 12-9-16 所示电路的状态方程。若选结点①和②的结点电压为输出量，写出输出方程。

18. 试以 u_1、u_2 和 i_3 为状态变量，列写图 12-9-17 所示电路的状态方程。

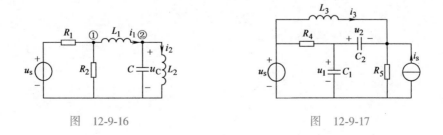

图 12-9-16   图 12-9-17

19. 电路如图 12-9-18 所示，试以电容电荷量 q 和电感磁通链 Ψ_1 和 Ψ_2 作为状态变量，列写该电路的状态方程。

20. 电路如图 12-9-19 所示，试以 u_1、u_2、i_4、i_5 为状态变量，列写其状态方程。

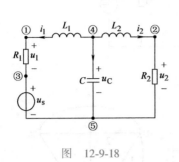

图 12-9-18

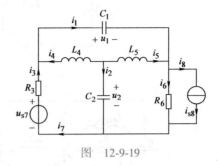

图 12-9-19

第 13 章

二端口网络

引言

前面的章节主要是分析计算电路中某支路的电压、电流及功率情况,其研究对象是一个相对完整的电路。然而,在现实生活中存在着大量复杂的电路网络,对它们进行研究时,往往需要先将其划分成一个个小的功能模块,即将其看作是由一个个功能模块按照各种特殊连接方式连接而成的。特别是随着集成电路技术的发展,越来越多的实用电路被集成在很小的芯片上,经封装后广泛使用在各类电子仪器设备中,这如同将整个网络封装在"黑盒子"中,而只引出若干端子与其他网络或电源或负载相连。对于这样的网络,感兴趣的将不再是网络内部的某条支路上的电压、电流情况,而是这个网络的外部特性,即引出的端子上的电压、电流关系。这一类电路有其自身的特点,其分析方法可称为网络的端口分析法。

在现代农业、林业及地质研究等领域中经常用到的一种土壤墒情检测仪,如图 13-0-1a所示,它可以用来检测土壤的湿度和温度等信息,从而为从事生产研究提供依据。其基本原理如图 13-0-1b 所示。图 13-0-1b 中,传感器电路模块对土壤湿度、温度等各种非电物理量检测并转换为电信号,这些电信号是微弱的模拟量,经信号调理电路调理后传至模/数转换电路模块(A/D),将其转换为数字量输出至微型计算机。微型计算机获得输入的信号后经过内部程序的分析处理,做出判断和决策,通过输出端口输出显示指令。由于该指令是数字信号,不能直接用来驱动显示电路,所以需要利用数/模转换电路(D/A)将控制指令转换为模拟信号去驱动显示电路,从而显示出所检测的土壤墒情。

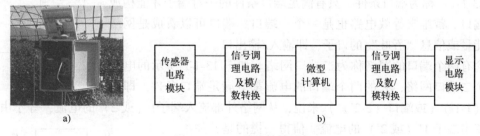

图 13-0-1 土壤墒情检测仪

a) 实物图 b) 土壤墒情检测仪基本原理

在实际电路中,能够实现能量或信号传输功能的二端口网络的应用十分广泛,除了可以被用作滤波、放大、信号调理、功率匹配等电路外,许多特殊的二端口网络还能够实现独特的功能。例如图 13-0-2a 所示的被称为"回转器"的实现电路,其对外可以看作图 13-0-2b所示的二端口网络模块,该模块有四个端子与外电路连接,其中端子 1-1′作为输入端,端子 2-2′作为输出端。那么,这四个端子上的电压和电流满足什么关系?这个电路能够实现什么功能?这些问题在学完本章内容后便可以得到解答。

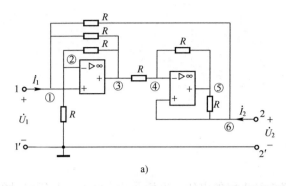
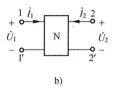

a)　　　　　　　　　　　　　　　　b)

图 13-0-2　一种回转器实现电路
a）回转器电路　b）等效二端口网络模块

13.1　二端口网络及其参数方程

网络的一个端口是指网络具有以下性质的一对端子：在任何时刻，从一个端子流入的电流等于从另一个端子流出的电流。例如，对于如图 13-1-1 所示的某网络的一个端口，有

13-1-1　二端口网络及其参数方程（1）　　　13-1-2　二端口网络及其参数方程（2）　　　13-1-3　二端口网络及其参数方程（3）

$$i_1 = i_{1'} \qquad\qquad (13\text{-}1\text{-}1)$$

式（13-1-1）称为端口条件，只有满足端口条件的一对端子才能构成一个端口。戴维宁等效电路也是一个一端口。端口可以看成是网络完成能量或信息"吞吐"的口子，即输入/输出口。

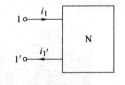

图 13-1-1　一端口

含有两个端口的网络称为二端口网络。如图 13-1-2 所示的电路是一个二端口网络，它的两个端口的电流都应满足端口条件，即对端口（1-1'）（或端口（2-2'））来说，从网络外部流入端子1（或2）的电流，等于由网络内部流出端子 1'（或 2'）的电流。值得一提的是，并不是所有的多端网络的两个端子都可以形成一个端口，要构成端口必须满足端口条件。例如，任意一个四端网络不一定是二端口网络，只有它的 2 对端子都满足端口条件时才能构成二端口网络。

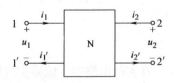

图 13-1-2　二端口网络

一般情况下，常将二端口网络的端口（1-1'）看成输入端口，电流、电压信号或功率由此端口输入；将端口（2-2'）看成输出端口，电流、电压信号或功率由此端口输出。这是因为在分析问题时，能量的传递和信息的处理方向习惯上是从左到右的。本书按惯例所采用的参考方向如图 13-1-2 所示，两个端口电流都流进二端口网络，端口电压和电流的参考方向

对网络内部关联。参阅其他参考书目时，应注意其端口电压和电流的参考方向，和本书不一致时，需要适当地引入负号。图 13-1-3 给出了几个常见的二端口网络电路的实例。

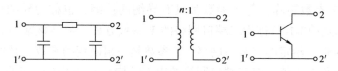

图 13-1-3 二端口网络电路实例

本章讨论的二端口网络的内部仅由线性的电阻 R、电容 C、电感 L、互感 M 和线性受控源等元件构成，内部没有独立源。若考虑二端口网络的动态过程时，还假定网络内部所有储能元件的初始储能为零，即所有电容的初始电压（或电荷）为零，电感的初始电流（或磁链）为零，这样所考虑的二端口网络的任何响应都是零状态响应。

引入端口的概念，使得分析电路的重点放在了端口的伏安特性上。例如，无源一端口网络的伏安特性用 1 个参数来表征，即阻抗 Z（或导纳 Y）。对于含源一端口网络，可以用 2 个参数来表征，即开路电压（或短路电流）与戴维宁等效阻抗。对于二端口网络来说，要研究二端口网络的特性，实质上也是去研究端口上的伏安特性，即找出端口上电压和电流的关系，这些关系只需要一些参数来表示。这些关系的确定，是与构成二端口网络的元件和连接方式密切相关的。一旦电路的元件和连接方式确定，这些表征二端口网络的电路参数也就不变，端口上电压、电流的变化规律也就不变。通常情况下，可以采用实验测量或计算的方法来确定端口上的伏安特性。

下面讨论如何确定二端口网络的伏安特性。

二端口网络的端口变量有 4 个，即 2 个端口电压和 2 个端口电流。要研究二端口网络的伏安特性，就是要研究这 4 个变量之间的关系，即找出这 4 个变量之间的方程。因此，任取其中的 2 个为自变量（即激励），另外 2 个为因变量（即响应），则可以得到 $C_4^2 = 6$ 组方程。也就是说，可以得到 6 组不同的方程来表征某个二端口网络的伏安特性。

13.1.1 Y 参数（短路导纳参数）

图 13-1-4 所示的二端口网络两端施加电压源 $\dot{U}_1$ 和 $\dot{U}_2$，则端口电流 $\dot{I}_1$ 和 $\dot{I}_2$ 由 2 个电压源共同作用产生。根据线性电路的特点，可知 $\dot{I}_1$ 和 $\dot{I}_2$ 与 $\dot{U}_1$ 和 $\dot{U}_2$ 是线性关系，根据叠加定理，端口电流是这两个电压的线性函数，即

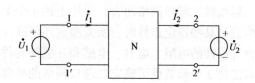

图 13-1-4 施加电压源激励的二端口网络

$$\dot{I}_1 = Y_{11}\dot{U}_1 + Y_{12}\dot{U}_2$$
$$\dot{I}_2 = Y_{21}\dot{U}_1 + Y_{22}\dot{U}_2$$

(13-1-2)

可把该式写成矩阵形式

$$\begin{bmatrix} \dot{I}_1 \\ \dot{I}_2 \end{bmatrix} = \begin{bmatrix} Y_{11} & Y_{12} \\ Y_{21} & Y_{22} \end{bmatrix} \begin{bmatrix} \dot{U}_1 \\ \dot{U}_2 \end{bmatrix} = \boldsymbol{Y} \begin{bmatrix} \dot{U}_1 \\ \dot{U}_2 \end{bmatrix}$$

(13-1-3)

式中

$$Y = \begin{bmatrix} Y_{11} & Y_{12} \\ Y_{21} & Y_{22} \end{bmatrix}$$

为二端口网络的 Y 参数矩阵，每个参数都具有导纳的量纲，也称为导纳参数矩阵。

　　式(13-1-2)和式(13-1-3)称为二端口网络的 Y 参数方程，显然该端口方程描述了二端口网络的外特性。对任一给定的二端口网络，Y 参数是一组确定的常数，其值取决于二端口网络内部的结构和元件参数值。在二端口网络的内部结构和元件参数已知的情况下，Y 参数可通过计算获得，也可通过实验测量的方法获得。

　　由式（13-1-2）可知，令端口电压分别为零，即在短路条件下，可显示出每个 Y 参数的物理意义，从而可通过计算或测量得到 Y 参数。方法是：令 $\dot{U}_2 = 0$，即将端口 2-2′短路，则

$$Y_{11} = \frac{\dot{I}_1}{\dot{U}_1} \bigg|_{\dot{U}_2 = 0}$$

$$Y_{21} = \frac{\dot{I}_2}{\dot{U}_1} \bigg|_{\dot{U}_2 = 0}$$

　　Y_{11} 和 Y_{21} 这两个参数都是在端口 2-2′短路的情况下测得的，Y_{11} 称为自导纳，Y_{21} 称为转移导纳，这两个参数都具有导纳的量纲 S(西门子)。

　　若令 $\dot{U}_1 = 0$，即将端口 1-1′短路，则可得

$$Y_{12} = \frac{\dot{I}_1}{\dot{U}_2} \bigg|_{\dot{U}_1 = 0}$$

$$Y_{22} = \frac{\dot{I}_2}{\dot{U}_2} \bigg|_{\dot{U}_1 = 0}$$

　　Y_{12} 和 Y_{22} 这两个参数都是在端口 1-1′短路的情况下测得的，Y_{12} 称为转移导纳，Y_{22} 称为自导纳，这两个参数具有导纳的量纲 S(西门子)。

　　因为以上参数都是通过在短路的情况下测得的，因此 Y 参数又称为短路导纳参数。对一般线性二端口网络而言，采用上述 4 个 Y 参数就可描述其端口特性。实际上，当二端口网络满足某些特定条件时，所需参数还可减少。例如，当二端口网络内部不含有受控源，而仅含有线性的电阻、电容、电感和互感等元件时，该二端口网络也称为互易二端口网络，此时只需要 3 个参数就可确定二端口网络的外部特性。如果二端口网络为电气上对称的二端口网络（简称对称二端口网络），此时只需要 2 个参数就可确定二端口网络的外部特性。所谓电气上对称的二端口网络，是指 2 个端口上的电气特性完全相同，结构上对称的二端口网络一定是电气上对称的二端口网络，而结构上不对称的二端口网络也有可能是电气上对称的二端口网络。不同类型二端口网络参数之间的特点归纳见表 13-1-1。

表 13-1-1　不同类型二端口网络参数之间的特点

二端口网络类型	一般二端口网络	互易二端口网络	对称二端口网络
独立参数个数	4	3	2
参数之间关系	4 个参数互不相同	$Y_{12} = Y_{21}$	$Y_{11} = Y_{22}$，$Y_{12} = Y_{21}$

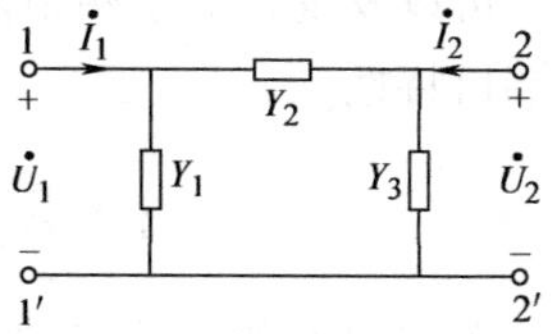

例 13-1-1 已知图 13-1-5 所示的 Π 型二端口网络，各导纳元件的参数均已知，试求其 **Y** 参数。

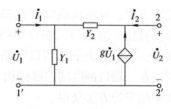

图 13-1-5　例 13-1-1 图

解　由二端口网络的 **Y** 参数方程的标准形式可以知道，只要能找出端口电流和端口电压之间的关系，用 2 个端口电压 $\dot{U}_1$ 和 $\dot{U}_2$ 表示 2 个端口电流 $\dot{I}_1$ 和 $\dot{I}_2$，即可求得该二端口网络的 **Y** 参数。由此可以列写该二端口网络的结点上的电流方程：

$$\dot{I}_1 = Y_1\dot{U}_1 + Y_2(\dot{U}_1 - \dot{U}_2) = (Y_1 + Y_2)\dot{U}_1 - Y_2\dot{U}_2$$

$$\dot{I}_2 = Y_3\dot{U}_2 + Y_2(\dot{U}_2 - \dot{U}_1) = -Y_2\dot{U}_1 + (Y_2 + Y_3)\dot{U}_2$$

由上述端口方程，即可得到 **Y** 参数的 4 个参数分别为

$$Y_{11} = Y_1 + Y_2,\ Y_{12} = Y_{21} = -Y_2,\ Y_{22} = Y_2 + Y_3$$

可以看到，该 Π 型二端口网络没有受控源，其 $Y_{12} = Y_{21} = -Y_2$，只需要 3 个独立参数就可以描述该二端口网络特性。

从以上分析可以看出，要想求取 **Y** 参数方程，具体思路就是围绕着电路的结构找出端口电压和端口电流的关系，因为 **Y** 参数方程是用电压表示电流，所以列写的是结点上的 KCL 方程，从而整理成 **Y** 参数方程的标准形式，即可得到 **Y** 参数矩阵。

写成 **Y** 参数矩阵为

$$Y = \begin{bmatrix} Y_{11} & Y_{12} \\ Y_{21} & Y_{22} \end{bmatrix} = \begin{bmatrix} Y_1 + Y_2 & -Y_2 \\ -Y_2 & Y_2 + Y_3 \end{bmatrix}$$

例 13-1-2　如图 13-1-6 所示的二端口网络，试求其 **Y** 参数矩阵。

方法一　列写端口结点上的电流 KCL 方程。

$$\dot{I}_1 = Y_1\dot{U}_1 + Y_2(\dot{U}_1 - \dot{U}_2) = (Y_1 + Y_2)\dot{U}_1 - Y_2\dot{U}_2$$

$$\dot{I}_2 = Y_2(\dot{U}_2 - \dot{U}_1) - g\dot{U}_1 = (-Y_2 - g)\dot{U}_1 + Y_2\dot{U}_2$$

因此，**Y** 参数矩阵为

$$Y = \begin{bmatrix} Y_{11} & Y_{12} \\ Y_{21} & Y_{22} \end{bmatrix} = \begin{bmatrix} Y_1 + Y_2 & -Y_2 \\ -Y_2 - g & Y_2 \end{bmatrix}$$

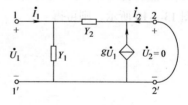

图 13-1-6　例 13-1-2 图

方法二　实验测量法。

1) 令 $\dot{U}_2 = 0$，将端口 2-2′短路，如图 13-1-7 所示。

此时电导 Y_2 上同时流过 $g\dot{U}_1$ 和 $\dot{I}_2$ 两个电流，Y_1 和 Y_2 两个元件的电压都为 $\dot{U}_1$，则有

$$Y_{11} = \frac{\dot{I}_1}{\dot{U}_1}\bigg|_{\dot{U}_2=0} = Y_1 + Y_2,\ Y_{21} = \frac{\dot{I}_2}{\dot{U}_1}\bigg|_{\dot{U}_2=0} = -Y_2 - g$$

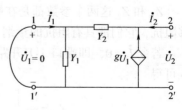

图 13-1-7　端口 2-2′短路

2) 令 $\dot{U}_1 = 0$，将端口 1-1′短路，如图 13-1-8 所示。

此时，因为 $\dot{U}_1 = 0$，即受控源的控制量为零，因此受控电流源的数值也为零，即相当于受控电流源开路。因此，可得

$$Y_{12} = \frac{\dot{I}_1}{\dot{U}_2}\bigg|_{\dot{U}_1=0} = -Y_2,\ Y_{22} = \frac{\dot{I}_2}{\dot{U}_2}\bigg|_{\dot{U}_1=0} = Y_2$$

写成 **Y** 参数矩阵为

$$Y = \begin{bmatrix} Y_{11} & Y_{12} \\ Y_{21} & Y_{22} \end{bmatrix} = \begin{bmatrix} Y_1 + Y_2 & -Y_2 \\ -Y_2 - g & Y_2 \end{bmatrix}$$

图 13-1-8　端口 1-1′短路

可以发现，对于网络内部含有受控源的非互易二端口网络，需要 4 个独立的参数来描述其端口特性。

13.1.2 Z 参数（开路阻抗参数）

图 13-1-9 所示的二端口网络两端施加电流源 $\dot{I}_1$ 和 $\dot{I}_2$，则端口电压 $\dot{U}_1$ 和 $\dot{U}_2$ 是由 2 个电流源共同作用产生的。根据叠加定理，端口电压是这两个端口电流的线性函数，即

$$\dot{U}_1 = Z_{11}\dot{I}_1 + Z_{12}\dot{I}_2$$
$$\dot{U}_2 = Z_{21}\dot{I}_1 + Z_{22}\dot{I}_2 \qquad (13\text{-}1\text{-}4)$$

可把该式写成矩阵形式：

$$\begin{bmatrix} \dot{U}_1 \\ \dot{U}_2 \end{bmatrix} = \begin{bmatrix} Z_{11} & Z_{12} \\ Z_{21} & Z_{22} \end{bmatrix} \begin{bmatrix} \dot{I}_1 \\ \dot{I}_2 \end{bmatrix} = Z \begin{bmatrix} \dot{I}_1 \\ \dot{I}_2 \end{bmatrix} \qquad (13\text{-}1\text{-}5)$$

式中

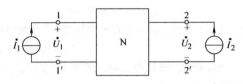

图 13-1-9 施加电流源激励的二端口网络

$$\mathbf{Z} = \begin{bmatrix} Z_{11} & Z_{12} \\ Z_{21} & Z_{22} \end{bmatrix}$$

为二端口网络的 **Z** 参数矩阵，每个参数都具有阻抗的量纲，也称为阻抗参数矩阵。

式（13-1-4）和式（13-1-5）称为二端口网络的 **Z** 参数方程，显然该端口方程描述了二端口网络的外特性。对任一给定的二端口网络，**Z** 参数是一组确定的常数，其值取决于二端口网络内部的结构和元件参数

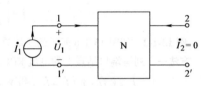

图 13-1-10 端口 2-2′开路

值。在二端口网络的内部结构和元件参数已知的情况下，**Z** 参数可通过计算获得，也可通过实验测定的方法获得。

由式（13-1-4）可知，若令某个端口电流为零，即在开路条件下，可显示出每个 **Z** 参数的物理意义，从而可通过计算或测量得到 **Z** 参数。方法是：令 $\dot{I}_2 = 0$，即端口 2-2′开路，如图 13-1-10 所示。则可得

$$Z_{11} = \frac{\dot{U}_1}{\dot{I}_1} \bigg|_{\dot{I}_2=0}$$

$$Z_{21} = \frac{\dot{U}_2}{\dot{I}_1} \bigg|_{\dot{I}_2=0}$$

Z_{11} 和 Z_{21} 这两个参数都是在端口 2-2′开路的情况下测得的，Z_{11} 称为自阻抗，Z_{21} 称为转移阻抗，它们都具有阻抗的量纲 Ω（欧姆）。

若令 $\dot{I}_1 = 0$，即端口 1-1′开路，如图 13-1-11 所示。则可得

$$Z_{12} = \frac{\dot{U}_1}{\dot{I}_2} \bigg|_{\dot{I}_1=0}$$

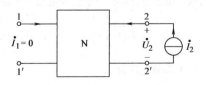

图 13-1-11 端口 1-1′开路

$$Z_{22}=\frac{\dot{U}_2}{\dot{I}_2}\bigg|_{\dot{I}_1=0}$$

Z_{12} 和 Z_{22} 这两个参数都是在端口 1-1′ 开路的情况下测得的，Z_{12} 称为转移阻抗，Z_{22} 称为自阻抗，这 4 个参数具有阻抗的量纲 Ω（欧姆）。

因为上述 4 个参数都是在开路的情况下测得的，因此，**Z 参数也称为开路阻抗参数**。

与 **Y** 参数类似，对于满足互易定理的二端口网络，参数 $Z_{12}=Z_{21}$，即只需要 3 个独立的参数来描述该二端口网络。而对于电气上对称的二端口网络，除满足 $Z_{12}=Z_{21}$ 外，还满足 $Z_{11}=Z_{22}$ 的条件，即只需要 2 个独立的参数来描述。

例 13-1-3 如图 13-1-12 所示的二端口网络，试求其 **Z** 参数矩阵。

方法一 列写包括端口的回路的 KVL 方程。其中，阻抗 Z_2 上流过的电流是 $\dot{I}_1+\dot{I}_2$。在列写端口的电压方程的时候，要考虑受控电压源的作用。因此

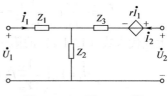

$$\dot{U}_1=Z_1\dot{I}_1+Z_2(\dot{I}_1+\dot{I}_2)=(Z_1+Z_2)\dot{I}_1+Z_2\dot{I}_2$$

$$\dot{U}_2=r\dot{I}_1+Z_3\dot{I}_2+Z_2(\dot{I}_1+\dot{I}_2)=(r+Z_2)\dot{I}_1+(Z_2+Z_3)\dot{I}_2$$

则 **Z** 参数矩阵为

图 13-1-12　例 13-1-3 图

$$\mathbf{Z}=\begin{bmatrix}Z_{11}&Z_{12}\\Z_{21}&Z_{22}\end{bmatrix}=\begin{bmatrix}Z_1+Z_2&Z_2\\r+Z_2&Z_2+Z_3\end{bmatrix}$$

方法二 实验测量法。

1）令 $\dot{I}_2=0$，将端口 2-2′ 开路，如图 13-1-13 所示。

此时因为 $\dot{I}_2=0$，Z_2 上的流过的电流为 $\dot{I}_1$，所以端口电压 $\dot{U}_1=(Z_1+Z_2)\dot{I}_1$，$\dot{U}_2=r\dot{I}_1+Z_2\dot{I}_1$，则

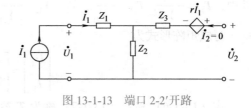

$$Z_{11}=\frac{\dot{U}_1}{\dot{I}_1}\bigg|_{\dot{I}_2=0}=Z_1+Z_2,\quad Z_{21}=\frac{\dot{U}_2}{\dot{I}_1}\bigg|_{\dot{I}_2=0}=r+Z_2$$

图 13-1-13　端口 2-2′ 开路

2）令 $\dot{I}_1=0$，将端口 1-1′ 开路，如图 13-1-14 所示。

此时，因为 $\dot{I}_1=0$，故受控电压源的数值 $r\dot{I}_1$ 也为零，相当于受控电压源短路。因此，可得

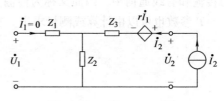

$$Z_{12}=\frac{\dot{U}_1}{\dot{I}_2}\bigg|_{\dot{I}_1=0}=Z_2,\quad Z_{22}=\frac{\dot{U}_2}{\dot{I}_2}\bigg|_{\dot{I}_1=0}=Z_2+Z_3$$

写成 **Z** 参数矩阵为

图 13-1-14　端口 1-1′ 开路

$$\mathbf{Z}=\begin{bmatrix}Z_{11}&Z_{12}\\Z_{21}&Z_{22}\end{bmatrix}=\begin{bmatrix}Z_1+Z_2&Z_2\\r+Z_2&Z_2+Z_3\end{bmatrix}$$

由于图 13-1-12 的二端口内部含有受控源，这样的二端口网络一般不满足互易定理，它的参数 $Z_{12}\neq Z_{21}$，即该二端口网络需要 4 个不同参数来描述；若 r 等于零，则 $Z_{12}=Z_{21}$，只需要 3 个独立参数。

同一个二端口网络的端口电压和电流的相互关系既可以用 **Y** 参数来描述，又可以用 **Z** 参数来描述，因此这两种参数必然有一定的关系。可以证明，如果一个二端口网络的 **Y** 参数或 **Z** 参数矩阵存在逆矩阵，它们之间必定满足 $\mathbf{Z}=\mathbf{Y}^{-1}$，$\mathbf{Y}=\mathbf{Z}^{-1}$，即二者互为逆矩阵。

13.1.3 *T* 参数（传输参数）

在很多实际工程的问题中，往往需要分析输入与输出之间的直接关系，需要建立输出端口的电压、电流与输入端口的电压、电流的关系方程。由于在实际问题中，输出端口的电流一般设为流向负载，为了不改变按惯例设定的二端口网络的参考方向，特地用 $(-\dot{I}_2)$ 来表示流入负载的电流，如图 13-1-15 所示。

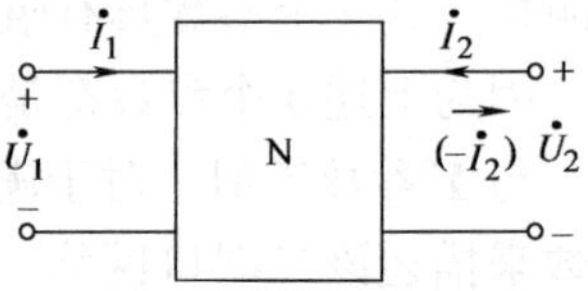

图 13-1-15　线性二端口网络（输出电流 $(-\dot{I}_2)$）

下面从 **Y** 参数方程推导出 $\dot{U}_1$、$\dot{I}_1$ 与 $\dot{U}_2$、$-\dot{I}_2$ 的直接关系。

将式（13-1-2）的第二式变形，整理可得

$$\dot{U}_1 = -\frac{Y_{22}}{Y_{21}}\dot{U}_2 + \frac{1}{Y_{21}}\dot{I}_2 = -\frac{Y_{22}}{Y_{21}}\dot{U}_2 + \left(\frac{-1}{Y_{21}}\right)(-\dot{I}_2)$$

将上式代入式（13-1-2）的第一式中，得

$$\dot{I}_1 = Y_{11}\left(-\frac{Y_{22}}{Y_{21}}\dot{U}_2 + \frac{1}{Y_{21}}\dot{I}_2\right) + Y_{12}\dot{U}_2 = \left(Y_{12} - \frac{Y_{11}Y_{22}}{Y_{21}}\right)\dot{U}_2 + \left(-\frac{Y_{11}}{Y_{21}}\right)(-\dot{I}_2)$$

把以上两式写成如下形式：

$$\left.\begin{array}{l} \dot{U}_1 = T_{11}\dot{U}_2 + T_{12}(-\dot{I}_2) \\ \dot{I}_1 = T_{21}\dot{U}_2 + T_{22}(-\dot{I}_2) \end{array}\right\} \tag{13-1-6}$$

其中，$T_{11} = -\dfrac{Y_{22}}{Y_{21}}$，$T_{12} = -\dfrac{1}{Y_{21}}$，$T_{21} = Y_{12} - \dfrac{Y_{11}Y_{22}}{Y_{21}}$，$T_{22} = -\dfrac{Y_{11}}{Y_{21}}$。

写成矩阵形式为

$$\begin{bmatrix} \dot{U}_1 \\ \dot{I}_1 \end{bmatrix} = \begin{bmatrix} T_{11} & T_{12} \\ T_{21} & T_{22} \end{bmatrix} \begin{bmatrix} \dot{U}_2 \\ -\dot{I}_2 \end{bmatrix} \tag{13-1-7}$$

式（13-1-6）和式（13-1-7）称为 **T** 参数方程，系数称为 **T** 参数，由于 **T** 参数常用于电力传输和有线通信中，因而又称为传输方程，**T** 参数又称为传输参数。

T 参数也可以由计算或测量求出。在式（13-1-6）中，令 $\dot{I}_2 = 0$，可得

$$T_{11} = \left.\frac{\dot{U}_1}{\dot{U}_2}\right|_{\dot{I}_2=0}$$

$$T_{21} = \left.\frac{\dot{I}_1}{\dot{U}_2}\right|_{\dot{I}_2=0}$$

T_{11} 是端口 2-2′ 开路时两个端口电压之比，称为转移电压比，它是一个无量纲的量；T_{21} 是端口 2-2′ 开路时的转移导纳，单位是 S；它们是在开路的情况下测得的，称为开路参数。

同理，令 $\dot{U}_2 = 0$，则可得

$$T_{12} = \left.\frac{\dot{U}_1}{-\dot{I}_2}\right|_{\dot{U}_2=0}$$

$$T_{22} = \left.\frac{\dot{I}_1}{-\dot{I}_2}\right|_{\dot{U}_2=0}$$

T_{12}是端口 2-2′短路时的转移阻抗，单位是 Ω；T_{22}是端口 2-2′短路时两个端口电流之比，称为转移电流比，是一个无量纲的量。它们是在短路的情况下测得的，称为短路参数。

若二端口网络满足互易定理，它的 Y 参数满足 $Y_{12}=Y_{21}$，由此可以得到互易的二端口网络 T 参数满足的互易条件是

$$T_{11}T_{22}-T_{12}T_{21}=1 \tag{13-1-8}$$

对于对称二端口网络，它的 Y 参数还满足对称条件 $Y_{11}=Y_{22}$，由此可得出对称二端口网络的 T 参数还须满足的条件是 $T_{11}=T_{22}$。

例 13-1-4 试求 13-1-16 所示各二端口网络的 T 参数。

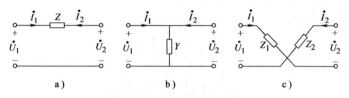

图 13-1-16 例 13-1-4 图

解 （1）对图 13-1-16a 所示电路直接列写变量之间的方程

$$\dot{U}_1=Z\dot{I}_1+\dot{U}_2=\dot{U}_2-Z\dot{I}_2$$

$$\dot{I}_1=-\dot{I}_2$$

因此，图 13-1-16a 所示二端口网络的 T 参数矩阵为

$$T=\begin{bmatrix} 1 & Z \\ 0 & 1 \end{bmatrix}$$

（2）对图 13-1-16b 所示电路用实验测量法分析。

令 $\dot{I}_2=0$，求取开路参数 T_{11} 和 T_{21}。由电路容易得知

$$T_{11}=\frac{\dot{U}_1}{\dot{U}_2}\bigg|_{\dot{I}_2=0}=\frac{\dot{U}_2}{\dot{U}_2}=1,\ \ T_{21}=\frac{\dot{I}_1}{\dot{U}_2}\bigg|_{\dot{I}_2=0}=\frac{Y\dot{U}_2}{\dot{U}_2}=Y$$

令 $\dot{U}_2=0$，求取短路参数 T_{12} 和 T_{22}。此时 $\dot{U}_1=\dot{U}_2=0$，$\dot{I}_1=-\dot{I}_2$，可得

$$T_{12}=\frac{\dot{U}_1}{-\dot{I}_2}\bigg|_{\dot{U}_2=0}=0,\ \ T_{22}=\frac{\dot{I}_1}{-\dot{I}_2}\bigg|_{\dot{U}_2=0}=1$$

因此，图 13-1-16b 所示二端口网络的 T 参数矩阵为

$$T=\begin{bmatrix} 1 & 0 \\ Y & 1 \end{bmatrix}$$

（3）根据图 13-1-16c，由电路的 KCL 和 KVL 之间的关系，可知

$$\dot{U}_1=Z_1\dot{I}_1-\dot{U}_2+Z_2\dot{I}_2$$

$$\dot{I}_1=\dot{I}_2$$

整理成 T 参数方程的标准形式为

$$\dot{U}_1=-\dot{U}_2-(Z_1+Z_2)(-\dot{I}_2)$$

$$\dot{I}_1=-(-\dot{I}_2)$$

可知，该二端口网络的传输参数矩阵为

$$T=\begin{bmatrix} -1 & -(Z_1+Z_2) \\ 0 & -1 \end{bmatrix}$$

13.1.4 *H* 参数（混合参数）

用 $\dot{I}_1$ 和 $\dot{U}_2$ 的线性组合来表示 $\dot{U}_1$ 和 $\dot{I}_2$，可以得到又一组参数方程，这组方程在分析晶体管电路时，非常方便。由于自变量取自不同端口的电压和电流，如图 13-1-17 所示，因此，这组方程又称为混合参数方程。

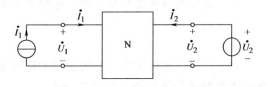

图 13-1-17　施加混合激励的线性二端口网络

可以从式（13-1-2）*Y* 参数方程推出 $\dot{U}_1$、$\dot{I}_2$ 与 $\dot{I}_1$、$\dot{U}_2$ 的直接关系为

$$\dot{U}_1 = \frac{1}{Y_{11}}\dot{I}_1 - \frac{Y_{12}}{Y_{11}}\dot{U}_2$$

$$\dot{I}_2 = \frac{Y_{21}}{Y_{11}}\dot{I}_1 + \frac{Y_{11}Y_{22}-Y_{12}Y_{21}}{Y_{11}}\dot{U}_2$$

令

$$H_{11} = \frac{1}{Y_{11}}, \quad H_{12} = -\frac{Y_{12}}{Y_{11}}$$

$$H_{21} = \frac{Y_{21}}{Y_{11}}, \quad H_{22} = \frac{Y_{11}Y_{22}-Y_{12}Y_{21}}{Y_{11}}$$

即可得到如下标准形式的 *H* 参数方程：

$$\dot{U}_1 = H_{11}\dot{I}_1 + H_{12}\dot{U}_2$$

$$\dot{I}_2 = H_{21}\dot{I}_1 + H_{22}\dot{U}_2 \tag{13-1-9}$$

可以通过计算或实验测量得到 *H* 参数及其物理意义。由式（13-1-9）可知，分别令 $\dot{U}_2 = 0$ 和 $\dot{I}_1 = 0$ 可以得到

$$H_{11} = \left.\frac{\dot{U}_1}{\dot{I}_1}\right|_{\dot{U}_2=0}$$

$$H_{21} = \left.\frac{\dot{I}_2}{\dot{I}_1}\right|_{\dot{U}_2=0}$$

H_{11} 是输出端口短路时的输入阻抗；H_{21} 是输出端口短路时的转移电流比，是一个无量纲的量。

$$H_{12} = \left.\frac{\dot{U}_1}{\dot{U}_2}\right|_{\dot{I}_1=0}$$

$$H_{22} = \left.\frac{\dot{I}_2}{\dot{U}_2}\right|_{\dot{I}_1=0}$$

H_{12} 是输入端口开路时的转移电压比，是一个无量纲的量；H_{22} 是输入端口开路时的输出导纳。

H 参数的 4 个参数的量纲各不相同，表示方式是混合型的。*H* 参数又称为混合参数。

满足互易定理的二端口网络，有 $Y_{12} = Y_{21}$，可得 $H_{12} = -H_{21}$，即 *H* 参数有 3 个独立参数。

如果二端口网络为对称二端口网络，此时 $Y_{11}=Y_{22}$，可以证明，满足 $H_{11}H_{22}-H_{12}H_{21}=1$，即 **H** 参数有 2 个独立参数。

例 13-1-5 试求图 13-1-18 所示晶体管 VT 的 **H** 参数。

解 在低频小信号下晶体管 VT 的等效电路如图 13-1-18b 所示。因此，可以把它看成二端口网络，写出 u_{be}、i_c 的方程为

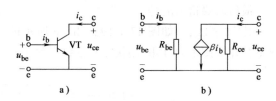

图 13-1-18　例 13-1-5 图
a) 晶体管 VT　b) 晶体管等效电路

$$u_{be}=R_{be}i_b, \quad i_c=\beta i_b+\frac{u_{ce}}{R_{ce}}$$

上述方程即为 **H** 参数方程，容易求出这个二端口网络的 **H** 参数为

$$H=\begin{bmatrix} R_{be} & 0 \\ \beta & \dfrac{1}{R_{ce}} \end{bmatrix}$$

系数 β 称为晶体管的放大倍数，R_{be} 称为晶体管的输入电阻，R_{ce} 称为晶体管的输出电阻。此外还可以通过实验测量法得到相应的 **H** 参数。

除了上述 4 组参数外，二端口网络还有 2 组参数分别与 **T** 参数和 **H** 参数相类似，分别称为逆传输参数和逆混合参数，它们只是将传输参数和混合参数的 2 个端口的 2 对变量进行互换，这里不再赘述。

从本节分析可知，同一个二端口网络可以选择不同的参数进行描述，由一个二端口网络的一组参数可以求出其他各组参数，各组参数之间的关系可见表 13-1-2。在分析二端口网络时，视不同情况采用合适的参数可以简化分析。

表 13-1-2　各组参数之间的关系

	Y		Z		T		H		互易性
Y	Y_{11}	Y_{12}	$\dfrac{Z_{22}}{\Delta Z}$	$\dfrac{-Z_{12}}{\Delta Z}$	$\dfrac{T_{22}}{T_{12}}$	$\dfrac{-\Delta T}{T_{12}}$	$\dfrac{1}{H_{11}}$	$\dfrac{-H_{12}}{H_{11}}$	$Y_{12}=Y_{21}$
	Y_{21}	Y_{22}	$\dfrac{-Z_{21}}{\Delta Z}$	$\dfrac{Z_{11}}{\Delta Z}$	$\dfrac{-1}{T_{12}}$	$\dfrac{T_{11}}{T_{12}}$	$\dfrac{H_{21}}{H_{11}}$	$\dfrac{\Delta H}{H_{11}}$	
Z	$\dfrac{Y_{22}}{\Delta Y}$	$\dfrac{-Y_{12}}{\Delta Y}$	Z_{11}	Z_{12}	$\dfrac{T_{11}}{T_{21}}$	$\dfrac{\Delta T}{T_{21}}$	$\dfrac{\Delta H}{H_{22}}$	$\dfrac{H_{12}}{H_{22}}$	$Z_{12}=Z_{21}$
	$\dfrac{-Y_{21}}{\Delta Y}$	$\dfrac{Y_{11}}{\Delta Y}$	Z_{21}	Z_{22}	$\dfrac{1}{T_{21}}$	$\dfrac{T_{22}}{T_{21}}$	$\dfrac{-H_{21}}{H_{22}}$	$\dfrac{1}{H_{22}}$	
T	$\dfrac{-Y_{22}}{Y_{21}}$	$\dfrac{-1}{Y_{21}}$	$\dfrac{Z_{11}}{Z_{21}}$	$\dfrac{\Delta Z}{Z_{21}}$	T_{11}	T_{12}	$\dfrac{-\Delta H}{H_{21}}$	$\dfrac{-H_{11}}{H_{21}}$	$T_{11}T_{22}-T_{21}T_{12}=1$
	$\dfrac{-\Delta Y}{Y_{21}}$	$\dfrac{-Y_{11}}{Y_{21}}$	$\dfrac{1}{Z_{21}}$	$\dfrac{Z_{22}}{Z_{21}}$	T_{21}	T_{22}	$\dfrac{-H_{22}}{H_{21}}$	$\dfrac{-1}{H_{21}}$	
H	$\dfrac{1}{Y_{11}}$	$\dfrac{-Y_{12}}{Y_{11}}$	$\dfrac{\Delta Z}{Z_{22}}$	$\dfrac{Z_{12}}{Z_{22}}$	$\dfrac{T_{12}}{T_{22}}$	$\dfrac{\Delta T}{T_{22}}$	H_{11}	H_{12}	$H_{12}=-H_{21}$
	$\dfrac{Y_{21}}{Y_{11}}$	$\dfrac{\Delta Y}{Y_{11}}$	$\dfrac{-Z_{21}}{Z_{22}}$	$\dfrac{1}{Z_{22}}$	$\dfrac{-1}{T_{22}}$	$\dfrac{T_{21}}{T_{22}}$	H_{21}	H_{22}	

注：表中 $\Delta Y=Y_{11}Y_{22}-Y_{12}Y_{21}$，$\Delta Z=Z_{11}Z_{22}-Z_{12}Z_{21}$，$\Delta T=T_{11}T_{22}-T_{12}T_{21}$，$\Delta H=H_{11}H_{22}-H_{12}H_{21}$。

最后需要指出的是，并非任何一个二端口网络都具有每组参数，有些二端口网络可能只具有其中的几组。如图 13-1-19a、b、c 所示的二端口网络，其中，图 13-1-19a 电路的 $\boldsymbol{Z}$ 参数不存在，图 13-1-19b 电路的 $\boldsymbol{Y}$ 参数不存在，图 13-1-19c 电路的 $\boldsymbol{Z}$、$\boldsymbol{Y}$ 参数都不存在。

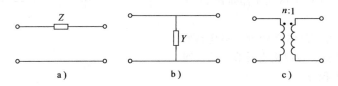

图 13-1-19　几种特殊的二端口网络

13.2　二端口网络的等效电路

由戴维宁定理可知，在线性无源一端口网络中，可以用一个等效阻抗（或导纳）来替代复杂的一端口，这使得电路的分析得到了简化，二者能等效替代的条件是端口上的电压电流关系不变，并且等效替代是对外电路而言的，如图 13-2-1 所示。

13-2-1　二端口网络的等效电路（1）　　13-2-2　二端口网络的等效电路（2）

对于线性二端口网络，为了简化计算，也可以用简单的二端口网络来等效替代复杂的二端口网络，前提是用等效网络替代原网络后，端口上的电压、电流关系应保持不变。由 13.1 节二端口网络的参数方程可以看出，只有当二端口网络的同一种参数完全相同，才能保持端口的电压、电流不变，二者才互相等效。因此凡满足这一等效条件的电路才是二端口网络的等效电路。

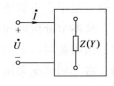

图 13-2-1　一端口网络的等效电路

13.2.1　不含受控源的二端口网络的等效电路

对于线性无源二端口网络，其 4 个参数中只有 3 个是独立的，因此，互易二端口网络的最简等效电路最少可由 3 个独立的阻抗元件构成，而由 3 个独立阻抗元件构成的电路，有两种连接形式：T 型和 Π 型，如图 13-2-2 所示。

求取二端口网络的等效电路，即确定该二端口网络等效电路的阻抗（或导纳）元件的参数值。选择一组合适的二端口网络参数，能非常方便求出某种等效电路。例如，若求 T 型等效电路，则采用 $\boldsymbol{Z}$ 参数比较方便，而若求 Π 型等效电路，则采用 $\boldsymbol{Y}$ 参数比较方便。如果给定

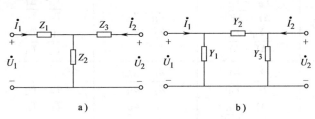

图 13-2-2　二端口网络的等效电路
a) T 型等效　b) Π 型等效

二端口网络的参数是其他形式，可以利用表 13-1-2 不同参数之间的转换关系，先求出适合的二端口网络参数，然后再求等效电路。

1. 由 Z 参数确定 T 型等效电路

如果已知某无源二端口网络的 Z 参数为 $Z = \begin{bmatrix} Z_{11} & Z_{12} \\ Z_{21} & Z_{22} \end{bmatrix}$，其中 $Z_{21} = Z_{12}$，试求该二端口网络的等效 T 型电路，即确定如图 13-2-2a 所示电路 3 个阻抗元件的值。

两个二端口网络等效，端口特性要相同，即 T 型等效电路的 Z 参数与给定的 Z 参数相同，以此建立 Z 参数和元件的关系。

容易得知图 13-2-2a 所示电路的端口特性方程为

$$\dot{U}_1 = (Z_1 + Z_2)\dot{I}_1 + Z_2\dot{I}_2$$
$$\dot{U}_2 = Z_2\dot{I}_1 + (Z_2 + Z_3)\dot{I}_2$$

令该二端口网络的 Z 参数和给定的二端口网络的 Z 参数相等，因此可得

$$Z_{11} = Z_1 + Z_2, \ Z_{12} = Z_2 = Z_{21}, \ Z_{22} = Z_2 + Z_3$$

解此方程可得

$$Z_1 = Z_{11} - Z_{12}, \ Z_2 = Z_{12} = Z_{21}, \ Z_3 = Z_{22} - Z_{12} \qquad (13\text{-}2\text{-}1)$$

式（13-2-1）即为等效 T 型二端口网络的 3 个阻抗和已知 Z 参数满足的关系。可见，由 Z 参数确定 T 型等效电路的元件值关系非常简单。

2. 由 Y 参数确定 Ⅱ 型等效电路

如果已知某互易二端口网络的 Y 参数为 $Y = \begin{bmatrix} Y_{11} & Y_{12} \\ Y_{21} & Y_{22} \end{bmatrix}$，其中 $Y_{21} = Y_{12}$，求取该二端口网络的等效 Ⅱ 型电路，即确定如图 13-2-2b 所示电路 3 个导纳元件的值。

两个二端口网络等效，即端口特性相同，令等效 Ⅱ 型电路的 Y 参数等于给定的 Y 参数，由此建立 Y 参数和元件的关系。

图 13-2-2b 所示电路的端口特性方程为

$$\dot{I}_1 = (Y_1 + Y_2)\dot{U}_1 - Y_2\dot{U}_2$$
$$\dot{I}_2 = -Y_2\dot{U}_1 + (Y_2 + Y_3)\dot{U}_2$$

由该二端口网络的 Y 参数和给定的二端口网络的 Y 参数相等，可得

$$Y_{11} = Y_1 + Y_2, \ Y_{12} = -Y_2 = Y_{21}, \ Y_{22} = Y_2 + Y_3$$

解此方程可得

$$Y_1 = Y_{11} + Y_{12}, \ Y_2 = -Y_{12} = -Y_{21}, \ Y_3 = Y_{22} + Y_{12} \qquad (13\text{-}2\text{-}2)$$

式（13-2-2）即为等效 Ⅱ 型二端口网络的 3 个导纳和已知 Y 参数满足的关系。可见，由 Y 参数确定 Ⅱ 型等效电路的元件值关系非常简单。

除了可以借助式（13-2-1）和式（13-2-2）来分别确定相应的 T 和 Ⅱ 型等效电路外，也可以采用列写端口方程的方法，直接建立端口参数与所求等效电路的元件参数之间的关系来求取等效电路。

例 13-2-1 已知某二端口网络的 **T** 参数，试求相应的 T 型等效电路。

解 假设 T 型等效电路如图 13-2-3 所示。

建立 T 型电路的以 **T** 参数表示的端口方程，从而确定等效电路和已知参数的关系。对图 13-2-3 所示电路，有

$$\dot{U} = \dot{U}_2 - Z_3\dot{I}_2$$

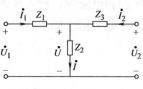

图 13-2-3　例 13-2-1 电路图

$$\dot{I} = \frac{\dot{U}}{Z_2} = \frac{1}{Z_2}\dot{U}_2 - \frac{Z_3}{Z_2}\dot{I}_2 \tag{1}$$

可得

$$\dot{U}_1 = Z_1\dot{I}_1 + \dot{U} = Z_1(\dot{I}-\dot{I}_2) + \dot{U}_2 - Z_3\dot{I}_2$$

将式（1）代入，整理得

$$\dot{U}_1 = \left(1 + \frac{Z_1}{Z_2}\right)\dot{U}_2 + \left(\frac{Z_1Z_3}{Z_2} + Z_1 + Z_3\right)(-\dot{I}_2)$$

$$\dot{I}_1 = \dot{I} - \dot{I}_2 = \frac{1}{Z_2}\dot{U}_2 + \left(1 + \frac{Z_3}{Z_2}\right)(-\dot{I}_2)$$

于是有

$$T_{11} = 1 + \frac{Z_1}{Z_2}, \quad T_{12} = Z_1 + Z_3 + \frac{Z_1Z_3}{Z_2}$$

$$T_{21} = \frac{1}{Z_2}, \quad T_{22} = 1 + \frac{Z_3}{Z_2}$$

由此解得

$$Z_1 = \frac{T_{11}-1}{T_{21}}, \quad Z_2 = \frac{1}{T_{21}}, \quad Z_3 = \frac{T_{22}-1}{T_{21}} \tag{13-2-3}$$

13.2.2 含受控源的二端口网络的等效电路

对于含有受控源的线性二端口网络，由于 Z 参数矩阵 $Z_{12} \neq Z_{21}$，Y 参数矩阵 $Y_{12} \neq Y_{21}$，其外部特性需要用 4 个参数来描述，则不能用具有 3 个元件的 T 型或 Π 型等效电路刻画其外部特性，这时可通过适当增加受控源来求取等效电路。下面以 Y 参数为例进行说明。

假设给定二端口网络的 Y 参数矩阵为 $Y = \begin{bmatrix} Y_{11} & Y_{12} \\ Y_{21} & Y_{22} \end{bmatrix}$，由 Y 参数可知，二端口网络的 Y 参数方程为

$$\begin{aligned} \dot{I}_1 &= Y_{11}\dot{U}_1 + Y_{12}\dot{U}_2 \\ \dot{I}_2 &= Y_{21}\dot{U}_1 + Y_{22}\dot{U}_2 \end{aligned} \tag{13-2-4}$$

式（13-2-4）可改写成

$$\begin{aligned} \dot{I}_1 &= Y_{11}\dot{U}_1 + Y_{12}\dot{U}_2 \\ \dot{I}_2 &= Y_{12}\dot{U}_1 + Y_{22}\dot{U}_2 + \underline{(Y_{21}-Y_{12})\dot{U}_1} \end{aligned} \tag{13-2-5}$$

从式（13-2-5）可以看出，这组方程除了电流 $\dot{I}_2$ 的方程中画下划线的部分，其余部分可看成是某个互易二端口网络的 Y 参数方程，它的 Π 型等效电路如 13.2.1 节内容所介绍（见图 13-2-2b）。3 个导纳元件的参数满足式（13-2-2）。而式（13-2-5）中下划线部分，可看成是一个电压控制电流源，因此只要在图 13-2-2b 的输出端口处并联一个电流为 $(Y_{21}-Y_{12})\dot{U}_1$ 的电压控制电流源，便可得到对应的二端口网络等效电路，如图 13-2-4 所示。

与此类似，如果将二端口网络的 Y 参数方程化为

$$\begin{aligned} \dot{I}_1 &= Y_{11}\dot{U}_1 + Y_{21}\dot{U}_2 + \underline{(Y_{12}-Y_{21})\dot{U}_2} \\ \dot{I}_2 &= Y_{21}\dot{U}_1 + Y_{22}\dot{U}_2 \end{aligned} \tag{13-2-6}$$

式（13-2-6）中下划线部分 $(Y_{12}-Y_{21})\dot{U}_2$ 可看成是电压控制电流源，将其并联在输入端

口处，也可得到另一形式的二端口网络的等效电路，如图 13-2-5 所示。

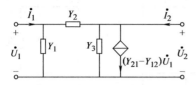
图 13-2-4　二端口网络的等效电路

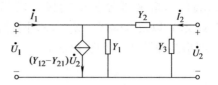
图 13-2-5　Y 参数等效电路的另一种形式

例 13-2-2　已知某二端口网络的 Z 参数矩阵为 $Z = \begin{bmatrix} 8 & 3 \\ 5 & 4 \end{bmatrix} \Omega$，试求其等效 T 型网络。

解　根据该二端口网络的 Z 参数，可知其 Z 参数方程为

$$\dot{U}_1 = 8\dot{I}_1 + 3\dot{I}_2$$
$$\dot{U}_2 = 5\dot{I}_1 + 4\dot{I}_2$$

将上述该方程组改写为

$$\dot{U}_1 = 8\dot{I}_1 + 3\dot{I}_2$$
$$\dot{U}_2 = 3\dot{I}_1 + 4\dot{I}_2 + \underline{(5-3)\dot{I}_1}$$

可得如图 13-2-6 所示电路，其中

$$Z_1 = Z_{11} - Z_{12} = (8-3)\ \Omega = 5\ \Omega$$
$$Z_2 = Z_{12} = 3\ \Omega$$
$$Z_3 = Z_{22} - Z_{12} = (4-3)\ \Omega = 1\ \Omega$$

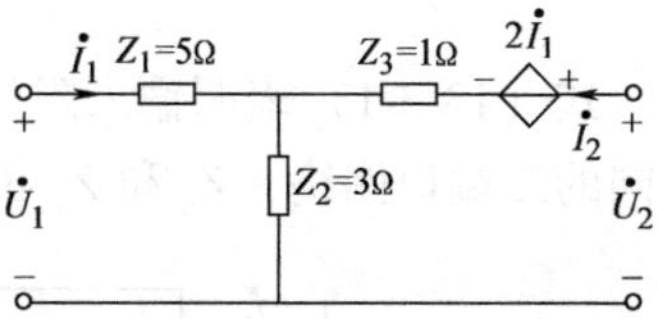

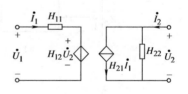
图 13-2-6　例 13-2-2 的等效电路

由以上分析可以看出，如果二端口网络内部含有受控源，其等效电路是在化为互易二端口网络等效电路的基础上适当地增添受控源来实现的。其等效电路根据受控源所放置的位置不同，会有多种形式的等效电路，分析的时候只要选择一种即可。

根据 H 参数每个参数的物理意义，可以做出相应于 H 参数的等效电路。设 H 参数为已知，则由 H 参数方程，可画出如图 13-2-7 所示的 H 参数的等效电路，其中 H_{11} 为阻抗，H_{22} 为导纳，$H_{12}\dot{U}_2$ 和 $H_{21}\dot{I}_1$ 分别为受控电压源和受控电流源。

图 13-2-7　H 参数等效电路

13.3　二端口网络的网络函数

在工程上，二端口网络通常被接在信号源和负载之间，以完成某些功能，如信号的传输、放大或滤波等，二端口网络的这种性能可用网络函数来描述。讨论正弦稳态二端口网络时，其网络函数的定义是：在零状态下，二端口网络的输出响应相量和输入激励相量之间的比。若响应相量和激励相量属于同一个端口，则称该二端口网络的网络函数为驱动点函数，否则称为转移函数。驱动点函数又分为驱动点阻抗函数和驱动点导纳函数。转移函数又分为电压转移函数、电流转移函数、转移阻抗和转移导纳。

在信号源和负载已知的情况下，利用二端口网络参数可以直接进行端口特性分析，而无须详细了解二端口网络的内部电路，这给实际工程分析计算带来很大便利。当二端口网络输入激励无内阻抗 Z_s 及输出端口无外接负载阻抗 Z_L（开路或短路）时，该二端口网络称为无

端接二端口网络，否则称为端接二端口网络。端接二端口网络又可分为单端接二端口网络（有 Z_s 或 Z_L）以及双端接（Z_s 和 Z_L 同时存在）二端口网络两种类型（见图 13-3-1）。

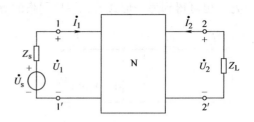

图 13-3-1　端接二端口

13.3.1　驱动点阻抗

如图 13-3-2a 所示，如果二端口网络用传输参数表示，则由传输参数方程可得驱动点（输入）阻抗为

$$Z_{in} = \frac{\dot{U}_1}{\dot{I}_1} = \frac{T_{11}\dot{U}_2 - T_{12}\dot{I}_2}{T_{21}\dot{U}_2 - T_{22}\dot{I}_2}$$

又因为

$$\dot{U}_2 = -Z_L\dot{I}_2$$

所以

$$Z_{in} = \frac{T_{11}Z_L + T_{12}}{T_{21}Z_L + T_{22}} \tag{13-3-1}$$

式（13-3-1）表明输入阻抗不仅与二端口网络的参数有关，而且与负载阻抗有关。对于不同的二端口网络，Z_{in} 和 Z_L 的关系不同，因此二端口网络有变换阻抗的作用。

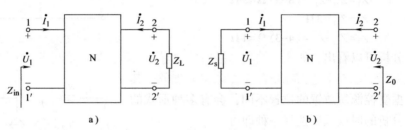

图 13-3-2　输入阻抗和输出阻抗
a) 求输入阻抗　b) 求输出阻抗

如图 13-3-2b 所示电路，此电路是移去电压源 $\dot{U}_s$ 和负载 Z_L 后，从输出端看进去为一端口网络，输出阻抗 Z_0 即该一端口网络的戴维宁等效阻抗。由式（13-1-6）及输入端口方程 $\dot{U}_1 = -Z_s\dot{I}_1$，经化简整理，可得

$$Z_0 = \frac{\dot{U}_2}{\dot{I}_2} = \frac{T_{22}Z_s + T_{12}}{T_{21}Z_s + T_{11}} \tag{13-3-2}$$

式（13-3-2）表明二端口网络的输出阻抗与二端口网络的参数及实际电压源的内阻抗有关。

对二端口网络的输入阻抗和输出阻抗的分析也可采用其他参数，如 Z 参数、Y 参数和 H 参数等。

引入输入阻抗、输出阻抗的概念后，会给电路分析带来方便。如图 13-3-3a 所示电路，当分析输入端口的某些问题时，可以用图 13-3-3b 所示的等效电路来分析；而当分析输出端口的问题时，可采用图 13-3-3c 所示的等效电路来分析，注意此时的电压源为输出端口 2-2′开路时的开路电压 $\dot{U}_{oc}$。

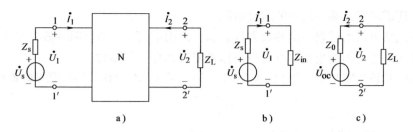

图 13-3-3　应用等效电路分析端接二端口网络

13.3.2　转移函数

1. 无端接二端口网络的转移函数

若二端口网络用 $\boldsymbol{Z}$ 参数方程表示，则端口 2-2′开路的转移电压比 $A_{\mathrm{u}}=\dfrac{\dot{U}_2}{\dot{U}_1}$ 和转移阻抗 Z_{T} 分别为

$$A_{\mathrm{u}}=\frac{\dot{U}_2}{\dot{U}_1}=\frac{Z_{21}}{Z_{11}}\ [\dot{I}_2=0]\,,\ Z_{\mathrm{T}}=\frac{\dot{U}_2}{\dot{I}_1}=Z_{21}\ [\dot{I}_2=0]$$

端口 2-2′短路的转移电流比 $A_{\mathrm{i}}=\dfrac{\dot{I}_2}{\dot{I}_1}$ 和转移导纳 Y_{T} 分别为

$$A_{\mathrm{i}}=\frac{\dot{I}_2}{\dot{I}_1}=-\frac{Z_{21}}{Z_{22}}\ [\dot{U}_2=0]\,,\ Y_{\mathrm{T}}=\frac{\dot{I}_2}{\dot{U}_1}=-\frac{Z_{21}}{Z_{11}Z_{22}-Z_{12}Z_{21}}\ [\dot{U}_2=0]$$

上述二端口的网络函数也可由 $\boldsymbol{T}$ 参数、$\boldsymbol{H}$ 参数推导得来。

2. 双端接二端口网络的转移函数

此时转移函数不仅与二端口网络参数有关，还与激励内阻抗 Z_{s} 和端接负载 Z_{L} 有关。因此除了应用二端口网络的参数方程外，还需考虑输入端口的伏安关系和输出端口所接负载的伏安关系。

若二端口网络（见图 13-3-1）的 $\boldsymbol{Z}$ 参数方程表示为式（13-1-4）的形式，又因为

$$\dot{U}_1=\dot{U}_{\mathrm{s}}-Z_{\mathrm{s}}\dot{I}_1 \tag{13-3-3}$$

$$\dot{U}_2=-Z_{\mathrm{L}}\dot{I}_2 \tag{13-3-4}$$

联立以上方程，化简整理可得

$$A_{\mathrm{u}}=\frac{\dot{U}_2}{\dot{U}_1}=\frac{Z_{21}Z_{\mathrm{L}}}{Z_{11}Z_{22}-Z_{12}Z_{21}+Z_{11}Z_{\mathrm{L}}}=\frac{Z_{21}Z_{\mathrm{L}}}{\Delta Z+Z_{11}Z_{\mathrm{L}}}$$

$$A_{\mathrm{i}}=\frac{\dot{I}_2}{\dot{I}_1}=-\frac{Z_{21}}{Z_{22}+Z_{\mathrm{L}}}$$

信号电压源 $\dot{U}_{\mathrm{s}}$ 到输出端电压的增益为

$$A_{\mathrm{us}}=\frac{\dot{U}_2}{\dot{U}_{\mathrm{s}}}=\frac{Z_{\mathrm{L}}Z_{21}}{(Z_{\mathrm{s}}+Z_{11})(Z_{\mathrm{L}}+Z_{22})-Z_{12}Z_{21}}$$

可以发现，此时转移函数与 $\boldsymbol{Z}$ 参数、Z_{s} 和 Z_{L} 均有关，这就说明除了要考虑二端口网络

的特性外，还需考虑二端口网络的端接情况。

二端口网络可以由任意一组参数方程表示，采用不同的二端口网络参数方程，所得结果相同，但计算的繁简相差很大。读者可根据需要选择合适的参数。

例 13-3-1 端接二端口网络如图 13-3-1 所示，已知 $\dot{U}_s = 3\,V$，$Z_s = 2\,\Omega$，二端口网络的 Z 参数为

$$Z = \begin{bmatrix} 6 & -j5 \\ 16 & 5 \end{bmatrix} \Omega$$

试求负载阻抗等于多少时将获得最大功率，并求此最大功率。

解 由已知条件可得该二端口网络的 **Z** 参数方程为

$$\dot{U}_1 = 6\dot{I}_1 - j5\dot{I}_2$$
$$\dot{U}_2 = 16\dot{I}_1 + 5\dot{I}_2$$

代入信号电压源支路伏安关系

$$\dot{U}_1 = 3 - 2\dot{I}_1$$

消去 $\dot{U}_1$、$\dot{I}_1$ 得

$$\dot{U}_2 = (5 + j10)\dot{I}_2 + 6$$

可得输出端开路电压和输出阻抗分别为

$$\dot{U}_{oc} = 6\,V,\quad Z_0 = (5 + j10)\,\Omega$$

由最大功率传输定理，当 $Z_L = Z_0^*$ 时，负载可获得最大功率，因此

$$Z_L = Z_0^* = (5 - j10)\,\Omega$$

最大功率为

$$P_{max} = \frac{U_{oc}^2}{4R_0} = \frac{6^2}{4 \times 5}\,W = 1.8\,W$$

13.4 二端口网络的连接

13-4-1 二端口网络的连接

研究二端口网络的连接主要解决两方面的问题，一是便于将复杂二端口网络分解为简单二端口网络，以简化电路分析过程；二是由若干二端口网络按一定方式连接构成具有所需特性的复杂二端口网络，以实现具体电路的设计。

二端口网络常见的连接方式有级联、并联、串联、串并联、并串联等。本节主要研究不同连接方式下形成的复合二端口网络的参数与每个子二端口网络之间的参数的关系。这种参数间的关系也可推广到多个二端口网络的连接中去。

13.4.1 二端口网络的级联

如图 13-4-1 所示，将一个二端口网络的输出端口与另一个二端口网络的输入端口连接，形成一个复合二端口网络（点画线框内），这样的连接方式称为两个二端口网络的级联。

分析二端口网络的级联，采用传输参数比较方便。设如图 13-4-1 所示的两个子二端口网络的传输参数矩阵分别为

$$T' = \begin{bmatrix} T'_{11} & T'_{12} \\ T'_{21} & T'_{22} \end{bmatrix},\quad T'' = \begin{bmatrix} T''_{11} & T''_{12} \\ T''_{21} & T''_{22} \end{bmatrix}$$

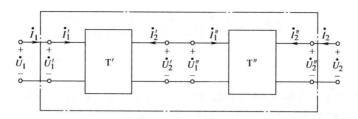

图 13-4-1 二端口网络的级联

级联后形成的复合二端口网络的传输参数矩阵设为

$$T = \begin{bmatrix} T_{11} & T_{12} \\ T_{21} & T_{22} \end{bmatrix}$$

下面分析 T 和 T'、T''之间的关系。

级联的两个二端口网络的传输参数方程分别为

$$\begin{bmatrix} \dot{U}_1' \\ \dot{I}_1' \end{bmatrix} = T' \begin{bmatrix} \dot{U}_2' \\ -\dot{I}_2' \end{bmatrix} \text{和} \begin{bmatrix} \dot{U}_1'' \\ \dot{I}_1'' \end{bmatrix} = T'' \begin{bmatrix} \dot{U}_2'' \\ -\dot{I}_2'' \end{bmatrix}$$

根据图 13-4-1 所示电路可得级联后端口上满足的关系为

$$\begin{bmatrix} \dot{U}_1 \\ \dot{I}_1 \end{bmatrix} = \begin{bmatrix} \dot{U}_1' \\ \dot{I}_1' \end{bmatrix}, \begin{bmatrix} \dot{U}_2' \\ -\dot{I}_2' \end{bmatrix} = \begin{bmatrix} \dot{U}_1'' \\ \dot{I}_1'' \end{bmatrix}, \begin{bmatrix} \dot{U}_2 \\ -\dot{I}_2 \end{bmatrix} = \begin{bmatrix} \dot{U}_2'' \\ -\dot{I}_2'' \end{bmatrix}$$

由以上关系式和相应的传输参数方程，可得

$$\begin{bmatrix} \dot{U}_1 \\ \dot{I}_1 \end{bmatrix} = \begin{bmatrix} \dot{U}_1' \\ \dot{I}_1' \end{bmatrix} = T' \begin{bmatrix} \dot{U}_2' \\ -\dot{I}_2' \end{bmatrix} = T' \begin{bmatrix} \dot{U}_1'' \\ \dot{I}_1'' \end{bmatrix} = T'T'' \begin{bmatrix} \dot{U}_2'' \\ -\dot{I}_2'' \end{bmatrix} = T'T'' \begin{bmatrix} \dot{U}_2 \\ -\dot{I}_2 \end{bmatrix} \triangleq T \begin{bmatrix} \dot{U}_2 \\ -\dot{I}_2 \end{bmatrix}$$

上式即为两个二端口网络级联后所形成的复合二端口网络的传输参数方程。由此得出两个子二端口网络级联后形成的复合二端口网络的传输参数矩阵 T 与传输参数矩阵 T'、T''之间满足以下关系：

$$T = T'T'' \tag{13-4-1}$$

式（13-4-1）表明，两个二端口网络级联后形成的复合二端口网络的传输参数矩阵等于这两个子二端口网络的传输参数矩阵的乘积。

同理，对于 n 个级联的二端口网络，其总的复合二端口网络传输参数矩阵 T 是各个子二端口网络传输参数矩阵的乘积，即

$$T = T_1 T_2 \cdots T_n = \prod_{i=1}^{n} T_i \tag{13-4-2}$$

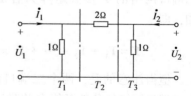

图 13-4-2 例 13-4-1 电路图

例 13-4-1 试求图 13-4-2 所示二端口网络的传输参数矩阵 T。

解 图 13-4-2 所示的二端口网络可看成是 3 个简单的二端口网络 T_1、T_2、T_3 的级联。每个二端口网络的 T 参数矩阵可分别按 13.1.3 节的例 13-1-4 的方法求出，它们分别为

$$T_1 = \begin{bmatrix} 1 & 0 \\ 1S & 1 \end{bmatrix}, \quad T_2 = \begin{bmatrix} 1 & 2\,\Omega \\ 0 & 1 \end{bmatrix}, \quad T_3 = \begin{bmatrix} 1 & 0 \\ 1S & 1 \end{bmatrix}$$

将以上 3 个 T 参数矩阵相乘就可求得图 13-4-2 所示二端口网络的 T 参数矩阵为

$$T = T_1 T_2 T_3 = \begin{bmatrix} 1 & 0 \\ 1 & 1 \end{bmatrix} \begin{bmatrix} 1 & 2 \\ 0 & 1 \end{bmatrix} \begin{bmatrix} 1 & 0 \\ 1 & 1 \end{bmatrix} = \begin{bmatrix} 3 & 2\Omega \\ 4S & 3 \end{bmatrix}$$

13.4.2 二端口网络的并联

将两个二端口网络的输入端口和输出端口分别并联，形成一个复合二端口网络，如图 13-4-3 所示，这样的连接方式称为二端口网络的并联。

讨论二端口网络并联时，使用 Y 参数比较方便。设如图 13-4-3 所示并联的两个子二端口网络，其 Y 参数矩阵分别为

$$Y' = \begin{bmatrix} Y'_{11} & Y'_{12} \\ Y'_{21} & Y'_{22} \end{bmatrix}, \quad Y'' = \begin{bmatrix} Y''_{11} & Y''_{12} \\ Y''_{21} & Y''_{22} \end{bmatrix}$$

其对应的 Y 参数方程分别为

$$\begin{bmatrix} \dot{I}'_1 \\ \dot{I}'_2 \end{bmatrix} = Y' \begin{bmatrix} \dot{U}'_1 \\ \dot{U}'_2 \end{bmatrix} \text{和} \begin{bmatrix} \dot{I}''_1 \\ \dot{I}''_2 \end{bmatrix} = Y'' \begin{bmatrix} \dot{U}''_1 \\ \dot{U}''_2 \end{bmatrix}$$

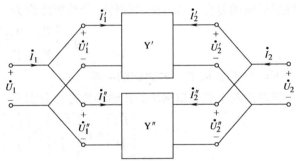

由图 13-4-3 所示电路可以看出，两个二端口网络并联后端口电压、电流满足以下关系：

图 13-4-3　二端口网络的并联

$$\begin{bmatrix} \dot{U}_1 \\ \dot{U}_2 \end{bmatrix} = \begin{bmatrix} \dot{U}'_1 \\ \dot{U}'_2 \end{bmatrix} = \begin{bmatrix} \dot{U}''_1 \\ \dot{U}''_2 \end{bmatrix}, \quad \begin{bmatrix} \dot{I}_1 \\ \dot{I}_2 \end{bmatrix} = \begin{bmatrix} \dot{I}'_1 \\ \dot{I}'_2 \end{bmatrix} + \begin{bmatrix} \dot{I}''_1 \\ \dot{I}''_2 \end{bmatrix}$$

设二端口网络并联后，端口条件没有破坏，即每个二端口网络的方程仍然成立，则由以上关系式和相应的 Y 参数方程可得

$$\begin{bmatrix} \dot{I}_1 \\ \dot{I}_2 \end{bmatrix} = \begin{bmatrix} \dot{I}'_1 \\ \dot{I}'_2 \end{bmatrix} + \begin{bmatrix} \dot{I}''_1 \\ \dot{I}''_2 \end{bmatrix} = Y' \begin{bmatrix} \dot{U}'_1 \\ \dot{U}'_2 \end{bmatrix} + Y'' \begin{bmatrix} \dot{U}''_1 \\ \dot{U}''_2 \end{bmatrix} = (Y' + Y'') \begin{bmatrix} \dot{U}_1 \\ \dot{U}_2 \end{bmatrix} \overset{\text{def}}{=} Y \begin{bmatrix} \dot{U}_1 \\ \dot{U}_2 \end{bmatrix}$$

上式即为两个子二端口网络并联后形成的复合二端口网络的 Y 参数方程，所以复合二端口网络的 Y 参数矩阵与两个子二端口网络的 Y 参数矩阵满足以下关系：

$$Y = Y' + Y'' \tag{13-4-3}$$

同理，对于 n 个并联的二端口网络，其复合二端口网络的 Y 参数矩阵为各级 Y 参数矩阵之和，即

$$Y = Y_1 + Y_2 + \cdots + Y_n = \sum_{i=1}^{n} Y_i \tag{13-4-4}$$

值得注意的是，两个二端口网络并联时，每个二端口网络的条件可能在并联后被破坏，此时，式 (13-4-3) 不再成立。但是对于输入端口与输出端口具有公共端的两个二端口网络，如图 13-4-4 所示，每个二端口网络的端口条件总是成立的，在这种情况下，总可以用式 (13-4-3) 计算并联所得复合二端口网络的 Y 参数。

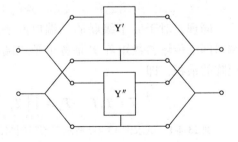

图 13-4-4　具有公共端的
二端口网络并联电路

13.4.3　二端口网络的串联

将两个二端口网络的输入端口和输出端口分别串联形成一个复合二端口网络，如图 13-4-5 所示，这种连接方式称为二端口网络的串联。

分析二端口网络串联的电路时，使用 Z 参数比较方便。设如图 13-4-5 所示电路中两个二端口网络的 Z 参数矩阵分别为

$$\boldsymbol{Z}' = \begin{bmatrix} Z_{11}' & Z_{12}' \\ Z_{21}' & Z_{22}' \end{bmatrix}, \boldsymbol{Z}'' = \begin{bmatrix} Z_{11}'' & Z_{12}'' \\ Z_{21}'' & Z_{22}'' \end{bmatrix}$$

它们的 Z 参数方程分别为

$$\begin{bmatrix} \dot{U}_1' \\ \dot{U}_2' \end{bmatrix} = \boldsymbol{Z}' \begin{bmatrix} \dot{I}_1' \\ \dot{I}_2' \end{bmatrix} 和 \begin{bmatrix} \dot{U}_1'' \\ \dot{U}_2'' \end{bmatrix} = \boldsymbol{Z}'' \begin{bmatrix} \dot{I}_1'' \\ \dot{I}_2'' \end{bmatrix}$$

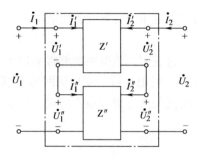

图 13-4-5　二端口网络串联

由图 13-4-5 所示电路可以看出，两个二端口网络串联后端口电流、电压满足以下关系：

$$\begin{bmatrix} \dot{I}_1 \\ \dot{I}_2 \end{bmatrix} = \begin{bmatrix} \dot{I}_1' \\ \dot{I}_2' \end{bmatrix} = \begin{bmatrix} \dot{I}_1'' \\ \dot{I}_2'' \end{bmatrix}, \quad \begin{bmatrix} \dot{U}_1 \\ \dot{U}_2 \end{bmatrix} = \begin{bmatrix} \dot{U}_1' \\ \dot{U}_2' \end{bmatrix} + \begin{bmatrix} \dot{U}_1'' \\ \dot{U}_2'' \end{bmatrix}$$

设二端口网络串联后，端口条件没有破坏，即每个二端口网络的方程仍然成立，则由以上关系式和相应的 Z 参数方程可得

$$\begin{bmatrix} \dot{U}_1 \\ \dot{U}_2 \end{bmatrix} = \begin{bmatrix} \dot{U}_1' \\ \dot{U}_2' \end{bmatrix} + \begin{bmatrix} \dot{U}_1'' \\ \dot{U}_2'' \end{bmatrix} = \boldsymbol{Z}' \begin{bmatrix} \dot{I}_1' \\ \dot{I}_2' \end{bmatrix} + \boldsymbol{Z}'' \begin{bmatrix} \dot{I}_1'' \\ \dot{I}_2'' \end{bmatrix} = (\boldsymbol{Z}' + \boldsymbol{Z}'') \begin{bmatrix} \dot{I}_1 \\ \dot{I}_2 \end{bmatrix} \overset{\text{def}}{=\!=} \boldsymbol{Z} \begin{bmatrix} \dot{I}_1 \\ \dot{I}_2 \end{bmatrix}$$

上式即为两个二端口网络串联后形成的复合二端口网络的 Z 参数方程，所以复合二端口网络的 Z 参数矩阵与两个子二端口网络的 Z 参数之间满足：

$$\boldsymbol{Z} = \boldsymbol{Z}' + \boldsymbol{Z}'' \tag{13-4-5}$$

同理，对于 n 个串联的二端口网络，其复合二端口网络的 Z 参数矩阵为各级 Z 参数矩阵之和，即

$$\boldsymbol{Z} = \boldsymbol{Z}_1 + \boldsymbol{Z}_2 + \cdots + \boldsymbol{Z}_n = \sum_{i=1}^{n} \boldsymbol{Z}_i \tag{13-4-6}$$

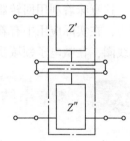

两个二端口网络串联时，每个二端口网络的条件可能在串联后被破坏，此时，式 (13-4-5) 不再成立。但是具有公共端的二端口网络，如图 13-4-6 所示，每个二端口网络的端口条件总是成立的，在这种情况下，总可以用式 (13-4-5) 计算串联所得复合二端口网络的 Z 参数。

图 13-4-6　具有公共端的
二端口网络串联

13.5　应用实例与分析

继续讨论在本章开头介绍的回转器实现电路。

以接地端为参考结点，令 $G = \dfrac{1}{R}$，利用结点电压法，考虑到理想运算放大器"虚短路、虚断路"的特点，分别对结点 1、2、4、6 列写结点电压方程：

$$(G+G)\dot{U}_{n1}-G\dot{U}_{n3}-G\dot{U}_{n6}=\dot{I}_1$$
$$(G+G)\dot{U}_{n2}-G\dot{U}_{n3}=0$$
$$(G+G)\dot{U}_{n4}-G\dot{U}_{n3}-G\dot{U}_{n5}=0$$
$$(G+G)\dot{U}_{n6}-G\dot{U}_{n1}-G\dot{U}_{n5}=\dot{I}_2$$

并且有

$$\dot{U}_{n1}=\dot{U}_{n2}=\dot{U}_1, \quad \dot{U}_{n4}=\dot{U}_{n6}=\dot{U}_2$$

与结点电压方程联立，可解得

$$\dot{U}_{n3}=2\dot{U}_1, \quad \dot{I}_1=-G\dot{U}_2, \quad \dot{I}_2=G\dot{U}_1$$

这表明，该电路能够将端口 1-1′的电压按一定比例回转为端口 2-2′的电流，同时将端口 1-1′的电流按一定比例回转为端口 2-2′的电压。因此，这是一种回转器电路，其端口电压电流关系方程用矩阵形式可以表示为

$$\begin{bmatrix} \dot{I}_1 \\ \dot{I}_2 \end{bmatrix} = \begin{bmatrix} 0 & -G \\ G & 0 \end{bmatrix} \begin{bmatrix} \dot{U}_1 \\ \dot{U}_2 \end{bmatrix}$$

若在端口 2-2′端接一个电容元件 C，则

$$\dot{I}_1=-G\dot{U}_2=-G\left(-\frac{1}{\mathrm{j}\omega C}\dot{I}_2\right)=G\frac{1}{\mathrm{j}\omega C}G\dot{U}_1=\frac{G^2}{\mathrm{j}\omega C}\dot{U}_1$$

可得

$$\frac{\dot{U}_1}{\dot{I}_1}=\frac{\mathrm{j}\omega C}{G^2}=\mathrm{j}\omega\left(\frac{C}{G^2}\right)$$

由上式可以看出，回转器输入端口上电压电流关系等同于一个电感元件上的电压电流关系，该等效电感为 $L=C/G^2$。

这意味着利用回转器可以把电容回转成电感，也可以把电感回转成电容。回转器的回转能力，在实际应用中有着重要作用，尤其是利用体积微小的电容元件等效替代体积较大的电感线圈，在微电子领域获得广泛的应用。

13.6 本章小结

13.6.1 本章基本知识点

1. 端口条件

端口条件：由一对端子构成，且满足如下条件，即从一个端子流入的电流等于从另一个端子流出的电流。按端口的个数可分为一端口网络、二端口网络等。

2. 端口的特性方程

二端口网络的端口变量有 4 个，即 $\dot{U}_1$、$\dot{U}_2$、$\dot{I}_1$、$\dot{I}_2$，因此需要 2 个方程才能表征二端口网络的电特性。任取 2 个作自变量（即激励），另外 2 个作因变量（即响应），可以组成 6 个方程，这 6 个方程都是从不同角度来描述二端口网络端口电特性的。

本章只讨论由线性 R、L、C、M 与线性受控源组成的二端口网络，且其内部不包含任何独立源以及由电容初始电压、电感初始电流引起的附加电源。内部不含受控源时称为互易二端口网络。

3. 二端口网络的参数与方程

由表 13-6-1 可以看出，每一套参数和方程都有其特定的物理含义，读者在记忆的时候，结合其每个参数的物理含义，有利于加深对各种参数方程的理解。

表 13-6-1　二端口网络主要参数和方程

	Y 参数方程	**Z 参数方程**	**T 参数方程**	**H 参数方程**
方程	$\dot{I}_1 = Y_{11}\dot{U}_1 + Y_{12}\dot{U}_2$ $\dot{I}_2 = Y_{21}\dot{U}_1 + Y_{22}\dot{U}_2$	$\dot{U}_1 = Z_{11}\dot{I}_1 + Z_{12}\dot{I}_2$ $\dot{U}_2 = Z_{21}\dot{I}_1 + Z_{22}\dot{I}_2$	$\dot{U}_1 = T_{11}\dot{U}_2 - T_{12}\dot{I}_2$ $\dot{I}_1 = T_{21}\dot{U}_2 - T_{22}\dot{I}_2$	$\dot{U}_1 = H_{11}\dot{I}_1 + H_{12}\dot{U}_2$ $\dot{I}_2 = H_{21}\dot{I}_1 + H_{22}\dot{U}_2$
含义	用端口电压 $\dot{U}_1$ 和 $\dot{U}_2$ 表示端口电流 $\dot{I}_1$ 和 $\dot{I}_2$，每个参数具有导纳的量纲，称为导纳参数	用端口电流 $\dot{I}_1$ 和 $\dot{I}_2$ 表示端口电压 $\dot{U}_1$ 和 $\dot{U}_2$，每个参数具有阻抗的量纲，称为阻抗参数	用端口 2 的电压 $\dot{U}_2$、电流 $-\dot{I}_2$（注意负号）表示端口 1 的电压 $\dot{U}_1$、电流 $\dot{I}_1$	用一个端口的电流 $\dot{I}_1$、另一个端口的电压 $\dot{U}_2$ 表示剩余的端口电压 $\dot{U}_1$ 和电流 $\dot{I}_2$，因此称为混合参数
实验测量	$Y_{11} = \left.\dfrac{\dot{I}_1}{\dot{U}_1}\right\|_{\dot{U}_2=0}$ 自导纳 $Y_{21} = \left.\dfrac{\dot{I}_2}{\dot{U}_1}\right\|_{\dot{U}_2=0}$ 转移导纳 $Y_{12} = \left.\dfrac{\dot{I}_1}{\dot{U}_2}\right\|_{\dot{U}_1=0}$ 转移导纳 $Y_{22} = \left.\dfrac{\dot{I}_2}{\dot{U}_2}\right\|_{\dot{U}_1=0}$ 自导纳	$Z_{11} = \left.\dfrac{\dot{U}_1}{\dot{I}_1}\right\|_{\dot{I}_2=0}$ 自阻抗 $Z_{21} = \left.\dfrac{\dot{U}_2}{\dot{I}_1}\right\|_{\dot{I}_2=0}$ 转移阻抗 $Z_{12} = \left.\dfrac{\dot{U}_1}{\dot{I}_2}\right\|_{\dot{I}_1=0}$ 转移阻抗 $Z_{22} = \left.\dfrac{\dot{U}_2}{\dot{I}_2}\right\|_{\dot{I}_1=0}$ 自阻抗	$T_{11} = \left.\dfrac{\dot{U}_1}{\dot{U}_2}\right\|_{\dot{I}_2=0}$ 开路参数 $T_{21} = \left.\dfrac{\dot{I}_1}{\dot{U}_2}\right\|_{\dot{I}_2=0}$ $T_{12} = \left.\dfrac{\dot{U}_1}{-\dot{I}_2}\right\|_{\dot{U}_2=0}$ 短路参数 $T_{22} = \left.\dfrac{\dot{I}_1}{-\dot{I}_2}\right\|_{\dot{U}_2=0}$	$H_{11} = \left.\dfrac{\dot{U}_1}{\dot{I}_1}\right\|_{\dot{U}_2=0}$ 短路参数 $H_{21} = \left.\dfrac{\dot{I}_2}{\dot{I}_1}\right\|_{\dot{U}_2=0}$ $H_{12} = \left.\dfrac{\dot{U}_1}{\dot{U}_2}\right\|_{\dot{I}_1=0}$ 开路参数 $H_{22} = \left.\dfrac{\dot{I}_2}{\dot{U}_2}\right\|_{\dot{I}_1=0}$
互易二端口网络	$Y_{12} = Y_{21}$	$Z_{12} = Z_{21}$	$T_{11}T_{22} - T_{12}T_{21} = 1$	$H_{12} = -H_{21}$
对称二端口网络	$Y_{12} = Y_{21}$ $Y_{11} = Y_{22}$	$Z_{12} = Z_{21}$ $Z_{11} = Z_{22}$	$T_{11}T_{22} - T_{12}T_{21} = 1$ $T_{11} = T_{22}$	$H_{12} = -H_{21}$ $H_{11}H_{22} - H_{12}H_{21} = 1$

此外，还有逆传输参数、逆混合参数，在此不再赘述。

4. 二端口网络的等效电路

二端口网络的等效电路有两种形式，一种是 T 型电路，另一种是 Π 型电路。确定某互易二端口网络的等效电路时，关键是确定 T 型电路三个阻抗元件的数值，或者是 Π 型电路三个导纳元件的数值。它们之间的关系见表 13-6-2。

表 13-6-2　等效电路的元件和给定参数的关系

	T 型	Π 型
形式		
参数	$Z_1 = Z_{11} - Z_{12}$ $Z_2 = Z_{12} = Z_{21}$ $Z_3 = Z_{22} - Z_{12}$	$Y_1 = Y_{11} + Y_{12}$ $Y_2 = -Y_{12} = -Y_{21}$ $Y_3 = Y_{22} + Y_{12}$

5. 二端口网络的网络函数

网络函数的定义为：在零状态下，二端口网络的输出响应相量和输入激励相量之间的比。若响应相量和激励相量属于同一个端口，则称为该二端口网络的网络函数为驱动点函数，否则称为转移函数。驱动点函数又分为驱动点阻抗函数和驱动点导纳函数。转移函数又分为电压转移函数、电流转移函数、转移阻抗和转移导纳。

6. 二端口网络的连接

二端口网络主要有三种连接方式：级联、串联和并联。在二端口网络进行连接时，不破坏原二端口子网络的端口条件下，有下列关系：

级联时常采用传输参数，且满足 $T = T_1 T_2 \cdots T_n$。

串联时常采用阻抗参数，且满足 $Z = Z_1 + Z_2 + \cdots + Z_n$。

并联时常采用导纳参数，且满足 $Y = Y_1 + Y_2 + \cdots + Y_n$。

13.6.2　本章重点与难点

本章的重点是掌握二端口网络的 Y、Z、T 和 H 四套参数方程的列写及其含义，能熟练应用这四套参数方程，并计算出其等效二端口网络。针对二端口网络的不同连接方式，能选取合适的参数进行分析。

本章的难点是如何采用适合的方法灵活地求取相应的参数。

1. 二端口网络参数方程的求解

（1）列方程法

对于结构简单的二端口网络，一般直接列写电路的 KVL、KCL 方程。列这些方程时，尽量使方程中出现该二端口网络的端口电压和端口电流。对这些方程做适当的变形后即可整理成所需参数方程的标准形式。

对于结构比较复杂的二端口网络，求取 Y 参数时，一般多采用列写 KCL 方程及结点电压法；而求取 Z 参数时，多采用列写 KVL 方程及回路电流法。

对于最简单的 Π 型电路，要熟练掌握其 Y 参数的求法；而对于 T 型电路，要熟练掌握其 Z 参数的求法。

采用列方程的方法求取参数时，关键是要熟记各种参数方程的标准形式，尽可能采用端口变量列写出相应的方程后，消去中间变量，将其整理成标准形式即可。

（2）实验测定法

首先要熟记几种参数的标准形式，分清每个参数是在开路或是短路的情况下测定的，注意参数的下标。对于 Y 参数和 Z 参数，例如求 Z_{21}，说明是电压与电流的比，下标"21"说明分子是 $\dot{U}_2$ 电压，分母是 $\dot{I}_1$ 电流，是在 $\dot{I}_2 = 0$（即端口 2 开路）的情况下测定的，依次类推。在求传输参数的 T_{12} 和 T_{22} 时，分母的电流是 $-\dot{I}_2$。实验测定法往往适合结构简单的电路。

2. 二端口网络等效电路的计算

给定二端口网络的某种参数后，要求对应的 T 型或 Π 型等效电路，具体做法如下：

若求 T 型等效：给定参数→Z 参数→T 型电路

若求 Π 型等效：给定参数→Y 参数→Π 型电路

若给定的二端口网络的 4 个参数互相独立，则等效二端口网络内部必含有受控源，此时往往先把二端口网络化为某互易二端口网络的形式，求取其 T 型或 Π 型等效电路，改变的部分用受控源补足。此时等效的二端口网络形式不唯一。

13.7　习题

1. 图 13-7-1 所示为电阻网络，试求该二端口的 Y 参数矩阵。

2. 图 13-7-2 所示电阻网络，试求该二端口的 **Z** 参数方程。

3. 二端口网络如图 13-7-3 所示，试求其 **Y** 参数和 **Z** 参数。

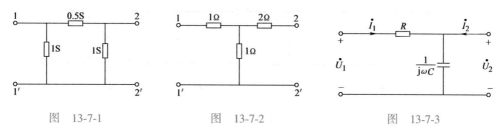

图 13-7-1   图 13-7-2   图 13-7-3

4. 电路如图 13-7-4 所示，N 为无源电阻网络。已知当 $u_1(t) = 30\,\text{V}$，$u_2(t) = 0\,\text{V}$ 时，$i_1(t) = 5\,\text{A}$，$i_2(t) = -2\,\text{A}$；试求当 $u_1(t) = (30t+60)\,\text{V}$，$u_2(t) = (60t+15)\,\text{V}$ 时的 $i_1(t)$。

5. 电路如图 13-7-5 所示，二端口网络 N 的 **Y** 参数矩阵为 $Y = \begin{bmatrix} 2 & 1 \\ 2 & 2 \end{bmatrix}\text{S}$，试求电压 $\dot{U}_1$、$\dot{U}_2$。

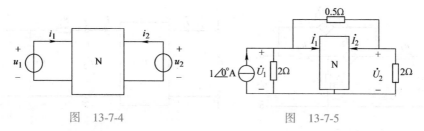

图 13-7-4   图 13-7-5

6. 试求图 13-7-6 所示二端口的 **Z** 参数矩阵。

7. 试求图 13-7-7 所示网络在 $\omega = 2\,\text{rad/s}$ 时的 **Z** 参数。

8. 二端口电阻网络如图 13-7-8 所示，其 **Z** 参数为 $Z = \begin{bmatrix} 2 & 1 \\ 1 & 2 \end{bmatrix}\Omega$，当端口 1-1' 施加电压源 $u_s = 6\,\text{V}$，端口 2-2' 施加 $i_s = 2\,\text{A}$ 时，试求二端口网络消耗的功率。

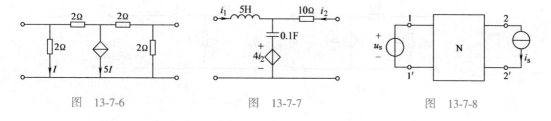

图 13-7-6   图 13-7-7   图 13-7-8

9. 试求图 13-7-9 所示各二端口的 **T** 参数矩阵。

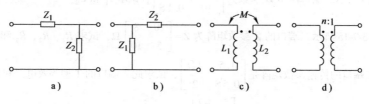

a)   b)   c)   d)

图 13-7-9

10. 试求图 13-7-10 所示各二端口的 **Y** 参数、**Z** 参数和 **T** 参数。

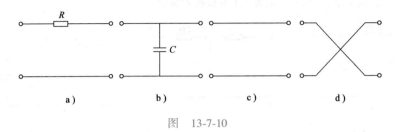

图　13-7-10

11. 如图 13-7-11 所示电路中，二端口网络含有两个受控源，各元件参数为 $R_1 = 1\,\Omega$，$R_2 = R_3 = 2\,\Omega$，$r_m = 3\,\Omega$，$g_m = 2\,\text{S}$，试求其开路阻抗参数 **Z**。

12. 图 13-7-12 所示电路中，已知 $R_1 = 0.5\,\Omega$，$R_2 = 2\,\Omega$，$R_3 = 2\,\Omega$，$\dot{U}_s = 40\,\text{V}$，$\dot{U}_1 = 20\,\text{V}$，二端口网络的传输参数方程为

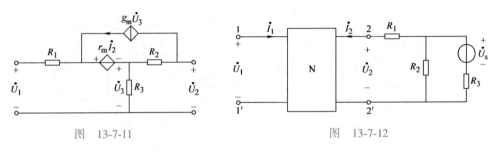

图　13-7-11　　　　　　　图　13-7-12

$$\dot{U}_1 = 2\dot{U}_2 + (-\dot{I}_2)$$
$$\dot{I}_1 = 0.3\dot{U}_2 + 0.65(-\dot{I}_2)$$

试求 $\dot{U}_2$、$\dot{I}_2$、$\dot{I}_1$。

13. 试求图 13-7-13 所示各二端口的 **H** 参数矩阵。

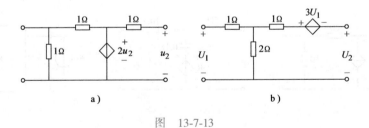

图　13-7-13

14. 图 13-7-14 所示二端口网络 **H** 参数为 $\begin{bmatrix} 40\,\Omega & 0.4 \\ 10 & 0.1\,\text{S} \end{bmatrix}$，试求 I_1 和 U_2。

15. 已知图 13-7-15 所示二端口的 **Z** 参数矩阵为 $\boldsymbol{Z} = \begin{bmatrix} 10 & 8 \\ 5 & 10 \end{bmatrix}\,\Omega$，试求 R_1、R_2、R_3 和 r 的值。

16. 已知某二端口的传输参数矩阵是 $\begin{bmatrix} 1.5 & 4\,\Omega \\ 0.5\,\text{S} & 2 \end{bmatrix}$，试求此二端口的 T 型等效电路和 Π 型等效电路。

17. 已知某二端口的 **Y** 参数矩阵为 $\boldsymbol{Y} = \begin{bmatrix} 5 & -2 \\ 0 & 3 \end{bmatrix}\,\text{S}$，试问该二端口是否有受控源，并求它的 Π 型等效电路。

18. 图 13-7-16 中二端口的传输参数 $T = \begin{bmatrix} 2 & 8\,\Omega \\ 0.5\,S & 2.5 \end{bmatrix}$，$U_s = 10\,V$，$R_1 = 1\,\Omega$。试求：

(1) $R_2 = 3\,\Omega$ 时转移电压比 U_2/U_s 和转移电流比 I_2/I_1。

(2) R_2 为何值时，它所获得功率最大？求出此最大功率值。

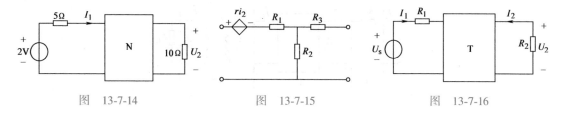

图 13-7-14   图 13-7-15   图 13-7-16

19. 已知某二端口如图 13-7-17 所示，为求其参数做了以下空载和短路实验：

(1) 当端口 2-2′开路，给定 $U_1 = 4\,V$，测得 $I_1 = 2\,A$。

(2) 当端口 1-1′开路，给定 $U_2 = 1.875\,V$，测得 $I_2 = 1\,A$。

(3) 当端口 1-1′短路，给定 $U_2 = 1.75\,V$，测得 $I_2 = 1\,A$。

试求：(1) 此二端口的 T 参数。

(2) 此二端口的 T 型等效电路。

(3) 若端口 1-1′接 3 V 的电压源，端口 2-2′接 2 A 的电流源，试求 I_1 和 U_2。

20. 电路如图 13-7-18 所示，已知二端口的 H 参数矩阵为 $H = \begin{bmatrix} 40 & 0.4 \\ 10 & 0.1 \end{bmatrix}$，试求电压转移函数 $\dfrac{\dot{U}_2}{\dot{U}_s}$。

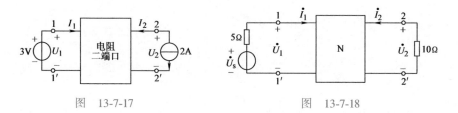

图 13-7-17   图 13-7-18

21. 电路如图 13-7-19 所示，若已知单级 RC 网络的 T 参数为 $\begin{bmatrix} 1+j\omega RC & R \\ j\omega C & 1 \end{bmatrix}$，试导出能使 $\dot{U}_2$ 滞后

$\dot{U}_1$ 180° 时的 ω 值和该频率下的转移电压比 $\dfrac{\dot{U}_2}{\dot{U}_1}$。

22. 如图 13-7-20 所示电路，输入端接电源 $u_s(t) = [10 + 100\sqrt{2}\sin(\omega t) + 10\sqrt{2}\sin(3\omega t)]\,V$，内阻 $R = 10\,\Omega$，

输出端接负载，$\omega L_1 = 0.75\,\Omega$，$\omega L_2 = 6\,\Omega$，$\dfrac{1}{\omega C} = 6\,\Omega$，二端口网络的传输参数 $T = \begin{bmatrix} 2.5 & 55\,\Omega \\ 0.05\,S & 1.5 \end{bmatrix}$，试求电流

$i_2(t)$。

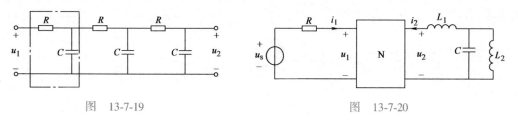

图 13-7-19   图 13-7-20

23. 如图 13-7-21 所示电路，$\dot{U}_s = 10\angle 0°\text{V}$，$R_s = 1\,\Omega$，$n = \dfrac{N_1}{N_2} = 2$，$\boldsymbol{T}'' = \begin{bmatrix} 0 & 4\,\Omega \\ \dfrac{1}{4}\,\text{S} & 0 \end{bmatrix}$，试问 R_L 为多少时，

R_L 获得最大功率，并求 $P_{\max}$。

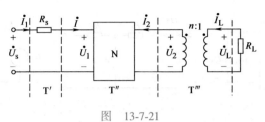

图 13-7-21

参 考 文 献

[1] 陈晓平，李长杰. 电路原理 [M]. 3 版. 北京：机械工业出版社，2018.

[2] 陈晓平，傅海军. 电路原理学习指导与习题全解 [M]. 北京：机械工业出版社，2007.

[3] 孙玉坤，陈晓平. 电路 [M]. 北京：北京理工大学出版社，1999.

[4] 邱关源. 电路 [M]. 5 版. 北京：高等教育出版社，2006.

[5] 张永瑞，王松林，李小平. 电路分析 [M]. 北京：高等教育出版社，2004.

[6] 黄锦安. 电路 [M]. 2 版. 北京：机械工业出版社，2007.

[7] 沈之隆. 电路分析 [M]. 北京：人民邮电出版社，2004.

[8] 周守昌. 电路原理 [M]. 2 版. 北京：高等教育出版社，2004.

[9] 王源. 实用电路基础 [M]. 北京：机械工业出版社，2004.

[10] 赵伟光. 电路分析基础 [M]. 北京：清华大学出版社，2005.

[11] NILSSON J W, RIEDEL S A. 电路：第 10 版 [M]. 周玉坤，冼立勤，李莉，等译. 北京：电子工业出版社，2015.

[12] 陈希有. 电路理论基础 [M]. 2 版. 北京：高等教育出版社，2020.

[13] 江缉光，刘秀成. 电路原理 [M]. 2 版. 北京：清华大学出版社，2021.

[14] 张年凤，王宏远. 电路基本理论 [M]. 北京：清华大学出版社，2004.

[15] 陈崇源. 高等电路 [M]. 武汉：武汉大学出版社，2000.

[16] 周庭阳，江维澄. 电路原理 [M]. 3 版. 杭州：浙江大学出版社，2010.

[17] 陈晓平，李长杰，毛彦欣. MATLAB 在电路与信号及控制理论中的应用 [M]. 合肥：中国科学技术大学出版社，2008.

[18] 王树民，刘秀成，陆文娟，等. 电路原理试题选编 [M]. 2 版. 北京：清华大学出版社，2008.

[19] 陈希有. 电路理论基础教学指导书 [M]. 3 版. 北京：高等教育出版社，2004.

[20] 彭扬烈. 电路原理教学指导书 [M]. 2 版. 北京：高等教育出版社，2004.

[21] 王蔼. 基本电路理论 [M]. 3 版. 上海：上海科学技术文献出版社，2002.

[22] 陈洪亮，田社平，吴雪，等. 电路分析基础 [M]. 北京：清华大学出版社，2009.

[23] 王松林，吴大正，李小平，等. 电路基础 [M]. 3 版. 西安：西安电子科技大学出版社，2008.